U0335975

中国陆相油藏开发地震技术与实践

撒利明 曹 宏 甘利灯 陈树民 张 昕 等编著

石油工业出版社

内容提要

本书在分析中国陆相油藏基本地质特征与开发地震技术需求的基础上，全面介绍了地震分辨率、地震岩石物理和地震反演等开发地震技术基础；系统总结了面向开发地震的资料采集、保幅与高分率处理和井控构造解释技术，面向油藏的井震藏一体化技术，以及面向开发工程的工程参数地震预测、地震导向钻井和微地震监测技术；深入剖析了陆相油藏开发不同阶段的 5 个典型应用实例；提出了开发地震技术发展展望。全书比较全面地展示了中国陆相油藏开发地震理论基础、主体技术、应用效果和发展方向。

本书可供地球物理勘探、油气藏开发与工程技术人员及相关专业的师生参考使用。

图书在版编目（CIP）数据

中国陆相油藏开发地震技术与实践 / 撒利明等编著 .
—北京：石油工业出版社，2023.2
ISBN 978–7–5183–5714–7

Ⅰ . ① 中… Ⅱ . ① 撒… Ⅲ . ① 陆相油气田 – 油田开发
– 研究 Ⅳ . ① TE34

中国版本图书馆 CIP 数据核字（2022）第 194018 号

出版发行：石油工业出版社
　　　　（北京安定门外安华里 2 区 1 号　100011）
　　　　网　　址：www.petropub.com
　　　　编辑部：(010)64523736　　图书营销中心：(010)64523633
经　　销：全国新华书店
印　　刷：北京中石油彩色印刷有限责任公司

2023 年 2 月第 1 版　2023 年 2 月第 1 次印刷
787 × 1092 毫米　开本：1/16　印张：30.25
字数：770 千字

定价：260.00 元
（如出现印装质量问题，我社图书营销中心负责调换）
版权所有，翻印必究

《中国陆相油藏开发地震技术与实践》
编写组

组　长：撒利明

副组长：曹　宏　　甘利灯　　陈树民　　张　昕

成　员：陈小宏　　黄旭日　　杨志芳　　邓志文　　云美厚

胡　英　　戴晓峰　　卢明辉　　芦凤明　　杨午阳

董世泰　　李彦鹏　　凌　云　　杨　晓　　王大兴

孙夕平　　姜　岩　　高银波　　李凌高　　杜文辉

蔡银涛　　程顺国　　王守东　　王建民　　王贵重

刘　博　　李景叶　　王瑞贞　　袁胜辉　　张　宏

陈志德　　林吉祥　　赵建章

序

中国是世界上发现陆相油藏最多、储量最大的国家。中国已投入开发的 559 个油田大多数发现于陆相含油气盆地中，常规油藏探明石油储量 $246.28 \times 10^8 t$，其中陆相油藏占比达到 91.2%。陆相致密油、页岩油作为特殊的陆相油藏，初步评价资源规模超过 $100 \times 10^8 t$，展现了巨大的勘探开发潜力。陆相油藏相比于海相油藏而言，其共性特点是构造更复杂、断裂更发育、储层类型更多样，并且非均质性强，原油性质及油水系统也更复杂，带来油藏开发上的问题是产量差异大、水驱油效率低、开发难度大。与此同时，油藏开发的潜力就寓于复杂之中，它的生命周期可能更长，更需要新的理论技术的创新与之对应。人们已认识到地震技术必须贯穿于油气勘探开发的全过程，而在漫长的开发阶段，开发地震就显得尤为重要且意义重大。

开发地震，是地球物理勘探地震技术发展的必然结果。更为重要的，它是油气勘探地震技术向纵深目标的丰富和发展，以自身理论技术的创新发展，并有机地同钻井、测井技术，特别是开发井资料、油田开发动态资料与技术等多专业、多学科协同交叉，以服务于油田高效开发为目的一门新兴边缘交叉学科和技术。中国陆相油藏的开发地质和油藏工程特征决定了开发地震技术在陆相油藏的开发中大有用武之地，并且随着油田全生命周期的延续和地震技术的发展，开发地震技术的作用和贡献将越来越大，同时也将会不断地促进开发地震技术与学科的进步和发展。

撒利明、曹宏团队编著的《中国陆相油藏开发地震技术与实践》，以中国陆相油藏开发地震理论、主体技术、应用效果和发展方向为出发点，深入分析了中国陆相油藏基本地质特征与开发地震的技术需求，全面论述了地震分辨率、地震岩石物理和地震反演等开发地震理论与技术；系统总结了面向开发地震的资料采集、保幅与高分率处理和井控构造解释技术，面向油藏的井震藏一体化技术，以及面向工程的工程参数地震预测、地震导向钻井和微地震监测技术；深入剖析了陆相油藏开发不同阶段的 5 个典型应用实例，提出了陆相开发地震技术的发展方向。

该专著重点以 21 世纪以来中国石油陆相油藏开发地震技术研究成果与典型应用实

例为第一手资料，聚集国内著名科研院所、高校和油田企业等三十多位开发地震领域知名专家、教授和学者，历时三年编著而成。我认为该专著凝聚了中国成千上万开发地震领域将士们近半个世纪不断拼搏、创新的成果，大家的汗水、心血和智慧通过开发地震浇溉奉献于中国的陆相油藏，使其不断成长、发展壮大。该专著代表了中国陆相油藏开发地震研究和技术的最新水平。

作为一名早期从事开发地震工作的老兵，有幸先读到了这部专著，感到发自内心的亲切和由衷的高兴。祝愿这个优秀的团队再接再厉，接续努力，取得更大进步。在百年未有之大变局下，迫切需要开发地震给陆相油田不断注入新的、更加强大的动力和活力。

中国石油科学技术协会主席

中国工程院院士

孙龍德

2023 年 1 月 8 日

前　言

开发地震是在勘探地震理论和技术基础上发展起来的，是充分利用针对油藏的观测方法和信息处理技术，紧密结合钻井、测井、岩石物理、油田地质和油藏工程等多学科资料，在油田开发和开采过程中，对油藏特征进行描述和动态监测，以服务于油田高效开发为目的的一门新兴边缘交叉学科。中国陆相油藏的开发地质和油藏工程特征决定了开发地震技术在陆相油藏的开发中大有用武之地，并且随着油田全生命周期的延续和地震技术的发展，开发地震技术的作用和贡献将越来越大，同时也将会不断促进开发地震技术与学科的进步和发展。

开发地震技术，即面向油田开发的地震技术（国外又称油藏地球物理技术），其内涵是在已知油藏构造、储层、流体和开发动态等信息的基础上，开展有针对性的地震资料采集、处理和解释研究，全面提高油藏构造成像、储层预测和油气水识别的精度，为油藏三维精细建模、开发井位部署、剩余油分布预测和油藏动态监测等提供技术支撑。本书主要讨论针对中国陆相油藏的开发地震技术。

中国的石油地质科技工作者不断地丰富、发展了"陆相生油理论"，创新性地开发了大量独具特色的陆相地震勘探开发技术，使得中国成为世界上发现陆相油藏最多、储量最大的国家。已投入开发的 559 个油田大多数发现于陆相含油气盆地中，常规油藏探明储量 246.28×10^8t，其中陆相油藏占比达到 91.2%。陆相致密油、页岩油作为特殊的陆相油藏，初步评价资源规模超过 100×10^8t，展现了巨大的勘探开发潜力。

陆相油藏的共性特点是构造复杂、断裂发育、储层结构复杂多样、非均质性强、原油性质及油水系统复杂，带给油藏开发上的问题是产能差异大、水驱效率低、开发难度大。陆相油藏无论是纵向，还是横向储层的非均质性都比海相沉积为主的储层要复杂得多，这大大增加了油田开发的难度，主要表现为以下几个方面：（1）尺度小，小断层、薄互层和微幅度构造的识别难度大，如大庆喇萨杏油田 1m 以上的砂体控制了 74.4% 的剩余地质储量；（2）精度要求高，需要准确识别砂体边界，以及提高孔隙度、厚度等储层参数的预测精度，甚至需要检测孔隙流体；（3）长期开发造成井网密，资料多，时间跨度大，井震匹配难，动静态资料融合难。要解决这些难题，必须转变陆相油藏开发地震技术研究思路。

首先，从可分辨到可辨识的转变，就是在提高地震资料分辨率的基础上，通过地震反演等手段提高薄砂体的可辨识性；其次，从时间分辨到空间分辨的转变，就是充分发挥地震在面上采集、具有较高横向分辨率的优势，以横向分辨率弥补纵向分辨率的不足；最后，从测井约束地震到地震约束测井的转变，其目的是充分发挥高含水后期井网密、测井资料丰富的优势。这些理念和相应的技术不仅丰富了以海相为主体发展起来的油藏地球物理技术的内涵，而且形成了具有独特内涵的陆相油藏开发地震技术。

陆相油藏开发地震主要研究工作可以归结为油藏静态描述、油藏动态监测和油藏工程支持三大方面。

油藏静态描述内容主要包括油藏形态描述、范围圈定、储层描述和流体识别四方面。不同油藏类型的油藏静态描述重点有所不同，如针对多层砂岩油藏，由于具有多期砂体叠置、内部结构复杂，开发过程注水效率低等特点，急需发展不同类型单砂体及内部结构表征技术，对地震纵向分辨率的需求更加迫切；针对复杂断块油藏，由于断层多、断块小、储层变化快等特点，对小断层与储层边界的识别需求更加突出，需要进一步提高地震横向分辨率；针对低渗透砂岩油藏，其主要地质问题是储层物性差、非均质性强，微裂缝较发育，迫切需要发展基于岩石物理的叠前与多分量地震技术，以及基于各向异性的裂缝方向与密度预测技术；针对砾岩油藏具有岩相复杂多变，孔隙结构多样，储层构型规模、连通性、渗透性及非均质性强等特点，应在井震结合单砂体构型、水淹层解释、三维地质建模及单砂体剩余油评价等方面加强多信息融合研究。稠油油藏普遍采用蒸汽驱，地震隔层识别与蒸汽腔前沿识别是剩余油分布预测的关键。特殊岩性油藏，如碳酸盐岩、火山岩、变质岩等油藏具有埋深大、非均质性强、内幕构造复杂、储集空间多样、油水关系复杂等特点，其重点是特殊岩性体外形识别、内部非均质性预测和油气检测。油藏静态描述技术主要包括测井油藏描述技术，井筒地震技术，岩石物理分析技术，高精度地震成像处理与保幅、高分辨、全方位资料处理技术，以及精细构造解释、地震属性分析和地震反演等技术。

油藏动态监测的目的是寻找剩余油分布区，主要技术包括井震藏联合动态分析技术和时移地震技术。前者以单次采集的地震资料为基础，通过地震、地质、测井和油藏多学科资料和技术的整合实现剩余油分布预测，如时移测井、3.5维地震勘探技术和地震油藏一体化技术等；后者以两次或两次以上采集的地震资料为基础，通过一致性处理消除不同时间采集资料中的非油藏因素引起的差异，最后利用反映油藏变化的地震差异刻画油藏的变化，预测剩余油分布。

油藏工程支持主要面向致密油和非常规油，目的是优化水平井部署和压裂方案，最终实现优化开采，主要技术包括工程参数地震预测、地震导向钻井和微地震监测技术等。

早在20世纪60年代末，中国曾出现过"开发地震"术语。当时的所谓开发地震，只不过是用地震细测及手工三维地震查明复杂断裂构造油田的小断层、小断块，为油田开发提供一张准确的构造图，并在作图过程中，已开始应用油气水关系及油层压力测试资料帮助地震划分小断块。70年代末就曾用合成声波测井圈定了纯化镇—梁家楼油田的浊积岩储层的分布。1985年，胜利油田首次将地震与开发两大专业研究人员混合编队、协同攻关，对二维地震资料、开发井资料和油田历年开发动态资料进行地震地质解释评价研究，完成了油田整个中央隆起带工业成图和滚动勘探开发规划方案。使该隆起带在发现开发二十多年后，在1987年产量达到850多万吨的历史高峰。这是中国最早地震与开发两大专业协同研究的成功范例。1988年，中国石油学会物探专业委员会（SPG）与国际勘探地球物理学家学会（SEG）联合召开了"开发地震研讨会"。1989年，中国石油天然气总公司在石油勘探开发科学研究院成立了地震横向预测研究中心。1995年，大庆油田组织优选开发区块部署二维高分辨率地震，针对区块内探评井和首钻井进行精细目标处理和解释，部署正式开发井。此后，在开发钻井中逐步深化地震认识，完善地震解释方案，开发井成功率不断提高。1998年，大庆油田在太190开发区块部署三维高分辨率地震进行剩余油分布预测，随后利用三维高分辨率地震资料与区块内时移测井资料进行联合非线性测井参数反演，预测剩余油分布和油藏动态监测，在实际生产中取得显著效果。1996年，刘雯林出版了国内第一部关于开发地震技术的专著《油气田开发地震技术》。2008年，中国石油在陆上开展了以大庆长垣油田和新疆克拉玛依油田为代表的针对油田二次开发的高密度三维地震技术研究与应用。2009年和2011年中国石油科技发展部先后两次设立"三维时移地震技术重大现场试验项目"，在辽河油田SAGD油藏开展了全球陆上第一次真正意义的"宽方位小道距高密度"三维时移地震采集，系统开展了时移地震技术研究，准确预测了稠油热采蒸汽腔的变化，指导了加密井部署，提高了油藏整体开发效果。同时，大庆油田在水驱油藏中开展了地震油藏一体化技术攻关，并在剩余油挖潜中见到明显效果。经过多年努力，中国石油形成了相对完整的陆相油藏开发地震技术系列。

本书重点以近 20 年中国石油陆相油藏开发地震技术研究成果与典型应用实例为第一手资料，在 2019 年出版的《陆相油藏开发地震技术》一书的基础上，系统总结了中国陆相油藏开发地震理论基础、主体技术、应用效果和发展方向，反映了中国陆相油藏开发地震技术研究成果与水平，对开发地震技术的发展与推广应用有一定的指导和借鉴意义。

全书由撒利明、曹宏、甘利灯提出编写思路，负责组织编写和统稿。前言由撒利明和甘利灯编写；第一章由曹宏、陈树民、陈小宏和杨志芳编写；第二章由曹宏、云美厚、杨志芳、陈小宏和王守东编写；第三章由邓志文编写；第四章由胡英、陈树民和高银波编写；第五章由戴晓峰、陈树民和甘利灯编写；第六章由甘利灯、黄旭日和陈树民编写；第七章由卢明辉、李彦鹏、杨晓和撒利明编写；第八章第一节由撒利明和杨午阳编写，第二节由陈树民和张昕编写，第三节由芦凤明和甘利灯编写，第四节由陈小宏和蔡银涛编写，第五节由王大兴和卢明辉编写；第九章由董世泰、撒利明和曹宏编写。甘利灯和张昕负责全书编写人员联络、文字汇总和修订工作；曹宏、甘利灯、陈树民和戴晓峰对全书分章节进行了审稿，陈小宏、姚逢昌对全书进行了审稿，撒利明对全书进行了审核定稿。本书是集体智慧的结晶，参加本书编写人员只是研究团队的部分代表，衷心感谢为中国陆相开发地震技术发展和应用做出贡献的每一位科研工作者。特别感谢中国石油勘探开发研究院油气地球物理研究所为本书编写提供支持。

由于本书涉及内容广、编写人员多，加之编者水平有限，书中难免有不足之处，敬请广大读者批评指正。

目 录

第一章　中国陆相油藏地质特征与
开发地震技术需求

陆相油藏指沉积环境为陆相沉积的油藏，以陆相储层为主要标志。中国是世界上发现陆相油藏最多、储量最大的国家。已投入开发的 559 个油田大多数发现于陆相含油气盆地中，常规油藏探明储量为 $246.28×10^8t$，其中陆相油藏占比达到 91.2%（金毓荪等，2006）。近年来，中国在资源发现和勘探评价方面也取得了重要突破，初步评价资源规模超过 $100×10^8t$（胡素云等，2019），展现了巨大的勘探开发潜力。陆相油藏的共性特点是构造复杂、断裂发育、岩相变化大、流体性质及油水关系复杂，带给油藏开发上的问题是产能差异大、水驱效率低、开发难度大。因此，陆相油藏的综合地质研究和储层精细预测对该类油藏的开发至关重要。

第一节　中国陆相油藏地质特征

一、综合地质特征

陆相油藏的储层形成于以湖泊为沉积中心的陆相沉积盆地中，相对于海相沉积盆地，有其特殊的古地理面貌和沉积环境，从而也导致其沉积岩性的多样性和储层结构的复杂性。陆相沉积体系包括河流、三角洲、扇三角洲、近岸水下扇、湖底扇、滩坝及冲积扇等，以河流、三角洲沉积最为常见。储集岩性包括常规碎屑岩中的砂岩、粉砂岩、砾岩等，储集空间主要为原生粒间孔、次生溶孔、裂缝等。总体而言，陆相油藏的构造、储层结构、非均质性、油水系统等较海相油藏复杂。

1. 油藏构造复杂

中国陆相含油气盆地大部分存在复杂的断裂系统，东西部差异大，东部主要受拉张应力作用形成大量正断层，而西部受挤压应力作用形成以逆断层及逆掩推覆体为主的复杂构造单元。复杂断裂系统通常使得陆相油藏的构造特征变得复杂甚至断块化。陆相沉积以湖泊为沉积中心、周缘高地为主要沉积物源供给区。由于湖盆水体规模通常较小，盆内内生沉积物极少，源自周缘高地的外生碎屑物供应了盆地内的绝大部分沉积，因此碎屑岩成为占绝对优势的沉积产物。湖盆四周环山（或高地），都具备向湖盆供应物源的条件，多物源、多沉积体系对陆相油藏的局部构造和微构造也有重要影响。

2. 储层结构复杂多样

陆相碎屑岩油气储层具有多物源、近物源、堆积一块、变化大的特点，油藏的储层结构较为复杂，相对海相沉积，陆相储层总体表现为砂体规模小、薄互层、连续性差等特征。

薄层多、厚层少，砂体规模小，连续性差。中国陆相湖盆中河流砂体，从成因单元分析，单层厚度很少超过10m，在缺少垂向和侧向叠加连接条件时，多形成窄条带状砂体，侧向连续性也较差。由于河流规模较小，其建造的入湖三角洲规模也相对较小，无法与海相三角洲比拟。

矿物、结构成熟度低，孔隙结构复杂。近物源短距离搬运，导致湖盆碎屑岩矿物和结构成熟度都较低。碎屑岩大多数为长石—岩屑砂岩类，极少发育石英砂岩。颗粒分选以中到差为主，良好分选者少；杂基含量较高，纯净砂岩几乎不见，仅在一些滞留沉积中少见。

中国陆相不同含油气盆地的储层岩石脆性与地应力变化大。鄂尔多斯盆地长7段油层脆性指数为40%，地应力差为4～7MPa；新疆吉木萨尔芦草沟组"甜点"储层整体脆性较好，地应力差一般小于6MPa；松辽盆地扶余油层塑性强，地应力差约为10MPa。脆性指数高容易形成网状裂缝，水平两向主应力之差是控制裂缝走向的关键因素之一。

3. 储层非均质性强

陆相沉积储层的岩石通常成熟度较低，多为长石砂岩或岩屑砂岩，一般分选差、连通性不好、非均质性严重。

多样化的层内非均质性，正韵律占比高。湖盆内各种沉积模式都可发生，正韵律类型是以河流沉积作用为主导的产物，反韵律类型则为三角洲前缘及滨浅湖环境中湖能改造作用下的产物。

渗透率各向异性，加剧了平面及纵向非均质性。砂体内高能条带状展布所引起的宏观方向性渗透率的变化，以及由于层理倾向和颗粒排列等组构引起的微观渗透率各向异性，此两者差异性渗透率方向的叠加，即构成所谓双重渗透率方向性，加剧了平面非均质性。

高频率的多旋回沉积产生了较强的层间非均质性。平面上相变快、相带窄是湖盆碎屑岩沉积的又一基本特点，加上纵向上高频率的湖进湖退，导致各种环境、不同相带沉积砂体在剖面上频繁交错、叠合。这种高频率的多旋回沉积，是陆相湖盆砂体层间非均质性比较突出的根本原因。

4. 原油性质及油水系统复杂

陆相油藏油源来自陆相生油岩，总体上黏度偏高、含蜡量高、凝固点高、含硫量较低。低含硫的陆相原油与淡水—微咸水介质条件下生油层有关，高含硫原油与咸水介质条件下形成的生油层相关。原油性质在空间上的变化情况非常复杂，是多种蚀变因素综合作用的结果。

陆相油藏溶解气含量较少，原始气油比一般偏低。陆相生油母质中腐殖质较多，生成原油黏度较高，且油藏又多处于中浅层埋深，因此，原油黏度以中黏度以上为主。注水开发时，必须考虑高油水黏度比带来的水驱油特征。中国陆相油藏油层水性质变化较大，主要受控于古湖盆水化学条件和古气候状况，潮湿气候下淡水—半咸水湖盆，油层水总矿化度较低；干旱气候下的盐湖环境则总矿化度很高。油层水水型一般高矿化度湖盆、深层油层水以 $CaCl_2$ 型为多，而低矿化度湖盆和埋藏较浅的油层，地层水以 $NaHCO_3$ 型为主。

复杂的断裂系统与沉积体系共同耦合匹配形成复杂的油水系统。断层可使油气水分布和原油性质发生局部畸变，破坏统一的油气水系统。这一现实，不仅与井网型式和密度直接相关，而且使油藏开发难度和复杂性发生了质的变化。

关于中国陆相致密油的流体性质和油藏压力系统，各盆地致密油原油密度、气油比差异较大，压力系统以常压和低压为主，偶见高压储层。鄂尔多斯盆地长 7 段原油密度为 $0.7\sim0.85g/cm^3$，气油比高（$100\sim200m^3/m^3$），压力系数为 $0.6\sim0.8$；松辽盆地北部青山口组致密油（页岩油）原油密度为 $0.85g/cm^3$，气油比约为 $40m^3/m^3$，压力系数达到 1.2 以上。准噶尔盆地吉木萨尔凹陷芦草沟组页岩油原油密度为 $0.8\sim0.9g/cm^3$，地层压力属于正常压力系统。而美国致密油原油密度为 $0.8\sim0.82g/cm^3$，气油比为 $90\sim250m^3/m^3$，压力系数为 $1.35\sim1.8$，为异常高压储层。受沉积模式影响，源内、源外储层含油饱和度差异大。源内含油饱和度普遍较高，例如鄂尔多斯盆地长 7 段含油饱和度为 $65\%\sim85\%$，吉木萨尔芦草沟组含油饱和度为 $70\%\sim95\%$。松辽盆地泉头组扶余油层为典型源下致密油，含油饱和度普遍低于 50%，油井生产普遍油水同出。

二、典型陆相油藏储层沉积特征

陆相含油气湖盆碎屑岩储集体丰富多彩，湖盆碎屑岩充填模式决定于构造位置、湖盆演化阶段和湖水面升降。在远源距和缓坡降背景下，沿长轴通常发育纵向冲积扇—辫状河—曲流河—三角洲充填模式，不同沉积环境的碎屑岩储层有各自的非均质性。前人通过中国古代湖盆沉积充填特征的分析及对现代湖盆考察对比，总结了陆相湖盆中主要充填冲积扇、河流、三角洲、湖泊等沉积体系（表 1-1-1）。

表 1-1-1　陆相沉积体系主要沉积相类型与典型岩性

沉积体系	沉积相	亚相	微相及砂体	主要沉积作用	岩性
三角洲体系	三角洲	平原	分流河道、天然堤、决口扇、沼泽、分流间湾	牵引流为主，重力流次之	中厚层砂岩夹砾岩
		前缘	水下分流河道、水下天然堤、水下分流间湾、河口坝、远沙坝、前缘席状砂		含泥砾砂岩，多巨厚层
		前三角洲	前三角洲泥		粉砂质泥岩、泥岩
	扇三角洲	平原	辫状分流河道	事件性洪流沉积，复合型水动力机制，牵引流、碎屑流、片流沉积特征	比正常三角洲岩性粗，砾石含量高，见砂质砾岩、含砾粗砂岩等
		前缘	水下分流河道、沙坝、砂砾质或砾质滩坝		
		前扇三角洲	前三角洲逆过渡为陆棚泥		

沉积体系	沉积相	亚相	微相及砂体	主要沉积作用	岩性
河流体系	曲流河	河床	河床滞留	牵引流、典型"二元结构"	砂岩泥岩为主、砾石含量低
			边滩		
		堤岸	天然堤		
			决口扇		
		河漫	河漫滩		
			河漫湖泊		
			河漫沼泽		
		牛轭湖	牛轭湖		
	辫状河	河床	辫状河道	牵引流、"二元结构"底层沉积发育好，顶层沉积不发育或厚度较小	砂砾岩发育
		河漫	心滩		
	网状河	河道	河道	牵引流	河道以含砾砂岩为主，泛滥平原以富含泥炭的粉砂和黏土为主
		泛滥平原	泛滥平原		
湖泊体系	淡水湖	滨湖浅湖湖湾	碎屑岩滩坝、碳酸盐岩滩坝生物礁	湖流、波浪、化学、生物	纹层状粉砂质泥岩、页岩；泥质灰岩、白云岩
	半咸水湖				
	盐湖				

1.三角洲沉积储层

三角洲是由河流入湖（海）形成的陆源碎屑沉积体系，其岸线向湖突出，主要分布在滨湖至浅湖水域，多出现于湖盆深陷后的抬升期。三角洲是砂的富集体，也是油气聚集的重要场所。

三角洲沉积是在河流与湖泊共同作用下形成的，由于湖水作用的强度和规模一般要比海洋小得多，且没有潮汐作用，因此主要发育河控三角洲。与海洋环境的三角洲一样，可进一步划分为三角洲平原、三角洲前缘和前三角洲三个亚相带。

松辽盆地是大型中、新生代陆相含油气盆地，白垩系是主要沉积地层，主要为陆相碎屑岩夹油页岩沉积，分布范围广，是盆地主要生、储油岩系。上白垩统姚家组葡萄花油层是本节的目的层位。自下而上，姚家组葡萄花油层可划分为青一段、青二段、青三段。青一段厚200～500m，以灰色、深灰色页岩夹油页岩为主。青二段、青三段厚50～150m，主要为灰黑色泥岩、浅灰色砂岩、粉砂岩。三角洲形成于近源、浅水的强水动力沉积环境，沉积岩性粒度较粗。姚家组葡萄花油层浅水三角洲岩性以中砂岩、细砂岩为主，碎屑颗粒分选较好，呈次棱状—圆状。发育牵引流成因的大型楔状交错层理、平行层理，底部常具冲刷面以及砾石定向排列。砾石成分单一，扁平状，顺层分布。多种交错层理中纹层平直或呈下凹状、前积状倾斜，与层系界面斜交，层系厚度多大于3cm等系列沉积特征反映了强水流作用和浅水沉积特征。垂向上形成发育间断正韵律。向盆地中央方向，间断正韵律中泥岩夹层增多增厚。即三角洲平原主要发育"无泥"间断正韵律，前缘主要发育"有泥"间断正韵律。间断正韵律自下而上为具有泥砾的冲刷面、较大型楔状交错层理中细砂岩、或平行层理中细砂岩、小型交错层理粉细砂岩和灰绿色、灰色泥岩。砂岩单层厚度一般为0.4~2.3m，最厚可达5m以上。在基准面上升半旋回早期和下降半旋回晚期，河流作用明显，河道砂体发育，河道不断分叉，表现为网状—枝状特征，向湖盆中央方向延伸逾50km；尽管河道单砂体厚度较薄，但复合砂体分布广，厚度大，砂体累计厚度大（17~28m）、砂地比高（78%~88%）。在上升半旋回晚期和下降半旋回早期，湖平面上升，河流作用变弱，分支河道向湖盆中央方向延伸距离小于30km；砂体累计厚度小（5~12m）、砂地比降低（22%~45%），其三角洲前缘河口坝、席状砂等微相相对发育。

根据湖平面变化和分支河道发育特征，将三角洲前缘细分为内前缘和外前缘。其中三角洲内前缘主要发育连续分布的水下分支河道、道间砂、道间泥，以及河口沙坝等沉积微相，三角洲外前缘主要发育断续分支河道、席状砂、远沙坝、席间泥等沉积微相。三角洲内前缘主要沉积特征为：连续性较好的分支河道砂体岩性以浅灰色到灰色中细砂岩为主，可见大型楔状和槽状交错层理、平行层理以及含泥砾的刷面。砂岩质较纯，分选好，结构成熟度高，相对较厚砂岩（单层厚度在1m以上）与薄层泥岩互层，构成间断正韵律，自然伽马曲线表现为微齿状钟形。河道间泥岩性以灰绿色、灰色泥岩、粉砂质泥岩夹薄层泥质粉砂岩为主，具有水平层理透镜状层理、浪成波痕，搅浑构造，生物扰动强烈；自然伽马曲线表现为极低—低幅直线形或微齿状直线形。三角洲外前缘主要沉积特征为：水下分支河道受后期湖盆水动力改造呈不连续状，主要发育前缘席状砂。席状砂微相是水下分流河道或河口坝在湖浪或沿岸流改造下形成的产物，主要分布于三角洲外前部位。岩性以粉砂岩、泥质粉砂岩为主，分选好，质纯，常见湖相介形虫化石，多呈反韵律；可见小型低角度交错层理和生物扰动构造；自然伽马曲线多表现为漏斗形、圣诞树形。有时局部发育介形灰岩、鲕粒灰岩、核形灰岩，反映了湖平面上升，沉积水体较为清净，形成了滩坝沉积。

2. 曲流河沉积储层

自20世纪80年代以来，越来越多的石油地质家认识到陆相盆地中油气资源分布与河流建造方式关系密切。受气候、地貌、物源等影响，在垂积、侧积等不同沉积搬运方式控制下，加之河道不同部位叠置、切割及充填作用强度的不同，造成河流相储层产状及展布方式多样，配置关系复杂和非均质性强。

曲流河沉积包括河床、河漫、堤岸和牛轭湖四种微相，其中河床微相和河漫微相在平面上分布最广；河床微相和牛轭湖微相砂岩是主要的储层；河漫微相和牛轭湖微相泥岩是主要盖层；堤岸微相是分隔河床与河漫的狭窄相带，与河床微相近平行分布，类似于河床微相的镶边，岩性以砂泥互层为主。目前，国内东部老油田已进入高含水开发阶段，储层中剩余油高度分散，挖潜难度越来越大。简单的沉积微相刻画已不能满足生产的需要，单砂体的精细刻画及内部构型描述已经成为储层研究的重点。

河流砂体储层占中国东部中新生代陆相含油气盆地中已开发油田储量的 40% 以上。曲流河储层是河流砂体的主要类型之一，点坝砂体是曲流河储层的主体，点坝内部构型的定量描述是曲流河研究的难点。曲流河油藏因河道侧向迁移，储层单砂体分布在受河型及河曲迁移速率控制的同时，亦受多期次河道垂向及横向叠置及配置关系影响，从根本上导致储层建造及分布的复杂性。因此，利用密井网条件下，从油藏、旋回、小层、单砂体层次，采用成因层次细分思想，重点研究单砂体空间分布及配置关系，对于深化注水开发老油田单砂体刻画研究，提高剩余油分布及控制认识，具有重要意义。单砂体空间分布及配置关系研究是对多期次单砂体间连通关系的研究，也是重构井网结构的核心。研究结果表明，受沉积环境影响，不同成因的点坝砂、泛滥砂、废弃砂在空间分布组合，形成了复杂的孤立型、搭接型、叠加型和切叠型单砂体空间配置方式，反映了油藏强烈的非均质特征。

3. 辫状河沉积储层

辫状河具有"富砂贫泥"的典型沉积特征，是聚集油气的有利储集体，一直以来在油气勘探开发领域受到重视，图 1-1-1 展示了四类典型的辫状河沉积模式。辫状河沉积包括分流河道底部沉积相、河道沙坝沉积相和泛滥平原沉积相。

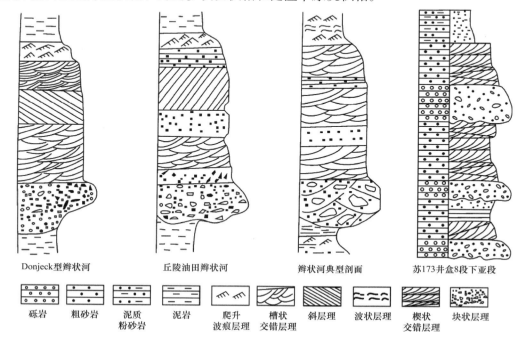

图 1-1-1 典型辫状河沉积模式

鄂尔多斯盆地苏里格气田上古生界气藏石盒子组 8 段、山西组 1 段主体为河流相沉积，河道多期切割、叠置，形成了规模较大的"辫状河体系"。河道改道、迁移频繁，相变快，储层连续性差。在沉积和成岩双重控制下，砂体及有效砂体呈"砂包砂"二元结构，有效砂体为普遍低渗的砂体背景下相对高渗的"甜点"，多富集在心滩和河道底部等粗砂岩相，物性、含气性相对较好（孔隙度大于 5%，渗透率大于 0.1mD，含气饱和度大于 45%），但厚度薄，规模小。从全区看，有效砂体在空间高度分散，70% 以上的有效砂体为孤立型，有效砂体累计厚度仅占砂体厚度的 1/4～1/3。

山 1 段由灰色、深灰色中—细粒岩屑砂岩、岩屑质石英砂岩夹深灰色泥岩组成，厚度约 30m，底部见煤线；盒 8 段为浅灰色含砾粗砂岩、灰白色中—粗砂岩、灰绿色岩屑质石英砂岩夹泥岩组成，砂岩发育大型交错层理，上部见杂色泥岩，局部见煤线。成分成熟度低，颗粒以中—粗砂为主，结构成熟度较低，砂岩颗粒磨圆差，以次棱角状为主，杂基含量高，黏土杂基含量最高可达 49%。砂岩低成分成熟度、低结构成熟度和粗碎屑含量高的特征表明，盒 8 段、山 1 段更可能是近物源的辫状河沉积。砂体交错层理发育，尤其是反映强水动力条件的槽状交错层理极其发育，这与现代永定河心滩的特征相似。同时，反映沉积物快速卸载的块状构造也很发育，说明沉积时水动力强，沉积物供给丰富，符合辫状河的水动力特征。此外，目的层砂体垂向粒序变化可出现正、反粒序的任意组合，表明河道沉积水动力条件及河流携带沉积载荷能力变化快及侧向迁移快，具有辫状河沉积物的特征。

4. 湖相砂岩沉积储层

广义上讲，湖泊砂体分布范围很广，类型繁多，是湖泊内生成和油气优先聚集的场所，中生代、新生代油气田的绝大部分储层都是在湖泊中沉积的各种砂体。一般分为深湖、浅湖和扩张湖等几个亚相，从沉积特征上可划分出沼泽、三角洲、滩坝、浊积扇等沉积砂体。

鄂尔多斯盆地位于华北地台的西部，是中国第二大沉积盆地，古生代属于大华北盆地的一部分，中生代晚期才演化为一独立的坳陷盆地，具有典型的克拉通沉积盆地的特点。长 7 段沉积期是鄂尔多斯盆地延长期湖盆发育的鼎盛时期，气候温暖潮湿，湖盆范围最广，坳陷最深，暗色泥岩最大厚度 120m，一般为 70～80m，湖水环境最为安静，泥岩中有机质丰富，母质类型以腐殖—腐泥型为主，为一套优质的烃源岩。近年来随着盆地勘探程度的不断提高，长 7 油藏不断获得突破，发现了多个含油富集区，打破了"长 7 沉积水体较深，砂体规模小，物性差，不能形成规模油藏"的传统观念。

延长组长 7 段沉积期，由于盆地不均衡强烈拉张下陷，为湖盆最大扩张阶段，湖盆面积达到最大，浅湖亚相和半深湖—深湖亚相沉积最为发育。浅湖亚相沉积物粒度较细，研究区浅湖亚相的主要岩性为深灰色—灰黑色泥岩、粉砂质泥岩、泥质粉砂岩，局部夹薄层状粉—细砂岩，具浪成沙纹交错层理，通常在几十米范围内即可尖灭。泥岩中水平层理发育，含沥青及大量植物碎片和垂直虫孔，此外可见介形虫、叶肢介和双壳类等动物化石。其滩砂沉积微相岩性以灰色薄层细砂岩为主，间夹薄层暗色泥岩，滩砂的分布面积广，呈席状产出，大致与岸线平行。其成因和发育位置与湖浪作用相对较强的湖底正地貌有关。

半深湖—深湖亚相在盆地延长组长 7 段油层组中十分发育，其中长 7_3 沉积期分布范围最广。岩性主要为深灰色—灰黑色碳质泥岩、纹层状粉砂质泥岩、页岩和油页岩夹浊积岩。泥岩含介形虫、方鳞鱼等动物化石，植物化石较少。半深湖—深湖区是低洼地带，易形成沉积物重力流，主要为浊流、碎屑流和液化流，其中浊流最为发育，浊积岩也是长 7 油层的主要储集体。浊积岩在剖面上表现为深水泥岩中间夹具有递变层理的砂岩，见鲍马序列，与浊流伴生的沉积构造现象丰富多样。延长组长 7 浊积岩中层理类型发育，以块状为主，多见变形层理、平行层理、水平层理和沙纹层理较少。变形层理主要见于泥质粉砂岩和粉砂质泥岩中，显包卷状和小褶皱状，主要是由于沉积物未固结前水下滑动所致。沙纹层理主要在细砂—粉砂岩中见到，水平层理主要发育于泥岩中，而在粉砂—细砂岩与泥岩的互层段发育丰富的槽模、沟模、印模等底层面构造；与此同时，还发育有重荷模及伴生的泥岩火焰构造、包卷层理和滑塌变形构造等同生变形构造。

5. 扇三角洲沉积储层

自 1965 年 Holmes 提出扇三角洲的概念以来，扇三角洲逐渐被认为是由发源于相邻高地的冲积扇直接推进到稳定蓄水盆地中形成的沉积体。

准噶尔盆地西北缘广泛发育二叠纪—侏罗纪冲积扇、水下扇、扇三角洲等砾质粗碎屑沉积。海西运动末期，准噶尔—吐鲁番板块的洋壳向哈萨克斯坦板块俯冲、消减以致发生碰撞，使西北缘地区形成碰撞隆起带和与隆起带相邻的碰撞前陆型海相沉积盆地。晚二叠世，随着海水退出，发育成继承性前陆型陆相盆地。由于持续性的构造隆升，西北缘扎伊尔山和哈拉阿拉特山为玛湖凹陷提供了充足的物源，且地形坡度较陡，在玛湖凹陷西环带形成了近源粗粒扇三角洲群。玛湖凹陷在前陆盆地阶段从下至上沉积了佳木河组、风城组、夏子街组和下乌尔禾组，总厚度达 5500m，岩性为厚层砂砾岩夹砂岩、泥岩、火山岩。在前陆盆地向坳陷盆地转变的过程中，玛湖凹陷内部发生了大幅度抬升，形成北高南低、西高东缓的古地貌格局，凹陷西侧中—下二叠统发生挤压翘倾并被剥蚀，形成了沟槽与低凸并立的地形特征。在此构造背景下，上乌尔禾组逐渐超覆于中—下二叠统佳木河组、风城组、夏子街组和下乌尔禾组四套地层之上，形成第一套坳陷阶段地层。在平面上，上乌尔禾组主要分布于玛湖凹陷中南部，地层呈南西厚、北东薄的特征，厚约 300m，岩性为厚层砂砾岩夹砂岩、泥岩。

玛湖凹陷上乌尔禾组扇三角洲主要发育扇三角洲平原、扇三角洲前缘、前扇三角洲三种亚相，并可进一步细分为辫状河道、碎屑流带、水下分流道、河口坝等 11 种微相（图 1-1-2）。

扇三角洲平原亚相主要分布在玛湖凹陷边缘区域，是粗碎屑经山口搬运至盆地边缘在水上环境中沉积形成的。沉积物以氧化色为主，岩性粒度粗（以中—粗砾岩为主），分选差，泥质含量高，砾石多为次圆状—棱角状，常见块状、粒序、交错层理沉积构造。砂体结构以厚层状为主，砂地比一般介于 50%～100%。该亚相可进一步划分为辫状河道、碎屑流带、片流带、河道间、扇间带五种微相。

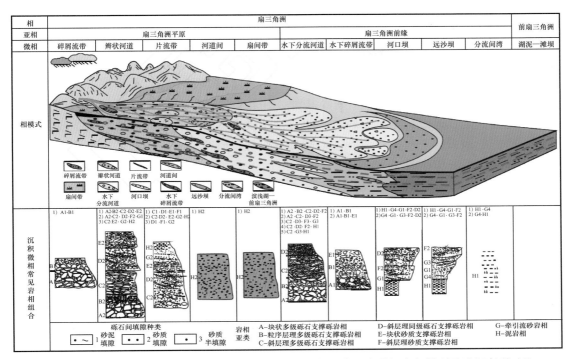

图 1-1-2　准噶尔盆地玛湖凹陷二叠系上乌尔禾组河控型扇三角洲沉积相类型及岩相序列对比

（据邹志文，2021）

扇三角洲前缘亚相是碎屑物经扇三角洲平原辫状河道搬运进入湖盆后在水下环境沉积形成的，砂地比一般大于30%。岩性粒度比扇三角洲平原亚相稍细，以灰色砾岩、砂砾岩、砂岩、泥岩为主，常见块状、粒序、交错层理，分选较差—中等，砂体泥质含量（经薄片鉴定平均小于3%）。发育水下碎屑流带、水下分流河道、分流间湾、河口坝、远沙坝五种沉积微相。

前扇三角洲亚相是扇三角洲前缘与滨浅湖交叉地带的沉积，砂地比一般小于10%。岩性以灰色泥岩、粉砂质泥岩、泥质粉砂岩为主，偶有粉细砂岩，常见块状层理、透镜状层理、水平层理，总体以细粒沉积为主。

6. 湖相灰岩沉积储层

湖相碳酸盐岩虽然也是碳酸盐岩的一种类型，与海相碳酸盐岩相比，在地质历史时期沉积时间较短，岩石学及其分布特征有显著的不同，具有近陆源、多沉积中心、分布面积不稳定、非均质性强、储层性能差异大的特点，因此，开发难度大，受重视程度较低。但是随着在湖相碳酸盐岩储层中发现越来越多的油气，其逐渐受到人们的重视。中国湖相碳酸盐岩具有重要的经济意义，在成因与分布规律上与海相碳酸盐岩有明显不同。

结构组分主要有三种：一是颗粒，包括内碎屑、鲕粒、球粒、化石碎屑和藻灰结核等；二是生物格架，包括中国枝管藻、山东枝管藻等及多毛纲虫管等；三是陆源碎屑。

碳酸盐岩沉积主要发育在湖盆浅水地带，与陆源碎屑的沉积环境相斥，而与蒸发岩的沉积环境关系密切，明显地受控于古气候、古水动力和古水介质条件的变化，主要发育有生物灰岩、藻灰岩、泥质灰岩、白云岩及白云石化岩类等岩石类型。中国湖相碳酸盐岩沉积主要发育在二叠纪、侏罗纪、白垩纪和古近纪。二叠系湖相碳酸盐岩主要分布在准噶尔、三塘湖等盆地，以咸化湖盆沉积的白云岩及白云石化岩类为主。侏罗系湖相碳酸盐岩主要分布在四川、鄂尔多斯等盆地。白垩系湖相碳酸盐岩主要分布在松辽盆地、酒西盆地等。至古近纪，湖相碳酸盐岩的发育达到全盛时期，除前述地区和盆地普遍发育外，南方的衡阳、三水和百色等盆地也都有发现。研究证实，陆相优质烃源岩的形成与湖盆咸化作用密切相关。中国中生代、新生代陆相盆地，如松辽、渤海湾、鄂尔多斯、柴达木、江汉、苏北和珠江口等盆地，除煤系沉积外，优质烃源岩均与咸化湖盆有关。有机质丰度高（TOC＞1%）的烃源岩均不同程度地与碳酸盐、硫酸盐或氯化盐矿物共生，有时优质烃源岩与碳酸盐富集层或膏盐层呈互层状分布，有利于形成湖相碳酸盐岩致密油。

从中国湖相碳酸盐岩致密油储层岩性来看，咸化湖泊白云岩及白云石化岩类最为有利，该类储层夹持在半深湖—深湖相暗色泥页岩中，埋深适中。湖相碳酸盐岩分布的特殊条件决定了其特有的发育特点：湖相碳酸盐岩广泛分布于浅水区；湖相碳酸盐岩岩层具有层数多、单层薄、呈韵律性变化等特点；湖相碳酸盐岩的沉积周期短、速率大，沉积旋回发育；湖相碳酸盐岩中的生物沉积作用显著，生物组合简单、变化快；不同相带上的碳酸盐岩类型，在平面上呈连续或不连续的带状环湖岸分布，滩相和礁相在滨浅湖区相对隆起的正地形顶部或斜坡地带发育；湖相碳酸盐岩的产状因沉积相的差异而不同，如滨浅湖区的石灰岩（白云岩），其厚度大，呈不连续片状或连续带状环岸分布；浅水隆起区的石灰岩（白云岩），呈透镜状，在高部位厚度较大；半深湖—深湖区的石灰岩（白云岩），多呈薄层状夹在黑色泥岩中；湖相碳酸盐中陆源碎屑的混杂更为普遍；海源湖相碳酸盐岩占有重要地位，特别是海源湖相生物建造碳酸盐岩。

国内许多含油气盆地中都具有较好的湖相碳酸盐岩油气显示，部分已形成具一定产能规模的工业油气藏。湖相碳酸盐岩由于受自身结构、分布规律等条件所致，一般多以岩性和地层油气藏为主，也有成岩圈闭油气藏和构造油气藏。湖相碳酸盐岩在空间上多呈透镜状和薄层状展布，四周多被泥质岩包围，易形成岩性油气藏，辽河油田高升油层就是比较典型的岩性油气藏。生物颗粒灰岩多形成于浅水近岸相，侧向和垂向生储盖配置好，有利于地层油气藏的形成，其中黄骅坳陷中部地区生物灰岩油层组是一套超覆沉积体，地层超覆油气藏主要发育于古隆起斜坡（包括古隆起边缘）带和凹陷轴线的末端。成岩作用在湖相碳酸盐岩中对形成次生孔隙和改造原生孔隙是十分重要的，由于成岩环境的差异，成岩作用（如溶解作用）常不均匀地改造原岩的孔隙结构，可形成次生孔隙发育区，构成成岩圈闭，其中四川盆地八角场油气藏为成岩圈闭油气藏。构造油气藏在湖相碳酸盐岩油气藏中也是较常见的一种类型，除背斜油气藏外，也有断层遮挡的构造油气藏，四川盆地南充油田为一平缓的穹隆背斜构造油气藏，黄骅坳陷王徐庄南翼歧15井为断层遮挡油气藏，还有一种特殊的构造—石灰岩裂缝油藏。

第二节　开发地震面临的问题与挑战

开发地震技术因支撑油气藏开发与生产而生，因此，其核心任务也就是实现油气藏的精细描述，精细刻画油藏地质特征、精细预测剩余油的分布，有效支撑油气藏评价和油气田开发方案的制定及开发生产过程的动态调整。

一、开发区地震勘探条件

（1）井网密度大，钻井资料信息相对丰富。

油田开发区，也包括油藏评价区，相对于勘探阶段最突出的特点就是随着油藏评价和开发程度的加深钻井数量会不断增加，这对应用地震勘探技术开展油气藏描述和储层预测来说，对于降低地震预测的多解性是十分有利的条件。同时，随着开发井网密度的加大，对油气藏的地质认识也会得到不断的深化。对简单油气藏而言，传统的油气藏描述和油藏地质建模，主要应用开发区众多的测井资料，对地震资料的依赖程度可能会降低。但多数陆相油气藏都表现出各自不同的复杂性。如何通过井震结合，来实现陆相复杂油气藏的精细刻画，同时发挥测井和地震各自的技术优势，并实现有机结合，是油藏地球物理理论、方法和技术层面均需要直接面对和深入探索的问题。

（2）信噪比较低，开发地震采集质量相对较差。

一般陆相油田多数分布在城区、水域、湖区、沼泽等区域，地形地物相对复杂，地震资料高质量采集受到很多限制。这与开发地震的精度要求不对等。比较典型的是大庆长垣萨尔图油田 $690km^2$ 高密度三维地震采集，首先地震工区分布在大庆市主城区，建筑密集，公路纵横，广场、商业中心众多，而且大庆市具有百湖之城的美誉，工区内大小湖泊 69 个，所以高密度三维地震布设测线、检波点、炮点的难度就比较大，炮点不均匀，而且很多位置不允许放炮，很多位置炸药量达不到要求。因此，大庆长垣萨尔图油田的开发地震采集质量受到很多制约，导致地震资料的整体信噪比较低，这给地震资料处理带来了很多困难。

（3）岩石物理规律复杂，相同储层、不同时期激发，波组特征差异大。

开发区，根据油田开发程度的高低，地下油藏的岩石物理属性会发生很大变化。首先，开采时间跨度大的油田，测井资料的不一致性会明显增大，不同时期测井技术有很大的差异，测井曲线的质量和物理响应也会有很大的变化，这给油藏地球物理岩石物理分析增加了很大的困难，大量的测井资料的一致性处理是开展油藏地球物理的必要的基础工作。大量的密井网测井资料的数据挖掘、岩石物理大数据分析，也是油藏地球物理重要的研究内容。同时，由于开发后期油田含水程度会不断加大，同一个油藏、同一个砂体，不同年度采集的测井数据，由于储层含水饱和度的变化，声波、密度、电阻率等地球物理属性均会发生变化，因此，在开展油藏地球物理工作时，如测井约束反演，就必须考虑不同含水饱和度测井响应的校正问题。同时，地震波组特征的研究也必须考虑测井地震正演响应与地震采集时间的关系，这也是开展油藏地震监测的重要的研究内容。

二、地质需求

油藏地球物理面临的核心问题就是实现油藏精细描述，从静态模型角度，可归结为精细构造、精细沉积、精细储层、精细成藏。但是，地质建模与数模一体化、油藏动态监测，是油藏描述技术长期探索的问题，也是油藏地球物理在油田开发生产中发挥作用的重要方向；随着非常规油气勘探进程的推进，水平井轨迹设计、轨迹实时调整及压裂个性化设计、压裂过程监测、后评价都成为油藏地球物理面临的生产问题。

1. 井间砂体精细刻画

陆相油气藏主要的储集体是砂体，而且是薄互层砂体，准确预测薄互层砂体的空间展布，是油藏评价和油田开发、生产的迫切需求，也是地震勘探进入岩性油藏勘探、开发的首要任务。松辽盆地中浅层中部组合萨葡高油层、下部组合的扶杨油层，单层砂体厚度主要为 2~5m，均以砂泥互层的形式分布，根据砂泥组合的不同特点，形成不同的油藏类型。勘探发现以后，进入油藏评价阶段、油藏开发生产阶段，认识油藏特征的关键是单砂体的准确识别；认识剩余油分布的关键也是单砂体的准确识别。但是，在地震资料主频为 30~40Hz 的基本条件下，地震资料的时间分辨率转为深度量纲仅为10~15m，因此，井间砂体精准预测，尤其是河流三角洲沉积的窄小河道砂体、断陷盆地辫状河三角洲砂体的识别，一直是陆相砂岩油藏开发地震技术攻关的重点，也是永恒的主题。松辽盆地大庆长垣油田是典型的陆相砂岩油藏，宏观上具有统一的油水界面，但是油藏内部，尤其到了开发后期，受薄互层叠置砂体的控制，剩余油分布具有明显高度分散、局部富集的特点。随着井网密度的加大，从基础井网 12.6 口 /km²，到一次加密、二次加密后油田井网密度平均为 60~100 口 /km²，最高的部位达到 278 口 /km²，密井网解剖砂体的最大认识就是随着井网密度的增加，砂体普遍变小、变碎。这也对开发后期仍然需要应用开发地震技术开展井间砂体预测、剩余油预测提出了需求。

2. 层间高频层序对比

陆相油气藏被发现以后，从进入油藏评价开始，一直到开发前期、开发生产阶段，地层研究单元的不断细化是基本的工作方法。高频层序地层学解释也成为开发地震地质工作常用的工作方法。开展井震结合的高频层序地层解释，对精细油藏描述有重要意义。高频等时对比，一是对于从沉积成因角度认识砂体空间展布有重要的指导意义；二是对于制作基于三维地震数据体等时地层振幅切片，开展地震沉积学解释有重要的意义；三是进一步开展层间构造、细分层序构造、断裂解释的重要基础；四是进一步开展高频层序约束的地质统计学反演及地质建模的重要基础。松辽盆地大庆长垣油田从勘探阶段的萨尔图、葡萄花、高台子油层三个油层，每个油层的厚度 60~300m，沉积地层总厚度400~500m，到油田开发中后期细分为 10 油层组、41 个砂层组、最多 164 个小层，每个小层对应一个 6~8m 沉积单元。在长垣油田部署三维地震之前，开发精细地质研究已经根据测井资料分别编制每个小层的沉积砂体分布图。部署三维地震的目标是实现这些小层的井震分层的统一和小层沉积体系重建。

3. 井间微构造、隐伏构造识别

勘探阶段，地震勘探工作的重要内容就是构造圈闭的识别。但是，进入油藏评价和开发阶段，也可能是探区进入高勘探程度时期，井间、层间微幅度构造识别，对很多盆地的油气藏精细评价、开发具有重要的意义。松辽盆地西坡地区萨尔图油层，在西斜坡的构造背景下，埋深为 1000～2000m，圈闭闭合高度为 3～5m 的构造圈闭或者构造断裂复合圈闭，是寻找高产优质储量的主要方向。大庆长垣油田背景是完整的构造圈闭，但是进入高含水后期，虽然开发井网的密度平均为 60～100 口 /km^2，但是在 100～200m 井距的开发井井间，仍然存在微幅度构造控制的剩余油分布。因此识别微幅度构造或者隐伏构造（由于勘探阶段常规地震资料处理解释和时深转换精度不够而没有被发现的构造），是油藏评价和开发阶段对地震技术的重要需求。

4. 小断层、小断块识别

断层发现与精准刻画，是地面三维地震技术的重要优势之一。但是油藏评价和开发生产对断层的识别有更高的要求：一是常规地震剖面上不容易解释的断层或者存在多解性的断层如何实现准确的解释；二是因为高含水后期剩余油的分布往往就在断层边部，沿断层部署开发井，顺断层部署定向井等，均需要断层的空间定位如何实现更高的精度；三是与成藏相关的小断层的精准识别及断层岩性圈闭的精准识别；四是断块油藏内部微小断块的划分等。

5. 注水油田油水界面动态监测（气驱油藏油气边界动态监测）

油藏动态监测是开发地震的重要发展方向。但是，对于陆相叠置砂体构造油藏（如大庆长垣油田）、坳陷、断陷盆地岩性油藏、非常规致密油气藏等，由于储层相对致密，储层单层厚度小且横向变化大，油藏水驱、气驱后油气藏的反射特征相对复杂，油水界面、气水界面的地震响应影响因素较多，油藏动态监测难度比较大，这对时移地震提出更高的要求。

6. 水平井目标精准刻画与轨迹导向

开发水平井钻探是实现油层钻遇率最大化的有效措施。对陆相薄互层砂岩油藏而言，水平井的钻探效率是提高水平井开发效率和效益的关键，而影响水平井钻井效率的关键是水平井钻探目标预测的精准度。一般情况下，根据松辽盆地扶余油层薄互层致密油水平井高效钻探实践，对开发地震主要有三个方面的需求。一是在不打导眼井的情况下，精准预测水平井靶点目标，通过"甜点"砂体目标的特性及深度位置的精准判识，确保水平井按设计造斜，并精准入靶。二是在水平井钻井过程中，确保钻头不出层。因为对于扶余油层河流三角洲砂体，砂体厚度小（2～5m），河道砂体分布窄（200～400m），纵向上砂体集中度低，水平井钻探过程中一旦出层，就会停钻进行调整，会影响钻井效率。三是由于非常规致密油气开发钻井工厂化、平台化的需要，需要同时在一个平台上针对不同层位、不同类型、不同方位的"甜点"目标进行统一部署，更需要开发地震对不同类型砂体的"甜点"目标实现准确预测。

7. 水平井体积压裂设计与压后评价

水平井体积压裂一般是按照最小主应力的方向进行，以确保复杂缝网的形成，达到形成最大改造体积的目的。然而，对于陆相砂岩油藏而言，由于储层单层厚度薄、纵向上岩性组合砂体不集中、横向上砂体岩性变化快等特点，压裂改造的效果除了与应力场有关以外，很大程度受到油藏地质模型的影响。因此，陆相砂岩油藏压裂设计除了工程常用的应力场模型、力学参数模型外，还需要提供精细油藏地质模型和天然裂缝模型。同时，在压裂过程中，微地震监测又是确保压裂成功重要的技术需求。不仅如此，当压裂完成以后，需要对压裂效果进行后评估，并根据微地震监测的效果、压裂产液剖面的测试情况等压裂监测资料，结合油藏地质模型具体特点，分段分析压裂效果，重新认识压裂后的油藏地质特征是非常重要的。

8. 油藏地质建模与油藏数值模拟一体化

油藏地质建模是开发地震与开发地质研究最终共同的成果，是地震地质一体化的集中体现。而油藏数值模拟是研究油田开发规律、预测剩余油的重要手段。传统的油藏数值模拟，受计算能力的制约，油藏参数均需要经过粗化后再来开展油藏生产曲线的历史拟合，精度受到限制。随着高性能计算机的快速发展以及开发地震与地质建模的结合，油藏地质建模与油藏数值模拟一体化成为可能，这也是开发地震技术应用领域的又一次提升，对深化油藏开采规律认识有重要的意义。

三、开发地震问题与挑战

无论采用什么方法进行油藏描述（储层静态建模），都将面临不同观测手段、不同观测尺度、不同空间采样率、速度场精度、地震成像精度、地质解释精度、反演算法多解性等诸多问题的影响与挑战。此外，油藏描述的合理性和精度也受地震工程师、测井工程师、地质学家和油藏工程师在不同研究领域认识差异的影响。因此，要想获得正确的油藏描述（速度、密度、孔隙度、渗透率、含油饱和度、厚度和横向连通性）结果，仍有大量的实际问题需要研究和解决，而且这些问题只有也只能在不同领域专家的联合研究下才可能得以解决。这也表明油藏描述研究并非已经成熟，而是一项十分艰巨和长期的工作，非均质储层的油藏描述更是如此。

动态岩石物理研究有待加强。开发和开采过程造成的地震响应变化的机理研究严重不足。油藏地球物理的核心任务就是建立精细的油藏模型，包括静态模型和动态模型，需要通过动态岩石物理技术建立储层参数与地震参数之间的联系。由于开发和开采过程会造成油藏参数的变化，如油藏压力和饱和度的变化，如果长期水驱还会造成孔隙度与孔隙形态，以及泥质含量的变化，这些变化及其对地震响应的影响是监测油藏动态变化和建立油藏动态模型的基础。然而，目前这方面的研究几乎是一片空白，而且研究难度较大，如长期水驱后孔隙度与孔隙结构如何变化，以及孔隙结构变化对油藏渗流的影响；聚合物驱的弹性性质及其对地震响应的影响；黏土矿物在水驱过程中的化学变化以及这些变化对弹性性质的影响等，所有这些都是亟待油藏地球物理破解的技术难题。

面向油藏的针对性地震资料处理、解释和油藏描述配套技术尚未完善，不能满足油藏开发与生产的需求，主要表现在：面向油藏的高分辨地震保幅成像的理论和方法需要进一步创新突破，黏弹介质、多孔介质、强各向异性等复杂介质地震波成像理论需进一步发展。针对油藏级的微幅度构造、叠置砂体、微小断层的高精度静校正技术、保幅去噪、地表一致性处理技术和波场成像技术等均需要进一步探索。井控地震成像技术、密井网约束的高精度深度域成像技术，还需要理论和技术的进一步深化。总之，在油藏地球物理阶段，地面地震技术面临的最大问题是其成像分辨率难以满足油藏描述、油藏模拟和油藏监测的需要，并且成为油藏地球物理的主要技术瓶颈。

地震油藏描述与油藏建模和数值模拟结合不够，直接影响地震在油藏开发中的应用，大大减低了地震资料的价值。第一，地震精细解释、储层反演与地震油藏描述的成果，对油藏建模起到了重要的支撑作用，但是目前仅限于流程层面的结合，理论、方程层面的结合还不够深入；同时，也仅有部分属性参数能提供给地质建模软件，有很多参数如渗透率、含油饱和度、地层压力等参数，还不能有效支撑油藏建模。第二，油藏静态模型的实时更新问题，还没有很好的解决，陆相复杂油藏相对分散、类型多样特点的油藏描述成果的实时更新满足不了快速、复杂多变的开发、生产需求。第三，地震油藏描述与油藏建模、数值模拟工作流程、技术标准及软件系统、平台化工作方式还存在差异。基于高精度的三维地震解释、储层预测及井震结合的油藏高精度建模、未粗化模型、客观表征油藏复杂性、特殊性的数值模拟是复杂油藏描述技术未来的发展方向。

面向开发和开采阶段的地震新技术还不够成熟，如高密度、井地联合、多波多分量和时移地震资料处理和解释等技术，多数仅在发挥锦上添花的作用。地面地震的绝对优势地位没有动摇，也说明人们期待的针对油藏开发、生产使用的新技术还没有充分发挥作用。

开发和开采阶段井网密集，拥有大量地质、测井和动态生产资料，油藏精细地质研究也积累了大量的、有针对性的油藏地质认识成果；针对不同地质特点的油藏数值模拟技术发展很快；但是，缺少面向油藏的多学科一体化组织及企业级的多学科一体化数据应用平台。已经采集的测井数据丰富的信息没有充分发挥作用，精细地质研究没有充分结合地球物理，大量的、实时的生产数据与油藏模型、油藏地球物理技术没有建立实时的联动关系，因此建立基于地震波场照明的、多学科一体化的油藏地球物理大数据分析平台是真正实现油藏地球物理规模化、标准化应用，并支撑低效油田高效开发的必由之路。

第三节　开发地震技术需求

中国陆相薄互层油藏以薄储层、微幅构造、小断层等小尺度地质体为主，非均质性强，横向变化快，物性差。高含水老油田中低渗透层中还存在着大量的剩余油，但剩余油分布呈现"整体高度分散，局部相对富集"的特点（韩大匡，2007）。油田开发阶段尽管井网密度很高，但地下剩余油分布格局的变化，需要通过重新建立地下认识体系，实现剩余油分布的准确量化。仅靠井资料对井间关系进行推断无法实现准确预测井间信息的目的，而地震信息具备横向可追踪的特性，是目前唯一可对井间信息做出直接定量化描述的技术。

中国东部老油区为陆相沉积地层，构造背景复杂，断裂发育，砂体类型多，沉积相横向变化剧烈，小断层对剩余油的分布影响大。其特点是断块小、差异性大、断裂系统复杂、目的层埋藏相对较深、地震波场复杂。同时储层微幅度构造显示油藏总体构造背景上储层自身的细微起伏变化，幅度和范围都很小，但其高部位剩余油饱和度相对较高，水淹程度低。如松辽盆地单个小砂层平均厚度在 3m 左右，在现有常规地震剖面上的反射时间为 1.5ms，直接可识别小断层断距一般为 10～15m。在这种情况下要求地震识别 1m 以上的储层、3m 以上的小断层和 5m 左右的微幅构造，其主要地质问题是薄储层预测和小断层与微幅构造识别。同时，对废弃河道等岩性隔挡的准确位置及各种泥质夹层进行预测，提高砂体横向边界识别精度和储层物性参数的预测精度，能解决平面上高度分散、局部相对富集的剩余油分布问题。

这些都在地质上对地震技术提出了更高的要求，要求地震技术提高地震勘探精度，重点是对小断块油气藏目标的精细成像与准确识别，实现小断层与微幅构造识别的精细构造解释。提高薄互层储层条件下单砂层厚度预测精度，预测井间砂体分布、确定砂体接触关系与连通性。

中国陆相油藏储层非均质性强，中—薄层砂泥岩互层，形成多油层层状构造油藏、岩性油藏、非常规油藏等，油藏几乎都属于边水层状油藏，天然水驱能量很小。因此，中国绝大多数油田都采用人工注水保持油层能量的开发方式。储层的连续性及非均质性描述要求地球物理技术查明储层的空间分布、厚度、形态、连通性、非均质性、储层参数、油气边界等储层几何、物性特征和油藏特性，以便制定合理的开发开采方案。高效挖潜剩余油的重点和难点是完善井间高精度储层展布特征。因此，要求利用高精度的地震资料、钻井、油藏工程资料，精确确定油气藏的圈闭形态、断层展布、储层的分布，预测含油气范围。综合利用地震、测井、油田地质和油藏工程资料描述油藏的特征，计算油藏参数，包括岩性、连通性、厚度、孔隙度、渗透率、饱和度及孔隙流体压力实现油藏描述。

中国油田虽已处于双高开发阶段，尚有大量未波及剩余可动油留在地下，其中一半在河流相砂岩储层中，需要利用三维地震资料来准确圈定河流相砂岩体，寻找剩余油分布；留在地下的不可动残余油需要采取增产措施，才能开采出来，如稠油资源需要注入蒸汽热采，在稠油热采中，需要利用时移地震资料对汽腔的形态变化进行准确描述，提高开发效率和防止开发事故，即利用时移地震技术对油气藏开采进行动态监测，以便优化油气藏管理和发现剩余油，不断调整注采方案，提高采收率。地震与测井、钻井和油藏工程结合多学科协作，开展油藏地震机理研究，加强地震—油藏融合（刘振武等，2009a，2009b），提高油气藏空间描述和监测能力，对强非均质性油气藏进行滚动勘探开发，寻找高含水老油田中的剩余油，通过监测增产措施实施状况来改善和提高采收率。

　　本书针对中国陆相油藏的勘探与开发对地震技术的需求进行研究，主要涉及面向开发的地震采集，开发阶段地震资料保幅与高分辨资料处理，精细层序地层分析与井控构造解释，井震藏一体化油藏描述，以及面向开发工程的工程参数地震预测，地震导向钻井，压裂微地震监测技术。

参 考 文 献

程道解，王慧，苏波，2012. 基于双标准层趋势面分析的测井资料标准化方法［J］. 石油地质与工程，26（2）：39–41.

韩大匡，2007. 准确预测剩余油相对富集区提高油田注水采收率研究［J］. 石油学报，28（2）：73–78.

胡杰，褚人杰，张广敏，1994. 高含水期开发并测井储层评价［J］. 测井技术，18（2）：125–132.

胡素云，陶士振，闫伟鹏，等，2019. 中国陆相致密油富集规律及勘探开发关键技术研究进展［J］. 天然气地球科学，30（8）：1083–1093.

金毓荪，隋新光，等，2006. 陆相油藏开发论［M］. 北京：石油工业出版社.

刘雯林，1996. 油气田开发地震技术［M］. 北京：石油工业出版社.

刘薇薇，周家雄，马光克，等，2012. 东方1–1气田开发地震技术的应用［J］. 天然气工业，32（8）：22–26.

刘振武，撒利明，张昕，等，2009a. 中国石油开发地震技术应用现状和未来发展建议［J］. 石油学报，30（5）：711–716，721.

刘振武，撒利明，张研，等，2009b. 中国天然气勘探开发现状及物探技术需求［J］. 天然气工业，29（1）：1–7.

马在田，2004. 关于油气开发地震学的思考［J］. 天然气工业，24（6）：43–46.

任芳祥，孙岩，朴永红，等，2010. 地震技术在油田开发中的应用问题探讨［J］. 地球物理学进展，25（1）：4–8.

王大锐，2020. 开发地震——陆相砂岩油田特高含水期开发的新利器［J］. 石油知识（2）：10–11.

王端平，郭元岭，2002. 胜坨油田水淹油层解释方程统一性研究［J］. 石油学报，23（5）：78–82.

王志章，蔡毅，杨雷，1999. 开发中后期油藏参数变化规律及变化机理［M］. 北京：石油工业出版社.

魏晓东，涂小仙，曹丽丽，等，2008. 高精度三维地震资料精细解释技术在吐哈丘陵油田开发中的应用［J］. 石油地球物理勘探，43（S1）：92–97.

雍世和，洪有密，1982. 测井资料综合解释与数字处理［M］. 北京：石油工业出版社.

张颖，刘雯林，2005. 中国陆上石油地球物理核心技术发展战略研究［J］. 中国石油勘探，10（3）：38–45，70.

朱丽红，杜庆龙，李忠江，等，2004. 高含水期储集层物性和润湿性变化规律研究［J］. 石油勘探与开发，31（S1）：82–84.

第二章　开发地震技术基础

本章介绍油藏地球物理基础。第一节介绍地震分辨率的概念，分辨率评价准则与计算，影响分辨率的因素及提高分辨率的手段；第二节介绍动静态岩石物理实验技术和面向开发的地震岩石物理建模方法，测井地层评价与岩石物理分析及动态岩石物理图版建立；第三节介绍地震反演理论基础，地震反演分类，叠后、叠前地震反演的基本原理与方法，时移地震反演技术。

第一节　地震分辨率

高分辨率是地震技术永恒的追求目标。长期以来，人们对地震勘探分辨极限的研究和争论始终没有间断。不同的研究者（Ricker N，1953；Widess M A，1973；Farr J B，1977）从不同的观测角度出发，给出了不同的分辨率判别准则和可分辨极限定义。云美厚（2005）曾对此进行了系统总结。目前，最为流行且为大多数人普遍接受的是瑞利分辨率准则，即1/4主波长垂直分辨率定义。本节将在前人研究成果基础上对地震分辨率的概念、分类、特点、影响因素等进行系统地概述。

一、地震分辨率定义与分类

地震分辨率一般指区分两个地质体的最小距离（Sheriff R E，1977，1985；Sheriff R E et al.，1995）。当考虑区分空间或时间上离得最近的两个反射界面的能力时，产生了垂直分辨率定义；当考虑单一界面上，区分离得最近的两个反射特征的能力时，形成了水平分辨率定义。除垂直分辨率和水平分辨率定义外，基于不同的考量，形成了不同的分辨率定义。

1. 垂直分辨率与水平分辨率

垂直分辨率，有时也称为纵向或垂向分辨率，指在垂直方向上能分辨岩性单元的最小厚度（Sheriff R E，1977；Denham L R et al.，1980）；水平分辨率，也称为横向分辨率或空间分辨率，指在水平方向或横向上确定特殊地质体（如断层、尖灭点和岩性体）的大小、位置和边界的精确程度（Widess M B，1982；俞寿朋，1993；李庆忠，1993），通常用两个地质体之间的水平距离表示，距离越小表示水平分辨能力越高（云美厚等，2005a）。

2. 广义空间分辨率

实用中，垂直分辨率和水平分辨率总是作为两个问题分开来讨论的，但是，按照三维观点，二者是统一的。Ma Zaitian等（2002）根据散射点成像原理首次提出了广义空间分辨率的概念，以区别前述空间分辨率（即水平分辨率）概念。同时给出了原始地震道和成像地震道的广义空间分辨率的定义和定量计算式，为地震分辨率空间变化特点的研究奠定了基础。程玖兵等（2004）修正了广义空间分辨率积分公式的积分限，进一步完善了广义分辨率概念。具体来说，广义空间分辨率是指地震道或地震成像在任意方向的空间分辨能力（云美厚等，2005b，2005c）。传统的垂直分辨率和水平分辨率的定义只是广义空间分辨率的两个特例。

3. 时间分辨率与厚度分辨率

在地震勘探中，人们往往更关心垂直分辨率。通常除非特别说明，一般谈论分辨率均指垂直分辨率。由于对垂直分辨率的研究大多是在时间域进行的，一般多用时间间隔大小表示，故称之为时间分辨率。通常定义为能确定出两个独立界面而不是一个界面所需要的最小反射时间间隔（Sheriff R E，1977），也称为"时间厚度"，即一个地层顶底界面反射时间差（俞寿朋，1993）。不过，在地震地质解释中，有时也将时间分辨率进行时—深转换为"地层厚度"，并称之为厚度分辨率、地层分辨率或薄层分辨率等（李庆忠，1993）。由此可见，时间分辨率或厚度分辨率仅仅是垂直分辨率的两种不同的表示方式而已。

4. 时间分辨率与波形分辨率

Knapp R W（1990）认为，对于地震分辨率可以有两种不同的定义方式：一种是传统的针对单个薄层的时间分辨率定义或薄层分辨率；另一种则是用地震子波脉冲的时间延续度定义的分辨率，称为波形分辨率（即相邻两个子波波形或波形包络可以完全区分）或称为厚层分辨率。李庆忠（1993）认为这种定义方式不是很确切，并提出采用不太严格的分辨率（表示时间分辨率）和严格的分辨率（表示厚层分辨率）对二者加以区分。因为波形分辨率反映出子波波形在时间上是严格可区分的，而时间分辨率则是利用子波复合反射体的振幅和波形变化特征区分地层顶、底界面。单一界面子波波形在时间上不是严格可区分的。显然，时间分辨率大于波形分辨率。换言之，时间分辨率与波形分辨率是描述垂直分辨率的两种不同的尺度。

5. 运动学分辨率、动力学分辨率和推测分辨率

王赟等（2001）从地震波运动学和动力学参数分辨地质体能力出发，将垂直分辨率归纳为运动学、动力学和推测分辨率三种。运动学分辨率指以双层旅行时为参数可以识别或区分小断层和薄层的能力；动力学分辨率则指以反射振幅参数可以识别或区分小断层和薄层的能力；推测分辨率指结合地震地质资料和反射动力学特征可以识别或区分小断层和薄层的能力。这三种分辨率是逐渐增大的。由于作者对这三种分辨率的定义并没

有做进一步的分析论证，因此，其与前面所述时间分辨率等概念很难建立明确的对应关系。不同的人可能有不同的理解。

6. 视觉分辨率

李庆忠（1993）认为视觉分辨率是指视觉上同相轴的胖瘦变化，主要反映地震有效信号的抗干扰能力。它同前述分辨率的概念不同，因为视觉分辨率的变化不一定影响信号的频谱，但真实意义上分辨率的变化必然包含视觉分辨率的变化。

二、分辨率评价准则与计算

1. 垂直分辨率极限准则

（1）Knapp 准则或严格的分辨率准则。

Knapp R W（1990）认为垂直分辨率应当用地震子波脉冲的时间延续度定义。据此，垂直分辨率极限将随地震脉冲的周期数而变化。若地震脉冲延续时间为一个周期，则垂直分辨率的极限为半个波长。若地震脉冲延续时间为 n 个周期，则垂直分辨率的极限为 n 个半波长。李庆忠（1993）称之为严格的分辨率准则。

（2）Rayleigh（瑞利）准则。

Rayleigh 准则是根据光学成像原理给出的光学分辨率极限定义（Kallweit R S et al.，1982；俞寿朋，1993）。当一个点光源在成像平面上所形成的爱里斑（Airy Spot）的中心正好落在另一个点光源成像的爱里斑边缘上时，这两个点光源在视觉上是可区分的。爱里斑是圆孔衍射产生的光环斑，其中心与其边缘的光程差正好为半个波长。据此，人们将 Rayleigh 准则引入地震勘探，并定义两个物体的视觉波程差大于半个波长时这两个物体就是可分辨的。对于薄层而言，来自薄层顶、底界面反射波的半个波长的波程差，相当于 1/4 波长的薄层厚度。因而，一般将 1/4 波长定义为垂直分辨率的极限。

（3）Ricker（雷克）准则。

Ricker N（1953）研究指出两个子波的到达时间差大于或等于子波主极值两侧的两个最大陡度点的时间距时，这两个子波可分辨。如果用子波的一阶时间导数来表示，则 Ricker 可分辨极限是子波导数两异号极值点的间距，约为子波主周期的 1/2.3（1/4.6 主波长）。而 Rayleigh 极限准则是子波一阶时间导数上两个过零点的间距或 Ricker 子波二阶时间导数上两个负极大值点的间距，约为子波主周期的 1/2（1/4 主波长）。

（4）Widess（怀德斯）准则。

Widess M A（1973）认为，在没有噪声（或信噪比很高）的情况下，可以将 1/8 波长作为理论分辨率极限。理想情况下，根据振幅变化可以分辨任何厚度的地层，但一般定义 1/30 波长为可探测地层的极限厚度，它小于极限分辨率。

（5）Farr 准则。

Farr J B（1977）把从反射地震剖面上能检测出薄层的条件作为薄层可检测性分辨率定义，认为薄层形成的复合反射振幅与组成该薄层的单一界面的反射振幅相等时，该薄层可分辨。进一步，借助于 Widess M A（1973）给出的薄层复合反射振幅的近似表达式确定了垂直分辨率为 1/12 波长。

迄今为止，地震勘探中较为流行的且被大多数人及教科书普遍接受的准则为 Rayleigh 准则，即垂直分辨率为 1/4 主波长。这并非完全是偶然的，而是一种客观必然的选择。原因在于 1/4 主波长恰好处在地层顶、底反射波发生振幅调谐的位置，同时也近似为地层顶、底反射时间可分辨与不可分辨的分界线，而且其在地震剖面中的反映较其他准则更明显，更容易识别。此外，其他准则受反射界面极性影响较大，适用性受到限制，而时间可分辨准则基本不受反射界面极性的影响，具有普遍适用性。

2. 水平分辨率计算

目前，水平分辨率的定量分析方法主要有基于第一菲涅尔带的解释方法和基于绕射观点的模拟分析方法。下面分别就未偏移和偏移剖面两种情形给出水平分辨率定量计算公式。

1）未偏移地震剖面水平分辨率

基于瑞利极限准则，未偏移地震剖面的水平分辨率通常可采用第一菲涅尔带来衡量。在球面波假设条件下，基于点震源激发的情况下，第一菲涅尔带半径 r 为

$$r = \frac{v}{2}\sqrt{\frac{t}{f}} = \sqrt{\frac{\lambda h}{2}} \tag{2-1-1}$$

式中：v 为平均速度；t 为反射时间；f 为主频；h 为深度；λ 为波长。

应当注意，基于球面波假设的第一菲涅尔带与物理光学中用平面波描述的第一菲涅尔带大小是不同的，后者比前者扩大了 $\sqrt{2}$ 倍，有

$$r = \sqrt{\lambda h} \tag{2-1-2}$$

此外，考虑到菲涅尔带中较靠外的部分并不像靠内的部分对反射有那么大的贡献，Sheriff R E（1985）引入了"有效"菲涅尔带半径的概念描述水平分辨率，其约为式（2-1-1）定义的菲涅尔带半径的 $1/\sqrt{2}$ 倍，有

$$r = \frac{\sqrt{\lambda h}}{2} \tag{2-1-3}$$

Ebrom D A 等（1996）通过对两个水平移动的绕射边界的绕射响应的数值模拟结果分析证明，对于偏移前的宽带资料，Sheriff R E 定义的菲涅尔带半径的延伸等同于可解析性的瑞利判据。因此，菲涅尔带半径标志着在反射地震实验中两个可识别的地质体的最小横向间隔。

2）偏移地震剖面水平分辨率

对于偏移剖面来说，由于偏移过程中假设将检波器向下延拓，使之接近地质体，所以菲涅尔带的面积也随之有效地收缩了。理论上，偏移后的剖面好像是震源放在了反射

面上，并且接收点和震源重合，此时反射界面深度为 0，菲涅尔带的大小也为 0，因此，菲涅尔带的大小不再是衡量偏移剖面水平分辨率的有用准则。

Chen J 等（1999）曾推导了二维和三维叠后与叠前偏移图像的水平分辨率极限远场近似公式。对于二维叠后与叠前偏移，水平分辨率可由下面两式给出：

$$r_a = \frac{\pi h}{k L_g} = \frac{\pi h \lambda}{L_g}$$

$$r_b = \frac{\pi h}{k L_{max}} = \frac{\pi h \lambda}{L_{max}}$$

（2-1-4）

其中：

$$L_{max} = \text{Max}（L_g，2L_s）$$

式中：r_a，r_b 分别为叠后与叠前偏移的水平分辨率；h 为散射体深度；k 为波数；λ 为波长；L_g 为检波器组合的孔径半宽度；L_s 为震源组合的孔径半宽度。

如果，$L_s = L_g$，则有

$$r_b = \frac{\pi h \lambda}{2L_g} = \frac{r_a}{2}$$

（2-1-5）

显然，叠前偏移水平分辨率近似为叠后偏移水平分辨率的一半，这说明叠前偏移的水平分辨能力比叠后偏移提高了 2 倍。

对于三维的叠前和叠后偏移，水平分辨率计算公式基本上是相似的，所不同的是三维情形比二维增加了一个横测线方向的分辨率。在相同的最大孔径宽度三维和二维叠前偏移在纵测线方向上具有一样的分辨能力，所不同的是三维叠前偏移较二维叠前偏移具有更好的动态范围。

从上面的分析可见，在地震偏移的四种情况下（二维叠前、叠后偏移，三维叠前、叠后偏移），水平分辨率具有共性，它们都由地震波长、点散射体埋深及最大孔径尺寸确定。

3. 广义空间分辨率计算

Ma Zaitian 等（2002）将 Rayleigh 准则中"可辨的两个物体的视觉波程差应大于半个波长"的定义从原来的单一垂直方向、零炮检距情形扩展到了任意空间方向、任意炮检距的情形，提出广义空间分辨率概念，为研究和分析分辨率的空间变化提供了一个强有力的工具。

程玖兵等（2004）研究认为，二维偏移成像的分辨率是所有对成像有贡献的地震道的空间分辨率的加权平均。理论上叠前偏移成像与叠后偏移成像具有相同的成像分辨率。在均匀介质假设条件下，给出叠前偏移成像分辨率的估算公式，有

$$r(L_m, \beta) = \frac{1}{n} \sum_{i=1}^{n} \int_\chi w(x_i, L) \cdot r(x_i, L, \beta) \mathrm{d}L$$

（2-1-6）

其中：

$$w(x_i, L) = \sqrt{h^2 + L^2} / \sqrt{h^2 + L^2 + x_i^2}$$

$$r(s,x,\beta)=\left[\frac{\lambda}{2}\sqrt{x^2+z_0^2+s^2}+(x\sin\beta-z_0\cos\beta)^2+\frac{\lambda^2}{16}\right]^{\frac{1}{2}}+x\sin\beta-z_0\cos\beta \qquad (2-1-7)$$

式中：$w(x_i,L)$ 为权函数；L_m 为成像孔径半径；χ 为给定孔径内有贡献的地震道范围；$r(x_i,L,\beta)$ 为单个地震道的广义空间分辨率；β 为空间分辨率的方向角；s 为半炮检距；z_0 为计算点埋深；x 为计算点到炮检中心点的横向距离，如图 2-1-1 所示。

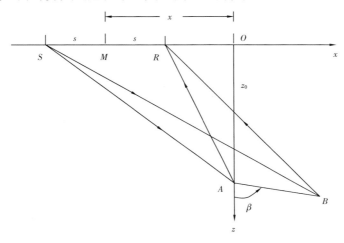

图 2-1-1　非零炮检距地震道二维空间分辨率示意图

理论上，式（2-1-7）可以描述沿任意方向地震分辨率的变化。令 $x=0$、$\beta=0$、$s=0$，代入式（2-1-7）可得垂直分辨率为

$$r(0,0,0)=\lambda/4 \qquad (2-1-8)$$

显然，式（2-1-8）与按照瑞利准则给出的垂直分辨率极限准则是完全一致的。事实上，对于所有位于 $x=-z_0\tan\beta$ 坐标点的零炮检距观测点，均具有与式（2-1-7）同等的分辨率，因为其与前面垂向分辨率的定义和 Rayleigh 准则是一致的。

令 $x=0$，$\beta=\pi/2$，$s=0$，代入式（2-1-7）可得水平分辨率为

$$r\left(0,0,\frac{\pi}{2}\right)=\sqrt{\frac{\lambda z}{2}+\frac{\lambda^2}{16}}\approx\sqrt{\frac{\lambda z}{2}} \qquad (2-1-9)$$

式（2-1-9）所表示的恰恰是球面波情形下的菲涅尔带半径。这也从一个侧面说明了广义空间分辨率是基于球面波传播理论来描述空间分辨率变化的。

由式（2-1-7）、式（2-1-8）可见，传统的垂直分辨率和水平分辨率仅仅是广义空间分辨率的两个特例。

从便于应用的角度出发，云美厚等（2005b）对偏移剖面的水平分辨率进行了半定量的分析讨论。首先，在承认偏移总是可以提高地震资料的水平分辨率的前提下，假设 Chen J（1999）的研究结果是完全正确的，即认为叠前偏移较叠后偏移水平分辨能力提高了两倍。那么，在不考虑极端的情况下，假设叠后偏移剖面与未偏移剖面的水平分辨率

相同，而用叠前偏移剖面的水平分辨率代表偏移剖面的水平分辨率，那么，从不太严格意义上来看，偏移剖面的水平分辨率可以近似用菲涅尔带的一半来进行粗略地衡量。换言之，可以将菲涅尔带宽度的一半作为偏移剖面水平分辨能力的下限。其次，从前述广义空间分辨率式（2-1-7）不难看出，对于直立地层（$\beta=90°$、$h=0$），沿地层界面法线方向的广义空间分辨率为 $\lambda/4$。为此，可将 $\lambda/4$ 作为偏移剖面水平分辨能力的上限，换言之，偏移后菲涅尔带宽度极限为 $\lambda/4$。

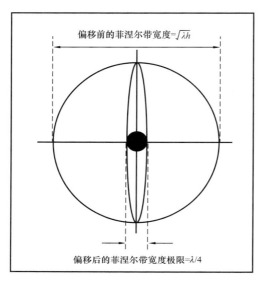

图 2-1-2　二维偏移和三维偏移对菲涅尔带范围和形状的影响（据 Brown A R，1992）

图 2-1-2 展示了二维偏移和三维偏移对菲涅尔带范围和形状的影响。不难看出，在二维偏移情况下，菲涅尔带会减小为垂直偏移方向的椭圆形。由于其只在偏移方向破坏菲涅尔带，因此，对于垂直偏移方向的水平分辨率仍可以用菲涅尔带来衡量。Sheriff R E（1985）也曾给出同样的结论。在三维偏移情况下，菲涅尔带范围大大缩小了，变成了图 2-1-2 所示的小圆。图中以 1/4 波长为直径的小圆代表了完全偏移的极限水平分辨率。实际上剩余菲涅尔带可能是它的两倍（Brown A R，1992）。

再者，根据空间采样定理，要区分两个地质体，即使是非常好的地震资料，在每个视波长内至少也要有两个采样点。因此，空间采样率应当是影响偏移剖面最关键的因素之一，在其他条件均满足的前提下，可以说，偏移剖面的水平分辨率主要取决于空间采样率。若道间距为 25m，则在同一深度上要分辨横向距离为 25m 或更小的两个地质体几乎是不可能的（俞寿朋，1993）。换言之，当空间采样间隔大于偏移剖面水平分辨率极限时，偏移剖面的水平分辨率极限为空间采样间隔宽度。

考虑到三维测量中空间采样间隔一般均小于 $\lambda/2$，因此，云美厚等（2005c）认为可以确定三维偏移剖面的水平分辨率范围应当在 $\sqrt{\lambda h}/2$ 和 $\lambda/2$ 之间。这对于定性或半定量地分析偏移剖面的水平分辨率是非常有意义的。

4. 视觉分辨率计算

李庆忠（1993）定义视觉分辨率为：在 0～3/4 个奈奎斯特（Nyquist）频率范围内，不同频率信号振幅谱值与含噪声地震道振幅谱极大值比值的算术平均值，用公式表示有

$$R_{\mathrm{L}} = \frac{1}{m} \sum_{1}^{m} \frac{S(f)}{A_{\max}(f)} \qquad (2\text{-}1\text{-}10)$$

式中：$S(f)$ 为信号振幅谱；$A_{max}(f)$ 为含噪声地震道振幅谱极大值；m 为频率计算点个数。

不难看出，视觉分辨率的最大值为 1，最小值为 0。不过，实用中计算结果受计算频率上限的选取或者说时间采样间隔的影响比较大。因为对于同一地震道，不同的采样间隔相应的奈奎斯特频率不同，如 2ms 和 4ms 采样，奈奎斯特频率分别为 250Hz 和 125Hz，这样一来，同一地震道，会得到两种不同的视觉分辨率值。而且由于信号分布大多集中在 100Hz 以下，计算频率范围的增加将使得分辨率降低。也就是说，同一地震道，采用 2ms 采样比 4ms 采样视觉分辨率要低。

三、分辨率主要影响因素

1. 分辨率与信噪比的关系

地震分辨率与地震剖面的可解释性或称之为地震地质解释能力不同，所谓地震地质解释能力是指研究者对确定的地震资料中地震反射波所包含地质信息的认知和解析的能力（云美厚等，2005a），其与分辨率、信噪比、解释人员的知识经验等多种因素有关。地震资料是利用地震波照射地下地质体所形成的客观影像，是地下地质现象的客观反映。地震资料所能反映或揭示地下地质现象的能力大小从根本上决定于地震资料的分辨率，但人们从已有的地震资料中最终能够区分和确定多少地质细节却取决于地震剖面的地震地质解释能力。图 2-1-3 通过不同主频（意味着不同分辨率）调谐曲线示意图的形式简单地展示了地震分辨率和地震地质解释能力的关系，二者的终极目标是相同的（均为无限趋近于零）。

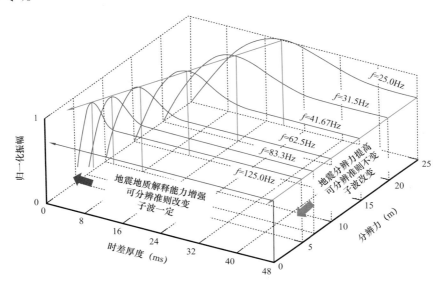

图 2-1-3　地震分辨率与地震地质解释能力比较示意图（$v=2500$m/s）（据云美厚等，2005a）

人们普遍认为信噪比是分辨率的基础，分辨率是由信噪比决定的（Widess M B，1982；李庆忠，1993；俞寿朋，1993）。造成这一认识的主要根源在于现阶段还没有完全分离信号与噪声的处理手段或方法，从而使得分辨率与信噪比研究中二者纠缠不清，表现为：在去噪时会不可避免地损失部分有效信号，从而降低分辨率；在高分辨率处理时又会不可避免地放大噪声。究其本质，既不是信噪比影响了分辨率，也不是分辨率影响了信噪比。信噪比真正影响的是高分辨率处理方法，并非分辨率。

在地震勘探中，分辨率和信噪比是作为两个独立概念存在的，是衡量地震资料品质的两个重要指标。地震分辨率是客观的，决定其是否发生变化的关键不是人们从地震资料中看到了什么，而是地震子波本身是否存在变化。只要地震子波本身特性（主频、带宽或相位）没有变化，则地震分辨率保持不变。相比之下，地震资料的可解释性或地震地质解释能力则具有一定的主观性。其既与分辨率有关，也与信噪比有关。当地震资料信噪比足够大时，地震地质解释能力与分辨率呈正比关系，即地震资料分辨率越高，则相应地震地质解释能力越强，可以揭示的地质细节越详尽。当地震资料分辨率一定时，决定地震资料地质解释能力的主要因素之一是信噪比。原则上，信噪比越高，相应的地震地质解释能力越强，越有利于地质细节的识别和判定。在分辨率研究中，最容易出现的问题就是分辨率与地震地质解释能力两个概念的混乱。通常认为，信噪比影响地震分辨率就是这种概念混乱的具体表现。从严格意义上来说，信噪比不会影响地震分辨率，但是会影响地震地质解释能力。纯粹的高分辨率地震资料可能会因为低信噪比而丧失地震地质解释能力，但绝不会丧失分辨率。

目前，地震勘探的目的并非追求纯粹的高分辨率记录或高信噪比记录，而是从实用角度出发寻求分辨率和信噪比的最佳契合点或折中点，最终得到最具实用价值的高品质地震记录。这种高品质以方便解释人员最大限度地获得地质细节为目的。因此，其实际上是一种最佳地震地质解释能力的体现。

2. 垂直分辨率与水平分辨率关系

从前述分辨率定义可知，分辨率是指区分两个地质体的能力。既然地质体是三维的，那么分辨率概念也应该是三维。垂直分辨率和水平分辨率概念的提出仅仅是基于水平介质假设的一种简化表达。从严格意义来讲，地质体是否能够被分辨应该从三维立体的角度来评价。云美厚（2005a）研究认为水平分辨率可弥补垂直分辨率的不足。对于垂直剖面难以解释的弱小变化（如薄层和小幅构造等），借助于地震水平切片往往可以得到较好的解释。地质体垂直分辨率不足，只能决定其在垂直剖面的分辨能力。当地质体水平分辨率足够时，地震剖面垂直不可分辨并不意味着水平不可分辨。只有地质体在垂直和水平方向的规模均无法满足地震分辨率要求时，才可能是真正不可分辨的。King G（1996）基于一个三维单斜油藏模型的地震正演模拟结果（图2-1-4）很好地诠释了这一点。

图2-1-4 模拟所用子波频率为10～50Hz。该模型在深度2080m处，存在一个气、油界面，由于受垂直分辨率的限制，以及沿剖面方向水平分辨率的有限性，在信噪比为1.5的垂直剖面内，气、油界面反射很难识别。但在2070ms的水平切片上，气、油界面的位置被清楚地显示出来。这主要是由于地层的走向是沿着测线法线方向的，因而，气、油界面沿着测线法线方向的分布范围较大，远远超过了地震水平分辨率的限制，所以剖面反映较为清楚。同时由于沿着这一方向有效信号的规律性显示，使得水平面内沿测线方向的可识别能力也相应提高了。

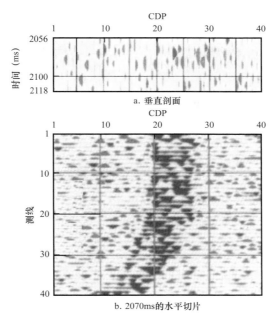

图 2-1-4　三维单斜油藏模型气、油接触面在垂直剖面和地震水平切片上的特征的对比（据 King G，1996 整理）
信噪比为 1.5

　　凌云研究组（2004）基于准噶尔盆地某地区实际地震资料的分析结果（图 2-1-5）进一步证明了上述结论的现实有效性。沉积河道在垂直地震剖面中由于受垂直分辨率和沿剖面方向水平分辨率的限制，很难准确判断是否存在河道（图 2-1-5a 中黄色方框内的两个局部强振幅段）。但是从图 2-1-5b 的相干数据体椅状图上却清楚地显示了河道的存在，这是由于相干数据体切片中河道优势方向的空间展布远远超出了水平分辨率的限制，因而，河道的空间展布形态才得以清楚地显示。

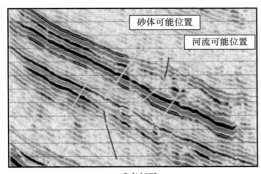

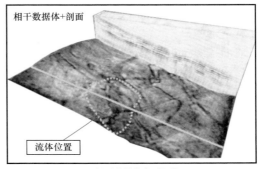

图 2-1-5　准噶尔盆地某地区实际剖面与沿层相干数据体切片图（据凌云研究组，2004）

　　由此可见，垂直分辨率和水平分辨率互为补充。在相对保持振幅、频率、相位和波形特征的处理前提下，当地震剖面垂直分辨率不足时，若地质体水平展布范围足够大，或者沿某一方向的延伸足够大，以至于超出水平分辨率的限制，那么，综合利用各种地震属性和可视化显示技术进行低幅构造识别、含油气检测、薄层砂体预测、河道识别、断裂、裂缝和溶洞识别等是可能的。

3. 影响因素

地震分辨率影响因素包括激发、接收、观测系统，以及资料处理和解释等各个环节。集中表现为地震子波特性（主频、频宽和相位）的变化。换言之，任何可能造成地震子波特性变化的方法技术环节均可视为影响分辨率的因素（云美厚，2005；云美厚等，2005a；李庆忠，1993；俞寿朋，1993，Sheriff R E et al.，1995）：

对于零相位雷克子波，主频是分辨率的决定因素；一般子波主频越高，分辨率越高。

对于零相位子波，决定分辨率的是振幅谱的绝对频带宽度。一般振幅谱绝对频宽越大，子波越短，分辨率越高；振幅谱频带宽度不变，不论主频如何变化，分辨率都不会改变。振幅谱相对频带宽度决定地震子波的相位数，与分辨率无直接关系。若振幅谱相对频宽不变，则子波相位数不变，波形不变。

只有不缺失低频信息的频宽才是对分辨率最有价值的频宽。理论上，低频最好低至1Hz。增加低频成分能通过压制子波旁瓣能量，提升子波主旁瓣峰值比来提升分辨率。地震子波低频一致时，不断拓展高频成分，子波主瓣变窄，从而可提高纵横向分辨率（王华忠，2019）。

具有相同振幅谱的诸子波中，零相位子波的分辨率最高。最小相位子波的分辨率并不是最高。

在相同的频带宽度条件下，不同的波谱形状分辨率不同，零相位且频谱接近箱形的子波分辨率最高。

零相位子波必然是对称的，而对称的子波不一定是零相位的。

未偏移剖面的水平分辨率不仅与反射地震子波的频率有关，而且与反射点或目的层到观测点的距离（即目的层埋深）和波前曲率有关。一般目的层埋深越大，波前曲率越小，水平分辨率越差。

对于偏移剖面，菲涅尔带的大小不能作为水平分辨率的标准。空间采样率决定了水平分辨率上限。

地质因素对地震分辨率的影响通常表现为地震波在地层内传播过程中地震子波的变化，具体表现为以下几个方面。

（1）地层介质的吸收衰减影响。

地层介质并非理想的弹性介质。在地震波传播过程中，地层介质就像一个滤波器一样改造子波的振幅谱和相位谱，进而使得子波振幅减小、频率降低、时间延续度加长、起跳时间延迟等。这一过程就是通常所说的地层吸收衰减。其必然导致地震分辨率降低。最直观的体现为，地震分辨率随目的层埋深的增加而降低。不过，应当注意的是，水平分辨率与垂直分辨率随深度增加而降低的本质截然不同。垂直分辨率的降低主要是由衰减地震子波频率影响，而水平分辨率则受子波频率和波前曲率的双重影响。

（2）表层影响。

对于大多数陆上工区一般均有地表低速层存在，尽管其厚度并不大，但其对地震波的吸收衰减作用远比深层大得多。特别是当表层厚度较大时，其一般对高频衰减起主要作用。此外，由于表层厚度和速度在横向上常有显著变化，这将引起不同记录道地震子波的不一致和分辨率的差异。

（3）薄层滤波效应影响。

对于大多数陆相沉积地层而言，地层大多为薄层和薄互层，每一小层内的双程传播时间都比子波的延续长度小得多，因而各层内所产生的层间多次波相互干涉必然会改变地震反射波的特性。其作用相当于一个滤波器，因而会影响分辨率。

四、提高地震分辨率的技术途径

地震勘探是一个系统工程，地震分辨率的提高需要地震采集、处理、解释各个环节的改进与提高。不过，处理方法和解释技术的改进只能从一定程度上改善地震分辨率，而真正制约地震分辨率的关键还在于野外采集。只有野外采集获得了所需要的有效地震信息，后继的处理、解释方法的改进才能获得预期的效果。要提高地震分辨率就必须要改善地震子波本身的特性，即压缩子波、提高主频、扩展有效频带宽度、实现零相位化等。提高地震资料的信噪比并不能从根本上提高资料的分辨率。但是高信噪比的地震资料有利于高分辨率处理方法技术的有效实施。从这个角度来看，提高信噪比对提高分辨率具有间接的作用。提高信噪比的最直接作用是改善地震资料品质或地震地质解释能力。

1. 高分辨率地震采集技术

地震采集是决定地震资料分辨率的根本。从数据采集的角度来看，展宽频带（物理方法展宽频带）是最基本的要求。目前陆上高分辨率采集技术及研发重点主要体现在宽频激发、宽频接收、单点高密度、宽方位采集及高精度记录等方面。

宽频激发技术，主要侧重于低频宽带（如 1~150Hz）震源激发。对炸药震源而言，设法提高震源子波下传能量、提高高频成分能量以及通过震源组合与激发方式的改进来获得宽频带高能量激发效果仍然是不变的研究主题（秦龙等，2019；蔡纪琰等，2013）。对于可控震源而言，在借助非线性扫描补偿高频吸收的同时，可设法拓展低频实现整体频带的拓宽。国内中国石油研发的 LFV3 低频可控震源低频扫描频率拓展至 3Hz，是全球技术领先的经过野外采集检验的 6×10^4 lbf[1] 级低频震源（撒利明等，2016）。

宽频接收技术，是在宽频激发前提下确保信号"宽进宽出"的高分辨率数据检波器接收技术。实施宽频接收要求检波器应具有频带宽、灵敏度高、保真度高、理想的幅频相频响应等特性（吴学兵，2018）。与宽频激发技术类似，宽频接收技术同样需要从保护高频、拓展低频或有效波频宽两个方向发展，研发宽带响应的单检（陆上节点检波器）。代表性技术或产品主要包括低频检波器接收技术、基于微电子机械系统（Micro Electronic Mechanical System，简写为 MEMS）技术的数字检波器接收技术和基于传感技术的光纤检波器接收技术。

近年来国内外陆续推出了高灵敏度、低自然频率的单支动圈检波器。通过检波器内部弹性系统的改进，自然频率从 10Hz 降低到了 5Hz，通带宽度为 5~160Hz，一定程度

---

❶　1lbf=4.4482N。

上拓宽了低频端信号采集带宽（吴学兵，2018）。

光纤传感技术是一种以光波为载体、光纤为媒介，感知和传输被测量信号的新型传感技术（周小慧等，2020；吴学兵等，2016）。具有动态范围大、工作频带宽、灵敏度高、绝缘性好、耐腐蚀、抗电磁干扰、便于组网及长距离传输等优点。目前已出现的光纤地震波探测技术主要采用的传感机理有：强度调制型、光纤光栅型、马赫－曾德尔干涉型、迈克尔逊干涉型、萨格纳克干涉型、法布里珀罗干涉型、光纤激光型以及分布型等（曾然等，2014）。其中，尤以分布型光纤传感器的发展应用最为突出。

总体来看，尽管数字检波器是最适合宽频勘探的检波器，但对目前高密度三维勘探而言成本过高。相对而言，低频模拟检波器可能更加适合目前的高密度三维勘探市场需求。新型数字检波器与光纤检波器一定程度上均具备了宽频接收性能，但距离油气勘探大道数、严酷条件下的大规模商业化应用尚存在一定距离。此外，为适应高密度采集需要，检波器节点化是必然趋势。

鉴于传统组合采集方式对地震波分辨率的制约以及混波对地震信号保真度的影响，单点高密度采集已成为目前陆上地震勘探中备受推崇的高分辨采集方式（王华忠，2019；狄帮让等，2006），也是高精度地震成像的基本要求。高密度地震采集技术的应用正使得地震数据采样理论从香农（Shannon）规则采样向压缩感知随机采样发展。其主要优点在于：（1）单点接收可以保护频率，提高地震资料的纵向分辨率；（2）密集的空间采样可以使得有效波与干扰波得到更完整采样。既有利于高频有效信号恢复处理，以及纵横向分辨率的提高，又增加了去噪处理的灵活性，可以保真地压制相干噪声和随机噪声。其最大的不足在于：增加了数据的存储量和成像处理的工作量。于世焕等（2012）通过组合采集与单点采集对比试验研究表明，后者较前者所得单炮记录频宽提高 5%～30.4%，相应剖面频宽提升约 27.8%。

高精度记录主要是指地震信息，特别是高频信息的高保真无损记录。其主要与地震记录仪器的动态范围有关。记录仪器的动态范围尽管不是影响分辨率的直接因素，但是考虑到不同频率地震波的衰减差异，如果仪器动态范围不足，则微弱的高频信号很难被记录下来。因此，设法提高记录仪器动态范围或在现有仪器装备条件下，采用分频带记录方式可以确保最大限度保留和记录高频弱信号，为后继高频恢复奠定基础。

在当今高速无线通信技术、人工智能技术和无人运载设备快速发展的大背景下，地震采集技术正朝着自动化与智能化方向迈进。尽管采集技术的自动化与智能化不会对地震采集分辨率产生直接影响，但是，必然会促进地震采集效率的极大提高。

2. 高分辨率地震处理技术

高分辨率处理的根本任务是获得比原始记录更高的分辨率。目前提高垂直分辨率的主要方法有两类：一类是以消除地震影响因素为目的，以改善子波特性为前提的处理方法。如地表一致性相位校正、子波零相位化、反褶积、时变谱白化，以及基于小波变换、广义 S 变换实施分频处理的谱模拟或子波压缩技术等。通过改变子波相位特性、压缩子波宽度或展宽频带等技术手段达到提高垂直分辨率的目的。另一类是以消除地质因素影响为目的，通过对近地表强吸收衰减以及深部地层衰减和地层滤波效应的补偿处理，提升高频信息，拓展优势频带，进而提高垂直分辨率。如频率加强滤波、（串联）反 Q 滤波等。

鉴于低频信息在提高地震分辨率过程中具有与高频成分同等的重要性，近年来各种低频与高频或低高频双向拓频处理技术得到了快速发展。如谱反演（陈学国，2017）、谱蓝化（张璐等，2020；纪甜甜等，2015）、压缩感知信号重构（宋维琪，吴彩端，2017），及广义 S 变换与压缩感知联合分析法（杨子鹏等，2020）等。不过，现有各种拓频处理方法均无法避免地震子波的影响，在频带拓宽同时，均不同程度存在子波旁瓣增多，地震不保幅，或部分频率分量冲零现象。更为严重的是大多数拓频算法的输出结果不仅可能改变地震记录相位，而且对地震子波旁瓣的压制效果欠佳、波组特征不明确。季焕成等（2020）给出一种可实现双向拓频的高分辨处理技术，并称之为 ButHRS 技术。经准噶尔盆地西北缘夏 72 井区三维地震资料的拓频处理试验，整体频带从原有的 10～55Hz 拓宽到 7～90Hz。拓频处理后很好地保持了原始地震数据的波组特征、时频关系，不但保真，而且保幅。与此同时，随着地震品质因子 Q 成像技术的发展，以精细 Q 建模为基础的吸收衰减补偿处理技术得到飞速发展和应用（翟桐立等，2018；宋吉杰等，2018）。将微测井 Q 估算的纵向高分辨率与地面观测 Q 估算的横向高密度相结合，采用井地联合观测数据或多源多波场数据估算和反演近地表 Q，构建精细近地表 Q 模型已成为当前衰减补偿处理研究的主旋律。

偏移成像处理是提高水平分辨率最有效的方法。随着地震偏移技术从叠后时间偏移向叠前深度偏移的不断发展和完善，极大提高了复杂地质构造的地震成像能力和水平分辨率。面对不同品质的地震数据、不同的地质问题及其勘探风险，人们发展了种类繁多的反射波偏移成像方法。按照求解方程不同大致可分为：常规声波方程偏移、弹性波方程偏移、各向异性介质弹性波方程偏移和黏弹性波动方程偏移四类。

目前，波动方程偏移成像已成为业界应用最广的方法，同时也是降低勘探风险的最重要的方法技术之一。克希霍夫（Kirchhoff）积分偏移具有无倾角限制、无散射、对网格剖分要求灵活、实现效率高等特点，能实现局部目标成像，适应复杂观测系统和起伏地表，对速度场精度要求比较低（撒利明等，2015），因此，在实际生产中得到广泛应用，并形成了单程波法、相移法与积分法等方法体系。逆时偏移（RTM）技术被公认为目前最精确的深度偏移成像方法。作为高精度复杂构造成像的有力工具，经过十几年的发展，声波逆时偏移的研究日臻成熟且已进入实用化阶段。同时出现了针对多分量地震资料的弹性波逆时偏移；基于声学近似的各向异性介质逆时偏移等。由于逆时偏移直接对波动方程进行求解，不存在射线类偏移的高频近似及单程波偏移的倾角限制，可以利用回折波等波场信息正确处理多路径问题，具有适用于复杂区域和高陡构造成像等优点。当然，逆时偏移仍然存在计算量和存储量大、效率低、偏移噪声强、需要高精度的速度模型等缺点。最小二乘（逆时）偏移成像技术可以获得高精度和高分辨率成像剖面，是当前地震成像的研究热点。除逆时偏移外，真振幅偏移方法一直是偏移成像研究的另一个重要方向。

随着多波多分量地震采集技术的发展和应用，以弹性波理论为基础的多波多分量地震偏移方法得到了快速发展。主要方法有基于弹性波波动方程的弹性逆时偏移和基于射线理论的弹性波偏移。整体来看，弹性波偏移理论体系尽管日趋完备，但是想要进入规模化应用还存在诸如横波速度估计、偏移噪声压制以及多波至、保幅性等许多问题需要解决。未来随着计算效率的提高，弹性波偏移方法将成为弹性波速度建模的有效工具。寻求更高精度和效率的弹性波偏移技术作为一项重要的储备技术将会在未来得到长足发展。随着宽方位地震采集技术的发展以及储层裂隙预测的需要，针对各向异性介质的弹性波偏移成像技术已成为精准成像的关键和研究热点。目前，各向同性介质弹性波偏移理论尚不完善，实现各向异性介质全弹性波偏移成像面临着计算量大、各向异性参数获取困难、缺乏相应的各向异性资料的预处理等诸多技术难题。复杂各向异性介质偏移成像除了计算量大外，各向异性参数的表征与简化也是一个比较棘手的问题，而其实际应用价值也有待于进一步验证，但是复杂各向异性介质偏移成像技术的研究仍然是一个重要的发展方向。

黏弹性波动方程偏移是基于地球介质非完全弹性（即黏弹性）特性而提出的。近年来，以黏弹性理论为基础的黏弹性波动方程偏移成像技术取得了较大的进展，研究重点主要集中在 Q 的反演、黏弹性保幅偏移等方面（撒利明等，2015）。在不同的衰减模型假设条件下发展了一系列黏弹性成像方法。如逆时偏移衰减补偿方法以及稳定性更好的分数阶黏弹性声波方程偏移（Zhang Y et al.，2010；Zhu T et al.，2014）等。目前，黏滞声波偏移需要解决的主要问题包括 Q 建模方法和算法稳定性两个方面。由于吸收衰减补偿为指数型补偿，往往会造成高频部分的不稳定。因此，推导新的具有较高稳定性的黏弹声波方程和采用正则化方法或者其他方法来控制补偿的稳定性可以作为未来的研究和发展方向。

3. 薄储层地震解释技术

在地震勘探中，通常将厚度小于1/4地震波主波长的地层或岩层定义为薄层。由于地震波主波长不仅与地层的速度有关，还与地层内传播的地震波的主频率有关，并非定值。因此，地震勘探中关于薄层和厚层的实际厚度分界线是动态的、相对变化的。这与普通地质学中以绝对厚度（一般以0.1m作为分界线）表述的薄层概念之间明显是不一致的。也就是说，在地质家眼中，同一厚度的地层，不论埋深如何变化，其要么为薄层，要么为厚层是确定不变的。但在地球物理学家眼中，由于地震资料深浅层地震波主频和主波长的不同，同一厚度的地层在深层反射记录中可能被视为薄层，而在浅层反射记录中则可能被视为厚层，此即地震薄层概念的相对性。目前地震勘探中可用于薄储层解释的方法技术主要有地震切片解释、地震反演、地震属性分析及谱分解分频解释等。

地震切片解释是以地震属性为基础，从不同视角观察地震数据体空间变化特征，赋予相应地震反射及其组合特征一定的地质含义，达到对整个数据体或目的层段进行地质解释的目的。目前常用的地震切片解释技术包括等时切片（Time Slice）、沿层切片（Horizontal Slice）和地层切片（Strata Slice）等，它们依据不同的切片制作方法对地震数据体中包含的构造、沉积、岩性、古地貌等信息进行不同角度、不同精度的描述。杨占龙（2020）提出了地震地貌切片的概念及其制作方法。在三维地震勘探初期，基于等时切片、沿层切片的解释方法在地下微幅构造、古河道、溶洞，以及地层断裂和裂缝探测中发挥了十分重要的作用。随着地震沉积学的兴起，作为地震沉积学关键技术之一的地层切片技术在河流沉积薄层砂体预测中得到了广泛应用（Zeng H L et al.，1998a，1998b；

朱筱敏等，2020）。由于不同类型河流地貌形态均为条带状特征，因此相较等时切片，利用地层切片更容易识别。作为地震资料水平分辨率应用的最佳解释手段，进一步推进地震数据，特别是地层切片的三维可视化静态和动态表征，必将在未来非常规油气储层、深层与超深层储层（尤其是薄层砂体）及地层岩性圈闭的描述预测中发挥不可替代的作用。

地震反演是基于不完全数据地震勘探前提下的地下介质弹性参数（主要是速度、波阻抗和反射系数）和物性参数（主要是孔隙度、饱和度、压力等）的定量化估计，是定量地震解释的重要支柱。可以说，地震定量解释技术的进步很大程度上取决于地震反演技术的进步。自 Lindseth R O（1979）提出了 Seislog 方法使得地震反演技术得以广泛应用以来，地震反演得到飞速发展，相关方法种类多而繁杂。按照资料来源不同，可将地震反演分为叠后和叠前反演两大类。迄今为止，叠后地震反演取得了巨大成功，已形成多种成熟技术，如地震直接反演、测井约束地震反演、测井—地震联合反演、地震约束下的测井曲线反演等。由于叠后反演方法很难获得孔隙度、储层流体、岩性等关键参数，无法满足储层定量解释的要求，从而使得叠前反演技术得到迅速发展并已成为定量地震解释的常规流程，最具代表性方法有 AVO（振幅随偏移距变化）反演、AVA（振幅随入射角变化）同步反演、弹性阻抗（EI）反演和归一化的扩展弹性阻抗（EEI）反演（Connolly P，1999；Whitecombe D N，2002）。整体来看，叠后波阻抗反演为储层研究开辟了新的途径，且以基于模型的叠后波阻抗反演应用最广。拟测井曲线反演技术可进一步提高反演分辨率（撒利明等，2015b）。弹性阻抗反演的出现极大地拓展了反演方法的应用范围。叠前 AVO 反演为提高储层定量化预测精度提供了有效途径。目前，地震反演不论是在岩性预测、非均质裂缝储层预测，还是在含气饱和度预测及提高油藏成像等各方面均得到了成功应用。

近年来，随着地震反演方法研究的不断深入，可用于薄储层预测的新的反演方法层出不穷，如以贝叶斯反演为代表的统计学反演、叠前同步反演、深度域反演、全波形反演等。统计学反演在一定程度上拓展了地震带宽，非线性及有关全局优化算法的出现进一步减少了反演的多解性，基于波动方程的叠前反演方法为实现复杂介质叠前反演提供了有效途径。但是，由于实际地震数据为带限数据，并受到各种噪声的污染，再加上数据量庞大，使得反演问题的数学求解必然是病态的，在很大程度上会妨碍某些先进算法理论的实际应用。此外，如何构建高精度的反演初始模型，是获得高精度反演结果的关键。未来多相介质中弹性波的传播与流体识别将会成为油气储层反演研究的焦点，纵横波联合反演将成为储层定量化表征的重要途径，全波形反演可能会给地震反演带来全新的视角。

地震属性分析技术是以地震属性信息为基础，通过属性的分类、提取、优化，将其转化为与地层构造、储层岩性、物性及流体信息等有关的，可以为地质解释或油藏工程直接服务的信息。进而达到充分发挥地震资料潜力、提高地震储层预测和油藏监测能力的一项系统的应用技术。目前，地震属性研究已经由传统的振幅、频率、相位、能量、波形和比率等点面属性信息扩展到速度、波阻抗、AVO、相干等三维属性信息或称为体属性。目前，地震属性分类繁杂，可以利用的属性种类繁多，数量庞大，多达上百种，这使得地震属性的筛选、融合、优化成为研究的热点。地震属性优化主要包括属性预处理与属性筛选或融合两个步骤。预处理的目的是为了消除不同地震属性之间量纲的不一致、缩小数值量级差异、剔除离群异常值、突出局部异常值等，常用处理方法有提取剩余异常、数据规格化、平滑处理或加权处理等。地震属性优化方法一般可分为地震属性优选与地震属性降维映射（或称为属性压缩）两大类方法。属性优选是从一个属性集中挑选出最有利于地震储层预测的属性子集的过程，经过属性优选后，属性空间的维数被压缩了。最简单的地震属性优选方法是利用专家的知识和经验进行属性选择，而最严格的方法是在给定约束条件下通过数学方法进行属性筛选，如属性贡献量方法、搜索法、相关分析法、遗传算法、粗集（RS）理论决策分析方法等。属性压缩主要是通过映射或变换的方法，把属性空间的高维属性变成低维属性的过程。换言之，它是从大量原有地震属性出发，构造少数有效的新属性的过程，一般来说，经过属性压缩后，原有地震属性的物理意义已不明确。较常用的地震属性降维映射方法有主成分分析或称为 $K—L$ 变换法、偏最小二乘主成分分析方法等（Gao Jun et al.，2006）。属性优选对样本的依赖性很强，当样本数据较少不足以揭示各地震属性与预测对象之间的关系时，该方法很难获得最佳的地震属性组合，自然也就无法获得高精度的储层预测结果。以主成分分析为代表的属性降维或压缩方法在求取反映地震属性数据结构的新属性的过程中并不完全依赖于样本数据，但是所提取的新属性或者说属性数据的主成分分量与所预测对象之间的相关性具有很大不确定性，从而降低了新属性对所要预测的对象解释能力。偏最小二乘主成分分析方法较好地克服了主成分分析法的固有缺陷，即使在小样本的情况下仍能较好地提取与预测对象具有较好相关性的新属性或主成分分量，同时还具有较好的抗噪作用，不失为最佳的属性优化方法。

近年来，基于地震属性优选的地震属性融合技术开始兴起，并逐步从理论走向实际应用。除了传统的基于多元线性回归和聚类分析的属性融合技术外，基于颜色空间的多属性融合技术，如红绿蓝（RGB）融合，以及基于神经网络的融合技术不断被研究者投入使用。通过属性融合可充分挖潜地震属性数据的内含信息，去除重复冗杂信息，进而可降低储层预测的多解性，提高储层预测精度（李婷婷等，2015）。

地震谱分解技术是一种基于时频变换的定量化和可视化储层分频解释新技术，是地震属性分析技术的重要组成部分。通过时频变换可以获得地震数据在时间域和频率域的联合分布，可大大提高储层识别的横向分辨率，从而成为利用三维地震资料的多尺度信息进行地层圈闭或沉积相解释、薄储层预测以及地层厚度确定和油气检测等的重要工具。地震谱分解技术的核心是时频变换或时频分析。常见时频分析技术大致可分为五大类，即线性时频分析方法、双线性时频分析技术、基于经验模态分解（EMD）的希尔伯特—黄变换（HHT）及其改进算法、稀疏时频分析技术和高阶时频分布（陈颖频，2019）。目前在地震储层预测和定量解释中尤以基于线性时频变换的谱分解技术应用最为普遍。考虑到分频解释工作量大而且难以获得综合解释结果的局限性，程金星和陈俊（2020）在广义 S 变换基础上，借助计算机图形的颜色空间（RBG）和色彩空间（HSI）的相互映射，通过 RGB—HSI 正变换和反变换较好实现了多频信息融合成像，可以直观、立体地勾勒出河道砂体的厚度变化及其发育规模。

需要指出的是，传统的时频分析方法存在分辨率不高、交叉项干扰等问题，严重制约了该技术在地震勘探中的应用。新兴的信号处理技术为提高时频分析精度、去除交叉项干扰带来可能，未来频谱成像技术将会极大地促进储层定量解释的发展。

第二节　地震岩石物理

地震岩石物理是岩石物理与勘探地球物理交叉的一门新兴学科，是岩石物理在地震勘探领域应用、发展的产物，也是联系油藏与地震的重要桥梁。随着地震技术向油藏领域延伸，地震岩石物理在油气开发领域也有重要的应用。

一、动静态岩石物理实验技术

岩石物理性质是地震定量解释的重要基础，实验测量是获取岩石物理性质的主要途径，利用应力应变法实现岩石物理性质测量主要包括静态测量和动态测量两种。静态测量指对岩石施加载荷（压缩、拉伸或剪切等）后保持载荷不变或缓慢变化时测量岩石的静力学性质，是表征岩石弹性性质的重要参数，相当于频率为零、波长无限长时的岩石物理性质。动态测量指在一定的温压条件下，附加周期性重复外力并观测岩石弹性参数。

1.静态岩石物理参数测量

岩石静力学性质测量方法本身已经比较成熟，基本原理是对样品施加压力，测量纵向和轴向变形量，计算其杨氏模量和泊松比。最常用的方法包括压力伺服机和高温高压应力应变电测法。本节以美国 GCTS 公司 RTR-2000 高温高压岩石三轴动态测试系统为例介绍测量方法，如图 2-2-1 所示。整套装置分为四部分，分别是高温高压三轴室、轴压加载系统、围压加载系统和数据自动采集控制系统。装置可提供最大轴压 2000kN，最大围压 140MPa，最大孔压 140MPa，最高温度 200℃，液体体积控制精度 0.01g/cm³，变形控制精度 0.001mm。该装置符合国际岩石力学学会（ISRM）和美国材料试验学会（ASTM）关于岩石三轴试验的所有要求，可进行岩石单轴和三轴压缩试验，并同时实现动态超声波的测量。

图 2-2-1　RTR-2000 岩石三轴动态测试系统

岩石三轴压缩试验流程如下：（1）将准备好的岩石样品用胶套塑封后放置压头之间，并在样品表面加持轴向和径向应变传感器；（2）装好液压油，抽真空排出空气；（3）施加围压到指定值，并保持不变，位移传感器清零；（4）加载轴压，采集系统开始记录轴压加载过程中的应力和应变值；（5）采用轴向应变控制，加压速率为应变率 $10^{-5}s^{-1}$，增加轴压到样品破坏，直至轴向应力保持残余应力不变。

图 2-2-2a 所示为岩石压缩试验得到的全应力应变曲线，其中蓝色曲线代表轴向应变，用符号 ε_a 表示；红色曲线代表径向应变，用符号 ε_r 表示；绿色曲线代表体积应变，用符号 ε_v 表示。三变量之间存在关系：$\varepsilon_v=\varepsilon_a+2\varepsilon_r$。这里主要研究在轴向压应力作用下岩石的脆性变化规律，因此，重点关注轴向应力与轴向应变的变化关系，若无特殊说明，书中提到的应变均为轴向应变。在峰前曲线近直线阶段，斜率为岩石静态杨氏模量，径向应变与轴向应变比值的绝对值为岩石静态泊松比。

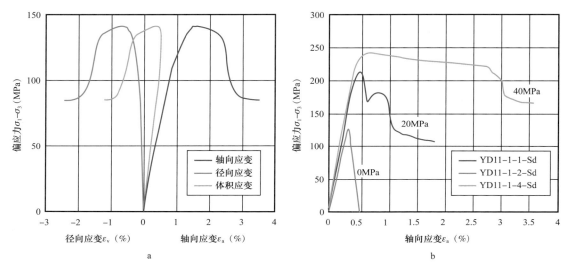

图 2-2-2　全应力应变曲线

通过改变围压条件，对同种岩石的不同样品进行压缩试验，可得到应力—应变曲线随围压的变化关系，如图 2-2-2b 所示。图中红、蓝、绿三条曲线分别代表围压为 0MPa、20MPa、40MPa 的岩石应力—应变曲线，随着围压的增大，峰前曲线斜率、峰值应力、峰值应变、残余应力和残余应变均逐渐增加，同时峰后曲线斜率逐渐降低，岩石从脆性向塑性过渡。

图 2-2-3 所示为不同种类岩石单轴和三轴压缩试验后的样品。从图中可以看出，（1）单轴压缩的岩石样品中裂缝密度明显大于三轴压缩情况；（2）单轴压缩试验后的岩石样品中，致密碳酸盐岩裂缝密度最大，其次为致密油岩，致密砂岩裂缝密度最小；（3）三轴压缩试验后的三种岩石样品表面均只有一条裂缝；（4）单轴压缩产生的裂缝近垂直，三轴压缩产生的裂缝存在明显倾角。

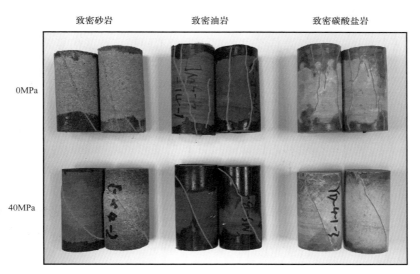

致密砂岩　　　　　　致密油岩　　　　　致密碳酸盐岩

图 2-2-3　岩石压缩试验后岩石样品

2. 宽频岩石物理实验技术

以中国石油勘探开发研究院宽频实验系统为例，介绍宽频岩石物理实验技术。宽频测量系统主要由压力控制（围压和孔压）、样品控制及数据激发及采集等三个主要部分构成，如图 2-2-4 所示。该套低频测量系统参考了科罗拉多矿院岩石物理实验室及壳牌公司的设备，在国内为首套。该套设备在综合两套设备的基础上进行了改进，测量的核心部件（样品控制）可以固定在底座上，压力容器外罩可以提升，这样可以保证高精度机械测量设备的稳定性，还可以大大减弱振动源和样品间的能量耦合，在现有条件下，可以实现应力—应变的动态测量。在整套设备的研制过程中，还结合超声波测量，通过激发转换及测量方法的转换，可以同时进行地震频段、中高频及高频测量。

图 2-2-4　低频测量系统

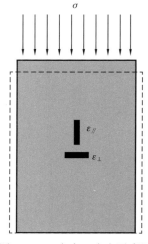

图 2-2-5 应力—应变示意图

根据应力—应变理论，在岩心样品表面粘贴应变计，激振器将经过功率放大的不同频率正弦信号转换为周期性振动，岩心样品和标准件因受到相同应力作用而发生形变，应变计将这种形变转换成电信号输出，根据输出的电压幅值，就可以进行不同频率条件下速度和衰减的测量和计算。

应力—应变测量方法基于胡克定律，通过测量杨氏模量和泊松比间接计算速度频散。系统设计为等应力系统，图 2-2-5 显示了岩心样品受到应力作用产生微小应变的示意图，将两组应变计（纵向、横向）粘贴在岩心样品的表面，可以测量得到与应力（δ）分别平行和垂直的应变量，即 $\varepsilon_{//}$ 和 $\varepsilon_\perp$。

假设应力和应变是理想的弹性形变，根据胡克定律，两者满足以下关系：

$$E = \sigma / \varepsilon_{//}, \quad \nu = \varepsilon_\perp / \varepsilon_{//} \tag{2-2-1}$$

式中：E 为杨氏模量；ν 为泊松比；σ 为应力；$\varepsilon_{//}$ 为平行的应变量；$\varepsilon_\perp$ 为垂直的应变量。

测量样品的密度 ρ，可以计算得到地震波速度：

$$v_{\mathrm{p}} = \sqrt{\frac{E(1-\nu)}{(1+\nu)(1-2\nu)\rho}} \tag{2-2-2}$$

$$v_{\mathrm{s}} = \sqrt{\frac{E}{2(1+\nu)\rho}} \tag{2-2-3}$$

式中：v_{p} 为纵波速度；v_{s} 为横波速度。

在应变量足够小的情况下，固体中黏弹性衰减可以用标准线性固体（standard linear solid，简写为 SLS）模型（Zener C M et al., 1948）来描述：

$$\sigma + \tau_\sigma \dot{\sigma} = M_{\mathrm{R}} \left(\varepsilon + \tau_{\mathrm{s}} \dot{\varepsilon} \right) \tag{2-2-4}$$

式中：M_{R} 为松弛弹性模量；τ_σ 为发生常应变条件下应力的松弛时间；τ_{s} 为常应力作用下应变的松弛时间；$\dot{\sigma}$ 为应力对时间变量的一阶导数；$\dot{\varepsilon}$ 为应变对时间变量的一阶导数。

对于正弦地震波信号，应力是时间、频率及位移的函数，写为以下形式：

$$\sigma(t) = \sigma_0 \exp \left[\mathrm{i}\left(\omega t - kx \right) \right] \tag{2-2-5}$$

式中：ω 为圆频率；t 为时间；x 为位移；σ_0 为初始应力；k 为系数。

此时，应力与应变的关系表达为

$$\sigma(t) = \frac{M_{\mathrm{R}}}{A - \mathrm{i}B} \varepsilon(t) \tag{2-2-6}$$

应力与应变之间存在相位差，而该相位差则是由能量衰减引起的，如果没有发生能量损失，在应力—应变的对应关系中，二者呈线性关系，而当发生能量衰减时，二者之间出现相位差，而且随着应力的变化，呈现周期性变化。图 2-2-6 中椭圆区域是一个信号周期内的能量衰减，将一个周期内弹性应变的能量定义为 W，发生的能量损失为 ΔW，因此一个周期内的能量衰减为 $\Delta W/W$。

假设能量衰减较弱，地层品质因子的倒数可以表示为应力—应变相位差的三角函数关系，即：

$$\frac{1}{Q} = \tan\theta \tag{2-2-7}$$

式中：θ 为应力—应变相位差，可以通过实验测量得到。

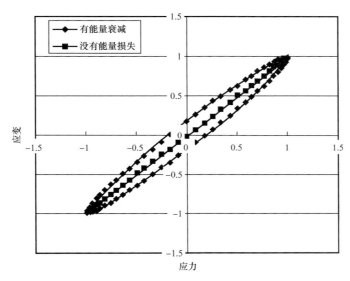

图 2-2-6　利用应力—应变相位差异计算能量衰减

3. 动静态岩石物理模量联合测量技术

将静力学测量方法集成到低频测量和超声测量系统中，实现真正意义上的全频段同步联合测量，不仅可以节省大量实验成本（设备成本、实验成本、时间成本），也可以确保实验数据之间的一致性和有效性。目前这样的实验测量系统尚未见报道，也没有类似的实验数据发表。主要原因是目前低频测量技术本身尚不够成熟，现有的低频测量设备中几乎都不支持轴压系统。

中国石油勘探开发研究院基于现有的低频测量设备，集成多通道静态模量测量装置、集成超声波换能器，扩展轴压控制系统，达到静态、高低频动态的同位测量。改进后的测量系统具有以下优势：

（1）轴压和围压单独控制，实现静力学、动力学性质的同位测量；

（2）静态杨氏模量可以测量 10^{-6} 尺度的应变；

（3）整个测量过程，样品只需要装卸 1 次，保证所有测量在相同的温度、压力条件下；

（4）饱和度可以连续控制。

利用铝件对以上方法进行验证和校正，杨氏模量为 74.2GPa 的铝件利用以上动静态测量方法在不同压力条件下的测量标准误差小于 0.6%，相对误差低于 1.0%。图 2-2-7 显示了相同压力条件下的低频测量信号，信号质量很高，计算的模量与超声波测量的模量非常接近。

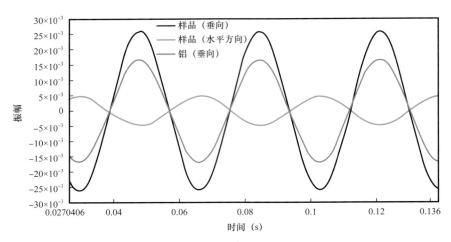

图 2-2-7　标准铝件的低频测量信号

二、面向开发的地震岩石物理建模

1. 经典岩石物理模型

岩石物理模型是岩石物理建模的理论基础，用于岩石物理建模的岩石物理模型有许多，包括流体弹性参数计算，骨架矿物混合，干岩石模量计算等。这些岩石物理模型各有其适用条件，在一定程度上基本能满足日常的岩石物理计算需求，但是随着勘探开发对象的日趋复杂，岩石物理模型仍在不断发展之中。这里仅将岩石物理研究中应用最为广泛的岩石物理模型简要介绍。

1）计算岩石基质的等效弹性参数的岩石物理模型

计算岩石基质弹性参数使用最广泛的岩石物理模型是 VRH 平均法和 Hashin—Shtrikman 边界平均法。

VRH 是一种常用的基于弹性模量边界的等效弹性模量估算方法，由 Hill R 于 1952 年提出，根据 Voigt 等效模量和 Reuss 等效模量两种方法求算术平均而得。Voigt 等效模量的计算方法是加权平均。由于它假定介质内所有组分的应变是相等，所以又称为等应变平均，代表了介质等效模量的上限。Reuss 等效模量的计算方法是调和平均。由于它假定介质内所有组分的应力是相等，所以又称为等力平均，代表了介质等效模量的下限。

Hashin Z 等（1963）提出了 Hashin—Shtrikman 弹性模量边界：当较硬的介质作为组分 1 时，计算结果对应上边界；当较软的介质作为组分 1 时，计算结果对应下边界。Hashin—Shtrikman 上界和下界确定的弹性模量的范围比 Voigt 边界和 Reuss 边界确定圈的范围窄，对上下边界进行加权平均通常能够获得好的等效模量估值。

2）干岩石骨架岩石物理模型

这里所述的岩石骨架指的是岩石孔隙不含流体时的状态。干岩石骨架体积模量是岩石物理建模过程的重要参数，而该参数往往难以通过实验方法获得。计算干岩石骨架弹性参数的岩石物理理论模型主要有等效介质模型和接触理论模型两大类。

（1）包体模型。

计算固结岩石弹性参数的理论模型以包体模型较为常见。基于包体模型建立起来的等效介质理论可以分成两类：自洽和散射。自洽方法首先是由 Hill R（1965）和 Budiansky B（1965）在 Eshelby J D（1957）提出的应变能基础上发展起来的，Hill R 提出的自洽模型只针对球形包体。Wu T T（1966）进一步发展出针对椭球体包体的自洽模型，Korringa J 等（1979）推导出适用于多相介质的自洽模型。Berryman J G（1980）用弹性波散射理论建立了一种自洽方法来估计含有椭球包体非均匀介质的等效弹性参数，这种方法与 Wu T T 提出的自洽模型不同。Kuster G T 等（1974）基于长波长一阶散射理论，同时考虑了包体弹性性质、体积百分比和孔隙形状的影响，推导了双相介质等效属性的理论表达式。包体模型的一个共同假设是：岩石的孔隙与孔隙相互孤立，没有流体交换。因此，当包体模型用于计算饱和流体岩石的弹性参数时，对应的是高频状态（即穿过岩石的波频率高，周期短，一个周期内岩石孔隙与孔隙之间来不及进行流体交换，孔隙流体处于非弛豫状态）。当假定岩石孔隙中的包体的体积模量和密度均为 0 时，包体模型可以用于干计算岩石骨架的弹性参数。

（2）基于接触理论岩石物理模型。

接触理论是伴随着颗粒材料等效弹性性质的研究发展而发展起来的，接触理论一般用来计算非固结岩石的框架等效弹性模量。基于接触理论岩石物理模型假设岩石颗粒由很多相同的弹性球体组成。这类模型大多数是为了研究颗粒状物质的等效弹性特征而发展起来的。在岩石物理研究中，这类颗粒状物质被称为非固结储层。只要提供深度信息，就能用接触模型以深度和孔隙度函数形式来定性估计地震波速度。所有接触模型都是以 Hertz H（1882）和 Mindlin R D（1949）的接触理论为基础。Hertz H（1882）给出了法向外力作用下的互相接触的两个相同弹性球的接触半径、径向位移和接触强度的量化表达。Hertz 模型中球体没有受到切向力作用，Mindlin R D（1949）给出了法向力和切向力先后作用下的互相接触的两个相同弹性球的接触半径、径向和切向位移和接触强度的量化表达。径向位移和接触强度的表达式与 Hertz 模型一致。Digby 接触模型（Digby P J，1981）假定球体及其堆叠体是均匀、弹性各向同性的，相同球体随机堆叠，初始时相邻球体紧密结合，结合处外球体光滑。Digby 接触模型可以用于胶结砂岩和非固结砂的等效弹性模量。Walton K（1987）假定球体及其堆叠体是均匀弹性的，球体是统计各向同性的，导出了一组针对随机紧密堆叠的球体等效弹性模量的方程。Walton 模型指出在静水压力作用下，堆叠体是宏观各向同性的；在单轴压力作用下，堆叠体是横观各向同性的。等效弹性常数与压力的 1/3 次幂成正比。Walton 模型不能用于悬浮体的等效弹性模量计算，对于砂岩泊松比的估计过低，并且涉及的压力情形过于简单，成为应用上的局限。Dvorkin J 等（1996）提出胶结砂模型，这个模型模拟向随机紧密堆叠的球体形成的堆叠体内填充胶结物的过程。胶结物的作用在于减小有效孔隙度，提高堆叠体的等效弹性模量。胶结砂模型涉及两种胶结模式。胶结砂模型建立了等效弹性模量与法向和切向强度以及胶结物和球体弹性模量之间的关系。当胶结物和球体弹性模量一致时，退化为 Digby 模型。胶结砂模型可以用来估计干砂岩的弹性模量，但对于砂岩泊松比的估计过低。Dvorkin J 等（1996）同时提出一个非胶结砂模型，这个模型首先利用 Hertz-Mindlin 理论计算临界孔隙度时的砂体等效弹性模量，然后将这组等效弹性模量和纯骨架（石英）的弹性模量作为 Hashin-Shtrikman 弹性模量下限的两个组分，内插出孔隙度为零到临界孔隙度之间的砂体的等效框架弹性模量。

3）孔隙流体岩石物理模型

孔隙流体是储层岩石的一个重要组成部分，其性质影响岩石的弹性属性及地震波响应。孔隙流体性质通常会随组分、压力和温度等环境条件发生改变。Batzle M 等（1992）对流体的密度、弹性参数进行了系统研究后，认为：天然气的密度及弹性参数与地层温度和压力等条件关系密切；盐水的弹性参数及密度与其矿化度、温度等有关；活油的密度与油的 API 度、温度、压力、气油比有关，并给出了具体计算公式。混合流体等效体积模量的模型主要有 Wood 模型、Brie 公式等。

4）饱和岩石物理模型

计算饱和岩石的等效弹性参数的理论模型有 Gassmann 方程、Biot 模型、BISQ 模型，以及 White J E（1975）和 Dutta N C 等（1979）提出的片状饱和模型等。Gassmann 方程是目前储层岩石物理模型研究中最常用的方程之一。Gassmann 方程的假定条件是：（1）岩石的基质（或骨架）宏观上是均质的；（2）所有的孔隙都是相互连通的；（3）所有孔隙都充满流体（液体、气体或者气液混合物）；（4）所研究的岩石—流体体系是封闭的；（5）孔隙流体不对固体骨架产生软化或硬化作用。在中—高孔隙度、低频条件下，上述假设条件基本成立，因而 Gassmann 方程主要适合于中高孔隙度储层，地震频带下流体响应特征的描述。考虑到均质岩石被非均匀饱和（饱和度随空间位置发生改变）的情形，一些学者提出了片状饱和模型，如 White J E（1975）和 Dutta N C 等（1979）模型。这些模型假定在每一碎片以内流体压力达到平衡，而碎片与碎片之间不能达到平衡。

在考虑孔隙长宽比、孔隙比例因子、孔隙连通等三个孔隙结构差异的基础上卢明辉等提出了的一种适合致密砂岩岩石物理建模的岩石物理模型，称为多重孔隙非均匀饱和模型，该模型适合于致密砂岩岩石物理建模。

为了解释慢纵波和地震波传播过程的频散效应，Biot M A 于 1956 年提出了覆盖全频率范围的流体饱和双相孔隙介质中的弹性波的传播理论，该理论对孔隙流体与岩石骨架间的黏性和惯性作用机制中进行了不完全解释。Biot M A（1962）将其理论推广到各向异性流体饱和双相孔隙介质。Biot 理论的局限性在于：虽然表明了弹性波经过流体饱和孔隙介质会发生能量耗散和速度频散，但由于未考虑喷射效应，对能量耗散和速度频散估算过低。

BISQ 理论模型。Dvorkin J 等（1993）首次在考虑喷射流和 Biot 流之间相互关系的基础上形成了 BISQ 理论。BISQ 理论对能量和速度频散的大部分机理进行了解释。BISQ

模型的局限性在于其假设：岩石是各向同性的；所有组成岩石的矿物具有相同的体积模量和剪切模量；岩石视完全饱和（岩石孔隙中有少量不可检测的残余气体）。

Pride S R 等（2004）首次采用双孔波动理论的理论体系成功描述了喷射流机制，通过一个统一的理论框架，描述了三种不同的纵波速度衰减机制，分别对应于：中观尺度的干岩石骨架的非均质性（双孔）、中观尺度流体类型的非均质性（非均匀饱和）、由于微裂引起颗粒尺度的非均质性（喷射流）。所有三种模型中，衰减的大小主要取决于所考虑尺度的各组分的弹性参数的差异。Para 双孔介质模型计算的结果显示对于可能发生喷射流的微观非均匀孔喉结构，其地震波速度频散与能量衰减主要发生在声波频段以上，可以模拟超声频段出现的大量衰减，但是却无法解释地震频段的衰减现象。

Batzle M 等（1992）采用了低频实验方案观测了岩石样本中的低频段当量地震波速度，结果显示在地震频段内，弹性波速度同样具有很强的频散特征。巴晶（2010）依据致密储层孔隙结构复杂、孔隙连通性差的基本特征，以及孔隙分布在不同尺度上的非均匀性，分析其在地震传播过程中孔隙压力传导与平衡的特殊性，设计了大孔、小孔双峰态孔隙介质模型和流体部分饱和的斑块模型，从最经典的力学分析原理出发，建立了新的双孔介质跨尺度预测模型。该模型兼具已有理论模型的主要优点，不仅适合双孔介质、实现不同频率纵波速度的较准确预测，而且各项参数物理意义明确，无须过多假设，还可以有效处理部分饱和问题。

2. 多尺度动态双孔介质岩石物理模型

采用双重孔隙介质波传播方程模拟局部流过程，一般设置背景与嵌入体两类孔隙骨架，其中嵌入体体积率低，因此此前研究忽略了对其局部流速度场的考虑，不能完备描述局部流振动的物理过程，不可适用于嵌入体流体动能不可被忽略的情况。本章节基于含球形嵌入体的双孔介质模型，分析了嵌入体内、外的局部流速度场，对动能函数、耗散函数进行了改写，基于哈密顿原理重新推导了弹性波传播的改进毕奥—瑞利（Biot—Rayleigh，简写为B—R）方程。基于不同的岩石、流体类型给出了模拟算例，并与改进前的B—R方程进行了对比，部分情况下改进前、后理论预测的波响应特征有明显差异。将改进的B—R方程与前人理论、实验观测数据进行了对比，结果证实改进的Biot—Rayleigh 理论结果是正确、有效的。

原B—R方程组所采用的双孔模型中，共设置了背景与嵌入体两类骨架，理论推导中忽略了嵌入体内部的局部流动能，因此在描述局部流物理过程方面是不完备的。本节对球形嵌入体内部的流体速度场进行近似求取，重新推导动能函数、耗散函数以及改进的B—R方程组。通过不同类型的双孔算例，分析改进前后B—R方程预测结果的差别，并通过对比前人理论以及岩石物理实验来验证改进B—R方程的有效性。

1）球形嵌入体内部局部流速度场

前期的研究基于描述球状流体振荡的瑞利方程导出了局部流的控制方程，但在计算局域流的动能函数和耗散函数时，没有考虑球型嵌入体内部的流体动能，本节首先对球形嵌入体内部的流体速度进行求取。

据 B—R 方程，按嵌入体边界把岩石骨架划分为"球内""球外"两部分，所有"球内"骨架占岩石总体积率的 V_2，球内骨架孔隙度为 ϕ_{20}，球内孔隙占整个岩石的绝对孔隙度为 $\phi_2 = V_2\phi_{20}$。"球外"骨架占岩石总体积率 v_1，球外骨架孔隙度为 ϕ_{10}，绝对孔隙度为 $\phi_1 = V_1\phi_{10}$。岩石的总孔隙度为 $\phi = \phi_1 + \phi_2$。

首先，假设嵌入体内部的流体是可压缩的，则球坐标系下的连续方程（流体质量守恒）为

$$\frac{\mathrm{d}\rho}{\mathrm{d}t} + \rho\left[\frac{1}{r^2}\frac{\partial}{\partial r}\left(r^2 U_\mathrm{R}\right)\right] = 0 \qquad (2\text{-}2\text{-}8)$$

式中：ρ 为嵌入体内的流体密度；t 为时间；r 为变形后的嵌入体半径；U_R 为嵌入体内流体的径向速度。

式（2-2-8）整理后可写为

$$\frac{r^2}{\rho}\frac{\mathrm{d}\rho}{\mathrm{d}t} = -\frac{\partial}{\partial r}\left(r^2 U_\mathrm{R}\right) \qquad (2\text{-}2\text{-}9)$$

其中，$\dfrac{\mathrm{d}\rho}{\mathrm{d}t}$ 变化很小，视为常数，等号两边同时对 r 积分，可得：

$$U_\mathrm{R} = -\frac{1}{3\rho}\left(\frac{\mathrm{d}\rho}{\mathrm{d}t}\right)r \qquad (2\text{-}2\text{-}10)$$

由于骨架嵌入体的半径为 R_0，流体球的动态半径为 R，$\dot{R}$ 是半径为 R 流体球表面的流体速度，根据假设，嵌入体内流体质量是恒定的，则有 $\rho R^3 = C + o(\varepsilon)$，故可以得到：

$$\frac{\mathrm{d}\rho}{\mathrm{d}t} = -\frac{3CR^2}{R^6}\dot{R} \qquad (2\text{-}2\text{-}11)$$

可得嵌入体内（$r < R$）的流体速度为

$$\dot{r}_{\mathrm{in}} = \frac{\dot{R}r}{R} \qquad (2\text{-}2\text{-}12)$$

则嵌入体内的流体动能可写为

$$T_{\mathrm{in}} = \frac{1}{2}\phi_{20}\rho_\mathrm{f}\int_0^R 4\pi r^2\left(\dot{r}_{\mathrm{in}}\right)^2\,\mathrm{d}r = \frac{2}{5}\pi\phi_{20}\rho_\mathrm{f}\left(\dot{R}\right)^2 R^3 \qquad (2\text{-}2\text{-}13)$$

其次，基于流体质量守恒定律，可以得到嵌入体外（$r > R$）的流体速度：

$$\dot{r}_{\mathrm{out}} = \frac{\dot{R}R^2\phi_{20}}{r^2\phi_{10}} \qquad (2\text{-}2\text{-}14)$$

则嵌入体外的流体动能可写为

$$T_{\text{out}} = \frac{2\pi\rho_{\text{f}}\phi_{20}^2}{\phi_{10}}\left(\dot{R}\right)^2 R^3 \tag{2-2-15}$$

2）改进后的运动方程

基于哈密顿原理可以直接推导弹性波动力学方程，其中拉格朗日能量密度可表示为 $L = T - W$。

带耗散的拉格朗日方程可写为

$$\frac{\mathrm{d}}{\mathrm{d}t}\left(\frac{\partial L}{\partial \dot{x}}\right) + \frac{\mathrm{d}}{\mathrm{d}x_k}\frac{\partial L}{\partial\left(\dfrac{\partial x}{\partial a_k}\right)} + \frac{\partial L}{\partial x} + \frac{\partial D}{\partial \dot{x}} = 0 \tag{2-2-16}$$

式中：x 分别代表位移矢量 $\boldsymbol{u}$、$\boldsymbol{U}^{(1)}$ 和 $\boldsymbol{U}^{(2)}$ 其中的任一分量；a_k 代表 x，y，z 三个方向；D 为耗散函数。

局域流矢量 ζ 的拉格朗日方程可表示为

$$\frac{\mathrm{d}}{\mathrm{d}t}\frac{\partial L}{\partial \dot{\zeta}} + \frac{\partial L}{\partial \zeta} + \frac{\partial D}{\partial \dot{\zeta}} = 0 \tag{2-2-17}$$

推导可以得到改进后的 B—R 方程组：

$$\begin{cases} N\nabla^2\boldsymbol{u} + (A+N)\nabla e + Q_1\nabla(\xi_1 + \phi_2\zeta) + Q_2\nabla(\xi_2 - \phi_1\zeta) \\ \quad = \rho_{00}\ddot{\boldsymbol{u}} + \rho_{01}\ddot{\boldsymbol{U}}^{(1)} + \rho_{02}\ddot{\boldsymbol{U}}^{(2)} + b_1\left(\dot{\boldsymbol{u}} - \dot{\boldsymbol{U}}^{(1)}\right) + b_2\left(\dot{\boldsymbol{u}} - \dot{\boldsymbol{U}}^{(2)}\right) \\ Q_1\nabla e + R_1\nabla(\xi_1 + \phi_2\zeta) = \rho_{01}\ddot{\boldsymbol{u}} + \rho_{11}\ddot{\boldsymbol{U}}^{(1)} - b_1\left(\dot{\boldsymbol{u}} - \dot{\boldsymbol{U}}^{(1)}\right) \\ Q_2\nabla e + R_2\nabla(\xi_2 - \phi_1\zeta) = \rho_{02}\ddot{\boldsymbol{u}} + \rho_{22}\ddot{\boldsymbol{U}}^{(2)} - b_2\left(\dot{\boldsymbol{u}} - \dot{\boldsymbol{U}}^{(2)}\right) \\ \dfrac{\phi_2}{15}\rho_{\text{f}}\phi_1^2 R_0^2\left(\ddot{\zeta}\right) + \dfrac{\phi_2\phi_{20}}{3\phi_{10}}\rho_{\text{f}}\phi_1^2 R_0^2\left(\ddot{\zeta}\right) + \dfrac{1}{15}\phi_{20}\phi_2\phi_1^2 R_0^2\dfrac{\eta}{\kappa_2}\left(\dot{\zeta}\right) + \dfrac{1}{3}\phi_{20}\phi_2\phi_1^2 R_0^2\dfrac{\eta}{\kappa_1}\left(\dot{\zeta}\right) \\ \quad = \phi_2\left[Q_1 e + R_1(\xi_1 + \phi_2\zeta)\right] - \phi_1\left[Q_2 e + R_2(\xi_2 - \phi_1\zeta)\right] \end{cases} \tag{2-2-18}$$

考虑到岩石内部存在两种压缩系数不同的骨架，但饱含着一种流体，可将体积含量较小的骨架抽象成嵌入体，另一类抽象成背景相，即两类骨架、一类流体双孔模型；同理，考虑到岩石内部存在一种岩石骨架，两类孔隙流体，由于孔隙空间内流体在密度、弹性模量及黏滞性方面的差异，可将两类孔隙流体分别抽象为嵌入体和背景相，即一类骨架、两类流体双孔模型，二者其动力学波传播方程形式基本相同，唯一的差别是 LFF 控制方程。

提出的两类骨架、一类流体双孔模型的 LFF 控制方程为

$$\frac{\phi_2\phi_{20}}{3\phi_{10}}\rho_{\text{f}}\phi_1^2 R_0^2\left(\ddot{\zeta}\right) + \frac{1}{3}\phi_{20}\phi_2\phi_1^2 R_0^2\frac{\eta}{\kappa_1}\left(\dot{\zeta}\right) = \phi_2\left[Q_1 e + R_1(\xi_1 + \phi_2\zeta)\right] - \phi_1\left[Q_2 e + R_2(\xi_2 - \phi_1\zeta)\right]$$

$$\tag{2-2-19}$$

参数 Q_1、R_1、Q_2、R_2 的定义与 Biot 类似，表示双重孔隙介质中独立的 Biot 弹性常数（Berryman J G et al.，1995；Johnson D L，2001）。骨架嵌入体的半径为 R_0，流体球的动态半径为 R。

但考虑嵌入体内部局部流动能、耗散后，两类骨架、一类流体的双孔模型的 LFF 控制方程，本节提出的一类骨架、两类流体的双孔介质 LFF 控制方程为

$$\frac{\phi_2\phi_{20}}{3\phi_{10}}\rho_{\text{out}}\phi_1^2R_0^2\left(\ddot{\zeta}\right)+\frac{1}{3}\phi_{20}\phi_2\phi_1^2R_0^2\frac{\eta}{\kappa_1}\left(\dot{\zeta}\right)=Q_1e\phi_2+R_1\left(\xi_1+\phi_2\zeta\right)\phi_2-Q_2e\phi_1-R_2\phi_1\left(\xi_2-\phi_1\zeta\right)$$

（2-2-20）

同理进行改进后，LFF 控制方程可改写为

$$\frac{\phi_2}{15}\rho_{\text{in}}\phi_1^2R_0^2\left(\ddot{\zeta}\right)+\frac{\phi_2\phi_{20}}{3\phi_{10}}\rho_{\text{out}}\phi_1^2R_0^2\left(\ddot{\zeta}\right)+\frac{1}{3}\phi_{20}\phi_2\phi_1^2R_0^2\frac{\eta_1}{\kappa_1}\left(\dot{\zeta}\right)+\frac{1}{15}\phi_{20}\phi_2\phi_1^2R_0^2\frac{\eta_2}{\kappa_1}\left(\dot{\zeta}\right)$$
$$=Q_1e\phi_2+R_1\left(\xi_1+\phi_2\zeta\right)\phi_2-Q_2e\phi_1-R_2\phi_1\left(\xi_2-\phi_1\zeta\right)$$

（2-2-21）

改进的 LFF 控制方程与原方程相比，引入了对嵌入体内局域流动能与耗散的考虑，更为完备。

3）两类骨架、一类流体的双孔模型算例

为验证改进的 B—R 理论的合理性，嵌入体为高孔高渗、背景相为低孔低渗的双孔模型（较为致密的固结砂岩中，局部含未固结的疏松砂岩）所采用的岩石参数：基质体积模量为 38GPa，基质剪切模量为 44GPa，流体体积模量为 2.5GPa，基质密度为 2650kg/m³，流体密度为 1040kg/m³，背景相骨架的渗透率为 0.01D，嵌入体骨架的渗透率为 1D，水的黏滞性为 0.001，算例中所采用的气泡尺寸为 0.01m。而嵌入体为低孔低渗、背景相为高孔高渗双孔模型（弱固结砂岩中，局部含较为致密的、胶结良好的固结砂岩），所采用的基质参数、流体参数及气泡尺寸与上述双孔模型相同，所采用的岩石骨架参数：背景相骨架的渗透率为 1D，嵌入体骨架的渗透率为 0.01D。

如图 2-2-8 所示，对于嵌入体为高孔高渗、背景相为低孔低渗的双孔模型，采用两组方程进行了对比计算，结果显示改进前后的理论预测结果几乎不存在差别；图 2-2-9 给出了嵌入体为低孔低渗、背景相为高孔高渗的双孔模型中，改进前后 B—R 理论的预测结果对比发现，改进后的 B—R 理论所预测的纵波速度及衰减曲线相比改进前向频率轴左端移动。在该双孔模型算例中，改进前的 B—R 理论在 $10^{2.84}\sim10^{5.88}$Hz 频率范围内预测的纵波速度相比改进后要低，而在 $10^{0.1}\sim10^{4.28}$Hz 频率段，改进后的 B—R 理论的衰减预测结果要高于改进前。

4）一类骨架、两类流体的双孔模型算例

为进一步检验改进的 B—R 理论在一类骨架、两类流体的双孔模型中的合理性，所采用的岩石骨架参数：基质的体积模量 35GPa，骨架的体积模量 7GPa，骨架的剪切模量 9GPa，基质的平均密度 2650kg/m³，孔隙度为 0.15，渗透率为 0.1D，平均气泡尺寸 0.25m，见表 2-2-1。

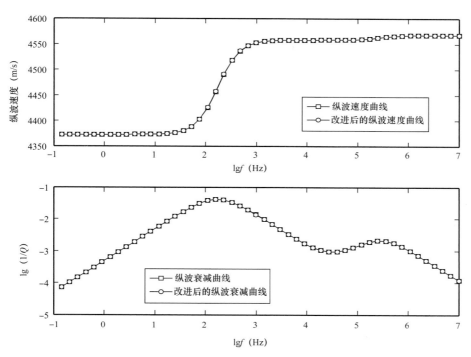

图 2-2-8　改进前后 BR 模型计算的纵波速度和衰减频率变化曲线 1
背景为低孔低渗，嵌入体为高孔高渗

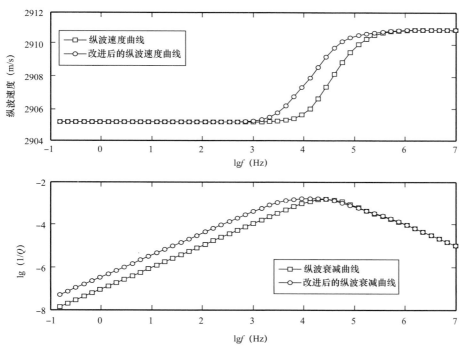

图 2-2-9　改进前后 BR 模型计算的纵波速度和衰减频率变化曲线 2
背景为高孔高渗，嵌入体为低孔低渗

表 2-2-1　一类骨架、两类流体的双孔模型算例的流体参数

流体	体积模量（GPa）	平均密度（kg/m）	黏度（Pa·s）
水	2.25	990	0.001
油	0.6	900	0.006
气	0.0001	100	0.00001

图 2-2-10 为"水包气"双孔模型（即含水孔为背景相、含气孔为嵌入体所组成的双孔结构，反之则为"气包水"模型），进行对比分析，结果显示改进前后曲线重叠在一起，没有差别；图 2-2-11 为"气包水"双孔模型，对比结果显示，改进后的 B—R 理论预测的速度曲线与衰减曲线相比改进前曲线向频率轴左端移动，改进后的曲线频散发生于 $10^{0.52}$Hz 左右，衰减峰值出现于 $10^{1.6}$Hz 处，而改进前在 $10^{1.84}$Hz 附近发生频散，衰减出现在 $10^{3.04}$Hz，改进前后曲线有明显差异，在地震频段内，改进后预测的衰减幅值及速度要高于改进前。

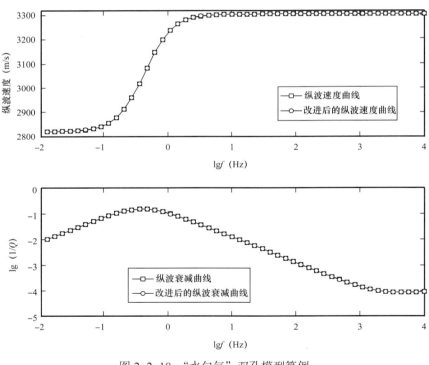

图 2-2-10　"水包气"双孔模型算例

图 2-2-12 为"水包油"双孔模型，改进后的 B—R 理论所预测的结果中纵波速度频散"台阶"及衰减峰值相对改进前向频率轴左端移动，改进后频散开始于 $10^{-0.8}$Hz 处，衰减峰值出现在 $10^{-0.16}$Hz 处，改进前频散开始于 $10^{-0.44}$Hz，衰减峰值出现在 $10^{0.52}$Hz 处。图 2-2-13 为"油包水"双孔模型，对比发现，改进前后 B—R 理论预测的速度曲线和衰减曲线几乎相同。

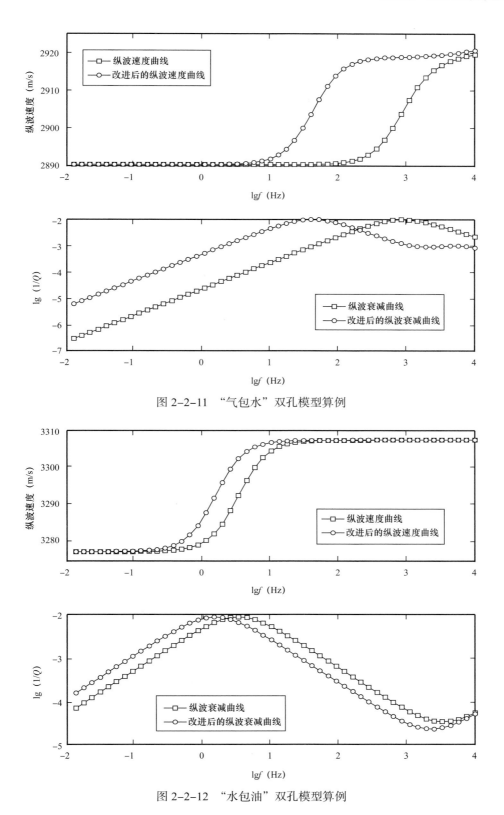

图 2-2-11 "气包水"双孔模型算例

图 2-2-12 "水包油"双孔模型算例

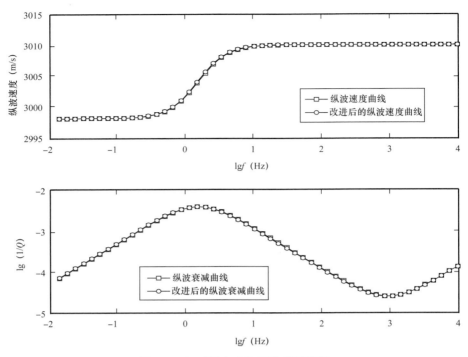

图 2-2-13 "油包水"双孔模型算例

图 2-2-14 为"气包油"双孔模型（即含气孔为背景相、含油孔为嵌入体，反之则为"油包气"双孔模型），改进后的 B—R 理论预测的速度曲线与衰减曲线相比改进前向频率轴左端移动，改进后所预测的速度频散开始于 $10^{-0.68}$Hz 和 $10^{3.16}$Hz，衰减峰值出现在 $10^{0.4}$Hz 和 $10^{3.76}$Hz 处，改进前频散开始于 $10^{1.6}$Hz，衰减峰值出现在 $10^{2.44}$Hz 处，改进后的 B—R 理论所预测的速度曲线出现的"双台阶"及衰减曲线中的"双衰减峰"，第一个表示地震频段的衰减，第二个表示声波频带的衰减；图 2-2-15 为"油包气"双孔模型，对比发现，改进后的 B—R 理论所预测的速度曲线与衰减曲线相比改进前向频率轴右端移动，改进后频散开始于 $10^{-1.88}$Hz，衰减峰值出现在 $10^{-0.92}$Hz 处，改进前衰减峰值出现在 $10^{-1.52}$Hz 处。

5）实验对比验证

基于"水包气"双孔模型算例，将预测结果与 White J E（1975）和 Johnson D L（2001）的预测结果进行对比分析。

图 2-2-16 中给出了三种理论预测的对比结果，两条线 BGW 和 BGH 分别给出了 Biot—Gassmann—Wood（BGW）边界与 Biot—Gassmann—Hill（BGH）边界。对比三种理论的预测曲线，发现修正后的 White 理论、Johnson 理论及改进后的 B—R 理论，在低频极限下都与 BGW 边界吻合较好，White 与 Johnson 理论预测的速度曲线相差不大，并且在高频极限下，与 BGH 边界吻合较好，而改进后的 B—R 理论预测的结果要略大于 BGH 边界，这可能是由于高频极限下，局部流体流动在一个地震波周期内不能完全弛豫，岩石呈较"硬"的状态，并且地震波的散射也会造成影响。与前人理论相比，改进后的

B—R 理论所预测的速度曲线的"台阶"向频率轴的左端移动，改进后的 B—R 所预测的速度频散开始于 0.03981Hz，在 6.31Hz 达到上限。White 与 Johnson 理论的频散开始于 0.1Hz，在 158.4893Hz 处达到上限。

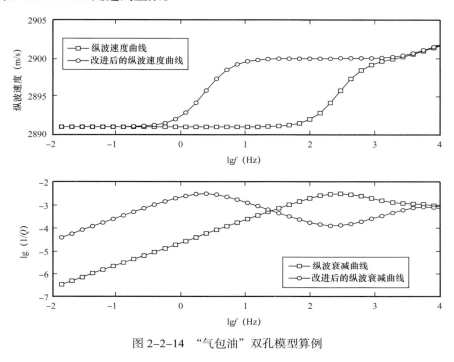

图 2-2-14　"气包油"双孔模型算例

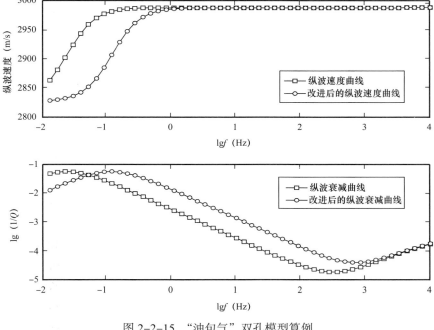

图 2-2-15　"油包气"双孔模型算例

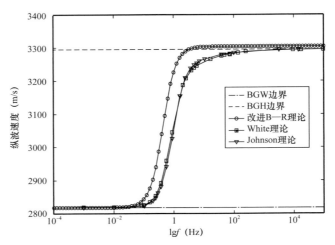

图 2-2-16　基于"水包气"双孔模型改进的 B—R 理论
与前人理论预测的纵波速度和衰减对比

为验证本节改进的 B—R 理论的适用性，采用了来自阿克苏市苏盖特布拉克地区某岩石样品的超声波实验数据与改进前后的 B—R 理论预测结果进行对比。该样品主要成分为白云石，胶结程度很高，渗透率为 0.174mD，孔隙度为 0.0547，设置的平均嵌入体尺寸为 0.035mm，其主要物性参数分别为

岩石骨架的体积模量 $K_d=76.2GPa$，剪切模量 $\mu_d=30.67GPa$；

岩石颗粒的体积模量 $K_s=94.9GPa$，剪切模量 $\mu_s=45GPa$，密度 $\rho_s=2870kg/m^3$；

实验中所采用的流体为油和水，水的体积模量 $K_{water}=2.25GPa$，油的体积模量 $K_{oil}=0.6GPa$，水的黏度 $\eta_{water}=0.001$，油的黏度 $\eta_{oil}=0.006$，水的密度 $\rho_{water}=990kg/m^3$，油的密度 $\rho_{oil}=900kg/m^3$；

实验中所采用的频率为 750kHz。

采用了"水包油"双孔模型进行计算，其中理论实验对比如图 2-2-17 所示。图中两组曲线表示理论预测结果。对比显示改进后的 B—R 理论所预测的结果与实验数据的吻合情况优于改进前。此外，本结果也说明，"水包油"模型更符合实际岩石内部的油、水分布的客观情况。

3. 地震岩石物理建模流程

1）建模流程

岩石物理建模过程可用图 2-2-18 描述，主要可分解基质弹性参数计算、干骨架弹性参数计算、流体弹性参数计算和饱和岩石弹性参数计算等环节，各环节常用岩石物理模型简要介绍如下。

（1）计算岩石基质的等效弹性参数的岩石物理模型。

该环节要求已知每一种矿物的弹性模量、密度及该矿物的体积百分比情况下求混合矿物的等效弹性模量及等效密度。对于固结砂岩可用 VRH 平均或 Hashin—Shtrikman 上下边界平均方法计算，密度可用算术平均方法计算。

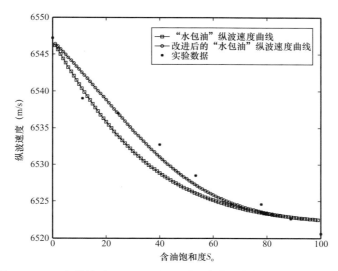

图 2-2-17　改进前后 B—R 理论预测的纵波速度与实验观测的对比

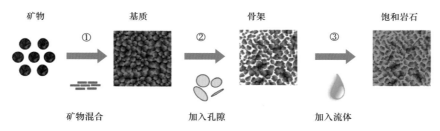

图 2-2-18　地震岩石物理建模技术示意图

（2）计算干骨架的弹性参数。

干岩石骨架的等效模量描述的是岩石基质中分布不同形状的真空孔隙后岩石的整体弹性模量，一般通过实验测量、采用理论模型或经验公式法计算得到。计算干岩石骨架等效弹性参数的理论模型主要有包体等效介质模型和接触理论两大类，前者用于计算固结岩石的骨架弹性模量，后者一般用于计算非固结岩石的弹性模量。

（3）计算流体的弹性性质。

首先根据给定的油藏条件（温度、压力、矿化度、API、气油比），计算油、气、水等流体的弹性模量。Batzle M 等（1992）对油、气、水的弹性模量计算方法进行了详细阐述。然后，计算孔隙流体混合物的等效弹性参数。一般采用 Reuss 模型、Voigt 模型、Wood 公式、Brie 公式等计算混合流体的等效弹性参数。

（4）计算饱和流体岩石的弹性参数。

已知干岩石骨架及孔隙流体的等效弹性模量情形下，计算饱和岩石的等效弹性参数的理论模型有 Gassmann 方程、Biot 模型、BISQ 模型，以及 White J E（1975）和 Dutta N C 等（1979）提出的斑块饱和模型等。

上述岩石物理模型已经在理论模型简介部分进行了简要介绍，具体计算公式可参考 Mavko G 等（2009）编写图书，对各种常用岩石物理模型进行了系统总结。

2）关键步骤

岩石物理建模过程包括已知参数确定、岩石物理模型优选、未知参数的估值和优选、建模结果验证和质量控制等过程。

已知参数确定：岩石物理建模过程中地层温度、地层压力、地层水矿化度、地层原油气油比、API、密度、天然气相对密度等参数可以通过各种测量方式直接测量，或者通过测量的结果直接计算，这些参数在岩石物理建模过程中应作为已知参数输入。有些比较稳定矿物的弹性参数也可以作为已知参数直接输入，如石英的密度等。

岩石物理模型优选：在岩石基质、岩石骨架、孔隙流体、饱和岩石性质的岩石物理建模各关键步骤中均需要进行岩石物理模型优选。岩石物理模型优选要考虑所研究储层的岩性组合特征、压实胶结情况、孔隙结构特征、孔隙流体性质等，并根据各种岩石物理模型的适用条件，优选岩石物理模型。由于各研究区的油藏的岩石组成、物性、油藏参数等的不同，导致其地球物理特征也不同。岩石物理模型参数要根据所研究工区的实测资料进行标定才能用于岩石物理建模和后续分析。

未知参数的标定：对于岩石物理建模过程中必需，又无法直接测量或计算得到的参数，可参考邻区或者国际上公开发表的数据范围给出估计值，并在建模过程中根据计算结果与实测结果的对比情况，调整这些未知参数。当建模结果与实测结果吻合程度最高时，说明参数达最优，即完成参数的标定。用于标定的弹性参数主要有纵横波速度和密度，而需优化的参数主要是孔隙结构参数以及一些矿物的弹性参数，如黏土矿物，由于其性质不稳定，不同地区变化大，因而其弹性参数需要优化。

验证和质量控制：通过对比建模结果与实测弹性参数的差异验证评价岩石物理建模精度是否满足要求。如果精度满足要求则将输入的建模参数确定为最终建模参数完成建模，否则调整建模参数，重复上述步骤。岩石物理建模的主要质控图件包括建模曲线与实测曲线的曲线对比、交会图对比；预测与实测的弹性参数与随孔隙度变化规律等。

4. 横波速度预测方法

在叠前地震储层预测技术中，无论叠前正演模拟、叠前属性分析还是叠前反演研究中，横波速度资料都是不可或缺的资料之一。然而由于实际研究工区中仅有少数井有横波测井资料，同时采集、处理各环节的多种因素也常造成有些井虽测有横波资料、但是其质量不符合要求。因而根据现有的少数实测横波测井曲线以及其他可能借鉴的资料（如岩心资料）对没有实测横波资料的井估算横波速度意义重大。横波速度估算的方法一般分为经验公式法、理论模型法和综合估算法三大类。

1）经验公式法

经验公式法就是利用线性拟合的方法拟合出横波速度与纵波速度以及其他已有的测井曲线之间的线性或者非线性关系，然后将这种线性或者非线性关系应用到其他数据，进行横波预测的一种方法。常用的经验公式如 Tosaya–Nur 经验公式（Tosaya et al.，1982）、Castagna 泥岩线（Castagna et al.，1985）、Smith 趋势线（Smith G C et al.，1987）、Eberhart–Phillips 线（Eberhart–Phillips et al.，1989）、甘利灯趋势线（甘利灯，1990）、李庆忠趋势线（李庆忠，1992）等。

经验公式的优点是计算简单、快速，只要知道了井的相关参数，就可以选择合适的经验公式，直接计算横波速度。如果已知某些井的横波速度，可以重新拟合得到新的计算参数，从而得到该区实际的经验公式。实践证明，经验公式对于某些特定的岩性通常是比较准确的。但经验公式只能在局部范围内成立。当地层孔隙中含有油气时会使预测误差增大。

经验公式法的优点是简单，但是也存在诸多局限性，如经验公式是根据局部地区统计的，只能适用于局部地区；经验公式只在统计意义上是正确的，计算出的结果不能精确反映细节问题；经验公式不一定符合岩石物理规律，不适合流体替代等。

2）理论模型法

理论模型法是各种岩石物理模型计算横波速度的方法，要考虑流体属性和岩石骨架属性等因素，其基本思想是以岩石矿物组分、孔隙度、饱和度等测井解释成果作为输入，进行岩石物理建模，并根据建模得到的纵波速度、横波速度等曲线与实测的纵波速度、横波速度等曲线的差异对岩石组分矿物的弹性参数、孔隙形状因子等参数进行标定。理论模型法的缺点是实现过程较为复杂，难以掌握。但是，随着近年来出现了一些专门的商业软件，将复杂的岩石物理模型集成为应用模块，并提供友好的界面，使得基于理论模型的横波速度估算方法更易被接受。

3）综合估算法

横波速度综合估算法的基本思路是：在模型中有一些参数未知，但是可以通过经验公式法求得，此时将经验公式法和岩石物理模型结合起来就也可以实现横波速度估算，这种经验公式和岩石物理模型结合的横波速度估算方法称为综合估算法。例如基于干燥岩石泊松比经验公式与 Gassmann 方程的横波速度估算方法。该方法进行横波速度估算考虑了岩石物理的机理，使得估算出的横波速度适合于流体替代；同时由于考虑了泥质含量对干岩石泊松比的影响，因而克服了常规基于 Gassmann 方程的横波速度估算方法只适用于纯净砂岩的缺陷。

三、测井地层评价与岩石物理分析

测井地层评价就是从原始测井曲线对地下岩石的岩性、物性、含油气性进行定性评价或者定量计算的技术。与常规测井评价方法相比，面向地震解释的测井地层评价更加注重解释的矿物组分、孔隙度和饱和度等储层参数的合理性，更加强调多井间一致性、井震一致性等。另外，在长期开发后油田进行地震解释时，其测井地层评价还应关注油田开发效应引起的时间一致性问题。下面重点阐述面向地震解释的地层评价与常规解释方法的不同之处。

1. 技术流程

测井资料在地震解释过程中主要用于岩石物理分析与建模阶段。岩石物理分析是在测井解释与评价基础上开展工作，测井评价与岩石物理分析是两个独立、互不影响的工作流程。但通过岩石物理正演通常会发现测井解释环节存在的问题，而测井解释结果的改善又会提高岩石物理分析的精度。因此，为更好开展岩石物理分析工作，建立了测井评价—岩石物理一体化流程（图 2-2-19）。该流程将测井评价与岩石物理分析有机结合，使测井评价与岩石物理分析互为验证和质量控制的手段，确保测井评价和岩石物理分析的正确性和精度，从而实现测井地层评价和地震岩石物理的真正同步。

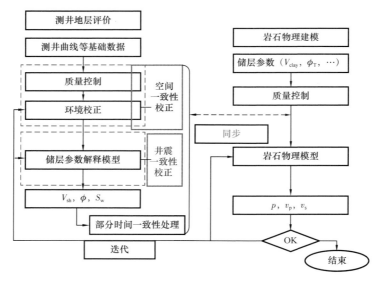

图 2-2-19　测井评价与岩石物理分析流程

2. 空间一致性校正

如前所述，在油田整个工区的研究范围内，测井资料总会存在一些空间一致性问题，在油藏描述中必须对测井数据进行标准化处理，其目的是使研究区的所有同类测井数据具有统一的刻度。在建立解释模型或进行多井解释时，同一时期全工区同一标准层的测井值应当是一致的。但是，在实际工作中，即使对每口井测井曲线做了全面系统的环境影响校正，各井的测井曲线上仍然可能存在由于测井仪器不稳定性、测井刻度不准及操作失误等原因造成的误差，或者同一支仪器，在不同井的同一地层上有不同的测量值。这种偏差一般属系统误差，在对测井曲线定量解释之前，必须用标准化方法对原测井曲线进行校正，获得全工区标准化测井数据。只有这样，才能确保全工区的测井解释具有统一的精度。

测井数据的空间一致性校正的依据是：一个油田或一个地区的同一层段，往往具有相同的地质地球物理特性，因而不同井中同一类测井数据具有自身的分布规律的相似性。当关键井及标准层建立起各类测井数据的标准分布模式后，便可以采用相关分析等技术对各井的测井数据进行综合分析，以消除非地质因素对测井数据的影响。

空间一致性校正的关键步骤包括：关键井的选择、关键层选择、曲线标准化等。各环节的具体要求如下。

（1）关键井选择。

理想的关键井应具备如下条件：① 具备典型的地质特征；② 良好的井眼条件；③ 相

对完善的测井系列；④ 系统的取心资料；⑤ 系统的生产测试资料。

（2）标准层选择。

测井资料标准化处理的关键是找到区块中广泛分布、厚度大、岩性稳定的非储层作为标准层。在全区找不到合适的标准层时可选取整条测井曲线的深度范围来绘制其频率直方图，也可得到相近的结果。

（3）曲线标准化。

测井数据标准化方法主要有定性、定量两大类。前者主要包括直方图校正、重叠图校正、均值校正等方法；后者则为趋势面分析校正法。其共同依据为具有相同或相似沉积环境的沉积物，岩性、电性往往相同或相似。对同一油田的不同井来说，由同类测井曲线对同一标准层所做的直方图或频率交会图，其测井数据应显示相似的频率分布。直方图校正、重叠图校正、均值校正均假设同一标准层测井响应在横向上不变，通过与关键井比较，达到重新刻度的目的。下面简要介绍直方图法、交会图法和趋势面法的方法原理。

① 直方图法。

直方图法是一种最常见的测井标准化方法。其基本思路是利用关键井标准层经环境影响校正后的测井数据（如密度、声波时差等）作直方图，并与工区内其他井相应标准层的测井数据直方图进行对比，峰值的差值即为校正量，这就是单峰校正法。单峰校正通常只考虑泥岩标准层一个峰值的多井吻合程度，在实际操作过程中往往会因为只考虑砂岩峰值或者只考虑泥岩标准层峰值而顾此失彼，出现较大的误差，因而有时需要采用双峰校正。双峰校正方法将待校正曲线进行一定的比例拉伸后再进行平移，以保证校正后曲线的泥岩峰值和砂岩峰值均与标准井的峰值相重合。其意义在于既考虑了标准层泥岩峰值的影响又兼顾了砂岩的峰值，从而改善了多井一致性标准化的效果。

② 交会图法。

交会图法曲线标准化方法在选定两条待标准化的曲线的基础上根据待校正井的散点与标准井的散点聚集范围的差异，确定校正量，实现曲线的标准化。主要步骤包括：首选绘制标准井标准层的交会图；生成所有待校正标准层段的交会图；判断待校正井是否需要校正，当待校正井的散点聚集范围与标准井的散点聚集范围重合时不需要校正，否则根据该井和标准井散点聚集范围的差异确定两个坐标轴所代表测井曲线的校正量并校正。

③ 趋势面分析法。

趋势面分析方法是依据某一物理参数的测量值来研究地质体空间分布特征及变化规律的方法。对于任何一个油田，由于地质特性宏观上分布的有序性和渐变性，致使地质参数在横向上会有一定的变化趋势，因此标准层的测井响应在横向上不是稳定不变的，而是具有某种规律的渐变，可以视为趋势变化面。趋势面分析的基本思路就是对标准层的测井响应多项式趋势面作图，并认为与地层原始趋势面具有一致性。若趋势面分析的残差图仅为随机变量，则是测井刻度误差造成的，若存在一组异常残差值，则认为是岩性变化导致的。

3. 井震一致性校正

1）井震体积模型一致性校正

对于地震岩石物理建模所需岩石组分和常规测井资料解释提供的岩石组分评价结果进行了对比。表 2-2-2 给出的四种地层模型，分别表示了划分岩石组分的四种方式，只有模型 1 符合岩石物理建模研究的需求。

表 2-2-2　四种地层体积模型的对比

模型 1	模型 2	模型 3	模型 4
有效孔隙度 ϕ_e	有效孔隙度 ϕ_e	有效孔隙度 ϕ_e	总孔隙度 $\phi_t = \phi_e + \phi_b$
束缚水孔隙度 ϕ_b	泥质含量 $V_{sh} = \phi_b + V_{cl} + V_{silt}$	湿黏土体积 $V_{wcl} = \phi_b + V_{cl}$	
黏土矿物体积 V_{cl}			黏土矿物体积 V_{cl}
细—粉砂体积 V_{silt}		砂岩体积 $V_{sand} = V_{sd} + V_{silt}$	砂岩体积 $V_{sand} = V_{sd} + V_{silt}$
细砂岩体积 V_{sd}	细砂岩体积 V_{sd}		

多矿物模型分析的最优化测井解释是解决这一问题的有效手段，目前斯伦贝谢公司的测井解释软件平台例如 GeoFrame 软件包中的 ELAN-PLUS 模块可以实现模型 1 想要达到的结果，PowerLog 软件中的 Statmin 模块也具有相似的功能，从测井的角度而言，ELAN-PLUS 的处理解释功能相对全面。

为了提供可适用于岩石物理建模的测井地层评价结果，首先以多井一致性处理后的测井曲线为基础，利用简单的线性计算公式计算初始体积物理模型。如应用中子—密度黏土计算模型计算得到黏土含量指示值（VCLND），应用自然伽马计算黏土含量经验模型计算得到另一黏土含量指示值（VCLGR），并根据中子—密度交会计算得到总孔隙度指示值（PHIND）。需要注意的是，在进行这些基本计算时需要确定岩石组分的骨架点与常规方法有所区别。这里要求确定干黏土、石英矿物的骨架点参数，而不是泥岩和砂岩的骨架点参数。如图 2-2-20 所示，蓝色三角形为常规测井解释方法确定骨架点方法，红色三角形为改进方法确定骨架点的方法。然后利用最优化计算最终的体积物理模型，具体做法是将上述体积物理模型的初始体积物理模型输入表 2-2-3 所示的求解矩阵，进行优化求解。

表 2-2-3 中第一行中各变量分别表示优化求解的变量干黏土含量（VCLAY）、石英含量（VQUA）、总孔隙度（PHI），第一列表示第二步计算的体积物理模型初始值，PHIDT 是根据声波时差计算的声波孔隙度。

表 2-2-3 中的数字表示该列求解变量对应于该行体积物理模型初始的权重，可根据工区实际情况调整。如第四行第二列的 0.2 表示黏土矿物对的声波孔隙度为 0.2（该值的确定是通过读取黏土点的声波时差响应值，然后代入 Wyllie 公式或 Raymer 公式计算得到）；又如第 5 行第二列的 0.12 表示黏土的似中子密度孔隙度为 0.12（该值的确定是将黏土点的中子测井响应值和密度测井响应值，代入中子密度孔隙度计算公式中得到的）。

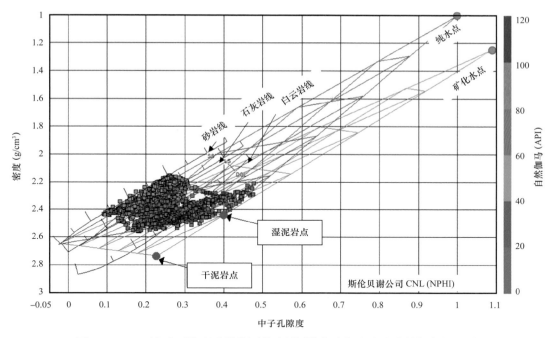

图 2-2-20　面向岩石物理建模的测井地层评价与常规方法选取骨架点的差异

表 2-2-3　优化求解矩阵示例

参数	干黏土含量（VCLAY）	石英含量（VQUA）	总孔隙度（PHI）
VCLGR	1.1	0	0
VCLND	1.15	0	0
PHIDT	0.2	0	1
PHIND	0.12	0	1

表 2-2-3 的参数可理解为求解下式所示矩阵：

$$\begin{bmatrix} 1.1 & 0 & 0 \\ 1.15 & 0 & 0 \\ 0.2 & 0 & 1 \\ 0.12 & 0 & 1 \end{bmatrix} \begin{bmatrix} VCLAY \\ VQUA \\ PHI \end{bmatrix} = \begin{bmatrix} VCLGR \\ VCLND \\ PHIDT \\ PHIND \end{bmatrix}$$

图 2-2-21 为改进方法提供的测井地层评价结果，满足岩石物理建模的需求，具体体现在：（1）所提供的结果为黏土含量和总孔隙度而非泥质含量和有效孔隙度，且所提供的解释结果必须不进行任何截断；（2）所解释的结果不违背自然规律，在有岩心资料的深度点应跟岩心分析的黏土含量、孔隙度取值相吻合。

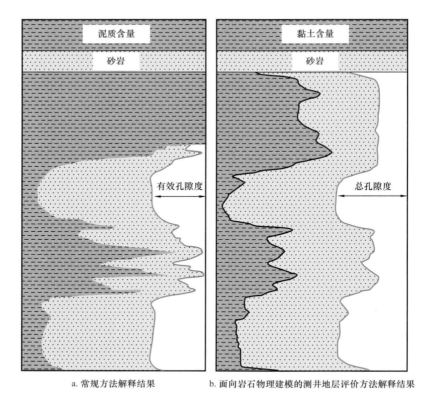

a. 常规方法解释结果   b. 面向岩石物理建模的测井地层评价方法解释结果

图 2-2-21　两种测井解释方法提供的测井地层评价结果

2）声波速度频散校正

频散效应的校正必须依赖井筒地震资料，如垂直地震剖面（Vertical Seismic Profile，简写为 VSP）资料。由于 VSP 资料频带与地面地震频带接近，所以可以联合 VSP 得到的速度与声波测井资料求取地震速度建立频散校正模型，并利用该校正模型对声波测井速度进行校正。

4. 时间—致性校正

1）水驱油藏开发过程

在油气田开发过程中，通常利用原始的（静态的）和人工的（补充的）地层压力，通过井眼把油气从地层的孔隙空间中开采出来。原始地层压力由油藏本身的性质确定的，它取决于油藏内水产生的压力，岩石的水膨胀造成的压力，气顶对油藏的压力，早期溶于油中的气所产生的弹性压力，油的重力等因素。当单纯依靠油藏内部的各类天然能量并不能保证油气藏有较高的采出量时，为了增加油的产量，通常采用向储层中注水的方法来人为地补充能量，主要方式有边外、边界和边内注水。

在水驱过程中，液体沿着各种形状和尺寸的复杂孔隙喉道系统运动，影响流体运动和采出量的主要作用力是表面张力（毛细管力）、黏滞阻力（水动力）和重力。这些力是由水驱过程中岩石物理特性的变化、油的采出、水的注入，以及油水驱替这一系列非线性作用控制的，因此，水驱开发过程是一个非常复杂的非线性过程。长期水驱过程造成的油藏变化可以归结为三个方面：储层物性参数的变化，如孔隙度、渗透率、泥质含量、粒度中值等；油藏流体类型及其性质的变化，即流体替换及其性质的变化；以及油藏环境参数，如温度和压力等的变化等。下面逐一分析各种因素对地震特性的影响。

　　2）长期水驱油藏变化特征分析

　　储层本身在开发过程中的变化已得到开发界的承认，并进行了比较深入的研究，尤其是对于长期水驱后储层参数的变化规律研究。如冯启宁等（1995）从实验出发，通过考察模拟水淹（水驱油）过程中岩石物理参数的变化规律，研究了水淹机理，表明了水淹过程是一个复杂的非线性过程。王志章等（1999）结合双河油田水驱实例，分析总结了油藏属性参数（包括物性参数）的变化规律。2002年，王端平等对利胜坨油田二区沙二段1—2砂层组不同开发时期的大量岩心样品进行了系统的地质统计分析，建立了它们的解释方程，并将这种关系应用到测井解释，最后对剩余油分布、储量进行了估算。实际上，胡杰等在1994年就对胜利孤岛油田中一区进行过类似的研究。但他们没有研究这些参数变化对声学性质的影响。下面以王端平的数据和研究成果为主，以其他资料为辅，对这方面的研究进行总结和归纳，并进一步分析对储层声学性质的影响。该文献收集整理了大量岩心分析数据，针对性很强，具有代表性。

　　（1）分析方法。

　　注水开发是中国大部分油田的主要开采方式。国内外对油藏参数的研究主要是通过实验室模拟与岩心分析和测井资料分析两个途径。长期注水冲刷模拟实验主线是将洗油、烘干的岩样测空气渗透率，在饱和水的状态下测孔隙度，做相对渗透率实验数据测定，然后进行长期注水冲刷实验，水驱速度控制在临界流速范围内，选用综合含水，如40%、80%、90%、98%代表不同开发期，用注入量（注水倍数）模拟冲刷量（依据现场在不同含水期每口井对应的总注水量，计算出距注水井一定距离假想单元的过水量并折算到相应岩心的注入倍数），样品再烘干测渗透率、孔隙度。在注水前后借助电镜、X射线衍射、薄片、压汞、图像、岩电、离心毛细管压力、粒度等分析手段，同时还可运用新的分析技术：如CT岩心扫描、激光颗粒计数器等，进行各种物性参数变化机理的研究，为描述长期注水冲刷过程中不同含水时期对储层参数（渗透率、孔隙度、孔隙结构等）的影响及其变化规律提供了基础资料。

　　基于测井响应特征统计方法，首先将距离相近、采集年代不同的井的测井曲线进行对比分析，将采集于不同年代的相邻井的测井响应特征近似为同一口井在不同时间的测井响应，并基于此假设分析测井曲线随时间变化的规律。

　　油藏参数的提取主要与资料形式有关，如：针对有岩心分析化验资料的井主要采用数理统计法，将分析化验资料按流动单元及岩性统计油藏参数的变化规律，建立油藏参数的统计回归模型；对没有分析化验资料的井则利用测井资料来求取油藏参数。在大多数情况下，把二者结合起来进行研究，这样可以提高资料的使用率。

　　（2）油藏参数变化规律。

　　孔隙度：王端平等（2002）利用胜坨二区17口取心井955块岩心样品进行分析。17口取心井共取心156层，其中20世纪60年代4口井27层、70年代8口井55层、80年代 4 口开 51 层和 90 年代 1 口井 23 层。考虑到只有相同沉积能量带中的岩心资料才具有可比性，按粒度中值划分区间进行对比。

表 2-2-4 为按粒度中值不同分别进行统计的结果。显然，注水开发以后孔隙度表现出增大的趋势，从 20 世纪 60 年代不含水或弱含水到 90 年代的特高含水期，细砂岩孔隙度增大幅度 10.34%、中砂岩孔隙度增大幅度 11.18%、粗砂岩以上孔隙度增大幅度 28.74%。王志章等（1999）对双河油田水淹前后储层参数基本特征及变化规律进行了研究，结果表明该区核三段Ⅳ油组储层水淹前，储层孔隙度主要分布于 15.9%～20.79% 之间，平均值为 17.%，中值为 18.6%；水淹后储层孔隙度主要分布于 17.6%～21.9% 之间，平均值为 19.4%，中值为 20.3%。可见，孔隙度平均值增加 1.9%，幅度约 11%；中值增加 1.7%，幅度约为 9%。朱丽红等（2004）对大庆检查井相同层位孔隙度资料进行了统计，结果显示：对于有效厚度小于 0.5m 的储层，水驱前后孔隙度发生明显变化，主要表现为孔隙度向高孔方向移动，孔隙度峰值增加 2%～3%；对于厚度大于 0.5m 的储层，水驱前后孔隙度变化具有类似的特征，而且水驱后低孔隙度样品急剧减少，说明水驱后平均孔隙度增加得更大，而且大孔隙度的样品急剧增加，说明厚层水驱后孔隙度变化比薄层大。综上所述，水驱过程会造成孔隙度增加，增加的幅度一般在 10%～30% 之间，而且储层厚度越大，孔隙度增加越多。孔隙度增加的原因是多方面的，油田注水后，油层温度压力要发生变化，同时注水也要对油层孔隙结构和孔隙中的泥质含量产生影响，这些都会使储层的孔隙发生变化。

表 2-2-4　不同开发时期孔隙度变化对比表

阶段	层数	粒度中值（mm）					
		0.01～0.25		0.25～0.5		>0.5	
		块数	孔隙度均值（%）	块数	孔隙度均值（%）	块数	孔隙度均值（%）
20 世纪 60 年代	4 口井 27 层	140	29.0	60	29.5	5	24.7
20 世纪 70 年代	8 口井 55 层	232	30.0	142	31.1	4	29.8
20 世纪 80 年代	4 口井 51 层	188	31.5	109	32.0	19	29.1
20 世纪 90 年代	1 口井 23 层	22	32.0	20	32.8	14	31.8
孔隙度增幅（%）	—	—	10.34	—	11.18	—	28.74

渗透率：影响岩石渗透率的因素很多，但渗透率的大小主要取决于孔喉的半径。林玉保等（2006）统计资料表明，水驱后油层最大喉道半径增加 1.63%～40.2%；孔喉半径平均值增大，增幅 1.56%～21.9%；孔喉半径中值增加，增幅 4.56%～46.2%。说明了储层长期注水冲刷对地层的孔隙结构有较大的影响。同时，水驱使颗粒间接触关系发生了很大的改变，图 2-2-22 中可以看出颗粒表面比冲刷前变得干净，孔隙中的填隙物明显减

少。冲刷到特高含水时期岩石骨架颗粒之间大部分已呈分离状态，偶有部分呈点或线接触，部分孔与颗粒大小已经非常接近，因此注水冲刷后岩石孔隙、喉道增大、增多，从而增加地层了渗流能力，导致水驱后渗透率升高。王端平等（2002）针对胜坨二区 17 口井 835 块岩心样，根据相同沉积能量带做对比的原则，按粒度中值划分区间进行统计，结果见表 2-2-5。注水开发以后油层渗透率表现出增大的趋势，从 20 世纪 60 年代到 90 年代，细砂岩渗透率增大幅度为 36.4%，中砂岩渗透率增大幅度为 54.2%，粗砂岩渗透率增大幅度为 56.3%（从 70 年代到 90 年代）。可见注水开采过程对渗透率的影响是很大的。

a. 水冲刷前　　　　　　　　　　　　　　　　b. 水冲刷后

图 2-2-22　水冲刷前后电镜照片对比（据林玉保等，2006）

表 2-2-5　不同开发时期渗透率变化对比表

阶段	粒度中值（mm）					
	0.01～0.25		0.25～0.5		＞0.5	
	块数	渗透率均值（mD）	块数	渗透率均值（mD）	块数	渗透率均值（mD）
20 世纪 60 年代	89	2522	28	7871	—	—
20 世纪 70 年代	205	2927	143	10099	4	11342
20 世纪 80 年代	196	3234	110	11212	15	15431
20 世纪 90 年代	18	3441	15	12136	12	17732

泥质含量：水冲刷后，泥质含量减少，如图 2-2-23 所示。黏土矿物含量平均值由 20 世纪 70 年代的 3.28%，降到 80 年代的 3.07%，90 年代的 1.097%；最大值由 70 年代的 13.9%，降到 80 年代的 8.7%，90 年代的 1.7%；最小值由 70 年代的 1.5%，降到 80 年代的 0.8%，90 年代的 0.7%。林玉保等（2006）对胜坨二区 1^2、8^3 小层的统计结果显示：泥质总含量从下 7% 降为 4%，绝对含量降低了 42.85%。其原因是，注入水进入储层后对黏土矿物的作用主要通过两种方式，一是迁移—聚散作用，二是水化膨胀作用。黏土矿

物的种类不同，表现出的结果也不同。胜坨二区储层中的黏土含量平均 7%，且以易于迁移高岭石为主，含量高达 70%～89%，因此在该区以迁移作用为主。这样，在注水冲刷过程中，黏土矿物在注入水的冲刷下发生了大量的微粒运移，随着冲注水刷倍数的增大被冲出岩心，造成泥质含量降低。

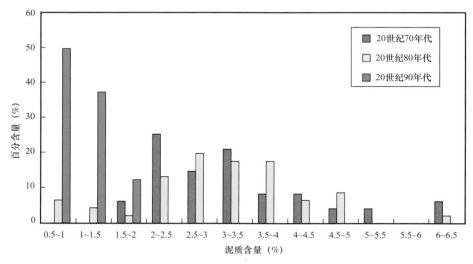

图 2-2-23　不同年代泥质含量变化图

粒度中值：胡杰等（1994）利用孤岛油田中一区不同年代的取心井资料建立了不同时期孔隙度—声波时差、粒度中值—自然电位幅度差和孔隙度、泥质含量—粒度中值、渗透率—孔隙度和粒度中值等关系，然后利用对子井（即相距很近且可对比性很好，但不同开发阶段完钻的井）的测井曲线计算出孔隙度、渗透率、泥质含量和粒度中值等物性参数，并进行对比分析。结果表明，从开发初期到中高含水期（含水率大于 80% 以上）时，粒度中值增加 0.84%～1.36%；从开发初期到特高含水期（含水率大于 88% 以上）时，粒度中值增加 3.8%～5.98%。

（3）流体类型及其性质变化特征。

当油气被采出时，油藏孔隙流体就要改变。砂岩油藏的初始原油饱和度一般较高，可达 65%～90%，经初采后降为 50%～85%，水驱后将降低到 20%～30%。孔隙流体的性质，尤其是轻油和气的性质对压力变化非常敏感。随着油藏压力和温度的变化，油藏中流体性质将发生变化，如密度、黏度、可压缩性等的变化，但这种变化不应该很大。然而，当油藏中的压力和温度变化造成较轻的组分从油中析出，形成游离气时，它对储层声学的影响很大。也就是说，当油藏中的温度和压力造成孔隙流体相态的变化时，流体性质对地震特性的影响是很大的。

（4）油藏环境参数变化特征。

在水驱过程中，油藏温度变化不大，一般不超过 15℃。例如，在胜坨油田，原始油层温度为 79.7℃、88.9℃。1966 年先后进行注水开发，从 1966 年 7 月至 1979 年 9 月注入水温为 20℃ 的黄河水，使原始油层温度分别下降了 10.8℃ 和 14.9℃，年平均下降

0.83～1.15℃。后来改注温度为 57℃的污水,水温逐年上升,到 1994 年接近原始油层温度。由此可见,油藏温度与注入水的温度密切相关。

冀东高尚堡油田和柳赞油田油藏温度变化规律与胜陀二区非常类似。初期油藏温度较高,可达 80℃左右,随着常温水的注入,油藏温度降低,1997 年停注后,由于边水能量大,不断向油藏推进,油藏温度又恢复到较高的温度。但是,无论是胜陀油田还是冀东高尚堡油田和柳赞油田,在整个油藏开发过程中,温度的升高和降低都在 10℃左右。

油藏压力的变化比较复杂,各个油藏之间不尽相同,总体而言,在注水开发过程中,油藏压力的变化不大,一般略有下降。但在冀东高尚堡油田和柳赞油田,由于边水能量很足,在整个油藏开采过程中,油藏压力几乎不变,平均为 21.5MPa 左右,波动幅度只有 0.5MPa。

(5)测井响应特征变化规律。

以 LMD 油田为例,经过对数据的筛选,共选取研究区域内四组位置相邻的井不同时间的测井曲线进行对比。采用经过上述四组不同时期测井数据的对比分析,对于同一油组的储层变化,主要得到以下几点认识。

微电极曲线形态随着注水和注聚的进行,逐渐从发初期的尖峰齿状变得较为平滑(图 2-2-24),尤其是在 1996 年对主力油层开展注聚开采以后,微电极曲线形态变得更加光滑,且差异明显,究其原因主要是水驱开发时,当油层水淹后,油层中的泥质被冲刷而带出,聚合物驱油后,由于聚合物溶液黏度大,携带能力强,泥质进一步被带走,泥质含量进一步降低。

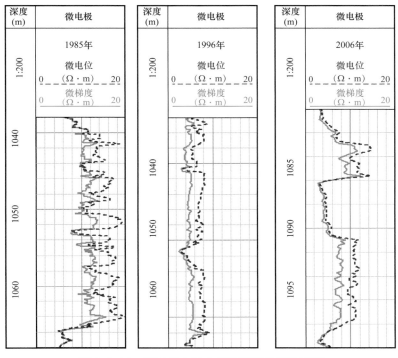

图 2-2-24 储层微电极曲线随时间的变化特征

电阻率经历了由高到低，又由低到高，随后再次降低的过程，这是因为油层电阻率在注水阶段由于水淹而降低，注聚阶段，由见效期到串聚期油层电阻率由于聚合物溶液的影响而小幅升高，后续水驱阶段，随着油气和聚合物溶液的采出，电阻率大幅下降（图 2-2-25）。

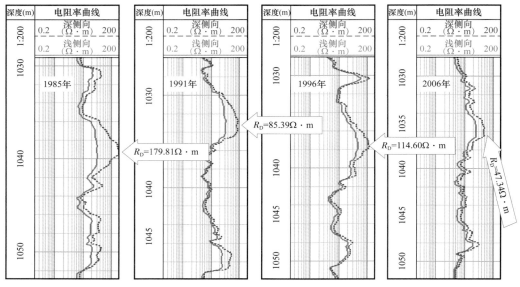

图 2-2-25　储层电阻率曲线随时间的变化特征

声波时差由低变高，体积密度由大变小，总体上两条孔隙度曲线的测井响应值变化范围都不是很大，个别井由于井况的原因可能个体差异较大（图 2-2-26）。

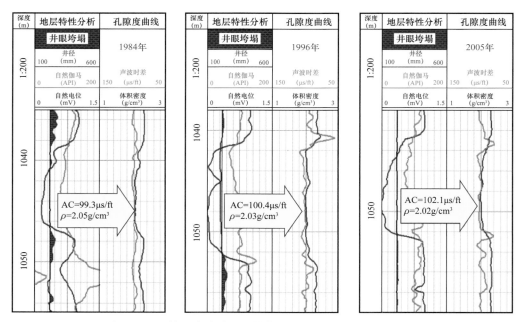

图 2-2-26　储层声波时差和补偿密度曲线随时间的变化特征

自然电位差异幅度减小。主要原因是由于清水配注聚合物后油层的矿化度减小，引起自然电动势减小，从而导致自然电位曲线幅度值降低（图 2-2-27）。

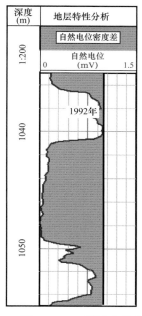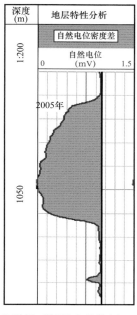

图 2-2-27　储层自然电位曲线随时间的变化特征

3）时间一致性校正

时间一致性问题校正主要包括对油藏参数的校正和油藏参数变化后对弹性参数的影响校正。具体方法如下：

（1）油藏参数的校正。油藏参数的时间一致性校正一般采用统计校正法，即依据油藏参数随时间变化的统计分析结果和测井曲线采集年代与曲线所需要校正到的统一时间的差值确定油藏参数的校正量。

（2）弹性参数的时间一致性校正既可以采用统计校正法，也可以采用岩石物理建模法。前者与油藏参数校正方法相同，后者是在选定好岩石物理建模方法和标定好建模参数的基础上，以经过时间一致性校正的油藏参数（泥质含量、孔隙度）等作为输入曲线，建模得到的纵波速度、横波速度和密度作为弹性参数的一致性校正结果。

四、动态岩石物理图版

1. 油藏参数敏感因子分析

为了充分利用叠前地震资料，进行储层和流体预测，岩石物理敏感参数分析是必不可少的环节；岩石物理敏感参数分析建立起弹性参数和油藏的岩性、物性和油气饱和度间的映射关系，敏感参数分析结论可以用于指导反演获得的弹性参数对油藏的岩性、物性和饱和度的表征。图 2-2-28 是一套常用的岩石物理分析流程，该流程的基本思路是：（1）先以所有岩性的数据样本为基础进行岩性敏感参数分析，并根据岩性敏感参数分析结果识别出有利岩性；（2）以识别出的有利岩性的数据样本为基础进行物性敏感参数分析，并根据物性敏感参数分析结果识别出物性较好的储层（有效储层）；（3）以识别出的有效储层的数据样点为基础进行流体敏感参数分析。该流程上实质是一个去粗取精，由岩性（Lithology）到物性（Physical Properties），再到流体（Fluid），不断递进的过程，可简称为 LPF 分析流程。

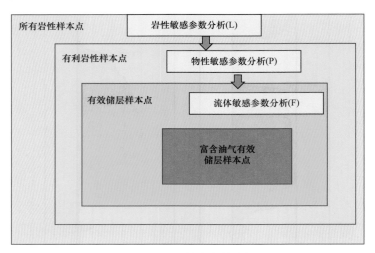

图 2-2-28　LPF 敏感参数分析流程

LPF 分析中，每一个过程均可以包含定性识别和定量描述两个部分内容。定性分析主要使用交会分析、判别分析等地质统计方法，常见流程如下：

将弹性参数两两进行交会，定性描述各种弹性参数（弹性参数组合）区分不同岩性（不同物性、烃类富集程度）的能力，并初步筛选一些较好的弹性参数组合方案；用判别分析法分析弹性参数对不同岩性（不同物性、油气饱和度）的区分能力，并统计各种弹性参数组合的判错率与判对率，并将判对率和判错率作为指标对用各种弹性参数组合方案区分不同岩性（不同物性、富集程度）的风险进行定量评估（判错率越小越好，判对率越高越好），在此基础上优选最佳弹性参数组合，如图 2-2-29a 所示。

定量描述是优选定量拟合储层的岩性、孔隙度、流体饱和度的最佳的弹性参数或弹性参数组合，其分析流程如下：（1）分析各弹性参数与储层参数之间的相似性，根据相关系数的高低初步筛选出一些与储层参数具有一定相关性的弹性参数；（2）用因子分析法（如主成分分析法）对初选出的弹性参数进行降维，试图找出少数几个能代表原来多个弹性参数信息主因子（主成分），因子分析的一些结论还可以用来指导回归分析；（3）用回归分析和人工神经网络的方法分析多个弹性参数（简单变量或者因子分析得到的综合因子）与定量储层参数（泥质含量、孔隙度、饱和度）之间的相似性，从而确定定量描述储层的最佳弹性参数组合，如图 2-2-29 所示。

1）岩性敏感参数分析

岩性敏感参数分析的目的是要找到一些较好的弹性参数或者弹性参数组合来定性地区分岩性或定量地拟合岩石组分体积含量（如泥质含量）。

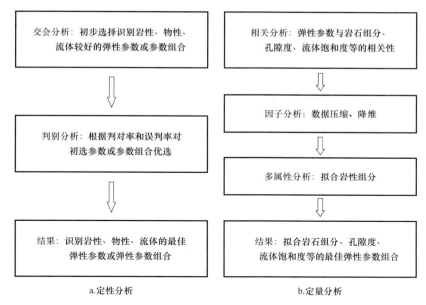

a.定性分析　　　　　　　　　　　　b.定量分析

图 2-2-29　岩性敏感参数分析流程图

　　一般而言，中高孔隙砂岩（如松辽盆地和渤海湾地区）中区分岩性较好的单参数为密度（图 2-2-30），较好的弹性参数组合为纵波速度—密度、波阻抗—速度比（图 2-2-31）等；致密砂岩（如鄂尔多斯盆地）中区分岩性较好的单参数为转换波弹性阻抗、速度比等，较好的弹性参数组合为密度—速度比组合。

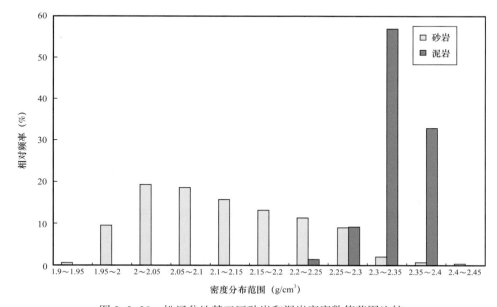

图 2-2-30　松辽盆地某工区砂岩和泥岩密度数值范围比较

　　一般而言，中高孔隙砂岩中与泥质含量相关性较好的单参数为密度，如图 2-2-32 所示，拟合泥质含量相关系数较高的弹性参数组合为密度、速度比和波阻抗三参数组合。

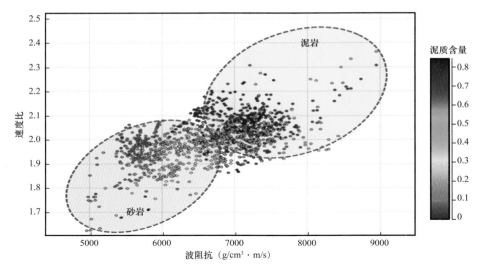

图2-2-31　松辽盆地某工区纵波阻抗与速度比交会识别砂岩效果

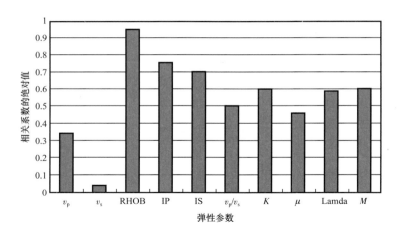

图2-2-32　松辽盆地某工区弹性参数与泥质含量的相关系数比较

v_p—纵波速度；v_s—横波速度；RHOB—密度；IP—纵波阻抗；IS—横波阻抗；K—体积模量；
μ—剪切模量；Lamda—拉梅系数；M—平面波模量

2）物性敏感参数分析

物性敏感参数分析的目的是要从众多的弹性参数中找到那些可以用来定性区分不同物性岩石或者定量预测储层物性参数（如孔隙度）的弹性参数或弹性参数组合。

定性描述物性差异。一般而言，无论是松辽盆地、渤海湾地区的中高孔隙砂岩还是鄂尔多斯盆地的致密砂岩可以最好地区分不同孔隙度岩石的单个弹性参数是波阻抗（图2-2-33），较好的弹性参数组合为纵波阻抗—密度组合、横波阻抗—密度组合。

定量预测孔隙度。对不同致密程度的砂岩，与孔隙度相关性最好的单个弹性参数是纵波阻抗（图2-2-34）；拟合孔隙度相关系数较高的弹性参数组合为纵波阻抗、横波阻抗和密度三参数组合。

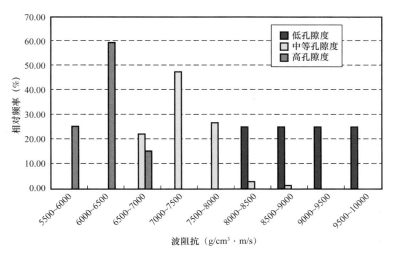

图 2-2-33　不同孔隙度砂岩的纵波阻抗分布范围比较

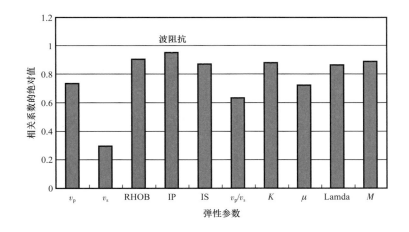

图 2-2-34　各种弹性参数与孔隙度的相关系数比较

3）流体敏感参数分析

流体敏感参数分析是在孔隙度敏感参数分析并识别出的有效砂岩基础上进行的，包括定性分析和定量分析两个方面的内容。

含油气地层定性识别。一般而言，单个弹性参数波阻抗和纵横波速度比对含油气砂岩和含水砂岩均有一定的识别能力，但又均存在较大的多解性。而通过波阻抗—速度比参数组合可以对含油气砂岩的识别能力，如图 2-2-35 所示。图中散点的不同颜色表示岩石所对应的含水饱和度，红线圈出的散点对应的含水饱和度低，对应含油砂岩的。

流体饱和度定量预测。分析表明：单一参数拟合饱和度相关系数均较低，通过多个弹性参数拟合饱和度曲线在一定程度上可以提高相关系数，但是提高的幅度有限。流体饱和度预测难度较大，需针对各工区的实际情况寻找与之适应的流体饱和度预测方法。

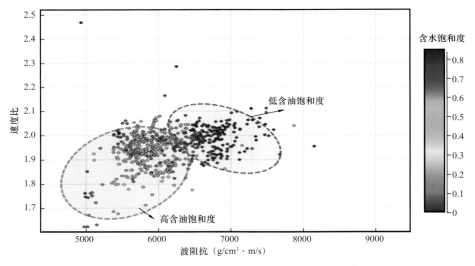

图 2-2-35　纵波阻抗—速度比交会法识别油砂效果

2. 岩石物理模板

岩石物理解释模板（Rock Physics Template，简写为 RPT）概念由 Ødegaard E 等于 2004 年首先提出，他们将岩石物理模板定义为经过工区当地实际资料标定过的可用于指导岩性和油气预测的图版。

岩石物理模板可分静态岩石物理模板和动态岩石物理模板。静态模板和动态模板的区别在于两种图版制作时考虑的油藏变化因素不同：将描述由于空间位置变化引起的油藏参数及弹性参数变化规律的岩石物理模板称为静态模板，将由于时间变化引起的油藏参数及弹性参数变化的岩石物理模板称为动态模板。目前静态模板主要有泥质含量、孔隙度和饱和度的空间差异这些因素，而动态解释模板主要考虑泥质含量、孔隙度和饱和度随时间变化的因素。

地震岩石物理模板制作过程中采用的岩石物理建模参数必须经过当地实际资料标定，否则制作出来的模板没有任何实际意义，一个地区的岩石物理模板不能盲目地用于另一地区。岩石物理模板的制作步骤如下：

根据工区的实际情况设计泥质含量、孔隙度、饱和度序列模拟地下油藏的岩性、物性和流体饱和度变化。

根据工区内的岩心、偶极声波测井资料标定岩石矿物的弹性模量、孔隙长宽比等岩石物理建模参数。

利用岩石物理建模方法正演与泥质含量、孔隙度、饱和度序列对应的油藏弹性参数序列。

将计算的油藏弹性参数序列散点绘制在平面直角坐标系中，并注明坐标系内弹性参数散点的位置与岩性、物性及流体变化规律的对应关系即完成岩石物理模板的制作。

下面结合示例介绍静态岩石物理模板和动态岩石物理模板的制作方法。

1）静态解释模板制作示例

首先设计静态油藏模型，即只考虑油藏条件随空间位置发生改变而不随时间推移而发生改变。一般而言，静态岩石物理模板制作过程中需要考虑岩性组分含量（如泥质含量）、孔隙度和饱和度三个变量按一定规律变化时相应的弹性参数变化规律。为了便于理解各变量对弹性参数的影响规律，岩石物理模板制作过程中需要将上述三个变量中的某一个变量先固定，让另外两个变量按一定规律变化，即考虑如下三种情形。

（1）饱含水砂岩的泥质含量、物性对弹性参数的影响。

油藏参数描述如下：岩石的孔隙空间为水完全饱和；为考察孔隙度相同情形下，泥质含量变化对弹性参数的影响，令孔隙度在0～40%范围内以5%步长递增，并使每一孔隙度对应的泥质含量在0～100%范围内按1%步长均匀递增；为考察岩性相同情况下，孔隙度变化对的弹性参数的影响，令泥质含量在0～100%范围内以10%步长递增，并使每一泥质含量对应的孔隙度在0～40%范围内按1%步长均匀递增。根据上述油藏参数及标定好的建模参数正演相应的弹性参数，制作成如下岩石物理模板。图2-2-36a为波阻抗—密度模板，该模板对孔隙度具有较宽的窗口，对泥质含量具有较窄的窗口，因而预测孔隙度比预测泥质含更容易；图2-2-36b为波阻抗—速度比模板，与波阻抗—密度模板相比，该模板预测孔隙度效果相当，预测岩性时窗口更窄，多解性更强。

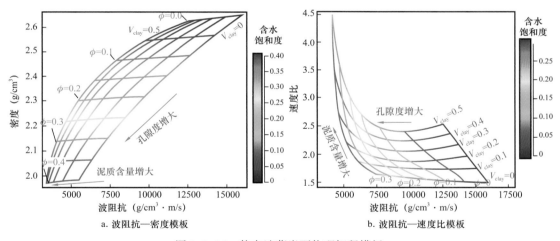

图2-2-36　静态油藏岩石物理解释模板

（2）纯砂岩的孔隙度、流体饱和度对弹性参数影响。

油藏参数描述如下：岩石为纯砂岩，即泥质含量 V_{clay} 为0；为考察孔隙度相同情形下，饱和度变化对弹性参数的影响，令孔隙度在0～40%范围内以5%步长递增，并使每一孔隙度对应的含水饱和度在0～100%范围内按1%步长均匀递增；为考察饱和度相同情形下，孔隙度变化对弹性参数的影响，令饱和度在0～100%范围内以10%步长递增，并使每一饱和度对应的含水饱和度在0～40%范围内按1%步长均匀递增。

根据上述油藏参数及标定好的建模参数正演相应的弹性参数，制作成如下岩石物理模版。图2-2-37a所示的纵波阻抗—密度模板对流体识别窗口较窄，说明该研究纵波阻抗—密度交会法不能用于流体预测；图 2-2-37b 所示的纵波阻抗—速度比模板具有较宽的流体识别窗口，说明该区纵波阻抗—速度比可用于流体预测。

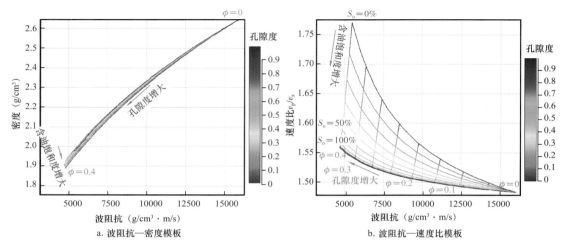

图 2-2-37　纯砂岩静态岩石物理模板

（3）不同泥质含量砂岩的孔隙度、流体饱和度对弹性参数的影响。

在上述第二种情形中，将纯砂岩分别替换为泥质含量为 0、10%、20%、30% 的砂岩即可，利用岩石物理建模的方法正演了按此变化规律变化的泥质含量、孔隙度和饱和度对弹性参数，并制图形成岩石物理解释模板。如图 2-2-38 所示，可以反映不同泥质含量下，孔隙度与饱和度对弹性参数的响应规律。这些模板与纯砂岩对应的模板规律一致，但是所对应的弹性参数响应值在直角坐标系下的具体位置有所不同。

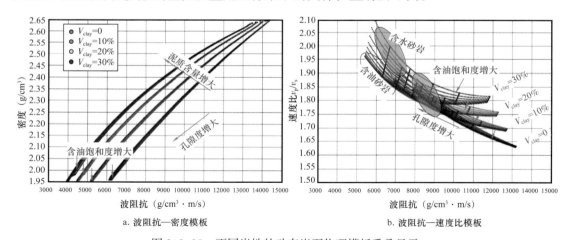

图 2-2-38　不同岩性的动态岩石物理模板重叠显示

图 2-2-38a 为不同泥质含量砂岩的纵波阻抗—密度模板的重叠显示。由图可见，由于岩性变化引起的模板的位置偏移远远大于由于流体变化引起的弹性参数响应的变化，因此也说明了该区利用波阻抗—密度交会法不能对孔隙流体进行有效识别。图 2-2-38b

为不同泥质含量砂岩的纵波阻抗—速度比模板。由图可见，在孔隙度较小时由于泥质含量变化引起的模板位置偏移大于流体变化引起的弹性参数变化，流体识别存在一定难度，但是随着孔隙度增大，流体响应特征逐渐明显，油气的影响逐渐变为影响弹性参数变化的主要因素。图中红色椭圆圈出的部分表示用该模版识别的含油砂岩的弹性参数响应范围，绿色椭圆圈出的部分则表示含水砂岩，灰色椭圆表示高孔的纯砂岩与泥质含量相对较高，但孔隙度相对较低的砂岩的混合响应区。

2）动态解释模板制作示例

动态解释模板与动态解释模板的制作方法相似，不同之处在进行模板制作前需根据实际资料统计油藏参数随时间的变化规律。如大庆油田 LMD 试验区 1974 年到 2007 年泥质含量最多减少约 3%，孔隙度最多增加约 3%，含水饱和度最多增加约 30%；2007 年到 2010 年泥质含量与孔隙度基本不变，含水饱和度最大增加 30%。按照这种变化规律设计 1974 年、2007 年、2010 年三个不同时间点的泥质含量、孔隙度、饱和度油藏参数模型。然后分别制作不同时间点的静态岩石物理模板。将三个不同时间点的岩石物理模板叠加在一起就形成了反映弹性参数随时间动态变化规律的动态岩石物理模板，如图 2-2-39 所示。

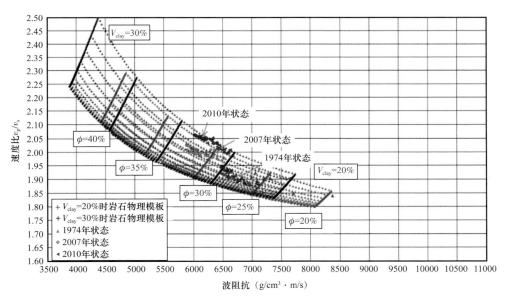

图 2-2-39　不同开发阶段岩石物理模板重叠显示

从图 2-2-39 可以看出，由于 1974 年到 2010 年油藏的储层岩性、物性和孔隙流体均发生变化，相应的纵波阻抗和速度比均有明显变化，这种变化可以通过叠后反演获得波阻抗差异进行检测，或者通过叠前地震反演获得速度比差异数据体来检测这种变化。而 2007 年到 2010 年的油藏只有孔隙流体饱和度发生了变化，因而纵波阻抗没有明显变化，但速度比有可观的变化量，说明通过叠前反演获得速度比的变化量，可以对流体饱和度的变化进行监测。

第三节　地　震　反　演

反演本身是一个数学上的概念，在地震资料处理的许多环节都会提到反演，广义上讲，整个地震资料的处理过程本身就是一个反演过程。地震资料经过噪声压制、静校正、反褶积、动校正、叠加、偏移等处理后，最终得到的资料就是偏移剖面。偏移剖面可以用于构造解释，研究地层构造变化。偏移处理的最终目标是对地下介质的构造进行成像，本质上就是对地下介质的反射系数进行成像。但是由于野外采集的地震数据是有限频带的，因而也不可能实现反射系数的完全成像，偏移结果相当于地下介质反射系数序列与地震子波的褶积。对于石油勘探来说，仅有地下介质的构造信息是不够的。我们希望获得地下的弹性参数信息，如地下介质的纵波速度、横波速度、密度等，这些地下介质的弹性参数可以帮助划分岩性、研究储层的孔隙度、渗透率等储层参数，提高油气藏的预测精度和油藏描述的精度。地震反演就是利用地震资料借助于反演方法求取地下介质的各种弹性参数。

一、地震反演理论基础

地球物理反演指在地球物理学中利用地球表面观测到的物理数据推测地球内部介质物理状态的空间变化及物性结构。正问题是利用模型参数值，求理论响应。正演过程可描述为：给定模型参数值，利用系统动力学推导模型参数和理论响应的关系式，在计算机上计算出系统的理论响应。反问题是利用观测到的数据，求模型参数值。反演过程可描述为：利用观测数据，根据反演理论推导出相应的反演算法，在计算机上计算出模型参数值（图 2-3-1）。

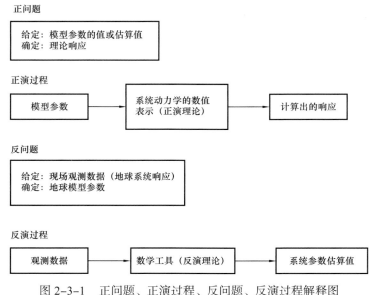

图 2-3-1　正问题、正演过程、反问题、反演过程解释图

正问题的演绎、推理、求解过程称为正演，反问题的演绎、推理、求解过程称为反演。波阻抗反演指已知叠后地震资料求解波阻抗的过程，对应的正演是已知波阻抗合成叠后地震资料的过程。

反演在许多领域中都有很好的应用。在模式识别、大气测量、无损探伤、量子力学、图像处理、医学研究，特别是地球物理勘探中有着重要的应用。目前，许多数学家、工程技术人员和地球物理学家带着不同的工具涉足于这一领域的研究。

许多实际问题都可以归结为反问题，这和研究客观世界的方式有关。在地球物理学和有关科学中，一般都要通过实验来研究问题。在一定条件下进行实验，其输出一般是代表观测结果的数据，这些反映物理世界的某些特征的数据一般称为观测数据。为了从这些数据中做出论断，必须了解所研究的物理系统的特征分布与观测数据之间的关系，描述这个关系的方程构成了正演系统，由观测数据求解物理系统的特性这一问题就归结为反问题。反演理论是由物理系统的观测数据求解这个系统的有用信息的一套数学方法技术。它与实验数据分析、数学模型与实验数据拟合有着直接的联系。每一个科学家只要从事与物理世界有关的数据分析，实际上都在使用反演理论，从简单地用一条线去拟合一组数据，到复杂的波动方程偏移。

地震勘探的目的是了解地球内部的构造与物性参数，寻找地下油气资源等。其方法原理是在地表用人工震源激发地震波，地震波在地下介质中向各个方向传播，当介质发生变化时，就会产生反射、散射、透射、衍射，从而使部分地震波返回地面。当地面放置一系列检波器时就可以接收到反射波、折射波及散射波等，获得"观测地震记录"。地震勘探就是有从这些地震资料中提取地下构造的影像及物性参数，从而达到圈闭油气藏的目的。地震波在地下介质中的传播可以用弹性动力学中的各种波方程来描述，地震资料的形成过程就可以用波动方程的正演来模拟，而地下构造成像及地层物性参数的提取问题就可以用波动方程反演来实现。

二、地震反演分类

根据不同的标准，地震反演有不同的分类。根据反演时已知地震数据情况，可以将地震反演分为叠后反演、叠前 AVO 反演和叠前波形反演。野外获得的原始地震资料都是炮集形式的数据，直接利用波动方程作为正演模型可模拟野外接收的炮集地震数据，利用波动方程反演方法可实现由炮集地震数据到弹性参数的求解，这类反演方法统称为叠前全波形反演方法，也可以称之为波动方程反演方法。炮集地震资料通过处理后可形成共反射点道集数据，在水平层状介质情况下，就是共中心点（CMP）道集。利用佐普里兹（Zoeppritz）方程可模拟共反射点道集的数据，通过反演方法可实现由共反射点道集数据到弹性参数的求解，这类反演方法统称为叠前 AVO 反演方法。共反射点道集数据叠加后形成偏移数据，也就是所谓的叠后数据，利用褶积模型可以模拟叠后地震数据，利用反演方法可以实现由叠后数据到波阻抗的求解，这类反演方法统称为叠后反演方法。

通常情况下，地震数据和弹性参数是一种非线性关系。由于非线性问题非常难求解，一种方法就是通过变换或近似，将地震数据和物性参数变成线性关系，这样就可以导出由地震数据求解物性参数的方法，这类反演方法称为线性反演方法。由于近似的引入，有时这种近似会引入较大的误差，使得反演结果的误差也较大。另一种反演方法是广义线性反演方法，该类方法都是迭代的方法，也就是由一个解求得一个更准确的解，迭代收敛的最终解作为最后的反演解。在每个迭代步中，在已知解附件进行线性化，然后利用线性反演方法进行求解，得到解的更新。循环迭代，得到反问题的最终解。

通常情况下认为，地震数据和物性参数都是确定的物理量，可以用物理方程的方法解反问题，根据地震数据求得物性参数，所得到的解具有确定的意义。另外一种处理方法是将地震数据和物性参数都视为随机变量，用统计的方法确定解所服从的概率分布，求得的是满足地震数据的解具有多大概率。这种方法认为观测到的地震数据是随机变量的一次实现。这样就可以将反演方法分为确定性反演方法和随机反演方法。由于观测地震数据的个数是有限的，且每个地震数据都有误差，所以反问题的解是非唯一的，通常的解都是某种标准下的最佳解，也即是能够使得合成地震数据和观测数据达到距离最小的解，常用的就是合成的地震数据和观测数据的差的平方和最小，这就是目标函数。用统计的观点求解反问题定义的目标函数是条件概率，要求的解是在满足观测地震数据这一条件的最大概率解。线性反演方法和广义线性反演方法都属于确定性反演方法。随机反演方法中最有代表性的方法就是蒙特卡洛（Monte Carlo）方法，该方法的基本思想是，通过随机的方法产生物性参数，通过正演产生合成的地震数据，利用目标泛函评价解的优劣，通过大量的正演来实现反演。由于要进行大量的正演计算，该方法的计算量是巨大的，模拟退火方法和遗传算法都是对该方法的改进，通过改进随机搜索策略，降低正演的计算次数，降低工作量。由于随机反演方法不需要对正演过程进行线性化处理，这类反演方法都是非线性反演方法。

三、叠后地震反演

叠后波阻抗反演是利用叠后地震资料求取地下介质的波阻抗，进而对地下介质的速度、孔隙度、岩性等参数进行预测，实现岩性勘探。

1. 叠后地震正演

叠后地震资料正演就是，假设已知地下介质的波阻抗来合成叠后地震资料。假设地下介质是水平层状介质，地下介质的波阻抗为 AI（t）（图 2-3-2），这里 t 是时间深度，用双程旅行时表示的深度。离散后变为

$$AI（t_i），i=1，2，\cdots，n \tag{2-3-1}$$

式中：t_i 为离散后第 i 网格点的时间。

设相应的速度为 $v（t_i）$，密度为 $\rho（t_i）$，则有

$$AI（t_i）=\rho（t_i）v（t_i），i=1，2，\cdots，n \tag{2-3-2}$$

根据弹性波理论，在平面波垂直入射的情况下，界面的反射系数由界面两侧的波阻抗决定，即：

$$r(t_i) = \frac{\mathrm{AI}(t_{i+1}) - \mathrm{AI}(t_i)}{\mathrm{AI}(t_{i+1}) + \mathrm{AI}(t_i)} \qquad (2\text{-}3\text{-}3)$$

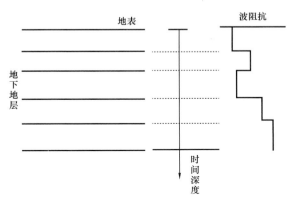

图 2-3-2 地下地层与波阻抗的对应关系

假设地震子波 $w(t)$ 已知，叠后地震记录是反射系数与地震子波的褶积：

$$x(t) = \sum_{i=1}^{n} r(t_i) w(t-t_i) = r(t) * w(t) \qquad (2\text{-}3\text{-}4)$$

式中：$x(t)$ 是合成的地震记录；$w(t)$ 代表地震子波。

这样，利用式（2-3-3）、式（2-3-4）就能实现由波阻抗 $\mathrm{AI}(t)$ 到叠后地震记录 $x(t)$ 的正演过程（图 2-3-3）。对时间 t 进行离散可将式（2-3-4）写成矩阵的形式：

$$\boldsymbol{X} = \boldsymbol{WR} \qquad (2\text{-}3\text{-}5)$$

式中：$\boldsymbol{X} = (x_1, x_2, \cdots, x_n)^{\mathrm{T}}$ 是地震记录序列；$\boldsymbol{R} = (r_1, r_2, \cdots, r_n)^{\mathrm{T}}$ 是反射系数序列；$\boldsymbol{W} = (w_{i,j})_{n \times n}$，$w_{i,j} = w(t_i - t_j)$。

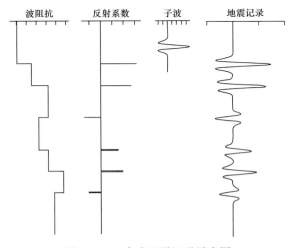

图 2-3-3 合成地震记录示意图

从式（2-3-5）可以看出，地震记录和反射系数是线性关系。

2. 道积分反演方法

道积分是最简单的波阻抗反演方法，该方法可以由地震道直接计算出地层的相对波阻抗。假设地下介质的波阻抗是时间深度的连续函数时，在波阻抗与反射系数关系式（2-3-3）中，可以认为

$$2\mathrm{AI}(t_i) \approx \mathrm{AI}(t_{i+1}) + \mathrm{AI}(t_i) \tag{2-3-6}$$

$$\mathrm{AI}(t_{i+1}) - \mathrm{AI}(t_i) \approx \Delta t \frac{\mathrm{dAI}(t_i)}{\mathrm{d}t} \tag{2-3-7}$$

式中：Δt 代表采样间隔。

对于常规地震资料来说，Δt 是常数，在讨论相对波阻抗时，在式（2-3-7）中，不乘 Δt 不会影响波阻抗的相对关系，式（2-3-7）也可以写为

$$\mathrm{AI}(t_{i+1}) - \mathrm{AI}(t_i) \approx \frac{\mathrm{dAI}(t_i)}{\mathrm{d}t} \tag{2-3-8}$$

这样，波阻抗与反射系数关系式（2-3-3）变为

$$r(t) \approx \frac{\mathrm{dAI}(t)}{\mathrm{d}t} \frac{1}{2\mathrm{AI}(t)} \tag{2-3-9}$$

$$r(t) \approx \frac{1}{2} \frac{\mathrm{d}\ln\mathrm{AI}(t)}{\mathrm{d}t} \tag{2-3-10}$$

对式（2-3-10）两边同时积分得：

$$\ln\mathrm{AI}(t) - \ln\mathrm{AI}(0) = 2\int_0^t r(\tau)\,\mathrm{d}\tau \tag{2-3-11}$$

$$\mathrm{AI}(t) = \mathrm{AI}(0)\mathrm{e}^{2\int_0^t r(\tau)\mathrm{d}\tau} \tag{2-3-12}$$

式中：AI（0）代表地表的波阻抗，可以由其他资料获得。

由式（2-3-12）可以看出，若已知反射系数就可以计算出波阻抗。在道积分方法中，首先将地震记录转换为近似的反射系数，这一步的近似程度也比较大，一般通过反褶积和相位校正来实现。把处理后的地震记录当作反射系数，利用式（2-3-12）就可以计算出波阻抗。

在实际应用中由于地震记录很难转换为真正的反射系数，转换的误差也比较大，所以道积分方法所计算出的波阻抗只能表征地层波阻抗的相对大小，不能反映地层绝对的波阻抗值，不能用于定量计算储层参数。道积分方法的优点是计算简单、递推积

累误差小。

图 2-3-4 是一个道积分反演的例子，图 2-3-4a 为一假想的地下波阻抗模型，利用该波阻抗模型进行正演得到的地震记录如图 2-3-4b 所示，对此记录进行反褶积和相位处理得到相当于反射系数的地震记录（图 2-3-4c），利用道积分反演公式（2-3-12）可计算出波阻抗，如图 2-3-4d 所示。

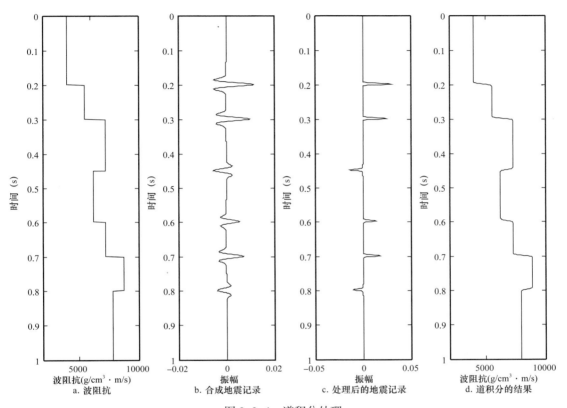

图 2-3-4　道积分处理

3. 递推反演

基于反射系数递推计算地层波阻抗的地震反演方法称为递推反演。递推反演首先利用地震记录估算地层的反射系数序列，然后利用反射系数递推计算波阻抗。由反射系数与波阻抗的关系式（2-3-3）可得：

$$AI(t_{i+1}) - AI(t_i) = r(t_i)\left[AI(t_{i+1}) + AI(t_i)\right]$$
$$AI(t_{i+1})\left[1 - r(t_i)\right] = AI(t_i)\left[1 + r(t_i)\right] \qquad (2-3-13)$$
$$AI(t_{i+1}) = AI(t_i)\frac{1 + r(t_i)}{1 - r(t_i)}$$

式（2-3-13）是波阻抗递推公式，当第 i 个反射界面的反射系数 $r(t_i)$ 已知时，可以利用式（2-3-13）由第 i 层的波阻抗 AI（t_i）计算出第 i+1 层的波阻抗 AI（t_{i+1}），进一步可得：

$$AI(t_{i+1}) = AI(t_0)\prod_{k=1}^{i}\frac{1+r(t_k)}{1-r(t_k)} \qquad (2-3-14)$$

如果第一个点的波阻抗已知，就可以利用式（2-3-14）计算出地下任意一层的波阻抗。

递推反演是对地震资料的转换处理过程，其结果的分辨率、信噪比以及可靠程度完全依赖于地震资料本身的品质，因此用于反演的地震资料应具有较宽的频带、较低的噪声、相对振幅保持和准确成像。测井资料，尤其是声波测井和密度测井资料，是地震横向预测的对比标准和解释依据，在反演处理之前应进行仔细的编辑和校正，使其能够正确反映岩层的物理特征。

图 2-3-5 是一个递推反演的例子，图 2-3-5a 为一假想的地下波阻抗模型，利用该波阻抗模型进行正演得到地震记录如图 2-3-5b 所示，对此记录进行反褶积和相位处理得相当于反射系数的地震记录（图 2-3-5c），利用递推反演公式（2-3-13）可计算出波阻抗如图 2-3-5d 所示。

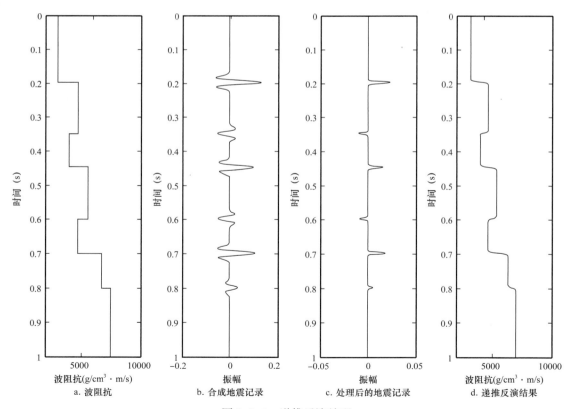

图 2-3-5　递推反演处理

4. 最小二乘波阻抗反演

道积分反演和递推反演都是先要求取反射系数，然后由反射系数计算波阻抗。反射系数估计的质量对波阻抗的求取具有至关重要的作用。下面介绍一种直接由叠后地震记录求取波阻抗的反演方法。

为了方便描述反演方法，在离散域描述问题。假设波阻抗向量为 AI=（AI_1，AI_2，…，AI_n）^{T}，地震记录向量为 $\boldsymbol{X}$=（x_1, x_2, …, x_n）^{T}，式（2-3-3）和式（2-3-5）描述了一个正演模拟过程。任意给定一个波阻抗向量 AI，可以利用式（2-3-3）和式（2-3-5）计算得到一个地震记录向量 $\boldsymbol{X}$，这就定义了一个正演过程，记为 F。这样正演过程就可以写为

$$\boldsymbol{X}=F(\mathrm{AI})=\begin{bmatrix} f_1(\mathrm{AI}) \\ f_2(\mathrm{AI}) \\ \vdots \\ f_n(\mathrm{AI}) \end{bmatrix}=\begin{bmatrix} f_1(\mathrm{AI}_1,\mathrm{AI}_2,\cdots,\mathrm{AI}_n) \\ f_2(\mathrm{AI}_1,\mathrm{AI}_2,\cdots,\mathrm{AI}_n) \\ \vdots \quad \vdots \quad \vdots \\ f_n(\mathrm{AI}_1,\mathrm{AI}_2,\cdots,\mathrm{AI}_n) \end{bmatrix} \quad (2\text{-}3\text{-}15)$$

波阻抗反演就是已知地震记录 $\boldsymbol{X}$，求解波阻抗 AI。在求解过程中假设地震子波是已知的，也即式（2-3-5）中的矩阵 $\boldsymbol{W}$ 已知。最小二乘波阻抗反演方法的基本思想是，要求得这样的波阻抗，由这个波阻抗正演得到的地震记录和已知的地震记录之差在最小二乘意义下达到极小。假设已知的地震记录为 $\boldsymbol{X}^*$，最小二乘反演就是求下列目标泛函的极小值：

$$\mathrm{OBJ}=\|F(\mathrm{AI})-\boldsymbol{X}^*\|^2=\sum_{i=1}^{n}\left[f_i(\mathrm{AI})-x_i^*\right]^2 \quad (2\text{-}3\text{-}16)$$

由于 F 是非线性映射，式（2-3-16）的极小值不能直接求得。一般采用迭代的方法，也即要构造一个波阻抗序列 AI^k，这里 k 为迭代次数，当 k 充分大时，AI^k 能够收敛到波阻抗的真值，使得泛函式（2-3-16）达到极小。可以采用逐步线性化的思想来构造波阻抗序列 AI^k，假设已经计算得到了 AI^k，利用泰勒展开有

$$F(\mathrm{AI})=F(\mathrm{AI}^k)+F'(\mathrm{AI}^k)(\mathrm{AI}-\mathrm{AI}^k) \quad (2\text{-}3\text{-}17)$$

将式（2-3-17）代入式（2-3-16）得：

$$\left\|F(\mathrm{AI}^k)+F'(\mathrm{AI}^k)(\mathrm{AI}-\mathrm{AI}^k)-\boldsymbol{X}^*\right\|^2 \quad (2\text{-}3\text{-}18)$$

泛函式（2-3-18）的极小问题已经变成了线性最小二乘问题，为了求取式（2-3-18）的极小，对泛函式（2-3-18）求导并令其等于 0，得到：

$$\left[F'(\mathrm{AI}^k)\right]^T\left[F(\mathrm{AI}^k)+F'(\mathrm{AI}^k)(\mathrm{AI}-\mathrm{AI}^k)-\boldsymbol{X}^*\right]=0 \quad (2\text{-}3\text{-}19)$$

整理得到：

$$\left[F'(\mathrm{AI}^k)\right]^T F'(\mathrm{AI}^k)(\mathrm{AI}-\mathrm{AI}^k)=\left[F'(\mathrm{AI}^k)\right]^T\left(\boldsymbol{X}^*-F(\mathrm{AI}^k)\right) \quad (2\text{-}3\text{-}20)$$

$$AI = AI^k + \{[F'(AI^k)]^T F'(AI^k)\}^{-1} [F'(AI^k)]^T [X^* - F(AI^k)] \quad (2\text{-}3\text{-}21)$$

利用式（2-3-21）就能够由一个波阻抗 AI^k 计算得到一个新的波阻抗 AI，令其为 AI^{k+1}，这样就得到了波阻抗反演的迭代公式：

$$AI^{k+1} = AI^k + \{[F'(AI^k)]^T F'(AI^k)\}^{-1} [F'(AI^k)]^T [X^* - F(AI^k)] \quad (2\text{-}3\text{-}22)$$

利用迭代式（2-3-22）就可以由一个波阻抗的初值迭代反演出波阻抗。注意这里 $F'(AI^k)$ 是导数矩阵，这个矩阵可以通过链式求导法则计算得到。利用式（2-3-22）进行迭代求解时，首先要猜测一个初始波阻抗 AI^0，然后利用式（2-3-22）进行迭代求解。还要给出迭代终止条件。一般可以指定迭代次数或波阻抗的更新量作为迭代终止条件。当达到指定的迭代次数或波阻抗更新量较小时即迭代终止。

图 2-3-6 是一个最小二乘波阻抗反演的例子。图 2-3-6a 是一个假设的地下波阻抗模型。图 2-3-6b 是合成的地震记录，相当于地震资料处理后得到叠后地震资料。假设地震子波已知，利用最小二乘波阻抗反演还需要已知初始模型。图 2-3-6c 是构造的初始波阻抗模型。可以看出，初始波阻抗模型不能反映地下介质的真实情况。利用最小二乘波阻抗反演方法对地震资料图 2-3-6b 进行处理，迭代 10 次后得到的波阻抗如图 2-3-6d 所示。对比图 2-3-6d 和图 2-3-6a 可以看出，反演得到的波阻抗和真实的波阻抗完全一致。说明最小二乘波阻抗反演方法能够由叠后地震资料有效地计算得到波阻抗。

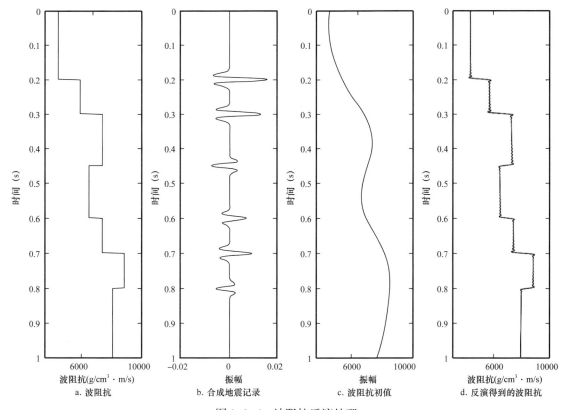

图 2-3-6　波阻抗反演处理

5. 约束波阻抗反演

在上一部分中，波阻抗反演问题被转化为一个优化问题［式（2-3-16）］。很多反演方法都是这样一个思路。反问题大都是不适定的，当地震记录中含有噪声时，直接利用式（2-3-22）进行迭代求解不能得到理想的反演结果。一般采用正则化的方法来增加反演过程的稳定性。正则化方法可以通过在目标泛函式（2-3-16）上增加约束项来实现。约束项实际上是波阻抗的先验信息，也可以看作是希望反演得到具有什么特征的解。假设地下介质的波阻抗是随深度缓慢变化的，约束项可以为

$$\left\| \frac{\mathrm{d}^2 \mathrm{AI}(t)}{\mathrm{d}t^2} \right\|_2^2 \tag{2-3-23}$$

也就是波阻抗关于旅行时导数的范数，由高等数学知识知道，波阻抗随深度变化越缓慢，泛函式（2-3-23）越小。当波阻抗变化剧烈时，式（2-3-23）较大。泛函式（2-3-23）是连续情况下波阻抗光滑程度的度量，将式（2-3-23）写成离散的形式变为

$$\sum_i \left(\mathrm{AI}_{i-1} - 2\mathrm{AI}_i + \mathrm{AI}_{i+1} \right)^2 \tag{2-3-24}$$

定义矩阵：

$$\boldsymbol{D} = \begin{bmatrix} 0 & & & & & \\ 1 & -2 & 1 & & & \\ & 1 & -2 & 1 & & \\ & & \ddots & \ddots & \ddots & \\ & & & 1 & -2 & 1 \\ & & & & & 0 \end{bmatrix} \tag{2-3-25}$$

则式（2-3-24）可以写成矩阵的形式：

$$\left\| \boldsymbol{D} \cdot \mathrm{AI} \right\|^2 \tag{2-3-26}$$

将泛函式（2-3-26）加入目标泛函式（2-3-16）上，这样得到光滑约束反演的目标泛函：

$$\mathrm{OBJ} = \left\| F(\mathrm{AI}) - \boldsymbol{X}^* \right\|^2 + \alpha \left\| \boldsymbol{D} \cdot \mathrm{AI} \right\|^2 \tag{2-3-27}$$

式中：α 是约束因子，用来控制约束的强弱。

同样对 $F(\mathrm{AI})$ 进行泰勒展开近似，将式（2-3-17）代入式（2-3-27）得：

$$\left\| F(\mathrm{AI}^k) + F'(\mathrm{AI}^k)(\mathrm{AI} - \mathrm{AI}^k) - \boldsymbol{X}^* \right\|^2 + \alpha \left\| \boldsymbol{D} \cdot \mathrm{AI} \right\|^2 \tag{2-3-28}$$

对泛函式（2-3-28）求导并令其等于 0，得到：

$$\left[F'\left(\mathrm{AI}^k\right)\right]^{\mathrm{T}}\left[F\left(\mathrm{AI}^k\right)+F'\left(\mathrm{AI}^k\right)\left(\mathrm{AI}-\mathrm{AI}^k\right)-\boldsymbol{X}^*\right]+\alpha\boldsymbol{D}^{\mathrm{T}}\boldsymbol{D}\cdot\mathrm{AI}=0 \qquad (2\text{-}3\text{-}29)$$

对式（2-3-29）整理后得到反演迭代公式：

$$\mathrm{AI}^{k+1}=\mathrm{AI}^k+\left\{\left[F'\left(\mathrm{AI}^k\right)\right]^{\mathrm{T}}F'\left(\mathrm{AI}^k\right)+\alpha\boldsymbol{D}^{\mathrm{T}}\boldsymbol{D}\right\}^{-1}\times$$
$$\left\{\left[F'\left(\mathrm{AI}^k\right)\right]^{\mathrm{T}}\left[\boldsymbol{X}^*-F\left(\mathrm{AI}^k\right)\right]-\alpha\boldsymbol{D}^{\mathrm{T}}\boldsymbol{D}\left(\mathrm{AI}^k\right)\right\} \qquad (2\text{-}3\text{-}30)$$

利用式（2-3-30）进行迭代求解时，可以实现光滑约束的波阻抗反演。首先要猜测一个初始波阻抗 AI^0，然后利用式（2-3-30）进行迭代求解。还要给出迭代终止条件。一般可以指定迭代次数或波阻抗的更新量作为迭代终止条件。当达到指定的迭代次数或波阻抗更新量较小时即迭代终止。

波阻抗反演的另一种约束方式是约束反射系数，可以将反射系数的 L_2 范数作为约束条件，由反射系数和波阻抗的关系：

$$r\left(t_i\right)=\frac{\mathrm{AI}\left(t_{i+1}\right)-\mathrm{AI}\left(t_i\right)}{\mathrm{AI}\left(t_{i+1}\right)+\mathrm{AI}\left(t_i\right)} \qquad (2\text{-}3\text{-}31)$$

可以将 $\|r\|_2^2$ 作为约束条件，也即：

$$\sum_i\left[\frac{\mathrm{AI}\left(t_{i+1}\right)-\mathrm{AI}\left(t_i\right)}{\mathrm{AI}\left(t_{i+1}\right)+\mathrm{AI}\left(t_i\right)}\right]^2 \qquad (2\text{-}3\text{-}32)$$

由于反射系数和波阻抗的关系是非线性关系，不能写成矩阵的形式，将反射系数写成波阻抗的函数形式，记为 R（AI）。此时式（2-3-16）变为

$$\left\|F\left(\mathrm{AI}\right)-\boldsymbol{X}^*\right\|_2^2+\alpha\left\|R\left(\mathrm{AI}\right)\right\|_2^2 \qquad (2\text{-}3\text{-}33)$$

类似于 F（AI）的泰勒展开近似，R（AI）也有泰勒展开近似：

$$R\left(\mathrm{AI}\right)\approx R\left(\mathrm{AI}^k\right)+R'\left(\mathrm{AI}^k\right)\left(\mathrm{AI}-\mathrm{AI}^k\right) \qquad (2\text{-}3\text{-}34)$$

将式（2-3-17）和式（2-3-34）代入式（2-3-33）得到：

$$\left\|F\left(\mathrm{AI}^k\right)+F'\left(\mathrm{AI}^k\right)\left(\mathrm{AI}-\mathrm{AI}^k\right)-\boldsymbol{X}^*\right\|_2^2+$$
$$\alpha\left\|R\left(\mathrm{AI}^k\right)+R'\left(\mathrm{AI}^k\right)\left(\mathrm{AI}-\mathrm{AI}^k\right)\right\|_2^2 \qquad (2\text{-}3\text{-}35)$$

和前面方法类似，对泛函式（2-3-35）求导并令其等于 0，得到：

$$\left[F\left(\mathrm{AI}^k\right)\right]^{\mathrm{T}}\left[F\left(\mathrm{AI}^k\right)+F'\left(\mathrm{AI}^k\right)\left(\mathrm{AI}-\mathrm{AI}^k\right)-\boldsymbol{X}^*\right]+$$
$$\alpha\left[R\left(\mathrm{AI}^k\right)\right]^{\mathrm{T}}\left[R\left(\mathrm{AI}^k\right)+R'\left(\mathrm{AI}^k\right)\left(\mathrm{AI}-\mathrm{AI}^k\right)\right]=0 \qquad (2\text{-}3\text{-}36)$$

因此，可以得到迭代公式：

$$\mathrm{AI}^{k+1}=\mathrm{AI}^k+\left\{\left[F\left(\mathrm{AI}^k\right)\right]^{\mathrm{T}}F'\left(\mathrm{AI}^k\right)+\alpha\left[R\left(\mathrm{AI}^k\right)\right]^{\mathrm{T}}R'\left(\mathrm{AI}^k\right)\right\}^{-1}\times$$
$$\left\{\left[F\left(\mathrm{AI}^k\right)\right]^{\mathrm{T}}\left[\boldsymbol{X}^*-F\left(\mathrm{AI}^k\right)\right]-\alpha\left[R\left(\mathrm{AI}^k\right)\right]^{\mathrm{T}}R\left(\mathrm{AI}^k\right)\right\}$$

（2-3-37）

利用式（2-3-37）进行迭代求解时，可以实现小反射系数约束的波阻抗反演。实际上小反射系数约束也相当于对波阻抗的平滑约束，因为反射系数较小时，波阻抗相对平滑。由于上面两种方法都是要求波阻抗相对平滑，大的反射系数会受到压制，这会导致反演结果分辨率降低。因而产生了稀疏约束反演方法，稀疏约束对于大小反射系数的约束是相同的，利用 L_1 范数实现稀疏约束，约束项为

$$\sum_i\left|\frac{\mathrm{AI}\left(t_{i+1}\right)-\mathrm{AI}\left(t_i\right)}{\mathrm{AI}\left(t_{i+1}\right)+\mathrm{AI}\left(t_i\right)}\right|$$

（2-3-38）

对应的目标泛函变为

$$\left\|F\left(\mathrm{AI}\right)-\boldsymbol{X}^*\right\|_2^2+\alpha\sum_i\left|r_i\left(\mathrm{AI}\right)\right|$$

（2-3-39）

由于采用 L_1 范数，泛函式（2-3-39）关于波阻抗的导数是不连续的，不能直接利用上面求导等于零的方法来求解，可以将泛函式（2-3-39）近似写为

$$\left\|F\left(\mathrm{AI}\right)-\boldsymbol{X}^*\right\|_2^2+\alpha\sum_i\frac{r_i^2\left(\mathrm{AI}\right)}{\sqrt{r_i^2\left(\mathrm{AI}\right)+\varepsilon}}$$

（2-3-40）

式中：ε 是一个小量。

这样就可以采用和前面类似的方法求式（2-3-40）泛函的极小值，也即对式（2-3-40）关于波阻抗求导并令其等于 0，就可以得到迭代求解公式。

四、叠前地震反演

叠后反演都是在叠加数据的基础上进行的，并且假设叠后地震道等于地震子波与反射系数的褶积，就是假设地震道是通过自激自收方式，也就是炮检距为零时得到的。上述假设和实际情况具有较大的误差。实际叠后地震道是通过叠加得到的，是不同炮检距接收的具有共同反射点的地震道经过动校正后叠加得到的，是不同入射角的共同反射点的地震道经过动校叠加得到的。经过动校正后，消除了炮检距对旅行时的影响，最后时间都校正到了自激自收的双程旅行时。但是对振幅没有做校正，如果反射振幅不随入射角而发生变化，不同入射角的反射系数都等于入射角为零时的反射系数，则叠后地震道的褶积模型是正确的。弹性波理论表明，反射振幅是随入射角的不同而变化的，因而叠后地震道是不同角度反射振幅的平均，它的振幅不是自激自收的反射振幅，叠后地震道也不满足褶积模型，因此基于叠后地震资料的反演结果具有较大的误差，需要发展叠前地震反演技术。

用多次覆盖方法采集的地震数据对地下的同一反射点都观测了多次，同一反射点地震数据中包含了不同入射角的反射数据，不同的入射角对应着不同的炮检距。根据弹性波理论可以导出不同入射角的反射系数和透射系数公式，这就是 Zoeppritz 方程，该方程表明反射系数和透射系数是随入射角变化的。因此，在不同炮检距上，反射振幅是变化的，反射振幅随入射角的变化规律是和反射界面上下介质的岩性密切相关的，通过研究反射振幅随偏移距的变化规律，可以研究地下介质的岩性信息。地震反射波振幅与炮检距的关系简称 AVO（Amplitude Versus Offset），利用地震反射波振幅随炮检距变化的关系寻找油气这项技术称为 AVO 技术。已知叠前地震记录，求取反射振幅与偏移距的变化规律，进一步求解反射界面上下介质的物性参数信息，这一过程称为 AVO 反演。

1. AVO 正演

AVO 正演是指在水平层状介质的条件下，已知地下各层介质的密度、纵波速度、横波速度，计算共中心点道集（或角道集）反射波叠前地震记录。

1）Zoeppritz 方程

叠前共反射点道集正演模拟的基本问题就是水平单界面的反射问题（图 2–3–7）。图中 α_1、β_1、ρ_1 和 α_2、β_2、ρ_2 分别是上下层介质的纵波速度、横波速度和密度。研究纵波入射时反射纵波的反射系数与入射角度 θ_1、上下层介质的纵波速度、横波速度和密度的关系。由弹性波理论可知，它们的关系满足 Zoeppritz 方程：

$$
\begin{bmatrix}
\sin\theta_1 & \cos\theta_3 & -\sin\theta_2 & \cos\theta_4 \\
\cos\theta_1 & -\sin\theta_3 & \cos\theta_2 & \sin\theta_4 \\
\sin(2\theta_1) & \dfrac{\alpha_1}{\beta_1}\cos(2\theta_3) & \dfrac{\alpha_1\beta_2^2\rho_2}{\alpha_2\beta_1^2\rho_1}\sin(2\theta_2) & -\dfrac{\alpha_1\beta_2\rho_2}{\beta_1^2\rho_1}\sin(2\theta_4) \\
\cos(2\theta_3) & -\dfrac{\alpha_1}{\beta_1}\sin(2\theta_3) & -\dfrac{\alpha_2\rho_2}{\alpha_1\rho_1}\cos(2\theta_4) & -\dfrac{\beta_2\rho_2}{\alpha_1\rho_1}\sin(2\theta_4)
\end{bmatrix}
\begin{bmatrix}
R_{pp} \\
R_{ps} \\
T_{pp} \\
T_{ps}
\end{bmatrix}
=
\begin{bmatrix}
-\sin\theta_1 \\
\cos\theta_1 \\
\sin(2\theta_1) \\
-\cos(2\theta_3)
\end{bmatrix}
\tag{2-3-41}
$$

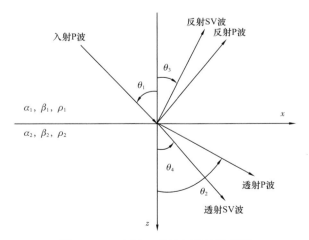

图 2–3–7　入射、反射和透射关系图

这就是精确 AVO 计算公式。式中，R_{pp}、R_{ps}、T_{pp}、T_{ps} 分别为纵波反射系数、横波反射系数、纵波透射系数、横波透射系数。式（2-3-41）是一个四阶的方程组，通过方程组求解可求得 R_{pp}、R_{ps}、T_{pp}、T_{ps}。在 AVO 正演模拟中，主要用纵波反射系数 R_{pp}。

精确的 Zoeppritz 方程全面考虑了平面纵波入射时在水平界面两侧产生的纵横波反射和透射能量之间的关系，它是 AVO 正演的理论基础。式（2-3-41）解析地表述了平面波反射系数与入射角的关系，但其 Zoeppritz 方程过于复杂，也难于直接看清各参数对反射系数的影响，方程组解析解的表达式十分复杂，很难直接分析介质参数对振幅系数的影响。因此很多学者从不同的方面对 Zoeppritz 方程进行简化，这一方面节省了计算工作量，另一方面更有利于 AVO 技术的研究和应用。虽然近似公式的表达式不尽相同，但其精度无太多差异。

2）Aki 和 Richards 近似式

假设岩性参数变化量 $\Delta\rho/\rho$、$\Delta\alpha/\alpha$ 和 $\Delta\beta/\beta$ 都远小于 1，Aki K 等（1980）得到 Zoeppritz 方程解的近似公式如下：

$$R_{pp} = A\frac{\Delta\alpha}{\alpha} + B\frac{\Delta\beta}{\beta} + C\frac{\Delta\rho}{\rho} \qquad (2\text{-}3\text{-}42)$$

其中：

$$\begin{cases} \theta = (\theta_1 + \theta_2)/2 \\ \Delta\alpha = \alpha_2 - \alpha_1, \alpha = (\alpha_2 + \alpha_1)/2 \\ \Delta\beta = \beta_2 - \beta_1, \beta = (\beta_2 + \beta_1)/2 \\ \Delta\rho = \rho_2 - \rho_1, \rho = (\rho_2 + \rho_1)/2 \\ A = \dfrac{1}{2\cos^2\theta} \\ B = -4\dfrac{\beta^2}{\alpha^2}\sin^2\theta \\ C = \dfrac{1}{2}\left(1 - 4\dfrac{\beta^2}{\alpha^2}\sin^2\theta\right) \end{cases} \qquad (2\text{-}3\text{-}43)$$

Aki 和 Richards 近似式强调的是岩性参数变化量 $\Delta\rho/\rho$、$\Delta\alpha/\alpha$ 和 $\Delta\beta/\beta$ 对反射系数的影响。

3）Shuey 近似式

Shuey R T（1985）根据 Aki K 等（1980）提出的 Zoeppritz 近似公式，做了进一步的研究，认为在 R_{pp} 随着入射角 θ 变化的过程中，泊松比 σ 是与之关系最密切的一个弹性参数。在 Aki 和 Richards 公式假设的基础上，由公式：

$$\sigma = \frac{1 - 2\dfrac{\beta^2}{\alpha^2}}{2\left(1 - \dfrac{\beta^2}{\alpha^2}\right)} \qquad (2\text{-}3\text{-}44)$$

可以得到：

$$\beta^2 = \alpha^2 \frac{(1-2\sigma)}{2(1-\sigma)} \quad\quad (2-3-45)$$

其中：
$$\sigma = (\sigma_1 + \sigma_2)/2$$

式中：σ_1 和 σ_2 分别为入射介质和透射介质的泊松比。

当地层用纵波速度 α、泊松比 σ 及密度 ρ 描述时，Zoeppritz 简化公式可重新改写成小角度项、适中角度项和广角项三部分之和，即 Shuey 近似式：

$$R_{\mathrm{pp}} = R_0 + \left[A_0 R_0 + \frac{\Delta\sigma}{(1-\sigma)^2} \right] \sin^2\theta + \frac{1}{2}\frac{\Delta\alpha}{\alpha}\left(\tan^2\theta - \sin^2\theta\right) \quad\quad (2-3-46)$$

其中：
$$\begin{cases} R_0 = \frac{1}{2}\left(\frac{\Delta\alpha}{\alpha} + \frac{\Delta\rho}{\rho}\right) \\[2mm] A_0 = B - 2(1+B)\frac{1-2\sigma}{1-\sigma} \\[2mm] B = \frac{\Delta\alpha/\alpha}{\Delta\alpha/\alpha + \Delta\rho/\rho} \end{cases} \quad\quad (2-3-47)$$

界面两侧泊松比的差 $\Delta\sigma$ 是一个至关重要的因素。式（2-3-47）中把反射系数视为小角度项（第一项）、中等角度项（第二项）和大角度项（第三项）之和，在实际应用中经常忽略大角度项，Shuey 公式可进一步简化为

$$R_{\mathrm{pp}} = P + G\sin^2\theta \quad\quad (2-3-48)$$

式中：P 为 AVO 截距，即 AVO 反射系数随入射角正弦平方变化曲线上的截距；G 为 AVO 梯度，即 AVO 反射系数随入射角正弦平方变化曲线上的梯度。

Shuey 简化公式表明，在入射角小于中等角度（<30°）时，纵波反射系数与入射角正弦的平方呈线性关系，其中：

$$P = R_0, G = A_0 R_0 + \frac{\Delta\sigma}{(1-\sigma)^2} \qu\quad (2-3-49)$$

4）CMP 道集与角度道集

前面介绍了叠前地震模拟的三种公式，Zoeppritz 方程具有最高的精度，但是计算量大。而 Aki 和 Richards 近似式和 Shuey 近似式具有近似误差，但是计算速度快。为了展示近似式的近似程度，这里展示一个数值模拟的例子。假设地层参数：$\alpha_1 = 2500\mathrm{m/s}$，$\beta_1 = 1500\mathrm{m/s}$，$\rho_1 = 2.1\mathrm{g/cm^3}$，$\alpha_2 = 3000\mathrm{m/s}$，$\beta_2 = 1800\mathrm{m/s}$，$\rho_2 = 2.2\mathrm{g/cm^3}$，利用 Zoeppritz 方程和两种近似式［式（2-3-42）、式（2-3-46）］计算得到的反射系数曲线如图 2-3-8 所示，在小角度时，近似式误差较小，在大角度时，近似式误差较大。在具体的应用中，可以根据实际情况来选择。

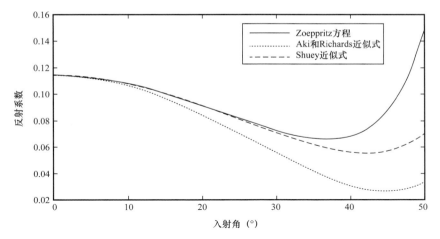

图 2-3-8　Zoeppritz 方程精确公式与近似式对比

在叠前反演中，可以在两种道集上来进行：CMP 道集、角度道集。用一个三层水平层状介质来说明 CMP 道集和角度道集的差异。CMP 道集是按着中心点位置不变，而炮检距变化抽取的道集，它可以通过对共炮点道集进行重新排序直接得到 CMP 道集，CMP 道集中的每一道都是野外检波器接收到的一道数据。而角度道集中的每一道不是野外直接接收到的数据，它需要对野外采集的数据经过适当的处理才能得到，可以由 CMP 道集通过射线追踪方法转换得到，也可以在叠前偏移过程中形成角度道集。利用 CMP 道集转换的方法要求假设地下介质是水平层状介质，而通过叠前偏移形成角度道集的方法具有更好的适应性，可以适应复杂构造的情况。CMP 道集的横坐标是炮检距，角度道集的横坐标是入射角。利用 AVO 正演公式合成地震记录的思想都是先计算反射系数，再通过褶积的方法合成地震记录。

对图 2-3-9a 中的模型来说，CMP 道集的合成地震记录公式为

$$s(t) = w(t) * \left[r_1(\theta_1)\delta(t-t_1) + r_2(\theta_2)\delta(t-t_2) \right] \tag{2-3-50}$$

对于给定的炮检距，通过射线追踪可以计算出 θ_1、θ_2，利用 Zoeppritz 方程或其近似式可以计算出 $r_1(\theta_1)$、$r_2(\theta_2)$，$w(t)$ 是地震子波，t_1、t_2 分别是两个反射界面的双程旅行时，$\delta(\cdot)$ 是 δ- 函数。需注意，由于叠前反演通常是在动校正之后的道集上进行，因而这里合成的地震记录也是动校正之后的道集。对图 2-3-9b 中的模型来说，角度道集的合成地震记录公式为

$$s(t) = w(t) * \left[r_1(\theta)\delta(t-t_1) + r_2(\theta)\delta(t-t_2) \right] \tag{2-3-51}$$

对于给定的入射角 θ，利用 Zoeppritz 方程或其近似式可以计算出 $r_1(\theta_1)$、$r_2(\theta_2)$，其他和式（2-3-47）中的含义一样。表 2-3-1 列出了一个三层介质的模型参数，根据这组模型参数利用 Zoeppritz 方程合成 CMP 道集和角度道集地震记录如图 2-3-10 所示，CMP 道集和角度道集中的反射振幅有很大的差别，CMP 道集的横坐标是炮检距，角度道集的横坐标是入射角。

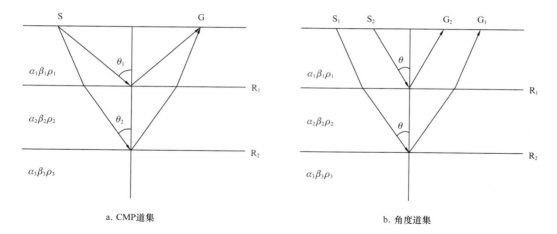

a. CMP道集　　　　　　　　　　　　　b. 角度道集

图 2-3-9　CMP 道集和角度道集示意图

表 2-3-1　三层介质模型参数

模型层数	纵波速度（m/s）	横波速度（m/s）	密度（g/cm³）	双程旅行时（s）
层 1	2000	1000	2.0	0.3
层 2	2500	1200	2.1	0.3
层 3	3000	1600	2.2	

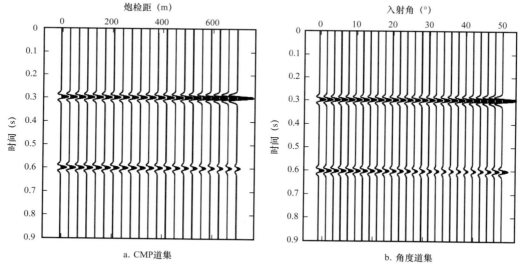

a. CMP道集　　　　　　　　　　　　　b. 角度道集

图 2-3-10　表 2-3-1 参数模型模拟的 CMP 道集和角度道集

2. 逐步 AVO 反演方法

　　AVO 反演是上述正演过程的逆过程，已知叠前道集求取地下地层的弹性参数（纵波速度、横波速度、密度）。反演过程和正演过程密切相关，正演可以合成 CMP 道集，也可以合成角度道集，正演公式可以是精确公式，也可以是近似公式。前面只介绍了两种非常经典的 AVO 近似公式，实际上，AVO 的近似公式非常多，弹性参数的具体形式也多种多样。在 Zoeppritz 方程中利用纵波速度、横波速度、密度描述地下介质，在一些近似公式中，有用纵波阻抗（$\alpha\rho$）、横波阻抗（$\beta\rho$）描述地下介质，也有用剪切模量、体积模量和密度来描述地下介质的。由此可见，有很多不同形式的正演过程，正演过程不同对应的反演过程也不相同，但是基本思想是一致的。

这里研究利用角道集数据反演纵波速度、横波速度和密度的问题，正演所用的计算公式是 Aki 和 Richards 近似式（2-3-39）。在该公式中，反射系数和纵波速度、横波速度、密度的关系是非线性的，这给弹性参数的反演带来了困难。为了便于反演，假设横、纵波的速度比已知，也即 $\dfrac{\beta^2}{\alpha^2}$ 已知。这样式（2-3-40）中 A、B、C 只和角度有关，给定角度就可以计算出 A、B、C。令

$$\begin{cases} R_\alpha = \dfrac{\alpha_2 - \alpha_1}{\alpha_2 + \alpha_1} \\[2mm] R_\beta = \dfrac{\beta_2 - \beta_1}{\beta_2 + \beta_1} \\[2mm] R_\rho = \dfrac{\rho_2 - \rho_1}{\rho_2 + \rho_1} \end{cases} \tag{2-3-52}$$

式（2-3-52）中，R_α 与纵波速度 α 的关系和反射系数与波阻抗的关系完全一致。R_β 与横波速度 β、R_ρ 与密度 ρ 之间也有类似的关系。在反演过程中可以利用式（2-3-52）由 R_α、R_β、R_ρ 分别反演纵波速度、横波速度、密度。

式（2-3-39）可以重写为

$$R(\theta) = 2A(\theta)R_\alpha + 2B(\theta)R_\beta + 2C(\theta)R_\rho \tag{2-3-53}$$

写成式（2-3-53）这种形式后，变量的依赖关系更加清晰。

假设地下介质的纵波速度、横波速度、密度分别为 α_i、β_i、ρ_i，$i = 1$，2，$\cdots$，n。根据纵波速度、横波速度、密度和 R_α、R_β、R_ρ 的关系，对于每一个界面有

$$\begin{cases} R_{\alpha,i} = \dfrac{\alpha_{i+1} - \alpha_i}{\alpha_{i+1} + \alpha_i} \\[2mm] R_{\beta,i} = \dfrac{\beta_{i+1} - \beta_i}{\beta_{i+1} + \beta_i} \\[2mm] R_{\rho,i} = \dfrac{\rho_{i+1} - \rho_i}{\rho_{i+1} + \rho_i} \end{cases} \tag{2-3-54}$$

假设共有 m 个角度 θ_1，θ_2，$\cdots$，θ_m，每个角度对应的反射系数为 $R_i(\theta_j)$，则有

$$R_i(\theta_j) = 2A(\theta_j)R_{\alpha,i} + 2B(\theta_j)R_{\beta,i} + 2C(\theta_j)R_{\rho,i} \tag{2-3-55}$$

假设地震子波为 w_i，每个角度的地震记录为 $s_i(\theta_j)$，则有

$$s_i(\theta_j)=\sum_k w_{i-k}R_k(\theta_j) \tag{2-3-56}$$

对于固定的 θ_j 来说，式（2-3-56）就是褶积公式。这样由式（2-3-54）、式（2-3-55）和式（2-3-56）构成了一整套由纵波速度、横波速度、密度为 α_i、β_i、ρ_i 计算角道集地震记录 $s_i(\theta_j)$ 的正演公式。

对应的反演问题就是已知角道集地震记录 $s_i(\theta_j)$ 求取纵波速度、横波速度、密度的问题，反演过程可以看成是上述正演过程的逆过程。这里介绍一种三步法 AVO 反演方法，该方法不是由地震记录直接求取纵波速度、横波速度及密度，而是先由地震记录反演反射系数，再由反射系数反演 R_α、R_β、R_ρ，最后再由 R_α、R_β、R_ρ 反演出纵波速度、横波速度及密度。

（1）反射系数反演。

反射系数反演就是基于正演式（2-3-56）由角道集地震记录计算反射系数，这个问题本质上就是一个反褶积的问题，可以利用反褶积相关方法来实现。对每个角度 θ_j 分别进行反褶积可以计算得到 $R_i(\theta_j)$。

（2）R_α、R_β、R_ρ 反演。

假设已经得到了每个角度的反射系数 $R_i(\theta_j)$，假设有四个角度，对于每个反射界面 i 有

$$\begin{cases} 2A(\theta_1)R_{\alpha,i} + 2B(\theta_1)R_{\beta,i} + 2C(\theta_1)R_{\rho,i}=R_i(\theta_1) \\ 2A(\theta_2)R_{\alpha,i} + 2B(\theta_2)R_{\beta,i} + 2C(\theta_2)R_{\rho,i}=R_i(\theta_2) \\ 2A(\theta_3)R_{\alpha,i} + 2B(\theta_3)R_{\beta,i} + 2C(\theta_3)R_{\rho,i}=R_i(\theta_3) \\ 2A(\theta_4)R_{\alpha,i} + 2B(\theta_4)R_{\beta,i} + 2C(\theta_4)R_{\rho,i}=R_i(\theta_4) \end{cases} \tag{2-3-57}$$

写成矩阵的形式有

$$\begin{bmatrix} 2A(\theta_1) & 2B(\theta_1) & 2C(\theta_1) \\ 2A(\theta_2) & 2B(\theta_2) & 2C(\theta_2) \\ 2A(\theta_3) & 2B(\theta_3) & 2C(\theta_3) \\ 2A(\theta_4) & 2B(\theta_4) & 2C(\theta_4) \end{bmatrix} \begin{bmatrix} R_{\alpha,i} \\ R_{\beta,i} \\ R_{\rho,i} \end{bmatrix} = \begin{bmatrix} R_i(\theta_1) \\ R_i(\theta_2) \\ R_i(\theta_3) \\ R_i(\theta_4) \end{bmatrix} \tag{2-3-58}$$

由式（2-3-58）可以看出，对于固定的反射界面 i，由 $R_i(\theta_j)$ 计算 $R_{\alpha,\ i}$、$R_{\beta,\ i}$、$R_{\rho,\ i}$ 就是一个方程组求解问题。角道集的道数，也即角度的个数，一般大于 3 个，因而方程组（2-3-58）一般是一个超定的问题。由于方程的个数大于未知数的个数，再加之噪声的影响，这个方程组常常是无解的，通常求它的最小二乘解。

定义目标函数：

$$O(R_{\alpha,i}、R_{\beta,i}、R_{\rho,i}) = \sum_j \left[2A(\theta_j)R_{\alpha,i} + 2B(\theta_j)R_{\beta,i} + 2C(\theta_j)R_{\rho,i} - R_i(\theta_j)\right]^2 \tag{2-3-59}$$

对于固定的反射界面 i，式（2-3-59）可以看成是 $R_{\alpha,i}$、$R_{\beta,i}$、$R_{\rho,i}$ 的函数，能够使得目标函数式（2-3-59）达到极小的 $R_{\alpha,i}$、$R_{\beta,i}$、$R_{\rho,i}$ 就是方程组式（2-3-58）的最小二乘解。求目标函数式（2-3-59）的极小点就可以求得 $R_{\alpha,i}$、$R_{\beta,i}$、$R_{\rho,i}$。目标函数达到极小时，目标函数关于 $R_{\alpha,i}$、$R_{\beta,i}$、$R_{\rho,i}$ 的导数为 0，因而有

$$\begin{cases} \dfrac{\partial O}{\partial R_{\alpha,i}} = 2\sum_j \left[2A(\theta_j)R_{\alpha,i} + 2B(\theta_j)R_{\beta,i} + 2C(\theta_j)R_{\rho,i} - R_i(\theta_j) \right] 2A(\theta_j) = 0 \\[3mm] \dfrac{\partial O}{\partial R_{\beta,i}} = 2\sum_j \left[2A(\theta_j)R_{\alpha,i} + 2B(\theta_j)R_{\beta,i} + 2C(\theta_j)R_{\rho,i} - R_i(\theta_j) \right] 2B(\theta_j) = 0 \\[3mm] \dfrac{\partial O}{\partial R_{\rho,i}} = 2\sum_j \left[2A(\theta_j)R_{\alpha,i} + 2B(\theta_j)R_{\beta,i} + 2C(\theta_j)R_{\rho,i} - R_i(\theta_j) \right] 2C(\theta_j) = 0 \end{cases} \quad （2-3-60）$$

令

$$\boldsymbol{D} = \begin{bmatrix} 2A(\theta_1) & 2B(\theta_1) & 2C(\theta_1) \\ 2A(\theta_2) & 2B(\theta_2) & 2C(\theta_2) \\ 2A(\theta_3) & 2B(\theta_3) & 2C(\theta_3) \\ 2A(\theta_4) & 2B(\theta_4) & 2C(\theta_4) \end{bmatrix} \quad （2-3-61）$$

$$\boldsymbol{P} = \begin{bmatrix} R_{\alpha,i} \\ R_{\beta,i} \\ R_{\rho,i} \end{bmatrix} \quad （2-3-62）$$

$$\boldsymbol{R} = \begin{bmatrix} R_i(\theta_1) \\ R_i(\theta_2) \\ R_i(\theta_3) \\ R_i(\theta_4) \end{bmatrix} \quad （2-3-63）$$

则式（2-3-60）可写为

$$\boldsymbol{D}^{\mathrm{T}}\boldsymbol{D}\boldsymbol{P} = \boldsymbol{D}^{\mathrm{T}}\boldsymbol{R} \quad （2-3-64）$$

式中，$\boldsymbol{D}^{\mathrm{T}}$ 是矩阵 $\boldsymbol{D}$ 转置，$\boldsymbol{D}$ 和向量 $\boldsymbol{R}$ 都是已知的，因而通过式（2-3-64）的求解可以计算出 $\boldsymbol{P}$，也就是计算出了 $R_{\alpha,i}$、$R_{\beta,i}$、$R_{\rho,i}$，对于每个反射界面 i 进行上述处理，就能计算出 $R_{\alpha,i}$、$R_{\beta,i}$、$R_{\rho,i}$，$i=1$, 2, $\cdots$, $n-1$。

（3）纵波速度、横波速度及密度反演。

由式（2-3-54）可知，$R_{\alpha,i}$ 与纵波速度 α_i 的关系和反射系数与波阻抗的关系完全一致，可以利用波阻抗反演方法实现纵波速度的求取。在本章第二节中介绍的道积分方法和递推反演方法都可以直接应用于纵波速度的反演。同理可以用同样的方法由 $R_{\beta,i}$ 反演横波速度，由 $R_{\rho,i}$ 反演密度。

下面通过一个例子来说明反演过程。假设地下介质模型参数见表 2-3-1，假设角度道

集中各道数据对应的角度分别为 5°、10°、15°、20°、25°、30°。利用式（2-3-54）可以计算得到 R_α、R_β、R_ρ，如图 2-3-11 所示。利用式（2-3-55），可以计算得到各个角度的反射系数 $R_i(\theta_j)$ 如图 2-3-12a 所示；再利用式（2-3-56）可计算出各个角度的地震记录如图 2-3-12b 所示，这就相当于从野外地震资料提取得到的角度道集地震记录。AVO 反演就是要从角度道集地震记录中求取纵波速度、横波速度和密度。首先对角度道集地震数据（图 2-3-12）进行反褶积处理，得到各个角度的反射系数，如图 2-3-13 所示；再利用式（2-3-64）进行反演可以得到 R_α、R_β、R_ρ（图 2-3-14），最后利用递推反演方法由 R_α、R_β、R_ρ 计算出纵波速度、横波速度和密度，如图 2-3-15 所示。

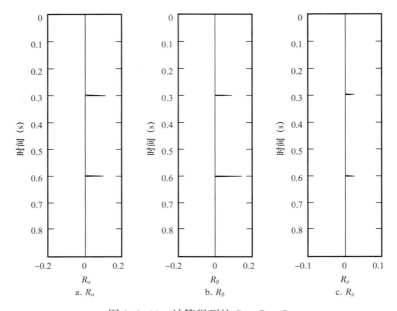

图 2-3-11　计算得到的 R_α、R_β、R_ρ

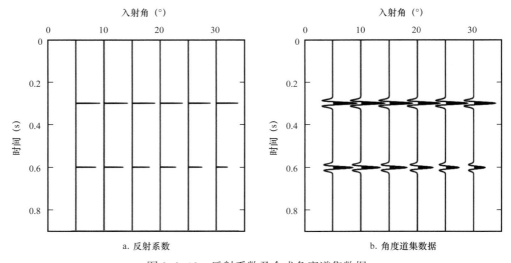

图 2-3-12　反射系数及合成角度道集数据

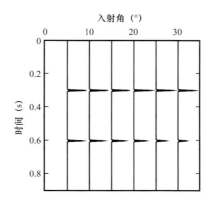

图 2-3-13　反褶积后得到的反射系数

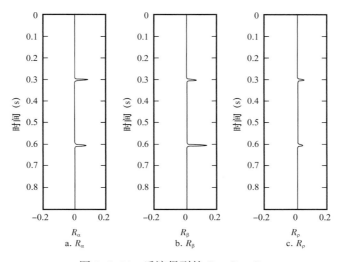

a. R_α　　　　　　　b. R_β　　　　　　　c. R_ρ

图 2-3-14　反演得到的 R_α、R_β、R_ρ

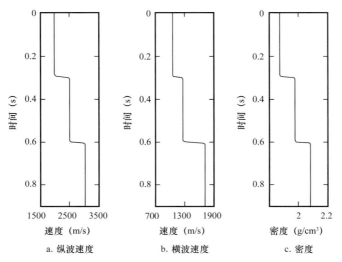

a. 纵波速度　　　　　　b. 横波速度　　　　　　c. 密度

图 2-3-15　递推反演后得到的弹性参数

3. 贝叶斯 AVO 反演方法

Zoeppritz 方程精确描述了水平界面平面波入射时反射系数、透射系数与纵横波速度及密度之间的关系，但其计算量大，计算复杂。对 Aki 和 Richard 近似式进行整理，得到三项 Zoeppritz 近似式（Buland A et al.，2003）：

$$r(\theta) = \sec^2\theta \frac{\Delta I_p}{2I_p} - 8\gamma^2 \sin^2\theta \frac{\Delta I_s}{2I_s} + \left(4\gamma^2 \sin^2\theta - \tan^2\theta\right)\frac{\Delta\rho}{2\rho} \qquad (2-3-65)$$

式中：θ 为入射角；$\dfrac{\Delta I_p}{2I_p}$ 为纵波阻抗反射系数；$\dfrac{\Delta I_s}{2I_s}$ 为横波阻抗反射系数；$\dfrac{\Delta\rho}{2\rho}$ 为密度反射系数；γ 为横波速度与纵波速度的比值。

将式（2-3-65）离散方程形式转换为时间连续的方程形式（王守东等，2012）：

$$r(\theta) = \sec^2\theta \frac{1}{2}\frac{\partial}{\partial t}\ln I_p - 8\gamma^2 \sin^2\theta \frac{1}{2}\frac{\partial}{\partial t}\ln I_s + \left(4\gamma^2 \sin^2\theta - \tan^2\theta\right)\frac{1}{2}\frac{\partial}{\partial t}\ln\rho \qquad (2-3-66)$$

式中：I_p，I_s，ρ 分别为纵波阻抗、横波阻抗和密度；$\ln I_p$，$\ln I_s$，$\ln\rho$ 分别为纵波阻抗、横波阻抗和密度的自然对数值。

令待求参数向量为

$$m(t) = \left[\ln I_p(t),\ \ln I_s(t),\ \ln\rho(t)\right]^{\mathrm{T}} \qquad (2-3-67)$$

与入射角度有关的向量为

$$a(\theta) = \frac{1}{2}\left[\sec^2\theta,\ -8\gamma^2\sin^2\theta,\ 4\gamma^2\sin^2\theta - \tan^2\theta\right] \qquad (2-3-68)$$

则式（2-3-66）所示的反射系数函数可以改写为

$$r(\theta) = a(\theta)\Delta_t m(t) \qquad (2-3-69)$$

式中：Δ_t 表示对时间求导。

将待求参数向量 $m(t)$ 离散化，同样用 $\boldsymbol{m}$ 表示：

$$\boldsymbol{m} = \left[\ln I_p^1, \ln I_p^2, \cdots, \ln I_p^{N_t}, \ln I_s^1, \ln I_s^2, \cdots, \ln I_s^{N_t}, \ln\rho^1, \rho^2, \cdots, \ln\rho^{N_t}\right]^{\mathrm{T}} \qquad (2-3-70)$$

令一阶差分算子为 $\boldsymbol{F}$，与角度有关的线性算子为 $\boldsymbol{A}$，则反射系数的矩阵形式为

$$\boldsymbol{R} = \boldsymbol{AFm} \qquad (2-3-71)$$

假设子波矩阵为 $\boldsymbol{W}$，叠前道集为 $\boldsymbol{d}$，则：

$$\boldsymbol{d} = \boldsymbol{WR} = \boldsymbol{WAFm} = \boldsymbol{Gm} \qquad (2-3-72)$$

其中：

$$\boldsymbol{G} = \boldsymbol{WAF}$$

$$\boldsymbol{d} = \left[d(\theta_1),\ d(\theta_2),\ \cdots,\ d(\theta_{N_\theta})\right]^{\mathrm{T}}$$

式中：$\theta_1 \sim \theta_{N_\theta}$ 为角度；N_θ 为参与计算角度个数；$\boldsymbol{d}(\theta_1 \sim \theta_{N_\theta})$ 表示不同角度观测到的地震记录；N_t 为离散模型参数的个数；N_d 为数据采样点数。

则得到正演模型为

$$\boldsymbol{d}_{N_\theta N_d \times 1} = \boldsymbol{W}_{N_\theta N_d \times N_\theta N_t} \boldsymbol{A}_{N_\theta N_t \times 3N_t} \boldsymbol{F}_{3N_t \times 3N_t} \boldsymbol{m}_{3N_t \times 1} = \boldsymbol{G}_{N_\theta N_d \times 3N_t} \boldsymbol{m}_{3N_t \times 1} \quad (2-3-73)$$

在贝叶斯理论中，后验概率密度函数 PPDF 以 $p(\boldsymbol{\varphi}|\boldsymbol{\delta})$ 表示，给定数据向量 $\boldsymbol{\delta}$（随炮检距变化的地震数据），可求取参数向量 $\boldsymbol{\varphi}$ 的概率密度函数：

$$p(\boldsymbol{\varphi}|\boldsymbol{\delta}) = \frac{p(\boldsymbol{\delta}|\boldsymbol{\varphi})p(\boldsymbol{\varphi})}{p(\boldsymbol{\delta})} \propto p(\boldsymbol{\delta}|\boldsymbol{\varphi})p(\boldsymbol{\varphi}) \quad (2-3-74)$$

待求参数向量 $\boldsymbol{\varphi}$ 最可能的值对应 PPDF 的最大值，参数估计不确定性的大小对应 PPDF 的宽度。如果仅关心 PPDF 的形状，分母 $p(\boldsymbol{\delta})$ 是个可被忽略的常数。$p(\boldsymbol{\delta}|\boldsymbol{\varphi})$ 为似然函数，$p(\boldsymbol{\varphi})$ 为先验分布。

认为地震噪声服从正态分布，则似然函数如下：

$$p(\boldsymbol{\delta}|\boldsymbol{\varphi}) = \frac{1}{(2\pi)^{N_d/2}|\boldsymbol{\varSigma}_\delta|^{1/2}} \exp\left[-\frac{1}{2}(\boldsymbol{\delta} - \boldsymbol{G}\boldsymbol{\varphi})^{\mathrm{T}} \boldsymbol{\varSigma}_\delta^{-1} (\boldsymbol{\delta} - \boldsymbol{G}\boldsymbol{\varphi})\right] \quad (2-3-75)$$

为计算方便，对上面的函数取负对数得到：

$$L(\boldsymbol{\delta}|\boldsymbol{\varphi}) = \frac{1}{2}(\boldsymbol{\delta} - \boldsymbol{G}\boldsymbol{\varphi})^{\mathrm{T}} \boldsymbol{\varSigma}_\delta^{-1} (\boldsymbol{\delta} - \boldsymbol{G}\boldsymbol{\varphi}) + 常数 \quad (2-3-76)$$

由于信息量有限，反演问题往往是多解的，为了降低其多解性，可以根据已知信息增加约束条件。反演工作通常只是对目的层段进行反演，可以认为这一小段的弹性参数是服从正态分布的。假设先验模型服从正态分布，如下式：

$$p(\boldsymbol{\varphi}) = \frac{1}{(2\pi)^{N_t/2}|\boldsymbol{\varSigma}_\varphi|^{1/2}} \exp\left[-\frac{1}{2}(\boldsymbol{\varphi} - \boldsymbol{\mu})^{\mathrm{T}} \boldsymbol{\varSigma}_\varphi^{-1} (\boldsymbol{\varphi} - \boldsymbol{\mu})\right] \quad (2-3-77)$$

同样，为计算方便，对式（2-3-77）取负对数：

$$L(\boldsymbol{\varphi}) = \frac{1}{2}(\boldsymbol{\varphi} - \boldsymbol{\mu})^{\mathrm{T}} \boldsymbol{\varSigma}_\varphi^{-1} (\boldsymbol{\varphi} - \boldsymbol{\mu}) + 常数 \quad (2-3-78)$$

式中：$\boldsymbol{\varSigma}_\varphi$ 为参数协方差矩阵，该矩阵约束了待求参数偏离均值的程度。

通常生成协方差矩阵的方法是利用反演工区测井资料的弹性参数（如纵波阻抗、横波阻抗和密度）进行统计估计。因此，测井资料的好坏直接影响着反演结果的好坏，利用有代表性的测井资料或者对较多测井资料的统计情况进行综合考虑会得到较好的反演结果。

Walden A T 等（1986）证明，反射系数服从长尾分布的假设是合理的，而反射系数服从长尾分布意味着反射系数是稀疏的。弹性参数的导数（$r = \boldsymbol{AD}\boldsymbol{\varphi}$，其中 $\boldsymbol{A}$ 为与角度有关的线性算子，D 为一阶差分算子，φ 为待求的参数向量）可以理解为参数的反射系数，而改进的柯西（Cauchy）分布为长尾分布中计算较为简便的一种。假设弹性参数的导数满足改进的 Cauchy 分布，其表达式为

$$p_c = \prod_i \frac{r_i^2}{1+r_i^2} \tag{2-3-79}$$

为计算方便，对式（2-3-79）取对数得到：

$$L_c(\varphi) = \sum_{i=1}^{N_t} \frac{\left|\dfrac{r_i}{\sigma_i}\right|^2}{1+\left|\dfrac{r_i}{\sigma_i}\right|^2} \tag{2-3-80}$$

其中：
$$r = AD\varphi$$

式中：σ_i 为相应的尺度常数。

对式（2-3-80）求导得：

$$\frac{\partial L_c}{\partial \varphi^{\mathrm{T}}} = \lambda Q\varphi \tag{2-3-81}$$

其中矩阵 Q 的对角元素为

$$Q_{ii} = \frac{1}{\sigma_i^2\left(1+\dfrac{r_i^2}{\sigma_i^2}\right)^2} $$

用式（2-3-74）将似然函数与先验分布结合起来，得到反演的目标函数为

$$L(\varphi\,|\,\delta) = \frac{1}{2}(\delta-G\varphi)^{\mathrm{T}} \Sigma_\delta^{-1}(\delta-G\varphi) + \frac{1}{2}(\varphi-\mu)^{\mathrm{T}} \Sigma_\delta^{-1}(\varphi-\mu) + \sum_{i=1}^{N_t} \frac{\left|\dfrac{r_i}{\sigma_i}\right|^2}{1+\left|\dfrac{r_i}{\sigma_i}\right|^2} + \text{常数} \tag{2-3-82}$$

为求极值，对式（2-3-82）求导，并令其导数为 0 得到：

$$\frac{\mathrm{d}L(\varphi\,|\,\delta)}{\mathrm{d}\varphi} = -G^{\mathrm{T}} \Sigma_\delta^{-1}(\delta-G\varphi) + \Sigma_\varphi^{-1}(\varphi-\mu) + \lambda Q\varphi = 0 \tag{2-3-83}$$

将式（2-3-83）进行整理可以得到 AVO 反演方程：

$$\varphi_{\mathrm{map}} = \left(G^{\mathrm{T}} \Sigma_\delta^{-1} G + \Sigma_\varphi^{-1} + \lambda Q^{-1}\right)\left(G^{\mathrm{T}} \Sigma_\delta^{-1}\delta + \Sigma_\varphi^{-1}\mu\right) \tag{2-3-84}$$

在给定初值的情况下应用共轭梯度法循环迭代求解式（2-3-84），就可以反演出纵波阻抗、横波阻抗和密度。

4. 弹性阻抗反演

和 AVO 反演相类似，弹性阻抗反演也是由叠前共中心点道集计算地下地层的物性参数，实际上是 AVO 反演的另一种实现方式，它的反演过程和叠后波阻抗反演过程完全一致，可以认为是在不同入射角的部分叠加剖面上做波阻抗反演。弹性阻抗（Elastic Impedance，简写为 EI）是纵波速度、横波速度、密度的函数和入射角的函数，通过弹性阻抗反演可以求得不同入射角的弹性阻抗值，进一步分析弹性阻抗随入射角的变化规律，相对于波阻抗，更有利于岩性分析。

由上面的知识可知，振幅随入射角的变化规律可用 Zoeppritz 方程来描述，Aki K 等（1980）给出了 Zoeppritz 方程的一种近似公式：

$$R(\theta) = A\frac{\Delta\alpha}{\alpha} + B\frac{\Delta\beta}{\beta} + C\frac{\Delta\rho}{\rho} \tag{2-3-85}$$

要想用叠后波阻抗反演的方法来反演物性参数，就要把式（2-3-85）写成波阻抗与反射系数之间关系的形式，即要把 $r(\theta)$ 写成如下的形式：

$$r(\theta) = \frac{f(t_{i+1}) - f(t_i)}{f(t_{i+1}) + f(t_i)} \tag{2-3-86}$$

式中：$f(t)$ 称为弹性阻抗（EI）。

和式（2-3-9）类似，利用对数差分的形式表示式（2-3-86）：

$$r(\theta) \approx \frac{1}{2}\frac{\Delta\mathrm{EI}}{\overline{\mathrm{EI}}} \approx \frac{1}{2}\Delta\ln(\mathrm{EI}) \tag{2-3-87}$$

其中：
$$\Delta\mathrm{EI} = f(t_i) - f(t_{i-1}), \quad \overline{\mathrm{EI}} = \frac{f(t_i) + f(t_{i-1})}{2}$$

式中：Δ 代表求差，以下公式中的 Δ 也代表同样的含义。

将 Aki 和 Richards 近似式中 A、B、C 的具体形式代入式（2-3-85），结合式（2-3-87）得：

$$\frac{1}{2}\Delta\ln(\mathrm{EI}) = \frac{1}{2\cos^2\theta}\frac{\Delta\alpha}{\alpha} - 4\frac{\beta^2}{\alpha^2}\sin^2\theta\frac{\Delta\beta}{\beta} + \frac{1}{2}\left(1 - 4\frac{\beta^2}{\alpha^2}\sin^2\theta\right)\frac{\Delta\rho}{\rho} \tag{2-3-88}$$

令 $K = \frac{\beta^2}{\alpha^2}$，有

$$\Delta\ln(\mathrm{EI}) = (1 + \tan^2\theta)\frac{\Delta\alpha}{\alpha} - 8K\sin^2\theta\frac{\Delta\beta}{\beta} + (1 - 4K\sin^2\theta)\frac{\Delta\rho}{\rho} \tag{2-3-89}$$

因为 $\frac{\Delta\alpha}{\alpha} \approx \Delta\ln\alpha, \frac{\Delta\beta}{\beta} \approx \Delta\ln\beta, \frac{\Delta\rho}{\rho} \approx \Delta\ln\rho$，所以有

$$\Delta\ln(\mathrm{EI}) = (1 + \tan^2\theta)\Delta\ln\alpha - 8K\sin^2\theta\Delta\ln\beta + (1 - 4K\sin^2\theta)\Delta\ln\rho$$

$$\Delta \ln(\text{EI}) = \Delta \ln \alpha^{1+\tan^2\theta} + \Delta \ln \beta^{-8K\sin^2\theta} + \Delta \ln \rho^{1-4K\sin^2\theta}$$

$$\Delta \ln(\text{EI}) = \Delta \ln(\alpha^{1+\tan^2\theta} \beta^{-8K\sin^2\theta} \rho^{1-4K\sin^2\theta})$$

$$\text{EI} = \alpha^{1+\tan^2\theta} \beta^{-8K\sin^2\theta} \rho^{1-4K\sin^2\theta} \tag{2-3-90}$$

$$\text{EI} = \alpha \left(\alpha^{\tan^2\theta} \beta^{-8K\sin^2\theta} \rho^{1-4K\sin^2\theta} \right) \tag{2-3-91}$$

这样就得到了弹性阻抗的表达式。由式（2-3-91）可以看出，弹性阻抗是纵波速度、横波速度、密度和入射角的函数，随入射角变化的反射系数和弹性阻抗的关系可写为

$$r(\theta, t_i) = \frac{\text{EI}(t_i) - \text{EI}(t_{i-1})}{\text{EI}(t_i) + \text{EI}(t_{i-1})} \tag{2-3-92}$$

某一入射角的地震记录 $d(\theta, t)$ 和弹性阻抗的关系，和叠后地震记录类似，有下面的公式：

$$d(\theta, t) = \sum_{i=1}^{n} r(\theta, t_i) w(t - t_i) = r(\theta, t) * w(t) \tag{2-3-93}$$

式（2-3-93）和叠后地震记录的正演公式完全一致，如果已知某一入射角的地震记录 $d(\theta, t)$ 就可以完全按叠后波阻抗反演的方法求得弹性阻抗。

某一入射角的地震记录 $d(\theta, t)$ 可以通过角道集部分叠加得到。共中心点道集中通过射线追踪可以变换为角道集，即把时间—偏移距域的地震记录变换到时间—角度的地震记录，然后进行部分角道集叠加，如将 15°～25° 范围内的地震记录动校正后进行叠加作为角度 20° 的地震记录，在不同角度范围进行叠加就可得到不同角度的角道集叠加记录。有了角道集叠加记录就可以按波阻抗反演的方法进行反演得到不同角度的弹性阻抗。

弹性阻抗是对波阻抗的推广，是入射角的函数，波阻抗是入射角为 0 时弹性阻抗的特例，弹性阻抗反演使得波阻抗反演从叠后发展到叠前，角道集叠加剖面可保留地震波的许多 AVO 特征，弥补了从传统叠加资料里无法得到岩性参数这一缺点，结合弹性阻抗和波阻抗可以更好地解释地下介质的岩性及其含油气性。图 2-3-16 是实际测井资料得到

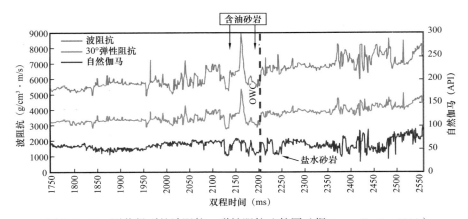

图 2-3-16　测井得到的波阻抗、弹性阻抗比较图（据 Connolly P，1999）

的波阻抗和30°的弹性阻抗曲线，弹性阻抗和波阻抗的曲线形状是一致的，但绝对数值不一样。为了比较波阻抗和弹性阻抗的相对变化，将弹性阻抗标定到声阻抗的数值，标定后的弹性阻抗与波阻抗的比较如图2-3-17所示，在含油砂岩中，弹性阻抗低于波阻抗，这说明弹性阻抗可以很好地指示油气，图2-3-18是实际资料反演的30°弹性阻抗，在此剖面上可进一步进行岩性解释和油气预测。

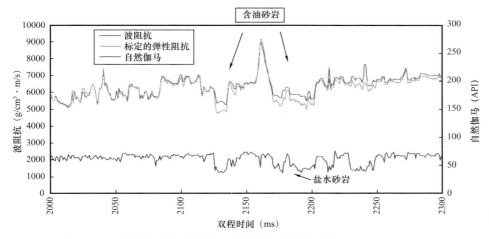

图2-3-17 测井得到的波阻抗、弹性阻抗比较图（据 Connolly P，1999）
弹性阻抗曲线被标定到波阻抗曲线

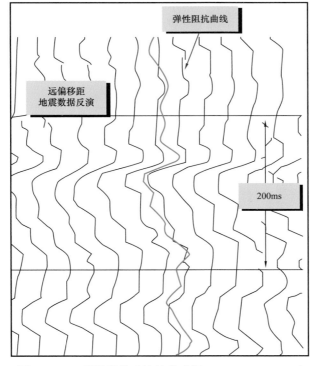

图2-3-18 弹性阻抗反演结果（据 Connolly P，1999）

五、时移地震反演

时移地震反演是利用两次采集的地震数据以及油藏钻、测井等信息，反演得到不同时间弹性参数或者储层岩性及物性参数的变化，为分析油气藏内部动态变化提供依据。根据资料的不同，可将时移地震反演技术分为时移地震叠后反演与时移地震叠前反演。

1. 时移地震叠后反演技术

时移地震叠后反演技术利用一致性处理之后的叠后时移地震资料进行反演，常见的反演方法有顺序反演、同时反演与差异反演。

1）顺序反演

时移地震顺序反演是两次采集的数据体分别反演，得到两次采集数据相应的弹性参数，且反演过程中除了初始模型和子波之外，所采用的反演参数一致。结合两次反演的结果，进而得到反演之后的差异数据体。

假设首次采集的模型参数为 m_1，地震数据为 d_1，油藏开发一段时间之后采集的地震数据为 d_2，模型参数为 m_2。在反演中首先要正演，两次采集正演算子分别为 L_1 和 L_2，则可得到：

$$d_1 = L_1 m_1$$
$$d_2 = L_2 m_2$$

（2-3-94）

求解式（2-3-94）转化为求取目标函数 f_1 和 f_2 的最小二乘解：

$$f_1 = \left\| d_1 - L_1 m_1 \right\|^2$$
$$f_2 = \left\| d_2 - L_2 m_2 \right\|^2$$

（2-3-95）

即为

$$m_1 = \left(L_1^{\mathrm{T}} L_1 \right)^{-1} L_1^{\mathrm{T}} d_1$$
$$m_2 = \left(L_2^{\mathrm{T}} L_2 \right)^{-1} L_2^{\mathrm{T}} d_2$$

（2-3-96）

求解得到的两组地层弹性参数模型 m_1 和 m_2 相减，就可以得到时移地震顺序反演的结果：

$$\Delta m = m_1 - m_2$$

（2-3-97）

2）同时反演

时移地震同时反演顾名思义就是将多次采集的地震数据同时进行反演。一般情况下首次采集的数据定义为基础数据，油藏开发一段时间之后采集的数据为监测数据。对两组数据同时进行反演，最终得到地层弹性参数（波阻抗、速度及密度等）的差异结果。

根据式（2-3-94）和式（2-3-97），可以写出如下的方程组：

$$d_1 = L_1 m_1$$
$$d_2 = L_2 (m_1 + \Delta m) \tag{2-3-98}$$

写成如下的矩阵形式：

$$\begin{bmatrix} L_1 & 0 \\ L_2 & L_2 \end{bmatrix} \begin{bmatrix} m_1 \\ \Delta m \end{bmatrix} = \begin{bmatrix} d_1 \\ d_2 \end{bmatrix} \tag{2-3-99}$$

求解式（2-3-99）转换为求解目标函数 $S(m_1, \Delta m)$，形式如下：

$$S(m_1, \Delta m) = \left\| \begin{bmatrix} L_1 & 0 \\ L_2 & L_2 \end{bmatrix} \begin{bmatrix} m_1 \\ \Delta m \end{bmatrix} - \begin{bmatrix} d_1 \\ d_2 \end{bmatrix} \right\|^2 \tag{2-3-100}$$

即：

$$\begin{bmatrix} m_1 \\ \Delta m \end{bmatrix} = \begin{bmatrix} L_1^T L_1 + L_2^T L_2 & L_2^T L_2 \\ L_2^T L_2 & L_2^T L_2 \end{bmatrix}^{-1} \begin{bmatrix} L_1^T & L_2^T \\ 0 & L_2^T \end{bmatrix} \begin{bmatrix} d_1 \\ d_2 \end{bmatrix} \tag{2-3-101}$$

求解矩阵（2-3-101）即可得到参数的变化 Δm。

3）差异反演

时移地震差异反演是首先对两次采集的数据进行时差校正、相位校正等一致性处理，得到油藏开发前后的差异数据体，然后直接对差异数据体反演，得到参数的差异值。

假设油藏开发前后地震记录的差异数据体为 Δd，弹性参数差异体为 Δm，即：

$$\Delta d = d_1 - d_2$$
$$\Delta m = m_1 - m_2 \tag{2-3-102}$$

在对差异数据体反演之前，首先要做一致性处理，消除非油藏因素的影响。理想条件下，地下地质构造不发生改变，且采集和处理参数相同，则两次正演算子相同，即正演算子 L：

$$L = L_1 = L_2 \tag{2-3-103}$$

则有

$$\Delta d = d_2 - d_1 = L_2 m_2 - L_1 m_1 = L(m_2 - m_1) = L \Delta m \tag{2-3-104}$$

求解式（2-3-104）转化为求解目标函数 $S(\Delta m)$，形式如下：

$$S(\Delta m) = \| L \Delta m - \Delta d \|^2 \tag{2-3-105}$$

即：

$$\Delta m = (L^T L)^{-1} L^T \Delta d \tag{2-3-106}$$

式中：Δm 为油藏开发前后弹性参数的变化。

结合岩石物理理论，将弹性参数的变化转换为油藏参数的变化，即可实现对油气运移规律的监测研究。

2. 时移地震叠前反演技术

叠后地震振幅差异是经过时移地震处理后的最终结果，常规叠加处理在提高地震数据信噪比的同时，也损失了很多重要的振幅变化信息，这给时移地震定量解释带来很大多解性，并可能误导时移地震解释。而时移地震叠前资料包含重要的 AVO 信息，可以区分不同油藏参数的变化，进行油藏定量解释（Todoeschuck J P et al.，1990）。

1）时移地震差异数据弹性波阻抗反演

Connolly 在 1999 年提出了弹性阻抗的概念（Connolly P，1999），并给出了式（2-3-107）所示的表达式：

$$EI = v_p \left(v_p^{\tan^2\theta} v_s^{-8K\sin^2\theta} \rho^{1-4K\sin^2\theta} \right)$$
$$K = \frac{v_s^2}{v_p^2} \tag{2-3-107}$$

式中：v_p 为纵波速度，m/s；v_s 为横波速度，m/s；ρ 为密度，g/cm^3；θ 为入射角，（°）。

由式（2-3-107）可以看出，弹性阻抗是纵波速度、横波速度、密度和入射角的函数，是对波阻抗的推广，声波阻抗是入射角为零时的弹性阻抗的特例。为了提高时移地震反演过程的稳定性，充分利用时移地震差异数据，研究了针对时移地震差异数据体的反演方法，见式（2-3-108），其中两次采集得到的地震资料分别记为 S_1 和 S_2，对式（2-3-107）弹性阻抗表达式两次取对数得到的对数弹性阻抗分别为 L_1 和 L_2，B 表示正演算子：

$$\begin{cases} S_1 = BL_1 \\ S_2 = BL_2 \\ S_2 - S_1 = B(L_2 - L_1) \\ \delta S = B \delta L \end{cases} \tag{2-3-108}$$

式（2-3-108）是差异地震数据与对数弹性阻抗差之间的关系。该关系式和弹性阻抗反演的公式在形式上是一致的，因此反演可采用与弹性阻抗反演类似的方法。利用油藏的岩石物理关系，可以解释基于时移地震差异反演得到的纵波阻抗差异和横波阻抗差异，并将其转化为油藏参数的变化。

2）时移地震叠前 AVO 反演

Zoeppritz 方程分析表明，AVO 属性变化包含了纵横波速度变化与密度变化信息。时移地震叠前 AVO 反演是区分油藏含油饱和度和有效压力变化及实现地震数据定量化解释重要方法。Aki K 等（1980）给出了各向同性介质中简化的 Zoeppritz 方程，并得到了纵波入射时纵波反射系数在入射角 θ 较小时的近似表达式：

$$R_{pp}(\theta) = A + B\sin^2\theta + C\sin^4\theta \tag{2-3-109}$$

其中：
$$A=\frac{1}{2}\left(\frac{\Delta v_p}{v_p}+\frac{\Delta\rho}{\rho}\right),\quad B=\frac{1}{2}\left(\frac{\Delta v_p}{v_p}-4\eta^2\frac{\Delta v_s}{v_s}-2\eta^2\frac{\Delta\rho}{\rho}\right),\quad C=\frac{1}{2}\frac{\Delta v_p}{v_p}$$

且有
$$v_p=(v_{p1}+v_{p2})/2\quad \Delta v_p=v_{p2}-v_{p1},\ v_s=(v_{s1}+v_{s2})/2\quad \Delta v_s=v_{s2}-v_{s1},$$
$$\rho=(\rho_1+\rho_2)/2\quad \Delta\rho=\rho_2-\rho_1,\ \eta=v_s/v_p\quad \theta=(\theta_1+\theta_2)/2$$

式中：v_{p1}、v_{p2}、v_{s1}、v_{s2}、ρ_1 和 ρ_2 分别为上、下层岩石的纵波速度、横波速度和密度；θ_1 和 θ_2 分别为入射角和透射角。

　　简化过程假定各参数的相对变化率 $\Delta v_p/v_p$、$\Delta v_s/v_s$ 和 $\Delta\rho/\rho$ 都很小，对于大多数反射地震这种假定是合理的。将油藏简化成两层地质模型。上面盖层纵、横波速度和密度分别表示为 v_{p1}、v_{s1} 和 ρ_1，油藏开发前后泥岩盖层纵、横波和密度不发生变化；下层为储层，油藏开发前纵、横波速度和密度分别表示为 v_{p2}、v_{s2} 和 ρ_2，油藏开发后相应参数表示为 v'_{p2}、v'_{s2} 和 ρ'_2。根据 Aki 和 Richards 推导的简化 Zoeppritz 方程，当入射角度较小时，导出油藏开发前后 P-P 波反射系数变化公式

$$\Delta R=\frac{1}{2}\left(\frac{\Delta v_{p2}^{ps}}{v_p}+\frac{\Delta\rho_2^{ps}}{\rho}\right)+\left[\frac{1}{2}\frac{\Delta v_{p2}^{ps}}{v_p}-4\left(\frac{v_s}{v_p}\right)^2\frac{\Delta v_{s2}^{ps}}{v_s}-2\left(\frac{v_s}{v_p}\right)^2\frac{\Delta\rho_2^{ps}}{\rho}\right]\sin^2\theta \qquad(2-3-110)$$

式中：Δv_{p2}^{ps}、Δv_{s2}^{ps} 和 $\Delta\rho_2^{ps}$ 分别为油藏开发前后，含油饱和度和有效压力变化综合引起的储层纵波速度、横波速度和密度变化。

　　参考 Shuey R J（1985）简化 Zoeppritz 方程得到的 AVO 截距和梯度表达式 $R=R_0+G\sin^2\theta$，可以将式（2-3-110）写成一个截距项和一个梯度项：

$$\Delta R=\Delta R_0+\Delta G\sin^2\theta \qquad(2-3-111)$$

式中：ΔR_0 和 ΔG 分别为截距和梯度的变化。

　　基于式（2-3-111）可以实现油藏可开发前后时移地震 AVO 属性反演。通过建立 ΔR_0 和 ΔG 与油藏有效压力和含油饱和度等油藏参数变化的关系，可以直接计算油藏参数变化。以上推导了单一界面反射系数变化与含油饱和度与压力变化关系，对于厚层可以针对储层顶界面反射系数直接进行反演，而对于薄互层可以基于反射系数变化进行正演模拟并通过与实际时移地震数据对比实现迭代反演，从而获得不同油藏参数变化。

参 考 文 献

巴晶，2010. 双重孔隙介质波传播理论与地震响应实验分析［J］.中国科学：物理学　力学　天文学，40（11）：1398-1409.

蔡纪琰，孙成禹，项龙云，等,2013.炸药震源定向激发方式数值模拟及效果对比［J］.石油物探,52(2)：184-194.

陈学国，2017.谱反演拓频处理技术在车排子地区白垩系储层描述中的应用［J］.大庆石油地质与开发，36（1）：138-143.

陈颖频，2019.非平稳信号时频分析与地震频谱成像研究［D］.成都：电子科技大学.

程金星，陈俊，2020.基于分频融合的河道砂体识别方法［C］.SPG/SEG南京2020年国际地球物理会议.

程玖兵，马在田，王成礼，2004.地震成像的广义空间分辨率［C］.CPS/SEG国际地球物理会议.

狄帮让，熊金良，岳英，等，2016.面元大小对地震成像分辨率的影响分析［J］.石油地球物理勘探，41（4）：363-368.

冯启宁，李晓明，郑和华，1995.1kHz—15MHz岩石介电常数的实验研究［J］.地球物理学报，38（S1）：331-336.

甘利灯，1990.岩性参数研究与AVO正演技术［D］.北京：石油勘探开发科学研究院.

胡杰，褚人杰，张广敏，1994.高含水期开发井测井储层评价［J］.测井技术，18（2）：125-132.

纪甜甜，张武，任红，等，2015.谱蓝化拓频处理技术在春光区块的应用［J］.非常规油气，2（3）：22-26.

李焕成，刘荷冲，钟洁，等，2020.双向拓频高分辨率地震技术在乌夏断裂带的应用［J］.地球物理学进展，37（1）：201-212.

李庆忠，1992.岩石的纵横波速度规律［J］.石油地球物理勘探，27（1）：1-12.

李庆忠，1993.走向精确勘探的道路——高分辨率地震勘探系统工程剖析［M］.北京：石油工业出版社.

李婷婷，王钊，马世忠，等，2015.地震属性融合方法综述［J］.地球物理学进展，30（1）：378-385.

林玉保，张江，王新江，2006.喇嘛甸油田砂岩孔隙结构特征研究［J］.大庆石油地质与开发，25（6）：39-42.

凌云研究组，2004.地震分辨率极限问题的研究［J］.石油地球物理勘探，39（4）：435-442.

秦龙，尹成，崔永福，等，2019.面向目标的起伏地表组合震源延时参数计算方法［J］.地球物理学报，62（4）：1492-1501.

撒利明，杨午阳，杜启振，等，2015a.地震偏移成像技术回顾与展望［J］.石油地球物理勘探，50（5）：1016-1036.

撒利明，杨午阳，姚逢昌，等，2015b.地震反演技术回顾与展望［J］.石油地球物理勘探，50（1）：184-202.

撒利明，张玮，张少华，等，2016.中国石油"十二·五"物探技术重大进展及"十三·五"展望［J］.石油地球物理勘探，51（2）：404-419.

宋吉杰，禹金营，王成，等，2018.近地表介质Q估计及其在塔河北部油田的应［J］.石油物探，57（3）：436-442.

宋维琪，吴彩端，2017.利用压缩感知方法提高地震资料分辨率［J］.石油地球物理勘探，52（2）：214-219.

王端平，郭元岭，2002.胜坨油田水淹油层解释方程统一性研究［J］.石油学报，23（5）：78-82.

王华忠，2019."两宽一高"油气地震勘探中的关键问题分析［J］.石油物探，58（3）：313-324.

王守东，王波，2012.时移地震资料贝叶斯AVO波形反演［J］.地球物理学报，55（7）：2422-2431.

王赟，邢春颖，2001.地震资料处理解释的分辨机理初探［J］.煤炭学报，26（1）：35-39.

王志章，蔡毅，杨蕾，1999.开发中后期油藏参数变化规律及变化机理［M］.北京：石油工业出版社.

吴学兵，2018.面向宽频采集的新型检波器研发与应用［J］.石油物探，57（6）：823-830.

吴学兵，刘英明，高侃，2016.干涉型光纤地震检波器研发及效果分析［J］.石油物探，55（2）：303-308.

杨占龙，2020.地震地貌切片解释技术及应用［J］.石油地球物理勘探，55（3）：669-677.

杨志芳，曹宏，2009.地震岩石物理研究进展［J］.地球物理学进展，24（3）：893-899.

杨志芳，曹宏，姚逢昌，等，2014.复杂孔隙结构储层地震岩石物理分析及应用［J］.中国石油勘探，19（3）：50-56.

杨子鹏，宋维琪，刘军，等，2020.联合广义 S 变换和压缩感知提高地震资料分辨率［J］.地球物理学进展，36（5）：2119-2127.

于世焕，赵殿栋，于晨，2012.数字检波器单点地震采集与组合接收对比试验［J］.石油物探，51（3）：264-270.

俞寿朋，1993.高分辨率地震勘探［M］.北京：石油工业出版社.

云美厚，2005.地震分辨率［J］.勘探地球物理进展，28（1）：12-18.

云美厚，丁伟，2005a.地震分辨力新认识［J］.石油地球物理勘探，40（5）：603-608.

云美厚，丁伟，王新红，2005b.地震水平分辨力研究与应用［J］.勘探地球物理进展，28（2）：102-103.

云美厚，丁伟，杨凯，2005c.地震道空间分辨力研究［J］.地球物理学进展，20（3）：741-746

曾然，林君，赵玉江，2014.地震检波器的发展现状及其在地震台阵观测中的应用［J］.地球物理学进展，29（5）：2106-2112.

翟桐立，马雄，彭雪梅，等，2018.基于井地一体化测量的近地表品质因子 Q 值估算与应用［J］.石油物探，57（5）：685-690.

张璐，汪毓铎，2020.地震数据分频谱蓝化算子计算方法及应用［J］.北京信息科技大学学报，35（1）：63-68.

周小慧，陈伟，杨江峰，等，2020.DAS 技术在油气地球物理中的应用综述［J］.地球物理学进展，36（1）：338-350.

朱丽红，杜庆龙，李忠江，等，2004.高含水期储集层物性和润湿性变化规律研究［J］.石油勘探与开发，31（S1）：82-84.

朱筱敏，董艳蕾，曾洪流，等，2020.中国地震沉积学研究现状和发展思考［J］.古地理学报，22（3）：397-411.

Aki K，Richards P G，1980. Quantitative seismology［M］. W. H. Freeman and Co.

Batzle M，Wang Z，1992. Seismic properties of fluids［J］. Geophysics，57（11）：1396-1408.

Berryman J G，1980. Long-wavelength propagation in composite elastic media Ⅱ［J］. Journal of the Acoustical Society of America，68（6）：1820-1831.

Berryman J G，1995. Mixture theories for rock properties. In Rock Physics and Phase Relations：a Handbook of Physical Constants，ed. T［J］. Ahrens. Washington，DC：American Geophysical Union，205-228.

Biot M A，1962.Generalized theory of acoustic propagation in porous dissipative media［J］. Journal of the Acoustical Society of America，34（9）：1254-1264.

Brown A R，1992. Interpretation of three-dimensional seismic data［J］. AAPG memoir 42.

Budiansky B，1965. On the elastic moduli of some heterogeneous materials［J］. Mech. Phys. Solids，13：223-227.

Buland A，Omre H，2003. Bayesian linearized AVO inversion［J］. Geophysics，68（1）：185-198.

Cao H，Yang Z，Li Y，2008. Elastic impedance coefficient（EC）for lithology discrimination and gas detection［C］. Expanded Abstracts of 2008 SEG Meeting，Society of Exploration Geophysicists，1526-1530.

Castagna，Batzle，Eastwood，1985.Relationships between compressional-wave and shear wave velocities in clastic silicate rocks［J］.Geophysics，50，571-581.

Chen J，Schuster G T，1999. Resolution limits of migrated images［J］. Geophysics，64（8）：1046-1053.

Connolly P，1999. Elastic impedance［J］. The Leading Edge，18（4）：438-452.

Denham L R，Sheriff R E，1980. What is horizontal resolution？［C］. Expanded Abstract of 50th SEG Annual meeting，Session G17.

Digby P J，1981. The effective elastic moduli of porous granular rocks［J］. Appl. Mech.，48：803-808.

Dutta N C, Ode H, 1979. Attenuation and dispersion of compressional waves in fluid–filled porous rocks with partial gas saturation (white model); part ii, results [J] . Geophysics, 44 (11): 1777.

Dvorkin J, Nur A, 1996. Elasticity of high–porosity sandstones : theory for two North Sea data sets [J] . Geophysics, 61 (5): 1363–1370.

Eberhart–Phillips D, et al., 1989 .Empirical relationship among seismic velocity, effective pressure, porosity and clay content in sandstone [J] . Geophysics, 54 (1): 82–89.

Ebrom D A, Markley S A, McDonald J A, 1996. Horizontal resolution before migration for broadband data [J] . Expanded Abstract of 66th SEG Annual meeting, 1430–1433.

Eshelby J D, 1957. The determination of the elastic field of an ellipsoidal inclusion, and related problems [J] . Proc. Royal Soc. London A, 241, 376–396.

Farr J B, 1977. High–resolution seismic methods improve stratigraphic exploration [J] . Oil & Gas Journal, 75 (48): 182–188.

Gao Jun, Wang Jianmin, Yun Meihou, et al., 2006. Seismic attributes optimization and application in reservoir prediction [J] . Applied Geophysics, 3 (4): 243–247.

Gassmann F, 1951. Uber die elastizität poröser medien [J] . Vierteljahrsschrift der Naturforschenden Gesellschaft in Zürich, 96: 1–21.

Hashin Z, Shtrikman S, 1963. A variational approach to the theory of the elastic behaviour of multiphase materials [J] . Journal of the Mechanics and Physics of Solids, 11 (2): 127–140.

Hertz H, 1882. On the contact of elastic solids [J] . Reine und angewandte Mathematik, 92: 156–171.

Hill R, 1952. The elastic behavior of crystalline aggregate [J] . Proceedings of the Physical Society. Section A, 65 (5): 349–354.

Hill R, 1965. A self–consistent mechanics of composite materials [J] . Mech. Phys. Solids, 13: 213–222.

Hong C, Yang Z F, Liu J W, et al., 2013.Seismic data–driven rock physics models and the application to tight gas saturation estimation [M] . International Petroleum Technology Conference Beijing, China.

Johnson D L, 2001. Theory of frequency dependent acoustics in patchy–saturated porous media [J] . Journal of the Acoustical Society of America 110, 682–694.

Kallweit R S, Wood L C, 1982. The limits of resolution of zero–phase wavelets [J] . Geophysics, 47 (7): 1035–1046.

King G, 1996. 4D seismic improves reservoir management decisions Part2 [J] . World Oil, 217 (4): 79–86.

Knapp R W, 1990. Vertical resolution of thick beds, thin beds, and bed cyclothems [J] . Geophysics, 55 (9): 1183–1190.

Korringa J, et al., 1979. Self–consistent imbedding and the ellipsoidal model for porous rocks [J] . Geophys. Res., 84: 5591–5598.

Kuster G T, Toksöz M N, 1974. Velocity and attenuation of seismic waves in two–phase media [J] . Geophysics, 39, (5): 587–618.

Lindseth R O, 1979. Synthetic sonic logs : A process for statigraphic interpretation [J] . Geophysics, 44 (1): 3–26.

Ma Zaitian, Jin Shengwen, Chen Jiubin, et al., 2002. Quantitative estimation of seismic imaging resolution [J] . SEG 72nd Annual Meeting, 2281–2284.

Mavko G, Mukerji T, Dvorkin J, 2009.The rock physics handbook [M] . Second Edition. London : Cambridge University Press.

Mindlin R D, 1949. Compliance of elastic bodies in contact [J] . Appl. Mech., 16, 259–268.

Pride S R, Berryman J G, Harris J M, 2004.Seismic attenuation due to wave-induced flow [J] .Journal of Geophysical Research, 109: B01201.

Ricker N, 1953. Wavelet contraction, wavelet expression, and the control of seismic resolution [J]. Geophysics, 18 (6): 769–792.

Smith G C, Gidlow P M, 1987. Weighted stacking for rock property estimation and detection of gas [J]. Geophysical Prospecting, 35 (9): 1993–1014.

Sheriff R E, 1977. Limitations on resolution of seismic reflections and geologic detail derivable from them [C] // In Seismic Stratigraphy-Applications of to Hydrocarbon Exploration. C E Payton, et al., AAPG Memoir 26. Tulsa : American Association of Petroleum Geologistsg.

Sheriff R E, 1985. Aspects of seismic resolution [C]. In Seismic Stratigraphy II, O R Berg and D G Woolvertion, 1–10, AAPG Memoir 39. Tulsa : American Association of Petroleum Geologists.

Sheriff R E, Geldart L P, 1995. Exploration Seismology (Second Edition) [M]. London : Cambridge University Press.

Shuey R T, 1985. A simplification of the Zoeppritz equations [J]. Geophysics, 50: 609–614.

Todoeschuck J P, Jensen O G, Labonte S, 1990. Gaussian scaling noise model of seismic reflection sequences : Evidence from well logs [J]. Geophysics, 55 (4): 480–484.

Tosaya, Nur, 1982, Effects of digenesis and clays on compressional velocities in rocks [J]. Geophysics. Res. Lett., 9: 5–8.

Walden A T, Hosken J W J, 1986. The nature of the non-Gaussianity of primary reflection coefficients and its significance for deconvolution [J]. Geophysical Prospecting, 34 (7): 1038–1066.

Walton K, 1987. The effective elastic moduli of a random packing of spheres [J]. Mech. Phys. Solids, 35: 213–226.

White J E, 1975. Computed seismic speeds and attenuation in rocks with partial gas saturation [J]. Geophysics, 40 (2): 224–232.

Whitecombe D N, 2002. Elastic impedance normalization [J]. Geophysics, 67 (1): 60–62.

Widess M A, 1973. How thin is a thin bed? [J] Geophysics, 38 (8): 1176–1254.

Widess M B, 1982. Quantifying resolution power of seismic systems [J]. Geophysics, 47 (8): 1160–1173

Wu T T,1966. The effect of inclusion shape on elastic moduli of a two-phase material[J]. Solids Structures,2: 1–8.

Yang Z, Cao H, 2013. Reflectivity dispersion for gas detection [C]. EAGE Workshop on Seismic Attenuation in Singapore 2013, Singapore.

Zener C M, S Siegel, 1949. Elasticity and anelasticity of metals [J].The Journal of Physical Chemistry, 53 (9): 1468–1468.

Zeng H L, Backus M M, Barrow K T, et al., 1998a. Stratal slicing, part I : Realistic 3-D seismic model [J]. Geophysics, 63 (2): 502–513.

Zeng H L, Henry S C, Riola J P, 1998b. Stratal slicing, part II : Real seismic data [J].Geophysics, 63 (2): 514–522.

Zhang Y, Zhang P, Zhang H, 2010. Compensating for visco-acoustic effects in reverse-time migration [J]. SEG Technical Program Expanded Abstracts, 19: 3160–3164.

Zhu T, Harris J M, Biondi B, 2014. Q-compensated reverse time migration [J]. Geophysics, 79 (3): S77–S87.

Ødegaard E, P Avseth, 2004.Well log and seismic data analysis using rock physics templates [J].First Break, 22: 37–43.

第三章　面向开发的地震采集技术

在地震勘探采集、处理、解释三大环节中，采集是基础，主要负责人工地震信号的激发、接收、记录等现场施工，以及施工现场环境调查等工作。如果信息采集得不全面或者有错误，将直接影响后续的信息处理和信息解释，造成整个地震勘探结果失真。因此，采集方案的制定必须根据勘探目标的特点和施工区域的地表等环境条件，尤其要考虑地震成像技术和解决地质任务能力的需求与能力，以及经济技术一体化的要求。

随着勘探程度的不断提高，地震勘探技术逐渐由油气勘探向油气开发领域拓展，勘探目标日益转向复杂构造油气藏、地层岩性油气藏及剩余油气藏等，对地震勘探精度的要求也越来越高。同时，随着计算机技术、地震记录仪器和激发装备等水平的发展，野外记录道数和炮道密度不断增加，自21世纪初以来就形成了"两宽一高"地震勘探技术。

本章主要介绍面向油气开发领域的地震采集技术，包括宽频激发技术、宽频接收技术、"两宽一高"（宽方位、宽频带、高密度）地震观测系统设计技术、成熟探区地震采集观测系统设计及时移地震采集技术等。

第一节　宽频激发技术

提高宽频激发能力是获得宽频地震数据的关键技术手段，长期以来，业内对井炮和可控震源这两种陆上主要激发方式如何进一步拓频进行了深入的研究，目前已取得较好的认识和新的进展。

一、炸药震源激发技术

陆上地震勘探最常用的激发方式是炸药激发。而炸药的性能、爆炸速度、阻抗耦合（激发深度、激发岩性）、几何耦合等对地震子波的初始波频率都有一定程度的影响（唐传章等，2008；邓志文，2006；赵贤正等，2009）。地震资料的频率不仅取决于激发的初始子波频带，所以在讨论激发参数对地震资料频率的影响时，必须要在选择合理的炸药类型的基础上，依据噪声强度、反射能量、潜水面深度、低降速层厚度和岩性大致确定药量及井深范围后，再进行严格的试验分析来确定最佳的激发药量及激发井深。下面以冀中坳陷地震勘探为例进行相关参数分析。

1. 炸药类型的选择

从提高分辨率的角度来讲，炸药类型的选择既要满足阻抗耦合的要求，同时要求初始子波具有较宽的频带范围和足够的下传能量。

以冀中坳陷地震勘探为例，炸药大多都在高速层中激发，该区高速层多为含饱和水地层，速度为 1600～1900m/s。从冀中坳陷的表层激发围岩与不同炸药的阻抗比分析（表 3-1-1），理论上讲，低密硝胺与围岩的阻抗比接近，应该适合于高分辨率勘探。

表 3-1-1　不同类型炸药与冀中坳陷表层激发围岩的阻抗耦合

炸药类型	密度（g/cm³）	爆速（m/s）	炸药阻抗（g/cm³·m/s）	围岩阻抗（g/cm³·m/s）	阻抗比
低密硝胺	0.9～1.0	4500	4275	2160	1.98
中密硝胺	1.2～1.4	4500	5850	2160	2.71
高密硝胺	1.4	5700	7980	2160	3.69
高爆速炸药	1.4	6800～7200	9800	2160	4.54
高能Ⅲ炸药	1.4	5000	7000	2160	3.24
胶质炸药	1.5	6000	9000	2160	4.17

从相同当量的炸药激发实际资料分析，在 30～60Hz 频率段记录上（图 3-1-1），不同炸药类型的 T_4 以上主要目的层资料信噪比基本相当，但胶质炸药、高密硝胺激发的资料 T_4 以上的层间反射和 T_4 以下主要目的层反射信噪比要高，说明胶质、高密硝胺炸药的激发子波 30～60Hz 频率段的能量更强。单纯从阻抗耦合分析，与实际资料信噪比不完全相符。实际资料的信噪比不仅与初始子波的频带范围、能量有关，同时决定于地层对不同频率地震波的能量衰减。因此在炸药类型选定时，阻抗耦合可以作为参考因素，同时要参考激发的初始子波能量、频带，要分析经过地层吸收衰减后有效反射的能量与采集系统噪声的相对关系。

2. 激发深度的选择

激发深度首先要考虑激发围岩的岩性和速度，其次是强阻抗界面的虚反射对资料分辨率的影响。

根据前面分析，激发围岩的岩性对激发子波能量和频率起着重要的作用，在不同的岩性中激发初始地震子波的特性参数不同。根据冀中坳陷的表层调查资料可知，冀中地区近地表存在较为稳定的高速层（或潜水面），良好的激发岩性在高速层（或饱和水层）中，因此，激发深度必须大于表层的低降速带厚度。

在高速层（或饱和水层）中激发，一般在激发点上面存在两套较强阻抗界面——自由表面和高速层顶界面。虽然自由表面属于强阻抗界面，但是激发子波经过近地表的低降速层的衰减后能量较弱，因此即使初始子波在球面扩散过程中遇到自由表面，产生向下反射波的能量级别更低，基本上对有效地震反射波没有影响。冀中地区的激发井深都在高速层中激发，而且激发点距离高速层顶界距离小、地震子波的衰减量较小，因此在该界面产生的虚反射能量较强，有可能影响有效反射波能量和频率（图 3-1-2）。

图 3-1-1　冀中某凹陷激发药型分频单炮（30～60Hz）

如图 3-1-3 所示，当激发点距虚反射界面较近，两个地震子波的时差 Δt 小于 1/4 周期 T 时，有效波在一定的频率范围内得以加强。否则，有效波能量被削弱。

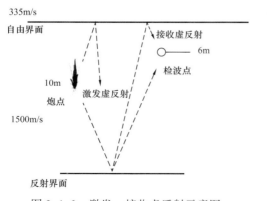

图 3-1-2　激发、接收虚反射示意图

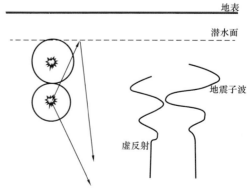

图 3-1-3　不同深度激发地震子波示意图

依据阻抗耦合和虚反射的理论，激发深度的确定应遵循以下两个原则。

激发点深度应（H）大于低降速带厚度（H_0），即：

$$H > H_0 \qquad\qquad （3-1-1）$$

炸药震源距虚反射界面的距离 h 要小于最高主频子波波长 λ 的 1/8，即：

$$\Delta t = 2h/v \leqslant T/4 \qquad\qquad （3-1-2）$$

$$h \leqslant \lambda/8 \qquad\qquad （3-1-3）$$

式中：v 为地层速度，m/s。

根据冀中坳陷以往表层调查资料可知，区内的高速层速度为 1600～1900m/s。目前冀中坳陷的高分辨率勘探要求主要目的层段最高主频达到 30～40Hz，主要目的层需要保护的最高频率为 60Hz。按式（3-1-2）、式（3-1-3）计算，激发深度应该在高速顶下 3.5m 以内。

地震资料的频率不仅取决于激发的初始子波频带和虚反射的影响，同时也受制于传播过程中的衰减，所以在讨论激发深度对地震资料频率的影响时，必须考虑地震波在表层的吸收衰减差异。

（1）低降速带厚度较薄的地区。

从目标区的试验点表层调查资料分析：低降速带厚度 $H_0=4.8$m 时；表层衰减量为 50Hz 的地震子波能量衰减 3dB、60Hz 的地震子波能量衰减 4dB。对比的激发深度有 7m、9m、11m、13m。从分频 60～120Hz 来看（图 3-1-4），在高速顶以下 2m 激发的记录上，1.5s 可以见到清晰的反射信息；在高速顶以下 4m 激发的记录上，1.5s 可以见到断续的反射信息；在高速顶以下 6m、8m 激发的记录上，1.5s 基本上不可分辨反射信息。这与理论分析结论基本吻合，即在高速顶（虚反射界面）以下 2m 激发的地震子波频率高，频带宽。

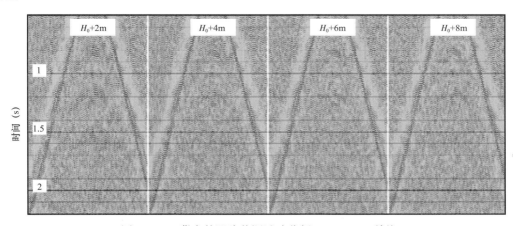

图 3-1-4　冀中某凹陷井深试验分频 60～120Hz 单炮

（2）低降速带厚度较厚的地区。

从目标区的试验点表层调查资料分析：低降速带厚度 $H_0=24.8$m ；表层衰减量为

00

0

40Hz 的地震子波能量衰减 19dB、50Hz 的地震子波能量衰减 24dB、60Hz 的地震子波能量衰减 28dB。对比的激发深度有 28m、30m、32m、34m。从分频 40～80Hz 来看（图 3-1-5），在高速顶以下 5m、7m 激发的记录上，目的层段 1.8s 以下可以见到清晰的反射信息；在高速顶以下 3m、9m 激发的记录上，目的层段 1.8s 以下可以见到断续的反射信息。从上述资料对比分析，在表层吸收衰减量较大的地区，目的层段的资料频率不高（有效频率为 40Hz 左右），难以达到高分辨率勘探的要求。从反射波有效频率段的信噪比分析，最佳激发深度在高速顶以下 5～7m。

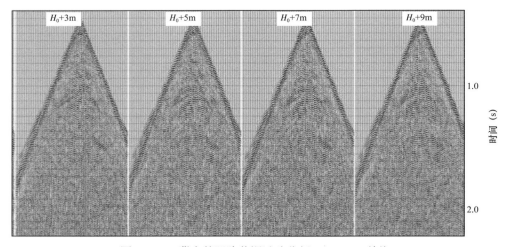

图 3-1-5　冀中某凹陷井深试验分频 40～80Hz 单炮

　　根据上述不同地区的分频资料分析，由于表层结构和深层地震地质条件的差异，导致资料的有效频带范围差异较大，因此，高分辨率勘探必须根据不同地区的实际地震地质条件进行具体分析。

3. 激发药量的选择

　　在陆上高分辨率地震勘探中，一般认为使用小药量有利于提高地震资料的分辨率。激发药量 Q 与激发能量 N、激发频宽 ΔF 的关系：

激发能量 $$N = \sqrt[3]{Q}$$ （3-1-4）

爆炸频宽 $$\Delta F = \frac{1}{\sqrt[3]{Q}}$$ （3-1-5）

　　从激发频宽的角度分析，激发药量越小，激发子波的频带越宽，越有利于提高频率；但是如果激发药量过小，激发子波的能量也较小，经过表层深层地层吸收衰减，有效反射波能量必将较弱，从而导致地震资料的信噪比过低。激发药量的选择首先要保证地震资料具有足够的信噪比，在保证信噪比的提前下，再拓展激发子波的频带范围。

　　从冀中坳陷饶阳凹陷同口地区的试验资料对比分析可以看出该点 $H_0 = 8.1\text{m}$，$v_0 =$

466m/s。从激发药量 2kg、4kg、6kg 单炮的 50～100Hz 分频记录上（图 3-1-6），4kg、6kg 药量的主要目的层段可以见到清晰的反射信息，而 2kg 药量的主要目的层段难以见到连续的反射信息，说明该区 4kg 激发高频段信噪比较高，而小药量 2kg 激发的资料高频段信噪比较低。

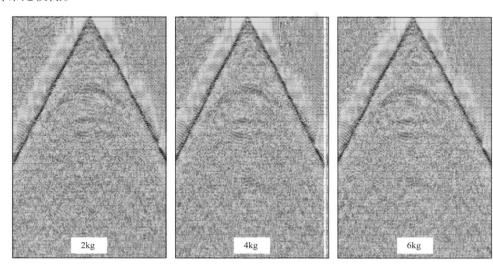

图 3-1-6　饶阳凹陷同口地区不同激发药量试验 50～100Hz 分频记录

从同口地区不同激发药量分频剖面对比（图 3-1-7），2kg 与 4kg 药量效果相差不大，30～60Hz 频段深层 4kg 药量激发效果略好，但不特别明显，50Hz 分频以上，浅层资料 2kg 药量激发效果好，频率高，说明在采集中必须根据地质目标选择激发药量，针对浅层可以选用小药量提高频率，针对深层首先要得到有效反射，再考虑提高频率。

二、可控震源激发技术

可控震源勘探原理是通过电子控制箱体，将设计的一个扫描信号通过驱动平板产生连续振动信号，将能量可控地传送给大地，然后通过参考扫描与反射扫描互相关等运算方法，最终获得与炸药震源记录相当的地震资料。它具有环保、适于在大型车辆可通行的地区施工、施工效率高、成本低、激发频率和振幅可以控制等优点。尤其适合无水区或城镇区的地震勘探工作。

1. 可控震源激发参数的确定

在可控震源地震勘探野外施工过程中，不同的地质条件需要设置不同的激发参数，主要包括：震源台数、振动次数、起止扫频、扫描长度、驱动幅度、扫描方式、斜坡长度等参数（赵贤正等，2015；白旭明等，2015）。这些参数的设计可通过制作合成记录在室内进行验证，但最终还需通过实验，确定合理的激发参数。

1）震源台数的选择

可控震源是一种低功率信号源，在激发过程中，使用多台震源可以加强向地下发射扫描信号的能量，增强对地表干扰波压制效果。根据勘探区主要干扰波的特点，利用震

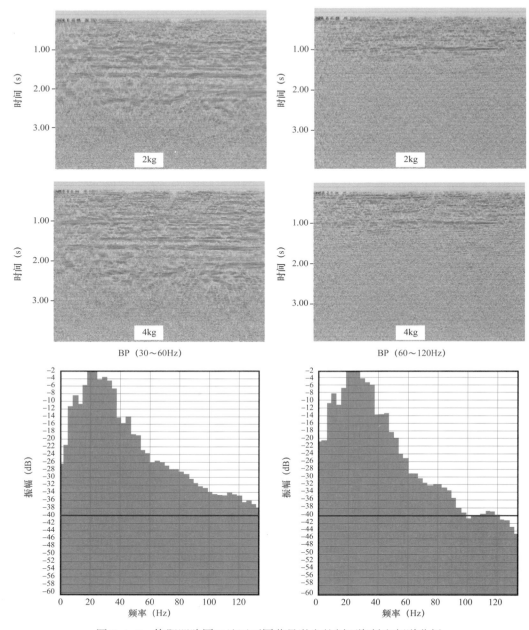

图 3-1-7 饶阳凹陷同口地区不同药量激发的剖面资料和频谱分析

源组合的统计效应选择震源的激发台数和组合方式。

从不同震源台数试验的单炮记录可以看出（图 3-1-8），2 台、3 台震源激发所得到的单炮记录在目的层位置反射波的同向轴比较明显，也就是说其激发后接收到的能量比 1 台激发的要强，这是由于单台激发的能量总是有限的，而震源组合后则发挥了能量的垂直叠加效应。因此，一般情况下，选择 2 台震源同时激发，以提高地震记录的能量和信噪比。

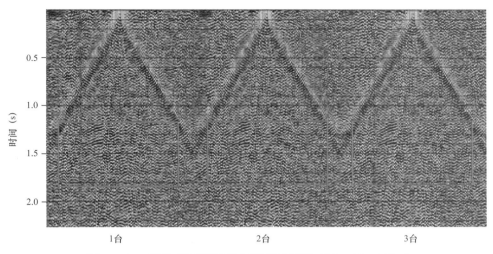

图 3-1-8　不同可控震源台数试验单炮记录（BP：30～60Hz）

2）振动次数的选择

从统计效应来分析，振动次数相当于垂直叠加次数，n 次振动对随机干扰的压制能力提高 $\sqrt{n}$ 倍，即有效波的振幅相对于随机噪声来说补偿了 $\sqrt{n}$ 倍；从能量角度分析，n 次振动相对于随机噪声来说对有效波的补偿量 W 为

$$W=20\lg n \tag{3-1-6}$$

式中：n 为振动次数。

从不同振动次数的试验结果可以看出，在单炮记录上（图 3-1-9），随着振动次数的增加，资料的信噪比提高，这与理论上压制随机干扰相符合。同时从单炮频谱上可以看出（图 3-1-10），随着振动次数的增加，有效波的主频能量也未明显降低，但过多的振动次数，有增加干扰，降低资料分辨率的风险，所以，在采集参数设计的时候应考虑分辨率、叠加次数、面元大小等，选择适当的振动次数。

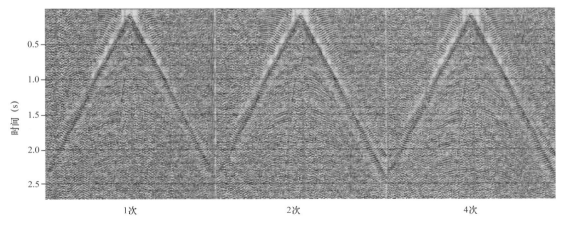

图 3-1-9　不同振动次数试验的单炮记录（BP：30～60Hz）

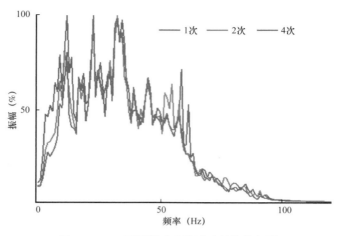

图 3-1-10　不同振动次数试验单炮的频谱

3）起止频率的选择

起止频率选择的目的主要是获得一个理想的地震子波，主要考虑扫描最低频率、扫描最高频率、扫描长度、斜坡等参数的设置。这些参数直接影响着地震信号的分辨率与信噪比。

起始频率的设计还要考虑到震源的机械结构。随着低频可控震源的问世，可控震源已可以激发 1.5Hz 的地震信号，由于低频信号具有"穿透能力强，有利于提高中深层资料的能量和信噪比；有利于拓展倍频程、减少旁瓣、改善纵向分辨率；降低反演对井资料的依赖度，提高地震反演的精度"等优势。但是可控震源的起始频率过低，对周边的建筑物有一定影响。因此，应根据可控震源自身的机械结构及周边的建筑物抗震能力，选择尽可能低的起始频率激发。

可控震源的高频信号输出实际上是受到多方面的制约，如机械与液压系统的调整与响应、大地的响应、能量的约束问题。除了这三个方面还有一个容易忽视的问题，就是数据采集系统采样率对高频信号的约束。一般数据采集系统受采样率的限制，如 62.5Hz/4ms、125Hz/2ms、250Hz/1ms、500Hz/0.5ms。所以，在选择高频时应选择与之相应的采样率，以防假频的产生。

确定扫描高、低频率以后，斜坡长度的选择往往被忽视，单边斜坡长度一般选择总扫描长度的 5%，两边可相同或不同，做到 1/2 斜坡长度处的频率达到设计起始、终止频率的 50% 左右，因此，在设计起始、终止频率的大小时应作相应的降低或提高，以保证尽量减小吉布斯效应的同时，也满足设计频宽的要求。

由于不同地区深层地震地质条件不同，对地震信号的高频响应程度也不同，所以也要通过试验确定可控震源的终了频率。从饶阳凹陷同口地区不同终了频率试验单炮的定量分析结果可以看出（图 3-1-11），在一定频带范围内，随着终了频率的提高或频带的拓宽，单炮记录的能量逐渐减弱，但资料的信噪比变化不大。其频谱分析结果表明（图 3-1-12），终了频率为 72Hz 时频带较窄，终了频率大于 84Hz 时频带较宽且基本适当。因此，该地区终了频率选择为 84Hz 较为合适。

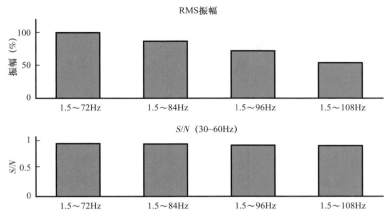

图 3-1-11　不同扫描频率试验的单炮记录（BP：30～60Hz）

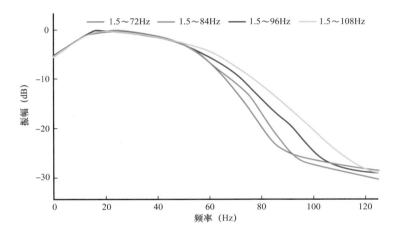

图 3-1-12　不同扫描频率试验单炮的频谱

4）扫描长度的选择

可控震源向下传播的是一段有延续时间的扫描信号，这段时间称为扫描长度。在考虑设计扫描时间长度的时候，主要考虑到以下三个方面：（1）时间长度的设计要满足最大扫描速率，即 $t_1 \geqslant |f_h - f_l| / K$，其中 K 为可控震源所限定的最大扫描速率，t_1 为扫描长度，f_h 为扫描频率的终了频率，f_l 为扫描频率的起始频率，由震源液压伺服系统所限定；（2）扫描时间越长，最大相关值迅速增加，能量增强，相应信噪比会提高；（3）避免相关虚象对记录质量的影响。可控震源在振动过程中，当介质表现为弹性或者塑性的时候，如果超出了弹性形变的范围，振动信号除了产生所需要的扫描振动信号外，还伴有分频信号和倍频信号，若倍频与基本扫描频率有重叠，将在记录中产生二次谐波虚象，若分频与基本扫描频率有重叠，将在记录中产生"多初至"虚象。此时，可以通过改变扫描时间的长度，将记录产生的相关虚象出现在有效记录之外，减少"多初至"对勘探目的层反射波的影响，此外，选择扫描方式也可以降低虚象的影响。

在满足了以上三个条件下，增加扫描时间的长度具有以下几个优点：（1）由于低频激振信号可产生畸变，采用长扫描，降低垂直叠加次数可改进相关叠加质量；（2）可以衰减干扰波对主要目的层的影响；（3）可以改善信噪比。但可控震源的长扫描降低了施工效率，与生产效率是反比关系；另外，长扫描有增加环境干扰的风险。因此有必要通过试验选择一个合适的扫描时间。

从不同扫描时间的试验记录来看（图3-1-13），10～16s这几个参数分频干扰波对有效波的干扰并不是很明显，显然扫描长度已经基本满足分频谐波不在有效波记录之内。而且不同扫描时间的资料品质差异不大，因此综合考虑到上述长扫描的优缺点，选择扫描长度为12s较为合适。

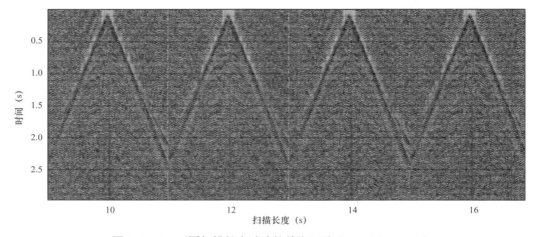

图3-1-13　不同扫描长度试验的单炮记录（BP：30～60Hz）

5）驱动幅度的选择

驱动电平描述的是可控震源激发地震波强弱的一个参数，当扫描频率达到终了频率时，表头上看到的驱动电平的百分比值就是驱动幅度。可控震源的液缸所产生的作用是由电控箱体决定的，以保证按激发设计要求不畸变地振动，获得准确的信号，使其具有满意的功率谱。

野外生产中，当震点地表为松软的土层时，由于可控震源与地表耦合较好，一般选择较大一点的驱动幅度，有利于改善记录品质；当地表为坚硬的基岩时，震源底板和大地耦合条件差，驱动幅度不宜过大。适当降低驱动幅度也可削弱分频效应产生的"多初至"现象。在生产中驱动幅度的大小，视勘探区反射目的层的深度和反射系数大小而定，目的层浅，反射系数大则驱动幅度小些，反之则大些。一般设计在80%以内为宜，过大则激发信号波形会失真。

不同驱动幅度试验的地震记录表明（图3-1-14），65%、70%、75%震动幅度的记录质量都比较好，分频现象及波形失真不明显。另外，驱动幅度大于70%时，地震资料的能量稍强，信噪比稍高。因此，为了增加地震波下传的能量，提高地震资料的信噪比和分辨率，该区的驱动幅度选择70%。

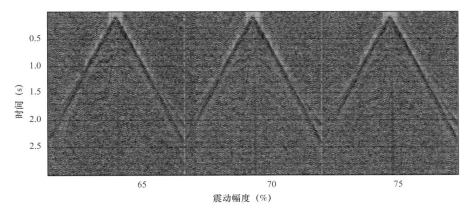

图 3-1-14 不同驱动幅度试验的单炮记录（BP：30～60Hz）

2. 可控震源高效采集扫描技术

"高密度宽方位"地震勘探方法是提高油气勘探精度的有效手段，国内外油公司对高密度地震资料的旺盛需求和降低勘探成本的动力推动了可控震源高效采集技术的快速发展。滑动扫描同步激发、无线节点独立同步扫描、动态滑动扫描等高效采集技术得到应用，提高采集生产效率有效降低了高密度采集成本。

从国内外可控震源地震勘探技术的发展历程（图 3-1-15）来看，2002 年开始大规模使用可控震源交替扫描技术，平均生产日效大约是 2000 炮，在当时相较于井炮采集已属于高效生产。随后的 2003 年，在国内外又广泛发展了可控震源滑动扫描技术，平均生产日效达到 5000 炮左右。2009 年，在滑动扫描的基础上，增加可控震源组间的空间距离，实现两套可控震源组滑动扫描同步激发，这种高效采集技术充分利用了空间和时间两个因素实现高效生产，生产日效能达到 10000 炮。2011 年，又提出了一种新的可控震源高效采集技术，就是动态滑动扫描。动态滑动扫描技术是交替扫描、滑动扫描、距离分离同步扫描的有机结合。同年还提出了独立同步扫描技术，该技术是进一步缩小震源间的

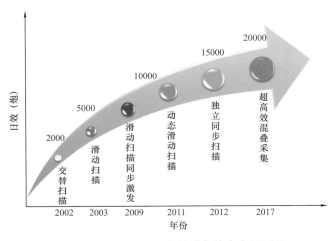

图 3-1-15 可控震源高效采集技术发展历程

空间距离实现同步激发，独立同步扫描技术的平均生产日效能达到 15000 炮，当时也是创下新的世界纪录。2017 年，阿曼出现了超高效混叠采集技术，相对于独立同步扫描而言，更进一步的缩小可控震源的空间距离而实现同步激发。数据混叠更加严重，数据分离曾一度是世界级难题，突破了数据分离技术后，超高效混叠采集技术才广泛运用于生产，生产日效达 20000 炮，又一次刷新了世界纪录。

随着高密度三维地震勘探的大规模推广应用，而国际油价波动较大，呈现越来越低的态势，更高效的采集技术也是应运而生。可控震源高效采集技术经历了交替扫描、滑动扫描、滑动扫描同步激发、动态滑动扫描、独立同步扫描、超高效混叠采集的发展历程。可以看到，可控震源组数是越来越多，从单一扫描激发技术到多种扫描技术有机混合激发，邻炮干扰从无到有，越来越严重，生产日效越来越高。下面就几种可控震源高效采集方法的特点进行讨论。

交替扫描和滑动扫描都只是涉及时间因素，且是单一的激发方式。动态滑动扫描、滑动扫描同步激发、独立同步激发、超高效混叠采集除了时间因素外，还引入了空间距离因素，这样实现了多种激发方式联合激发。总体说来，扫描时间间隔越短，生产效率越高；空间距离（震源间距）越小，生产效率越高。具体见表 3-1-2。

表 3-1-2　几种可控震源高效采集方法对比

高效采集方式	震源组数	扫描方式分解
交替扫描	2～3	无距离限制，通常单炮作业时间 12～20s
滑动扫描	6～10	无距离限制，通常单炮作业时间 5～10s
动态滑动扫描	12～24	交替扫描 + 滑动扫描 + 同步激发
滑动扫描同步激发	12～20	滑动扫描 + 同步激发
独立同步扫描	12～18	交替扫描 + 自主激发
超高效混叠采集	12～36	滑动扫描 + 自主激发

交替扫描和滑动扫描采集时，震源间距无限制要求。动态滑动扫描采集时，不同的震源间距采用不同的扫描方式，当可控震源间距小于 2000m 时是交替扫描激发方式；当可控震源间距不小于 2000m 且不大于 5900m 时，是滑动扫描，且滑动时间从 18s 到 5s 范围内随着间距呈线性变化的，间距越大，滑动时间越短；当可控震源间距大于 5900m 且小于 12000m 时，也是滑动扫描，且滑动时间从 5s 到 0 范围内随着间距呈线性变化的，间距越大，滑动时间越短；当可控震源间距不小于 12000m 时，可控震源可以同步扫描激发。滑动扫描同步激发采集时，当可控震源的间距小于 12000m 时，是滑动扫描，滑动时间是固定时长；不小于 12000m 时是同步激发。独立同步扫描采集时，可控震源间距小于 2000m 是交替扫描；可控震源间距不小于 2000m 时，所有可控震源自主激发。而超高效混叠采集时，可控震源间距小于 500m 时，是滑动扫描，且滑动时间固定不变；当可控震源间距不小于 500m 且小于 750m 时，仍然是滑动扫描，但是滑动时间随着间距呈线性变

化的，间距越大，滑动时间越短，直至滑动时间为 0；当可控震源间距不小于 750m 时，可控震源是自主激发模式。由此可见，超高效混叠采集的效率最高，但是数据混叠，邻炮干扰也是最严重的。

1）交替扫描采集方法

交替扫描采集方法的特点是两组（或多组）震源交替作业，利用震源搬点时间作业来提高生产效率。只有结束当前扫描后，才会开始下一次扫描。两组震源交替前进，交替激发作业。这样两组或多组可控震源交替激发节约了震源搬点的时间。相较于一组可控震源施工而言，交替扫描施工效率成倍增加。如图 3-1-16 所示，红色粗线表示可控震源扫描（从起始频率到终止频率，从起始时间到结束时间），黑色粗线表示地震仪器记录时间（也叫听时间），交替扫描放炮时间就是扫描时间和听时间之和。

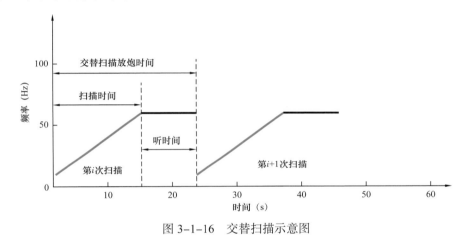

图 3-1-16　交替扫描示意图

2）滑动扫描采集方法

滑动扫描采集方法的特点是多组震源作业（通常 6～10 组），相邻两次扫描间隔一定时间（滑动时间）工作（时间—频率域分开）。与交替扫描不同的就是，多组可控震源滑动扫描时，作业时间能够重叠。将相邻两次扫描时间间隔定义为滑动时间，则滑动时间需要满足如下要求：扫描时间 + 听时间≥滑动时间≥听时间。滑动扫描采集方法如图 3-1-17 所示，红色粗线表示可控震源扫描（从起始频率到终止频率，从起始时间到结束时间），黑色粗线表示地震仪器记录时间，滑动扫描放炮时间就是滑动时间。比较理想的情况下，会有"滑动时间 = 听时间 = 放炮时间"，这样的话，滑动时间达到最短，可控震源滑动扫描采集效率达到最大。相比较于交替扫描激发，滑动扫描缩短了相邻可控震源的激发时间间隔，提高了采集效率。

3）独立同步扫描技术（ISS）

英国石油（BP）公司进行了多组震源同时激发的试验，结果表明利用多组震源同时激发的方法在确保资料品质不下降的情况下，可有效提高作业效率。即独立同步扫描技术（Independent Simultaneous Sweep，简写为 ISS）。独立同步扫描技术相对于滑动扫描同步激发技术而言，进一步缩小震源间的空间距离实现同步激发，这样存在一个突出的问题就是邻炮干扰十分严重，数据的分离是个技术难题，也是该技术应用的关键。独立同步扫描技术的平均生产日效能达到 15000 炮，当时也是创下新的世界纪录。独立同步扫描采集方式如图 3-1-18 所示，蓝色虚线表示三维地震采集中的接收线，红色点表示炮点，即可控震源激发点，图中示意了 3 台可控震源，当可控震源间间距不小于 2km 时，每台可控震源就独立激发，不受其他可控震源施工影响。通常情况下，将地震项目三维工区划分成几块，每台震源负责一块区域的采集，只要满足间距要求，就在该区域内任意激发。相比较于滑动扫描而已，独立同步扫描技术就更进一步地提高了可控震源采集效率，其平均日效大约是滑动扫描平均日效的 3 倍。

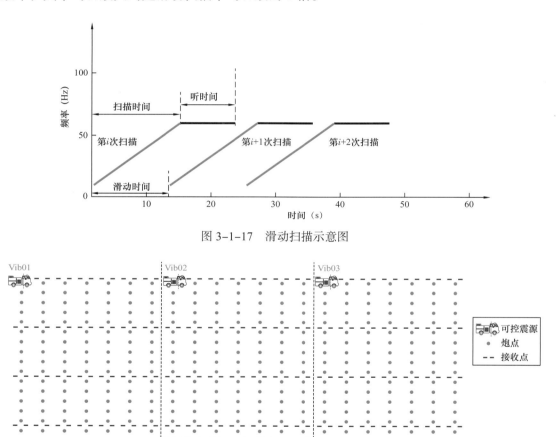

图 3-1-17 滑动扫描示意图

图 3-1-18 独立同步扫描示意图

独立同步扫描采集的数据集重新分选为正交子集。正交子集中包含的所有数据是一条炮线和一条检波线，合成一个单次覆盖的三维数据体。可控震源的噪声在共炮点道集中表现为相干的，但是由于不同炮点采集的时间不同，转换到共检波点道集中这些噪声是不相干的。因此可以通过这一特征在共炮点域创建一个噪声模型，从原始记录中用自适应方法消除。

4）可控震源定制同时扫描激发方法

可控震源定制同时扫描激发：多组可控震源分散式分布，限定相邻扫描之间的最小时间、空间距离间隔以及定制的扫描信号（混叠规则），野外作业现场根据各组震源的到位情况自适应实现可控震源高效最大化激发。

常规可控震源激发通常要求两炮之间的时间间隔必须不小于扫描长度和记录长度的时间和，以保证相邻单炮之间不存在互相的干扰，因此，常规激发方式的极限效率就是采取交替扫描实现不间断采集，即：每炮用时等于扫描长度和记录长度的时间和。分析、总结国际油公司和地球物理服务公司提出的高效激发方式：滑动扫描（Slip Sweep）、距离分离同步扫描（DS3）、独立同步扫描（ISS）激发，从原理上来说都是利用多组震源进行多炮的混叠来实现单位时间内激发出最多的炮数，从而实现炮周期最小，激发效率提高的效果。这些高效激发方法都要求混叠的地震数据必须在时间、空间和频率域中的信号和噪声是可分离的，地震数据在时间、空间和频率域的分布特征决定了混叠数据本身的信噪分离潜在品质。因此，提出了客户自定义时间、空间函数和扫描信号约束的可控震源定制同时扫描高效激发方法，即：根据当前混叠噪声的处理能力和接受程度，来进行时间、空间和频率域可控震源定制同时扫描高效激发，布设超级排列（排列长度通常大于4倍最大炮检距）和多组可控震源的地震采集，依据时间、空间函数域不同扫描方式的特点将多组可控震源布设在相对独立的区域，限定相邻扫描之间的最小时间、空间距离间隔以及定制的扫描信号（可以相同，也可以不同），野外作业现场根据各组震源的到位情况自适应最优化实现可控震源高效激发。该方法涵盖了当前所有可控震源高效激发方式，灵活方便，通过定制参数设定，即可满足不同客户对于可控震源高效激发方式的需求，同时在实际应用中还显示出了以下优点：

多域噪声差异分布，提高了数据体混叠噪声压制能力；

震源分片布设，避免了复杂障碍物区震源集中、频繁搬点，减少了绕路时间；

定制同时扫描激发避免了震源等待时间，有利于增加同步激发几率，提高激发效率，实现单炮激发时间的最小化。

可控震源定制同时扫描激发方法如图3-1-19所示，可控震源 V_2 和 V_5 处于相同空间位置，但是激发时间不同，只要满足滑动时间（t_2-t_1）大于听时间，它们就是滑动扫描。可控震源 V_2 和 V_3 处于不同空间位置，但是激发时间相同，只要满足它们的间距大于2倍最大炮检距时，它们就是距离分离同步激发（DS3）。可控震源 V_1、V_2、V_3、V_4、V_5 处于不同的空间位置，激发时间也不一样，当它们之间的间距大于指定的距离

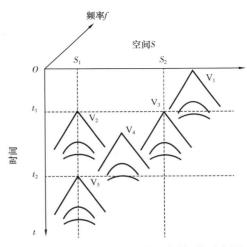

图3-1-19　可控震源定制同时扫描示意图

时，它们就是独立同步激发（ISS）。

5）动态滑动扫描采集方法

动态滑动扫描采集方法的特点是能够避免可控震源等待时间，大幅度提高生产效率。动态滑动扫描技术是交替扫描、滑动扫描、距离分离同步扫描的有机结合。它根据生产中的实际情况，更加灵活的运用空间和时间因素，有效地选择激发方式。当可控震源空间距离太小时，采用交替扫描，当可控震源空间距离增大满足一定条件时，就采取滑动扫描激发，但是滑动时间是随可控震源空间距离大小而动态变化的，距离越大滑动时间越小。直到距离足够大，就采用同步激发方式。

动态滑动扫描采集方法如图 3-1-20 所示，有 6 组可控震源组合 Ad、Be、Cf、Da、Eb、Fc，每组组合内可控震源都是距离分离同步扫描。Ad 组合与 Eb 组合就是组合间滑动扫描激发，Ad 组合与 Cf 组合是组合间交替扫描激发，Ad 组合与 Da 组合就是组合间距离分离同步扫描激发。

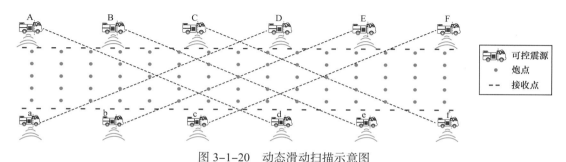

图 3-1-20　动态滑动扫描示意图

动态滑动扫描"时间—距离"规则如图 3-1-21 所示，当可控震源间距小于 2000m 时，是交替扫描激发。当可控震源间距不小于 2000m 且小于 5900m 时，是滑动扫描激

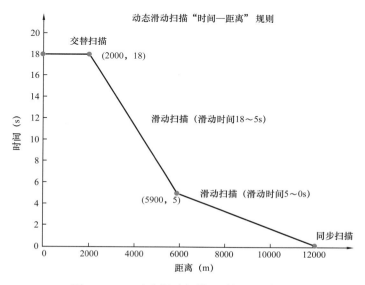

图 3-1-21　动态滑动扫描"时间—距离"规则

发，且滑动时间是线性递减的；当可控震源间距不小于 5900m 且小于 12000m 时，也是滑动扫描激发，但是滑动时间呈线性递减的更快；当可控震源间距不小于 12000m 时，就是距离分离同步扫描激发了。

动态滑动扫描技术一般在多套可控震源同步激发、大道数同步接收的项目中应用。超级激活排列长度一般要求大于 4 倍最大炮检距，这样才能满足多套可控震源同步激发所需要的不间断记录的要求，一个激活排列片覆盖面积有时甚至超过 300km²。

动态滑动扫描技术是将多种技术融合到同一个采集项目，并通过计算机软件依据上述激发原则动态管理可控震源，可以避免可控震源的等待时间，大幅度提高生产效率。

6）可控震源超高效混叠采集原理

有线仪器连续记录非相关数据，按一定时间间隔切分为单个的混叠数据母记录。多组可控震源在满足一定时距规则（Time-Distance Rule）的条件下，独立自主激发。震源记录每个震次的力信号和扩展质量控制（Quality Control，简写为 QC）文件，利用包含的位置信息和 GPS 起始时间，从连续母记录中相关分离，提取数据，其优点是减少了每个震源和每个震次的等待时间，有效提高了单位时间内的生产效率。

超高效混叠采集技术是动态滑扫与独立同步扫描的一种优化，使得相邻震源间的距离大幅减小，作业效率显著提高，但是信号和噪声的混叠程度也更加严重。它遵循一定的时间—距离规则。

图 3-1-22 和图 3-1-23 分别是可控震源超高效混叠采集激发方式示意图和时间—距离规则。

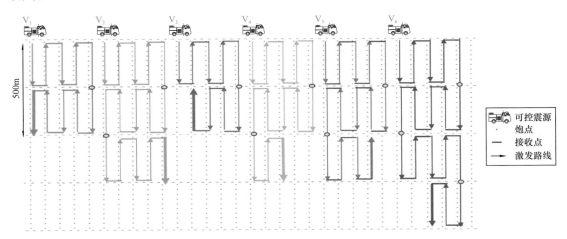

图 3-1-22　可控震源超高效混叠采集激发方式示意图

通过与交替扫描、滑动扫描、动态滑扫、滑动扫描同步激发、独立同步扫描等作业方法比较，可以看出混叠采集方法使得震源间距更小、可用震源组数更多、作业效率更高。

可控震源超高效混叠采集时，N 台震源同时激发，虽大幅提高了生产效率，但是该采集方式产生的地震波场混叠严重，地震资料的信噪比极低。地质建模和正演模拟分析表明时空距离和地质构造复杂度是影响混叠程度的关键因素。

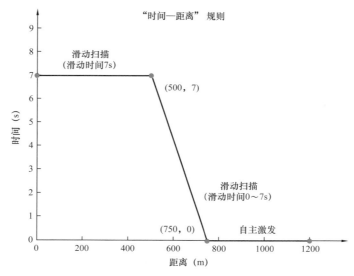

图 3-1-23　混叠采集（UHP）时间—距离规则

　　时空距离是指多台可控震源在接收排列上空间位置距离以及扫描的时间间隔。以可控震源超高效混叠采集为例，如果相邻震源的空间距离在 500m 以内，那么这相邻震源的扫描时间间隔应为 7s ；如果相邻震源的空间距离在 500～750m 范围内，相邻震源的扫描时间间隔为 0～7s，按距离分布线性递减。如果相邻震源的空间距离大于 750m，那么相邻震源就可以自主激发，无任何约束条件。不难看出，时空距离越小，混叠程度越大，地震波场越复杂，相干噪声也就越大。

　　地质构造复杂度是一个客观因素，非可控因素。很显然，地质构造越复杂，地震波场也就越复杂，地震数据成像就越难，这在下面的简单模型和复杂模型正演中就能得到验证。

第二节　宽频接收技术

　　地震检波器是地震数据采集接收环节的关键设备之一，其性能好坏直接影响地震勘探数据的质量。开发地震分辨率要求高（邓志文等，2018），利用地震属性对油气藏进行检测的要求更为强烈，即要求采集数据具有宽频、高保真、高信噪比。因此，确保检波器的耦合效果，选择合适的检波器类型及其组合参数显得非常重要。

一、检波器耦合技术

　　检波器接收是采集系统的第一道工序，特别是检波器与地表的耦合将直接影响着地震反射波记录的质量和品质。改进检波器与地表耦合的最佳效果是使地震检波器具有高分辨率、抗干扰、耦合性好、适应领域广等特性。最好的耦合频率响应曲线是平直的，没有高频谐振现象；耦合较差时则有高频谐振现象，耦合最差时频率响应曲线为钟形，高频部分严重衰减。

1. 检波器耦合理论

1）检波器耦合概念

检波器耦合是检波器在接收地震波的过程中与其相接触物质相互影响的一种关系，包括与空气的耦合、与液体介质的耦合、与外界电磁场的耦合和与大地的耦合等。其中，前三种耦合方式可使检波器在接收地震信号过程中产生有害的噪声干扰，在陆上勘探中一般要减弱或消除这种耦合关系，而最后一种耦合效应则有利于检波器接收地震振动的有效信号。因此，需要加强检波器与大地的耦合关系。

2）检波器耦合理论基础

检波器与空气或液体介质耦合，主要受检波器的体积和检波器外壳形状的影响。减弱或消除这种影响的办法是减小检波器壳体的体积，改变检波器外壳的形状，使其形状为流线型，增加检波器尾锥的个数，减弱检波器的晃动，以及深埋检波器。

检波器与电磁场耦合程度的好坏主要取决于电磁屏蔽效果。由于检波器内芯有电磁线圈，而目前常规的塑料检波器外壳体内外表面均无电磁屏蔽层，容易受到电磁干扰的影响。为此可在检波器壳体的内表面涂上或电镀上一层金属薄膜，以达到良好的屏蔽效果，从而减弱或消除电磁场对检波器有效反射信号的影响。

检波器与大地进行良好的耦合，一方面是为了高保真地接收地震反射信号，提高地震记录分辨率和信噪比；另一方面是为了提高与大地的谐振频率，使谐振频率大于地震反射信号有效频率。

由检波器传输函数曲线（图 3-2-1）知，在小于自然频率 f_1 时，输出信号是按照某一方式进行压制的，例如，为了压制面波的低频强能量，提高记录系统动态范围，一般压制曲线斜率为 6dB/OCT。当自然频率大于 f_2 时，是检波器产生谐振频率区，它通常使该区信号发生严重畸变，影响地震有效反射信号。为此，应尽量提高它的频率；而在 f_1 与 f_2 之间的稳定输出段，是将地表质点振动的信号转换成具有足够优势信噪比带的工作区域。

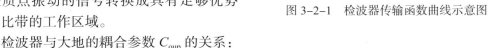

图 3-2-1　检波器传输函数曲线示意图

检波器与大地的耦合参数 C_{oup} 的关系：

$$C_{oup} = \frac{\rho\gamma^3}{M} \tag{3-2-1}$$

式中：ρ 为地表岩石密度；γ 为检波器的直径；M 为检波器的整体质量。

式（3-2-1）表明检波器并不是随地表的振动而运动，检波器与地表的耦合情况直接影响着检波器接收效果。为了提高检波器与大地的耦合参数，一是减少检波器的整体质量；二是挖去地表软层，将检波器与密度高的地表介质接触，使检波器与硬地层接触，改善检波器埋置条件，使检波器和土壤组成一个阻尼较好的振动系统，以提高检波器对地震波的分辨能力;三是增大检波器与地表接触的耦合面积,例如采用螺旋式检波器尾锥,可使检波器与地表的接触面积比常规检波器尾锥增加 5~10 倍。

检波器与大地的谐振频率 f 的关系:

$$f = \frac{1}{2\pi}\sqrt{\frac{\mu}{M}} \qquad (3\text{-}2\text{-}2)$$

式中:μ 为大地弹性刚度;M 为检波器的整体质量。

为了提高检波器与大地的谐振频率,一方面要增加大地的弹性刚度 μ,可通过加长检波器尾锥长度,使大地的部分柔性进行机械短路,加大检波器与大地的接触面积,增大大地的有效刚度。因此,在野外施工时,通常在埋置检波器的位置,应去掉杂草,最好挖坑深埋;在遇岩石出露位置,垫上湿土后把检波器用土埋紧;而在水中或沼泽地,应把检波器密闭好,插入水底,穿过淤泥触及硬土。另一方面要减小检波器的整体质量,以提高检波器与大地的谐振频率。

从力学和运动学的角度分析,减小检波器质量可提高检波器运动的加速度,从而可提高检波器的运动速度,提高检波器接收信号的灵敏度。

2. 检波器耦合实际资料分析

从检波器不同埋置方式的单炮资料来看(图 3-2-2),检波器挖坑埋置时,其资料品质从能量、信噪比及频率上看均稍好于未挖坑而直接插实的资料品质。可见,在外界环

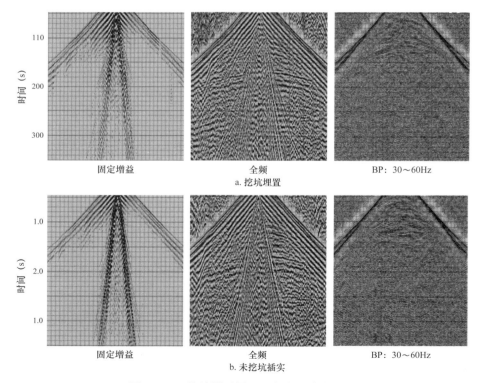

图 3-2-2　检波器不同埋置方式的单炮记录

境干扰严重或低信噪比地区，保证检波器的良好耦合至关重要。

另外，近年来，传统的挖坑埋置方式也逐渐被打破，而采用专制工具打孔埋置检波器，这样在确保耦合效果的同时，减少由于挖坑对检波器周围围岩（土）固有特征的破坏。从单炮资料对比分析来看（图3-2-3），钻孔埋置资料的信噪比及频率稍好于挖坑埋置的资料品质。检波器的埋置应该做到"平、稳、正、直、整"，确保与围岩的良好耦合效果。

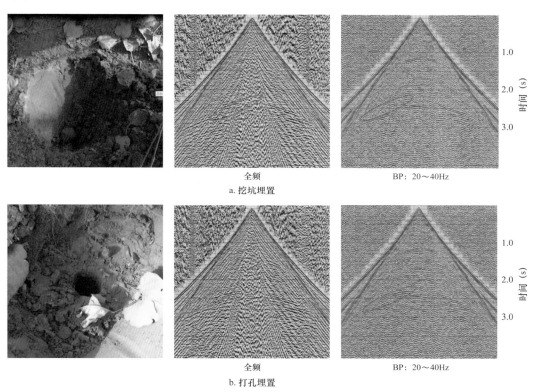

图 3-2-3　检波器不同埋置方式的照片及单炮资料

二、检波器组合参数优化技术

检波器组合参数的优化要兼顾压制干扰波和突出有效波两个方面，利用干扰波的视速度、主周期、道间时差、随机干扰的半径、干扰波类别、出现的不同地段、强度的变化特点与激发条件的关系等资料，设计出合理的组合参数。

1. 组合基距的选择

地震波实际上是脉冲波，而且实际勘探中，有效波到达同一组合检波内不同检波器的时间也不是完全一致的，因此组合检波必然影响子波的波形。为了简化问题，可以将脉冲波视为多个简谐波，每种频率的简谐波在组合后的变化可以利用组合的方向频率特性公式来计算，最后再将组合后的各种简谐波成分叠加起来，即可得到脉冲波的组合输

出。根据上述思路，脉冲波的组合检波输出为

$$\Phi\left(n,\Delta t,f\right)=\frac{\sin\left(\pi nf\Delta t\right)}{n\sin\left(\pi f\Delta t\right)}\qquad(3\text{-}2\text{-}3)$$

式中：n 为检波器组合个数；Δt 为组内距时差；f 为输出信号频率。

假定组合检波个数一般为 20 个，Δt 取值分别为 0.002s、0.005s、0.01s 时，得到的波频率特性曲线如图 3-2-4 所示。可见，检波器组合基距对高频成分具有压制作用，组合基距越大，压制作用就越明显，因此，在高分辨率勘探中，应尽量缩小检波器的组合基距以减少高频信息的压制作用。

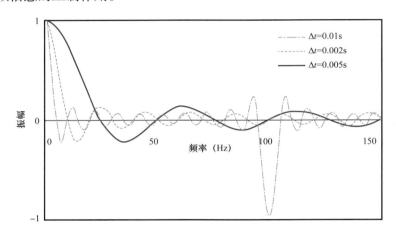

图 3-2-4　不同组合检波频率特性曲线图

在实际勘探工作中，由于存在高频随机干扰，影响高频端资料的信噪比，组合检波可以压制高频随机干扰，提高资料信噪比。采用组合检波可以压制一定成分的干扰，但是同时有可能对有效信息也有所压制，因此，必须根据目标区期望的高频有效信息和高频微震干扰的特征参数进行综合分析，选择合适的组合基距。根据组合检波响应曲线，要使干扰波衰减在 20dB 以上，对组合基距 L_1 的要求为

$$L_1\geqslant 0.91\lambda_{\mathrm{nmax}}\qquad(3\text{-}2\text{-}4)$$

式中：λ_{nmax} 为随机干扰波的最大视波长。

要使有效波衰减小于 3dB，对组合基距 L_2 的要求为

$$L_2\leqslant 0.44\lambda_{\mathrm{smin}}\qquad(3\text{-}2\text{-}5)$$

式中：λ_{smin} 为有效波最小视波长。

因此，选择组合基距应满足：$L_1\leqslant L\leqslant L_2$。

以冀中坳陷同口地区的 T2 目的层技术指标来计算：目的层段要求达到 70Hz 以上，地层速度为 3000m/s，视速度为 3000m/s 以上，根据式（3-2-4）、式（3-2-5）计算，组合检波基距应小于 18.8m。

2. 检波器个数试验

根据组合检波的统计效应结论，当道内检波器之间的距离大于该地区随机干扰的相关半径时，用 n 个检波器组合后，对垂直入射到地面的有效波，其振幅增强 n 倍，对随机干扰，其振幅只增加 $\sqrt{n}$ 倍，因此组合后，有效波相对增强了 $\sqrt{n}$ 倍。这一结论说明，对随机干扰比较严重的地区，使用较多的检波器组合有利于提高资料的信噪比。

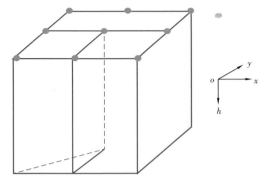

图 3-2-5　检波器面积组合模型

为了进一步研究检波器组合个数对地震资料信噪比的影响程度，建立一个检波器面积组合模型（图 3-2-5），设平面简谐波的射线与 x 轴方面的夹角为 α，各检波器的时间延迟为 Δt_i，面积组合中的每个检波器在 xoy 面上的投影距离为 SM_i，沿波传播方向的视速度为 v_a。则面积组合的振动方程为

$$F(t) = f(t) + f(t - t_1) + f(t - t_2) + \cdots + f(t - t_{N-1}) \tag{3-2-6}$$

对应的谱方程为

$$G(\omega) = g(\omega)(1 + \mathrm{e}^{-\mathrm{j}\omega t_1} + \mathrm{e}^{-\mathrm{j}\omega t_2} + \cdots + \mathrm{e}^{-\mathrm{j}\omega t_{N-1}}) \tag{3-2-7}$$

$$G(\omega) = g(\omega)\left[\sum_{i=0}^{N-1} \cos(\omega t_i) - \mathrm{j}\sum_{i=0}^{N-1} \sin(\omega t_i) \right] \tag{3-2-8}$$

方向特性函数为

$$\phi(\omega, t_i) = \frac{|G(\omega)|}{N|g(\omega)|} = \frac{1}{N}\sqrt{\left[\sum_{i=0}^{N-1} \cos(\omega t_i) \right]^2 + \left[\sum_{i=0}^{N-1} \sin(\omega t_i) \right]^2} \tag{3-2-9}$$

式（3-2-9）可表示为

$$\phi(\omega, t_i) = \frac{1}{N}\sqrt{\left[\sum_{i=0}^{N-1} \cos\left(\omega\frac{SM_i}{v_a} \right) \right]^2 + \left[\sum_{i=0}^{N-1} \sin\left(\omega\frac{SM_i}{v_a} \right) \right]^2} = \frac{1}{N}\sqrt{\sum_{i=0}^{N-1}\sum_{j=0}^{N-1} \cos\left(2\pi f\frac{SM_i - SM_j}{v_a} \right)}$$

$$\tag{3-2-10}$$

根据式（3-2-10），可绘出不同检波器个数与其组合后环境噪声的均方根差振幅的关系曲线（图 3-2-6）。可见，随着检波器数量的增加，均方根差振幅逐渐变小，或者说资料的信噪比逐渐提高，但在大于 5 个时提高的幅度变缓，18 个处为"临界点"，也就是说，此时再增加检波器数量，资料信噪比不再有明显提高。

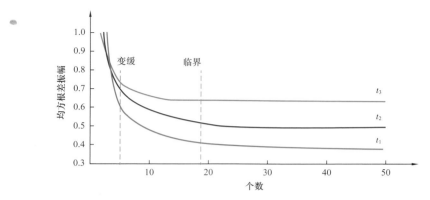

图 3-2-6　不同检波器个数组合后环境噪声的均方根差振幅

　　5 个与 20 个检波器资料的单炮对比结果表明：如图 3-2-7、图 3-2-8 所示，不管是全频显示还是分频显示，5 个检波器的资料品质稍差于 20 个，主要是其能量较弱，压噪能力稍差。

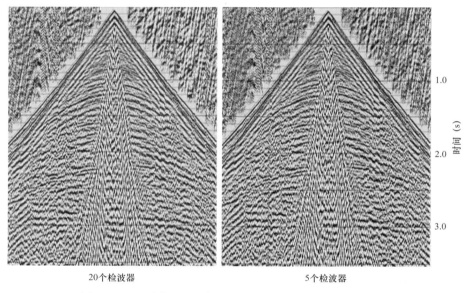

20个检波器　　　　　　　　　　　　　5个检波器

图 3-2-7　5 个与 20 个检波器资料的单炮记录（全频显示）

　　10 个与 20 个检波器资料的单炮对比结果表明：如图 3-2-9、图 3-2-10 所示，10 个与 20 个检波器单炮的能量与信噪比基本相当，只是 10 个检波器的单炮资料在高频端稍差于 20 个。

　　综合以上分析认为，理论上随着检波器数量的增加，压噪能力逐渐提高，但大于 5 个时提高的幅度变缓，18 个处为"临界点"。实际资料表明，5 个检波器地震资料的能量、信噪比稍差于 20 个，但 10 个、20 个检波器的地震剖面品质整体相当。因此，在外界干扰较小信噪比较高的区域，检波器个数可适当减少，这也是高密度高分辨率勘探的发展趋势。

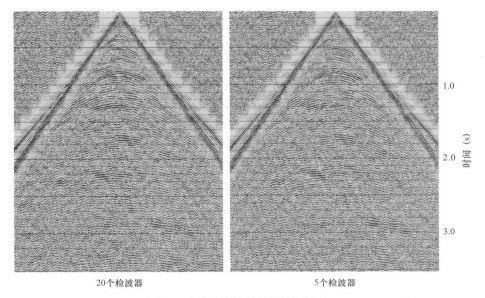

图 3-2-8　5 个与 20 个检波器资料的单炮记录（BP：30~60Hz）

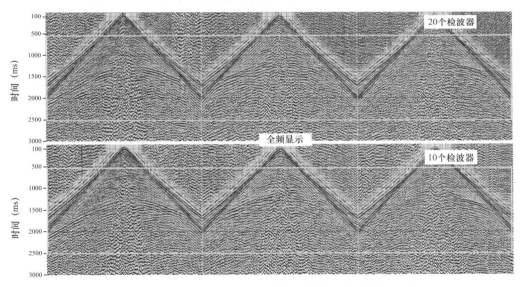

图 3-2-9　10 个与 20 个检波器资料的单炮记录（全频显示）

三、检波器类型选择

随着勘探程度的不断提高，对地震资料分辨率的要求也越来越高。而地震资料的分辨率主要依赖于采集资料有效波的频率成分，地震检波器是获得高质量地震数据的关键。在资料采集时采用什么类型的检波器，才能获得满足高分辨率的原始资料，这是人们时刻关注的问题。目前地震勘探市场应用的检波器种类繁多，常用的有模拟检波器和数字检波器，而模拟检波器又可以按其自然频率、灵敏度及生产商分为多种类型。因此，掌握不同类型检波器的技术指标，对正确选择检波器是非常重要的。

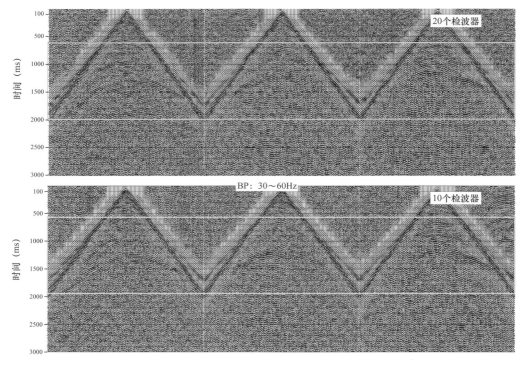

图 3-2-10　10 个与 20 个检波器资料的单炮记录（BP：30～60Hz）

1. 检波器的类型及技术指标

从常规、高灵敏度、宽频高灵敏度等几种检波器的主要技术指标对比来看（表 3-2-1），除了自然频率不同以外，与 30DX-10 常规检波器相比，高灵敏度检波器的灵敏度高，是常规检波器的 4～5 倍；而且高灵敏度检波器的直流电阻也大，是常规检波器的 4 倍左右。另外，宽频高灵敏度检波器还具有自然频率低的特点。

表 3-2-1　不同模拟检波器的主要技术指标一览表

指标	俊峰公司			西安物探装备分公司			四川吉赛特科技有限公司
	30DX-10 常规	SG5 宽频高灵敏度	30DH-10 高灵敏度	SN5-5 宽频高灵敏度	SN5-10 高灵敏度	GTDS-10 高灵敏度
自然频率（Hz）	10	5	10	5	10	10
直流电阻（Ω）	395	1850	1800	1820	1550	1800
阻尼系数	0.707	0.600	0.560	0.700	0.700	0.560
灵敏度［V/（m/s）］	20.1	80	85.8	86	98	85.8
失真度（%）	≤0.1	≤0.1	≤0.1	≤0.1	≤0.1	≤0.1

作为地震数据接收环节的第一道门槛，地震检波器一直是获得高质量地震数据的焦点，为此人们不断地追求更加完美的地震检波器。就目前地震检波器技术现状而言，模拟检波器主要还存在以下几方面的问题：一是瞬时动态范围与地震信号不匹配；二是频率响应范围小；三是体积和质量仍是施工困难因素；四是自然频率和组合方式过多；五是抗电感应能力差等。数字检波器和模拟检波器在原理和功能上完全不同，模拟检波器是以电磁感应方式将地震（振动）信号转换为模拟电信号输出，而数字检波器是以重力平衡方式将地震信号直接转换为高精度的数字信号。根据两种检波器的性能对比（表 3-2-2）及频率、相位响应曲线分析，数字检波器最大的特点是：

（1）动态范围大。数字检波器的动态范围可达到 105dB 以上，采集精度高，有利于弱小信号的接收。

（2）畸变小。谐波畸变指标小于 0.003%，至少比传统模拟检波器谐波畸变至少低一个数量级，大大提高了原始资料的保真度。

（3）频带宽。数字检波器的输出频带十分平坦，在 1～500Hz 范围内始终保持平直，而且输出相位为零相位，有利于拓展资料频宽。

（4）保幅保真度高。其正交叉轴相信号抑制能力优于 46dB；灵敏度误差小，校准精度可达到 0.3%；传感器的正交信号隔离度优于 40dB。

（5）直接输出数字信号。由于数字检波器内有 24 位 $\Sigma\Delta$-ADC 电路，所以直接输出 24 位数字信号，且为零相位。

（6）不受电磁信号干扰。由于数字检波器感应的是重力变化，它不受外界电磁信号干扰的影响，如高压线或地下电缆等干扰。

表 3-2-2　数字检波器与模拟检波器性能对比表

项目	数字检波器	模拟检波器
输出信号	数字	模拟
线性响应	0～800Hz	10～250Hz
动态范围	105dB	60～70dB
谐波畸变	小于 0.003%	大于 0.03%
振幅变化	±0.25%	±2.5%
敏感度随温度变化	稳定	明显
工业电干扰	无	有
仪器噪声	较低的高截频率	较低的低截频率

2. 不同连接方式特性分析

如图 3-2-11、图 3-2-12 所示，单纯串联 n 个检波器时，灵敏度提高近于 n 倍，单纯并联检波器时，灵敏度基本无变化。检波器串、并联方式与信噪比（S/N）的关系如下。

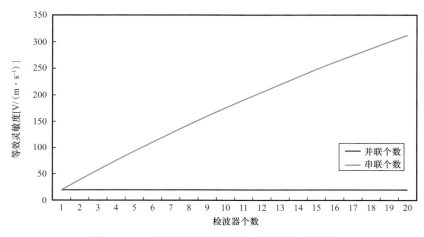

图 3-2-11 串并联个数与等效灵敏度关系曲线

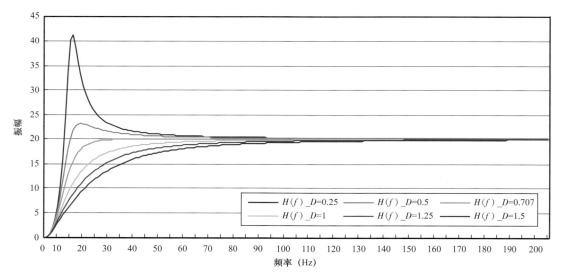

图 3-2-12 阻尼系数（D）与检波器幅频特性关系曲线

串联：接收信号增强 N 倍，噪声电压（RMS 均方根值）增强 $\sqrt{N}$ 倍。

并联：接收信号不增强，噪声电压减弱 $\sqrt{N}$ 倍。

此外，表示阻抗与信噪比关系（高阻抗更易接收干扰）的检波器串阻抗与单只检波器阻抗比率为 $I_r = N_q/N_p$，其中，N_q 为检波器串阻抗，N_p 为单只检波器阻抗。串联比并联更容易接收干扰信号。

3. 不同检波器试验资料分析

从表 3-2-1 可知，GTDS-10 及 30DH-10 两种高灵敏度检波器的技术指标相同，在相同的检波器个数、组合及连接方式下，单炮记录及其频谱相差不大，且地震剖面的成像效果也基本相当（图 3-2-13、图 3-2-14）。

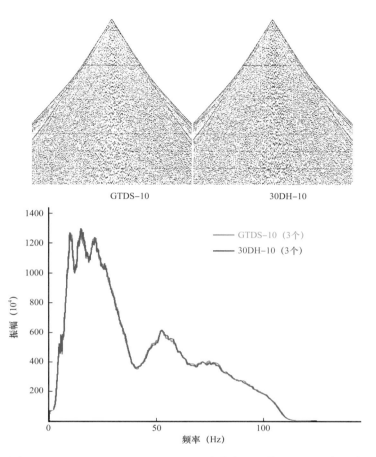

图 3-2-13 GTDS-10 及 30DH-10 两种检波器的单炮记录及其频谱

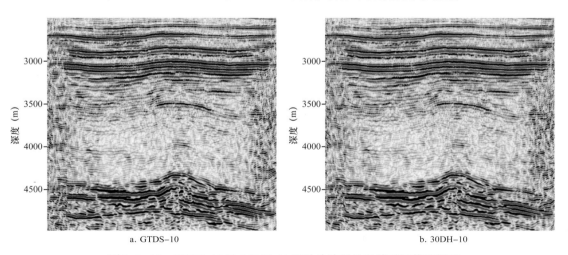

图 3-2-14 GTDS-10 及 30DH-10 两种检波器的叠前时间偏移剖面

　　如图 3-2-15 所示，从 SN5-5 宽频高灵敏度、SG5 宽频高灵敏度和 SN5-10 高灵敏度三种检波器的单炮记录及其频谱来看，SN5-5 宽频高灵敏度检波器和 SG5 宽频高灵敏度检波器在 10Hz 以下低频响应较强，但总体的单炮资料品质与 SN5-10 高灵敏度检波器基本相当。而且三种检波器的整体剖面品质也基本相当（图 3-2-16）。

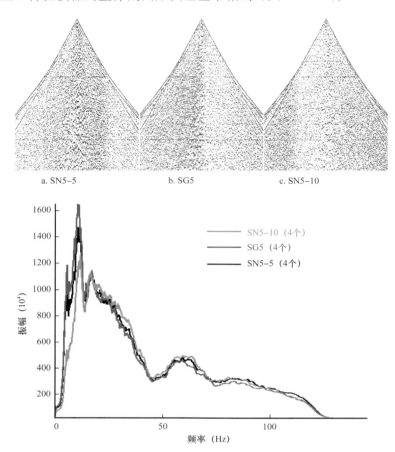

图 3-2-15　SN5-5、SG5 及 SN5-10 三种检波器的单炮记录及其频谱

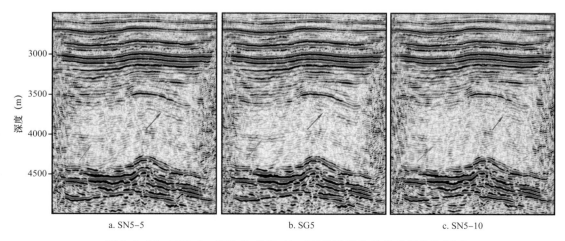

图 3-2-16　SN5-5、SG5 及 SN5-10 三种检波器的叠前时间偏移剖面

四、单检波器接收高密度数据采集

由于单个检波器接收不具备压制随机噪声的能力，因此，所得原始资料的信噪比比检波器组合接收的资料要低，如图 3-2-17 所示。

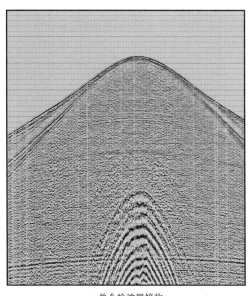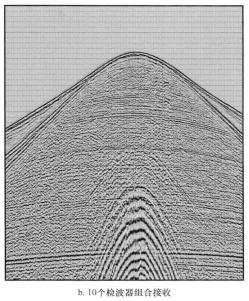

a. 单个检波器接收　　　　　　　b. 10 个检波器组合接收

图 3-2-17　单个检波器接收与 10 个检波器组合接收原始单炮对比

单个检波器接收需要有比组合检波器接收两倍以上的覆盖次数，资料品质才能相当，图 3-2-18a 为 378 次覆盖的单个检波器接收叠前时间偏移剖面，图 3-2-18b 为 42 次覆盖 10 个检波器组合接收的叠前偏移剖面，其资料品质基本相当，覆盖次数比例关系接近 9：1，相当于检波器个数比例关系。

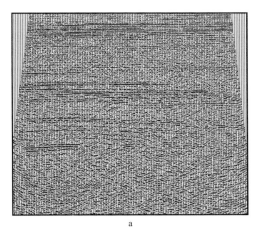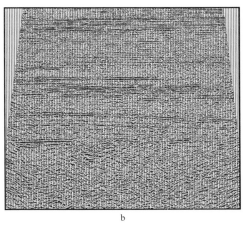

a　　　　　　　　　　　　b

图 3-2-18　单个检波器接收 378 次覆盖（a）与 10 个检波器组合接收 42 次覆盖（b）叠前偏移剖面对比

第三节 "两宽一高"地震观测系统设计技术

"两宽一高"地震观测系统设计技术，以勘探目标的精确成像为目标，使其有利于特定噪声衰减，有利于表征地质目标的各向异性，从而有利于提高叠前偏移成像的精度及其叠前道集的保真度。本节介绍开发地震中观测系统主要参数设计技术要求与评价方法。

一、基本概念

"两宽一高"地震勘探技术是针对复杂油气目标勘探的需要，以精确偏移成像和基于方位信息的物性参数反演为目标，创新形成的一整套以宽方位、宽频带、高密度为主要特征的从采集设计、勘探施工、资料处理到解释的系列技术和施工方法的统称（钱荣钧，2008；邓志文等，2021；赵贤正等，2014）。因此，"两宽一高"地震勘探技术包括面向叠前偏移成像的观测方案设计技术、基于时空规则的可控震源高效采集技术、宽频激发和高精度大道数接收技术等、基于叠前炮检距—方位角矢量片方法的处理解释技术等。高密度是"充分"的基础要求；宽方位是"均匀、对称"的基础保障；宽频带则是高分辨率的核心要求，其实现主要来自两个方面，一方面是在采集时采用低频可控震源激发以保证记录的原始品质，同时尽量减少组合的使用以避免对高频信号的损伤；另一方面在处理解释时通过拓频等技术手段延展信号带宽，同时使用高精细的方位校正进行同相处理以减小高频的损失。"两宽一高"地震观测系统设计技术，以勘探目标的精确成像为目标，不再单纯追求经典的水平叠加为中心的设计理念，而转向对噪声和信号最大限度地保真采样，使其有利于特定噪声衰减，有利于表征地质目标的各向异性，从而有利于提高叠前偏移成像的精度及其叠前道集的保真度。

在"两宽一高"地震勘探中，为达到三维地震数据空间采样分布的均匀性、对称性，最大限度避免观测系统设计不合理对储层信息带来的影响。应按照以下几项原则，开展观测系统参数的优化：

在一个炮点道集内均匀分布地震道。炮检距从小到大均匀分布，能够保证同时接收浅、中、深各个目的层位的信息。使观测系统既能取得各目的层的有用信号，又能用来进行速度分析。

在一个 CDP 道集内应能比较均匀地分布在共中心点的 360° 的方位上，这样一个面元（反射点）上的地震道是从不同方向上获得的反射信息使三维的共中心叠加更能真实反映三维反射波的特点；否则沿着某一方向特别密集，高分辨率三维地震勘探的优点不能发挥，实际上它与二维地震勘探的效果基本相同。

勘探区内地下数据与覆盖次数应尽量均匀。均匀的覆盖次数保证了反射波振幅，频率分布均匀。这样才能保持地震记录特征稳定，使得地震记录特征的变化仅与地质因素相关，有利于研究地下的微幅度构造和岩性。

要考虑地质需求（需要保护的最大频率），如地层倾角、最大炮检距、目的层位深度、道距、干扰波类型、地表条件等各种因素影响。

有利于提高勘探目的层反射信号的信噪比、分辨率和保真度；最大限度地实现数据面元几何属性和物理属性的规则化；最大限度地满足精确叠前成像的要求。

二、观测系统参数设计要求

1. 宽窄观测方位设计要求

观测方位的宽窄指同一个 CMP 中观测方位的覆盖范围的大小。

在三维地震勘探中，人们习惯用地震观测系统模板中炮检距的横纵比来表述三维地震观测系统的方位大小。一般认为横纵比的定义公式如下：

$$\gamma_t = L_{mio} / L_{mco} \tag{3-3-1}$$

式中：γ_t 为横纵比；L_{mio} 为排列片中的最大纵向炮检距；L_{mco} 为最大横向炮检距（图 3-3-1）。

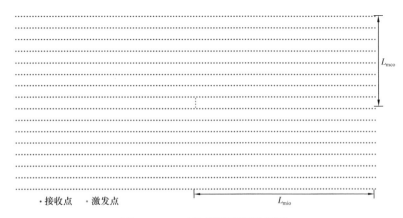

图 3-3-1　三维观测系统示意图

地震观测系统模板横纵比是描述三维观测方位宽窄的关键因素。通常认为当排列片的横纵之比大于 0.5 时为宽方位地震观测系统，当排列片的横纵比小于 0.5 时为窄方位地震观测系统。也有人进一步将其细化为当排列片的横纵比小于 0.5 时为窄方位地震观测系统，当排列片的横纵比在 0.5～0.6 时为中等方位地震观测系统，当排列片的横纵之比在 0.60～0.85 时为宽方位地震观测系统，当排列片的横纵比在 0.85～1 时为全方位地震观测系统。

牟永光（2015）综合考虑了不同方向上的炮检距和覆盖次数的大小、排列片的接收方式等因素，提出了宽度系数概念，用于衡量三维地震观测的宽窄。宽度系数计算公式如下：

$$\gamma = \frac{\theta}{2\pi}\left(C_1\gamma_t + C_2\gamma_n\right) \tag{3-3-2}$$

式中：γ 为三维观测宽度系数；θ 为半炮检线的张角；γ_t 为观测系统模板的横纵比；γ_n 为横向覆盖次数与纵向覆盖次数之比；C_1、C_2 为 γ_t、γ_n 有关的系数，$C_1<1$、$C_2<1$，且 $C_1+C_2=1$，一般情况下 $C_1=C_2=0.5$。

同时约定，当 $\gamma<0.5$ 时为窄方位观测系统，当 $\gamma \geqslant 0.5$ 时为宽方位观测系统，当

$\gamma \geqslant 0.85$ 时为全方位观测系统。

相对于传统窄方位观测系统，宽方位观测系统具有以下优势。

（1）宽方位有利于压制规则噪声。

当采用窄方位观测时，数据中的规则噪声、散射噪声分布在三角区域内（近似线性特征），窄方位观测的炮检距线性分布通常能较好地适应二维 $F—K$ 滤波或者 $\tau—p$ 变换。但实际上规则噪声、散射噪声在空间上是以圆锥状分布的，要衰减规则噪声或者线性噪声就需要在两个正交方向上都要有足够的采样，也要求空间上每个 CMP 炮检距分布规则。因此，在窄方位观测情况下，用 $F—K$ 滤波等噪声衰减技术可能会在压制噪声时产生假象，同时也难以消除来自侧面的反射波。而宽方位观测因具有较长的横向偏移距和更多的横向覆盖次数，可采用三维 $F—K$ 等噪声衰减技术，对压制规则噪声、散射噪声更为有效。因此，相较窄方位观测，宽方位观测在压制规则噪声方面更为有利，从而提高地震资料的信噪比和分辨率。

（2）宽方位有利于提高复杂构造三维成像精度。

地震偏移是一种将所采集到的地震信息进行重排的反演运算，以使地震波能量归位到真实空间位置而获取地下的真实构造特征及图像。除了深度域构造成像外，地震偏移还为其他特殊处理提供振幅、相位等信息，用于速度估计和属性分析，建立在波动方程基础上的地震偏移成像技术代表了地震处理的极致。

Born 近似模型视地下介质为背景速度加上小尺度的散射体，地表数据是所有地下散射体引起的散射波叠加形成的，可以仅仅包括一次散射，也可以同时包括多次散射。

对于常速介质，在一阶 Born 近似成立的条件下，在散射体的远场范围内，散射势 $F(r)$ 与它的方向谱 $f(s, s_0)$ 之间存在如下傅里叶变换关系：

$$f(s, s_0) = \int_V F(r) \mathrm{e}^{-iKr} \mathrm{d}^3 r \qquad (3-3-3)$$

$$K = \frac{\omega}{v}(s - s_0) \qquad (3-3-4)$$

式中：s_0 代表入射波方向；s 代表出射波方向；r 代表散射体的空间分布范围；K 为散射势的波数。

式（3-3-3）说明散射波方向谱是由入射波和散射波夹角及散射波频率成分决定的，其完整性取决于散射场记录的完整性，即散射波方向成分和散射波频率成分的完整性。

因此，如果得到了宽波数带的散射势谱，就可以通过傅里叶反变换得到高分辨率的散射势的估计。散射势的波数分布范围由式（3-3-4）给出。其中，矢量 $s-s_0$ 定义了散射（或反射）张角，观测系统决定了张角的范围，张角范围越大，波数谱越宽，相应地，要求地震数据的观测角度越大，即要有充分长的偏移距和充分宽的方位角。其中，频率范围也要求足够宽，尤其是低频成分对散射势的低波数成分贡献很大。

尽管上述结论是在平面波入射和常速背景情况下得到的，但其理论指导意义十分明显。从式（3-3-4）中可以看出，确定 K 的低波数部分需要大角度散射波和低频数据；确定 K 的高波数部分需要小角度散射波和高频数据。更进一步地，从理论上来说，地震波反演成像要求叠前地震数据采集系统对地下任何一个绕射点（反射点）都有广角度的、角度间隔均匀的、不产生采样假频的照明。同时，期望每个角度的数据中仅仅有高斯白噪声，并期望各角度之间的子波特征保持一致。

因此，宽带、宽方位观测数据是高精度反演成像所必需的。当然，无假频的高密度观测也是必要的。

2. 震源子波频带宽度设计要求

从分辨率准则中了解到，地震勘探的分辨率主要与子波的视主周期相关，因此可以很直接地推论，只要缩小子波视主周期，即缩短子波的时间延续度，就可以提高分辨率。按照傅里叶分析理论，在时间域缩短延续度，变换到频率域就是要增加频带宽度。

按怀德斯（Widess）分辨能力指标 P 的定义，主频为 f_c 的 Ricker 子波的 P 约为 $3.34f_c$；频带范围为 $f_1 \sim f_2$，从而频带宽度为 $f_2 - f_1$、中心频率为 $f_c = (f_1 + f_2)/2$ 的零相位带通子波的 P 为 $2(f_2 - f_1)$ 或 $4(f_c - f_1)$。可见，分辨能力不但与子波的主频（或中心频率）及频带宽度成正比，对于带通型子波还与其低截频 f_1 有关系。

带通型子波是地震勘探中最具有典型意义的代表性子波。通常将带通子波通频带的下限称为 f_1，上限为 f_2，将 $f_2 - f_1$ 称为绝对频宽 B，即 $B = f_2 - f_1$。将 f_2 与 f_1 之比称为相对频宽 R，即 $R = f_2/f_1$，并通常以 2 的对数为单位，称为倍频程 R_{OCT}，即 $R_{OCT} = \log_2 \frac{f_2}{f_1}$，例如，当 $f_2 = 32$、$f_1 = 4$ 时，$R_{OCT} = 3$，称为 3 个倍频程。

李庆忠（1993）对带通地震子波的包络与子波振幅谱的宽度的关系进行了较为深入的分析。其研究表明，对于零相位子波，绝对频宽决定了子波包络的形态，即其胖瘦程度，相对频宽决定了子波的振动相位数。亦即绝对频宽相同的两个零相位子波具有相同的子波包络，相对频宽相同的两个零相位子波具有相同的振动相位数（图 3-3-2）。

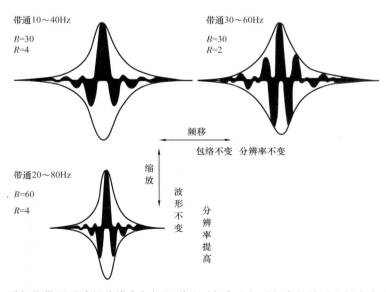

图 3-3-2　零相位带通子波的分辨率与振幅谱绝对频宽和相对频宽的关系（据李庆忠，1993）

　　李庆忠（1993）经过分析认为，当绝对频宽一定后，无论子波频带向高频端或低频端移动时，尽管因相对频宽变化而引起子波振动相位数的变化，但因子波的包络不变故分辨率不变。

　　在这一问题上，俞寿朋（2001）也进行了深入研究，并进一步证明，该零相位带通子波的振幅包络为 $\left|\dfrac{2}{\pi t}\sin B\right|$，其主瓣宽度为 $W=2/B$，主频为 $f_p=(f_1+f_2)/2$，子波的周期数为 $N_c=(f_1+f_2)/(f_2-f_1)$，对于具有 k 个倍频程的子波，即 $f_2=2^k f_1$，则有 $N_c=\dfrac{2^k+1}{2^k-1}$，相应的关系曲线如图 3-3-3 所示。他认为"起作用的周期数大约为 $0.8N_c$"，"决定分辨率的是振幅谱的绝对宽度，而相对宽度决定子波的相位数，与分辨率没有直接关系"。

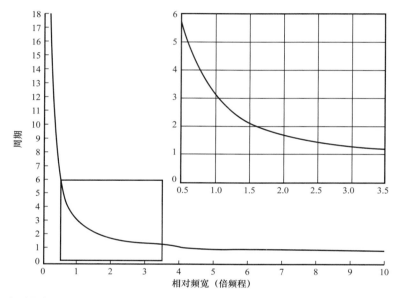

图 3-3-3　子波周期数与振幅谱相对宽度的关系曲线（据中油油气勘探软件国家工程研究中心，2001）

3. 采样密度设计要求

　　地震波是在三维空间传播的波，时间和空间采样率是互相联系互相影响的，它们对偏移成像后地震数据的垂向和空间分辨率都有影响。通常时间采样率都高于空间采样率，如一般时间采样率为 2ms，当速度为 4000m/s 时，相当于采样距离为 4m，而空间采样的道距目前常用的为 25～50m，因此实际工作中应更加关注空间采样率的影响。

　　空间采样率又称为空间采集密度，包括炮密度、道密度和覆盖密度三个方面。炮密度也叫激发密度，是单位面积内激发的炮点数，用每平方千米的激发点数表示。道密度也叫接收密度，是单位面积内的接收道数，用每平方千米的接收点数表示。覆盖密度也叫炮道密度，是指单位面积内的按炮检中心点统计的地震道数，用每平方千米的记录道数表示。在衡量空间采样密度的三个参数中，炮密度和道密度都是独立参数，而覆盖密度是关联参数，炮密度和道密度变化必然会引起覆盖密度的变化。因此，覆盖密度是把炮密度、道密度、面元尺寸和覆盖次数等多种观测系统属性指标综合在一起的一个密度指标。

相对于以往的覆盖次数（指 CMP 面元内按炮检中心点统计的地震道数）设计，"两宽一高"地震勘探技术在强调覆盖次数设计的同时更加强调单位面积的地震道量即覆盖密度的概念。覆盖次数与 CMP 面元直接相关，同样的采集密度处理面元不同覆盖次数就不同，横向对比时需要说明面元大小，否则易混淆。而覆盖密度是单位面积内的地震道数，不会混淆。覆盖密度概念，在采集阶段表示采集工作量强度，在资料处理阶段用以估计成像点位置偏移叠加的道数。

高密度勘探指高覆盖密度的勘探方法，其需求主要来自噪声压制、高精度偏移成像及各向异性处理解释等。

1）高密度在噪声压制方面的作用

信噪比越高，记录的分辨率越高。因此压制噪声、提高记录信噪比是永恒的课题。而高密度勘探无论对于随机噪声还是规则干扰，都有很好的压制作用。

众所周知，对于随机干扰，采用多次覆盖的简单叠加技术，其信噪比 SNR 和覆盖次数 N_{fold} 之间存在如下关系：

$$\text{SNR} = \text{SNR}_0 \cdot \sqrt{N_{\text{fold}}} \quad\quad （3-3-5）$$

式中：SNR_0 为原始信噪比；N_{fold} 为覆盖次数。

由式（3-3-5）可知，覆盖次数越大越好。就通常多次覆盖观测方式而言，较高的覆盖次数意味着较高的空间采样密度。设 K_p 是孔径采样密度，它和覆盖次数 N_{fold} 及面元大小 $b_x \times b_y$ 有关，如下式：

$$K_p = \frac{N_{\text{fold}} \times 10^6}{b_x \times b_y} \quad\quad （3-3-6）$$

因此，要想获得较高的成像信噪比，需要较高的采样密度。

经典的 F—K 等规则干扰压制方法，最大的敌人就是空间采样不足带来的假频问题。高密度接收对噪声波场具有充分的采样，与波数响应相对应的期望时间和频率可以在测量到的波场上被有效利用。采样和去假频滤波是时间域数字记录的常规技术，使用高密度接收将基本采样定律扩展到了空间域。高密度采集方式大大提高了空间采样精度，能够对地震波场进行无假频采样，获得干扰波连续波场，使其在地震剖面上的特征更加明显，有利于噪声压制与波场分离。同时，空间采样率的提高，有效消除了采集脚印现象。另外，小道距数据提高了各种数学变换精度，使各种去噪方法更加有效。

2）高密度对偏移成像的影响

偏移的主要目的在于提高资料的横向分辨率，这与两个因素有关。一方面是希望分辨的地下目标地质体的大小，如果两个地质点的距离是 1m，而道采样间隔是 10m，这就会因为采样不足导致丢失有效信息。

另一方面，如果空间采样不足，偏移过程会产生假频，假频会降低信噪比和分辨率，最大无假频频率 f_{max} 和空间采样间隔 Δx、最大层速度 v_{max}、最大地层倾角 α_{max} 之间存在如下关系（邓志文，2006）：

$$f_{\max} = \frac{v_{\max}}{4\Delta x \sin \alpha_{\max}}$$

（3-3-7）

高分辨率意味着足够的频带宽度，高截频率是重要参数之一，从式（3-3-7）可以看出，速度和地层倾角都是固定的，要想获得高的无假频频率，就必须降低采样间隔 Δx，即提高采样密度。

叠前偏移成像的点脉冲响应是一个以炮点和检波点为焦点的半椭圆弧，如果道密度太稀疏，相邻两道的椭圆弧就不能相互抵消，导致采样不足产生画弧假象，从这个角度看，也需要足够的采样密度才行。有学者研究了采样密度和成像效果的关系，如图3-3-4所示。

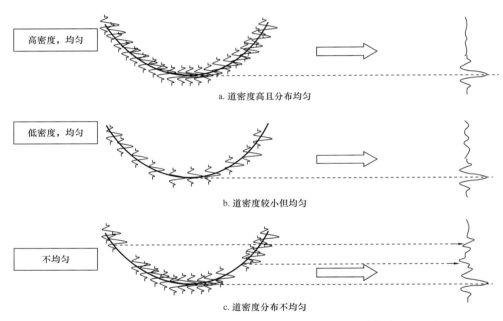

图3-3-4　偏移叠加效果与道密度及均匀性的关系（据钱荣钧，2008）

图3-3-4a为高密度采集，可以看出脉冲尖锐，旁瓣小，背景噪声干净；图3-3-4b为低密度采集，旁瓣严重，偏移噪声多；图3-3-4c为不均匀采集，在不均匀处噪声严重。因此，成像效果和炮道密度及均匀性有关。

通过定义子波主瓣与旁瓣的比值 L_f 来定量描述成像效果，并针对浅层实际资料的计算，得出了如下关系式：

$$K = 0.416 \times \mathrm{SNR}^{10} \times L_f^{13}$$

（3-3-8）

式中：K 为采样密度；SNR 为信噪比；L_f 为成像效果，用清晰度表示。

如图3-3-5所示，垂直轴是采样密度（单位：道/km²），它随着信噪比和成像效果的提高，而急剧增大。

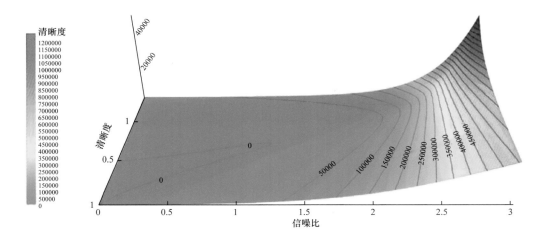

图 3-3-5　采集密度、成像效果及信噪比的关系（据潘家智，2019）

4. 观测方向设计要求

观测方向选择首先应充分考虑垂直构造轴线方向，其次重点考虑垂直油气评价有利区带的展布方向。但最终的选择必须经过分析勘探区域地震地质条件，准确判断已采集地震资料在选择方向上品质变化的主控因素后（激发条件或是接收条件或是外界干扰），再根据主控因素决定激发炮线和接收线布设方向。

在断层发育，地层倾角较陡，构造复杂的勘探目标区，采用沿构造倾向选择三维观测方向，其最大优势在于能够准确展现构造形态，有利于获取断点信息、断面反射波信息和陡倾角反射信息。选择与油气评价有利区带延伸方向垂直的方向作为观测方向，其优点是保证了油气评价有利区带炮检距、方位角和有效覆盖次数分布更为合理。

三、观测系统属性定量评价方法

三维地震采集观测系统的面元、炮检距、覆盖次数、方位角等属性定性评价分析技术较为成熟，应用较为广泛，本节尝试从定量角度评价观测系统属性的优劣，尤其充分考虑了纵横向属性的均匀性，推导出了不同观测系统之间从均匀性、面元、方位角、覆盖次数，以及最大炮检距等方面总体定量评价的数学表达式。在以后的三维观测系统设计中，可以直接定量计算各属性及属性总体评价，为决策者快速评价观测系统、优化方案提供便利。

1. 物理点均匀因子

三维地震采集物理点的均匀性分析方法较多，诸如采集脚印、覆盖次数、炮检距和方位角均匀性分析等，并且多以定性分析图件表示。现在从观测系统的激发点多点相关的角度出发整体描述观测系统均匀性。图 3-3-6 是常用的两种观测系统。正交时激发点周边有 8 个点，斜交时激发点周边有 6 个点。

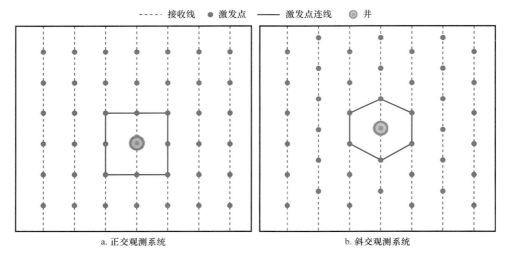

图 3-3-6　激发点布设示意图

三维地震采集物理点的均匀性由均匀因子 μ 来表述，则观测系统激发点位的均匀因子表达式为

$$\mu = \frac{S}{r_{\max}} \tag{3-3-9}$$

其中：

$$S = \sqrt{\frac{1}{n-1}\sum_{i=1}^{n}(r_i - \bar{r})^2} \tag{3-3-10}$$

式中：$r_{\max}$ 为激发点到周边点的最大距离；S 为激发点与周边点的方差；n 为激发点的周边点数；r_i 为激发点到周边第 i 个点的距离；$\bar{r}$ 为该点到周边点距离的平均值。

把式（3-3-10）代入式（3-3-9），得：

$$\mu = \frac{\sqrt{\dfrac{1}{n-1}\sum_{i=1}^{n}(r_i - \bar{r})^2}}{r_{\max}} \tag{3-3-11}$$

定义激发线距（LSI）与激发点距（SI）的比值为 τ，即：

$$\tau = \frac{\mathrm{LSI}}{\mathrm{SI}} \tag{3-3-12}$$

把式（3-3-12）代入整理后的式（3-3-11），可以分别得出正交和斜交时的观测系统均匀因子的表达式：

$$\mu_{正交} = \sqrt{0.5 - \frac{\tau + 2(1+\tau)\sqrt{1+\tau^2}}{7(1+\tau^2)}} \tag{3-3-13}$$

$$\mu_{斜交} = \frac{2\sqrt{15}}{15}\left(1 - \frac{2}{\sqrt{1+4\tau^2}}\right), \quad \tau > 1 \qquad (3\text{-}3\text{-}14)$$

$$\mu_{斜交} = \frac{2\sqrt{15}}{15}\left(1 - \sqrt{\frac{1}{4}+\tau^2}\right), \quad \tau \leqslant 1 \qquad (3\text{-}3\text{-}15)$$

根据式（3-3-13）至式（3-3-15），可以绘出观测系统均匀因子随 τ 的变化曲线，如图 3-3-7 所示。当 τ 较大接近正无穷或接近 0 时，正交均匀因子为 0.46，斜交均匀因子为 0.52，正交比斜交均匀；当 τ 为 1.56 时，正交均匀因子与斜交均匀因子相等，均为 0.2，此时两系统均匀性相当；当 τ 为 1 时，正交均匀因子最小为 0.157，斜交均匀因子最小为 0.05，此时正交观测系统达到最佳，但差于斜交观测系统布设；当激发点线点距比为 0.42 时，正交均匀因子与斜交均匀因子相等，均为 0.27；当 τ 为 0.87 时，正交均匀因子最小为 0.162，斜交均匀因子最小为 0.002，此时为斜交观测系统的最佳布设。

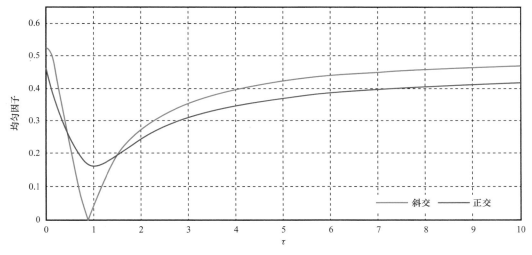

图 3-3-7 τ 与均匀因子关系曲线

以冀中地区近年来三维地震勘探为例（表 3-3-1），斜交时 τ 为 7～10，均匀因子为 0.443～0.465；正交时 τ 为 3～8，均匀因子为 0.310～0.404。可以看出，正常情况下 τ 大于 1，τ 越小，均匀因子越小，均匀性越好，总体上正交观测系统比斜交观测系统更均匀。

表 3-3-1 冀中探区近年三维观测系统均匀因子统计表

项目名称	激发线距（m）	激发点距（m）	τ	类型	均匀因子
SH	320	40	8	斜交	0.452
HJCQ	400	40	10	斜交	0.465
BR	210	30	7	斜交	0.443
CHJ	280	40	7	斜交	0.443

续表

项目名称	激发线距（m）	激发点距（m）	τ	类型	均匀因子
GJP	320	40	8	正交	0.404
FHY	120	40	3	正交	0.310
AB	160	40	4	正交	0.347
YWZ	280	40	7	正交	0.396
NMZ	240	40	6	正交	0.385

2. 观测系统横纵比

传统观测系统方位角由放炮模板横纵比（最大非纵距比纵向最大炮检距）来表征，但横纵比相同的观测系统属性却有天壤之别。

如图 3-3-8 所示，三套观测系统的横纵比相当，即三个观测系统有相同的方位角但显然采集后获得的资料必然存在较大差别。由此说明传统的横纵比不能正确地表征观测系统的属性。

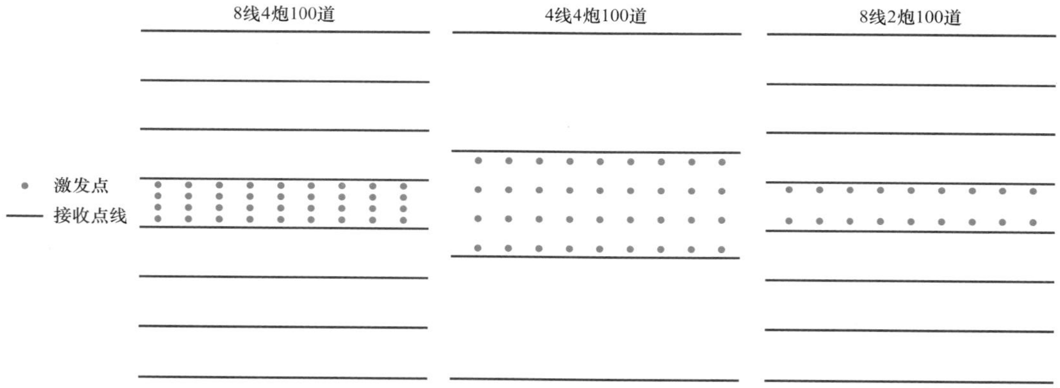

图 3-3-8　横纵比相近的观测系统

参照传统横纵比的基础上提出了表征观测系统方位角的新横纵比 κ 表达式：

$$\kappa = AR \frac{\min(LRI,LSI)}{\max(LRI,LSI)} \frac{\min(RI,SI)}{\max(RI,SI)} \tag{3-3-16}$$

式中：AR 为传统横纵比；SI 为炮点距；RI 为道距；LRI 为接收线距；LSI 为激发线距。

从式（3-3-16）可以看出，当接收线距 = 激发线距、道距 = 激发点距同时成立时，新横纵比等于传统横纵比；当以上条件之一不成立时，新横纵比必定小于以往传统的横纵比，即横纵比没有达到应有的理想对称状态。新横纵比表征的观测系统方位角更加全面地体现了观测系统纵横向属性信息。

3. 覆盖次数均匀性

覆盖次数对观测系统属性的贡献主要体现在提高叠加剖面的信噪比上，覆盖次数究竟与信噪比之间存在怎样数学关系？下面从实际资料的定量分析中拟合出数学关系式。

表3-3-2是同一位置不同时窗下不同覆盖次数剖面的信噪比估算结果。从对其浅层信噪比数据进行不同逼近方式拟合（图3-3-9），以及对不同层位的信噪比与覆盖次数关系（图3-3-10）来看，对数逼近拟合效果较好，说明信噪比与覆盖次数之间存在着近似对数增长关系。

表 3-3-2　不同覆盖次数不同层位的信噪比

覆盖次数	信噪比		
	浅层	中层	深层
40	3.68	2.32	1.60
80	5.13	3.26	2.32
120	5.90	3.83	2.68
140	6.20	4.06	2.84
210	7.00	4.56	3.10
300	7.74	4.98	3.37
420	8.31	5.44	3.64
600	8.97	5.94	3.91

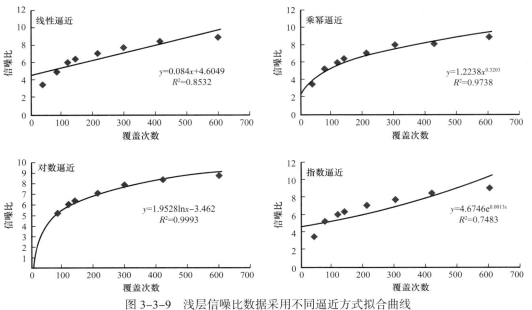

图 3-3-9　浅层信噪比数据采用不同逼近方式拟合曲线

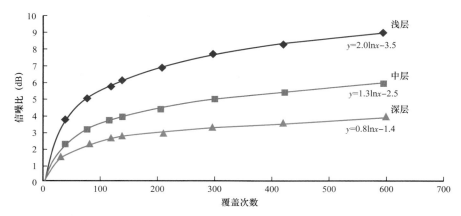

图 3-3-10　不同层位的信噪比与覆盖次数关系曲线

根据以上分析，覆盖次数与信噪比之间的关系式为

$$S/N = a\ln F + b \tag{3-3-17}$$

式中：S/N 为信噪比；a、b 为常数，不同地区具体数值不同；F 为有效覆盖次数。

充分考虑覆盖次数的纵横向均匀性，建立有效覆盖次数表达式：

$$F = \frac{\min\left(F_{inline}, F_{xline}\right)}{\max\left(F_{inline}, F_{xline}\right)} F_{inline} F_{xline} \tag{3-3-18}$$

式中：F_{inline}、F_{xline} 分别为纵向、横向覆盖次数。

4. 最大炮检距贡献度

最大炮检距评价存在较大争议，若考虑后续的 AVO 处理与解释，则最大炮检距越大越好；而从满足叠前偏移处理角度考虑，最大偏移距不宜过大。本节从满足叠前偏移处理和技术经济一体化角度出发，论证最大炮检距。

此时最大炮检距与主要目的层的埋深（H）有关，最大炮检距的选取原则如下：

（1）最大炮检距 $\approx 0.54H$，收敛 75% 以上能量，收敛的能量最集中，频率高；

（2）最大炮检距 $\approx 1.02H$，收敛 85% 以上能量，是较为经济的采集参数；

（3）最大炮检距 $\approx 1.16H$，收敛 95% 以上能量，比第（2）条多收敛 10% 的能量相对贡献不大，资料频率稍低；

（4）最大炮检距 $\approx 2H$，收敛 100% 以上能量，多收敛的能量极弱，频率低，NMO 处理后频率继续降低。

总体权衡，满足叠前偏移处理和技术经济性，选择最大炮检距 x_{max} 满足第三项作为评价基准，则最大炮检距对观测系统的贡献度 O 为

$$O = \frac{1.16H - \left|1.16H - x_{max}\right|}{1.16H} \tag{3-3-19}$$

式（3-3-19）表明，最大炮检距不能太短，也不能太长，应满足资料处理的需求。

5. 总体定量评价

综合考虑面元、均匀性、方位角、最高有效覆盖次数、最大偏移距等观测系统属性对最终资料的贡献，提出了以下观测系统属性总体评价定量表达式：

$$\alpha = \frac{\min\left(B_{\text{inline}}, B_{\text{xline}}\right)}{\max\left(B_{\text{inline}}, B_{\text{xline}}\right)} \ln\left(F\right) \kappa O \frac{1}{\mu} \qquad （3-3-20）$$

式中：α 为综合评价值，无量纲；B_{inline}、B_{xline} 分别为观测系统纵向、横向线元，m。

以目的层埋深 4800m 为例，表 3-3-3 给出了四个观测系统方案。从均匀性角度看，方案 1 和方案 3 的均匀因子相对稍小，均匀性稍高；而从有效覆盖次数看，方案 2 和方案 3 覆盖次数最高；从最大炮检距分析，方案 2 最合适；而从综合评价看，由优到劣排序为方案 2、方案 4、方案 3、方案 1。

表 3-3-3　不同观测系统属性定量评价表（目的层埋深 4800m）

参数属性	方案 1	方案 2	方案 3	方案 4
观测系统类型	30L×5S×150R 正交	32L×6S×192R 正交	32L×5S×160R 正交	30L×6S×180R 正交
CMP 面元（m×m）	20×20	20×20	20×20	20×20
覆盖次数	225（15 纵 × 15 横）	256（16 纵 × 16 横）	256（16 纵 × 16 横）	225（15 纵 × 15 横）
道间距（m）	40	40	40	40
接收线距（m）	200	240	200	240
激发点距（m）	40	40	40	40
激发线距（m）	200	240	200	240
最大非纵距（m）	2980	3820	3180	3580
纵向最大炮检距（m）	2980	3820	3180	3580
最大炮检距（m）	4214	5402	4497	5062
激发点线点距比	5	6	5	6
均匀因子	0.37	0.38	0.37	0.38
新横纵比	1.00	1.00	1.00	1.00
有效覆盖次数	225	256	256	225
最大炮检距贡献度	0.76	0.97	0.81	0.91
总体评价值	11.10	13.98	12.13	12.80

四、"两宽一高"地震采集实例

1. 炸药震源"两宽一高"地震采集

观测系统设计是三维地震野外采集技术方案论证的主要内容，其参数的高低直接影响到地震资料的品质。现以 2013 年冀中坳陷蠡县斜坡西柳—赵皇庄三维项目为例介绍炸药震源激发的高分辨率观测系统及勘探效果。西柳—赵皇庄三维位于蠡县斜坡中段，构造变形强度小，构造圈闭不发育，属于平缓台坡型弱构造斜坡，具有构造幅度低、储层厚度薄、砂体变化快的地质特点。该次勘探的主要地质要求是：$Es_1^{上}$Ⅲ砂组大套砂岩在地震上可追踪识别；$Es_1^{下}$"特殊岩性段"碳酸盐岩储层在地震上有较明显反射特征，可追踪识别；$Es_1^{下}$"尾砂岩"和 Es_2 厚度小于 10m 薄层砂体在地震上可分辨，最高受保护的频率为 120Hz。最终采用的主要采集参数：面元 20m×20m，覆盖 256 次，最大炮检距 4497m，横纵比 1.0，覆盖密度 64 万次/km²。

由于采用了宽方位高密度的观测系统方案，与老资料相比，如图 3-3-11 所示，新资料分辨率明显提高，尾砂岩发育区地震响应明显。另外，薄层湖相碳酸盐岩有较好响应（图 3-3-12）。从振幅切片来看（图 3-3-13），新资料同相轴增多，细节更丰富，分辨率、信噪比明显提高。

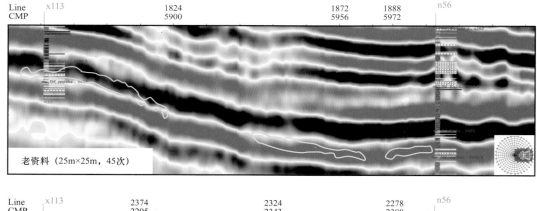

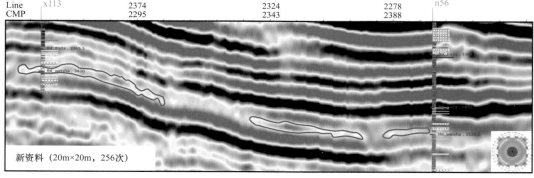

图 3-3-11　西柳—赵皇庄地区新老资料（尾砂岩区域）对比

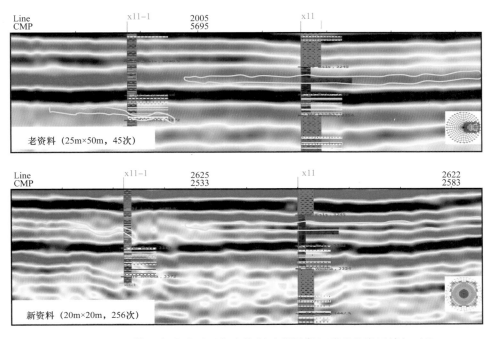

图 3-3-12 西柳—赵皇庄地区新老资料（薄层湖相碳酸盐岩区域）对比

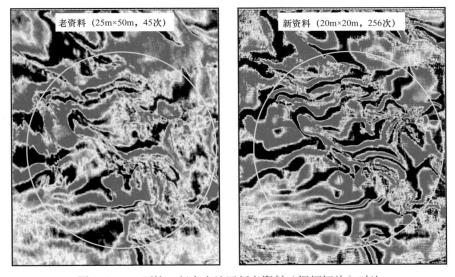

图 3-3-13 西柳—赵皇庄地区新老资料（振幅切片）对比

2. 可控震源"两宽一高"地震采集

冀中探区地表条件复杂，外界干扰严重，由于可控震源激发的能量相对较弱，因此可控震源采集观测系统的覆盖次数设计尤为关键。依据数据驱动的覆盖次数计算公式（3-3-21），计算可控震源三维地震观测系统的覆盖次数：

$$N_{\text{VIB-3D}} = \left[\frac{(S/N)_{\text{SHOT}}}{(S/N)_{\text{VIB}}}\right]^2 \left[\frac{(S/N)_{\text{VIB-3D}}}{(S/N)_{\text{SHOT-3D}}}\right]^2 N_{\text{SHOT-3D}} \qquad (3-3-21)$$

式中：$N_{\text{VIB-3D}}$ 为可控震源三维地震的覆盖次数；$N_{\text{SHOT-3D}}$ 为井炮三维地震的覆盖次数；$(S/N)_{\text{VIB-3D}}$ 为期望的可控震源三维数据体的信噪比；$(S/N)_{\text{SHOT-3D}}$ 为井炮三维剖面资料的信噪比；$(S/N)_{\text{VIB}}$ 为可控震源单炮资料的信噪比；$(S/N)_{\text{SHOT}}$ 为井炮单炮资料的信噪比。

　　以冀中坳陷蠡县斜坡同口地区为例，根据可控震源单炮资料的信噪比，结合邻区井炮单炮资料的信噪比与覆盖次数，估算可控震源采集的覆盖次数不低于 300 次，结合观测系统其他参数的论证结论，最终确定该区观测系统基本参数：面元 25m×25m，覆盖次数 360 次，横纵比 0.9，而且采用低频可控震源宽频激发，实现了"两宽一高"地震勘探（图 3-3-14），新三维较老三维成果目的层段频带宽且低频信息丰富，偏移成像效果更好。

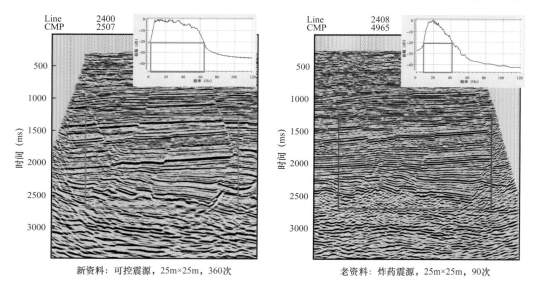

新资料：可控震源，25m×25m，360次　　　　老资料：炸药震源，25m×25m，90次

图 3-3-14　同口地区新老三维成果剖面对比

第四节　成熟探区地震采集观测系统设计

一、成熟探区地震采集思路

　　为了适应并满足冀中探区新的勘探领域及复杂地质目标的技术需求，充分利用现有的三维地震数据，实现中国东部地区陆上全方位高密度地震勘探，提出了成熟探区地震勘探（2.5T 地震勘探）技术概念（赵贤正等，2014）。

　　2.5T 地震勘探技术思路：以全方位高密度均匀采样为核心，引入时间期次的概念，如图 3-4-1 所示，将单一时间期次的高密度采集分解为多时间期次的常规密度采集，将多时间期次的常规密度采集资料通过融合处理，最终形成一套全方位高密度均匀采样的数据体。这样既可以充分加强对以往地震资料的再利用，也可以减少野外施工的难度，增加技术的可操作性，还可缓解投资成本的压力。

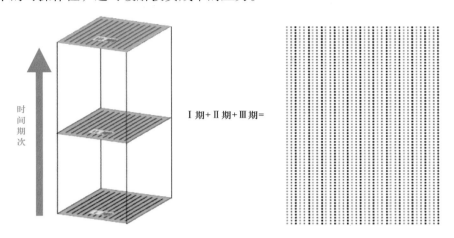

图 3-4-1　时间期次概念示意图

2.5T 地震勘探一般是在二次三维地震勘探之后进行的三维地震数据采集，它不是真正的三次三维地震勘探，也不是简单的地震资料融合处理，而是在目标三维采集时就考虑到如何充分利用以往三维地震原始资料信息（如保证不同期次三维面元相接、射线路径不重复等），通过后续的资料处理实现全方位高密度的地震勘探，达到经济技术一体化的目的。

二、2.5T 地震勘探技术

1. 2.5T 观测系统属性优化技术

针对目标区潜山特征建立合适的地震地质模型，在惠更斯—菲涅尔带理论与程函方程基础上，分析 2.5T 地震勘探的可行性和适用性，基于绕射点与反射面的观测系统优化理论，形成了点—面结合的观测系统优化方法。

惠更斯原理：介质中波所传到的各点，可以看成新的波源，每个波源的子波都是以所在点处的波速向各方向传播：

$$\varphi(p,t)=\iint\limits_{s}\frac{k(\theta)}{r}\cos\left[\omega\left(t-\frac{r}{v}\right)\right]\mathrm{d}s \qquad (3-4-1)$$

式中：p 为射线参数；t 为时间，s；k 为权重因子；r 为距离，m；ω 为频率，Hz；v 为速度，m/s；s 为波前面积，m^2。

程函方程（面）：在波长比地震波传播介质的不均匀性要小得多的情况下，程函方程能够表征旅行时和速度场之间的关系：

$$|\nabla T(\boldsymbol{x})|=s(\boldsymbol{x}) \qquad (3-4-2)$$

式中：$T(\boldsymbol{x})$ 为旅行时函数；$s(\boldsymbol{x})$ 为慢度函数。

将期望的观测系统面元属性作为目标，分析前期地震采集数据的面元属性与期望属性的差异，从而为下次地震数据采集设计提供指导：

$$\min \| G(\boldsymbol{x}) - S(\boldsymbol{x}) - \sum_i O_i(\boldsymbol{x}) \|^2 \qquad (3-4-3)$$

式中：$G(\boldsymbol{x})$ 为期望的观测系统面元属性；$O_i(\boldsymbol{x})$ 为前期多次地震采集数据的面元属性；$S(\boldsymbol{x})$ 为要设计的观测系统面元属性；$\boldsymbol{x}$ 为观测系统设计的参数。

式（3-4-3）将多次地震采集的观测系统参数与面元属性建立联系，因此通过分析面元属性可以指导观测系统参数的设计。

期望（2.5T）观测系统的属性是均匀的，全方位的，可以利用期望的属性与前期采集的属性比较得到目标采集观测系统设计的最优结果（图3-4-2），然后通过"扫描"的方式，求取目标采集观测系统的主要参数（覆盖次数、面元、线间距等）。取式（3-4-3）的最小值，作为目标采集的最基本参数。

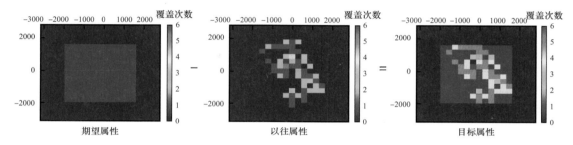

图 3-4-2　2.5T 观测系统属性优化设计示意图

2. 基于像空间数据依赖的地震照明度分析

针对目标区复杂地质构造，分析地震照明度和覆盖次数的变化，分别利用模拟数据和实际地震角道集数据研究分析前期地震数据的照明度和覆盖次数，提炼不同地质目标条件下 2.5T 地震勘探方法在提高覆盖次数和照明强度上的理论依据，分析影响覆盖次数和照明强度的因素，为三维观测系统设计提供理论指导。

如图 3-4-3 所示，当构造复杂时，对同一个成像点 x，各个入射角的照明是不同的，有的角度被照明，有的角度没有被照明，因此，设计 2.5T 观测系统时应该考虑不同的观测系统对构造的照明和覆盖情况，更有利于构造的成像。

3. 时空域原始资料评价分析

为了实现经济技术一体化，在进行 2.5T 地震勘探时，可充分利用以往数据进行融合处理，但在使用之前，首先要分析当时观测系统的方位宽窄、采样密度、排列长度、覆盖次数等对 2.5T 地震勘探的贡献程度。其次要对以往数据的可利用性进行评价分析。评价分析技术的流程如图 3-4-4 所示，同时要遵循以下三个原则：

（1）对基础数据完整性的要求，如实际大地坐标是否齐全；

（2）对不同期次数据互补性的要求，如原始资料的反射路径是否重复；

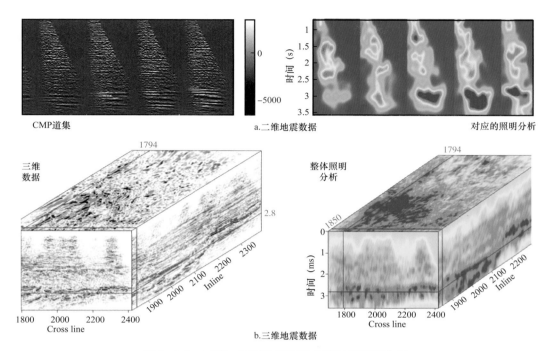

CMP道集　　　　　　a.二维地震数据　　　　　　对应的照明分析

b.三维地震数据

图 3-4-3　二维、三维地震数据及其对应照明分析

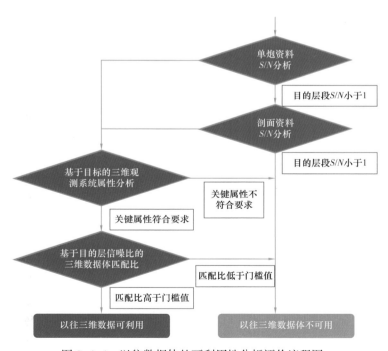

图 3-4-4　以往数据体的可利用性分析评价流程图

（3）对原始资料品质的要求，如能量、信噪比、频率等是否符合要求。

为了将像空间数据依赖的地震照明度分析成果应用于2.5T地震数据的处理流程，提高2.5T地震成像质量，提出了非等权优化叠加技术，需要对以往原始数据开展以下两方面的分析。

（1）数据融合后信噪比、频率。

地震资料信噪比计算：

$$\mathrm{SNR} = \frac{\overline{P}_{\mathrm{s}}(f)}{\overline{P}_X(f) - \overline{P}_N(f)} \quad\quad (3\text{-}4\text{-}4)$$

式中：$\overline{P}_{\mathrm{s}}(f)$ 为地震信号的平均功率谱；$\overline{P}_X(f)$ 为第 X 道地震数据的平均功率谱；$\overline{P}_N(f)$ 为 N 道地震数据的平均功率谱。

地震信号的功率谱：

$$\overline{P}_{\mathrm{s}}(f) = \frac{1}{2(N-1)} \sum_{i=1}^{N-1} \left| X_i(f)\overline{X}_{i+1}(f) + X_{i+1}(f)\overline{X}_i(f) \right| \quad\quad (3\text{-}4\text{-}5)$$

式中：N 为地震信号的总接收道数；$X_i(f)$ 为第 i 道地震数据的功率谱，$\overline{X}_{i+1}(f)$ 为第 $i+1$ 道地震数据的平均功率谱；$X_{i+1}(f)$ 为第 $i+1$ 道地震数据的功率谱；$\overline{X}_i(f)$ 为第 i 道地震数据的平均功率谱。

如图3-4-5所示，一次、二次地震采集数据融合处理后信噪比和频率都有所提高，因此认为可以利用一次采集数据进行融合处理。

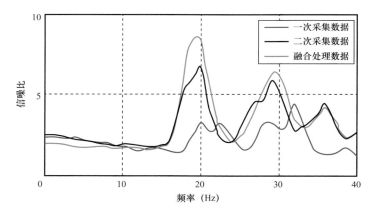

图3-4-5　不同期次采集数据融合处理前后信噪比、频率分析结果

（2）不同期次采集数据一致性评价。

不同期次采集数据一致性评价可采用以下均方根振幅公式［式（3-4-6）］和可重复性公式［式（3-4-8）］进行计算：

$$N_{\mathrm{RMS}} = 200 \frac{\mathrm{RMS}(x_1 - x_2)}{\mathrm{RMS}(x_1) + \mathrm{RMS}(x_2)} \quad\quad (3\text{-}4\text{-}6)$$

其中：

$$\mathrm{RMS}\big(x(t)\big)=\sqrt{\dfrac{\sum_{t_1}^{t_2}\big(x(t)\big)^2}{N}} \tag{3-4-7}$$

式中：x_1，x_2 为两道地震数据；N 为 $x(t)$ 的样点数目。

$$P_{\mathrm{RED}}=100\dfrac{R_{xy}^2(0)}{R_{xx}(0)+R_{yy}(0)} \tag{3-4-8}$$

式中：P_{RED} 为可重复性；x，y 为两道地震数据；$R_{xy}(0)$ 为它们的零延时互相关；$R_{xx}(0)$ 为 x 的零延时自相关；$R_{yy}(0)$ 为 y 的零延时自相关。

经验表明，均方根振幅值越小越好，可重复性值越大越好。如图 3-4-6 所示，不同期次 CMP 道集中部分地震道的均方根振幅较大且可重复性小，因此需做好一致性处理后方可使用。

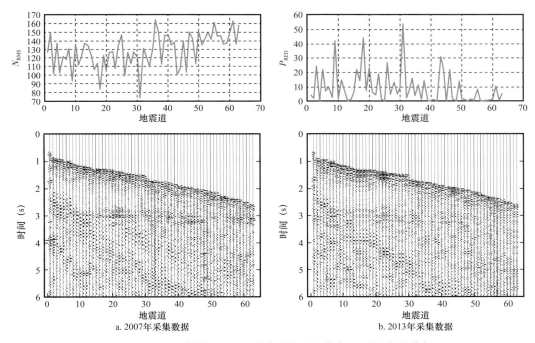

图 3-4-6　不同期次 CMP 道集的均方根振幅和可重复性分析

三、2.5T 地震勘探观测系统设计技术

由于以往采集方法及其原始资料品质已无法改变，因此，在目标三维地震数据采集阶段就要充分参考以往采集方法，重点是要考虑前后观测系统的有机融合，如面元的继承性、观测方位的互补性、照明的充分性、采样密度的可增性、波场的连续性等。

基于时空域融合的观测系统设计是根据地质任务的需求，以目标三维地震数据采集和地震资料叠合处理为技术核心，采取"方位角拼接、横纵比增大、采样点加密、炮检距互补"等四项原则开展基于时间域融合的 2.5T 地震勘探观测系统设计（图 3-4-7），以达到更高的空间采样的炮道密度、更好的均匀性及更宽的观测方位的目的。

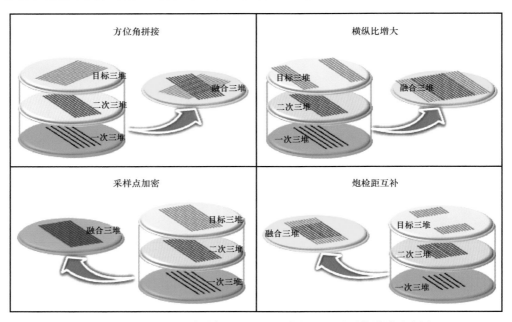

图 3-4-7　基于时间域融合的 2.5T 地震勘探的观测系统设计示意图

1. 基于原始数据驱动的覆盖次数设计技术

以往在三维观测系统设计时，覆盖次数分析主要依据经验公式计算、二维试验线覆盖次数分析结论或参考类似地区覆盖次数。采用二维试验线资料分析的方法，前期试验投入巨大，对于目前目标攻关而言，可根据区内已有三维原始资料信噪比和目标三维叠加剖面期望达到的信噪比，计算三维覆盖次数（赵贤正等，2009）：

$$n_{\text{req}} = \left[\frac{(S/N)_{\text{req}}}{(S/N)_{\text{raw}}} \right]^2 \tag{3-4-9}$$

式中：n_{req} 为覆盖次数；$(S/N)_{\text{raw}}$ 为原始炮集信噪比；$(S/N)_{\text{req}}$ 为叠加剖面期望信噪比。

目前冀中探区基本都实施了一次或二次三维地震勘探，根据式（3-4-9）则可将以往三维地震勘探的覆盖次数和单炮资料的信噪比表示如下：

$$n_{\text{old-3D}} = \left[\frac{(S/N)_{\text{old-3D}}}{(S/N)_{\text{raw}}} \right]^2 \tag{3-4-10}$$

$$(S/N)_{\text{raw}} = \frac{(S/N)_{\text{old-3D}}}{\sqrt{n_{\text{old-3D}}}} \tag{3-4-11}$$

式中：$n_{\text{old-3D}}$ 为以往三维地震勘探的覆盖次数；$(S/N)_{\text{old-3D}}$ 为以往三维地震勘探单炮资料

的信噪比。

将式（3-4-11）代入式（3-4-9），则可推出目标三维地震数据采集的覆盖次数为：

$$n_{req} = \left[\frac{(S/N)_{new-3D}}{(S/N)_{old-3D}}\right]^2 n_{old-3D} \qquad （3-4-12）$$

式中：$(S/N)_{new-3D}$ 为目标三维地震勘探单炮信噪比。

结合实际数据，利用式（3-4-12）进行信噪比分析。从不同覆盖次数的分析结果来看（图3-4-8），实际资料与理论计算信噪比变化趋势基本一致，即随着覆盖次数增加信噪比逐渐提高，但当覆盖次数增长到一定程度时，信噪比提高不明显。另外，理论计算与实际资料信噪比误差小于10%。可见，式（3-4-12）可以用于指导目标三维地震勘探的覆盖次数设计。

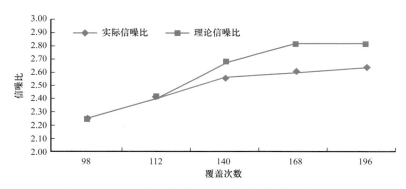

图 3-4-8　实际数据信噪比与理论计算信噪比对比曲线

2. 基于采样点加密的观测系统设计技术

众所周知，高密度三维地震勘探具有"有利于提高构造成像精度，有利于提高极薄储层识别精度和岩性预测精度"的优势。在冀中探区，以往大多数二次三维地震勘探的接收点距为40m，接收线距为240m，在进行目标三维地震勘探的观测系统设计时，将接收线布设在以往三维地震勘探接收线之间，且保持不同期次三维地震勘探的CMP面元相重合，但地震波的射线路径不重复，使得2.5T三维地震勘探的接收线距为120m，从而实现了高密度勘探。

另外，根据均匀度的计算公式：

$$S = \sqrt{\frac{1}{n-1}\sum_{i=1}^{n}\left(R_i - \bar{R}\right)^2} \qquad （3-4-13）$$

$$\mu = \frac{S}{R_{max}} \qquad （3-4-14）$$

式中：S 为标准差；R_i 为各控制点相对中心点的距离；$\bar{R}$ 为各控制点相对中心点距离的平均值；μ 为均匀因子；R_{max} 为单位区域内控制点与中心点的最远距离。

根据式（3-4-14）计算，接收线距为240m和120m两种观测系统物理点的均匀因子分别为0.31、0.19。均匀因子越小，均匀性越好，即2.5T三维地震勘探物理点的均匀性明显好于二次三维地震勘探及目标三维地震勘探。

从120m、240m两种不同接收线距观测系统的理论水平反射的偏移结果来看，接收线距越小，偏移噪声越弱；反之，则越强。240m接收线距的偏移噪声明显大于120m，而且地震剖面的成像效果也得到明显提高（图3-4-9）。

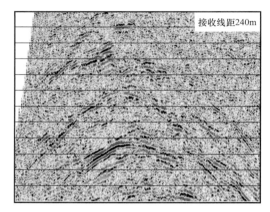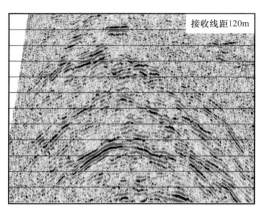

图3-4-9　不同接收线距的地震剖面

在冀中坳陷饶阳凹陷的NMZ潜山带，基于采样点加密的观测系统设计技术应用后，实现了高密度勘探，提高了控山断层的成像效果（图3-4-10），埋深6000m左右的深潜山内幕资料实现了"从无到有"质的飞跃，资料的信噪比较以往提高2倍以上。

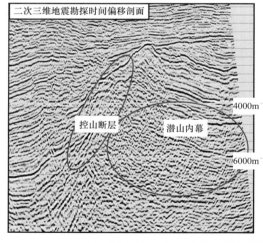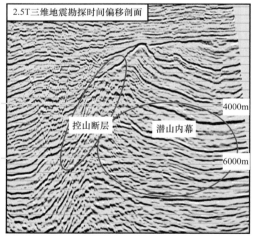

图3-4-10　NMZ潜山带二次三维地震勘探与2.5T三维地震勘探时间偏移剖面对比

3. 基于方位角拼接的观测系统设计技术

宽方位三维地震勘探具有"提高复杂构造成像精度、提高分辨率和反演精度，识别薄层和小型沉积圈闭"等诸多优势。但中国东部地区，受地表条件、采集设备、成本投入、施工组织等客观条件的限制，真正实施宽方位三维采集的难度还非常大。因此，本书提出了方位角拼接的技术思路，就是在进行目标三维观测系统设计时，其观测方向与以往三维地震勘探的观测方向具有一定夹角或相互垂直，通过将两次三维地震勘探的数据进行融合后得到了宽（或全）方位的 2.5T 三维地震勘探数据体。

如图 3-4-11 所示，在 Z42 井区，以往二次三维地震勘探的观测方位为 336°，目标三维的观测方位为 66°，尽管它们的纵横比均为 0.64。将二者进行融合处理，得到的 2.5T 三维地震勘探的纵横比约为 1.0，实现了全方位勘探。

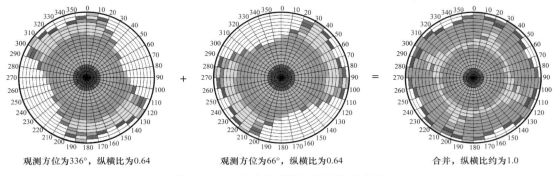

图 3-4-11　方位角拼接技术思路示意图

由于地下地震地质条件的复杂性，尤其是断层走向复杂多变，并无统一规律，一些控制圈闭的小断层并不完全垂直大的构造走向，如采用"地震采集测线垂直构造走向"的常规布设测线方法会导致这些小断层被忽略。而基于方位角拼接的观测系统设计技术得到的是不同观测方向的原始数据，如图 3-4-12 所示，将两次地震采集数据融合后，可以获得更多的波场信息。

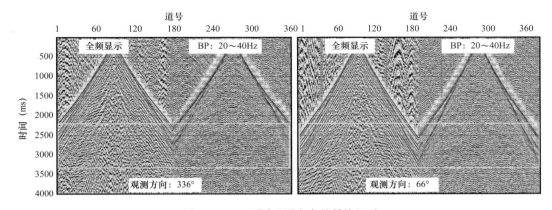

图 3-4-12　不同观测方向的单炮记录

在冀中坳陷深县凹陷的 Z42 潜山带，通过采用方位角拼接方法进行了 2.5T 三维地震勘探后，实现了全方位勘探，融合后资料潜山面、潜山内幕的资料品质得到大幅度提升（图 3-4-13），潜山顶面和内幕反射清晰。

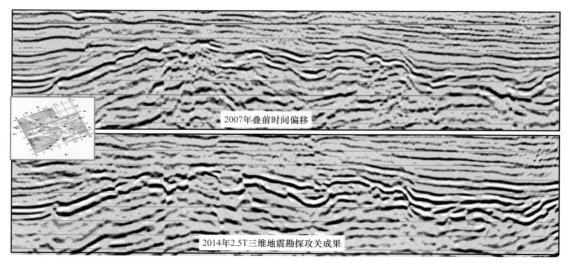

图 3-4-13　Z42 潜山带二次三维地震勘探与 2.5T 三维地震勘探剖面

第五节　时移地震采集技术

一、时移地震采集可行性论证

开展时移地震勘探之前，必须进行技术风险分析，对时移地震实施的可行性进行科学评价。可行性评价一般包括两个方面的内容：一是时移地震监测的经济有效性；二是时移地震监测的技术可行性或称为技术风险评价。前者是对时移地震监测能否在油气藏开采中获得良好回报率的评价，后者主要是通过对油藏特性、注采方式和地震资料本身的分辨率、信噪比、可重复性等的分析与评价，确定所研究的油气藏是否适合用时移地震实施监测（易维启等，2002；王丹，2010；王波等，2021）。

1. 储层条件分析

以辽河坳陷曙一区 SAGD（蒸汽辅助重力泄油）试验区为例，进行时移地震监测的技术可行性评价。2009—2011 年，辽河油田在辽河坳陷曙一区 SAGD 试验区开展时移地震勘探，该区构造上位于辽河坳陷西部凹陷西部斜坡带中段，含油目的层主要为新生界古近系沙河街组兴隆台油层和新近系馆陶组油层。其中，馆陶组稠油油藏埋深 540~800m，最大油层厚度达 145m。馆陶组砂砾岩储层为高孔、高渗、巨厚块状，边、顶、底水油藏，具体油藏参数见表 3-5-1。

曙一区稠油区块于 1997 年投入开发，在油田开采的初期采用直井蒸汽吞吐方式开采，井距达到 70m，正方形井网蒸汽吞吐开发。截至 2005 年转为 SAGD 开采前，共进行了 10~12 个周期的吞吐开采，采收率为 20%~25%。从 2005 年开始，针对馆陶组储层开展了 4 个井组的 SAGD 生产，提高采收率 5%~10%。

表 3-5-1　曙一区 SAGD 试验区油藏参数表

参数		数值
油藏埋深（m）		530～640
有效厚度（m）		106
储层物性	粒度中值（m）	0.42
	孔隙度（%）	36
	渗透率（D）	5.54
原油物性	20℃密度（g/cm^3）	1.007
	50℃黏度（mPa·s）	23.191×10^4
	胶质 + 沥青含量（%）	52.90
原始地层温度（℃）		30
原始油层压力（MPa）		6.02
含油饱和度（%）		75
地层倾角（°）		2～3

2. 注采方式分析

曙一区 SAGD 试验区时移地震监测的物理基础在于稠油油层注汽前后油藏参数变化引起的储层地球物理参数变化，即地震波速度、油层密度随温度升高而下降，其下降幅度决定了时移地震监测成功的难易程度。

1）稠油油层岩心速度测试

取曙一区 332 井 1050m 深处的大凌河油层岩心，分别做成 100%、50%、0% 三种不同含油饱和度的岩心进行实验室分析，样心速度和振幅随压力和温度变化结果如下（图 3-5-1）。

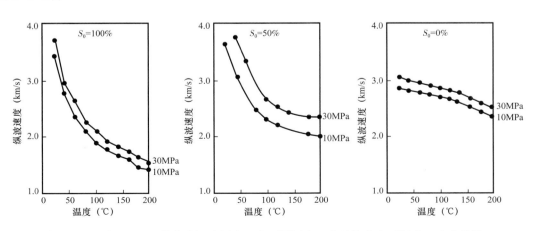

图 3-5-1　曙一区 332 井大凌河油层岩心在不同压力、含油饱和度下温度—速度曲线

（1）在5～30MPa范围的某一压力下，100%含油饱和度的稠油岩心温度由25℃升至200℃，地震纵波速度由3500m/s降至1370m/s，下降幅度达60%；50%含油饱和度的稠油岩心温度由20℃升至200℃，地震纵波速度由3550m/s降至2050m/s，下降幅度达42%；0%含油饱和度稠油岩心温度由20℃升至200℃，地震纵波速度由3000m/s降至2450m/s，下降幅度达13%。

（2）温度由20℃升至100℃，100%含油饱和度的稠油岩心振幅吸收影响为60%；50%含油饱和度的稠油岩心振幅吸收影响为30%；0%含油饱和度的稠油岩心振幅吸收影响为15%。

2）稠油油层注蒸汽后密度分析

曙一区SAGD试验区油层密度测井的平均值为2.30g/cm³，油层注入蒸汽后，受采收率的不同、水蒸气干度和相态变化程度等因素的影响，油层的密度变化十分复杂。由于油层内原油密度为1.0072g/cm³，比水和水蒸气密度都大，因此，注入水蒸气后油层内的密度总体上是减小的。按照该区注入油层蒸汽温度为230℃，压力为5MPa，当采收率为60%时，根据克拉伯龙方程，将蒸汽与原油进行置换后，油层密度为2.08g/cm³，与油层未开采前相差0.22g/cm³。上述分析表明，SAGD试验区稠油油层注入蒸汽后，地震波平均速度下降40%左右，密度下降9%。

注汽前声阻抗：220000cm/s×2.3g/cm³=506000g/cm³·cm/s；

注汽后声阻抗：132000cm/s×2.08g/cm³=274500g/cm³·cm/s。

通过岩心测试和分析表明，曙一区SAGD试验区稠油砂岩的地震波速度和密度对注入蒸汽有较灵敏的反应，会引起地层波阻抗产生明显变化，这种变化是稠油区块时移地震监测的物理基础，利于时移地震的实施。

3. 地震采集可重复性分析

1）地震资料信噪比分析

地震资料信噪比的大小直接影响油藏监测成果解释的精度，曙一区SAGD试验区噪声严重，因此，地震资料必须有一定的信噪比作基础，为了定量分析稠油热采地震监测所需要的信噪比，选取SAGD试验区VSP地震信号作为参考信号，录制该区的随机噪声，将二者按照不同的能量百分比进行叠加，获得不同信噪比的资料，如图3-5-2所示。

分析研究表明，地震资料的信噪比不大于3时，资料不能用于地质解释；地震资料的信噪比处于4～5时，叠加后信号波形恢复较好，但振幅在时间上仍错动1～2ms；当地震资料的信噪比大于6时，叠加后信号波形与VSP信号波形基本一致，振幅在时间上完全一致。因此，从"时滞"解释角度来讲，稠油区较为理想的时移地震监测资料信噪比应该达到6以上。

2）正演模拟分析

地震记录在不考虑噪声干扰的情况下，可以看成是反射系数序列和地震子波序列的褶积，为了分析稠油地层注汽前后地震响应的变化，根据曙一区SAGD试验区332井的声波测井数据和录井资料，设计一个二维地质模型。为了简化问题，把该模型的各层都设为水平均匀地层，然后进行地震模拟正演，得到注汽前后波的模拟地震剖面，如图 3-5-3 所示。

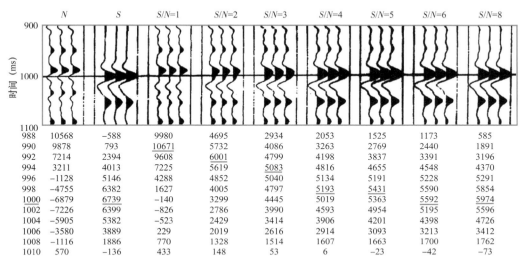

时间 (ms)	N	S	S/N=1	S/N=2	S/N=3	S/N=4	S/N=5	S/N=6	S/N=8
988	10568	−588	9980	4695	2934	2053	1525	1173	585
990	9878	793	10671	5732	4086	3263	2769	2440	1891
992	7214	2394	9608	6001	4799	4198	3837	3391	3196
994	3211	4013	7225	5619	5083	4816	4655	4548	4370
996	−1128	5146	4288	4852	5040	5134	5191	5228	5291
998	−4755	6382	1627	4005	4797	5193	5431	5590	5854
1000	−6879	6739	−140	3299	4445	5019	5363	5592	5974
1002	−7226	6399	−826	2786	3990	4593	4954	5195	5596
1004	−5905	5382	−523	2429	3414	3906	4201	4398	4726
1006	−3580	3889	229	2019	2616	2914	3093	3213	3412
1008	−1116	1886	770	1328	1514	1607	1663	1700	1762
1010	570	−136	433	148	53	6	−23	−42	−73

图 3-5-2　不同信噪比 VSP 记录与原 VSP 记录对比

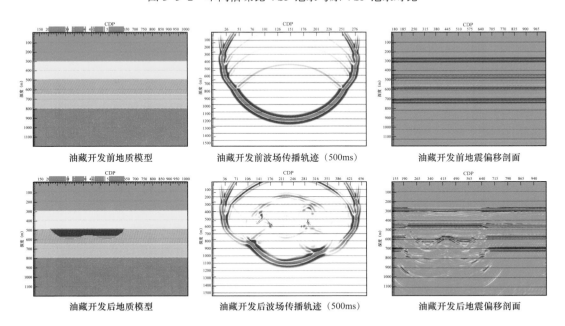

油藏开发前地质模型　　油藏开发前波场传播轨迹（500ms）　　油藏开发前地震偏移剖面

油藏开发后地质模型　　油藏开发后波场传播轨迹（500ms）　　油藏开发后地震偏移剖面

图 3-5-3　稠油油藏开发前后正演分析

　　蒸汽的注入使油层的温度升高，纵波速度下降，油层的波阻抗发生变化，油层顶、底界面的反射特征随之发生了变化，使注汽前没有明显反射的油层顶、底界面可以观察到明显的反射振幅和相位的变化，且不同的温度点对应不同反射特征的变化。

加热油层底界面和加热层下伏反射界面的反射波同相轴出现下拖现象，产生了时滞，时滞量的大小和温度、加热油层厚度及含油饱和度呈非线性关系。

3）地震激发接收的可重复性分析

地震资料激发、接收的重复性是时移地震监测是否成功的关键，它包括采集中的物理点位、激发接收参数、观测系统、数据记录参数，其中最关键的环节是采集中激发和接收的一致性。

保证激发地震波一致性的方法是对激发介质进行处理，对井炮而言，通过在激发井口中注水激发，保持多次激发的介质是一致的，图3-5-4是多次激发一致性试验的第1炮到第50炮的子波记录对比，通过波形对比表明，井口中注水激发的方法能产生高度一致性的地震子波。

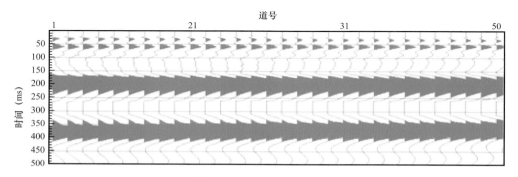

图3-5-4　第1炮到第50炮试验子波对比记录

如采用可控震源激发，则需要始终采用相同型号的可控震源激发，应用相同的扫描频率、驱动幅度、扫描长度、起始斜坡、终止斜坡和振动台次激发，以保持可控震源扫描信号的完全一致。接收重复性方法是做好接收埋置记录，时移地震多轮次采集，相同接收点使用相同方法、埋置相同型号的检波器接收。

4. 先导试验效果评价

在曙一区SAGD试验区的Q12块，选取300m×260m区域进行时移地震监测先导试验，监测油层厚度为20m，埋深700m，原始含油饱和度为65%。选择井区的井组从1982年开始进行第一次蒸汽吞吐，至1996年已完成蒸汽吞吐10次。在第11次注入蒸汽之前的6月8日进行首次采集，随后在6月13日开始注入蒸汽，6月20日停注、焖井，共注入336°C、13.1MPa、70%的干汽3433m³。通过该井的压力、温度变化曲线推断蒸汽前缘扩展情况，确定在焖井后的第50小时进行第二次地震采集，两轮次地震监测的过井剖面如图3-5-5所示。对比分析如下：

（1）受热稠油层地震波速度和振幅发生很大的变化，这种变化能够清楚地描述出热前缘分布的范围，确定剩余油的分布。

（2）由于多次监测的是同一个稠油层，储层厚度不变，注汽后温度、压力变化是已知的，多次地震监测的"时滞"可以计算出来，利用这些已知条件结合实验室不同含油饱和度、不同温度、不同压力条件下的"时滞"关系曲线能够推算出含油饱和度的变化，而后调整采油方案，提高采收率。通过计算，井口附近"时滞"时间为 3ms，含油饱和度为 20% 左右；蒸汽前缘处"时滞"时间为 9ms，含油饱和度为 60% 以上。

综合上述实验结果，实验室测试稠油砂岩地震波速度和密度对注入蒸汽有较灵敏的响应，这种响应是稠油油藏时移地震监测的物理基础。曙一区 SAGD 试验区 Q12 块的时移地震监测先导试验，从地震反射振幅、频率、时滞等地震属性方面验证了实验室测试的结论，能够圈定剩余油的分布。因此，在曙一区 SAGD 试验区实施时移地震监测是可行的。

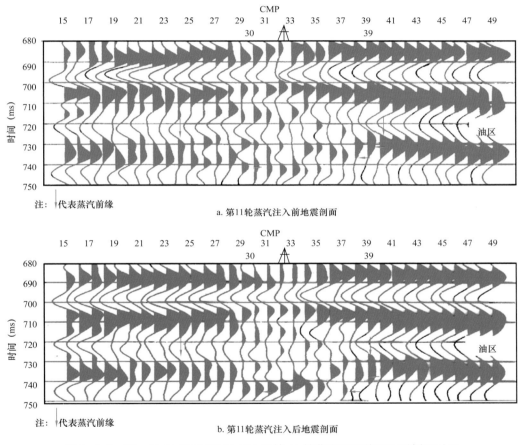

图 3-5-5　曙一区 SAGD 试验区 Q12 块第 11 轮蒸汽吞吐前后地震剖面对比

二、时移地震一致性采集技术

1. 时移地震采集方案设计原则

时移地震的实质是多轮次高精度三维地震，在三维地震观测系统设计上遵循观测系统设计的原则、采用相同的论证方式进行具体采集参数的论证优选。本节以曙一区 SAGD 试验区时移地震采集为例，介绍时移地震采集技术。针对曙一区 SAGD 试验区稠油开采，热蒸汽注入油层内，热能向前传递至油层，油层降黏，介质弹性向塑性转变。

这种变化呈不规则形状，三维空间上分布不均，随着温度的升高和原油的产出，蒸汽腔逐渐形成，且随时间推移向外扩散。观测系统的设计要根据油层开发的特点，在空间各个方向准确描述油藏变化。因此，时移地震观测系统的设计应遵循以下原则。

采用宽方位、高密度三维观测系统：（1）应选取宽方位观测系统，纵横比大于 0.8；（2）CDP 面元要小于蒸汽腔一个开采周期内扩展的距离；（3）覆盖次数要尽可能高，且纵向覆盖次数和横向覆盖次数尽可能保持一致；（4）设计最小的滚动距采集，减弱采集脚印；（5）多期采集应使用完全一致的观测系统，最大限度地减少变观采集。

多轮次采集采用相同的物理点位置和激发、接收仪器和参数：（1）后轮次地震采集中激发点、接收点位置与第一轮采集中点位位置完全相同；（2）多轮次采集中激发因素、接收检波器型号和因素完全相同。

多轮次采集中采用相同的环境噪声控制措施：（1）时移地震每轮采集前，要在相同位置进行干扰波调查，确定干扰波类型和特征参数；（2）在环境噪声基本不变的条件下，多轮次地震采集使用相同的噪声控制措施。

2. 时移地震一致性采集

（1）相同季节施工，保证表层条件一致。

曙一区 SAGD 试验区由于农业生产的限制，地震采集只能在冬季实施。该区河流分布广泛，表层结构在冬季与其他季节相差很大。冬季采集时，地震波速度在冰中可达到 5000m/s，其他季节地震波在水中速度只有 1500m/s，这样大的速度差异必然造成激发地震子波的较大变化及对地震波传播吸收的不同。因此，必须在同一个季节进行地震观测，并针对不同地表进行表层条件验证，将表层条件对一致性的影响降至最低。

（2）确保激发炮点位置一致，避免其误差引起 T_0 时误差。

激发工作既是时移地震一致性技术的重点，也是难点，其中最重要的就是要确保多轮次观测的激发点在同一个物理点位上，并在激发后进行复测以满足精度要求，为下一轮次时移地震采集奠定基础。

（3）激发介质特殊处理达到富含水条件，保证激发一致性。

由于时移地震每轮次采集时，激发点必须在相同位置激发，因此，激发介质能否在两轮次采集时间间隔内得到充分的恢复，其一致性能否得到保证是一个关键问题。基于激发介质一致性考虑，借鉴海上时移地震气枪在海水中重复激发的做法，曙一区 SAGD 时移地震采集中，采用注水焖井（向激发井注水）的激发方式，使井炮药柱在富含水条件中激发，从而保持激发子波的一致性。

（4）技术与管理双重角度努力，将噪声对一致性的影响程度降至最低。

曙一区 SAGD 试验区噪声发育，对地震资料信噪比影响大，其随机性更对地震资料的一致性产生直接影响。为落实 SAGD 试验区稠油热采及环境噪声情况，确定干扰波的类型、振幅大小、频率范围及衰减规律，在时移地震 2009 年和 2011 年两轮次采集前，在相同位置采用相同的调查方式，对工区内的干扰波进行调查，干扰频率主要见表 3-5-2。

表 3-5-2　曙一区 SAGD 试验区主要干扰频率及其影响范围

类型	频率（Hz）	影响距离（m）
工业电	50	50
电机	26	90
井站	11	100
作业车	12	150
注气站	13	160
钻机	19	500

对两轮次地震采集的环境噪声进行监测表明，经过两年时间该区地表障碍情况变化不大，主要干扰源的能量和分布特征基本一致，如图 3-5-6 所示。这些调查数据为两轮次采集中采用相同的噪声控制措施提供了直接依据，为取得良好的一致性和高信噪比的资料奠定坚实基础。

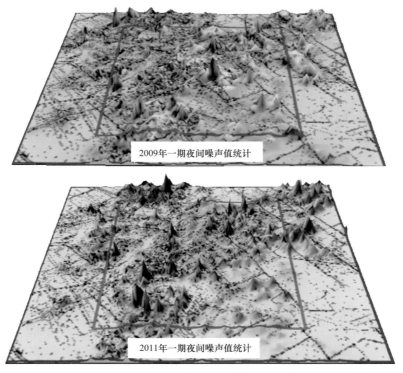

图 3-5-6　曙一区 SAGD 试验区时移地震两轮次采集时全区噪声真值对比

三、采集资料一致性评价

时移地震资料一致性好坏的评价标准因油层开采变化程度的大小而定，若油层开采引起的地震响应差异很大，则对地震资料的一致性指标要求就相对低一些，反之对一致性指标要求则高一些。为便于对比分析，需重点对时移地震多轮次激发地震子波、采集单炮、标准层、两轮次数据体能量差等四项关键指标进行评价，判断时移地震采集资料一致性的好坏。

1. 激发地震子波的一致性对比分析

时移地震多轮次采集中，激发地震子波的一致性分析是最基础、最重要的对比分析工作，是考核地震激发质量高低的重要标准。以时移地震观测基础资料为基础，通过波形、能量、频谱的对比分析，评价不同轮次地震子波的差异，为后续资料处理工作奠定基础。在曙一区 SAGD 试验区随机抽取两条测线位置的两轮次单炮进行子波自相关对比，如图 3-5-7 所示，除个别道的子波有所差异外，两条测线位置地震子波的相似性高，时移地震两轮次激发子波的一致性总体较好。

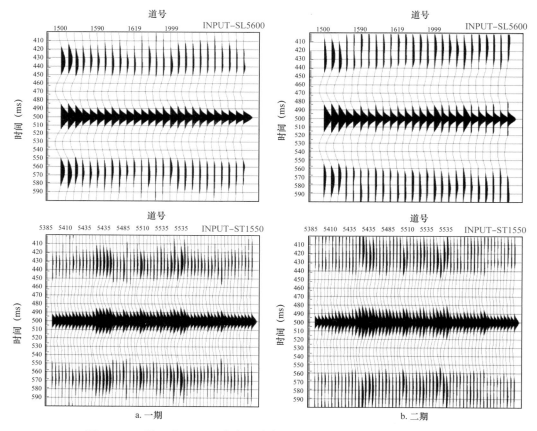

图 3-5-7　曙一区 SAGD 试验区时移地震两轮次激发子波自相关对比

对两轮次地震采集单炮，进行全区地震子波的自相关分析表明（图 3-5-8），两轮次激发的地震子波在空间分布、自相关系数的统计分布特征基本相同，表明两轮次地震子波的一致性很高。

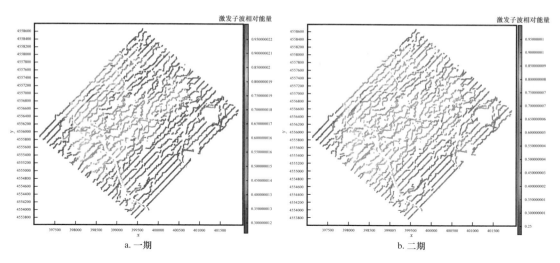

图 3-5-8　曙一区 SAGD 试验区时移地震两轮次激发子波对比

2. 地震单炮对比分析

图 3-5-9 是曙一区 SAGD 试验区时移地震 2009 年和 2011 年两轮次采集单炮。对比分析可以看到，两轮次采集单炮记录中，各个地层波组反射清楚，层间反射信息丰富，目的层反射能量强，可连续对比追踪，其 T_0 时、能量、频率、信噪比和统计自相关子波等指标基本一致（图 3-5-10），资料一致性好。

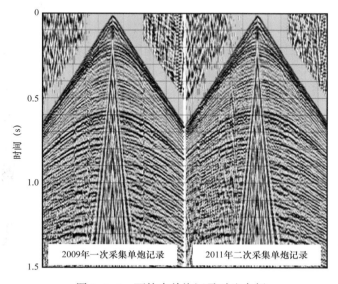

图 3-5-9　两轮次单炮记录对比全频

从平面分布特征看，由于曙一区 SAGD 试验区中分布着多条河流，第四系河道频繁改道导致河套区发育低频区。在低频区激发的单炮，2009 年一轮次地震采集单炮表现为低频特征，2011 年二轮次地震采集单炮仍然表现为低频特征（图 3-5-11、图 3-5-12），表明为非质量问题产生的低频现象。对全区两轮次采集的全部单炮，其频率和能量特征如图 3-5-13 所示，表明两轮次地震采集原始单炮的一致性程度较高。

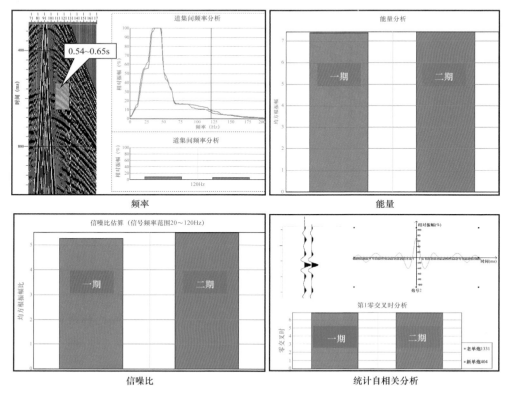

图 3-5-10　两轮次单炮定量分析对比结果

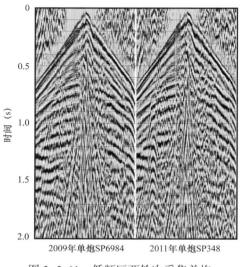

图 3-5-11　低频区两轮次采集单炮

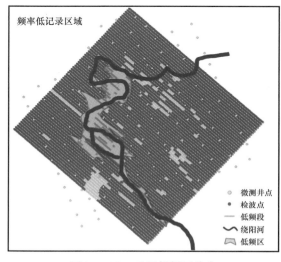

图 3-5-12　工区低频区分布

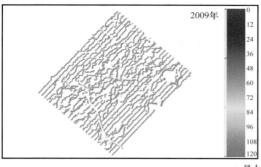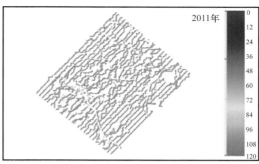

a. 最大有效频率

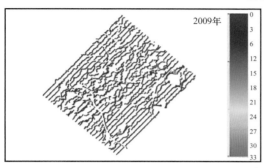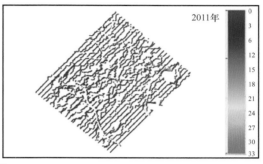

b. 能量

图 3-5-13　曙一区 SAGD 试验区两轮次单炮分析对比

3. 标准层的对比分析

为了便于对比分析，选择反射连续性好、能量强、波形稳定的层位作为标准层，一般选取储层的盖层作为标准层。对标准层进行地震反射 T_0 时、振幅、频率、波形这四个基本参数的一致性对比，主要遵循如下原则：

（1）标准层地震反射 T_0 时对比是最简单、最直接、最实用的对比方式，在时移地震时滞解释之前，必须进行盖层的地震反射 T_0 时一致性对比，在 T_0 时一致的条件下才能进行时滞解释工作。

（2）两轮次地震资料振幅的高度一致反映了地震激发能量合理、接收条件良好。

（3）频率分析是对地震波能量和频率综合的分析，一致性好的地震数据，多轮次采集的地震数据标准层部位的频率谱应该基本一致，可以用以检验频率校正的效果。

（4）波形高度一致可反映地震资料信噪比高、激发接收因素合理。

4. 两轮次数据体能量差分析

时移地震两轮次地震数据一致性的效果最终体现在地震剖面上，因此，地震资料处理应采用完全一致的处理流程和参数。地震数据互均衡处理后，盖层部分由于没有油、气、水变化的影响，两轮次地震数据体的能量应该一致，即两者的能量差应该很小。能量分布差异的存在可能是由于存在振幅、时移、相移等多种因素的差异，但仍可作为一个总的指标来评估互均衡处理的效果。

　　将曙一区 SAGD 试验区时移地震两轮次采集数据进行同流程处理后，抽取相同位置的地震剖面进行对比（图 3-5-14），可以发现，两轮次地震剖面中盖层成像形态、波组特征高度一致，油层部分变化明显。两轮次地震剖面相减后，盖层被减掉，从剖面角度可评价为一致性良好。由于油层开发导致的剖面差异明显，信息丰富。可以观测到 A 井经过 SAGD 开采形成了蒸汽腔形态，其位置、深度等信息都与实际信息高度吻合，真实地反映了因蒸汽腔变化导致的油藏开采情况。

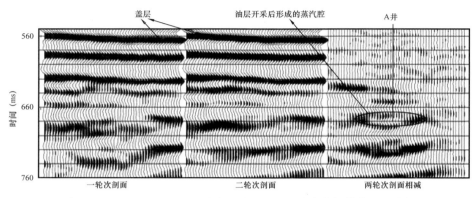

图 3-5-14　曙一区 SAGD 试验区时移地震两轮次数据体能量差分析

参 考 文 献

白旭明，李海东，陈敬国，等,2015.可控震源单台高密度采集技术及应用效果［J］.中国石油勘探,20（6）：39-43.

邓志文，2006.复杂山地地震勘探［M］.北京：石油工业出版社.

邓志文，白旭明，2018.富油气区目标三维宽频地震勘探新技术［M］.北京：石油工业出版社.

邓志文，许长福，2021.油藏精细描述与剩余油气分布预测［M］.北京：科学出版社.

李庆忠，1993.走向精确勘探的道路——高分辨地震勘探系统工程剖析［M］.北京：石油工业出版社.

牟永光，裴正林，2015.三维复杂介质地震数值模拟［M］.北京：石油工业出版社.

潘家智,2019.川东北 TJ 地区宽频宽方位三维地震采集技术［C］.中国石油学会 2019 年物探技术研讨会.

钱荣钧，2008.地震波的特性及相关技术分析［M］.北京：石油工业出版社.

唐传章，王瑞贞，宋同心，等，2008.华北油田三维地震资料品质分析数据库的开发与应用效果［J］.中国石油勘探，13（2）：83-89.

王波，聂其海，陈进娥，等,2021.四维多波地震在油藏动态监测中的应用［J］.石油地球物理勘探,56（2）：340-345.

王丹，2010.辽河油田时移地震先导试验研究与分析［J］.地球物理学进展，25（1）：35-41.

易维启，李明，云美厚，等.2002.时移地震方法概论［M］.北京：石油工业出版社.

赵贤正，张玮，邓志文，等，2009.富油凹陷精细地震勘探技术［M］.北京：石油工业出版社.

赵贤正，张玮，邓志文，等,2014.复杂地质目标的 2.5 次三维地震勘探方法［J］.石油物探,49（6）：1039-1047.

赵贤正，张玮，邓志文，等,2015.二连盆地草原区环保地震勘探技术与应用［J］.石油物探,50（1）：14-19.

中油油气勘探软件国家工程研究中心，2001.俞寿朋文集［M］.北京：石油工业出版社.

第四章 面向开发的保幅与高分辨地震资料处理技术

与勘探阶段不同，油田开发阶段的地质研究重点是描述微幅度构造、刻画小断层、识别薄储层以及表征储层砂体横向非均质性，地质目标的尺度越小，对地震资料的品质的要求越高。不仅需要地震资料保持运动学特征，更需要保持地震资料动力学特征，也要求地震资料有更高的纵横向分辨率和保真度（渥·伊尔马兹，2006）。随着勘探开发的深入，钻井数量逐渐增多，利用钻井获取到地下更多的地质与油藏信息，为地震资料处理提供了更多的约束和辅助信息，为开展井控保幅地震资料处理提供了重要的资料基础。本章重点阐述开发阶段井控保幅地震资料处理技术需求、技术思路与关键处理技术与相应的质量控制手段。

第一节 开发阶段地震资料处理难点与对策

一、开发区地震地质条件

随着油气开采（包括注水、注气、注入聚合物等），油藏流体分布、储层物性和孔隙结构特征都会发生一些变化。如何有效识别这些细微变化引起的地震波响应特征，是开发阶段地震资料处理解释的重点和难点所在。

对于近地表地震地质条件而言，地震地质条件变化最为显著。采油井、注水井及与采油作业相关的配套设施众多，地下管网建设、地面建筑等对近地表结构的改造等都将导致近地表结构的变化。此外，人口稠密度不断增加，造成工业干扰和人文活动导致的噪声干扰更为突出，噪声干扰的加剧等因素进一步增加了地震资料处理的难度。

以松辽盆地北部探区为例，油田经过长期开发，油田开发区油田设施众多，油井、油气管线、楼房、厂矿、广场、公路及输电电缆等设施广泛分布，成为地震记录的主要噪声源，地震记录干扰类型较多，信噪比降低。大量的采油井24小时不间断工作，抽油机转动带动地面一同震动，地震检波器能够接收到明显的干扰信号；空中电缆和地面电缆交错分布，交流电信号与检波器线圈感应，在地震记录中产生众多的频率接近50Hz的强能量干扰；地面上零星分布的油水泵站、油气处理站较多，产生的震动造成地震记录信噪比下降；地下油气水管线密集，网状分布，产生的随机干扰和次生干扰，直接影响了地震资料的品质。城区内居民住宅区、商业区、公园、交通枢纽、工厂等，限制了激发震源点位的正常布设，造成变观、空炮现象出现。随着油田作业及城区建设的不断进行，近地表层结构日趋复杂，各种建筑地基（一般涉及地下3～10m的范围）填充的是相对坚硬的建筑材料，其特性与正常近地表层岩性差异较大；水域、耕地及建筑工地等区域，由于长期的人工改造，如人工挖掘的鱼塘、机械搬运形成的大型土堆等，使近地表情况发生较大变化。这些情况使原本均匀变化的近地表结构横向变化频繁，低降速带横向变化加大，地震记录的能量和波形横向差异增大。地震资料采集过程中，在城区和生态湖区，通常会在确保安全的前提下采用可控震源或小激发药量的方法进行施工，也会导致地震资料空间上横向能量差异大、子波不一致等问题。

二、开发阶段地震资料处理难点

对于地表因素，主要面临由于地表类型差异、地表高差和表层结构横向变化等带来的静校正和地震资料横向上子波能量、频率的不一致性问题。对于地下介质因素，主要面临地层吸收对高频成分的衰减制约地震资料的分辨率，以及不同尺度地质体散射效应增加地震波场的复杂度等。此外，由于开发阶段人文工业干扰造成地震资料噪声干扰严重，减低了地震资料的信噪比。下面以松辽盆地北部大庆长垣油田开发地震为例，具体分析开发阶段地震资料的特征。

1. 地表噪声干扰

图 4-1-1 显示了几种典型地表设施对地震记录的影响情况。其中，居民区噪声范围较大，噪声的波形特征不一致，能量有强有弱，总体能量强于有效反射信号；高压线交流电产生的干扰，波形特征单一，能量较强，综合交错输电网络使工业电干扰范围也比较大；泵站等工业设施震动能量大小与振动设备的震动强度有关；水域区域在冬季施工时，震源激发后，冰层随之不断震动，产生次生干扰。

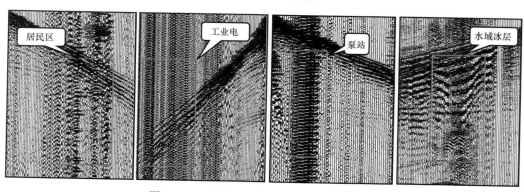

图 4-1-1　典型地表设施对地震记录的影响

油田开发区油井干扰较为普遍，油井工作所引起的震动干扰严重（图 4-1-2）。从频谱分析可知，油井干扰可分为高频和低频两个部分，高频影响范围较小且频率较高，能量集中在 150Hz 以上，低频影响范围较大，且主频与有效信号相仿，主要能量集中在 40Hz 以下，具有明显的线性特征。

在建筑物的混凝土地基、油田采油作业区各种铁质管线，以及广场、公路等坚硬地表，都会产生明显的次生干扰。在单炮记录中，次生干扰呈现以干扰源位置为顶点的双曲线形态，并与有效反射信号相互交织，振幅强度及波形与有效反射信号接近（图4-1-3），但由于次生干扰的干扰源一般距激发震源位置较远，因此，其双曲线顶点一般与有效反射信号不同，且双曲线弯曲程度较大。

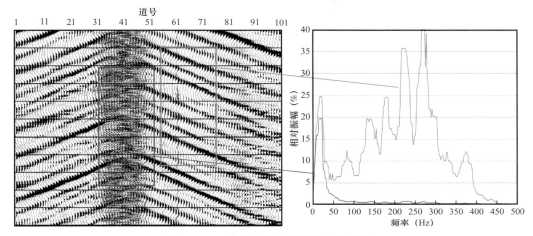

图4-1-2 油井干扰及频谱特征分析图

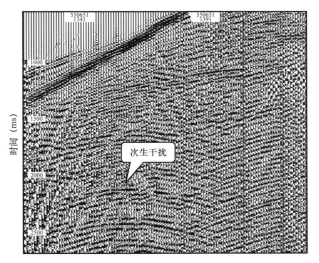

图4-1-3 含有次生干扰的单炮记录

此外，原始地震数据中还存在地面设施以及人、车行走构成的干扰源，使得地震数据中的噪声特征复杂化，在表层吸收严重区域和小药量激发区域，反射信号能量弱，需要在地震资料处理过程中，采用新的思路或方法予以压制。

2. 表层结构影响

高岗、水域、城区大型建筑等区域，低降速带横向速度变化剧烈，突变点较多，导致地震记录中反射同相轴双曲线发生严重畸变。图4-1-4展示了受高岗和水域影响的单炮记录，同相轴的反射双曲线均有下拉现象，主要由于高岗区低降速带厚度较大、水域区低降速带较低使地震反射时间增大而引起的。因此，建立精确的表层结构地质模型，实现高精度静校正量计算，是地震资料处理的关键和难点之一。

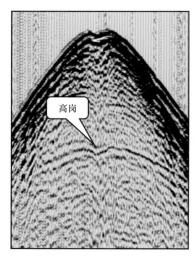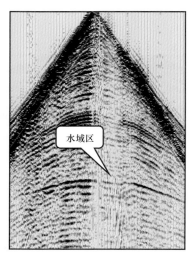

图 4-1-4　受近地表结构影响的单炮记录

3. 地震反射能量

1）激发能量差异的影响

工区地表条件、表层结构比较复杂，激发、接收条件差异较大，横向能量一致性较差，地震采集过程中，考虑到地表建筑物、养鱼场等特殊区域的施工安全问题，采用了不同药量激发或可控震源激发的方法进行施工。不同的采集施工方式保证了地震资料的完整性，同时导致地震反射能量横向差异较大。如图 4-1-5 所示，地震波能量随着激发药量的减小，逐渐减弱，频带逐渐变窄。因此，这种情况与地表设施密切相关，常规的地表一致性振幅补偿方法往往难以获得理想效果，需要通过新的、有针对性的技术手段加以解决。

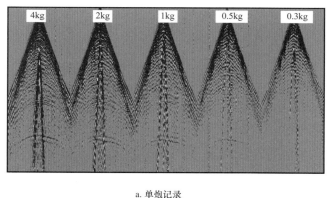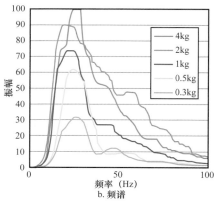

a. 单炮记录　　　　　　　　　　　　　　b. 频谱

图 4-1-5　不同激发药量激发的单炮记录及频谱

2）近地表层吸收影响

近地表沉积相对疏松，对地震波有强烈的吸收衰减作用，使地震信号能量减弱。以长垣油田为例，潜水面深度 7m（与高速层顶界一致），近地表垂向结构由上到下依次为：厚度 0.5m 的表层土，厚度 3.1m 的黄色细沙，厚度 3.2m 的灰色砂土，之下为黄胶泥。野外调查采用单个浅井激发、多个井中接收方式进行观测。为实现在不同深度接收来自同一震源的波场，在圆半径 3m 的地面范围内钻不同深度的浅井，每口井的井底放置检波器，以保证检波器耦合效果，激发点深度 0.5m，接收点深度依次为 2～17m。

图 4-1-6 给出不同深度接收地震记录的频谱曲线（数字标出接收点深度）。从图中可以看出，潜水面之上地震波能量快速衰减，减小速度为 4dB/m；主频快速降低，降低速度为 7Hz/m。在潜水面之下仍存在明显振幅衰减，减小速度为 2.5dB/m；主频相对稳定，降低速度为 0.1Hz/m。试验表明，地震波的主频降低主要发生在潜水面之上的低速层、降速层，而振幅衰减贯穿于整个近地表，且幅度很大。由于近地表地层存在大量的岩性突变区，低降速带的速度和厚度横向变化剧烈，不同区域对地震信号能量衰减存在差异，导致地震反射信号横向特征一致性变差。

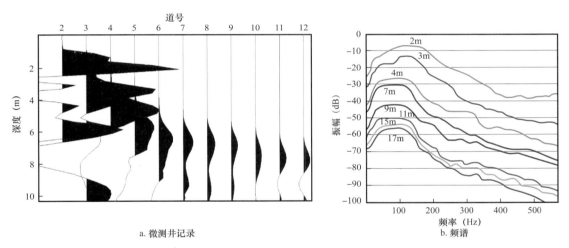

a. 微测井记录　　　　b. 频谱

图 4-1-6　不同接收深度微测井地震记录及频谱

3）中浅层地层吸收影响

一般情况下，假设地下为弹性介质，当地震波在地下传播时，动能与势能是完全相互转化。实际地下介质为黏弹性介质，地震波在地下传播时，除了动能跟势能相互转化外，一部分能量因为质点间的相互摩擦而转变为热能，在宏观上就表现为随着地震波的传播，振幅能量在衰减，直至消耗殆尽。吸收衰减的存在会导致地震波能量损失；振幅的衰减对地震波的不同频率成分是不同的，频率越高，衰减就越强，这导致主频向低频移动，频带变窄，分辨率严重下降。

岩石的吸收特性比较复杂，不仅不同岩石吸收特性不同，即使同一种岩石，也会随着地震波频率、应变振幅、地层压力、地层温度、流体饱和度等物理量的变化而变化。

VSP 资料分析结果显示，由于大地吸收效应，地震波在地层传播过程中，能量衰减程度仍然较大，速度频散现象明显，导致地震分辨率下降，成像位置不准确。图 4-1-7 为 VSP 井资料得到的地层速度和 Q。如图 4-1-8 所示，模拟子波为 50Hz 雷克子波，弹性模拟和黏弹性模拟存在明显的振幅差异及走时差。地震波传播至目的层 T_1 时，振幅衰减了 58%，主频衰减 10Hz，走时差 10ms。

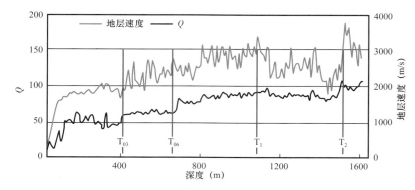

图 4-1-7　VSP 资料得到的地层速度及 Q

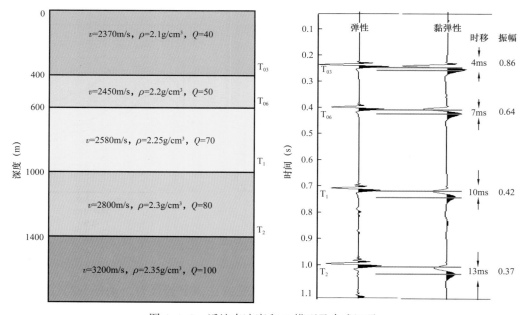

图 4-1-8　近地表速度和 Q 模型及合成记录

4. 激发子波特征

在复杂的地表及近地表条件下，不仅对地震波的信噪比、反射时间和反射能量产生影响，也造成了地震子波的横向差异。

图 4-1-9 是利用原始单炮记录中有效反射波自相关的零交叉时展绘到平面上而形成的激发子波平面图，可以认为是激发子波特征受各种因素影响后的综合反映。零交叉时的值越小，表明子波的主频越高，因此，该图也可以认为是地震记录的主频大小空间分

布特征。结合低降速带厚度图（图 4-1-10）和激发药量平面图（图 4-1-11）可见，激发子波的特征与地震波能量特征类似，同样受近地表低降速带厚度变化及激发药量影响较大，其中，低降速带厚度影响严重，厚度较大区域自相关的零交叉时值较大，地震资料主频明显降低；激发药量影响次之，小药量激发也造成了地震资料主频下降。

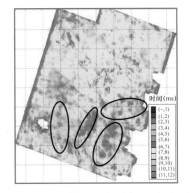 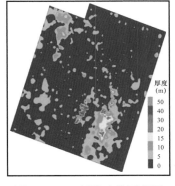 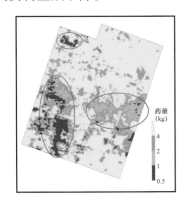

图 4-1-9　激发子波零交叉时平面图　　图 4-1-10　低降速带厚度图　　图 4-1-11　激发药量平面图

三、开发阶段地震资料处理对策

提高地震资料分辨率和振幅保真度是一项系统工程（李庆忠，1993），贯穿于地震资料处理的各个环节，包括高精度静校正、保幅去噪、一致性处理、频带展宽、高精度偏移成像以及质量控制（凌云研究组，2004）等。

1. 高精度静校正

要提高静校正精度，一般采用多种静校正技术相结合思路开展静校正处理。首先，利用微测井、小折射等表层结构调查资料，获取近地表层的速度和厚度模型，根据炮点和检波点位置分别计算炮点和检波点的静校正量（称为表层模型静校正量）；其次，利用地震记录初至波、折射波的变化求取静校正量（称为初至折射波静校正量）；再次，利用表层模型静校正量低频（超出一个排列长度）分量精度高、成像构造趋势准确和初至折射波静校正量较短波长（一个排列长度内）静校正量精度高、叠加质量好的优势，将二者进行有机组合，得到新的静校正量并对地震数据进行校正；最后，利用剩余静校正和分频剩余静校正技术，消除静校正量的高频分量影响。

2. 保幅去噪

针对油区、城区多种干扰源产生的众多类型噪声和多变的噪声波场特征，在调查噪声能量强度、频率特性及空间分布范围的基础上，根据噪声在不同域（包括共炮点域、共检波点域、共炮检距域及共中心点域等）的表现形式，以及其能量、频率、视速度等方面与有效反射信号的差异，采用分类、分域、分时、分频、分区、分步的去噪思路和方法，解决老油田区特殊噪声问题。

3. 地表一致性处理

由于开发阶段地表及近地表的条件复杂，地震记录的能量（或振幅）不仅受近地表因素影响，还受不同激发药量或不同震源类型影响。因此，振幅一致性处理首先是针对不同激发药量或不同震源类型的影响进行消除，再应用常规的地表一致性处理方法加以解决。子波一致性处理，在常规地表一致性反褶积技术研究基础上，考虑炮点和检波点产生的虚反射存在周期差异、单一的地表一致性反褶积无法提供合适的参数来消除在炮点和检波点上产生的虚反射等问题，采用炮域和检波点域分开、分两步完成的思路，实现处理参数的进一步优化，达到消除近地表因素影响、使子波横向特征一致的目的。

4. 频带展宽

在提高分辨率处理过程中，需要以宽频采集为基础，进一步考虑近表层吸收的补偿问题。首先，通过微测井资料和地震资料联合，求得一个准确的近地表层吸收模型（Q模型）；其次，利用反 Q 滤波技术，恢复地震记录的高频信息；最后，考虑到常规地表一致性反褶积和近地表层吸收补偿两种技术解决近地表影响的重复性，通过试验确定二者的结合方式。

通过井控处理提高地震资料分辨率，是利用 VSP 地震及井中观测的各种数据，对地面地震资料处理参数进行更为客观地标定，并对处理结果进行质控，以达到优化处理参数、提高资料分辨率和振幅相对保持，最终实现井震更加匹配的目的，为井震融合奠定地震资料基础。主要技术包括井控子波提取与反褶积、井控 Q 估算与 Q 补偿、井控零相位化处理和井控速度建模等。

5. 高精度偏移成像

高精度偏移成像的思路主要是在常规处理方法基础上，包括速度建模、孔径及倾角试验、各向异性叠前时间偏移等（马在田等，2005），进一步考虑解决以下四方面的问题。一是针对三维地震数据在炮检距、方位角和覆盖次数分布不均匀导致的偏移后振幅畸变问题，开展叠前地震数据规则化处理，满足叠前时间偏移方法对输入数据的基本要求；二是针对地层吸收衰减问题，发展黏弹性介质叠前时间偏移技术，补偿高频信息损失，提高地震资料分辨率；三是针对不同炮检距和不同入射角反射信息特征不一致，全覆盖成像平均效应较强的问题，开展地震窄入射角（或反射角）成像处理；四是针对 CRP 道集品质往往难以满足叠前解释需要的问题，开展 CRP 道集优化处理提高叠前反演道集质量。

6. 质量控制

处理质控包括两个方面：一是利用处理软件内部功能模块，采用点、线、面方式对处理过程各环节的方法和参数进行分析和评价，包括预处理、静校正、球面扩散补偿、叠前去噪、地表一致性振幅补偿、反褶积、速度分析、剩余静校正、叠前数据规则化、叠前时间偏移和道集优化处理等，进而优化处理流程，确保处理质量；二是利用油田开发区具有丰富的测井资料和地质认识的有利条件，通过处理解释一体化工作模式，采用合成记录对比、以地质模式为参照分层对比分析等方法，评价处理过程关键环节的效果，指导处理参数和方法优选，提高地震资料的保真度，进而提高地震资料的储层识别能力（张尔华等，2009）。

第二节　保幅处理关键技术

面向岩性油藏的保幅处理技术主要包括提高信噪比处理、一致性处理技术、高精度速度分析与建模、高精度偏移技术等。

一、提高信噪比处理

提高信噪比处理包括高精度静校正处理和保幅去噪处理。高精度静校正处理是提高信噪比的前提和基础，保幅去噪处理是提高信噪比的核心和关键。为了提高静校正处理的效果，一般采用组合静校正方法，提升静校正处理的效果；在保幅去噪处理方面，采用基于波场特征的"六分法"去噪技术，提升去噪处理的振幅保真度。

1. 组合静校正技术

由于受地形起伏、爆炸井深不一、低降速带的厚度和速度变化等因素的影响，地震波的反射时距曲线不再是理论上的双曲线，静校正质量的好坏将直接影响到速度分析的精度，进而影响到叠加和偏移成像的信噪比和分辨率。当前成熟的静校正方法有多种，常用的主要有基于地震数据的初至折射波静校正技术和基于微测井的表层模型静校正技术（陈志德等，2015）。

初至折射波静校正技术充分利用了地震资料采集密度大、信息多的优势，理论上可同时求得长、短波长静校正量，具有叠加质量好、成像精度高的优点，但多年的实践证明，初至折射波静校正技术与其他静校正技术相比存在较大时差，且当折射面起伏较大时，应用折射法所求的地层速度会出现较大偏差，容易使成像结果产生假的微幅度构造。基于初至折射波的层析法静校正方法，增强了对低速异常区速度变化的适应性，但其应用条件苛刻，需要针对具体问题加以考虑。

表层模型静校正技术能够获得正确的静校正低频分量，能够有效描述表层速度和厚度变化趋势，克服成像结果的假构造问题，静校正后的成像结果构造趋势相对准确，叠加质量也会得到明显改善；然而实际工作中由于微测井实测点空间密度低，不能精细描述近地表异常区的形态，导致静校正精度降低。

通过上述分析可知，初至折射波静校正和表层模型静校正两种技术各有优缺点，将两种技术有机结合，即利用表层模型静校正量的低频成分和初至折射波静校正量的高频成分，重新组合成新的静校正量，并以此对地震数据进行静校正处理，不失为目前提高静校正精度的有效途径。这里需要解决的关键问题是如何实现两种静校正量高、低频分量的有效分解和重新组合。

1）基于共中心点道集参考面的静校正量分解与组合方法

CMP 参考面静校正量指 CMP 所处位置的地表海拔高程和基准面海拔高程之差对应的静校正量。对于同一个 CMP 道集而言，内部所有地震道的 CMP 参考面校正量是相同的，其作用相当于将 CMP 道集内各地震道统一进行时移，不影响 CMP 道集各地震道的同相叠加效果；CMP 道集内各地震道之间的总静校正量是不同的，每道的总静校正量与 CMP 参考面校正量的差值，是影响地震同相叠加效果的关键参数。对于不同 CMP 道集，CMP 参考面的静校正量通常与地表起伏和低降速带速度变化有关，直接影响地震处理成果的时间域构造形态。对每一个 CMP 道集，将各道的总静校正量分解为高、低频分量。分别对初至折射静校正量和基于微测井的表层模型静校正量进行高、低频分解，分别得到两种静校正量的高、低频分量，利用折射法的高频分量和微测井法计算的低频分量相加，得到组合静校正量，能够确保时间域构造形态与表层模型静校正结果一致，叠加效果与初至折射波静校正结果一致，亦即既保证了成像结果构造形态的正确性，也确保了 CMP 道集同相叠加的质量，从而实现了两种静校正方法各自优点的有机结合。

2）表层模型静校正量约束的静校正量分解与组合方法

按照静校正量地表一致性的原则，采用通过表层模型静校正量为约束，对初至折射波静校正量进行修正，重新计算炮点和检波点静校正量。首先，求取初至折射波静校正量与表层模型静校正量的差值。差值结果不仅包含了两种静校正量之间的低频分量差异，也包含高频分量差异。其次，对差值结果进行合理平滑，滤除其高频成分，求得两种静校正量差值的变化趋势，也就是两种静校正量的低频分量差异。最后，从初至折射波静校正量中减去两种静校正量的低频分量差异，使初至折射波静校正量的低频分量与表层模型的低频分量一致，而初至折射波静校正量的高频分量未发生改变，从实现了两种静校正量的合理组合。

3）组合静校正效果分析

图 4-2-1a 和图 4-2-1b 分别是单纯应用表层模型静校正和初至折射波静校正的叠加对比剖面，可以看出，与基于地震数据的初至折射静校正方法相比，单纯使用表层模型静校正技术的叠加剖面信噪比相对较低，同相轴抖动剧烈，连续性不好，原因是微测井资料密度不足，对近地表速度和厚度的频繁变化控制不住引起的；初至折射波静校正叠加剖面，成像质量明显改善，但与表层模型静校正叠加结果还存在明显时差，且横向上同相轴的形态（构造趋势）也存在较大差异，剖面中部由浅至深同相轴有明显下拉现象，表明初至折射波静校正的低频分量存在较大误差。图 4-2-1c 是组合静校正后的叠加剖面，可以看出，成像效果与初至折射静校正方法一致，时间域构造形态与微测井模型静校正方法一致，反射时差和同相轴下拉现象消失，表明组合静校正方法的精度进一步提高。

2. 基于波场特征的"六分法"保幅去噪技术

"六分法"噪声压制指分类、分域、分时、分频、分区、分步的噪声压制方法。其中，分类、分域、分时、分频噪声压制是常规处理的主要技术手段，主要做法是根据面波、线性干扰、高能随机干扰等不同类型噪声在不同域（包括炮域、检波点域、CMP 域及共炮检距域）、不同反射时间段以及不同频段的不同特征，对其进行压制。而分区（根

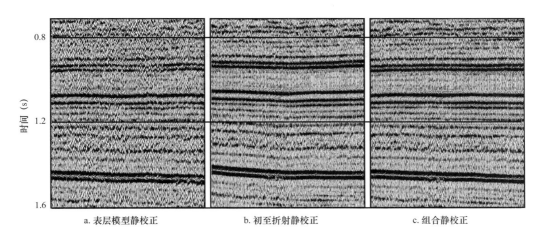

图 4-2-1　不同静校正方法效果对比剖面

据激发接收的地表条件可分为砂岩区、泥岩区、高岗区、油井作业区、居民生活区等）、分步、分时、分频噪声压制是近年来针对岩性油藏精细目标处理要求而发展的去噪技术。

1）分区噪声压制

分区噪声压制是根据噪声在不同区域的波场特征和发育程度，在对地震记录进行信噪比分析的基础上，对信噪比较低区域的地震记录，选择针对性的噪声压制参数，进而改善噪声压制效果。具体做法如下：

（1）根据地表条件对地震资料品质的影响情况，将地震资料划分为若干区域，如居民生活区、厂矿区、水域区及公路区等（图 4-2-2）。相同的激发信号在激发接收条件不同的环境下，将会产生不同类型或强度的噪声，例如冬季在结冰水域施工的单炮会发育"冰帽"噪声、高岗区激发的单炮多发育有较强的折射波、城市高压电区发育有 50Hz 工业电、油井区发育有油井干扰等。在处理过程中对地表进行分区后也要针对不同的分区统计其主要噪声发育的类型及规律，以便后续处理过程中针对性采取去噪方法。

（2）考虑到无论是城区还是油区，其内部地震资料信噪比仍然存在差异的具体情况，针对每一个区域，对单炮记录进行综合信噪比分析，将信噪比值记录到地震道头中，绘制地震资料信噪比平面图，再根据信噪比平面图中不同区域的信噪比变化情况，按地震记录信噪比大小划分若干个级别，并抽取信噪比级别相同的地震数据形成新的数据体，即形成噪声类型基本相同、信噪比等级相近的数据体集合（图 4-2-3）。

（3）利用常规的分类、分域、分时、分频的噪声压制方法，针对同一区域不同信噪比级别的地震记录，分别优选噪声压制参数，进行噪声压制，这一过程较为关键，首先注重噪声去除方法的有效性，选择合适的去噪手段进行噪声压制试验，另外针对不同信噪比的数据体集合分别试验处理参数，以保证去除的噪声中不含有有效信号同时有效压制噪声作为优选标准，最后对不同数据体集合应用其适合的去噪参数和手段，以达到不同信噪比单炮都能够在保真保幅前提下提高信噪比的目标；最后，在完成了各个区域、不同级别信噪比地震记录噪声压制后，将得到的结果与其他数据体进行合并，得到整体噪声压制后的地震数据（图 4-2-4）。

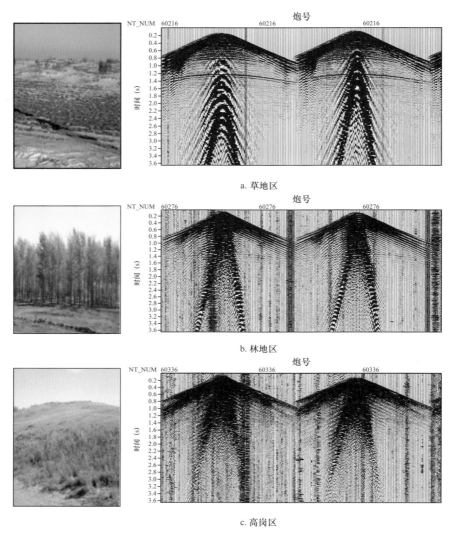

图 4-2-2　按地表条件分区及其典型单炮

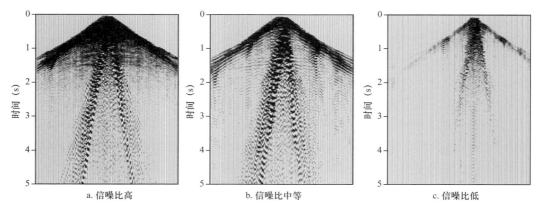

图 4-2-3　同一区域不同品质单炮

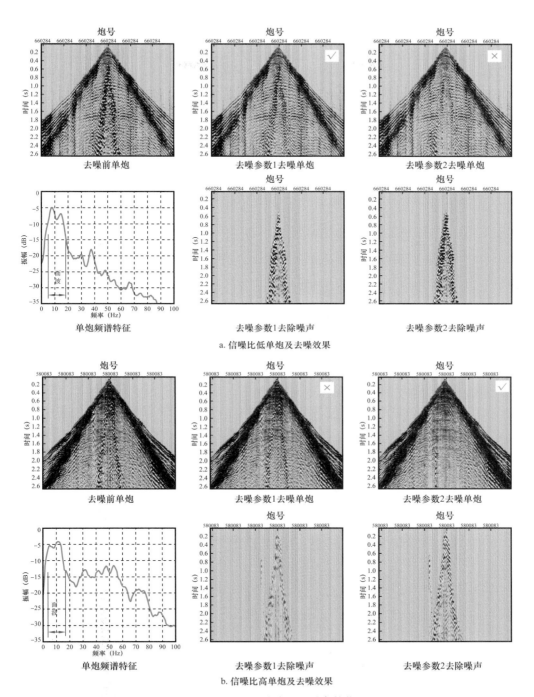

a. 信噪比低单炮及去噪效果

b. 信噪比高单炮及去噪效果

图 4-2-4　不同品质单炮去噪参数优选

2）分步噪声压制

为减少有效信号损失，一般在噪声压制过程中不采取一次性将噪声彻底压制的策略，根据噪声的不同发育特征，开展逐级噪声压制的办法（王元波等，2014）。分步噪声压制一般遵循先强后弱、先规则干扰后随机干扰的原则，逐步压制地震记录中的噪声干扰，提高原始资料质量（图 4-2-5）。同时，在油区、城区复杂的地表条件下，噪声发育极其复杂，往往在地震记录中残留的噪声能量相对较大，加上在振幅补偿、反褶积等处理后，地震记录的噪声进一步抬升，导致最终成像成果的信噪比往往难以满足地震解释需求。为尽可能多地保留有效信号，还需要利用去噪与振幅补偿、反褶积的循环迭代逐级去噪方式，达到提高地震资料信噪比的目的，以进一步改善地震资料成像效果。

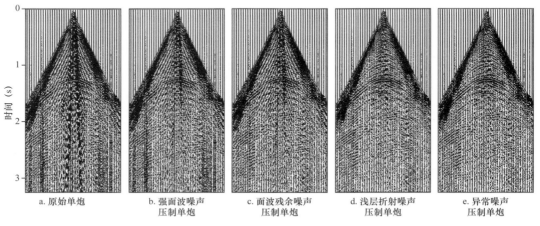

| a.原始单炮 | b.强面波噪声
压制单炮 | c.面波残余噪声
压制单炮 | d.浅层折射噪声
压制单炮 | e.异常噪声
压制单炮 |

图 4-2-5　分步噪声压制单炮

3）分时、分频噪声压制

根据信号和噪声在时频域特征差异，开展分时、分频噪声压制，在去噪的过程中，有效保护地震有效信号，去除干扰波。从而实现在去噪的同时保持有效信号的相对关系，到达保幅处理的目的。如图 4-2-6 所示，为使用分时、分频去噪方法进行噪声去除的效果，从去噪前后的单炮剖面对比来看，干扰波得到了很好的压制；同时，从去噪的差异上来看，去噪的过程中有效信号得到了很好的保护，去噪的过程没有伤害有效波能量。

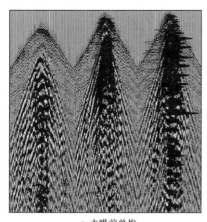 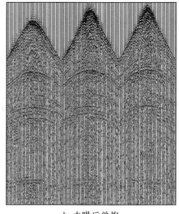 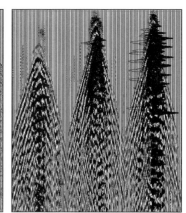

| a.去噪前单炮 | b.去噪后单炮 | c.去除的噪声 |

图 4-2-6　分时、分频去噪效果

4）去噪效果分析

图 4-2-7 是大庆长垣油田采油六厂厂部区域的"六分法"去噪效果对比图，可以看到，按照分区去噪的思路，利用常规分类、分域、分时、分频的去噪方法得到的叠加剖面（图 4-2-7b）较原始叠加剖面（图 4-2-7a）成像效果有了明显改善，较强的反射同相轴得到突出，连续性增强；但经过后续反褶积处理后（图 4-2-7c），信噪比明显下降，同相轴连续性降低，T_2 层同相轴难以连续追踪，T_1—T_2 之间的弱反射信息被噪声淹没；通过进一步去噪后（图 4-2-7d），整体信噪比进一步得到改善。

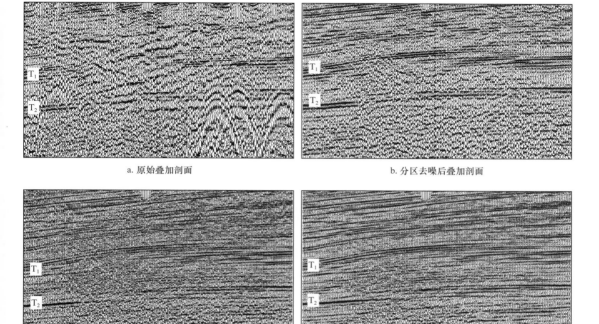

a. 原始叠加剖面　　　　　　　　　　　　　　b. 分区去噪后叠加剖面

c. 反褶积后叠加剖面　　　　　　　　　　　　d. 反褶积+去噪后叠加剖面

图 4-2-7　"六分法"去噪效果对比剖面

二、一致性处理技术

一致性处理技术以地表一致性假设为前提，针对近地表吸收差异、子波横向变化进行处理，消除子波的空间差异，提升地震子波横向一致性。该技术主要包括表层吸收补偿技术、基于初至波能量的地表一致性振幅补偿和分频两步法地表一致性反褶积等。

1. 表层吸收补偿技术

地震波传播过程中，一部分能量会转化为热能，相应的地震波的幅值产生衰减效应，该过程称为吸收。通常利用品质因子 Q 来表征这种吸收衰减作用，其物理意义为地震波在介质中传播一个波长的距离之后，储能与耗散能之比。介质的 Q 越小，地层的黏性越强，地震波的能量衰减程度越强烈，通常情况下，随着介质埋深的增大，Q 也逐渐增大，因此位于近地表的沉积地层相对疏松，其对地震波的能量吸收衰减作用最强。振幅的衰减对地震波的不同频率成分是不同的，频率越高，衰减就越强。这是因为高频成分波长相对低频成分波长较短，对于一个固定的传播距离，相当于低频成分较少个波长、高频成分多个波长。地震波每传播一个波长的距离，能量损失的程度是恒定的，这也导致接收到的反射地震资料的有效频带随反射深度逐渐变窄，即地震资料垂向分辨率的降低。不同频率成分以不同的速度传播，也导致了地震子波的频散，这一频散现象也是反射层位越深，频散就越严重；由于近地表介质的吸收和频散作用的横向变化，也造成地震记录的能量和相位不一致（陈树民等，2018）。因此，做好近地表层的吸收补偿，是提高地震资料分辨率处理首先要解决的问题。Q 本身反映了地表层的岩石物理特性，利用反 Q 滤波可以在时间、频率和空间三个域内有效地消除近地表的影响。

1）表层精细 Q 场建立

求取合理的近地表 Q 模型是实现近地表补偿的前提。采用的思路是：（1）由微测井资料求取近地表的平均 Q，称为绝对 Q。（2）地震初至波振幅的平面变化主要受近地表影响，由地表一致性分解求取检波点地震初至波振幅的平面分布，并作适当平滑及归一化处理。（3）引入检波点静校正量，作为近地表的单程地震走时，依据振幅与 Q 的指数关系，将振幅平面分布转换为近地表的相对 Q 分布。（4）用绝对 Q 确定取值范围，标定相对 Q，得到近地表的空变 Q 模型。

（1）计算微测井点绝对 Q。

目前有四种近地表调查方法，包括单井微测井、双井微测井、多井微测井、层 VSP。单井微测井密度大（至少 1 口 /km²），所提供的走时信息可进行近地表准确分层，但其波形信息在计算近地表 Q 时存在问题，一是不同深度的岩性不同，导致激发子波不一致，微测井记录不能体现振幅或频率随深度的变化；二是在距离地表较近的深度激发时振幅会超出仪器动态范围，记录波形出现削截，无法用于计算 Q。各工区的双井微测井仅有几个点或没有，但其记录波形能够反应振幅或频率随深度的变化，可以起到标定作用。多井微测井和浅层 VSP 的记录波形能够反应振幅或频率随深度的变化，但仅在部分工区做过实验，不能做到广泛应用。

利用双井微测井数据或质量较好的单井微测井数据，采用主频偏移法来求取绝对 Q。假设微测井不同深度激发震源一致，在地面记录的初至波的主频 F 定义为振幅谱对频率的加权平均：

$$F = \frac{\int_0^{+\infty} f \cdot S(f) \mathrm{d}f}{\int_0^{+\infty} S(f) \mathrm{d}f} \qquad (4\text{-}2\text{-}1)$$

式中：$S(f)$ 为振幅谱。

分别计算基准面和地表激发波场的主频 F_j、F_d，其频率差 ΔF。地震波主频的偏移量和吸收系数及传播路径的积分成比例，相应深度段介质的平均吸收系数 α：

$$\alpha = \frac{1}{\sigma^2} \frac{\Delta F}{\Delta Z} \qquad (4\text{-}2\text{-}2)$$

其中，ΔZ 为基准面和地表之间的距离，σ^2 为两个初值波的主频方差：

$$\sigma^2 = \frac{\int_0^{+\infty} (f - F)^2 S(f) \mathrm{d}f}{\int_0^{+\infty} S(f) \mathrm{d}f} \qquad (4\text{-}2\text{-}3)$$

依据式（4-2-4）可以计算出微测井点近地表的平均 Q：

$$\alpha = \frac{\pi}{Q_a v} \qquad (4\text{-}2\text{-}4)$$

式中：Q_a 为绝对 Q；v 为近地表层速度，利用微测井数据求出的近地表走时（图 4-2-8a）和厚度（图 4-2-8b）来计算。

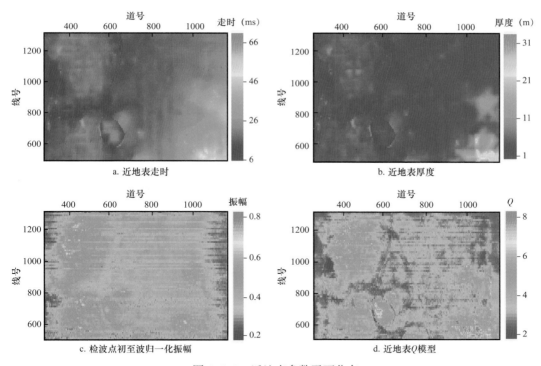

a. 近地表走时　　　　b. 近地表厚度

c. 检波点初至波归一化振幅　　　　d. 近地表 Q 模型

图 4-2-8　近地表参数平面分布

Q_a 涉及的地层包括低速层、降速层及部分高速层，包含部分高速层的原因在于兼顾补偿的波场走时取为检波点的静校正量。微测井的空间点密度远小于检波点密度，低、降速层的底界深度仅在调查点能够准确获得，而在各检波点无法求出。因此，在不能求出各接收点近地表底界走时的前提下，以检波点静校正量作为近地表的走时，便于实施补偿。

（2）求取检波点相对 Q。

叠前补偿要输入各检波点的近地表 Q，而微测井数据只求得调查点的 Q，无法求得工区内各检波点位置的 Q。引入地震数据来求取各检波点的近地表 Q。地震初至波未经地下界面反射，由炮点激发经近地表到达检波点，其横向振幅和波形差异主要由近地表变化引起。在叠前去噪后的记录上，按照地表一致性原理，统计求出工区内各检波点的初至波振幅。初至波振幅 A 可分解为炮点和检波点分量：

$$A = A_S + A_G \qquad (4\text{-}2\text{-}5)$$

式中：A_S 和 A_G 分别为地表一致性前提下的炮点和检波点振幅，即同一炮点或检波点具有相同的振幅。

统计工区所有单炮记录的初至波振幅，经高斯—赛德尔迭代分解，求得 A_S 和 A_G。在平面上对 A_G 归一化，得到检波点振幅的空间相对关系。

因为微测井求取的 Q_a 对应地震单程走时，再有炮点和检波点深度不一致，难以考虑双程走时补偿，在此不考虑炮点到基准面之间的波场衰减损失，所以分解出检波点的振幅，仅对基准面到地表之间的单程波场损失进行补偿。

假设由地下反射回到基准面时的地震波振幅为 A_0，而经近地表层衰减的地面记录初至波振幅为 A_G，两者存在如下关系：

$$A_G = A_0 \mathrm{e}^{-\frac{\pi f \Delta t}{Q_r}} \qquad (4\text{-}2\text{-}6)$$

式中：f 为地震参考频率，依据资料品质而定；Δt 为波场的近地表走时。

利用 A_G 体现地震振幅的平面相对关系，由式（4-2-6）可求得近地表层各检波点的相对 Q，即 Q_r。其中 A_0 未知，取为 1，由此，A_G 归一化的最大值应小于 1。

（3）建立近地表 Q 模型。

依据微测井点求取的 Q_a 和 Q_r，得出二者关系。将此关系应用于 Q_r 平面分布，得到近地表层 Q 模型。在此，要对多个微测井点得出的转换关系进行合理性分析，在三维工区综合出一个关系式，或分区域以不同关系式转换。选择试验线，对比补偿前后的单炮记录和叠加剖面。经反复试验，确定最终近地表 Q 模型。

由图 4-2-8 可见，近地表 Q 模型与地震走时、近地表厚度以及检波点初至波振幅具有很好的相关性，表现为近地表厚度大，走时大，且相应的 Q 也大。这主要体现了近地表走时与地震初至波振幅的共同作用，在此意义下，所建立的近地表 Q 模型与地层品质因子不完全一致，其作用是用于消除近地表引起的反射波振幅与波形变化。

微测井地震记录中包含了大量的表层信息，不同深度检测到的地震信号，因地震射线接近垂直入射，振幅及频率变化规律，能够较好地反映垂向上近地表层的吸收情况，因此，可以利用微测井资料获得高精度近地表 Q。

对于表层 Q 求取而言，利用双微测井资料更为有效。双井微测井资料的采集方式是：根据近地表低速带厚度情况，在测试点钻两口浅井（需穿过近地表低速带），两口井的横向间隔 5m 左右，其中一口为激发井，另一口为接收井，在地面围绕激发井井口埋置检波器，在观测井中按一定深度间隔插入井下检波器；以雷管为震源，从井底到地面井口，以一定间隔激发，一般情况下深层间隔 1m，浅层间隔 0.5m。因为有井底和地面两种检波器接收，所以对一些解释参数（如速度、潜水面深度）可以互相印证，可以比较准确地了解测试点潜水面深度，近地表速度结构情况。

首先，利用微测井资料求取表层绝对 Q。对于微测井的任一炮，根据其峰值频率，用峰值频谱频移法估算绝对 Q。然后，可利用地震资料初至波振幅系数和表层地震波旅行时，求取表层相对 Q。最后，利用相对 Q 对绝对 Q 进行标定。相对 Q 与绝对 Q 的结合方法有很多，基本思路是以绝对 Q 为基准，利用相对 Q 的空间变化趋势，生成表层 Q 场模型。

2）稳定的反 Q 滤波方法

对常规的反 Q 滤波方法，考虑到因地震频带限制而导致反 Q 滤波地震资料信噪比下降的问题，引入稳定因子，对反 Q 滤波方法进行稳定化处理。在建立了近地表 Q 模型，确定了各检波点近地表走时的前提下，由式（4-2-7）对叠前地震道进行针对近地表的高频补偿与相位校正（Wang Y，2002）：

$$U\left(t-\Delta t,f\right)=U\left(t,f\right)\mathrm{e}^{\left(\frac{f}{f_{\mathrm{h}}}\right)^{-\gamma}\frac{\pi f\Delta t}{Q}}\mathrm{e}^{\mathrm{i}\left(\frac{f}{f_{\mathrm{h}}}\right)^{-\gamma}2\pi f\Delta t} \qquad (4-2-7)$$

式中：$U\left(t,f\right)$ 为输入波场，即地面记录波场；$U\left(t-\Delta t,f\right)$ 为输出波场，表示地震波经近地表衰减补偿后的波场，相当于地震波由地下反射回到基准面时刻的波场；f 为地震波的频率；f_{h} 为参考频率；Δt 为检波点近地表的走时，其大小为检波点的静校正量。式（4-2-7）等号右端第一个指数项为振幅补偿项，与 Q 成反比，而与走时和频率成正比。式（4-2-7）等号右端第二个指数项为相位校正项，Q 对相位的影响体现在指数 $-\gamma$ 中：

$$\gamma=\frac{2}{\pi}\arctan\frac{1}{2Q} \qquad (4-2-8)$$

稳定性是各种吸收补偿算法都要面对的问题，只有解决了吸收补偿的稳定性问题和噪声压制问题，才能使实际资料的吸收补偿成为可能。这是因为对于较小 Q 当旅行时增大和频率增高时，振幅补偿因子趋近于无穷大。为了避免振幅补偿对高频噪声的无节制放大，增加算法的稳定性，用式（4-2-8）替代式（4-2-7）等号右端的第一个指数项来进行振幅补偿：

$$\Lambda\left(f\right)=\frac{\mathrm{e}^{\left(\frac{f}{f_{\mathrm{h}}}\right)^{-\gamma}\frac{\pi f\Delta t}{Q}}+\beta}{\mathrm{e}^{-2\left(\frac{f}{f_{\mathrm{h}}}\right)^{-\gamma}\frac{\pi f\Delta t}{Q}}+\beta^{2}} \qquad (4-2-9)$$

式中：β 为稳定因子，由经验给出 $\beta^{2}=\exp\left(-0.23G-1.63\right)$；$G$ 为增益控制参数，表示对参考频率 f_{h} 补偿提升的振幅分贝数。

在地震波有效频段内，式（4-2-7）以频率的指数形式进行振幅补偿，高频端抬升幅度大，相当于低频端得到压制。

模型试算结果证明，利用稳定的 Q 补偿计算方法，能够实现在保持信噪比前提下提高地震资料的分辨率。从图 4-2-9 可以看到，常规反 Q 滤波后，在有效信号得到补偿的同时，高频噪声明显抬升，甚至淹没了地震有效信号，通常的解决办法是在反 Q 滤波后通过限频滤波方法压制高频噪声，这种办法尽管使噪声得到大幅度压制，但残留噪声影响仍然较大。而利用稳定的反 Q 滤波计算方法得到的结果，在有效信号得到较好地恢复的同时，也确保了地震记录保持较高的信噪比。

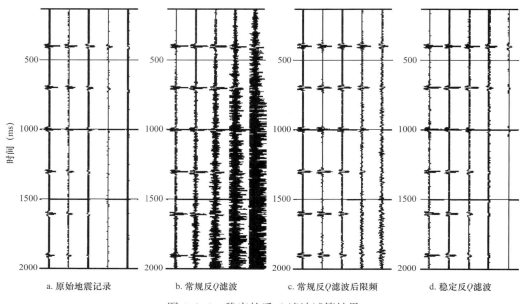

图 4-2-9　稳定的反 Q 滤波试算结果

3）表层 Q 补偿效果分析

近地表补偿会引起地震波的振幅和相位发生改变，在作用和效果上，与常规处理中的振幅补偿及反褶积有类似之处，需要合理配置三者在处理流程中的位置，以最终得到保真、高分辨率地震成像。规则干扰和强振幅异常噪声会影响初至波的振幅统计与分解，在近地表补偿前应予以消除。地表一致性振幅补偿会在区域上提升弱振幅地震道的能量，影响相对 Q 的计算。所以，应先做近地表补偿，恢复被衰减的地震道频率成分，使得高频弱反射的振幅增强，低速异常区的弱反射振幅得到加强，然后再做地表一致性振幅补偿，消除炮点和检波点采集因素不同而引起的振幅差异。

在精细求取表层 Q 场基础上，用稳定反 Q 滤波方法应用于大庆长垣油田北一区断东区块地震目标处理中，见到了明显效果。图 4-2-10 是表层 Q 补偿前后的地震资料频谱，可以看到，表层 Q 补偿后，地震资料的频带由 8～85Hz 拓宽到 8～98Hz，地震资料的主频由 45Hz 提高到 56Hz，地震分辨率按 1/8 波长计算，此技术可使地震分辨率可由 8m 提高到 6m。

从表层 Q 补偿前后剖面对比（图 4-2-11）可以看出，经过表层 Q 补偿后的剖面，萨Ⅱ油层组原有的地震复波明显被分开，垂向地层识别能力进一步提高；通过地震剖面与岩性柱状图对比还可以看到，表层 Q 补偿后的被分开同相轴恰好位于泥岩隔层部位，亦即处于地层速度和密度突变的部位，这与以往的理论认识相吻合，说明该方法具有良好的保真性。

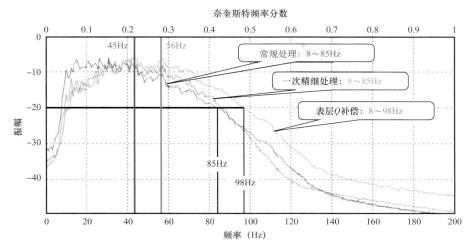

图 4-2-10　表层 Q 补偿前后的地震资料频谱

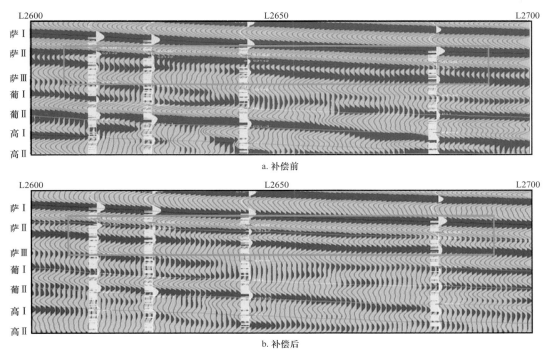

图 4-2-11　表层 Q 补偿前后剖面对比

2. 基于初至波能量的地表一致性振幅补偿

基于初至波能量补偿主要是针对激发能量的频繁变化采取的技术措施。地震资料采集过程中为了确保生产安全和地震资料的完整性，根据建筑物的抗震程度，采用了不同药量激发，导致了地震信号能量差异较大。通过不同激发药量单炮记录对比发现，横向能量差异在初至波上反映更明显（图4-2-12），而初至波能量不受地下地质信息的影响，是激发因素和表层条件的差异的有效反映，因此，根据初至波能量变化特征求取补偿因子并对地震记录进行补偿处理，可以有效补偿因激发能量差异造成的地震记录横向能量不一致问题。

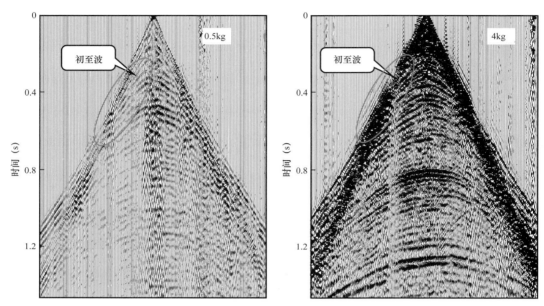

图4-2-12　不同激发药量激发的单炮记录

如图4-2-13所示，经过基于初至波能量补偿后，激发药量差异的影响基本消除，弱能量得到有效补偿，地震反射信息横向能量差异明显减小，目的层的反射同相轴横向变化特征明显，为后续基于地震属性的储层预测奠定了良好基础。

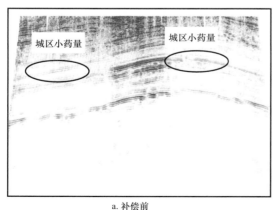

a. 补偿前

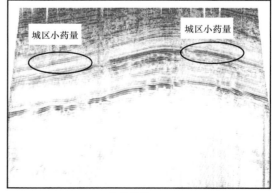

b. 补偿后

图4-2-13　基于初至波能量补偿前后剖面对比

3. 分域两步法地表一致性反褶积

在近地表和大地吸收衰减得到了较好的补偿后，时间和频率域的振幅差异基本被消除了。但振幅差异的消除和补偿不能消除激发子波差异。其原因是，激发子波的形态除了决定于频带宽窄外，相位和虚反射差异是主要的影响因素。

相位和虚反射的空间变化主要来自近地表的风化层厚度和潜水面变化的影响。因此，实际采集中的空间激发子波变化是剧烈的，近地表虚反射引起的波形差异还需要依靠反褶积处理加以解决。通过反褶积处理来进一步解决由于近地表条件变化导致的激发子波在空间上的不一致性问题，同时达到提高分辨率的目的。但炮点和检波点产生的虚反射存在周期差异，因此单一的地表一致性反褶积无法提供合适的参数来消除在炮点和检波点产生的虚反射。地表一致性反褶积采用四域（炮域、检波点域、CMP 域和共炮检距域）一步完成的处理思路，由于表层条件对四域的影响程度存在差异，采用一步法完成反褶积处理，难以实现针对四域分别选择和优化处理参数，因此，将炮点域和检波点域分开，分两步完成反褶积处理，针对不同域分别选择和优化反褶积参数，进一步提高反褶积的处理效果（陈斌，2009）。

1）地表一致性反褶积

基本地震记录褶积模型如下：

$$x(t) = w(t) * e(t) + n(t) \tag{4-2-10}$$

式中：$x(t)$ 为地震记录；$w(t)$ 为地震的综合子波；$e(t)$ 为地层脉冲响应，是需要估计的；$n(t)$ 为噪声分量。

对上述基本地震记录褶积模型进一步深化，分解为地表一致性的形式（M Turhan et al.，1981），可得到一个地表一致性反褶积的模型，在这种形式中，地震道分解为震源、检波器、偏移距及地层脉冲响应的褶积影响，这样就可以清楚地估计由于震源、检波器条件及震源检波器间隔对子波形态带来的的变化。

地表一致性反褶积模型是：

$$x_{ij}(t) = s_j(t) * h_{(i-j)/2}(t) * e_{(i+j)/2}(t) * q_i(t) + n(t) \tag{4-2-11}$$

式中：$x_{ij}(t)$ 为地震记录；$s_j(t)$ 为震源位置在 j 时的波形分量；$q_i(t)$ 为检波器位置在 i 时的分量；$h_{(i-j)/2}(t)$ 为依赖于波形的偏移距分量；$e_{(i+j)/2}(t)$ 为震检中心点位置为 $(i+j)/2$ 时的地层脉冲响应。

具体实现过程，首先对炮检域道集数据进行谱分析，其次选取提取反褶积算子的时窗长度及预测步长，最后根据炮点、检波点方面因素的变化，来提取反褶积算子，并进行反褶积运算。其中，反褶积算子的时窗长度及预测步长的选取是影响反褶积处理效果的重要参数，实际处理应用中，需根据原始资料的优势频带范围及对地震资料分辨率的要求，进行合理的优化选取。

炮检地表一致性反褶积充分考虑了炮点、检波点方面因素的变化来提取反褶积算子，不仅使反褶积算子稳定，更重要的是校正了地表因素的不一致性，使振幅保真度提高。

2）炮域反褶积

炮点反褶积的目的一是提高分辨率，二是消除激发点产生的虚反射。从相对保持波形的提高分辨率流程的最终目的讲，有效地消除近地表引起的虚反射差异是更为重要的处理目的。因此，选择预测步长的主要标准是消除虚反射和提高信噪比，并在此基础上尽可能选用小的预测步长来获得高分辨率的结果。

用不同预测步长进行了炮点统计反褶积试验。不同预测步长的反褶积效果对比表明，当预测步长较小时，反褶积后的数据分辨率较高，但信噪比相对较低。随预测步长增加，虚反射的压制效果相对减弱，数据信噪比相对提高。从兼顾消除虚反射和尽可能提高分辨率的处理目的考虑，应选择适中的预测步长进行反褶积处理。

从处理前后的叠加剖面（图4-2-14）的对比中可以直观反映出最终的处理效果。选择适中的预测步长可以较好地消除虚反射，同时在一定信噪比条件下提高成像的分辨率。

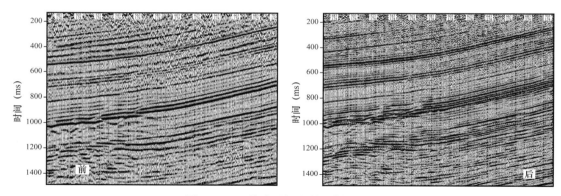

图4-2-14 炮点反褶积前后剖面对比

图4-2-15给出了炮点统计反褶积后的三维平面子波监控的结果。从反褶积前后的三维平面炮点统计子波监控结果的对比上可以看出，经过炮点统计反褶积，三维数据子波的一致性得到进一步改善。近地表差异引起的激发子波差异明显地减小了，虚反射产生的子波旁瓣得到很好地压制。但从处理后的统计自相关分析监控图中仍存在部分近地表影响（子波差异），这需要在检波点统计反褶积中进一步消除。

3）检波域反褶积

检波点反褶积的目的同炮点统计反褶积一样，一是消除接收点产生的虚反射，二是提高最终成像分辨率。即在有效地消除近地表引起的虚反射的基础上，以及满足一定信噪比条件下，尽可能提高最终成像分辨率。因此，选择预测步长的主要标准是消除虚反射的效果和保持一定的信噪比，在此基础上尽可能选用较小的预测步长来获得高分辨率成像结果。

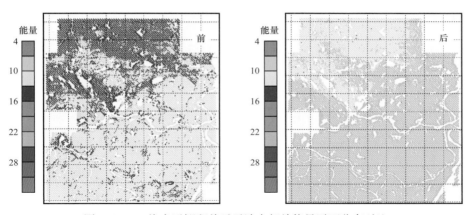

图 4-2-15　炮点反褶积前后子波自相关能量平面分布对比

　　图 4-2-16、图 4-2-17 分别是检波点反褶积和检波点反褶积后的叠加剖面和子波平面变化。从最终成像结果可以看出，经过两步法反褶积处理，近地表引起的激发差异和虚反射影响得到很好地消除，数据成像分辨率明显提高，而且数据的信噪比没有明显降低，有效地消除了近地表的影响，较好地保持了地下的储层信息，达到了叠前保持相对振幅与波形的补偿和提高分辨率的目的，为后续处理奠定了基础。

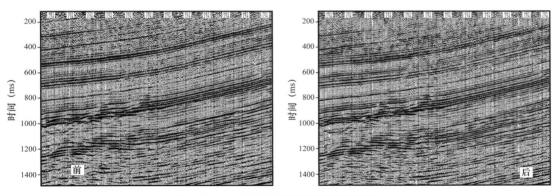

图 4-2-16　检波点反褶积前后剖面对比

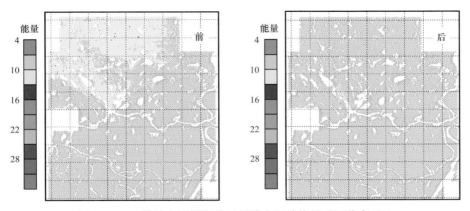

图 4-2-17　检波点反褶积前后子波自相关能量平面分布对比

如图4-2-18所示，与"地表一致性＋多道预测反褶积"相比，"分域两步法地表一致性反褶积"处理成果的沿层振幅属性中，振幅变化特征更加明显，河道砂体展布趋势进一步突显，整体上与厚度图吻合更好，说明后者具有更好的保真性，储层识别能力更强。

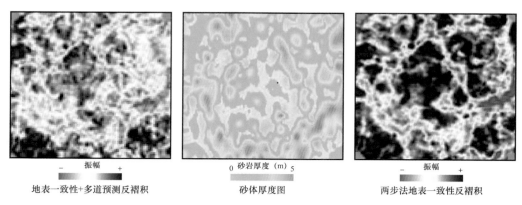

图4-2-18　反褶积不同组合方式的振幅属性与砂体厚度图对比

三、高精度速度分析与建模

在构造起伏较大、断层发育的区域，通常伴随着横向速度的剧烈变化，常规的叠前时间偏移技术通常难以准确成像，需要通过叠前深度偏移技术加以解决。叠前深度偏移的成像效果对速度模型的准确程度更加敏感，它会直接影响成像结果的构造形态、断面位置的准确程度。对于开发阶段而言，油田区的测井信息丰富，利用声波测井资料指导速度谱解释，可以进一步增强速度拾取的确定性。

声波测井记录与地震资料的频带范围有较大区别，声波测井记录的频率可达1～10kHz，而地震记录的主要能量分布在100Hz以内，由于频散效应，声波测井记录反映速度往往与实际地震速度存在较大偏差，无法直接应用声波记录的速度指导地震速度拾取，可以利用其横向的变化趋势指导地震速度拾取。

如图4-2-19所示，在地层平缓区域（矩形框部分），相应位置的声波速度和地震速度谱的强能量团都具有平稳变化的趋势；但在倾斜地层区、断层带以及构造起伏变化的区域（椭圆部分），地震速度存在发散现象，速度拾取难度较大；从声波速度变化趋势（图4-2-19b）看，横向变化特征明显与构造和断层特征相关，这与通常对地震速度的认识相吻合，也表明利用声波速度指导地震速度拾取具有可行性。

从图4-2-20可以看到，利用常规速度拾取的速度，经过叠前时间偏移成像后，断层附近的构造畸变现象仍然存在（图中矩形框），且局部成像效果不理想（图中椭圆形框），而利用声波约束速度提取后，成像效果明显改善。

需要注意的是，这种方法只是利用了声波速度的横向变化趋势，实际的声波速度值并未参与，速度谱拾取过程中，不能脱离地震速度谱能量团的变化区间，它的作用是尽可能减少地震速度的多解性。

a. 地震剖面及声波测井曲线（红色）

b. 声波速度变化趋势

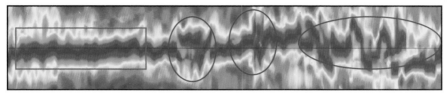

c. 地震沿层速度谱

图 4-2-19 测井声波速度横向变化与地震速度相关性分析

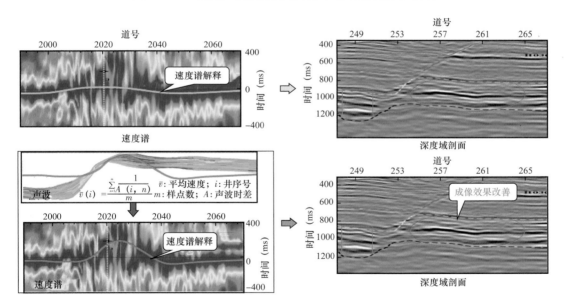

图 4-2-20 声波约束速度拾取实例

图 4-2-21 是叠前深度偏移与叠前时间偏移处理效果对比图，可以看到，叠前深度偏移处理成像效果更加符合地质规律，大断层下盘原来的逆断层断层假象消失，地震剖面中的断面与井钻遇断点的空间位置比较吻合，叠前时间偏移剖面在地震断面与井钻遇断点水平位置误差约有 60m，经过叠前深度偏移后，地震断面与井钻遇断点水平位置误差小于 10m。

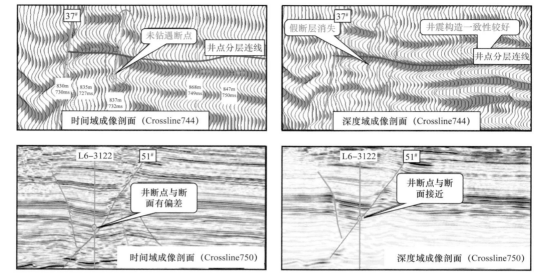

图 4-2-21　声波约束速度拾取实例

四、高精度偏移技术

实际地球介质存在黏性吸收，导致地震波在传播过程中发生吸收衰减。这种吸收衰减对地震波的不同频率成分是不同的，频率越高，衰减得越强。因此，来自不同深度反射的地震信号其频带是不同的，这导致构造越深，常规偏移成像的分辨率就越低。

常规叠前时间偏移方法不具有补偿地震波黏性吸收的能力，成像结果的分辨率较低，因此，将补偿吸收衰减与叠前时间偏移有效地结合到一起，在偏移过程中补偿介质黏性、薄层散射导致的高频地震波幅值衰减，恢复被衰减的高频成分，是提高地震资料分辨率的有效途径（陈志德等，2016）。

1. 补偿吸收衰减的叠前时间偏移技术

1）方法原理

通常只需假设地震波的速度为复相速度，就可以将地震吸收衰减等因素考虑进去。由于地震频带内 Q 随频率变化微小，因此通常假设与频率无关。该假设使估算 Q 成为可能。

在描述地震波耗散时利用等效 Q 而不是精确 Q。计算地震波传播时间用了等效速度（均方根速度）而不是层速度。在这两个等效参数的基础上，可以得到非均匀黏性介质波场延拓的解析方程（Zhang J et al.，2013）。把每道地震数据当作一个炮集数据，通过从地表到深层的单程旅行时 T 得到黏弹性介质反向传播地震道：

$$P(x,y,\omega,T)=F(\omega)\frac{\omega}{2\pi}\exp\left(-\mathrm{j}\frac{\pi}{2}\right)\frac{T}{\tau_g^2 v_{rms}^2}\exp\left[\mathrm{j}\omega\tau_g\left(1-\frac{1}{\pi Q_{eff}}\ln\frac{\omega}{\omega_0}\right)\right]\exp\frac{\omega\tau_g}{2Q_{eff}} \quad (4\text{-}2\text{-}12)$$

式中：τ_g 为接收点到成像点（x，y，T）弹性介质的旅行时间；$F(\omega)$ 为地震道的傅里叶变换；v_{rms} 和 Q_{eff} 为本书引入的两个等效参数，其中：

$$v_{rms} = \sqrt{\frac{1}{T}\sum_{l=1}^{n} v_l^2 \Delta T_l} \qquad \frac{1}{Q_{eff}} = \frac{1}{T}\sum_{l=1}^{n}\frac{\Delta T_l}{Q_l} \qquad （4\text{-}2\text{-}13）$$

式中：v_{rms} 为对应常规时间偏移的均方根速度；Q_{eff} 为与成像点空间位置相对应的等效 Q。

在式（4-2-12）中与 Q_{eff} 相关的两项表示有介质吸收引起的频散和振幅衰减，第四项为波传播的几何扩散影响。正向传播震源波场如下：

$$P_s(x,y,\omega,T) = S(\omega)\frac{\omega}{2\pi}\exp\left(j\frac{\pi}{2}\right)\frac{T}{\tau_s^2 v_{rms}^2}\exp\left[-j\omega\tau_s\left(1-\frac{1}{\pi Q_{eff}}\ln\frac{\omega}{\omega_0}\right)\right]\exp\left(-\frac{\omega\tau_s}{2Q_{eff}}\right)$$

$$（4\text{-}2\text{-}14）$$

式中：$S(\omega)$ 为震源子波的傅里叶变换，在式（4-2-12）和式（4-2-14）中 τ_g 和 τ_s 为弹性介质中的传播时间，可以通过检波点和震源的横向坐标求得。虽然式（4-2-12）和式（4-2-14）是在层状介质的假设条件下推导得到的，但只需允许 v_{rms} 和 Q_{eff} 横向变化，就可以处理横向非均匀介质中波的传播。

从式（4-2-12）和式（4-2-14）中可以看到，频率相关的旅行时间、振幅补偿因子，以及从检波点和震源传播到成像点的振幅都只由成像点的 v_{rms} 和 Q_{eff} 这对参数决定，可以通过扫描的方法来确定 v_{rms} 和 Q_{eff}。

与传统的叠前时间偏移一样，补偿介质吸收叠前时间偏移使用基尔霍夫求和算法。把每一个地震道当作一个炮集，利用式（4-2-12）和式（4-2-14）在深度域按单程旅行时 T 求取地震道反向传播和震源波场的正向传播。因为震源子波的影响可以通过反褶积来消除，忽略式（4-2-14）中的震源波场的前三项 $S(\omega)[\omega/(2\pi)]\exp(j\pi/2)$。把正向传播的震源波场和反向传播的地震道代入叠前深度偏移反褶积成像条件就得到：

$$I(x,y,T) = \left(\frac{\tau_s}{\tau_g}\right)^2\int F(\omega)\omega\exp\left(-j\frac{\pi}{2}\right)\exp\left\{j\omega(\tau_s+\tau_g)\left[1-\frac{\ln(\omega/\omega_0)}{\pi Q_{eff}}\right]\right\}\exp\left[\frac{\omega}{2Q_{eff}}(\tau_s+\tau_g)\right]d\omega$$

$$（4\text{-}2\text{-}15）$$

式（4-2-15）表示一个地震道的偏移脉冲响应。把所有地震道的脉冲响应求和即得到偏移结果。不同于常规叠前时间偏移，频率域式（4-2-15）引入了频率相关的频散项和振幅补偿项（与 Q_{eff} 有关的二项）。当 Q_{eff} 趋近无穷大时，式（4-2-15）中的频率积分简化为估算地震道在（$\tau_g+\tau_s$）时刻的一阶时间导数。式（4-2-15）即简化成为常规的叠前时间偏移。利用式（4-2-15）计算每个地震道的脉冲响应并求和就可以得到 CRP 道集。这和常规叠前时间偏移类似。利用式（4-2-15）时要提前设定合适的偏移孔径，由要成像的不同时间的地层最大倾角确定（Zhang J et al.，2016）。

黏弹性叠前时间偏移需要两个等效参数：v_{rms} 和 Q_{eff}。v_{rms} 可以通过常规叠前时间偏移速度模型建立方法获得；Q_{eff}可以通过扫描的方法获得空变的Q模型。利用地面地震数据求取Q模型，必须处理另一个问题，那就是薄互层叠置产生的薄层调谐效应。强烈的调谐效应使反射波频谱上出现陷频，直接应用谱比法或频移法估算会得到错误的Q。等效Q_{eff}扫描方法通过多个常Q黏弹性叠前时间偏移结果然后拾取最佳Q。为了减少常Q偏移计算工作量，将式（4-2-15）简化为常Q公式，这样黏弹性叠前时间偏移就简化成叠前反Q滤波加上常Q模型叠前时间偏移。

2）模型试验

采用二维频域有限差分方法双程声波波动方程，建立黏弹性介质的衰减正演模拟理论模型。正演模拟速度和Q模型如图4-2-22所示。模拟后的数据包含51个共炮点道集，震源采用的是主频为30Hz的雷克子波，采样间隔为4ms；在模型两侧每边共设20个网格点的衰减区，以减少边界反射。

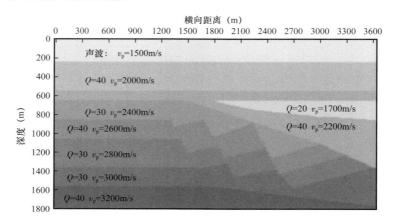

图4-2-22　正演模拟速度和Q模型

对模拟的理论数据进行常规叠前时间偏移和黏弹性叠前时间偏移（图4-2-23、图4-2-24）。如图4-2-23和图4-2-24所示，两个成像剖面上所有反射轴正确归位且精确成像；在模型右侧的楔状体处，波从高速介质入射到低速介质，波形出现极性反转。在常规叠前时间偏移成像剖面上，由于地震波在传播过程中存在衰减和频散，地震波的能量随着深度增加而逐渐减弱；使得深层反射界面成像模糊，振幅减弱，分辨率较差。黏弹性叠前时间偏移对吸收给出正确补偿后（图4-2-24），所有界面得到正确构造归位，深层记录频带得到拓宽（图4-2-25），不考虑黏弹性补偿的时频谱如图4-2-25a所示，考虑黏弹性补偿的时频谱如图4-2-25b所示。如图4-2-25所示，在常规叠前时间偏移的时频谱上，随着深度的增加，地层子波的频带逐渐变窄，峰值频率向低频移动。经过黏弹性叠前时间偏移后，深层的子波频带得到恢复，高频信息得到恢复，深浅层的子波频带宽度保持一致。

理论数据处理结果表明，该方法在对非均匀吸收介质进行正确构造成像的同时，可以完成保幅、提高分辨率的地震处理要求，体现了在成像过程中考虑黏弹性补偿的重要性。

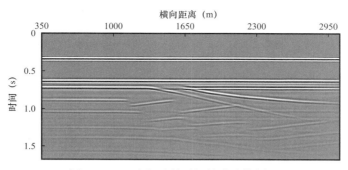

图 4-2-23 常规叠前时间偏移成像剖面

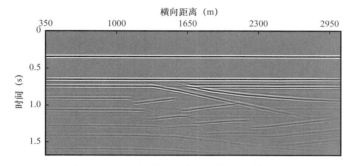

图 4-2-24 黏弹性叠前时间偏移成像剖面

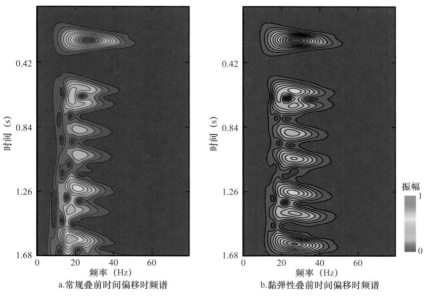

a.常规叠前时间偏移时频谱　　　　b.黏弹性叠前时间偏移时频谱

图 4-2-25 常规叠前时间偏移与黏弹性叠前时间偏移时频谱对比

2. 三维倾角域稳相叠前时间偏移方法

影响叠前时间偏移成像效果的因素包括偏移速度、地震波走时计算、偏移孔径、计算偏移幅值的权系数、偏移算法实现流程等。走时计算与偏移速度共同决定了反射波能否正确归位，偏移孔径及其应用方式决定了偏移噪声和偏移算法的计算量，权系数决定了成像幅值能否正确反映地下界面的反射特征，偏移算法实现流程则对偏移的计算效率和存储需求有重要影响。对偏移方法而言，成像效果、计算效率和存储需求是评价偏移方法的三个重要指标。

在地震数据叠前偏移中，偏移孔径的选择至关重要，其大小关系到振幅保真、偏移噪声压制、陡倾反射成像以及偏移计算效率。小偏移孔径可降低偏移噪声并减少偏移计算量，但不能对陡倾反射成像，且成像振幅不准确；大偏移孔径能够保证陡倾反射成像，但会引入偏移噪声，进而影响振幅关系，并极大地增加偏移计算量。因偏移孔径选择不当引入的偏移噪声是影响振幅的重要因素。随着集群并行计算能力的提高，可以不考虑偏移计算量的增加，但陡倾反射成像与压制偏移噪声之间的矛盾仍困扰着偏移孔径的选取。在常规积分法叠前时间偏移中，偏移孔径只在垂向变化，而不能体现空间变化。通常为了保证陡倾反射成像，选择全区统一的较大偏移孔径，致使成像结果存在明显的偏移噪声。对真振幅成像和偏移噪声压制而言，最佳偏移孔径是第一菲涅尔带（陈树民等，2018）。基于稳相原理在偏移过程中构建出地层倾角道集，体现菲涅尔带特征。由下式生成地下成像点 (x, y, T) 的倾角道集：

$$I\left(x,y,T,\alpha_x,\alpha_y\right)=\sum_{m=1}^{n}\left(\frac{\tau_s}{\tau_g}\right)^2 f'_m\left(\tau_s+\tau_g;x_s,y_s,x_g,y_g\right) \qquad (4\text{-}2\text{-}16)$$

式中：T 为成像点双程垂向走时；α_x、α_y 分别为沿 x 和 y 方向的地层倾角；n 为地震道数；$f'(t)$ 为地震道的一阶时间导数；τ_s 和 τ_g 分别为炮点和检波点的走时；x_s 和 y_s 分别为炮点的横坐标和纵坐标；x_g 和 y_g 分别为标检波点的横坐标和纵坐标。

在地层倾角道集中（图4-2-26），清晰地展示出稳相点及其菲涅尔带，表现为：（1）稳相点位置明确，各同相轴的反射时间顶点即为稳相点；（2）道间时差明显，同相轴的反射时间呈现以稳相点为中心两侧向上弯曲的形态，而且随着深度增大，弯曲程度加大，便于确定菲涅尔带；（3）波形横向变化明显，同相轴的反射波形在稳相点领域相对稳定，在领域之外的两侧波形发生畸变，且地层倾角越大，畸变越严重，这种畸变波形参与叠加就会引起偏移噪声、振幅变化、分辨率降低；（4）振幅横向变化明显，同相轴的反射振幅在稳相点领域相对稳定，在领域之外的两侧减小。采用偏移扫描确定各成像点的偏移孔径，实现偏移孔径的时变和空变。在叠前时间偏移实现过程中，首先计算出输入地震道对应成像点的地层倾角，仅允许倾角绝对值小于孔径范围的地震道参与偏移成像，达到三个目的，一是压制偏移噪声，实现真振幅成像，排除菲涅尔带之外的地震道对成像振幅的影响；二是提高偏移计算效率，无须对菲涅尔带之外的地震道进行偏移计算；三是可精细拾取断裂带的偏移孔径，避免全区统一偏移孔径对断裂带与平坦反射区的无法兼顾。

3. 应用效果

在黏弹性叠前时间偏移中，每个成像点都要在有效频带内进行频率点的补偿成像，与常规叠前时间偏移相比，增加了大量的工作量，采用GPU加速方法特别适合于大数据量并行运算，将黏弹性叠前时间偏移方法进行 GPU 加速可以大幅提升该方法的计算效率。黏弹性叠前时间偏移与常规叠前时间偏移相比，实现了成像过程中的高频信息有效恢复，地震资料垂向分辨率进一步提高，同时，利用稳相偏移提高了资料信噪比（图 4-2-27）。

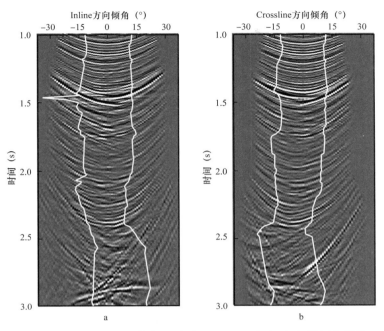

图 4-2-26　CDP Inline 方向（a）与 Crossline 方向（b）的倾角道集
白线为拾取的菲涅尔带边界

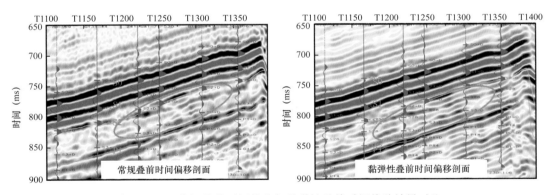

图 4-2-27　常规叠前时间偏移与黏弹性叠前时间偏移效果对比

第三节　高分辨率处理关键技术

地震资料的分辨率是制约勘探精度的重要因素，高分辨率地震资料处理的目的是合理恢复地震记录的高频和低频信息，有效拓宽频宽。随着岩性油气藏勘探开发的不断深入，薄储层的问题日益突出，其预测精度会直接影响到后续的油藏评价和井位设计。

通常认为高分辨率地震资料处理的关键环节是压缩地震子波，拓宽有效信号的频带范围。国内外已提出了多种提高分辨率的处理方法，例如反褶积、谱白化、宽带约束反演、反 Q 滤波等。高分辨率地震资料处理技术的本质是拓宽频宽，相对于高频信息，低频信息对增强剖面层次感、提高反演精度的作用更重要，恢复难度也更大，在今后的高分辨率地震资料处理中，应更注重低频信息的保护和恢复。这里主要介绍基于小波变换的高分辨率处理技术和谱反演拓频技术。

一、基于小波变换的高分辨率处理技术

小波分析是 20 世纪末期应用数学和工程科学中一个迅速发展起来的新领域，且在实际工程应用中一直以来发挥着重要作用。连续小波变换（Continuous Wavelet Transform，简写为 CWT）是小波分析理论中的一个重要组成部分，最初是由法国科学家 Morlet 于 1980 年在进行地震资料分析时引入的。其基础是通过伸缩和平移等运算对函数（信号）进行多尺度的细化分析，将一个信号分解在时间和尺度平面上，同时也不丢失原有信号的信息。连续小波变换继承了加窗傅里叶变换的时频局部化的思想，同时克服了其窗口大小固定不变的缺点，提供了一个随频率改变的时频窗口，时频局部化特性适合于分析时变信号，解决了传统傅里叶变换不能解决的许多问题（陈文超等，1998）。因此，已经在很多领域成功地应用，并取得了具有科学意义和应用价值的成果。

连续小波变换实现地震信号频谱拓展流程包括以下四个环节。

（1）单道地震信号连续小波变换。依据连续小波变换地震道分解到时间频率域，连续小波变换在时频平面内的良好局部化特性和冗余特性，提供了可以在频率域预测可扩展的频率，并且利用时间频率域中的不完全信息重建信号的可能。时间频率域的联合分辨率受不确定性原理的约束，根据尺度的变化而变化，尺度增大时，时间分辨率较低，频率分辨率较高；反之尺度减小时，时间分辨率较高，频率分辨率较低。

（2）基准频率的选择。基准频率是用来计算谐波和次谐波的标准，同时也是预测谐波和次谐波振幅谱的基础频率段的标准。因此，基准频率的选择对信号带宽扩展的效果有着直接的影响。基准频率一般是在原始信号的振幅谱中选择，所以其选择与振幅谱的衰减程度，衰减速度都有关系，依赖于具体信号的振幅谱。

（3）多尺度能量谱密度计算。在基准频率选择确定之后，应用该频率计算扩展高频端和低频段的可扩展范围；通过对谐波、次谐波振幅谱的能量密度进行调节，使得期望展宽的高、低有效信号的振幅谱幅度近似与原始数据基础频带相等，即通过能量调节后的宽频带地震数据振幅谱的有效频带谱峰近似平坦，如图 4-3-1 所示。

（4）反射系数估计。在时频域得到带有已扩展带宽的信息，对其进行连续小波变换

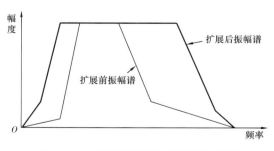

图 4-3-1　扩展带宽前后振幅谱示意图

的逆变换，重建已扩频的时间信号。这个过程可以认为是一个类卷积的过程，因为它的发生是在时频平面上。通过将谐波和次谐波的频率信息附加到地震道上以增加地震子波的带宽来揭示反射系数，这种反射系数通过其他方式是很难探测到的。反射系数通过直接观测一般难以得到。这样，对应于反射系数的谐波和次谐波被加入地震道中，提高了反射系数估计的精度。

图 4-3-2 和图 4-3-3 给出了松辽盆地长垣地区原始数据及连续小波变换方法拓频结果对比。从处理前后的剖面对比来看，通过连续小波变换方法拓频处理，不仅提升了原始资料的分辨率，且保持了较高的信噪比，显著增强了地震资料对地质目标的刻画能力。从图中可以看出，经过连续小波变换的地震资料频谱拓展方法处理后的剖面，其高频成分拓展约均为 20Hz，低频成分也有一定的拓展，图 4-3-4 给出了归一化振幅谱对比图。

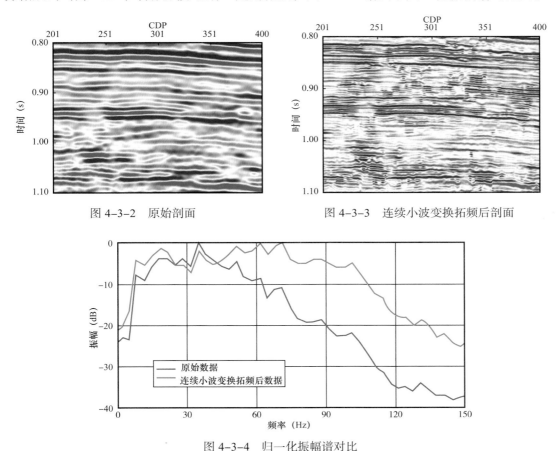

图 4-3-2　原始剖面　　　　　　　　图 4-3-3　连续小波变换拓频后剖面

图 4-3-4　归一化振幅谱对比

二、谱反演拓频技术

谱反演方法是 Portniaguine O 等（2004）提出一种有别于传统地震反演的新方法，其主要特点是只采用部分频谱资料就可反演稀疏反射系数或层厚。Chopra S 等（2006）应用谱分解获得的局部频谱资料反演薄层反射系数。Puryear C I 等（2008）把反射系数分解

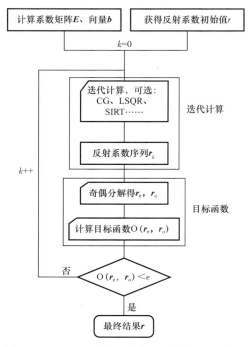

图 4-3-5 基于最小二乘共轭梯度算法的谱反演流程

成偶分量和奇分量，发展了一种新的谱反演算法，可以稳健地确定小于地震调谐厚度薄层的绝对层厚，由于谱反演法能分辨调谐厚度以下的薄层，因而得到了广泛应用。

谱反演的原理是根据时间域褶积模型，从地震记录中去除地震子波的影响，进而得到反射系数序列。子波的正确与否将很大程度上影响反演的结果，因此子波的提取是一个非常重要的过程，应尽可能使子波接近于真实子波。

根据谱反演原理和最终优化求解算法，设计基于反射系数序列非稀疏假设的谱反演流程如图 4-3-5 所示。

在实际地震数据的处理中谱反演过程大致包含以下四步：

（1）子波提取，精细提取时变子波；

（2）从地震数据中去除子波，提取计算反射系数的奇部和偶部；

（3）根据稀疏脉冲反演计算初始反射系数的方法，反演出高频成分；

（4）高频成分与奇部、偶部反射系数，由权重函数控制，组合出完整的宽频反射系数体。

如图 4-3-6 所示，谱反演后的地震资料分辨率得到了提高，反射系数剖面反映了更多的地质信息，通过井震标定发现与井数据吻合较好。

根据 Chopra 对谱反演成果使用的建议，利用带限子波与处理后的反射系数进行褶积处理获得宽频剖面（图 4-3-7）。与原始叠后振幅剖面（图 4-3-6a）相比，分辨率明显提高，反射波组增加，地质信息更为丰富。当然增加的反射波组具体的地质意义还需要结合井信息和研究区地质背景加以综合确定。

对得到的宽频资料进行了层位追踪及沿层属性提取，图 4-3-8 为萨 II 12 小层振幅属性和由井资料得到的砂体厚度图对比，从图中可以看出，河道砂体展布特征明显，井震吻合程度高。对某工区 639 口井该层 2～6m 的砂岩进行了井震标定，符合率为 73.9%，说明该方法具有较好的保真性。

应用宽带滤波成果资料沿层振幅属性指导该区断层东侧井震结合储层刻画。图 4-3-9 为高 I 6+7 小层振幅属性（图 4-3-9a）与井震结合形成的沉积相带图（图 4-3-9b），精细刻画了河道空间展布，提高了储层刻画的精度。

谱反演是一种精细识别薄层和反射系数的反演方法。在没有噪声和地震子波已知的情况下，该方法能识别厚度小于调谐厚度的薄层，并且可以精确地刻画出地层的边界。谱反演的目标函数具有较好的收敛性和约束能力，通过调整反射系数的位置和大小，在目标函数的约束下，可得到反射系数信息。反射系数成果应用方面，可直接在反射系数成果剖面上进行薄层、层序等地质目标的标定与识别，也可以选择合适的带限子波与其褶积形成宽频剖面，在宽频剖面对地质目标进行研究。应用实例表明，利用提高分辨率后的地震数据体具有较好的保真性，更易划分沉积相。

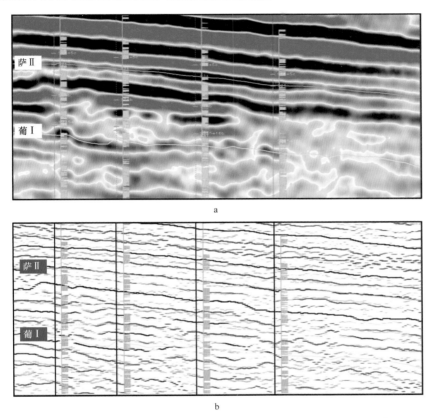

图 4-3-6　原始地震剖面（a）及谱反演得到的反射系数剖面（b）

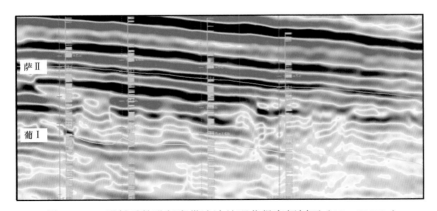

图 4-3-7　反射系数进行宽带滤波处理获得宽频剖面（10～120Hz）

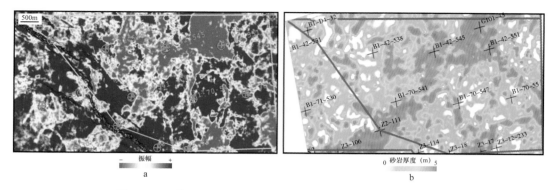

图 4-3-8　萨Ⅱ12 小层振幅属性（a）与砂体厚度图（b）对比

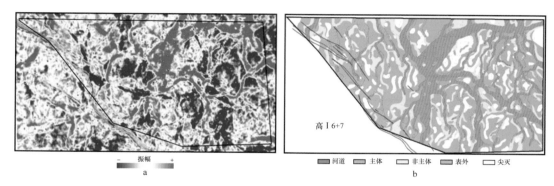

图 4-3-9　高Ⅰ6+7 小层振幅属性（a）与井震结合形成的沉积相带图（b）

　　谱反演处理技术成果分辨率很高，在应用方面具有一定的适应性。在利用谱反演处理成果对地质目标进行精细分析时，需要地球物理人员和地质人员结合起来研究其高分辨的地质意义，为高精度目标勘探和开发提供更有价值的基础数据。

第四节　保幅处理质控方法

一、常规质控和保幅质控异同性分析

　　常规的质量控制方法，涵盖了预处理、静校正、球面扩散补偿、叠前去噪、地表一致性振幅补偿、反褶积、速度分析、剩余静校正、叠前数据规则化、叠前时间偏移及道集优化等各个环节，多年的实践已证实，基于控制点、控制线和平面属性的常规的质量监控方法，在地震振幅、频率、相位的相对保持及静校正量、速度场等关键参数合理性方面都起到了明显的作用。地震资料处理的过程质量控制，是优化处理流程和参数，保障资料处理质量的主要手段。早期的处理过程质量控制过程，一般是在所要处理的地震工区中，选择代表性的试验线（束），通过信噪比分析、频谱分析、典型单炮对比、剖面对比等手段，指导处理参数选取和处理流程建立，再对全地震工区应用；由于试验线（束）包含的范围较小，一般难以全面涵盖全区资料的具体情况，得到的处理流程和参数有明显的局限性。近年来，基于控制点、控制线和平面属性的过程质量控制方法逐步得到推广应用，处理流程和参数的选取不再局限于试验线（束），而是在全区处理过程中，通过实时的质量分析和对比不断改进和完善，实现处理流程的逐步优化。目前，基于控制点、控制线和平面属性的过程质量控制方法，已经发展成为普遍使用的常规质量控制方法。中国石油天然气集团公司已经于 2016 年发布了关于地震资料处理过程质量控制的企业标准《地震数据处理质量分析与评价规范》，该标准规定了二维、三维地震数据处理过程中质量监督开展的质控环节、内容、方式、质控流程及质控记录格式等，适用于二维、三维地震数据处理质量分析、评价与监督。新标准在 GB/T 33685—2017《陆上地震勘探数据处理技术规程》和 SY/T 10020—2018《海上拖缆地震勘探数据处理技术规程》的基础上补充增加了适合保幅处理质控的处理解释一体化质控点和质控方法。图 4-4-1 是《地震数据处理质量分析与评价规范》给出的对地震资料处理过程的质量分析与评价流程。

保幅质控是希望地震振幅的能量强弱能够更好地反映地质体的变化特征。常规的处理质控方法在致力于消除地表影响、保留地下地质反射信息的同时，客观上已经起到了保幅控制作用，但由于其质控图件的制作过程仍有参数需要选择、不同技术人员对同一质控图件的分析可能出现不同结果，以及大时窗的统计计算得到的图件难以反映具体层段或层位的波形特征，使监控结果仍具多解性。因此，基于地震处理—解释一体化的保幅质量监控方法，逐步成为地震处理质量监控的重要辅助手段。

保幅质控主要包括三方面：

（1）利用多井合成地震记录，通过地震反射特征与合成地震记录的相似性分析，评价处理成果振幅保真度。

（2）通过沿层地震振幅属性与地质研究成果的符合程度对比，找出符合程度较高的处理结果对应的处理方法和参数，完善处理流程。

（3）利用井旁地震叠前正演道集数据的 AVO 特征对叠前时间偏移后的共成像点道集的 AVO 属性进行监控，判断处理成果中叠前道集的保真度。

在具体实施保幅质控过程中，对处理工区的质控点、线、面等质控点的选择十分重要。控制点是指一个地震工区典型的地震道集记录（一般为炮集记录），控制点的数量需要依据区内地表情况而定，每一个控制点各自代表一类特定地表条件的地震记录特征，如水域、耕地区、高岗区及村庄区等。基于控制点质量控制方法的基本做法是，在地震处理过程中，利用地震记录及其信噪比、能量曲线、频谱，以及自相关等各种属性图件，首先对比同一控制点地震记录，以达到反射同相轴双曲线特征逐步恢复、信噪比逐步提高（或反褶积后信噪比不降低）、能量分布逐步均匀、频带逐步展宽、虚反射逐步减弱、子波逐步得到压缩等效果为基本要求，指导处理参数优选；再针对不同控制点的地震记录，以控制点地震记录之间的信噪比、能量、频带宽度、子波形态等属性差异减小、特征逐步趋于一致为依据，指导处理参数优选。基于控制线的质量控制，是在地震处理过程中，利用地震工区内沿着某些特定方向的地震记录，利用各个处理环节技术应用前后的地震叠加剖面、自相关剖面、频谱剖面等图件，分析和评价处理成果的构造形态、波

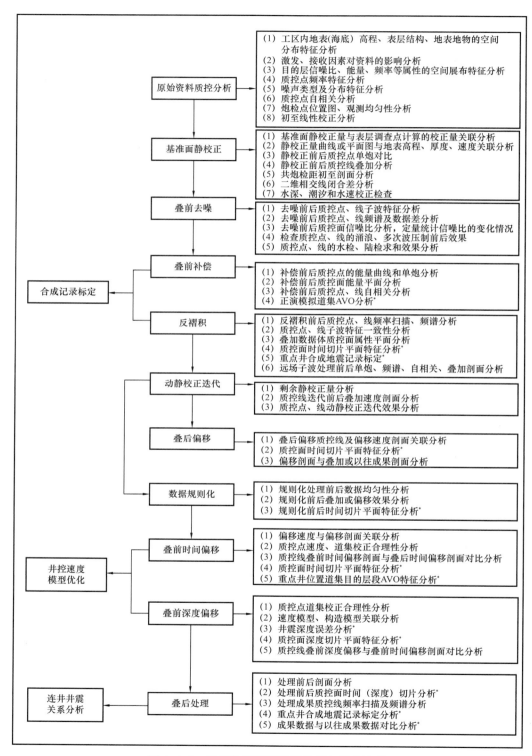

图 4-4-1　地震数据处理质量分析与评价流程
* 表示必须做

形特征及频带宽度与地表条件的相关性是否得到消除，进而指导参数优选。基于平面属性的质控方法，是在地震处理过程中，利用地震记录的能量、主频等平面属性图，与表层高程、低降速带速度、地表障碍物等平面图对比，实时分析和判断地震记录属性与地表条件的相关性是否得到消除；当处理结果的各种属性特征空间趋于一致或其变化特征与地表特征不具有相关性时，则认为地表条件对地震记录的影响得到消除，而保留了地下地质条件变化的反射信息。

在实际地震资料处理工作中，基于控制点、控制线和平面属性的三种质量控制方法是相互结合、同时进行的。基于控制点的质控方法具有过程简单、效率高的优点，可以针对每一个环节、每一个处理参数进行快速分析和评价，得到初步处理参数，以便进行下一步的处理试验；基于控制线的质控方法，一般控制线会穿越工区内多个具有不同地表特征的区域，可以更细致地分析各种地表条件影响的消除情况，能够确保在所选定方向上地震处理效果逐步改进；基于平面属性的质控方法，主要是考虑地震记录能量和子波属性空间分布特征的合理性，它是对整个数据体的全面质控，因为需要从全数据体中抽取属性平面图，计算周期相对较长，因此，一般在振幅补偿、反褶积等对振幅和子波有直接影响的关键环节上应用。

二、处理解释一体化处理质控方法

随着油田勘探、开发的不断深入，地质研究的目标越来越精细，目标尺度越来越小，对储层的精细描述越来越重要，储层砂体走向、空间规模、连通性、接触关系的描述准确与否，直接影响油田井位部署、射孔位置确定、注采关系调整等工作的成功率。这要求地震资料不仅要有更高的分辨率，更要求地震资料各种属性能够正确反映储层岩性的变化特征，即保持地震波场的动力学特征，包括振幅、频率和相位等。其中，地震振幅属性是井震结合岩性油藏描述最为常用的地震属性，因此，在地震资料处理过程中，实现地震振幅的相对保持十分关键。常规基于控制点、控制线和平面属性的过程质量控制方法，在地震振幅相对保持方面起到了积极的作用。因此，在面向岩性油藏目标的地震资料处理中，这种质控方法仍然是不可或缺的重要手段，区别在于面向油田区复杂的地表条件和小尺度的地质目标，要求典型点、线的选择更加精细，要求的技术指标更严格。

油田开发阶段，丰富的测井资料和深入的地质认识可以成为检测地震资料处理成果保真性和分辨能力的直观依据。充分利用油田开发区丰富的测井资料和深入的地质认识，可以更客观地评价地震处理成果的振幅保真程度，为地震处理方法、参数优化和处理流程的完善提供依据。

1. 地震记录与合成地震记录相似程度分析方法

合成地震记录是利用声波和密度测井资料求取反射系数序列后将反射系数序列与地震子波进行褶积所得到的结果，不仅包含地震反射时间与地质层位的对应关系信息，而且能够有效反映地震反射信号的振幅和波形特征，是连接地质、测井和地震资料的桥梁。如果地震处理的效果不理想，则会降低合成地震记录与地震反射信号波形特征的吻合程度，甚至无法确定地震反射同相轴所对应的地质层位。因此，需要通过合成地震记录与地震处理成果的相关性分析评价地震处理效果。

首先，考虑测井资料与地震资料采集年份的差异并按一定的井网密度选择与地震采集年份相近的声波、密度测井资料。根据不同年份采集测井资料时使用的测井仪器、测井系列及其记录方式等对测井资料的声波、密度曲线进行标准化处理，以消除不同年份测井曲线之间的系统误差和随机误差。基本做法是找出沉积稳定、声波和密度曲线特征明显的标准层，制作各标准层的声波和密度的频率直方图，对比每口井的频率直方图与关键井的频率直方图，以关键井的频率直方图为基准计算其他井的声波、密度曲线的校正量并进行校正。

其次，利用校正后的声波和密度测井资料制作合成地震记录，通过地震剖面中特征明显的波组与合成地震记录对比完成对地震处理成果的层位标定。为了提高层位标定的精度，需在单井的层位标定基础上通过连井剖面微调各井点的地震层位标定结果，以使各井点的地质层位与地震层位的对应关系保持一致。

最后，分别利用不同地震处理方法得到的阶段性成果计算合成地震记录与地震资料的相关系数，并以平均的相关系数较大为原则选择相应的处理方法或参数。通常，地震剖面中连续性较好、反射能量较强的地层与合成地震记录均有良好的相关性，因此计算相关系数时避开强反射层或分时窗计算才能突出不同地震处理成果之间的效果差异。

图4-4-2展示参数优化前后处理结果与合成地震记录的对比情况。可以看到，参数优化前的处理成果剖面，地震波组特征与合成地震记录的吻合程度较差，在萨Ⅱ至葡Ⅰ油层组之间，合成地震记录中显示出4个同相轴，而地震剖面中仅有2~3个同相轴，层间信息较少，且横向变化不稳定；参数优化后，这种现象得到明显改善。同时也可以发现，地震振幅的强弱在垂向上与合成记录吻合的并不好，表明处理方法和参数还需进一步调整。

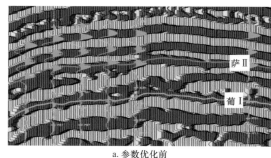

a. 参数优化前　　　　　　　　　b. 参数优化后

图4-4-2　参数优化前后处理结果与合成地震记录对比

实际应用中，还可以结合地震记录与合成地震记录的互相关程度计算的方式，给出符合程度的量化对比结果，指导处理方法和参数选择。

2. 地震沿层属性与地质研究成果相似性分析方法

已开发油田基于密井网资料形成的地质研究成果，包括沉积相带图、储层砂体厚度图等，能够较好地反映储层的整体分布特征，可以作为评价地震处理效果的标尺，有效检验地震处理效果，指导地震处理方法和参数的优化。基本思路是，在地震资料处理过程中，针对不同方法和不同关键参数得到的处理结果，通过地震沿层振幅属性提取、与储层岩性图对比，选择相似性较高的地震属性所对应处理方法和参数，实现保幅质控。

　　首先，要分层进行处理效果评价，确保地震振幅属性能够较好反映储层砂体展布特征。图 4-4-3 展示了两次处理成果萨Ⅱ12 小层地震属性与砂岩等厚图的对比情况，可以看到，第一次处理的成果的沿层属性（图 4-4-3a）与砂岩等厚图（图 4-4-3b）的吻合度较差，北部大面积分布的河道砂体以及河道砂体的整体走向，在第二次处理结果的沿层属性（图 4-4-3c）中反映得比较明显；东南部的窄小河道砂体也比较清晰，说明第二次处理流程及参数更加合理。通常，为了确保效果评价的可靠性，要选择多个层位进行效果分析。

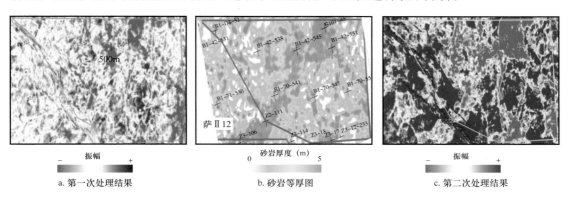

图 4-4-3　两次处理结果沿层地震属性与砂岩等厚图对比

　　需要注意的是，尽管地震的振幅属性与砂体厚度具有明显的相关性已得到公认，但由于当前地震资料的分辨率还难以直接分辨较薄的储层，不是每个储层都能得到合适的地震属性切片。因此，需要选择砂体较厚或层间泥岩隔层较厚的层位，作为保幅监控的标准层。

　　其次，要分处理环节进行处理效果评价，确保随着处理过程的不断推进效果逐步改善。图 4-4-4 展示萨Ⅱ2 小层的各个环节处理效果分析结果。可以看出，在地震处理的初始阶段，亦即噪声压制后（图 4-4-4a），处理成果的沿层属性与砂体等厚图（图 4-4-4d）对应关系较差，仅有中部自北向南分布范围较大的河道砂体得到了较好反映，而东北部和西北部的窄小河道砂体展布特征亦即南部大面积分布的河道砂体特征几乎没有响应；经过后续反褶积及优化成像等技术手段进一步处理后（图 4-4-4c），处理成果的沿层属性与砂岩等厚图的对应关系得到明显改善，河道砂体整体展布趋势响应特征更加明显。

　　此外，也可通过地震属性与储层岩性的符合程度计算，量化评价处理成果的保真度。在沿层地震振幅属性切片中，以测井资料的小层岩性解释结果为依据，分别统计砂岩、泥岩与测井解释的岩性相符合的井点数，以符合井数与总井数之比代表井震的符合程度，进而指导处理方法和参数的优选。

　　同样也可以使用地震沿层属性与地质研究成果相似性分析方法，对地震解释中所需要的其他地震属性，如频率、相位及衍生出其他各种属性信息，进行保真度监控。

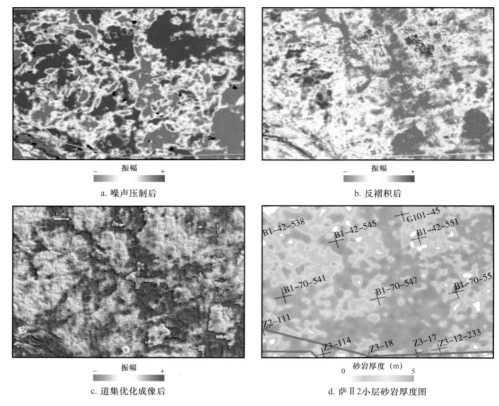

图 4-4-4　不同环节处理结果沿层地震属性与砂岩等厚图对比

3. 叠前正演道集与地震道集相似性分析方法

保幅地震资料处理是为地震储层预测服务的，其中有相当大的一部分工作是叠前地震储层预测，因此道集的处理要求保持相对真实的 AVO 特征，以满足叠前储层预测的需要。叠前地震正演主要用来分析岩性、孔隙度和流体变化（包括流体类型和饱和度变化）对地震反射特征的影响，建立响应模式，指导实际资料的 AVO 分析。另外，地震正演方法不受野外采集和处理的影响，可以相对真实地反映地质特征的地震响应，从一个方面衡量实际地震记录的保真程度。

为了验证叠前处理的相对保幅程度，制作的某井合成记录。某工区内沙河街组地层发育大型的复杂岩性体，由火山岩、火山碎屑岩和砂泥岩构成，其中玄武岩由于具有高速、高密的性质，其反射特征在地震剖面上易于识别。该井在沙河街组发育三套玄武岩，如图 4-4-5 所示，自上而下其厚度分别是 95m、34.5m、53.5m，这三套玄武岩顶面反射的 AVO 特征分析结果如图 4-4-6 所示。分析结果表明，一方面，处理过程较好地保持了实测道集本身的 AVO 特征；另一方面，近偏移距道集质量相对稍差，AVO 特征保持不尽人意，这也是该区地震保幅处理的难点。但由于 AVO 曲线的整体趋势基本保持，因此对后续叠前储层预测不会造成太大的不利影响。

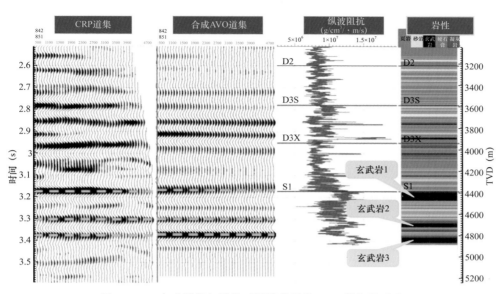

图 4-4-5 合成道集与叠前时间偏移后的 CRP 道集的对比

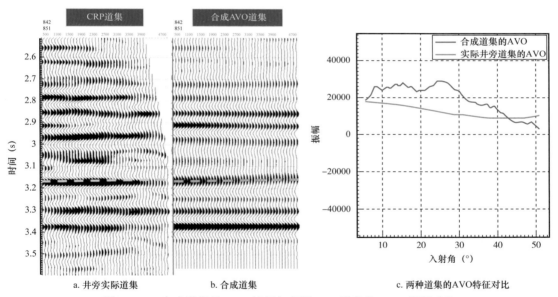

图 4-4-6 合成道集的 AVO 特征与实际 CRP 道集的 AVO 特征对比

应用这类方法的前提是对岩石物性、流体性质等因素的理解要正确，否则也存在多解性。

第五节 小 结

无论是油田勘探阶段，还是油田开发阶段，获得高信噪比、高分辨率和高保真的"三高"地震资料，一直是地震处理技术的攻关方向，三者相互依赖，互为条件，不可分离。在油田开发阶段，面对更加复杂的地表条件和尺度越来越小的地质体，地震资料处理仍以"三高"要求为目标，在噪声压制、静校正、反褶积、偏移成像及保幅质量控制等方面，均得到快速发展。

在噪声压制方面，针对各类干扰源产生噪声的类型、噪声分布的频带范围、噪声能量强弱及噪声在不同域的表现形式，形成了"六分法"去噪技术，增加了基于地震记录信噪比的区域划分技术，实现了不同区域、不同类型噪声的有效压制；采用去噪与振幅补偿、反褶积的循环迭代逐级去噪方法，实现了在保护有效信息和波组特征不受损害前提下的信噪比逐步提高，有效解决了来自地表复杂多干扰源导致的多类型、空间特征不一致的噪声压制问题。

在静校正方面，面对油田区近地表层低降速带横向的剧烈变化，发展了表层模型静校正和初至折射波静校正相结合的方法，成功地实现了静校正量的高、低频分离和合理组合，结合剩余静校正技术，既保证了成像结果构造特征的准确性，也确保了共反射点同相轴的同相叠加。

在反褶积处理方面，为进一步提高地震资料的分辨率，第一，考虑了表层吸收对地震信号的振幅、频率及相位的影响，建立了基于微测井资料和地震资料联合的表层空变吸收模型求取方法，改进了反 Q 滤波的计算方法，实现了有效频带范围内地震记录的高频信息恢复；第二，在常规反褶积处理方法研究基础上，考虑了地表一致性反褶积无法提供合适的参数来同时消除激发点和检波点上产生的虚反射问题，发展了分域两步法反褶积技术，实现了激发点和检波点处理参数的独立选择，进一步提高了地震资料的地表一致性及纵向分辨能力。

在偏移成像方面，一是发展了补偿吸收衰减的叠前时间偏移技术，建立了等效 Q 的求取方法，在偏移成像过程中实现了吸收补偿，地震成像分辨率得到较大幅度的提高。二是发展了三维倾角域稳相叠前时间偏移方法，基于稳相原理在偏移过程中构建出地层倾角道集，体现菲涅尔带特征，有三个优势：（1）压制偏移噪声，实现真振幅成像，排除菲涅尔带之外的地震道对成像振幅的影响；（2）提高偏移计算效率，无需对菲涅尔带之外的地震道进行偏移计算；（3）可精细拾取断裂带的偏移孔径，避免全区统一偏移孔径对断裂带与平坦反射区的无法兼顾。三是针对构造起伏较大、断层发育区域横向速度突变、时间域偏移成像产生构造假象的问题，形成了基于声波测井资料约束的深度域速度模型建立方法，并通过叠前深度偏移，实现了构造和断层的准确成像。

在保幅质控方面，为进一步提高地震资料处理的保真程度，提高地震资料描述地下储层地质信息的能力，引入了密井网条件下的地质研究成果作为方法和参数选择参考依据，在地震处理质控技术基础上，以振幅属性切片整体趋势与地质研究成果主要特征相似为目标，通过分层位、分环节的解释评价，实现了地震资料处理过程关键环节的方法和参数优化。

参 考 文 献

陈斌，2009. 两步法地表一致性反褶积在大庆油田的应用［J］. 内蒙古石油化工，35（11）：145-147.

陈树民，刘礼农，张剑峰，等，2018. 一种补偿介质吸收叠前时间偏移技术［J］. 石油物探，57（4）：

576–583.

陈文超，高静怀，汪文秉，1998. 小波变换用于提高过井地震资料分辨率的方法研究［J］. 西安交通大学学报，32（12）：44–47.

陈志德，王成，刘国友，等，2015. 近地表 Q 值模型建立方法及其地震叠前补偿应用［J］. 石油学报，36（2）：188–196.

陈志德，赵忠华，王成，2016. 黏滞声学介质地震波吸收补偿叠前时间偏移方法［J］. 石油地球物理勘探，51（2）：325–333.

李庆忠，1993. 走向精确勘探的道路——高分辨地震勘探系统工程剖析［M］. 北京：石油工业出版社.

凌云研究组，2004. 叠前相对保持振幅、频率、相位和波形的地震数据处理与评价研究［J］. 石油地球物理勘探，39（5）：543–552.

马在田，夏凡，杨锴，2005. 提高反射地震成像分辨率的方法及应用［J］. 天然气工业，25（9）：29–32.

王元波，王建民，卢福珍，等，2014. 基于地质模式的大庆长垣油田地震资料处理［J］. 大庆石油地质与开发，33（3）：141–145.

渥·伊尔马兹，2006. 地震资料分析——地震资料处理、反演和解释（上、下册）［M］. 刘怀山，王克斌，董思友，译. 北京：石油工业出版社.

张尔华，陈树民，宋永忠，等，2009. 突出河道砂体地质特征的地震保幅处理技术：以松辽盆地北部扶余油层为例［J］. 地质科学，44（2）：722–739.

Chopra S, Castagna J P, Portniaguine O, 2006. Seismic resolution and thin–bed reflectivity inversion［J］. CSEG Recorder, 31（1）：19–25.

M Turhan Taner, Fulton Koehler, 1981. Surface consistent corrections［J］. Geophysics, 46（1）：17–22.

Portniaguine O, Castagna J P, 2004. Inverse spectral decomposition［C］//The 74th SEG annual Internaational Meeting. SEG Expanded Abstracts：1786–1789.

Puryear C I, Castagna J P, 2008. Layer–thickness determination and stratigraphic interpretation using spectral inversion：Theory and application［J］. Geophysics, 73（2）：R37–R48.

Wang Y, 2002. A stable and efficient approach of inverse Q filtering［J］. Geophysics, 67（2）：657–663.

Zhang J, Wu J, Li X, 2013. Compensation for absorption and dispersion in prestack migration：An effective Q approach［J］. Geophysics, 78（1）：S1–S14.

Zhang J, Li Z, Liu L, et al., 2016. High–resolution imaging：An approach by incorporating stationary–phase implementation into deabsorption prestack time migration［J］. Geophysics, 81（5）：S317–S331.

第五章　精细层序地层分析与井控构造解释技术

在油田进入高含水开发后期，构造研究不再面向大的构造圈闭分析工作，而是面向单砂体油藏建模、剩余油分析、开发井网调整等精细油藏描述任务。根据油田开发地质需要，提出了识别3～5m断层、1～3m微幅度圈闭等更高的构造解释精度要求，用于油藏地质建模。要实现这样的精度目标，仅仅依靠常规地震解释技术远远不够，需要采用新的地震技术和方法，充分挖掘地震资料中包含的构造信息，更重要的是在各个构造解释环节中融入已知井的构造信息和地质认识。

第一节　高频层序识别与层位标定

开发阶段钻井多、纵向细分单元薄，对于高频层位解释精度要求高，而在实际工作中经常会出现地震层位"穿层"解释以及地质分层与地震解释层位存在较大时差的现象，对后续构造成图、储层预测及成藏分析产生很大影响。因此，准确进行高频层序识别与标定是进行精细高频层位解释、微幅度构造识别和储层预测等油藏描述研究的基础。

一、开发阶段地层对比特点

油田开发阶段，地层对比单元纵向上已经达到小层级，每个小层单元内只包含1～2个单砂体，地层厚度一般小于5～10m。只有建立正确的等时地层对比，才能开展精细构造解释与小层构造编图。在高分辨率的要求下，必须重视发挥老油区井资料多的优势，与横向上具有高密度采集的地震资料紧密结合，开展井震联合地层对比研究，建立高分辨率等时地层格架。

开发阶段地层对比一般以油层组为单元，以层序地层学、沉积学、石油地质学理论为指导，综合应用地震、测井、钻井、录井等资料，依据"标准层控制、旋回对比"的原则，在标志层的控制下，结合岩性、沉积旋回、沉积相序组合、电性等特征，通过高精度合成地震记录标定，横向上参考地震反射特征，确定每个地质分层在地震剖面上所处的相位，井震联合进行地层对比。在此基础上，再对前人的地层划分进行复查，最终实现全区统层。井震联合地层对比工作流程如图5-1-1所示。井震联合地层对比首先确定标准井和标准层，要求标准井地层发育齐全，无断层、剥蚀造成的地层缺失，标准层岩性、电性特征明显，容易辨认，地层沉积旋回清晰且砂体发育；然后进行合成地震记录精细标定，将深度域的测井数据标定到时间域的地震剖面上，便于开展井震联合统层。地层对比时地震与地质人员紧密结合，建立对比剖面骨架网，进行多轮次对比与调整，由油层组到小层单元逐级细化，同时对比结果要和构造及动态资料结合、验证，最终实现全区细分单元地层的统一。

二、精细地层对比及划分

地层划分的细致和可靠程度是油藏描述成败的关键，因此，开发阶段要求面向单砂体，对地层对比有更高、更严的要求，主要通过以下几个方面来实现。

（1）对比方法：用层次界面分析法，对比到单砂层，并强调相控等时对比。

（2）对比模式：在地层对比之前，要确定地层沉积微相类型。以沉积微相概念模型做宏观控制，确定相应的对比方法。

（3）对比标志：无论何种沉积相类型，何种对比方法，标志层的选择都是极为重要的。选择标志层的原则有四点。① 同时性：指标志层的沉积时间是同时的；② 稳定性：指标志层的分布稳定而广泛；③ 特殊性：指标志层的岩性、电性特殊易辨认；④ 综合性：一是指纵向上要用一组岩性共生组合，二是指横向上要用一组测井曲线组合

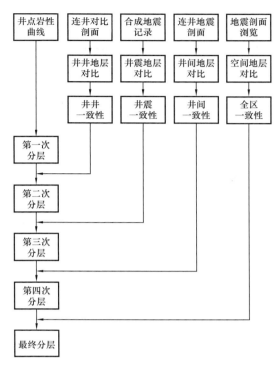

图 5-1-1 井震联合地层对比流程图

来确定。以此增加标志层的稳定性，避免一尖一凹的片面性。

（4）对比单元：从精细描述剩余油的最终目的出发，无论何种油藏类型，精细油藏描述的地层模型都是研究重点，其地层对比单元都要求精细划分到相对于准层序的时间单元或单砂体。

（5）对比资料：要用1∶500测井曲线控制砂层组和单砂层，用1∶200测井曲线劈分不同时间单元沉积的侧向或垂向加积的砂体，以保证高分辨率层序对比。

（6）对比程序：首选取岩心井做为标准井，建立网格骨架剖面；以标准井为中心，选取均匀地分布于区块各个部位一定数量的井，建立小层对比的网格骨架剖面。点、线、面相结合，全区铺开、联网闭合，统层对比。并充分利用新的地质认识和生产动态资料，不断修改、完善对比成果。

精细地层对比技术被广泛应用于大港油田、大庆油田，并取得了良好的地质成果。如大港港西明馆油组河流沉积砂体，由于曲流河的侧向迁移以及辫状河的多期叠加，形成了多种砂体的接触关系。针对不同相带的砂体总结出四种砂体渐变类型和对比模式：

（1）标志层附近稳定沉积砂体类型——等高程对比模式；

（2）多期河流叠置砂体类型——时间单元对比模式；

（3）相变砂体类型——相控等时对比模式；

（4）孤立水道砂体类型——下切砂体对比模式。

依据以上四种沉积砂体类型和模式开展精细地层对比，使得单砂体对比工作针对性更

强，将原来的 29 个小层细分成 76 个单砂体，为其后的精细油藏描述奠定了坚实的基础。

三、高频层序识别与层位标定

1. 标准层

开发阶段地质细分小层一般对应 5 级以上层序界面，小层单元厚度最薄可达到几米厚。由于地震资料纵向分辨率低，每个小层单元界面对应的地震反射特征也不尽相同，需要井震联合进行高频层序层位识别和标定。例如三角洲前缘沉积相带，沉积稳定，不同时期广泛发育的席状砂与上下围岩形成明显的阻抗界面，地震剖面上同相轴表现为中强振幅、连续反射特征。对于此类层序界面，只要在井震联合统层基础上，通过合成记录精细制作，将小层分层标定在地震剖面上，就可准确识别各小层地震层位，并且各小层地震相位特征也比较一致，一般都处于波峰、波谷或零值点处。

以大庆油田龙西地区萨尔图油层为例，如图 5-1-2（井上分层为顶界面）所示，萨 0油层组（萨 0_1 顶—萨 1_1 顶）以滨浅湖沉积为主，沉积大段黑色泥岩，总体划分为三个反旋回，旋回顶面地震上对应波峰反射之上的零值点，其中萨 0_1 组顶面表现为强振幅、强连续反射，全区可连续追踪；萨 0_2、萨 0_4 顶面对应中强振幅、连续反射，大部分地区可连续追踪。萨 1 油层组（萨 1_1 顶—萨 2_1 顶）在北部为三角洲前缘沉积，砂体类型以大面积席状砂和河口坝沉积为主；南部为滨浅湖沉积，主要以黑色泥岩为主，测井上表现为反旋回特征，总体地层速度高于萨 0 油层组，因此，萨 1 油层组顶面对应强波阻抗界面，地震上表现为强振幅、强连续反射，全区可连续追踪。在井震对比分析基础上，通过合成记录精细标定，从而明确不同小层在地震剖面上的反射特征，为后续高频层序层位精细解释奠定基础。

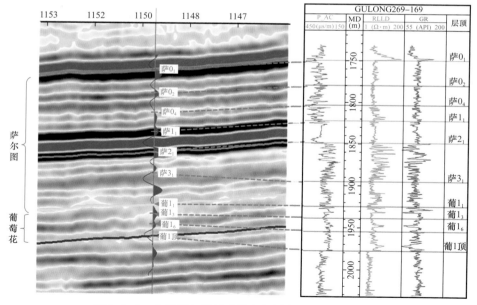

图 5-1-2　大庆萨尔图标准层高频层序层位识别与标定

2. 非标准层

非标准层高频层序一般指某些小层不具有标准层的典型特征，并且同一地质分层在相邻井的测井曲线特征不一致，采用常用的旋回对比方法很难进行小层对比；在地震剖面上表现为杂乱反射，横向连续性差，难以进行高频层序层位识别与标定，多见于陆相河流—三角洲相沉积地层。

大庆油田的扶余油层最为典型。扶余油层主要储集砂体类型为曲流河、网状河及分流河道等，纵向上发育多期河道，横向上砂体连续性差，由于多期叠置，平面错叠分布，内部高频层序地层测井曲线旋回可对比性较差，只有扶余油层顶面向上变为青山口组泥岩，在盆地内可横向对比。地震剖面上扶余油层顶面表现为强振幅—强连续反射特征，可较好识别标定，而扶余油层内部细分层序界面对应地震反射特征基本呈杂乱状反射。该类地层地震反射特征多变，对于细分层序层位识别与标定难度较大，如图 5-1-3 所示。

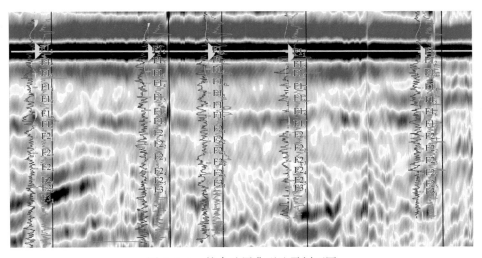

图 5-1-3　扶余油层典型地震剖面图

对于此类沉积地层，最常使用的小层对比方法是标志层控制下的等高程对比法。前人大量的研究成果表明，在盆地内部地壳运动以整体的垂直升降作用为主，尤其是坳陷沉积盆地内，地层厚度基本保持一致，变化相对比较稳定，若研究区具有这一特点，即可采用此法。操作原则即把等距于同一标志层的砂体顶底面作为等时面，把处在两个等时面之间的砂体划分为同一期砂体。理论依据是，河道内的全层序沉积其厚度反映古河流的满岸深度，其顶界反映满岸泛滥时的泛滥面，同一河流的河道沉积物其顶面应是等时的，而等时面应与标志层大体平行。也就是说，同一河道沉积其顶面距标准层应有基本相等的高程，反之不同时期沉积的河道砂体，其顶面高程应不相同。对于松辽盆地中浅层的扶余油层，该对比技术可普遍应用，扶余油层顶面为区域标志层，纵向上从泉头组砂泥岩薄互层向上过渡为青山口组的泥岩，声波测井响应表现为明显的台阶状，地震上为一稳定的强同相轴，对于下部河流相沉积地层，高频层序横向测井曲线旋回可对比性较差，依据等高程对比法进行小层对比，纵向划分为 12 个小层，各小层地层厚度横向变化不大，如图 5-1-4 所示。

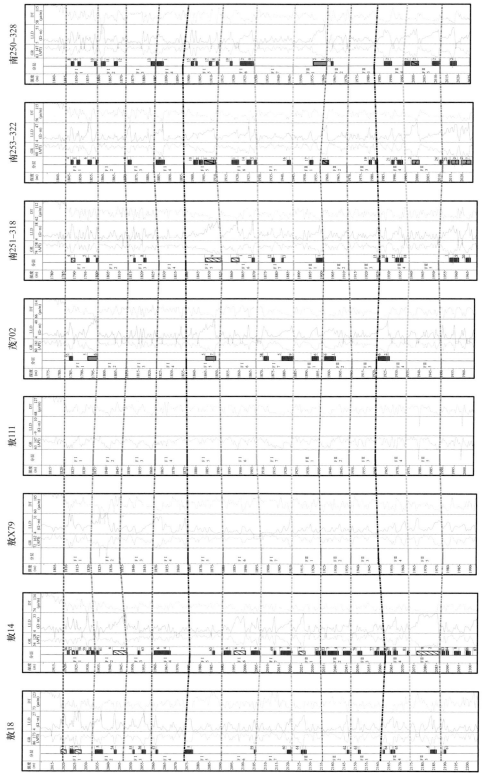

图 5-1-4 扶余油层高频层序对比剖面图

在小层精细对比基础上，精细制作合成地震记录，对小层数据进行深时转换，并将其投影到地震剖面上。一般而言，目的层顶、底界多数对应于大的标准层，地震上较易识别。其次在目的层内部寻找次一级标志层，这类标志层在局部小范围内可连续追踪识别。识别主要标准层之后，内部非标准层高频层序采用"标准层控制、分层校正"的方式进行识别。方法如下：假定目标小层和标准层之间厚度的变化是相对稳定的，如果有上、下两个标准层，则设定目标小层在两个标准层之间的厚度分割比例的变化相对稳定，先对标准层进行反距离加权插值，计算目标小层与标准层间厚度值或厚度分割比例，然后对标准层进行漂移，再应用目标小层时间值对漂移层位进行校正，使地质分层与地震层位严格对应，实现细分层序的识别与标定，以此类推可对其余高频层序进行识别与标定。如图 5-1-5 所示，扶余油层只有顶部和中部小层可作为标准层，在此标准层控制下对其他小层应用上述方法进行识别与标定，部分小层虽然在剖面上存在"穿轴"，这一是因为目前地震资料纵向分辨率低，还不能满足地质小层细分的要求，同时，也是因为错叠分布的砂体使得地震波复合后相位发生变化所致。在具体工作时，可先建立骨架剖面网进行高频层序层位的识别与标定，然后从骨架剖面向两侧建立辅助剖面以控制全区，通过反复对比骨架网，确认对比标准层和对比原则，骨架网就可作为控制研究区对比的标准，为后续高频层序精细解释奠定基础。

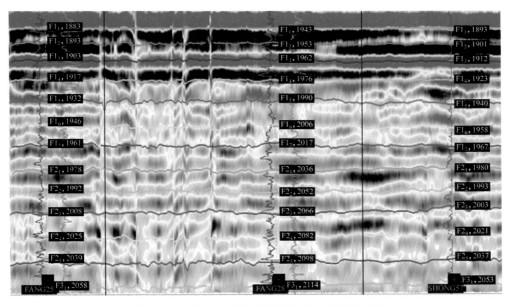

图 5-1-5　扶余油层高频层序识别与标定剖面图

第二节　井控断层解释

进入油气田开发中后期，低级序小断层是影响局部微幅构造、剩余油富集以及油水关系的主要地质控制因素之一，对开发方案调整、完善注采关系、提高水驱开发效果具有重要影响，因此如何提高小断层解释精度成为了油田开发中油藏构造研究的重点。

通常情况下，利用地震资料只可以识别出水平断距超过一个地震道间距、纵向上穿过至少一个同相轴的断层，而断距小于1/4波长的小断层识别精度不足。利用井资料可以解释出垂直断距小于1m的断层，但受井点数量所限，井间断层存在较强的不确定性，解释的断层组合率低。为了解决油田开发中小断层精度的难题，必须井震联合开展井控断层解释，更加准确描述小断层的位置和走向。

一、小断层地震响应特征分析

根据测井曲线进行地层对比确定断层，可以得到主要断层的展布特征，但在解释3～10m小断层时存在以下难点：

（1）断层首尾延伸长度、走向、倾向不能准确确定，很多孤立断点不能组合；

（2）油层部位断距较小，比如大庆长垣主力产层附近，断层断距一般为2～12m，平均为6.6m，识别困难；

（3）砂体相对较厚，平面相变快，岩性变化与断层响应相似；

（4）纵向油层多，砂泥交互分布，影响断层反射特征。

针对以上难点，开展地震正演模型及地震响应分析，对大断层和小断层区别对待，分级识别，为井震结合方法精细解释断层提供理论基础。

1. 断层正演模拟

小断层和岩性突变的反射特征在地震剖面上具有一定的相似性。为了进一步明确其中反射特征的差异，开展了小断层的正演模型分析。小断层模型设计了3m和5m断距的二维地质模型，模型正演中的速度、密度参数由实测测井资料统计得出，断层所在地层厚度为10m，地震子波频率为42Hz。无噪声情况下的正演模型地震响应如图5-2-1所示，表明在无噪声条件下，断距3m和5m的断层均使地震反射同相轴产生扭曲、错断现象。

考虑到地震资料受多种因素影响，其内部存在不同程度的干扰，为了验证不同噪声情况下小断层的地震反射特征，分别加上10%和20%噪声（相当于高质量实际地震资料的品质），其正演模拟结果如图5-2-2和图5-2-3所示。加入10%噪声后，3m断距小断层处地震波形有微弱变化，仍可分辨，5m断距小断层的地震响应特征较清楚；加入20%噪声条件下，3m断距小断层处地震波形只有极微小变化，较难识别，而5m断距小断层处地震波形有一定变化，能看出断层存在的迹象。通常，加入20%噪声背景的地震正演模拟结果与实际地震资料水平相当，因此，单纯依靠原始地震资料很难直接识别断距3m的断层。

2. 小断层地震响应特征分析

小断层的地震反射特征不仅受噪声、断距影响，而且还与断层附近地层岩性、地震分辨率等因素有关。下面列举几类典型断点的地震响应。

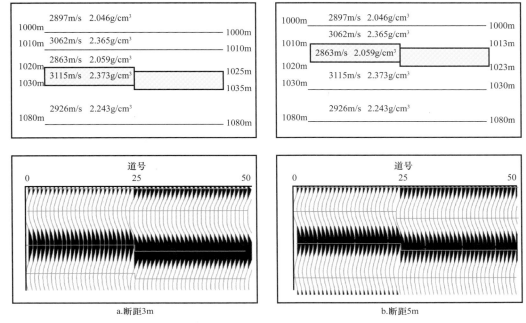

a.断距3m b.断距5m

图 5-2-1 断距 3m 和 5m 小断层模型及无噪声条件下地震正演响应

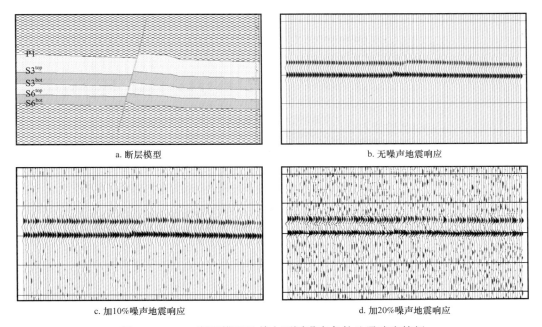

a. 断层模型 b. 无噪声地震响应

c. 加10%噪声地震响应 d. 加20%噪声地震响应

图 5-2-2 3m 断层模型及其在不同噪声条件地震响应特征

1）5m 可识别断层

大部分断距为 5m 左右的断层在地震剖面上表现为同相轴扭动，如图 5-2-4 中红色椭圆框内，测井解释断距 4.6m，上、下同相轴有明显错断关系，综合可识别。

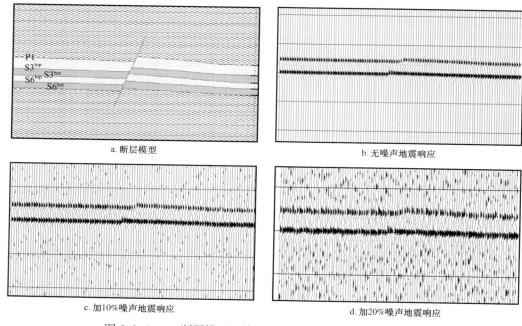

a. 断层模型　　　　　　　　　　　　　　b. 无噪声地震响应

c. 加10%噪声地震响应　　　　　　　　　　d. 加20%噪声地震响应

图 5-2-3　5m 断层模型及其在不同噪声条件下地震响应特征

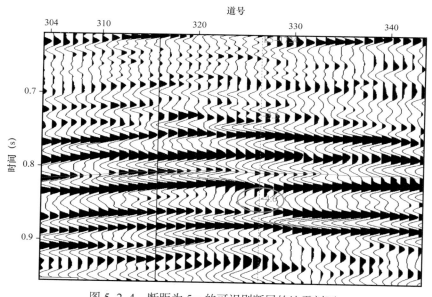

图 5-2-4　断距为 5m 的可识别断层的地震剖面

　　受地震分辨率的影响，大断层附近，断距为 5m 的断点易识别，但这不代表该断层的断距一定为 5m，且一口井在大断层附近解释出相距很近的一连串断点的现象在陆相油田较常见。如大庆喇嘛甸油田 L5-1831 井上断距为 2.5m、13.5m、5.0m 断层，通常在地震上只显示一条明显的断层。断距为 3m 左右的断点也有这种现象，这是大断层破裂带的表现，在这样的位置一般解释一条断层。

2）5m 难识别断层

部分断距为 5m 断层在地震剖面上没有明显的响应，根据附近断裂关系，对断点进行空间归位组合，个别断点难以组合而成为孤立断点（图 5-2-5）。

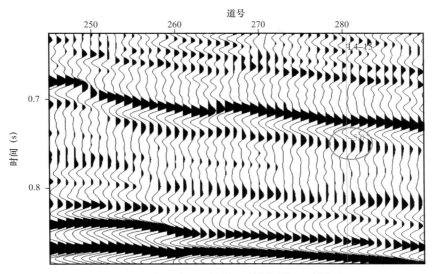

图 5-2-5　断距为 5m 的难识别断层的地震剖面

3）3m 可识别断层

有一些测井解释的断距为 3m 断点在剖面中仍很明显，如图 5-2-6 所示，断距为 3m 和 3.5m 两个断点处断层均较明显。

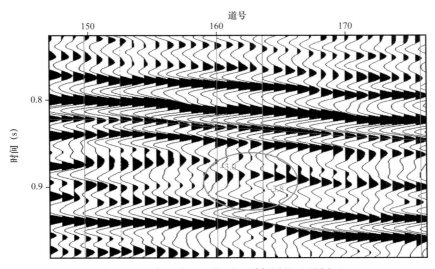

图 5-2-6　断距为 3m 的可识别断层的地震剖面

4）3m 难识别断层

部分断距为 3m 左右断点在地震剖面上有微弱响应，很难直接识别，只有采用多种技术综合提高断层的识别精度（图 5-2-7）。

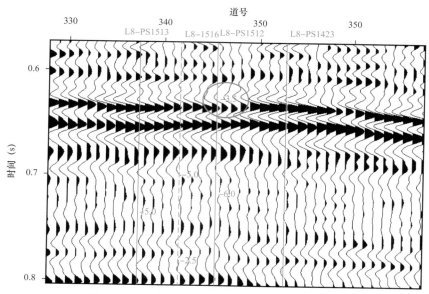

图 5-2-7 断距为 3m 的难识别断层的地震剖面

从以上分析可以看出，不同断距的断层在时间剖面上显示特征多种多样，通过地震反射分析，总结出 10 种断层反射层变化特征（表 5-2-1）。总体来看，大多数小断层可能只具备了其中几项变化特征，随着断层断距的变化，断距从大到小，断层识别依据或断层变化特征逐渐减少。

表 5-2-1　地震反射特征及识别方法对比表

序号	断距（m）	大断层	小断层	反射特征	识别方法
1	>50			整个波组的错断（断折一致）	边棱检测、相干体、倾角和方位角
2				断面波形变化一致（波形扭曲连续）	三维切片、顺层属性、边棱检测
3				断距有序变化（相等、变大、变小）	断距计算、断层三角网剖分
4	50～10			断面波形变化（振幅减弱、增强）	沿层振幅、边棱检测、相干体
5				正牵引现象	三维切片、顺层属性、边棱检测
6				逆牵引现象	
7	<10			产状变化（走向、倾角变化）	三维可视化、水平切片、顺层属性
8				单个同相轴错断	蚂蚁体、相干体、倾角和方位角
9				波断层不断	蚂蚁体、相干体、正演模型判识
10				同相轴挠曲	蚂蚁体、连井对比

大多数断层发育具备了以下几类特征：

（1）整个波组错断。断层两侧同相轴发生错断，上下盘反射层特征清楚，波组之间关系稳定，通常为大、中型断层的反射特征（图 5-2-8a）。

（2）断面波形扭曲一致。断面处的波形出现一致性的扭曲，受断层活动的影响一般表现为断层下盘出现向下扭曲，上盘向上扭曲。一般也为大、中断层的反射特征（图 5-2-8b）。

（3）断距有序变化。同相轴错断的位移量相同，或者形成有序断距变化，这是断层而非岩性造成的反射特征变化的重要特征（图 5-2-8c）。

（4）上下盘地层产状不同。断层上下盘因断折效应，在地震剖面的断层两侧反射层同相轴的产状多发生明显的变化（图 5-2-8d）。

（5）正牵引现象。牵引现象在大多数的断层反射变化特征中都有表现，断层上下盘的地层顺着断层对立盘的方向发生位移（图 5-2-8e）。

（6）逆牵引现象。多受同沉积或拉张的影响，地层相对于本盘断层的运动方向和位移量，发生更大的地层位移（图 5-2-8f）。

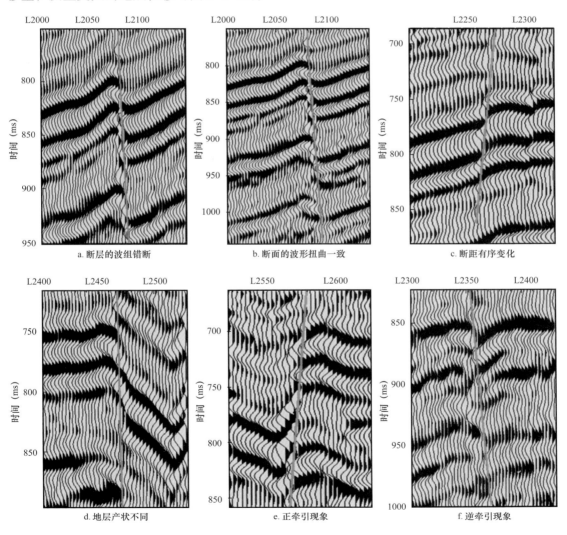

图 5-2-8　断层反射特征示意图

二、传统断层解释方法

地质上具备一定规模的断层在地震资料和井资料上均会有所反映，因此断层解释有两种途径：利用地震资料进行断层解释和利用井资料（主要是测井曲线）进行地层对比识别断层。传统断层解释方法主要以地震断层解释为主。

通常的断裂在地震剖面上能够比较容易识别，因此在地震剖面上分析和确定断层是地震解释的基本内容。地震断层解释根据地震波组对比原则，沿主测线方向或与断裂垂直的任意测线方向逐线进行断层识别；如果要确定断层平面展布，再在平面上对断层进行人工分析、判断和组合。因此，利用地震剖面解释断层的方法不仅浪费人力、机时，而且会涉及一定的解释人员主观因素影响。

常规地震剖面断层解释方法对于地震地质条件不太复杂的地区是有效的，但当断裂系统较复杂时，利用主测线和联络线（二维显示方法）解释小断层，主要依赖解释员的经验，在小断层发育和断层间关系的认识方面很容易掺杂人为因素，断层解释带有较强的不确定性。当断裂产状与地层平行而不能形成明显的同相轴错断时，往往还可能漏掉相应断层。

此时，可以利用地震相干体辅助解释断层。地震相干体断层解释方法与地震剖面断层解释思路完全不同。地震剖面断层解释以常规地震剖面解释为主，再由常规剖面到时间切片，地震反射层位解释与断层解释必须同时进行；而利用地震相干体进行断层解释则以时间切片解释为主，再由时间切片到常规剖面，是一种效率和精度均较高的断层解释方法。在地震相干体断层解释过程中，解释人员的主观判断干预和经验因素影响减少，不但对断层的分辨率大大提高，工作效率加快，而且解释结果更客观、合理。

通常断层解释工作流程中，地震剖面断层解释和地震相干体断层解释是不断迭代的过程：经过相干体断层解释以后，把地震相干数据体时间切片的解释结果显示在常规剖面上，再回到常规剖面上进行断层解释，在常规剖面上确定断层线，还可以把在常规剖面上所解释的断层投影显示在地震相干数据体时间切片上，反复验证，直到断层可靠为止。

三、井控小断层解释流程与技术

在地质上通常把断距小于10m的断层称为小断层，但实际上，不同油田类型、不同开发阶段其小断层的标准也有所不同。比如大庆长垣油田由于井网密度大，构造相对简单，对小断层识别精度要求更高，断距为3~5m甚至小于3m的断层才是小断层。本节讨论的小断层主要指用常规地震技术难以直接解释的断层。

1. 技术流程

在地震剖面上可以识别出水平断距超过一个地震道间距且纵向上穿过若干同相轴的断层，利用地震资料解释断层具有直观、空间位置准确性高和组合关系清楚的优点，并且由于地震资料空间覆盖性好，具有其他资料无法比拟的横向识别能力。尽管如此，仅依靠地震识别断层仍具有一定的多解性。例如地震噪声的影响和地震资料纵向分辨率不够导致的断层响应模糊，又如由于采集处理脚印和相变等其他地质因素导致的伪断层响应，这些因素都会导致地震断层解释存在较强的多解性。并且随着断距减小，利用地震资料进行小断层解释的多解性问题显得更为突出。其原因是，当断层断距变小时，断层两侧地震道波形差异也随之变小，常规地震剖面上断层反映出的特征不清楚，断层造成的地震波形和振幅差异逐渐接近甚至小于由于岩性变化、地层横向变化引起同相轴的变化，也更容易和地震噪声相混淆，使断层识别难度进一步加大。

地层对比识别和解释断层的方法，凭借测井资料的多样性和更高的纵向分辨率，可以识别出垂直断距远小于地震分辨率的断层，并且断点的深度位置精度通常也比较高。但是由于井点的稀疏性，单一利用井资料解释断层的空间位置准确性不高，比如，井间断层的位置推断、断层平面延伸方向和距离、断点组合的不确定、孤立断层解释等。由于小断层断距小，横向延伸长度小，钻井钻遇的断点数量更加有限，通常一条小断层只有1～2个断点，大大加大了通过地层对比方法解释断层的难度。

综上所述，地震资料解释断层是最有效的方法，但存在断点深度精度不够、小断层识别多解性等问题，而井资料解释断层在一定程度上能够弥补这两个方面的不足，辅助排除地震断层解释的多解性，去伪存真，因此采用井控小断层解释技术是进一步提高小断层解释精度的必经之路。特别是在开发老区，井网密度大钻井数量多，通过测井等资料得到的断点数据也相对丰富，指导断层解释、有效识别小断层，减少地震解释多解性的潜力更大。

井控小断层解释流程如图5-2-9所示，它综合利用地震解释成果、钻井断点资料、分层数据、地震属性体，进行点、线、面、体的断层空间组合、断层及断层产状落实。根据断点调整大断层的断面产状，同时寻找地震未解释的低级序断层，解释流程在断层解释过程中主要突出了地震断层和测井断点交互验证和检查。总的来说，就是用地震数

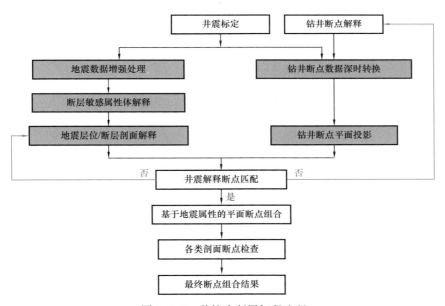

图 5-2-9 井控小断层解释流程

据控制断层的形态和组合方式，钻井断点数据校准断面的位置和产状，从而减小断层解释的多解性，提高断层解释准确性和识别能力。

除了地震断层和测井断点交互解释之外，开发阶段的井控小断层解释技术关键还包括三个方面：

（1）通过准确的时深转换，将井点上深度域断点数据转换标定到地震时间域；

（2）通过增强处理加强能反映小尺度断层的高频弱信号能量；

（3）计算不同地震属性，优选不同级别断层敏感的地震属性。

井控断层解释方式由于采用了井点处尊重测井、井间尊重地震的联合方式，大大降低了单一资料解释的盲目性和多解性，对于重建工区断裂体系、调整开发方案、完善注采关系、挖掘断层周边剩余油将起到推动作用。

2. 地震非连续性增强处理

利用地震资料分辨小断层有三种情况。第一种是小于调谐厚度的薄砂层形成的反射，当薄砂层被断层错开，如果两倍的断距加上砂层厚度小于地震调谐厚度时，受调谐作用影响，在断层的位置上只有振幅变化，没有明显的断层错动，大于调谐厚度或接近调谐厚度时相位开始有所变化。第二种是大于调谐厚度的厚砂层形成的单界面反射，当界面被错开时，断距小于 1/4 波长调谐厚度时，受调谐作用的影响，相位也不会有明显错动。只有当断距大于调谐厚度时才会有明显相位错断。第三种是受地震处理相干加强和道间均衡修饰的影响，小断层形成的相位微小错动，被相干加强和道间均衡"吃掉了"，通过较强修饰的剖面只能显示错动明显较大的断层。

因此，利用地震分辨小断层不但受实际断距大小、地震资料信噪比的影响，还受地震分辨率的影响。在地震资料有效频带内，随着频率的增高，小断层变得更加清楚。例如，在分频体振幅能量数据体上，低频振幅数据体主要揭示断距较大的断层，断距较小的断层在高频振幅数据体上显示更加清楚。提高地震资料分辨率增强横向非连续性，是改善小断层地震识别精度的一个途径。地震增强横向非连续性处理大多采用反褶积、小波域提取滤波器等处理方法，目的是拓宽地震信号的频带，有效突出地震频带中高频成分的响应特征，从而提高地震数据的分辨能力。

1）反褶积

反褶积可以压缩地震信号的脉冲宽度，分解复合波形，提高地震记录的纵向分辨率。作为提高叠后数据分辨率的重要手段，国内外研究人员进行了深入的研究，发展起来的反褶积方法很多。在实际地震资料处理中，目前使用最多的反褶积方法有最小平方反褶积、预测反褶积、子波反褶积和最大（最小）熵反褶积等。

最小平方反褶积是目前地震勘探中常用的反褶积方法，它旨在把地震记录中的地震子波压缩成为尖脉冲，从地震记录得到反射系数序列，或使地震记录接近反射系数序列。最小平方反褶积的目的在于把已知的输入信号转换为与给定的期望输出信号在最小平方误差的意义下最佳接近的输出。脉冲反褶积则是期望输出为零延迟尖脉冲的最小平方反褶积。

2）图像增强处理

假设观测图像可以用一个多维褶积模型表示，即由真实图像和一个点扩散函数（Point Spread Function，简写为 PSF）褶积得到，图像增强处理就是一个多维反褶积过程，目的在于消除 PSF 影响，恢复真实图像。假设三维地震数据体的每一个时间切片，都是由地下结构图像和一个二维的 PSF 褶积得到的，且对于所有的时间切片，PSF 都是不变的，为了保持原数据体的相位信息，设定所利用的 PSF 是零相位的。利用所有时间切片估计出 PSF 后，采用维纳滤波的反褶积方法去掉 PSF 的影响，可得到提高空间分辨率的数据体（陆文凯等，2004，2005）。实际资料处理结果表明，经过信号增强处理，地震剖面分辨率得到明显改善，断面成像以及地震层位与断面接触关系较处理前更为清晰，有利于小断层的剖面识别和后续的属性提取，如图 5-2-10 所示。

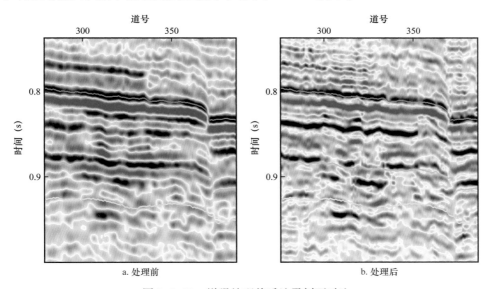

图 5-2-10　增强处理前后地震剖面对比

3）曲波变换相干体微断裂识别

曲波变换是一种多尺度、多方向的数学分析方法，与小波变换不同，曲波变换的基元由三个参数决定，即尺度、空间位置和方向，具有长度等于宽度平方的空间特性（条带状），且在长度方向是光滑的，在宽度方向是振动的。这种二维奇异性符合地震数据同相轴的基本特征，能够更好地表达地震数据中不同展布方向的地质特征，从而实现对地震数据的稀疏表示。

地震相干体利用相邻地震道间的相干性，突出因断裂或局部异常引起的不相干地震道，能直接从三维地震数据体中得到断裂系统，但由于相干算法本身没有利用地震数据的多尺度、多方向特征，其对于微断裂的识别能力依然达不到生产要求。通过曲波变换与相干体技术相结合可提高断裂特征，做法是先将地震数据分成不同尺度、不同方向的数据体，然后对每个数据体分别制作相干体，最后将不同尺度、不同方向的相干体融合，最终达到突出原始数据中不同尺度、不同走向的断层、微断裂的目的。

基于曲波变换的相干体技术，利用曲波变换固有的多尺度、多方向的性质，通过在曲波域中给出不同的重构系数，得到突出不同尺度和不同方向的地震数据体，再利用相干算法得到多尺度、多方向的相干体，实现了对不同尺度断裂的发育强度和方向的精细刻画。相比于常规相干体，曲波变换相干体分辨率更高，对于断裂发育方向刻画得更清晰。

利用曲波变换的多尺度特性，对松辽盆地葡南工区不同尺度的断裂进行分级刻画，描述大尺度断层和小尺度微断裂的展布特征，并就微断裂对于成藏及储层物性的控制进行分析，取得好的效果。图5-2-11是松辽盆地葡南扶余油层常规相干体和曲波变换分频相干体切片的对比。图中可以明显看出，通过在分频提取相对高频成分计算获得的相干体切片基础上应用曲波变换，进一步获得了细节丰富的切片，微断裂信息明显增多。整体上，微断裂发育距离断层越远越少，说明断层对其具有明显的控制作用。

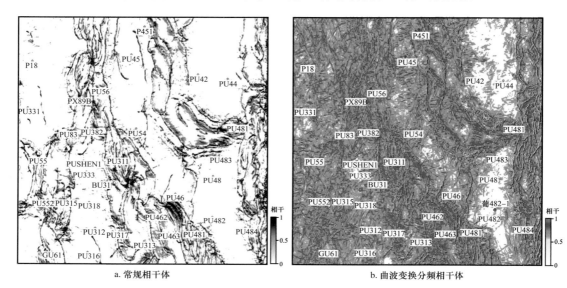

图 5-2-11　常规相干体与曲波变换分频相干体对比

3. 断层敏感地震属性分析

优选地震属性是改善小断层地震识别精度的另一有效途径。与提高分辨率处理侧重于突出断层在剖面上的纵向发育特征不同，地震属性更善于突出断层的平面和空间展布特征。曲率、倾角、边缘检测等构造类属性以及相干分析等连续度属性是断层解释中常用的地震属性，在油田实际生产应用中取得了很多应用实效。

1）相干体

相干体技术通过分析地震波形的相似性对三维数据体的不连续性进行成像，其基本原理是在偏移后的三维数据体中，对每一道、每一样点求取与其周围数据（纵向和横向上）的相干值，即计算时窗内的数据相干性，把这一结果赋予时窗中心样点，进而得到一个只反映地震道相干性的新数据体，即三维相干数据体（朱成宏等，2002）。

在最早互相关相干算法C1的基础上，逐步发展了基于多道相似性的相干算法C2、基于特征结构分析的相干算法C3、基于局部结构熵LSE的相干算法和基于高阶统计量和超道技术的相干算法 HOS-STC 等。这些算法有各自的优缺点和适用范围，如基于互相关的相干算法计算简便，但对噪声的抑制能力差；基于多道相似性的相干算法对噪声有较强的抑制能力，但增加地震道数会使算法的计算量增大，同时会降低相干体图像的横向分辨率。基于特征结构分析的相干算法的抑制噪声能力优于基于互相关的算法和基于多道相似性的算法，得到的相干体图像具有更高的分辨率。

除了算法差异，相干处理中参数选取也影响着断层识别能力：（1）相干道数量。一般参与相干计算的道数越少，平均效应越小，越能提高分辨率，特别是突出小断层的分辨率。但是如果道数过少，则受噪声影响较严重，局部噪声的存在将导致假异常的出现。（2）相干道组合方式。选取道数的位置应与实际地质分布情况有很大关系，选取地质情况有变化的方向做相干，效果会更好。一般地，选择与大多数断层走向垂直的直线形空间组合会得到较好的相干处理效果，断面窄且清楚，断层走向和空间展布形态清晰。（3）相干时窗。相干时窗的大小是指参与计算的采样点数，它的选择受到地震信号频率的制约。当相干时窗过小，时窗内不到一个完整的波峰或波谷，据此计算出的不相干数据体反映噪声的几率比反映小断层的几率大；当计算的相干时窗过大，会包含多个地震反射同相轴，据此计算出的不相干数据体反映同相轴连续的几率比反映断层的几率大（张向君等，2001）。

由此可见，不同的相干算法和参数对断层具有不同的识别能力，针对开发阶段小断层解释的需求，在地震资料信噪比和分辨率许可的情况下，应选择具有更高分辨率的算法和参数，以实现更小断距断层的识别。图 5-2-12 为同一三维数据的 C2 相干体和 C3 相干体，可以看出 C3 相干体上断层信息更加丰富，断层线宽度更窄，西北部识别出了更小断距的断层，具有更高的断层识别能力。

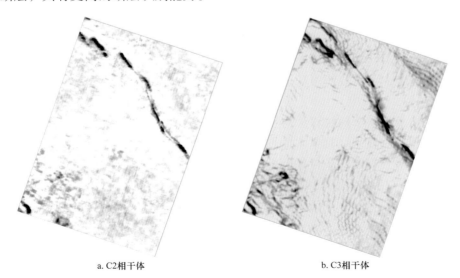

a. C2相干体　　　　　　　　　　　　　　b. C3相干体

图 5-2-12　C2 相干体和 C3 相干体断层识别对比

地震相干体计算是对原始地震资料进行的，提供的断层形态不存在由于解释员对比和层位自动拾取产生的偏差，人为因素少，用相干体技术进行断层解释和组合，避免了解释的主观性。它压制了横向一致的地层构造特征，其水平时间切片显示了任意方向的断层，能检测出在常规剖面上难以识别的微小断层，可解决平行于同相轴的断层难以解释的困难。

2）倾角与方位角

为了从地震资料中获得可能的地质构造不连续层独立的、无系统误差的信息，还可以采用倾角和方位角技术。该项技术在三维叠加地震数据基础上，计算地震反射同相轴的时间—倾角和倾斜方位角，并产生新的地震属性：时间—倾向和倾斜方位角的三维数据体。该技术突出了不同种类的原始地震数据，并且有助于了解构造形态和其他的不连续层。

3）地震曲率

曲率体属性将是继相干属性之后，又一用于构造解释的强有力手段。曲率是圆的半径的倒数，代表了圆上某一点的切线，弧线弯曲程度越大，曲率就越大，直线的曲率为零。从数学上来讲，曲率可以简单地定义为曲线的二阶导数。求导的方法决定了曲率的计算方法，目前的计算方法包括差分法、常规的傅里叶变换法和分波数的傅里叶分析方法等。沿层的曲率变化特征可用于非连续性检测（裂缝检测），具有速度快、抗干扰能力强的特点。其值越大，表示越不连续（由断层、裂缝等引起的非连续性），即断层可能越发育。

4）边缘检测

在地震数据中，边缘是一种十分有意义的特征。数据的不连续性特征如断层、河道边界、透镜体边界以及其他特殊岩性体的轮廓等，反映在图像中即为边缘特征。多数属性提取技术都需要在一定的时窗和空间范围内实现，这就不能兼顾横向分辨率和纵向分辨率。由于这种弥散作用，很难确定断裂展布范围，应用边缘检测技术可以根据图像边缘灰度的变化来检测出边缘，为断层的解释提供更充分的依据。边缘检测有很多种方法，应用较多的是边缘算子法。边缘检测算子检查每个像素的邻域并对灰度变化率进行量化，也包括方向的确定，大多数使用基于方向导数掩码求卷积的方法。

5）蚂蚁追踪

蚂蚁追踪技术是基于蚂蚁算法的原理，由斯伦贝谢公司在 Petrel 软件中推出的一种断裂自动分析和识别的技术。其基本原理是：在地震数据体中散播大量的"蚂蚁"，在地震属性体中发现满足预设断裂条件的断裂痕迹的"蚂蚁"将释放某种"信号"，召集其他区域的"蚂蚁"集中在该断裂处对其进行追踪，直到完成该断裂的追踪和识别。而其他不满足断裂条件的断裂痕迹，将不再进行标注，最终将获得一个低噪声、具有清晰断裂痕迹的蚂蚁属性体（唐琪凌等，2009）。

通过调整参数设置，蚂蚁追踪技术既可以清晰识别区域上的大断裂，又可以定性地描述地层中发育的小断层及裂缝，以满足勘探、开发不同研究阶段的要求，有效提高了断层解释的精度和细节，比人工解释结果更加清晰、准确，尤其是对于低级序断层的识别和描述是一种非常好的方法。

图 5-2-13 为渤海湾某油田相干体和蚂蚁体剖面对比，可以看出，相对相干体，蚂蚁

体具有更高的分辨率，突出了相干体中相对较弱的信号，同时具有更好的空间断裂组合特征。

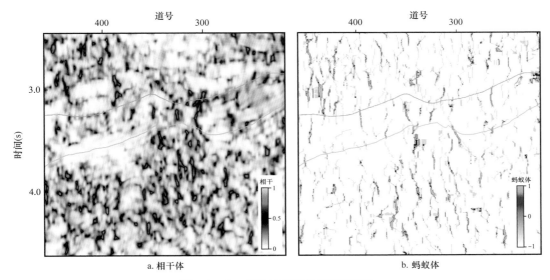

图 5-2-13　相干体和蚂蚁体剖面对比

6）断层敏感属性优选

不同地震属性和分析方法，对不同断距的断层敏感程度不同，图 5-2-14 为大庆喇嘛甸油田不同断层属性切片对比，可以看出相干、边缘检测和倾角对断距较大的断层显示更加清楚，其中倾角的断层平面分辨率和清晰度最好，但它们识别小断层的能力低于蚂蚁追踪。

因此，在不同的研究工区，应根据不同断层的识别要求，结合实际地震资料的信噪比和分辨率，同时计算和提取研究不同的断层属性体，分别进行对比分析，综合分析以提高小断层解释精度。

4. 井震断点匹配

1）断点深时转换

以往的作法是，在解释软件中通过合成记录的方式进行井震标定对比，产生时深对关系，从而实现深时转换。标定过程中，对合成记录的拉伸、压缩和移动都是人工完成的，肉眼手工对比难免存在误差，勘探阶段井数量少的时候这种误差的影响不大，但是老油田精细油藏描述针对的地质对象为单个沉积单元，平均厚度只有几米，如果合成记录井震对比差几毫秒，将会产生几米的误差，造成井、震数据不对应，严重影响着构造解释和储层预测的精度，为此，老油田精细油藏描述在深时转换方面提出了更高的精度要求。

可通过两个途径提高时深精度。首先采用标定、层位解释迭代的方法提高时深转换精度。在实际工作中，测井曲线、钻井分层、地震层位等资料都不是绝对准确的，可能存在这样或者那样的误差，因此标定的时候就需要综合考虑各种可能因素，以测井合成记录和井旁地震道波组对比关系为基础，不断地对声波时差曲线进行系统校正，对地质分层进行调整。其次标定的过程中尽量减少人工参与的程度，利用现有软件或者编制计算机程序，读取目的层附近标志层深度及其对应的地震层位时间值，自动匹配处理，并采用声波时差曲线对其他深度位置进行逐采样点的深时转换，从而提高分层和层位的时深一致性。

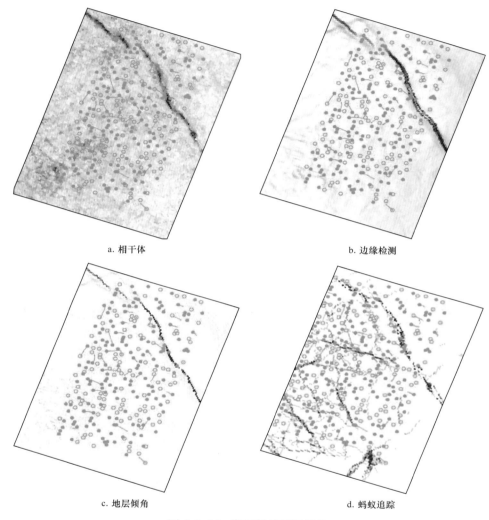

a. 相干体　　　　　　　　　　　　b. 边缘检测

c. 地层倾角　　　　　　　　　　　d. 蚂蚁追踪

图 5-2-14　断层敏感属性切片

　　工作流程和实现步骤如下：（1）选取井震标定的标志层。此处的标志层不仅具有明显的地质意义，测井曲线特征易于识别，而且也应是一个明显的波阻抗界面，在地震剖面上反射能量强、连续好，易于追踪。（2）子波和标志层波组特征标定。优选测井曲线质量高的井进行初始井震标定，分析地震子波频率和相位，确定标志层的地震波组特征（波峰、波谷或者零值交叉点）。（3）标志层层位解释。采用自动追踪的解释方法确保标志层准确性，同时对个别不合适的地方进行手工修改。（4）自动标定。以标志层深度值及其对应的地震层位时间值为基值，对测井曲线进行逐采样点的深时转换。

2）井震断点匹配解释

地震解释的断层面虽然在平面上连续性好，但其在垂向上分辨率依然不高，再加上其从采集、处理到解释过程中存在种种不确定因素，单纯利用地震描述断层往往会出现断层位置精度不高等问题。测井数据垂向分辨率高，足以确定断层在空间的确切位置，但由于数据量少，难免以点盖面，以偏代全，测井解释断面产状描述存在较大的随意性，同时会漏掉一部分断点难以控制的小型断层。井震结合断点匹配思路是，以地震构造的解释断层为基础，将测井断点和地震断层解释面进行断点的空间组合归位，利用测井断点检验、校准地震断面，使二者在空间上保持一致，以提高断层位置精度。

（1）断点归位。

首先，在时间域上实现断点与地震体的联合显示，即断点进行时深转换后获得一个与深度相对应的时间值，将断点投影到时间域地震剖面上或者三维地震体窗口内。

其次，在地震剖面或三维空间上，按照合理步长移动地震剖面，将断点和断层面进行对比，检查断点是否落在断面上，确定断点是否归属于该条断层。对于地震剖面上识别相对困难的小断层，利用更敏感的小断层地震属性体，如曲率体、蚂蚁体等技术，将断点和属性剖面、切片进行匹配对比，实现断点组合归位。

对于不能归位到地震断层面的断点，过断点做地震正交任意线剖面及蚂蚁体水平或沿层切片，结合地震属性体寻找剖面上可能未解释的小断层。不能落实到断层面、且在断层属性体上也没有断裂响应特征的断点，为待落实断点或存疑断点。对于此类断点需要重新开展地层对比工作，有时还需引入生产动态资料，对断点的可靠性进行复查。

（2）地震断面校准。

对于已经归位的断点，利用断点数据对地震解释断层面进行修改，实现断面的校正。

在解释过程中，并不是所有的同相轴错断、扭动、相干体异常都指示断层，岩性变化等地质因素影响也可以造成地震响应特征改变。因此，在采用地震属性体预测出的大量异常变化中，并不全是小断层的响应。在进行小断层解释时，应尽量剔出地质异常体的影响，需要结合属性体平面展布形状、断裂整体趋势、断裂深浅继承性及开发注水等动态资料开展综合分析，去伪存真，科学合理地判断小断层的存在。

第三节　井控层位解释

精细油藏描述对地震层位解释精度要求更高，不仅要求地震层位遵循地震同相轴横向变化特征，还要求地震层位和时间域已钻井地质分层一致，因此，需要采用井控层位追踪的解释方法。

一、传统层位解释方法

常规地震层位解释技术主要是通过时间剖面的地震反射波组对比来实现的，包括确定层位反射特征，搭建三维基干剖面进行层位解释，在主测线和联络测线初步层位闭合的基础上，逐步提高解释地震线的密度，进而完成到全区的层位解释和闭合。在层位解释的过程中，可以采用手工拾取层位，也可以采用自动拾取的方法。

常规层位解释主要基于地震资料，钻井资料通常只用于辅助标定地震层位时间位置和反射特征。

二、井控层位解释流程与技术

井控层位解释和常规地震层位解释流程主要的差别是：井控层位追踪在构造解释的过程中加入了时间域地质分层数据的控制，即将地质分层深度数据经过深时转换到时间域，通过井点处时间构造点，对地震解释层位进行监控和校正，保证了井震时间域上的一致性（图 5-3-1）。主要包括层位追踪和层位校正两个方面内容。

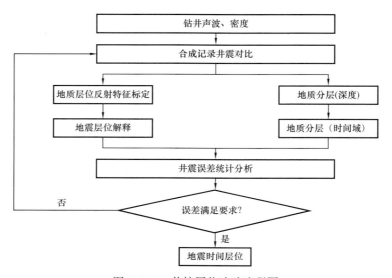

图 5-3-1　井控层位追踪流程图

1. 层位追踪

井震标定后，利用地震资料进行精细层位解释时，主要采用的是地震振幅自动追踪技术，以便最大限度地保持地震横向的变化细节，在低信噪比区域采用手动追踪，并对不连续和不合理的地方进行修改。

自动层位追踪技术是用地震属性（如相干性、连续性、振幅大小等）作控制的一种自动追踪技术。该算法是在邻近道寻找相似特征体。如果在一定的约束内找到一个特征体，它就把它拾取出来，然后移至下一道进行拾取。这种简单的自动拾取器允许用户设置搜索中要追踪的特性，包括振幅范围和倾角窗口。如果任何搜索准则都不符合，自动拾取器就在这一道停止追踪。

在构造相对简单的地区，在解释完断裂系统后，根据地质分层标定地震反射层位，解释人员可以利用反射界面的波组特征，在目的层反射界面上定义一个或多个种子点后，在三维数据体上自动追踪同相轴，步骤如下。

（1）从典型剖面上引出种子点进行面积追踪解释，不断建立新的层位解释网架，在此基础上再进行种子点追踪。需要注意的是，遇到该反射层相位有前积斜列、相位分岔合并、透镜状不规则分布时，要保证大网架解释层不串层的前提下，加密线解释的密度，然后再进行种子点自动追踪，有时甚至还需要逐条线采用自动追踪的方式或点追踪的方式进行解释。

（2）每一封闭断块要引层分别种种子点。在先期解释的典型框架中，不可能每一断块都进行解释，这时就需要从框架层中通过任意线把层位引入断块内，再给出种子点面积追踪。以此类推，对每一断块进行追踪解释。需要注意的是每一断块解释完后，要通过断块不同位置的任意线检查断层两侧层位的对接关系，以保证封闭断块层与其他层的对应关系。

（3）在每一层整体解释完后，继续对该层进行调整和完善。主要是对断层附近，不同方向断层相交的部位，进行调整和解释完善，采用剖面自动追踪的方式和点追踪的方式补全没有追到的层。

2. 层位校正

在地震层位追踪解释后，地震层位与已知井地质分层仍存在较小误差，这种细小误差会影响其后的构造成图、地震反演和油藏建模的精度，因此需要进行进一步校正，也就是所谓的井控层位校正。具体做法是利用已知井的时深关系，将地质分层由深度域转换到时间域，求取已知井点地质分层和地震层位的误差，分别从地质分层、时深关系和地震层位解释三个方面分析误差的可能性，不断迭代修改地质分层、时深关系和地震层位，最终得到同时在时间和深度域和地质分层达成一致的地震层位。

三、小层地层格架建立

在国内陆相薄互层地质条件下，以目前的地震分辨率状况仅能分辨或能够部分分辨到油层组界面，小层界面则难以识别，因此应用地震层位来搭建时间域低频地层格架，并在此格架的控制下搭建小层格架成为最佳的选择。

首先，通过油层组界面的井震结合解释，建立油层组级低频地层格架。以大庆萨尔图油田萨—葡油层为例，可实现全区同相轴追踪的只有萨Ⅰ、萨Ⅱ、葡Ⅰ三个油层组的顶界面，这些层位也称地震反射标志层。这三个油层组的共同特点是其顶部都存在可以全区对比的、并且具有一定厚度的泥岩段。萨Ⅰ顶部为巨厚泥岩段，萨Ⅰ—萨Ⅱ泥岩夹层（厚度约为10m的低速泥岩）与下伏的萨Ⅱ砂泥岩间存在一个明显的波阻抗台阶，萨Ⅲ—葡Ⅰ泥岩夹层（厚度约为10m的高密度泥岩）与下伏的葡Ⅰ组厚砂岩之间同样也存在一个较为明显的波阻抗差，从而可以形成连续性相对较好、全区可追踪的地震反射同相轴。其他油层组级的界面反射同相轴整体连续性相对较差，需要参考顶、底反射标志层的解释结果，根据井震标定的分层信息实现全区的解释。这类层位与地震反射标志层解释结果共同组成油层组级的地层格架。

其次，在井震结合建立油层组等时界面的基础上，通过两种方法建立小层级等时地层格架。一是如同产生油层组界面一样，在井震标定后，进行井震结合的手工解释；二是以构造建模的方式，通过油层组级界面的控制，建立小层级等时地层格架模型。由于油层组内部小层级界面无法通过地震分辨，手工解释工作量巨大，而且可能会进一步增加人为解释误差，井点之间的小层解释精度无法得到保障，所以并不推荐使用这种解释方法。第二种方法存在两种不同的实现方式，一是油层组顶、底界面时间层位约束下的直接插值建造层位，二是根据井点解释的小层与油层组顶、底界面关系的拟合规律生成小层的等时格架。二者相比，第一种方式简单，但所有井均需进行井震标定，适用于沉积和构造条件复杂的地区；第二种方式相对复杂，但仅需要一定数量、分布相对均匀的井参与拟合的过程，在砂、泥岩速度变化不大的情况下，甚至不需要时深转换，可直接将深度域形成的拟合结果用于时间域小层建模，更适用于沉积和构造条件相对简单的地区。

大庆萨尔图油田的萨尔图、葡萄花、高台子油层是盆地坳陷期形成的稳定叶片状三角洲沉积，小层的厚度相对稳定，很少出现沉积尖灭的现象，沉积条件相对简单，断层不发育，砂、泥岩速度差很小。基于以上特点，对部分小层进行了深度域油层组顶、底界面控制下的等比例拟合，分析应用等比例剖分方法制作小层格架的可能性。以萨Ⅱ9小层为例，根据井分层确定研究区内每口井萨Ⅱ9小层（顶底中间位置）距萨Ⅱ顶的距离与该井萨Ⅱ顶距葡Ⅰ顶距离的比值，对研究区内所有参与井计算该比值的平均值，然后将该平均值应用于所有参与井，计算每口井等比例沉积条件的萨Ⅱ9小层距萨Ⅱ顶界面的理论距离，最后计算该层每口井等比例剖分的理论位置与测井解释位置的差值，得到等比例剖分的深度域误差。应用相同的算法，对萨Ⅱ至葡Ⅰ之间的6个小层（萨Ⅱ4、萨Ⅱ7+8a、萨Ⅱ10+11a、萨Ⅱ13+14a、萨Ⅲ5+6a和萨Ⅲ8）进行了等比例剖分位置与测井解释位置的误差统计分析（图5-3-2）。可以看出，各小层的误差均较小：误差在−1～1m之间的约占总井数的75%；误差在−1～2m和1～2m之间的约占总井数的

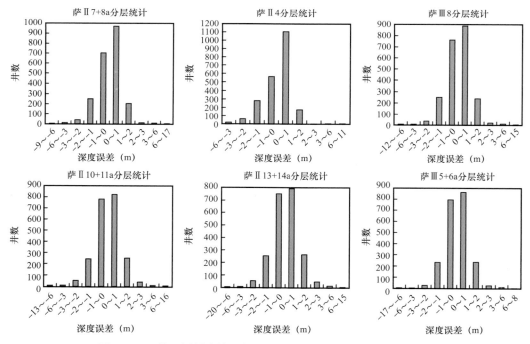

图 5-3-2 等比例剖分结果与测井分层结果误差分层统计直方图

20%；绝对误差大于 2m 的井数小于总井数的 5%。这些统计是在不考虑断层对地层厚度影响的条件下得到的，说明在深度域应用等比例剖分的方法进行小层界面划分是可行的。同时，考虑到砂、泥岩速度基本相同，完全可以在时间域应用等比例剖分的方法实现小层等时格架的建立。这种方法的优点是应用了测井解释结果，从而保证了小层格架的精度，为小层的地震属性分析奠定了基础。

第四节 井控构造成图

在油气田开发过程中，构造面的准确位置、微幅度构造等构造要素对开发井的设计具有重要指导作用，因此油藏精细描述对构造图的成图质量要求更高，其深度精度要求达到米级甚至更高。除此以外，地质建模建立构造格架模型时，要求井、震一致，即在已知井点处的地质分层和地震解释深度构造完全吻合，才不会由于层面位置不准确而带来深度域地质建模的砂体外推预测窜层等一系列问题。可见，开发中后期精细油藏描述对构造图的精度提出了更高的要求。

一、传统构造成图方法

在速度横向变化不大时，时间层位能代表地下的构造形态，当速度变化较大时，时间层位和地下真实的深度构造往往存在较大差异，此时时间构造不能代表地下真实构造形态，因此要仔细分析速度，建立准确时深转换关系进行时深转换。通常速度分析有几种解决的方式。

1. 地震叠加速度进行时深转换

用地震叠加速度作时深转换的优点在于平面上的速度变化得到较好的体现，不利的方面是叠加速度受多种因素的影响。尤其是当横向速度变化较大时，叠加速度的误差也比较大，因此，使用叠加速度可能会造成较大的深度误差。为了尽可能地减小这种误差，利用测井合成记录的速度与叠加速度分析相结合，有时可以取得较好的效果，但远远满足不了开发后期对构造精度的要求。

2. 采用平均速度作时深转换

在沉积稳定、速度横向变化不大的地方，经常采用平均速度法进行时深转换，具体包括 $v_0—\beta$ 方法、固定时深表等，这类方法曾在大庆、华北被广泛使用（蔡刚等，2015）。此外，还可以采用多井时深关系回归数学公式拟合求取平均速度的方法。这类方法的特点是简单实用，同一个深度值对应一个时间值，建立的速度场相对平滑、稳定，但由于没有考虑速度的横向变化，得出的深度域构造和时间域构造整体形态一致，因此并不是真正意义上的变速成图。如果地下速度变化较大时，二者形态差异大，并且横向速度变化越大误差越大，构造成图精度不高。

例如，图 5-4-1 为一个开发老区多口已知井的时间—深度关系图，可以看出该区深度与地震传播时间具有很强的相关性，相关系数达到 0.99，但统计方法得到的回归公式对于绝大多数单井仍然存在很大误差。由图可见，总是存在很多井点的时深点并非严格遵循拟合的曲线，并且某些井点偏离还比较大。显然只要某井点的实际时深点不在该直线上，采用该线性时深关系对地震层位进行时深转换后，该点构造深度和它的钻井实际深度必然存在一定的误差，在这种情况下还要进行深度误差分析和校正。

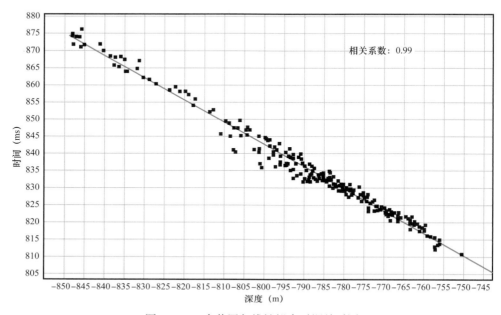

图 5-4-1　多井回归线性拟合时深关系图

因此，平均速度法进行时深转换构造成图的方法虽然简单实用，但已知井点处的真实速度和平均速度或多或少地存在误差，不能满足开发上井、震构造一致的要求。

3. 采用合成记录速度作时深转换

钻井数量较多时，可以进行井震标定，利用标定后各井的时深关系求取速度，进行三维插值建立空变速度场。这种方法是开发期主要的时深转换方法，它充分利用了已知井点处的速度信息，保证井点处时深转换的准确性，并且井网密度越大，速度控制的井点数量越多，空变速度场精度也越高。但是，该方法在井间则采用简单平均法、距离反比加权法等传统的数学手段进行速度插值，速度空间变化趋势考虑不够精细，井点之间的速度准确性难以得到保证（贾义蓉等，2011）。

图 5-4-2 为利用一个开发老区所有已知井的时深关系进行空间速度建模后的平均速度平面图，从图中可以明显看出井点与井点之间速度变化的不规则性，局部高速、低速的"牛眼现象"十分普遍，显然井间内插的速度存在较大的异常和误差，使得采用该速度模型转换的深度构造产生畸变，有时还会造成深度层位和时间层位的形态发生较大差异，降低了地震在井间构造横向的预测性。图 5-4-3b 即为采用该速度建模方法进行时深转换的构造图，对比时间构造和深度构造图中方框位置，在断层东北部方向，深度构造和时间构造形态存在明显差异。

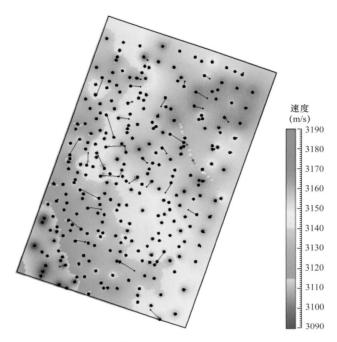

图 5-4-2　利用钻井时深建立的三维速度场

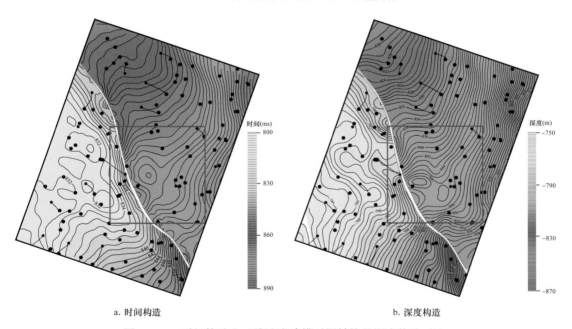

a. 时间构造　　　　　　　　　　　　　　　b. 深度构造

图 5-4-3　时间构造和三维速度建模时深转换的深度构造对比

二、井控构造成图技术

开发中后期对构造成图主要有两个要求：一是构造图上井点处构造深度吻合实际钻井的深度，二是井间构造预测精度高。利用地震叠加速度或者平均速度方法进行时深转换绘制的构造图和实际钻井深度不完全一致；采用多井速度建立空变速度场进行时深转换能够保证井点处时深转换正确，但井间速度采用简单数学插值计算而来，多解性仍然较强，达不到井间精细油藏描述的要求。

如果当井网密度足够大时，利用已知井点的分层深度数据直接插值，就足以编制一张具有一定精度的构造图。这种方法完成的构造图能保证构造在井点上的准确性，但缺乏井间构造变化的趋势，井间构造精度还有待提高。为了提高井间构造精度并充分利用地震资料的构造信息，可采用将井点构造信息和井间地震构造信息有机相结合的地震约束下克里金构造成图法（刘文岭等，2004）。

具有外部漂移的克里金法又可称为具有外部漂移变量的克里金法，外部漂移变量起到趋势约束作用。它是带有趋势模型的克里金（KT）的扩展形式，能够有效地利用外部变量（比如地震属性的信息）来估计主变量。使用该方法需要满足以下条件：（1）主变量和外部变量必须相互关联，具有一定的物理意义；（2）外部变量必须在空间上光滑地变化，否则可能导致具有外部漂移的克里金方程组不稳定；（3）在主变量的所有数据点处和要估计的位置上，外部变量都必须是已知的。

假设主变量为所要求取的深度构造，外部变量为地震反射面的旅行时（地震时间层位）。理论上，地震时间层位全区分布，反映构造变化的地震层面是光滑、连续变化的，不具有短距离的突变性，并且构造深度与旅行时成一定的比例，很好地满足了上述应用条件，因此能够采用具有外部漂移的克里金技术将井震信息联合起来构造成图（龚幸林等，2007）。

图 5-4-4 为地震层位的横向约束下对地质分层数据采用井控构造成图完成的深度构造，图 5-4-3a 为时间构造。对比二者能够看出，深度构造图和时间构造图形态具有很好

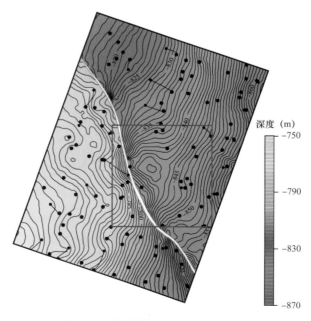

图 5-4-4　井控构造成图的深度构造图

的相似性，相对三维速度建模时深转换的深度构造图（图 5-4-3b），更好保持了地震层位的变化特征，并且深度构造在井点处和已知井点的地质分层深度完全符合。

具有外部漂移的克里金方法以时间域的地震时间层位为外部漂移变量，在构造成图时起到层面趋势约束作用，对已知井相应地质分层的深度值进行插值计算。该方法避开了速度建模和时深转换过程，构造成果既符合井点数据，又忠实于地震层位的横向变化趋势，是开发阶段绘制构造图和建立储层格架层面模型的有效方法。

第五节 小 结

开发阶段构造解释的核心是精度要求高。提高构造解释精度的基础在于用于构造解释的地震资料可靠性和分辨率，因此，通过处理技术提高地震信号信噪比、提高地震资料纵向分辨率是提高构造解释精度的一条有效途径。同时，地震数据中包含了大量的地质信息，例如断层在地震振幅、相位、频率等不同方面都具有不同的响应特征，目前主要局限于波形和振幅的变化来识别断层，资料利用程度有限。随着计算机技术的提高，通过计算机图形学、图像处理识别、数据挖掘等技术应用，发展地震属性技术，有望进一步提高层位追踪、断层识别、微构造解释精度，以满足开发精细油藏构造描述的需要。

参 考 文 献

蔡刚，刘化清，姚军，等，2015.变速成图方法应用——以歧南斜坡区为例［J］.地球物理学进展，30（2）：947-953.

龚幸林，戴晓峰，刘文岭，等，2007.开发期高精度三维初始模型建立与测井约束反演［J］.石油天然气学报，29（1）：92-95.

贾义蓉，贺振华，石兰亭，等，2011.变速三维地震速度场的构建与应用［J］.物探化探计算技术，33（3）：243-247.

刘文岭，朱庆荣，戴晓峰，2004.具有外部漂移的克里金方法在绘制构造图中的应用［J］.石油物探，43（4）：404-406.

陆文凯，张善文，肖焕钦，2004.用于断层检测的图像去模糊技术［J］.石油地球物理勘探，39（6）：686-689，696.

陆文凯，丁文龙，张善文，等，2005.基于信号子空间分解的三维地震资料高分辨处理方法［J］.地球物理学报，48（4）：896-901.

唐琪凌，苏波，王迪，等，2009.蚂蚁算法在断裂系统解释中的应用［J］.特种油气藏，16（6）：30-33，96.

张向君，李幼铭，钟吉太，等，2001.三维相干切片断层多边形检测［J］.物探化探计算技术，23（4）：22-25.

朱成宏，黄国骞，秦瞳，2002.断裂系统精细分析技术［J］.石油物探，41（1）：42-43.

第六章　井震藏一体化油藏描述技术

中国东部老油田总体进入"双高"（高采出程度、高含水）开发阶段（胡文瑞，2008；韩大匡，2007）。老油田挖潜的中心任务是提高原油采收率，关键是预测剩余油相对富集区（韩大匡，2010），其核心是深化地震油藏描述。由于中国东部老油田储层多为陆相碎屑岩沉积，储层纵横向非均质性强，加上开采时间长、开采过程复杂，深化地震油藏描述面临巨大挑战（凌云等，2010），主要表现为以下四方面。（1）目标尺度更小，精度要求更高。经过多轮不同井网密度的油藏描述和长期开发，井间距越来越小，目标尺度越来越小，如要求识别 1m 以上厚度的砂体、垂向断距 3m 左右的断层、3m 左右的微幅度构造，以及准确识别砂体边界和泥岩隔层，提高物性预测精度等。（2）资料时间跨度大，如大庆长垣油田最早采集的测井资料与地震资料采集时间相差近 40 年，井震匹配难。（3）井网密，测井资料多，地震油藏描述的时效性低，影响了地震技术在开发阶段的应用。（4）资料种类丰富，多学科资料融合需求强烈，但目前缺乏一体化工作模式、流程和相应的技术与软件平台。

要解决这些难题，必须转变地震油藏描述的思路。首先是从可分辨到可辨识的转变，前者属于时间分辨率范畴，无论地震资料具有多高分辨率，都无法在常规地面地震剖面上识别 1m 的薄层，后者强调在反演结果上可辨识，同样分辨率的地震资料在不同弹性参数反演剖面上可辨识程度不同，这为识别薄储层提供了可能；其次是从确定性到统计性的转变，由于目标尺度小，不确定性强，利用统计性方法可以评估这种不确定性；再次是从时间分辨率到空间分辨率的转变，目的是充分发挥地震资料在平面上高密度采集、具有较高横向分辨率的优势，以横向分辨率弥补纵向分辨率的不足；最后是从测井约束地震到地震约束测井的转变，其目的是充分发挥老油田井网密、测井资料丰富的优势，实现（测）井（地）震（油）藏（模拟）多学科一体化。

实际上，不同学科的资料都是油藏特征在不同侧面的反映，具有不同的特点，可以相互印证，相互补充。例如测井资料具有纵向分辨率高的优势，而地震资料具有横向连续分布的优势，因此，井震结合可以最大程度发挥地震和测井资料的优势，这个理念在油藏静态描述中得到普遍认可与广泛采用。同样，生产动态资料蕴含了丰富的油藏静态和动态信息，与地震资料结合，可以更好地进行油藏静态描述和动态分析。在地震与油藏模拟融合上，黄旭日最早将时移地震技术与油藏数模相结合，提出了利用时移地震数据约束历史拟合，以提高历史拟合的精度（Huang Xuri et al.，1997）。随后，又提出利用生产动态数据约束时移地震资料分析（Huang Xuri et al.，2000），最终形成了从地震到油藏，再回到地震的技术流程，为地震与油藏融合提供了一种有效途径（Huang Xuri，2001）。当前，从地震到油藏，井震藏结合已成为油藏地球物理技术发展的一个重要趋势。

第一节　开发阶段油藏描述任务与技术

一、开发阶段油藏描述目标与任务

在开发阶段开展储层预测研究，最主要的目的是要进一步精确构建地下认识体系，建立起储层地质模型，服务于油藏数值模拟和剩余油分布预测的需要。从高含水油田深度开发需求的角度，开发阶段储层预测具有以下6项地质任务（刘文岭，2010）。

（1）储层横向边界预测。不规则大型砂体的边角部位、主砂体边部物性变差部位，以及现有井网控制不住、动用程度低或未射孔的小砂体、薄砂层形成的剩余油预测，都需要结合地震资料预测砂体横向边界和砂体的分布范围。

（2）条带型砂体走向确定。通过测井解释，容易识别井点上砂体，然而，由于高含水后期井网密，条带型砂体在井点上的组合和井间砂体走向的确定，需要辅以地震储层预测成果才能对其进行精细刻画，这对于因注采完善程度低导致的条带型砂体的剩余油富集部位预测有很大帮助。

（3）河流相储层主体部位刻画。刻画大型复合型砂体中河道主体部位对于开展针对性堵水调剖和调驱，以及结合精细地质对隔夹层的预测，挖潜厚油层顶部剩余油等，具有非常积极的意义。对于油藏地球物理技术而言，刻画河流相储层主体部位（包括主河道和点坝等）着重是要解决薄互层储层条件下单砂体厚度预测的精度问题，单砂层厚度预测准确了，相对厚度较大的河流相储层主体部位也就得以预测了。

（4）砂体接触关系与连通性识别。通过开展高精度地震反演与属性分析，确定砂体接触关系与连通性，对于分析注采井对应关系、调整注采井网、完善注采系统具有指导意义。

（5）岩性隔挡预测。砂体被纵向或横向的各种泥质遮挡形成的滞油区，是剩余油挖潜的有利部位。预测对剩余油富集有利的各种岩性隔挡的位置，如末期河道、废弃河道等，是地球物理技术在油田开发领域应用的一项新任务。

（6）储层物性参数预测。建立高精度确定性储层物性参数模型是开展油藏建模和数模的基础，仅靠井数据地质统计学插值和模拟，无法解决井间的不确定性问题，这需要依赖油藏地球物理技术，同时对于裂缝型储层则要做好裂缝分布方向、裂缝密度等参数的预测。

二、井震藏一体化油藏描述技术

井震藏一体化油藏描述技术是以地震资料为基础，开展测井、地震和油藏模拟三方面技术研究，实现从地震到油藏，再回到地震的迭代过程。通过井震融合和震藏融合实现井震藏一体化，充分发挥了多学科资料各自的优势，提高了油藏建模和数模的精度，进而提高了剩余油分布预测的精度，为老油田挖潜提供了技术支持。

井震融合是地震油藏描述的关键环节，可以实现两个目的：一是充分利用井点的资料，如测井资料和井筒地震资料等；二是保证测井与地震的一致性。井震一致性是地震岩石物理研究的内容之一，在勘探阶段由于测井与地震几乎同时采集的，不存在时间一致性问题，但是在开发阶段地震与测井的采集时间差异非常大，如大庆长垣油田二者最大相差超过40年。这么大的时间跨度油藏发生了很大变化，因此地震资料与测井资料是不匹配的，存在时间一致性匹配问题，这需要将地震岩石物理技术推广到开发后期，解决随时间变化的地震岩石物理分析问题，称之为动态地震岩石物理分析技术，也是第二章中地震岩石物理技术的延伸。其目的是解决阻碍开发后期井震融合存在的时间、空间和井震不一致性问题，为实现井震融合奠定岩石物理基础。井震融合的另一个基础是井控保幅高分辨地震资料处理，其目的是充分发挥井筒资料的优势，不但为地震资料高分辨率处理提供处理参数和约束，而且也为保幅处理质控提供依据，为实现井震融合奠定地震资料基础。此外，为了油藏工程师能够更好地使用地震油藏描述结果，井点处地震储层预测结果必须与测井解释成果一致，包括构造、储层和含油气性等。同时，也为了充分发挥开发阶段井网密度大的优势，井控地震资料解释方法就成了开发阶段地震油藏描述的必然选择，如井控精细构造解释，井震联合储层研究等。井控精细构造解释包括井控小断层解释、井控层位追踪和井控构造成图技术，其目的是提高构造解释精度，实现构造解释的井震一致性。地震反演是储层定量研究的关键技术之一，大部分地震反演都是通过正演的方法来实现的，即建立初始波阻抗模型，然后修改模型让模型的合成记录与实际地震记录逼近，达到一定精度后的模型就是反演结果，可见这些技术逼近的目标是地震资料，因此，在很多情况下，储层厚度预测结果与井点差异较大，油藏工程师无法使用这些结果，因此，开发阶段地震储层预测要尽可能使井点处预测结果与测井解释成果符合，或从井点已知信息出发结合地震资料进行外推，就地震反演而言，随机地震反演可能是开发阶段最适合的反演方法，它既可以提高薄储层预测的精度，又可实现储层预测的井震一致性。可见，井控是老油田地震资料处理和地震油藏描述的突出特征，动态地震岩石物理分析和井控保幅高分辨地震资料处理是井震融合的基础，井控精细构造解释和井震联合储层研究，特别是随机地震反演，是井震融合的关键手段。

传统上，地震油藏描述、油藏建模和油藏数模的关系是接力式的，即油藏建模使用地震油藏描述的结果，油藏数模利用粗化后的油藏建模结果，由于粗化使得从油藏数模无法回到地质建模，更无法回到地震，如图6-1-1a所示，限制了地震资料在油藏工程中作用的发挥。实际上地震资料是空间上采集的唯一资料，可以降低井间描述模糊性。为此，首先不能进行粗化，这样油藏模型与地质模型是等价的，通过历史拟合更新油藏模型就是更新地质模型，实现从数模到建模的闭合循环；其次通过动态地震岩石物理和正演模拟技术实现从建模到地震资料解释，甚至是地震资料处理的闭合循环，最终形成从地震到油藏，再回到油藏的闭合循环，为充分发挥地震的作用提供保障，如图6-1-1b所示。在此基础上，通过地震约束建模和地震约束数模，充分发挥地震资料在油藏建模和数模中的作用，提高油藏建模和数模的精度，最终提高剩余油分布预测的精度。因此，油藏工程阶段要突出地震约束，通过地震约束建模和数模实现地震油藏一体化，其基础是不粗化。

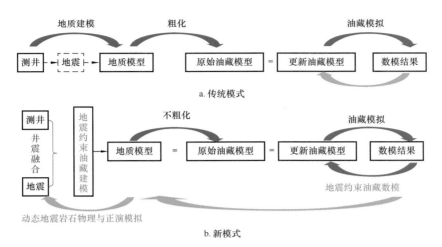

图 6-1-1　地震与油藏建模和油藏数模的关系

最后，通过地震测井融合和地震油藏一体化实现了地质、钻井、测井、地震和油藏等多学科一体化，形成了老油田井震藏一体化技术体系，构建了面向老油田开发的剩余油分布预测技术流程。其关键技术包括动态地震岩石物理分析、井控保幅高分辨率地震资料处理、井控精细构造解释、井震联合储层研究（随机地震反演）、地震约束油藏建模和地震约束油藏数模，如图 6-1-2 所示。

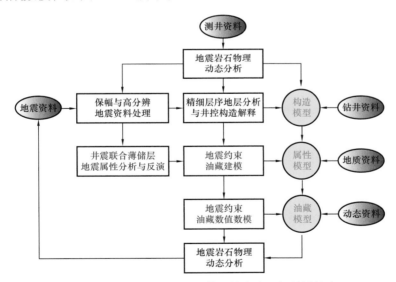

图 6-1-2　老油区井震藏一体化技术流程与关键技术

第二节　薄储层地震响应特征分析

在近十年中，薄层地震响应特征分析取得明显进步，从震源和反射系数谱发展到反射波频谱分析，建立起反射波陷频频率或峰值频率与薄层厚度的定量关系。正演模拟方法从普遍使用的褶积模型向波动方程模拟方向发展，使得地震波场的信息更加丰富、更加真实。分析手段从傅里叶变换向广义 S 变换和匹配追踪等时频分析方法方向发展，从单纯的时域和频域分析发展到时频相结合，注重反射波频谱的瞬时特性，从单纯的定性分析逐步向定量预测方向发展。薄互层反射记录是由多个单层反射子波相互干涉所形成的复合波，据此无法反向推测单层的位置与性质。通过对薄互层开展理论正演模拟研究，准确描述薄互层的时频特征和响应规律，阐述其与地层结构之间的内在联系，进而确定薄互层的互层数、厚度及分布范围，建立单层砂体厚度定量预测关系，对提高薄互层油气藏勘探与开发具有重要意义。

在对地震资料进行薄储层预测方面，时频分析技术起到了至关重要的作用，通过将一维的时间域地震道映射到一个二维的时频平面，在时频域内对地震道进行分析，全面反映观测地震资料的时间—频率联合特征，充分刻画薄储层响应特征。

关于时频分析技术，最早的是傅里叶分析，将时间域地震道转化到频率域，分析地层变化特征。基于傅里叶变换的信号频域表示及其能量的频域分布揭示了信号在频域的特征，它们在传统的信号分析与处理的发展史上发挥了极其重要的作用。但是傅里叶变换是一种整体变换，是在整体上将信号分解为不同的频率分量，对信号的表征要么完全在时域，要么完全在频域，作为频域表示的功率谱并不能说明其中某种频率分量出现在什么时候及其变化情况。傅里叶变换只能分别从信号的时域或频域观察，而不能把二者有机地结合起来。

短时傅里叶变换的出现有效解决了时间与频率的整体问题，通过利用窗函数来截取信号，假定信号在窗内是平稳的，采用傅里叶变换分析窗内信号，以便确定那个时间存在的频率，然后沿着信号移动窗函数，得到信号随时间的变化关系。但同时短时傅里叶变换也存在两个主要的困难：一是窗函数的选择问题，对于特定的信号，选择特定的窗函数可能会得到更好的效果，然而如果要分析包含两个分量以上的信号，在选取窗函数时就会感到困难，很难使一个窗同时满足几种不同的要求；二是当窗函数确定后，只能改变窗口在相平面上的位置，不能改变窗口的形状。因此，用短时傅里叶变换来分析地震资料时，当波形变化剧烈时，主要是高频，要求有较高的时间分辨率，而波形变化比较平缓时，主要是低频，则要求有较高的频率分辨率。即要得到好的频域效果，就要求有较长的信号观测时间窗函数长，那么对于变化很快的信号，将失去时间信息，不能正确反映频率与时间变化的关系；反之，若选取的窗函数很短，虽然可以得到好的时域效果，但根据测不准原理，这必将在频率上付出代价，所得到的信号的频带将展宽，频域的分辨率下降。因此，短时傅里叶变换不能兼顾两者。

小波分析方法是一种窗口大小固定但其形态可改变、时间窗和频率窗都可以改变的时频局部化分析方法。即在低频部分具有较高的频率分辨率和较低的时间分辨率，在高频部分具有较高的时间分辨率和较低的频率分辨率。小波变换之所以优于傅里叶变换，在于它可以研究信号的局部特征，而傅里叶变换着重研究信号的整体特征。而且，小波函数可以根据信号的特征进行构造，在满足允许条件下具有很大的灵活性，傅里叶变换仅仅是用正弦和余弦函数展开信号。由于小波函数可按信号特征构造，这就为小波变换的时间—尺度域分析、分离信号和噪声、分频处理带来了极大的方便。虽然小波变换克服了短时傅里叶变换的单一分辨率分析的不足，引入了尺度因子，但是由于尺度因子与频率没有直接的联系，而且在小波变换中没有明显表现出来，因此小波变换的结果不是一种真正的时频谱。小波分析的另一个问题是其具有自适应的特点，一旦基本小波被选定，就必须用它来分析所有待分析的数据。

S变换是以Morlet小波为基本小波的连续小波变换的延伸。在S变换中，基本小波是由简谐波与高斯函数的乘积构成的。基本小波中的简谐波在时间域仅作伸缩变换，而高斯函数则进行伸缩和平移。这一点与连续小波变换不同，在连续小波变换中，简谐波与高斯函数进行同样的伸缩和平移。与小波变换、短时傅里叶变换等时—频域方法相比，S变换有其独特的优点，如信号的变换的时频谱分辨率与频率即尺度有关，且与其谱保持直接的联系，基本小波不必满足容许性条件等，这些特点在实际应用中是非常有用的。

匹配追踪是一种具有更高时频分辨率的方法，通过将原始信号投影到一系列时频原子上，即把原始信号表示为这些时频原子的线性组合，利用这些时频原子精确地表达原始信号。在此基础上通过各匹配子波的维格纳—维尔（Wigner—Ville）分布，实现原始信号的高分辨率时频分布特征。

一、薄储层时频特征

建立均匀泥岩背景下顶、底界面反射系数极性相反、不同反射系数大小、不同组合关系、厚度为1~30m砂岩的三大类90种地层模型。震源子波采用零相位雷克子波，地震波主频39Hz（峰值频率为30Hz）。采用深度域相移法正演模拟获取合成地震记录，在砂岩中点处提取广义S变换后地震道的瞬时振幅谱，对时域和频域特征参数进行统计、整理和分析，借以考察不同厚度薄层时域和频域特征参数的总体变化规律。

时域波形特征：时域波形随着地层厚度增大而逐渐增大，在1/4波长（13m）处取得最大值（图6-2-1），然后逐渐减小，当地层厚度大于3/8波长（19m）后最大振幅值逐渐趋于稳定。从波形上看，当层厚大于1/2波长（26m）时，顶、底界面反射波开始出现分离，界面可分；随着地层厚度的减薄，界面反射波逐渐融合、压缩、过渡为单一子波，子波延续时间逐渐变短。

频域特征：从时域波形所对应的广义S变换时频谱上看（图6-2-2），当地层厚度大于1/4波长时，时频谱上存在着与地层厚度相关的特定频率的能量损失，进而导致了地层厚度在大于1/2波长时，低频能量被相对压制，在1/4波长与1/2波长之间，高频能量被压制，而当地层厚度小于1/4波长时，整个频带能量均遭到压制；从而显现出随着地层厚度的减薄，有效频带能量由高频向低频移动、有效频带变宽、继而整个频带能量均遭到损失的整体变化规律。

从归一化后的瞬时频谱上看（图6-2-3），无论是第一、第二峰值频率还是第一、第二陷频频率，均随着地层的减薄，反比例向高频移动，有效谱宽逐渐变大。

峰值频率：随着地层厚度的减薄而逐渐增大，峰值频率点的个数由2个减少到1个，峰值频率间隔逐渐增大。当地层厚度小于1/4波长时，瞬时频谱只存在1个峰值频率，峰

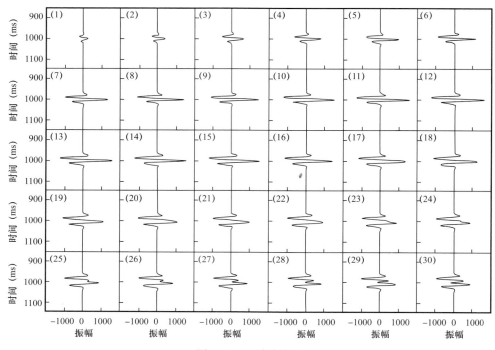

图 6-2-1　时域波形

括号中数字表示地层厚度，m

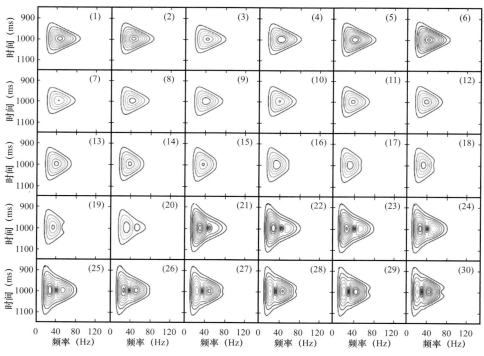

图 6-2-2　广义 S 变换时频谱

括号中数字表示地层厚度，m

值频率值大于震源子波的峰值频率；在 1/4 波长处，峰值频率等于震源子波的峰值频率；当厚度大于 1/4 波长时，瞬时频谱呈现双峰值频率，第一峰值频率小于而第二峰值频率大于震源子波的峰值频率。峰值频率对反射系数对的大小和极性变化不敏感，对于不同的反射系数对，峰值频率近似相等（图 6-2-4）。

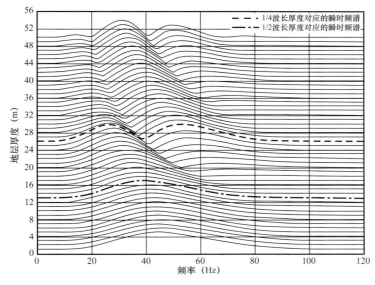

图 6-2-3　地层中心瞬时频率

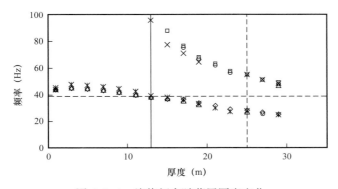

图 6-2-4　峰值频率随薄层厚度变化

菱形和正方形分别代表顶底反射系数为 -0.6 和 0.4 的主峰值频率和次峰值频率；三角形和乘号分别代表顶底反射系数为 -0.5 和 0.5 的主峰值频率和次峰值频率；星号和圆形分别代表顶底反射系数为 0.1 和 -0.1 的主峰值频率和次峰值频率，实线代表 1/4 波长，虚线代表 1/2 波长，下同

瞬时频谱最大幅度：不同反射系数的反射复合波瞬时振幅谱最大幅度的总体变化趋势是一致的，但振幅谱的最大幅度与反射系数大小成正比，如图 6-2-5 所示。当薄层厚度小于 1/4 波长时，反射复合波瞬时振幅谱最大幅度随着薄层厚度的减薄而逐渐减小，并趋近于 0；瞬时振幅谱最大幅度在 1/4 波长（图 6-2-5 中实竖线）处取得极大值，而在 1/2 波长（图 6-2-5 中虚竖线）取得一个相对的极小值。

陷频频率：如图 6-2-6 所示，反射复合波瞬时振幅谱的陷频频率随薄层厚度变化的总体规律是：不同反射系数大小的陷频频率近似相等，受反射系数大小和极性的影响很小；总体上，随着薄层厚度的减薄，陷频频率有逐渐增大的趋势。

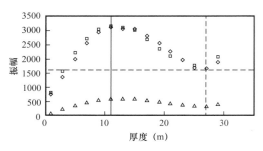

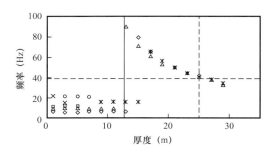

图 6-2-5　频谱最大幅度随薄层厚度变化　　　图 6-2-6　瞬时振幅频谱陷频频率随薄层厚度变化

时域振幅及视厚度：从图 6-2-7 可知，反射复合波时域最大振幅与薄层顶、底界面反射系数成比例变化。当薄层厚度小于 1/4 波长且薄层顶、底界面反射系数极性相反时，反射复合波的最大振幅随薄层厚度的减小而逐渐减小，视厚度基本保持不变（图 6-2-8）。当薄层厚度趋近于 0 时且薄层顶、底界面反射系数大小相等时，反射复合波的最大振幅通过 0 点；而当反射系数大小不等时，反射复合波的最大振幅不通过 0 点。在 1/4 波长（图 6-2-8 中实竖线）处，反射复合波的时域最大振幅取得最大值。当薄层厚度大于 1/4 波长而小于 1/2 波长（图 6-2-8 中虚竖线）时，反射复合波的最大振幅随着薄层厚度的增大而逐渐减小，此时薄层的视厚度小于真厚度。

通过以上分析可以看出，对于小于 1/4 波长的薄砂体，由于强烈的干涉作用，薄层具有升频降幅的作用，峰值频率振幅比迅速增大（图 6-2-9），因此可以构建峰值频率—振幅比敏感属性参数指示砂岩尖灭和河道砂体边界。薄层瞬时频谱的峰值频率和陷频频率对反射系数大小与极性变化不敏感，具有较好的稳定性，与薄层厚度具有很好的相关性，因此可以利用这一规律来定量预测薄层厚度。时域振幅或者频谱最大幅度与顶、底界面反射系数大小有关；因此，可以利用振幅信息反映薄层阻抗信息；而峰值频率或者陷频频率与反射系数大小无关，只与地层厚度相关，可以利用二者反映地层结构信息。

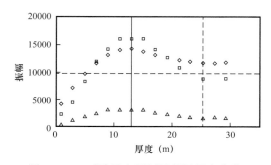

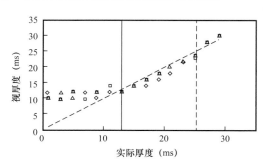

图 6-2-7　时域最大振幅随薄层厚度变化　　　图 6-2-8　视厚度与实际厚度对比

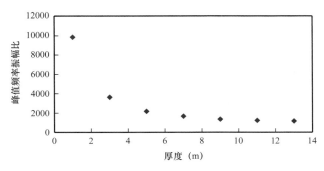

图 6-2-9　峰值频率振幅比随薄层厚度变化

二、等厚薄互层时频特征

建立均匀泥岩背景下互层数为 10、6、3、2 的砂泥岩等厚薄互层地质模型，单层厚度从 30m 以 1m 为间隔变化到 1m，共 120 个地质模型。模型中砂岩速度为 2918m/s，密度为 2.14g/cm³；泥岩的速度为 3180m/s，密度为 2.32g/cm³。地震子波采用零相位雷克子波，地震波主频为 39Hz（峰值频率为 30Hz）。用深度域相移法正演模拟获取合成地震记录，在薄互层中点处提取广义 S 变换后地震道的瞬时振幅谱，对时频、频域特征参数进行统计、整理、分析，分别考察不同互层数、不同单层厚度薄互层时域、频域特征参数的总体变化规律。

时域波形特征：当单层厚度大于 3/16 波长（14m）时，等厚薄互层时域地震道表现为中、高频等幅振荡，振动频率随单层厚度减薄逐渐增加（图 6-2-10）；波形之间具有很好的可分性，可定性判断互层数及单层之间的时间厚度。当单层厚度介于 1/8 波长（9m）与 3/16 波长时，随着单层厚度的减薄，除顶、底界面处的子波波形不发生变化外，中部各层振幅逐渐降低，互层数逐渐不可分辨。当单层厚度小于 1/8 波长时，薄互层中部振幅消失殆尽，薄互层的总体特征与均一厚层相类似。随着单层厚度进一步减薄，顶、底界面子波进一步靠近、融合；当薄互层总厚度小于 1/4 波长时，反射子波为单峰复合波，时域振幅略有增加。

频域特征：在时频波谱图上（图 6-2-11），当单层厚度大于 3/16 波长时，呈现垂向一致的窄带中低频幅频特性，说明等厚薄互层将震源子波调制成特定频率信号，而对其他频率成分具有压制作用。随着单层厚度的减薄，主频带逐渐向高频移动，频带逐渐变宽。当单层厚度介于 1/8 至 3/16 波长时，波谱频带进一步向高频移动变宽，顶、底界面反射子波谱得以显现，强烈的干涉作用对薄互层中部能量的强烈压制作用。当单层厚度介于 1/8 到 1/4 波长时，由于干涉作用进一步增强，薄互层中部信号能量几乎损失殆尽，波谱图呈现波谱分裂现象，顶、底界面处的瞬时子波谱得以凸显，并逐渐靠近、融合。当薄互层总厚度小于 1/4 波长，波谱图上呈现为单一子波谱，此时无法区分是薄互层还是单一薄层。

在瞬时频谱图上（图 6-2-12），当单层厚度大于 1/8 波长时，瞬时频谱上表现为一个窄带尖峰，峰值频率与单层厚度呈现较好的反比例函数关系。随着地层厚度的减薄，频

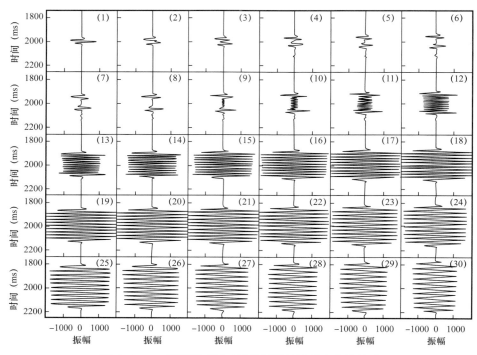

图 6-2-10 等厚薄互层时域特征随单层厚度变化关系
括号中数字表示单层厚度，m

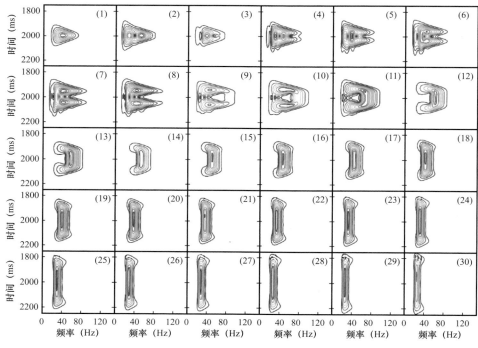

图 6-2-11 等厚薄互层波谱特征随着单层厚度变化特征
括号中数字表示单层厚度，m

带向高频移动并逐渐变宽。当单层厚度小于 1/8 波长时，存在能量较低、由多个陷频点所分隔的频谱曲线，并随着单层厚度减薄，陷频点数逐渐减少，最后趋近于单峰值、无陷频点、幅值较低的震源子波频谱。

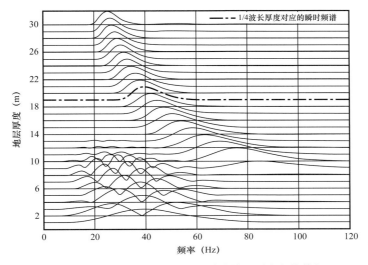

图 6-2-12　等厚薄互层瞬时频谱随单层厚度变化特征

时域特征：当单层厚度大于 1/8 波长时，薄互层顶、底界面处反射子波振幅不受互层数的影响，单纯依靠界面振幅信息无法反映薄互层内部结构特征；但振幅的大小与单层厚度密切相关：当单层厚度小于 1/2 波长而大于 1/4 波长时，时域振幅随着单层厚度的减小而逐渐增大；当单层厚度等于 1/4 波长时，时域振幅取得最大值；当单层厚度小于 1/4 波长时，随着单层厚度的减小，振幅逐渐减小并趋近于 0。当单层厚度小于 1/8 波长时，从时域波形特征上看（图 6-2-13、图 6-2-14），薄互层总体特征表现为单层（厚层或薄层）结构，其时域振幅既不反映单层厚度大小，也不反映地层结构特征。

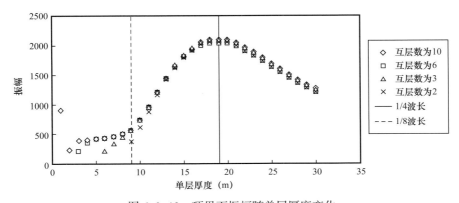

图 6-2-13　顶界面振幅随单层厚度变化

峰值频率：当单层厚度大于 1/8 波长时，随着单层厚度的变大，峰值频率逐渐降低（图 6-2-15）。当单层厚度等于 1/4 波长时，峰值频率等于震源子波的主频，而与互层数无关。当单层厚度小于 1/4 波长时，薄互层总厚度的减少会造成峰值频率降低。当单层厚度大于 1/4 波长时，薄互层总厚度的减少，峰值频率略有增大。

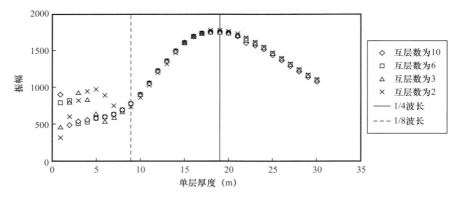

图 6-2-14　底界面振幅随单层厚度变化

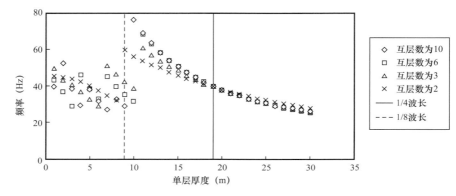

图 6-2-15　峰值频率随着单层厚度变化

瞬时频谱最大幅度：当单层厚度大于 1/8 波长时，瞬时频谱最大幅度随单层厚度变化规律与时域振幅随单层厚度变化规律相一致；不同的是频谱最大幅度能够较好地反映地层结构特征。当互层数大于 6 时，瞬时谱最大幅度变化不明显。而随着互层数的减少，振幅谱的最大幅度降低。当互层数为 2 时，幅度降低近 50%（图 6-2-16）。

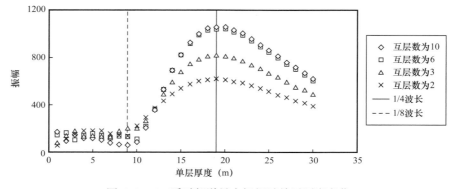

图 6-2-16　瞬时频谱最大振幅随单层厚度变化

陷频频率及谱宽：当单层厚度大于 1/8 波长时，陷频频率随单层厚度的减薄而逐渐增大（图 6-2-17），频谱宽度逐渐增大，最大谱宽可达 50Hz（图 6-2-18）。随着互层数的减少，陷频频率是先略有增加后略有减小，频宽逐渐增大。当互层数大于 6 时，谱宽变化不大。当单层厚度小于 1/8 波长时，陷频频率无规律变化，谱宽均趋向于震源子波的最大谱宽。

通过以上分析可以看出：（1）薄互层顶、底界面处反射波时域振幅不受薄互层结构和地震子波性质的影响，是薄互层最为明显的特征，据此可以从地层剖面中确定薄互层所在位置及总厚度。（2）随着地层厚度减薄，等厚薄互层时域波形特征由内部可分薄互层向等效厚层、等效薄层转化。无论等效厚层还是等效薄层，此时时域波形只反映界面信息，而不反映地层内部结构和岩性信息。此时，薄互层内部的时域等时振幅切片，与薄互层内部的砂岩厚度和位置无显著对应关系，振幅切片将失去指示意义。（3）峰值频率受反射系数影响较小，具有很好的稳定性。当单层厚度大于 1/8 波长时，峰值频率与薄互层单层厚度呈近似反比关系，可定量预测薄互层的单层厚度。

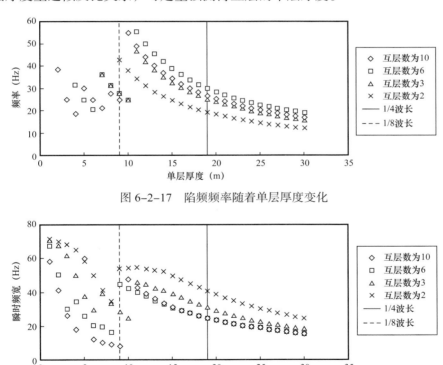

图 6-2-17 陷频频率随着单层厚度变化

图 6-2-18 瞬时频宽随着单层厚度变化

三、楔状薄互层叠后振幅特征

楔状地层模型对于地震识别极限厚度的研究具有独特的优势。首先，地层模型厚度的连续变化有利于地震识别极限厚度的解释。其次，应用复合楔状地层模型可以确保同一模型具有同一砂地比。引入砂地比，有利于考察薄层厚度与隔层厚度的相对关系对薄层地震识别的影响。砂地比定义为：上砂下泥两层复合楔状地层模型中，任意一点垂向上单一砂岩地层厚度与砂岩地层厚度和其相邻的单一泥岩地层厚度之和的百分比。

应用的模型为置于巨厚泥岩背景中的 5 个相同的上砂下泥两层复合楔状体组成的上下叠置、向同一方向收敛、在任意位置处垂向上单层砂岩厚度相同、隔层泥岩厚度也相同的砂泥岩互层复合楔状模型，如图 6-2-19 所示。图中从左至右砂地比分别为 10%、30% 和 50%。横坐标从上至下分别为单一砂岩楔状地层的厚度、地震线号、地震道号；道号减 100 为单一砂岩楔状体的厚度；纵坐标为时间，单位为 ms。

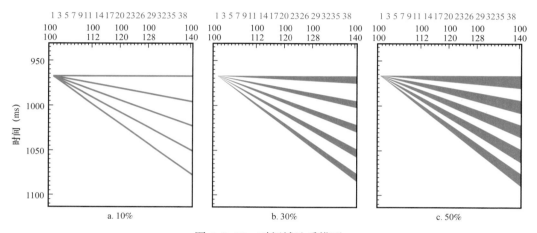

图 6-2-19　时间域地质模型

根据长垣油田萨尔图、葡萄花、高台子油层的弹性参数特点，即砂岩与泥岩的速度基本相同，由于砂岩的孔隙度较大（30% 左右），砂岩密度小于泥岩或砂质泥岩的密度，所用地质模型均使用相同砂、泥岩速度和不同砂、泥岩密度。一般情况下，由于地质模型属于深度域，正演将深度域的模型转换成时间域的地震响应，二者的桥梁是介质的速度。相同的砂泥岩速度，使地层的双程旅行时只与地层的厚度有关，与岩性无关，有利于时间域正演结果与深度域模型的直接对比。具体弹性参数选择如下：

$$v_{sand} = v_{shale} = 3000\text{m/s},\ \rho_{sand} = 2000\text{kg/m}^3,\ \rho_{shale} = 2400\text{kg/m}^3$$

应用上述弹性参数建立了三个不同砂地比（10%～30%～50%）的砂泥岩互层复合楔状模型。该模型与峰值频率为 45Hz 的雷克子波褶积计算（忽略透射损失及多次反射），实现了三个不同砂地比条件下模型的无噪正演（图 6-2-20）。图中子波采用峰值频率为 45Hz 的雷克子波，横坐标从上至下分别为地震线号、地震道号，道号减 100 为单一楔状砂岩地层的厚度，单位是 m；纵坐标为时间，单位为 ms。

三个正演地震剖面对比发现如下规律：随着单一楔状地层厚度的逐渐变薄，在地震响应从右向左由 5 个复合子波变为 4 个复合子波的突变处，上砂下泥互层厚度为 13m（1/4 波长）。这说明在砂岩和泥岩声波速度相同的条件下，砂岩地震识别极限厚度 H_{sand} 与砂地比 R 和 1/4 地震波长 λ_{sand} 成正比，即得到如下经验公式：

$$H_{sand} = R\lambda_{sand} / 4 \tag{6-2-1}$$

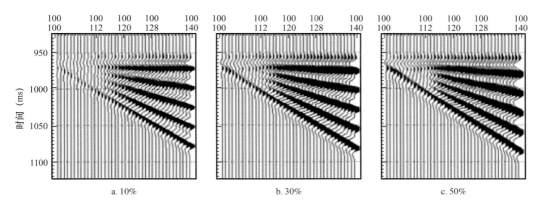

图 6-2-20 地质模型对应的褶积模型

式（6-2-1）说明在长垣油田地震条件下，即子波主频为 45Hz，砂泥岩地层速度约为 3000m/s，当砂地比为 10% 时，薄层地震识别的极限厚度约为 1.5m；当砂地比为 30% 时，极限厚度约为 4.5m；当砂地比为 50%，极限厚度约为 7.5m。

为减小边界效应，分别对三个复合楔状地层模型（10%、30%、50%）中的中间砂岩地层（五层叠置砂体中的第三层）可识别部分的地震响应复合子波波峰进行追踪，对复合子波最大振幅与其对应的薄层厚度之间的关系分模型进行了分析，并将其与单层楔状模型中二者的关系进行对比，如图 6-2-21 所示，蓝色代表单一楔状砂岩模型，粉色代表砂地比为 10% 的复合楔状模型，红色代表砂地比为 30% 的复合楔状模型，粉蓝色代表砂地比为 50% 的复合楔状模型。对比发现，复合楔状模型中单个砂岩地层厚度在识别极限至 1/4 波长范围区间内，相邻砂岩地层之间的地震响应相干现象明显。同一砂地比模型的地震响应均存在随着薄层厚度的增大，复合子波振幅由相干减弱向相干加强转变的规律。而且，随着砂地比（10%、30%、50%）的增加，这种相干现象变得更加明显。

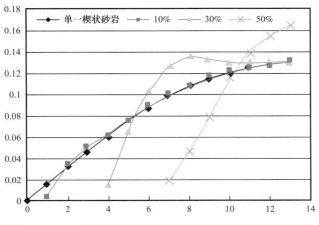

图 6-2-21 可识别薄层地震响应最大振幅随厚度变化规律

按照褶积模型解释结果，当上砂下泥复合地层厚度为 $\lambda/4$ 时，砂岩薄层可识别。这意味着在时间域，上砂下泥地层的双程旅行时为 1/2 主频周期（$T/2$）时，砂岩薄层可识别。

假设ΔT为砂岩地层的双程旅行时，T为上砂、下泥互层的双程旅行时，则：

$$\frac{\Delta T}{T/2}=\frac{R/v_{sand}}{R/v_{sand}+(1-R)/v_{shale}}=\frac{R}{R+(1-R)P} \qquad (6\text{-}2\text{-}2)$$

式中：R为砂地比；v_{sand}为砂岩地层速度；v_{shale}为泥岩地层速度；P为砂泥岩速度比。

根据式（6-2-2）推导出如下砂岩薄层地震识别极限厚度的计算公式：

$$H_{sand}=\frac{\Delta T v_{sand}}{2}=\frac{R}{R+(1-R)P}\frac{\lambda_{sand}}{4} \qquad (6\text{-}2\text{-}3)$$

式（6-2-3）说明，该极限厚度与波长成正比。薄层地震识别极限厚度与其他两个变量的关系如下推导求出。

将薄层地震识别极限厚度［式（6-2-3）］分别对砂地比和砂泥岩速度比求导：

$$H_R'=\frac{P}{\left[R+(1-R)P\right]^2}\frac{\lambda_{sand}}{4}>0 \qquad (6\text{-}2\text{-}4)$$

$$H_P'=\frac{-(1-R)R^2}{\left[R+(1-R)P\right]^2}\frac{\lambda_{sand}}{4}<0 \qquad (6\text{-}2\text{-}5)$$

式（6-2-4）说明，当砂泥岩速度比和波长不变时，砂岩薄层地震识别极限厚度随砂地比的增加而增加，即薄层地震识别能力随砂地比的增加而减小。以书中应用的正演模型为例，当砂地比为50%时，地震识别极限厚度为$\lambda_{sand}/8$；当砂地比为30%时，地震识别极限厚度为$3\lambda_{sand}/40$；当砂地比为10%时，地震识别极限厚度为$\lambda_{sand}/40$。随着砂地比的不断降低并接近于0，薄层地震识别的极限厚度逐渐接近于怀德斯模型的情况，即只要有薄层存在，地震就能够识别。式（6-2-5）说明，当砂地比和砂岩地层波长不变时，薄层地震识别的极限厚度随砂泥岩速度比的增大而减小，即砂岩薄层地震识别能力相应增强。

薄层地震识别厚度存在极限，这一极限不同于测井解释的固定厚度值，也不同于单层楔状体模型地震分辨率研究得到的$\lambda/4$，它取决于薄层的地震波长、目的层段的砂地比、砂泥岩速度比三个参数。在地层中砂泥岩速度比不变的情况下，薄层地震识别极限厚度相对大小可通过砂地比的变化得到解释。

第三节　井震联合薄储层地震属性分析技术

近些年来，针对薄储层的识别刻画发展了一系列新的地震属性分析技术，如最佳时窗子体、频谱分解、匹配追踪波形分解、叠前 AVO 组合属性等，从不同角度着手减弱薄层干涉对地震响应的影响，提高了对薄层或小尺度储集体的刻画精度。

小层地层层序格架解释和建立是薄储层属性识别的重要基础。勘探阶段以砂岩组、甚至油层组为研究单位，厚度相对较大，地震的层位解释主要以构造同相轴解释为主，其精度相对较高。在开发阶段，目的层段以小层甚至沉积单元为研究的基本单位，由于薄层的厚度一般远小于地震分辨率，无法实现地震界面的分辨，因此，确定小层的等时格架是薄储层地震属性分析的难点。另一方面，应用开发阶段更多数量的井资料，结合地震属性技术，可以开展精细沉积微相分析。

一、开发阶段地震属性分析技术适应性

地震属性分析技术在油田勘探阶段发挥了重要作用，但是随着地震技术进入高含水开发领域，研究目标由过去的砂岩组等相对较厚的储层，到细分小层甚至单砂层，地震属性分析技术应用出现了适应性问题（刘文岭，2010）。

中国陆上老油田沉积呈多旋回性，油田纵向上油层多，有的多达数十层甚至百余层，是典型的薄互层储层。多年来，油田开发实践表明，地质小层是开发地质和油藏工程研究的最基本单元。与之相对应，地震储层预测需要到小层级才能对油田开发具有实质意义，对此地震属性分析的适应性存在两个方面的情况：一方面，对于"砂包泥"类型的储层，如大庆油田主力油层葡萄花油层组，地震反射波组是若干个地质小层反射相互干涉的结果，沿层和按时窗提取的地震属性均不对应具体的地质小层，使得地震属性分析仅能认识砂层组的整体特征，达不到高含水油田精细刻画具体地质小层砂体分布的目的；另一方面，对于"泥包砂"类型的储层，在上覆下伏泥岩相对较厚的情况下，地震属性分析技术则能够实现良好的薄层预测。

由此可见，在高含水油田开展地震储层预测，地震属性分析方法的应用要因地制宜，需要对储层的适应条件加以认真分析，不可强行要求，盲目应用。

二、井震联合小层格架建立

应用地震属性分析技术预测储层的前提是提供尽可能可靠的小层地层格架解释结果，在此基础上才有可能利用地震属性分析技术刻画储层。在构造条件相对简单的开发区，如大庆长垣油田，随着井网密度的增大，根据测井解释结果，目的小层的顶底构造形态基本上能够得到有效的控制，为地震资料确定小层位置、预测小层储层平面分布提供了可能。

钻井与地震联合高分辨率层序对比与划分是以高分辨层序地层学理论为依据，以岩心精细描述、钻井资料为基础，确定出单井的中长期基准面旋回类型及其组合关系，通过单井层序的划分和地震层序界面的识别，分别建立单井层序划分方案、连井层序格架和地震层序划分方案，并通过合成记录井震精细标定，通过由点到线、由线到面、再由面到域的层序地层学研究思路，从而建立起薄油层的分辨率层序地层格架。

在上述方法的指导下，采用沿基准面拉平的方法，将松辽盆地扶余地层沿各井的青一段最大湖泛面拉平，在此基础上开展扶余油层层序对比划分。以大庆葡南工区为例，扶余油层扶一油层组为一个三级层序，扶二和扶三油层组对应一个三级层序，其内部可以进一步划分为7个四级层序，分别为扶三油层组的扶三下、扶三上，扶二油层组的扶二下、扶二上和扶一油层组的扶一下、扶一中和扶一上（图6-3-1）。

地震标志层的选取在井震联合标定中至关重要。研究区白垩系青山口组底界面（T_2）是全区最为广泛、稳定、连续分布的强反射界面，很容易识别，在声波测井曲线上位于

一个由小到大的突变处的半幅点位置。在井震联合标定剖面上（图 6-3-2），可以看出各个四级层序界面基本上都有相对较为稳定的相位特征。其中 T_2 是泉四段顶界、青一段底界，对应的是一套稳定的烃源岩的底界，在地震剖面上表现为全区特别稳定的强反射波峰；扶一上油层组的底界（$F1_1$）对应于 T_2 下断续的弱反射轴下面的波谷；扶一中油层组的底界（$F1_2$）对应于 T_2 下第二套弱反射轴下面的波谷至波峰的转换点；扶一下油层组的底界（$F1_3$）对应于 T_2 下第三套反射轴下面的波谷位置；扶二上油层组的底界（$F2_1$）对应于 T_2 下第四套反射轴下面的波谷位置，或者由波谷至第五套同相轴之间的转换点；扶二下油层组的底界（$F2_2$）对应于 T_2 下第五套反射轴下面的波峰位置。

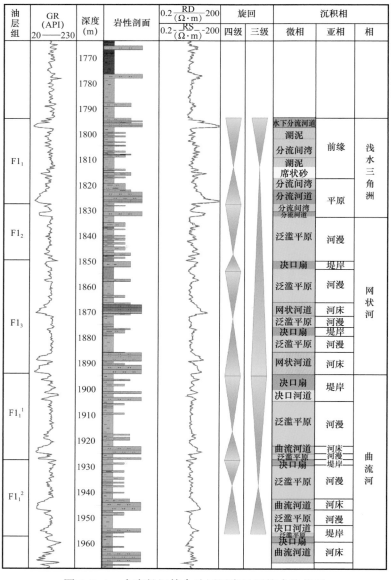

图 6-3-1　大庆长垣扶余油层层序地层综合柱状图

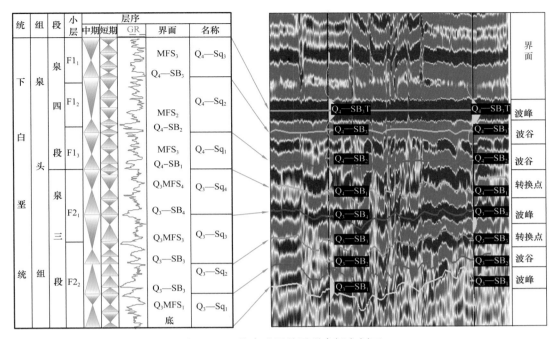

图 6-3-2　扶余油层井震联合标定剖面

　　通过井震联合高分辨率层序地层对比，各个四级层序界面都有各自相对比较稳定的可以追踪的地震界面，不存在地质分层在地震剖面上穿轴的现象。最终的井震联合标定结果不但是对层序地层对比结果的检验，为地震资料的界面解释赋予了地质涵义，同时也为接下来的层位解释工作奠定了非常好的前提条件。

　　同时开展地层对比。首先进行砂层组的划分及对比，从单井取心剖面的岩性和组合规律入手，包括砂岩的粒度、砂泥岩组合规律、泥岩颜色等，划分各井的沉积旋回；然后对比全区沉积旋回的演变规律，统一沉积旋回的划分与油层的分层；最后利用相序递变规律和沉积旋回特征对砂层组进行细分，进行单砂层的划分与对比，局部范围内，同一时期形成的单砂层岩性、厚度以及岩性组合是相似的，反映在测井曲线上的形态特征，如频率、幅度等也相似。根据这一原理，可以依据每个小旋回内砂岩相的发育程度、泥岩的稳定程度、各低级旋回的厚度比例等进行单砂层的划分与对比。具体方法是依据岩性的相似程度和厚度比例，以较稳定的泥岩层为控制层，确定各单层在横向上的层位对应关系，进行单层对比，然后利用建模技术对结果进行检验。

　　在井震联合高分辨率层序地层对比和标定结果基础上，开展四级层序界面精细解释。井震结合标定使层序界面有了较好的一致性，但是扶余油层还有许多其他解释难点：一是扶余油层地层起伏较大；二是河道砂体薄而且窄，横向变化非常剧烈，地震反射同相轴横向变化也非常快；三是 T_2 附近断层十分发育，使界面形态复杂化。诸多因素都对层位解释造成了严重的干扰。为解决这些问题，采用了一种基于 T_2 参考标准层的拉平精细层位解释技术。

　　这种解释方法的基础主要有三方面：第一，T_2 为一个相当稳定的界面，为青一段稳定泥岩的底界面，将 T_2 拉平相当于沿最大湖泛面拉平，具有合理的理论依据；第二，扶余油层所在地层泉头组三段、四段沉积时期为盆地坳陷缓慢沉降期，沉积时地势很平坦，地层厚度变化较小，层拉平之后能够很好地恢复沉积古地貌；第三，通过构造演化研究发现，T_2 附近的断层几乎都是后期形成的断层，通过拉平消除断层的影响，提高层位解释的精度和效率是正确合理的做法。

三、薄储层地震属性识别关键技术

1. 最佳时窗子体砂体识别技术

地震属性提取的关键在于选择合理时窗，对于薄储层刻画更为如此。一般来说，时窗选取应该遵循以下原则：当目的层厚度较大时，准确追出顶底界面，并以顶底界面限定时窗，也可以内插层位进行属性提取；当目的层为薄层时，应以目的层顶界面为时窗上限，时窗长度尽可能地与目的层的时间厚度一致，目的层各种地质信息基本集中反映在目的层顶界面的地震响应中。

在精细层位标定解释基础上，以目的层为中心向上和向下开时窗，对时窗内的数据体（子体）进行剖面—平面联动扫描，以地质沉积规律、井点岩性等信息作为控制，有地质目标显示的范围就是最佳时窗。在最佳时窗内提取最大峰值振幅属性，通过三维可视化属性雕刻，最终达到精细刻画河道砂体的目的（图 6-3-3）。

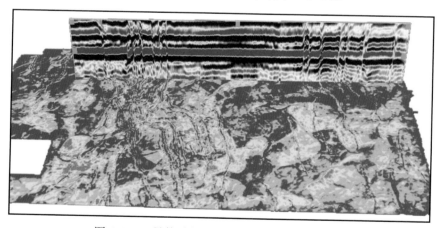

图 6-3-3　最佳时窗子体地震属性刻画河道砂体

子体扫描确定最佳时窗，避免了时窗长度的不足和冗余。如果时窗过大，则包含了不必要的信息；时窗过小则可能导致部分有效成分丢失。最佳时窗内求取峰值振幅，实际上就是求取地质目标地震响应时窗内的最大振幅。之所以选择这种地震属性，是因为要预测的目标是小于 1/8 地震波长的薄砂体，理论模型表明，在小于 1/8 地震波长的范围内，地震振幅是随着砂体厚度的增加而变大的。

2. 频谱分解薄层识别技术

谱分解技术是近年来发展起来的一项基于频率谱分解的储层特色解释技术，它利用短时窗的傅里叶变换或小波变换，把三维地震数据分解成频谱调谐立方体，与薄层干涉、地震子波和随机噪声密切相关。特定的频率调谐立方体可以刻画和表征特定的地质体，有助于对薄层岩性的识别，可以在频率域突破地震分辨率小于传统的 1/4 波长的限制（凌云研究组，2004）。谱分解技术在利用地震资料对整个三维工区内的薄层时间厚度和地质体的非连续性进行检测方面独辟蹊径，是一项进行地层厚度和地质体非连续性成像的技术。

频谱成像技术过去通常采用以离散傅里叶变换为基础的算法。但是，该技术存在明显的局限性，因为估算的地震振幅谱的重要特征是所选时窗长度的函数。如果所选时窗过短，振幅谱会与变换窗函数褶积，便会失去频率的局部化特征。另一缺点是，过短的时窗会使子波的旁瓣呈现为单一反射的假象。增加时窗长度，会改善频率的分辨率。相反，如果所选时窗过长，时窗内的多个反射会使振幅谱产生槽痕特征，很难分清单个反射的振幅谱特征。与傅里叶变换相关的算法的时窗问题会使振幅谱的估算产生偏差（凌云研究组，2004；An P，2006，2008；Castagna J P et al.，2003；Greg P et al.，1999；高静怀等，2003；黄捍东等，2012）。实际运用中，难以掌握好时窗长度的选择，而且无法定量分析时窗长度产生的偏差。另外，其他一些方法如维格纳分布、最大熵方法等，前者存在交叉项的影响，后者限制条件太多，方法都不够稳定。以小波变换为基础的时频分析技术成为非平稳性信号的重要分析工具，在很多实际应用中已取代传统使用的傅里叶变换的分析方法，成为谱分解技术中的重要手段。

通过井的模拟和井旁地震道的分频处理结果的解释，有助于建立储层的特征与振幅谱、相位谱的定量关系，使分频成像技术处理结果的解释更具有物理意义和地质意义。通常，地震能量谱由三个部分组成：具有地质意义的薄层干涉振幅谱、地震子波谱和噪声。薄层干涉振幅谱与储层的声学特征和厚度相关，为得到高分辨率的薄层干涉振幅谱，需要在不损失地质信息的同时，去掉地震子波谱的影响。对所有要分析的井，首先利用测井资料进行层位对比和标定，并提取地震子波，确定地震子波的最佳相位。然后利用得到的井旁地震子波，对井旁地震道进行处理，从而去掉地震子波的影响。去掉地震子波影响后，地震能量谱由两部分组成：具有地质意义的薄层干涉振幅谱和噪声。没有地震子波包络影响的薄层干涉振幅谱几乎沿着同一水平线附近变化，有效的高频部分得到加强，使薄层干涉的地质现象更易从干涉振幅谱中检测。

薄层干涉振幅谱可以描述反射层厚度的变化，而相位谱表明了地质上横向的不连续。在时间域，薄层的厚度可通过地震反射波峰和波谷间的时间距离来确定。频谱成像技术利用了更稳健的振幅谱分析方法来检测薄层。频谱成像技术背后的概念是薄层反射在频率域有其特定的表述，是其时间厚度的指示。

如图 6-3-4 所示，在 50Hz 频率切片上，小波谱分解频率切片刻画储层轮廓特征更为细致、准确，由于小波谱分解的时频分辨率高，所以对薄层厚度横向变化响应敏感。而短时傅里叶变换谱分解频率切片由于地层厚度的横向变化，由层位控制的空间窗口并不能准确包含薄层的地震响应，可能不全或引入了别的层位的信息，造成频率切片上成像不准确。

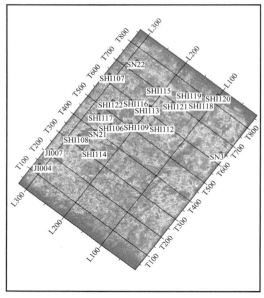 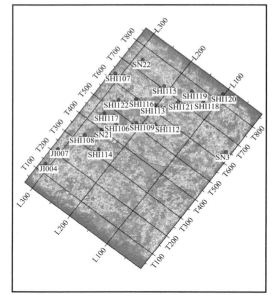

a. 小波谱分解（50Hz）　　　　　　　　b. 短时傅里叶变换谱分解（50Hz）

图 6-3-4　小波谱分解和短时傅里叶变换谱分解频率切片比较

3. 匹配追踪波形分解薄层识别技术

沉积间歇面、不整合控制的储层是岩性地层油气藏的重要领域。例如，松辽盆地泉头组砂岩顶部的沉积间歇面 T_2、冀东油田碳酸盐岩潜山的古风化壳、塔中地区桑塔木泥岩底部的不整合面等，地层界面之下通常存在较好的储层，且以薄储层为主。由于界面上下地层特征差异较大，地震响应上表现为一个非常强的反射。强反射表现为一个相对稳定的低频子波，旁瓣效应明显，掩盖了之下内幕储层的地震响应。由于界面和内幕储层频率特征的差异，仅仅通过提高分辨率的手段难以有效预测内幕储层。为此，应用波形分解法将强反射剥离，从而突出内幕储层响应。该技术在松辽盆地泉头组扶余薄河道砂储层、塔里木盆地塔中良里塔格组台缘带生物礁内幕薄储层识别中取得了较好效果。

匹配追踪算法的基本原理是将地震道分解成一系列地震子波的线性叠加，这些子波通常从一个预先设定的子波字典中选择，选择依据是最大相关系数（Mallat S et al.，1993）。将匹配追踪算法与维格纳分布相结合，可以获得具有超高分辨率的地震记录时频分布图。利用 Morlet 小波和 Sigma 滤波器可改进为多通道匹配追踪算法，该方法以相邻地震道的横向连续性作为约束，能够有效改善匹配追踪算法的稳定性和抗噪能力。

多通道匹配追踪算法能够通过相邻地震道的约束增强地震道分解的横向连续性，该方法已经被证明在噪声压制和稳定性方面具有较大优势。为了进一步减弱噪声的影响和提高算法的稳定性，该算法对原始的多通道匹配追踪算法做出了三个重大改进：

（1）相邻地震道的横向连续性不但作为约束，而且成为校准时间域地震道的参考标准，从而可以大幅度降低分解的子波的数量。

（2）按照最小剩余能量的原则提出了一种算法执行方式，保证了每次迭代中提取的子波是全局最优的，从而减少了合成子波的数量，使得分解过程更加稳定。

（3）允许在每次迭代中提取的子波具有不同的相位。

以上三点改进方式均保持了原始算法的优势，并且通过改进措施，进一步使得多通道匹配追踪方法的性能和适应性得到了增强。在改进的算法中，时间延迟分析可以确定相邻道间的最佳时移，这在地震道分解中起着关键作用，它能够帮助获得更好的平均地震道以尽可能多地保持信号细节，从而使得子波提取能够更加准确，地震道剩余能量更少。由于子波相位对时频谱没有影响，因此，在每次迭代中允许子波的相位发生变化，由此可以优化子波提取过程。另外，最小剩余能量原则可以使得提取的子波更加具有全局性，从而有利于下一次的迭代。改进算法的总体效果是在保证地震道完备分解的基础上，获得较少有效子波分解的总数量。

松辽盆地扶余油层是一套紫红色、灰绿色泥岩，绿灰色、灰色泥质粉砂岩与粉砂质泥岩、粉砂岩组成的不等厚互层，单砂层厚度3～5m甚至更薄。扶余油层上部青山口组的暗色泥岩在全区分布稳定，既是扶余油层的生油岩，也是扶余油层的盖层。扶余油层砂体薄、储层物性差、非均质性强，储层预测难。而且，由于泉四段顶界面为一个强阻抗差界面，上覆青山口组泥岩阻抗远低于泉四段，因此泉四段顶在地震剖面上为一个强反射同相轴 T_2，屏蔽下伏泉四段储层地震响应，低频旁瓣干涉，使薄河道砂体难以识别。图6-3-5、图6-3-6给出了应用匹配追踪波形分解方法去除 T_2 强反射的屏蔽作用、刻画扶余薄河道砂体的效果。从图中可以明显看出，使用该技术后，薄河道砂体地震响应呈现出来，平面上沉积规律能够较好分析出来。

塔里木盆地塔中地区Ⅰ号断裂带上奥陶统分布广泛，自上而下可划分为桑塔木组和良里塔格组。良里塔格组可根据岩性特征划分为三个岩性段，分别为良一段（泥质条带灰岩段）、良二段（颗粒灰岩段）和良三段（含泥灰岩段）。良二段是礁丘的主要发育时期，礁主体发育于Ⅰ号断裂带外带，形成粒屑滩和礁丘的多旋回组合，有利于形成较高孔渗的储层。但良二段储集空间多为构造裂缝及溶蚀作用所产生的孔、缝、洞系统，储层纵横向非均质性强；储层埋藏深，地震分辨率低，而且受上覆地层强反射干涉影响，储层预测难度很大。针对这一技术难点，采用波形分解法消除上覆地层强反射影响，突出储层地震响应，进而预测储层分布，取得明显效果，如图6-3-7、图6-3-8所示。

4. AVO 组合属性薄储层预测技术

AVO 技术以岩石物理学和弹性波理论为基础，是利用振幅信息研究不同岩性条件下岩性参数的异常变化、检测油气的地震技术。AVO 分析的关键是分析地震属性和振幅随偏移距变化的地质含义。其理论基础是非垂直入射理论，常用 Zoeppritz 方程描述。精确的 Zoeppritz 方程全面考虑了平面纵波和横波入射在水平界面两侧产生的纵横波反射和透射能量之间的关系。

针对薄储层来说，地震响应本身受到单层调谐、互层干涉影响，储层的 AVO 特征受到破坏。为此，使用叠前技术如 AVO、叠前多参数反演等预测薄储层的关键是如何消除或降低薄层干涉影响。对于叠前 AVO 技术而言，Zoeppritz 方程过于复杂，难于直接看清

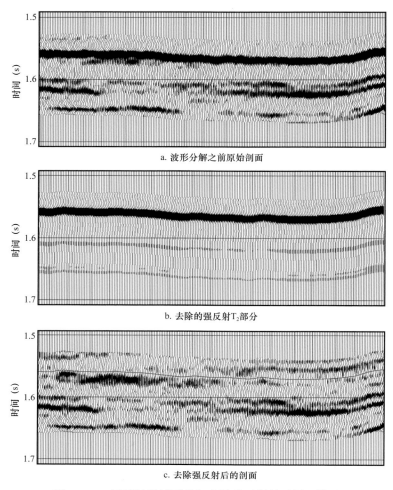

a. 波形分解之前原始剖面

b. 去除的强反射T_2部分

c. 去除强反射后的剖面

图 6-3-5　匹配追踪波形分解去除强反射前后剖面效果

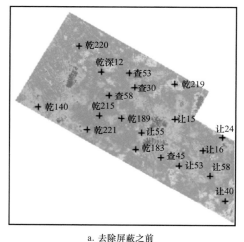

a. 去除屏蔽之前　　　　　　　　　　　　　　b. 去除屏蔽之后

图 6-3-6　匹配追踪波形分解去除强反射前后平面属性刻画薄河道砂体的效果

各参数对反射系数的影响，方程组解析解的表达式十分复杂，很难直接分析介质参数对振幅系数的影响。为了研究和应用 AVO 技术，很多学者从不同的方面对 Zoeppritz 方程进行简化。如 Aki 和 Richards 近似、Shuey 近似、Smith 和 Gildow 近似等。近似公式是进行 AVO 反演、AVO 交会分析、岩性预测和烃类检测的基础。实践证明，对于薄储层的刻画，使用参数物理意义明确、公式简化明了的方法可以有效降低多解性。

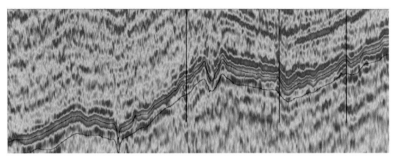

a. 匹配追踪波形分解前原始剖面

b. 匹配追踪波形分解去除不整合强反射后的剖面

图 6-3-7　匹配追踪波形分解去除不整合强反射界面后对小尺度礁滩体储层的刻画剖面图

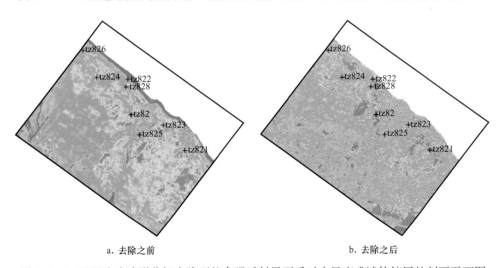

a. 去除之前　　　　　　　　　　　　　　b. 去除之后

图 6-3-8　匹配追踪波形分解去除不整合强反射界面后对小尺度礁滩体储层的刻画平面图

利用不同的近似公式，可以得到不同的 AVO 属性，不同的属性（属性的组合）代表不同的弹性参数。AVO 属性中，截距 P 反映垂直入射时纵波的反射振幅；梯度 G 是振幅随偏移距的变化率，反映岩层弹性参数的综合特征。利用 P 和 G 的线性组合可以表示 AVO 的属性 W，即 $W=aP+bG$，a、b 取不同的值，可赋予 W 不同的物理意义。

在薄互层储层刻画方面，通过分析对比，优选出 AVO 组合属性（$0.3P—0.9G$）来刻画储层展布，$P—G$ 属性又称为拟横波反射率。P 反映了纵波反射能量强度，与岩性信息密切相关；G 与储层物性密切相关，且包含了流体信息。在松辽盆地，由于扶余目的层的储层为高阻抗砂岩，通常呈现为一类 AVO 特征，P 为正，G 为负，因此使用（$0.3P—0.9G$）组合属性，使两方面信息相加，并给予 G 较大的权系数，使其对储层物性特征更为敏感。实际应用证实，该技术能够较清晰地刻画出储层特征。

如图 6-3-9 所示，清晰地刻画出日产油 18.56t 的扶 2_1 层的储层特征，该层有效厚度 5.8m。通过综合分析发现，杏 69 井扶 21 层电阻率曲线呈现为明显的箱形，为典型的曲流河点沙坝，储层物性较好。

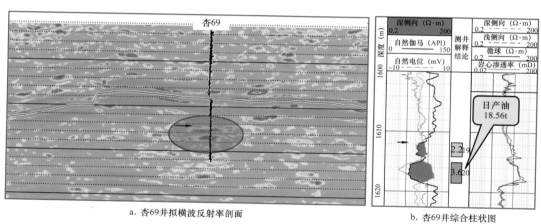

a. 杏69井拟横波反射率剖面　　　　　　b. 杏69井综合柱状图

图 6-3-9　杏 69 井 AVO 拟横波反射率储层刻画

四、井震联合精细沉积微相分析

虽然根据开发井资料可以确定目的小层的等时格架，并据此制作各类地层切片，实现了小层的储层预测，但是在陆相薄互层条件下，相对较低的地震纵向分辨率必然会导致在目的小层的地层切片中存在相邻薄层的信息，甚至目的小层与多个相邻小层形成一套储层的综合响应信息。所以，仅仅应用地震属性资料无法满足开发小层的精细沉积微相解释需求，只有充分发挥地震资料横向分辨率和测井资料纵向分辨率的优势，井震结合才能进一步提高沉积微相解释的精度。

井震结合储层精细描述遵循以下原则：（1）以地震地层切片为主要储层预测方法，实现储层横向展布趋势的预测；在切片地震响应不清晰的河道区域，辅以地震反演等信息进一步落实河道特征。（2）井震匹配好的区域，以地貌学为指导，地震趋势为引导，井点微相控制，实现不同类型砂体的描述；在井震匹配不好的区域，以井信息为主，应用模式绘图法预测河道间的展布特征。

1. 目标区精细地震属性分析

首先，根据井震标定结果选取色标，一般选择暖色代表砂岩储层，而冷色代表泥岩。然后，分析大区域（地震工区级）地层切片的振幅冷暖色调相对变化，确定河流体系的平面展布特征。针对砂体钻遇率较高的大规模复合河道，通过"砂中找泥"，即在暖色调中寻找冷色调，初步确定废弃河道（河间砂）的趋势和规模，分析废弃河道（河间砂）的展布特征，识别单一曲流带（河道）的边界，最终确定不同曲流带（河道）接触关系（图 6-3-10）。

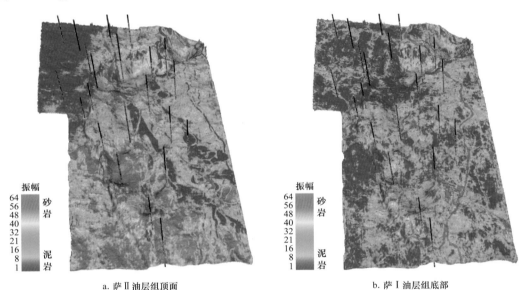

a. 萨 II 油层组顶面　　　　　　　　　b. 萨 I 油层组底部

图 6-3-10　区域地层切片初步确定河道展布特征

针对砂体钻遇率相对较低的窄小河道砂体，通过"泥中找砂"，即在冷色调背景中寻找暖色调，初步确定河道的趋势和规模，进而确定不同河道之间的接触关系。通过分析不同时期的地层切片，进一步明确不同时期水体的变化，确定不同时期河道的迁移和摆动特征。在区域沉积演化背景控制和沉积模式指导下，结合地震信息反映的河道平面特征，确定不同河流体系的规模、走向、展布及演化特征。

2. 井震结合河道描述及沉积微相分析

在区域沉积规律分析基础上，提取目标区描述层位上下一定时窗内的地层切片，自下而上分析切片信息的变化（即暖色调代表砂岩，冷色调代表泥岩），初步确定地层切片上反映的河道规模、走向及接触关系等信息。通过综合分析，确定地震储层预测成果反映的单砂体平面组合面貌、河道走向、规模及展布特征。与开发油藏模拟相结合，建立基于井的三维岩相模型，提取目标层位及相邻层位（一般上下各选两个层位）的岩相模型，对比分析对应层位的地层切片，依据目标区地震储层预测分析成果与测井相空间上的匹配关系，确定地震信息反映的河道层位归属。

如图 6-3-11 所示，地层切片反映该目标区发育典型的三角洲前缘分支河道砂体，进一步井震结合，划分沉积微相，形成河道砂体的综合地质描述。

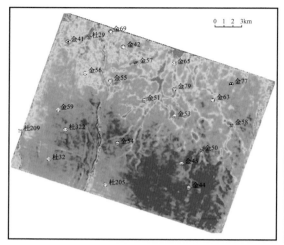

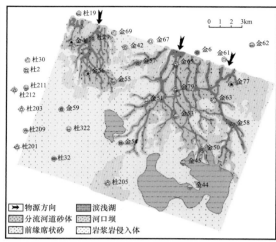

a. 地层切片   b. 沉积微相

图 6-3-11　齐家三维区高台子油层高四油层组地层切片及沉积微相

第四节　井震联合薄储层地震反演技术

地震反演是正演问题的逆过程，可将界面型反射剖面转换成岩层型剖面，使地震资料变成可与钻井直接对比的形式，因此是油气藏勘探开发中储层横向预测的重要手段，尤其是在以储层为研究目标的油气田开发中。和勘探阶段相比，开发阶段井数增多，提供了更丰富的地下储层信息，地震反演技术在思路上有所改变，井的参与程度明显提高，因此反演方法需要解决好真正意义上的井震联合。近些年来，发展起来适用于开发阶段薄储层预测的反演方法主要有基于模型的反演、地质统计学反演、谱反演、地震波形指示反演等。

一、开发阶段地震反演技术的适应性

高含水油田井网密度大、井数众多，通常 $1km^2$ 有几十口井，甚至上百口井，对于一个开发区块一般有数百口井。中国高含水油田开发地震工作起步晚，目前从业人员绝大部分过去从事的是勘探阶段或是油藏评价阶段的地震工作。勘探阶段和油藏评价阶段已知井少，面对油田开发后期如此大量的井数，工作量数倍、十几倍、数十倍地增加，研究思路也需进行较大调整。

地震反演技术从纯地震的递推反演发展到井约束的地震反演，井数据的参与使地震反演精度出现了突飞猛进的飞跃，为此必须格外重视油田开发现场宝贵的井数据的应用。研究表明，在反演的过程中井数据的应用多多益善，油田开发后期大量的已知井在反演中的应用能够更加精细地表征储层空间分布的非均质性。至于由于大量井数据应用带来的工作效率问题，则需要在改进工作方式、方法中加以解决。

老油田开发地震的成图单元是人们关心的重点问题之一。中国高含水油田开发，通常以地质小层为单元，油田开发调整方案的部署、二次开发层系井网的优化等，都需要依托对各个地质小层断层、构造和储层分布情况的详实认识。针对地质小层在地震剖面上一般不具有连续的可分辨的地震反射特征可以解释，地震资料解释工作仅能够解释少数几个反映大套层系或砂岩组的地震标志层，以及地震反演成果难以解释到小层等问题，前面提出以地震标志层位解释数据约束的地质分层数据地质统计学插值方法，来实现井震联合的地质小层构造成图、地质小层约束反演和地震反演后的小层砂体解释与辅助沉积相带图绘制，这对于多井约束的地震反演来说是重要的基础。

二、常用地震反演技术

经过几十年的发展，地震反演形成了一系列技术方法（杨文采，1996，2011；撒利明等，2015；Avseth P et al.，2005），简述如下。

（1）按照数学算法分为线性反演和非线性反演。前者将非线性地球物理问题转换为线性问题进行求解，往往存在严重的多解性；后者包括比较传统的最速下降法、共轭梯度法、牛顿法、拟牛顿法等，以及完全非线性反演方法，如蒙特卡洛（MC）算法、模拟退火法、遗传算法、人工神经网络、多尺度反演等。

（2）按照地震和测井的相对作用分为地震直接反演（道积分和递推反演）、测井约束地震反演（广义线性反演、宽带约束反演、稀疏脉冲反演）和地震约束下的测井内插外推（随机反演）。

（3）按照所使用的地震资料分为叠后反演和叠前反演。前者只能得到纵波阻抗，后者可以获得纵波阻抗以外的其他弹性参数。

（4）根据理论假设的不同分为褶积模型反演和波动方程反演。前者基于射线理论和褶积模型，计算相对简单、快速，实际应用广泛；后者利用叠前地震波场的运动学和动力学信息，具有揭示复杂地质背景下构造与岩性细节信息的潜力，但尚未获得商业化应用。

（5）按照结果的确定性分为确定性反演和随机反演。确定性反演提供一个确定的反演结果，随机反演提供按等概率分布的多个反演结果。确定性反演可进一步分为叠后确定性反演和叠前确定性反演，其中叠后确定性反演包括道积分、测井约束的稀疏脉冲反演、基于模型的测井曲线反演等，叠前确定性反演包括弹性阻抗反演、同时反演、AVO反演等。

三、井震联合薄储层地震反演关键技术

针对中国东部油田薄互层油藏精细描述中对纵向分辨率的要求，重点介绍以下适用于薄储层的反演技术。

1. 基于模型反演

目前常用的测井约束反演就是基于模型的地震反演。该技术通过与测井、地质模型等信息的结合，将反演的波阻抗在地震频带的基础上分别向低频段和高频段进行了拓展，突破了传统意义上的地震分辨率限制，理论上可得到与测井资料相同的分辨率，是油田开发阶段精细描述的关键技术之一。在模型反演中，为了保证低频信息的准确性，选取井震标定关系较好的井建立低频模型，从而减少不确定性。

基于模型反演结果的精度依赖于研究目标的地质特征、钻井数量、井位分布以及地震资料的分辨率和信噪比，也取决于处理工作的精细程度。多解性是基于模型地震反演的固有特性，即地震有效频带以外的信息不会影响合成地震记录的最终结果。减小多解性的关键在于正确建立初始模型。地震资料在基于模型反演中主要起两方面的作用：其一是提供层位和断层信息来指导测井资料的内插和外推以建立初始模型；其二是约束地震有效频带的地质模型向正确的方向收敛。地震资料分辨率越高，层位解释就有可能越细，初始模型就接近实际情况。同时，有效控制频带范围就越大，多解区域相应减少。因此，提高地震资料自身分辨率是减小多解性的重要途径。

在基于模型地震反演方法中，不适当的强调两个概念容易给人造成误解。其一是强调高分辨率，因为这种方法本身以模型为起点和终点，理论上与测井分辨率相同，问题的实质在于怎么更好地减少多解性。其二是强调实际测井记录与井旁反演结果最相似。建立初始模型的第一步就是测井资料校正，使合成记录与井旁道最佳吻合。用校正后的测井资料制作模型，实际运算中对井附近的模型不可能有大的修改，因此这种对比并无实际意义，容易造成误导。图6-4-1给出的是开发阶段测井约束反演结果，从图中可以看出，测井约束反演是井震结合的一种有效手段，适合于开发阶段井数多需要提高井间储层预测能力的研究。

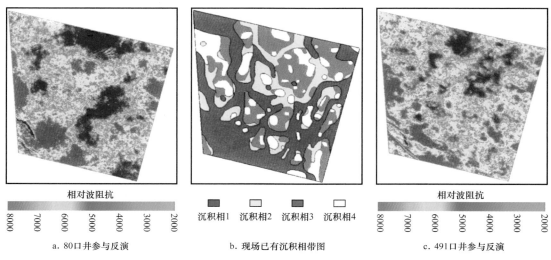

图6-4-1　测井约束反演中井数对地震反演精度的影响

2. 叠前地质统计学反演

虽然通过叠后地质统计学反演可以提高纵向分辨率，但得不到纵横波速度比等弹性参数。叠前确定性反演虽可得到纵横比等弹性参数（岩石物理分析表明了叠前弹性参数重要意义），但是反演纵向分辨率无法满足类似松辽盆地薄储层预测的需要，特别是开发阶段细化到小层沉积单元的储层预测反演分辨率更是瓶颈难题。为满足地质需要，需要既得到叠前弹性参数，又具有高分辨率的反演，近些年叠前地质统计学反演逐渐发展起来，为薄储层预测和油藏精细描述提供了条件。

叠前 AVO 反演问题的求解有两种主要思路：（1）通过使得后验概率密度最大化求解；（2）通过直接对后验概率密度取样来求解。第一种方法利用最优化目标函数来求解，属于叠前确定性反演方法，主要有稀疏脉冲反演和基于模型的反演。第二种方法被称为随机反演方法，地质统计学反演属于该方法，主要包括蒙特卡洛和序贯模拟。由于序贯模拟过程是当网格被全部填充后即得到近似的结果，所以任何应用序贯模拟的随机反演方法在统计学意义上都不是严格正确的。相比之下，蒙特卡洛算法更加适用于模拟。

叠前确定性反演受地震频带控制，其反演弹性参数纵向分辨率低。相对而言，综合地震横向高密度和测井垂向精细尺度的各自优势，叠前地质统计学反演包含了地震中频和测井的低频、高频信息，能够提高弹性参数反演结果的纵向分辨率，有利于用于薄储层的预测和刻画。商业软件常用算法为基于马尔科夫链蒙特卡洛（MCMC）算法的叠前地质统计学反演，同时求得岩性和弹性参数属性体（Bosch M et al.，2010；Merletti G D et al.，2006；Tarantola A，2005；张广智等，2011）。该方法通过贝叶斯理论建立后验全局概率密度函数（PDF），该 PDF 包含所有关于储层的已知信息（地质、油藏、测井、地震），利用 MCMC 获得符合后验 PDF 的统计意义上正确的样点集。

以松辽盆地齐家金 28 工区为例。高台子油层处于三角洲前缘亚相和前三角洲亚相，沉积砂体分别为河口坝、远沙坝、席状砂为主，砂岩层数多，单砂体薄，平面上呈席状和透镜状大面积错迭连片分布。储层岩性主要为粉砂岩，其次为含泥粉砂岩、含钙粉砂岩、含介形虫粉砂岩。岩性对含油性控制作用明显：粉砂岩普遍含油，含泥含钙重的储层含油性相对较差，物性条件控制储层砂体的含油性。物性差，为低孔、特低渗储层，孔隙度一般为 6%～14%，平均为 9.9%；渗透率一般为 0.01～0.5mD，平均为 0.38mD。油浸粉砂岩孔隙度一般大于 10%，油斑粉砂岩一般大于 8%，油迹粉砂岩一般为 3%～8%。

依据地震岩石物理分析，定义三种地震岩相，即 I 类砂岩、II 类砂岩和泥岩。利用测井泥质含量和孔隙度，I 类砂岩设定为孔隙度大于 8% 且泥质含量小于 40%，II 类砂岩定义孔隙度小于 8% 且泥质含量小于 40%，泥岩泥质含量大于 40%。

对于概率密度函数，通过目的层段的测井数据样本点进行直方图统计并且进行函数拟合即可得到某一属性的概率密度函数，它可以描述特定岩性对应的弹性、物性属性值的概率分布可能性与分布区间以及相应的地质沉积特征。变差函数描述的是横向和纵向地质特征的结构和尺度，是一个三维空间的函数，描述不同岩相的空间分布特征。通过测试，选取垂向变程为 2ms（相当于 3m）、水平变程为 2400m。对于水平变程选取

2400m，虽然比常用要大，但其具有一定地质意义，因为砂体处于稳定三角洲外前缘沉积环境，连井小层对比一般可以连续追踪2～3km。对于反演信噪比，参考叠前确定性反演结果中生成的质量控制文件，该文件中统计了在反演时窗范围内的每一地震道上的平均信噪比，通过对整个工区的不同角度部分叠加体的信噪比平面分布进行分析，平均信噪比在12dB左右。

图6-4-2比较了金28工区连井叠前确定性反演和叠前地质统计学反演结果。与井对比分析，叠前确定性反演弹性参数纵向分辨率10～15m；叠前地质统计学反演明显提高弹性参数纵向分辨率，可达到3～5m，适应水平井设计和跟踪评价需求。

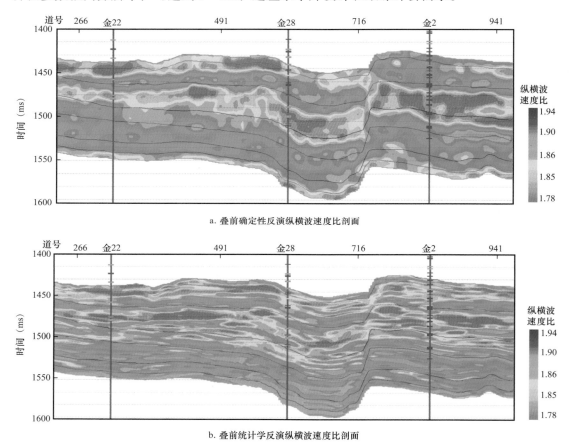

图6-4-2 叠前确定性反演和叠前地质统计学反演结果比较

图6-4-3是后验井古303叠前地质统计学反演结果。综合后验井进行反演储层预测定量评价，2m以上砂层符合率75.3%，3m以上砂层符合率79.1%，3m以上Ⅰ类储层（"甜点"）符合率70%。

3. 谱反演

谱反演是近年发展起来的提高地震数据分辨率的技术，其能够增强小于调谐厚度的薄层地震响应能力，广泛用于碎屑岩储层、碳酸盐岩的储层预测。与反褶积、谱白化、

反 Q 滤波等常规叠后拓频不同，谱反演是基于时频分析和谱分解的叠后拓频技术，在保持低频成分不被破坏的同时，有效地补偿了高频成分。根据地震记录和子波的频谱信息，谱反演能够通过消除时变子波影响而得到高分辨率的反射系数序列。由于反射系数反演体在很大程度上受到高信噪比那部分地震数据频宽的控制，因此，谱反演对地震数据信噪比的要求较高。受陆上地震资料信噪比的影响，谱反演得到的反射系数剖面中高频信息存在较大的不确定性，需要根据输入数据的频率特征进行适当的高频滤波，由此得到的宽频资料可用于后续的地震储层预测研究（Puryear C I et al.，2008）。谱反演技术在反演过程中以地震为主，并没有应用井震联合，但其反演获得反射系数体后可以应用井震联合方法进行精细小层解释和储层预测，是一项很有针对性的薄储层预测技术方法。

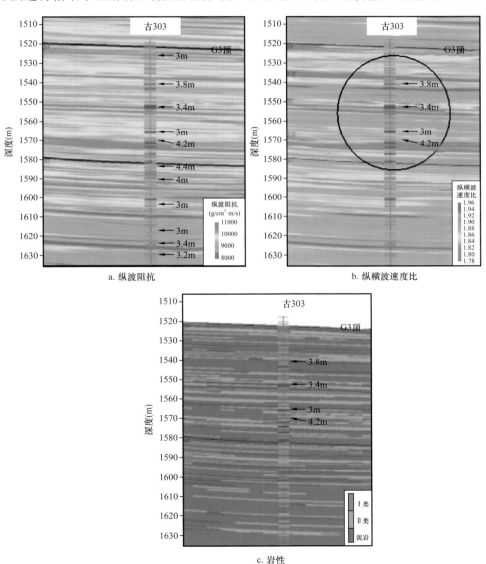

图 6-4-3　后验井古 303 井叠前地质统计学反演效果分析

确定反射系数对中奇偶分量的值是谱反演过程中直接影响处理效果的关键环节。由于可以用多个脉冲对成层效果表示合成记录模型，所以对于常规反射系数序列反演用单层模型属性的反演方法就能进行。采用滑动时窗计算的谱与时间的关系可以认为是不同期次的反射模式的一种叠加结果。对影响局部地震响应的所有脉冲对同时进行反演处理，最终获得反射系数和地层厚度。

图6-4-4是杏西工区一个宽频处理效果展示。井1是区内一口有利井，测井曲线显示目的层内发育了两套薄砂层组（椭圆圈内），累计厚度分别为5.6m（A砂层）和8.6m（B砂层）。地震资料薄砂层组地震反射响应弱（图6-4-4a），谱反演宽频处理后（图6-4-4b），反射波组特征明显，横向连续性增强，特征与伽马曲线合理匹配。图6-4-5给出了谱反演处理前后的频谱，低频端信号得到很好保持，高频端信号得到加强。

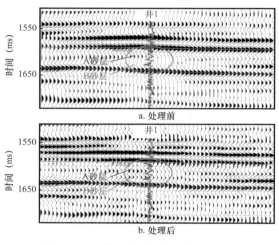

图6-4-4　谱反演处理前后剖面对比　　　　图6-4-5　谱反演处理前后频谱比较

谱反演的重要结果是反射系数体。针对薄层识别需求，通过不同滤波处理加以利用。一是遵从高频端信号衰减规律适当展宽频带，保持横向振幅相对变化特征，为薄储层反射特征分析、地震属性砂体识别提供宽频保幅数据；二是以剖面未出现抖动异常为原则，高频端信号最大化利用，提高地震资料的纵向分辨率，实现细分层序的精细解释。图6-4-6为三肇地区昌德工区扶余油层实例，原始地震剖面纵向分辨率相对较低、横向不连续，细分层无法精细解释，应用谱反演拓频处理提高分辨率，结合井资料，实现12分层序精细解释。

4. 地震波形指示反演

传统的地质统计学反演是通过分析有限样本来表征空间变异程度，并依此估计预测点的高频成分。地震的作用是保证中频符合地震特征（后验），高频利用井进行随机模拟。由于地质统计学是基于空间域样点分布的，因此模拟结果受井位分布的影响较大，对井均匀分布的要求较高。此外，变差函数的统计尤其是变程的确定往往不能精细反映储层空间沉积相的变化，导致模拟结果平面地质规律性差，随机性强。地震波形指示反演（SMI）是在传统地质统计学基础上发展起来的新的统计学方法，采用"地震波形指示马尔科夫链蒙特卡洛随机模拟（SMCMC）"算法，其基本思想是在统计样本时参照波形相似性和空间距离两个因素，在保证样本结构特征一致性的基础上按照分布距离对样本排序，从而使反演结果在空间上体现了地震相的约束，平面上更符合沉积规律。该技术能更好实现井震联合，发挥开发阶段地震、井资料丰富的优势并进行充分结合，获得针对薄储层的预测结果，如图6-4-7、图6-4-8所示。

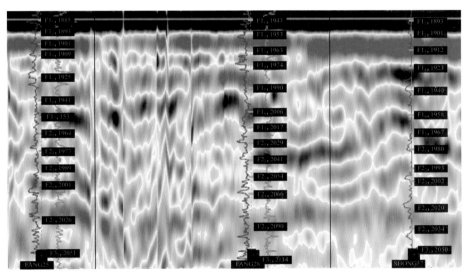

a. 原始地震剖面

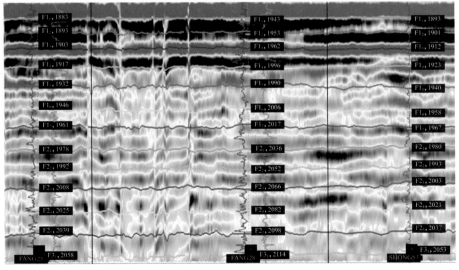

b. 反演拓频处理剖面

图6-4-6 利用谱反演结果井震联合细分小层

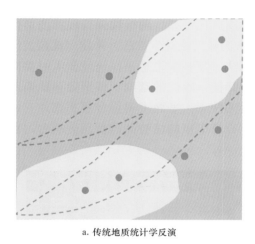
a. 传统地质统计学反演

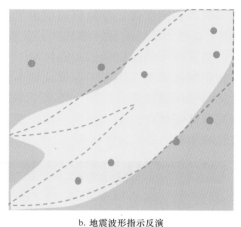
b. 地震波形指示反演

图 6-4-7　传统地质统计学反演和地震波形指示反演在井震联合意义上对比

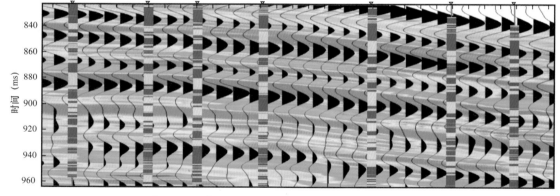

图 6-4-8　应用地震波形指示反演预测砂泥岩薄互层

三维地震是一种空间分布密集的结构化数据，地震波形的变化反映了沉积环境和岩性组合的空间变化。因此，可以利用地震波形特征解析低频空间结构，代替变差函数（变程）优选井样本，根据样本分布距离对高频成分进行无偏最优估计。包括如下三步：

第一步，按照地震波形特征对已知井进行分析，优选与待判别地震道波形关联度高的井样本建立初始模型，并统计其纵波阻抗作为先验信息。传统变差函数受井位分布的影响，难以精确表征储层的非均质性，而分布密集的地震波形则可以精确表征空间结构的低频变化；在已知井中利用波形相似性和空间距离双变量优选低频结构相似的井作为空间估值样本。

第二步，将初始模型与地震频带阻抗进行匹配滤波，计算得到似然函数。如果两口井的地震波形相似，表明这两口井大的沉积环境是相似的，虽然其高频成分可能来自不同的沉积微相、差异较大，但其低频具有共性，且经过井曲线统计证明其共性频带范围大幅度超出了地震有效频带。利用这一特性可以增强反演结果低频段的确定性，同时约束了高频的取值范围，使反演结果确定性更强。

第三步，在贝叶斯框架下联合似然函数分布和先验分布得到后验概率分布，并将其作为目标函数，不断扰动模型参数，使后验概率分布函数最大时的解作为有效的随机实现，取多次有效实现的均值作为期望值输出。实践表明，基于波形指示优选的样本，在空间上具有较好的相关性，可以利用马尔科夫链蒙特卡洛随机模拟进行无偏、最优估计，获得期望和随机解。

第五节　地震约束油藏建模技术

自 20 世纪 80 年代以来，人们开始提出对储层非均质性进行深化研究的需求，储层建模方面的研究进入了快速发展阶段，人们对储层模型精度的要求也越来越高，这也促进了三维地质建模技术的不断发展。在 20 世纪末到 21 世纪初，储层三维地质建模已经发展成为石油地质勘探开发的主流环节和重要手段。到目前为止，这方面的研究已经取得了长足的进展，并随之形成了多种建模方法和软件。储层三维地质建模主要是以井数据、地震数据、构造信息等为数据来源，在建立三维构造骨架模型后，采用不同的建模方法进行储层参数模拟，从而建立三维储层地质模型。常用建模方法大多数是以地质统计学为理论基础的，利用地震数据来约束的建模方法及其应用还比较少。因此，将具有丰富横向信息的地震数据整合到地质模型中，并进一步提高地质模型的精度，是目前储层建模研究面临的挑战。

一、传统油藏地质建模技术

1. 传统地质建模与存在的问题

油藏地质模型是基于地面、地下观测的多种信息对储层特征的定量化表征，是对构造要素、物性、岩石甚至沉积相等地质特征在三维空间的定量描述，它要符合实际测试的数据，还需要与前期储层研究成果保持一致。因此，地质建模是一种融合、验证多学科数据和成果的三维定量化研究。

在综合利用各领域数据和成果、建立表征储层三维分布的地质模型过程中，主要存在以下几方面的问题：

（1）数据源的多样性。在建模过程中，需要用到多学科的数据和研究成果，例如地震数据、岩心数据、测井数据、生产动态数据等采用不同探测手段识别的储层特征数据。另外，还有一维或二维的储层特征研究成果数据。如何把这些数据信息整合到模型中，是地质建模以及定量表征的关键。

（2）数据反映的尺度不同。由于数据测量方法的差别，不同数据反映的尺度也不同，岩心数据通常是几厘米到十几厘米的物理量，测井信息则反映的是十几厘米到米级的岩石特征，地震信息是十几米甚至更大尺度的岩石特性响应。需要将这些不同尺度的数据合理地融入地质模型，从而提高模型的精度。

（3）数据的物理意义和测量方式不同。不同的数据来源以及取得这些数据的物理方法不同，如地震数据主要为地震波场的声学或弹性波测量，测井数据主要是电学、声学、放射学等方法的测量，生产动态数据主要是流体在孔隙介质中的流动量和渗流量的测量。同时，这些数据品质有时候也差别较大。如何在建模过程中把这些不同物理意义和测量方式的信息应用到模型中也是对建模技术的挑战。

（4）模型数据一致性与验证问题。随着油气藏勘探开发程度的不断深入，基础资料在不断丰富，对储层外部形态及内部特征的研究成果也越来越多，相应的对储层建模的精度要求也会越来越高。整个三维地质建模是一个闭合循环分析与验证的过程，即模型应该回到数据域中，根据其不一致性对模型进行修正，才可以保证最终所建立模型的准确性和可靠性，使模型和数据一致，符合数据本身的内涵。因此，如何使得模型与数据、地质认识一致，并在此基础上做好储层特征的不确定性分析和评价，对地质建模定量化表征具有十分重要的意义。

基于上述多数据、多源、多尺度等问题，油藏地质建模需要建立一个基本的理论框架，并在此基础上综合利用各个领域的数据，建立符合储层特征的三维地质模型。目前，工业界常用的地质建模理论主要是地质统计学方法。它是以自然界中测量的数据距离越近则相似性越高、距离越远则相似性越低这一原则为基础，利用统计学手段对未知样点进行估计或模拟的，是以变差函数为基本工具，对具有空间分布特征结构的区域化变量进行表述和研究的一种数学方法。应用这个方法，最终可以获得在统计学意义上满足不同条件的地质模型。

在实际应用中，是以井数据作为主体数据，或叫"硬"数据，地震和地质数据作为辅助约束数据，或叫"软"数据，通过地质统计学理论来建立能够满足各类数据关系的三维地质模型。其优点在于它能保持模型和观测数据（井数据）的一致性，可以通过统计学方法计算误差，从而提供不确定性信息；在模拟过程中可以用地震数据作为"软"数据来约束，为满足不同数据的同尺度信息融合计算提供了工具。

2. 随机模拟方法

随机模拟方法是以已知信息作为基础，考虑了地质空间的结构统计特性，用随机函数理论作为指导，对未知区域的属性分布进行模拟并生成等概率的多个模型的模拟方法。它能够将地质认识和观测数据很好地结合起来，同时对储层模型做出不确定性评价，从而建立更能满足地质规律的三维地质模型。

根据研究模拟对象的随机特征，可以将随机模拟方法分为三类（吴胜和，2010）。

（1）非连续模拟方法。这种模拟方法主要用于模拟具有离散特征的地质特征数据，如沉积相分布、泥质隔夹层的分布和大小、裂缝和断层的分布和规模等。该方法包括截断随机模拟、基于目标的示性点模拟等。

（2）连续模拟方法。该方法主要用于描述连续变量的空间分布，如孔隙度、渗透率、流体饱和度等参数的空间分布。该方法包括序贯高斯模拟、分形随机模拟等连续随机模拟等。

（3）混合模拟方法。非连续模拟方法和连续模拟方法的结合即构成混合模拟方法，也称二步模拟方法。例如先应用非连续模拟方法模拟沉积相的分布，再用连续模拟方法描述各沉积相内部的岩石物理参数的空间分布。

另外，根据随机模拟的基本模拟单元，又可以将随机模拟方法分为以下两类（胡向阳等，2001）。

（1）基于目标的随机模拟方法。这种方法的基本模拟单元为目标体，即将目标体直接"投放"于空间，而不是一个一个网格赋值。基于目标的随机模拟方法主要用来描述具有离散空间分布性质的地质特征，如河道空间分布、隔层空间展布等。

（2）基于像元的随机模拟方法。这种方法的基本模拟单元为像元，既可以用于连续储层参数的模拟，也可以用于离散地质体的模拟。基于像元的随机模拟方法按照数据分布特征又可以分为高斯模拟和非高斯模拟。高斯模拟最大的特点是其模拟的随机变量需要满足高斯分布，在实际应用中需要将已知储层物性参数做正态变换，使其满足正态分布。非高斯模拟方法主要包括模拟退火、遗传算法等。

3.传统地质建模技术流程

传统储层地质建模的基本过程包括数据准备、构造建模、储层相建模、储层物性（参数）建模、模型粗化及可视化检验等技术环节，如图6-5-1所示。

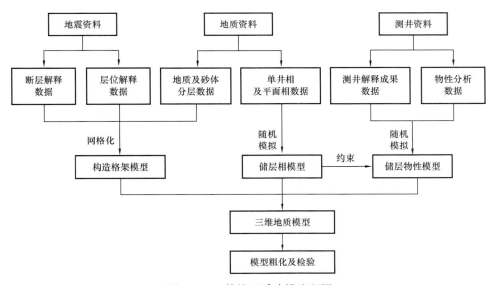

图6-5-1 传统地质建模流程图

1）数据准备

地质建模所需的数据包括测井数据、地震数据、一维或二维的研究成果数据等。井相关数据包括钻井信息、岩心数据、测井及其解释数据、分层数据等。地震数据包括地震解释的断层数据、层面数据等。这些数据是建立断层模型和构造格架模型的基础，另外从地震数据体中提取或处理得到的地震属性数据、反演数据等研究成果数据体，也可以作为约束数据参与到储层相建模和物性建模中。面对这些多源、多学科、多域的数据，质量检查是储层建模的首要环节，要确保参与建模数据的可靠性，做到每一环节的数据能够相互印证、吻合。

2）构造建模

构造建模是三维储层地质建模的重要基础，主要内容包括三个方面：

（1）将地震及井数据解释的断层数据进行网格化，建立断层模型。即采用准备好的断层数据，通过一定的插值方法计算生成断层面，如果有断面形态或者断层接触关系不合理的地方，可以编辑断层面线段来修改。

（2）在断层模型控制下建立骨架网格，再根据地震解释构造层面和井分层建立构造层面模型。

（3）以断层及构造层面模型为基础，在纵向上再进行层间的网格细分，建立网格分辨率更加精细的三维构造格架模型。

3）储层相建模

沉积相随机模拟方法有很多，包括序贯指示模拟、截断高斯模拟、多点地质统计学模拟等。这里所指的是广义的相，指的是离散变量，例如沉积相（亚相、微相等）、岩相，也可以是数字化的沉积相图。在上述构造层面模型的基础上，针对不同的层位输入不同的反映各自地质特征的建模参数，分别进行分层沉积相模拟，然后再整合为一个统一的三维相模型，这样保证了所建模型能客观地反映地下实际。

4）储层物性建模

储层物性建模方法有很多种，例如序贯高斯模拟和本位协克里金—序贯高斯模拟，在模拟过程中可以选择加入相约束或者趋势约束。常用的序贯高斯模拟是以基本的克里金方法为理论基础，以井数据为"硬"数据，而本位协克里金—序贯高斯模拟，是以本位（或同位）协同克里金为基础，将二级变量（如地震数据）作为约束数据参与随机模拟。

5）模型粗化及可视化检验

油藏地质模型的网格数通常可以达到上千万个或者更多，而由于目前计算机运算能力的限制，油藏数值模拟能够模拟的网格数一般为十几万级至百万级。因此，需要将细网格的地质模型粗化等效为一个可以用于油藏数值模拟运算的粗网格模型。常用的流程是：先粗化网格和构造格架，再粗化属性模型，然后根据需求输出相应的数模文件。与此同时，通过二维、三维的可视化对比分析，检验模型的合理性。

二、地震约束地质建模的关键技术

随着油气田开发难度的不断增加，储层研究面临着难度更高的挑战，地质建模技术需要整合多种信息，特别是利用横向分辨率高的地震信息来提高模型的可靠性。在地质统计学框架下，将地震信息作为约束参与到地质建模的技术流程，已经逐步在实际中展开了应用。

在利用地震约束建模方法建立储层三维地质模型时，需要综合利用地震、测井、地质信息等数据。地震数据具有横向上采样密集和横向分辨率高的优势，因此可以作为建模的约束变量，降低随机模拟的不确定性，提高模型忠实于地下实际情况的程度。主要体现在：第一，采用地震约束的断层和构造层面建模，有利于建立准确的构造模型，确定插值和模拟的边界，这是建立地质模型的基础；第二，地震数据作为二级变量或者趋势约束条件参与建模计算，能够对井间的插值、外推和模拟起到约束作用，从而提高模型精度；第三，地震数据参与模拟计算，为随机建模增加了确定性因素，使其具有确定性的趋势（刘文岭，2008）。

目前在地质统计学框架下，地震约束地质建模方法主要分为两类：基于协克里金的地震约束建模方法和基于贝叶斯条件模拟的地震约束建模方法。

1. 基于协克里金的地震约束建模方法

这种方法考虑了地震属性与测井物性参数的线性关系。利用几个变量之间的空间相关性，对其中一个变量进行估计，其他变量作为约束，从而提高估计或模拟的精度。主要包括三种方法：协克里金方法，本位协克里金方法，本位协克里金—序贯高斯模拟方法。

1）协克里金方法

该方法是一种多变量估计方法，通过研究主变量及次级变量的空间相关关系，将次级变量的信息用于约束模拟。它能有效的综合利用地质、钻井和地震资料来估计孔隙度、渗透率和含油饱和度的变化。例如把测井数据作为主变量，地震数据作为二级变量，那么，协克里金估计值可表示成测井数据和地震数据的线性组合形式：

$$Z(u) = \sum_{i=1}^{n} \lambda_i Z(u_{1i}) + \sum_{j=1}^{m} \beta_j Y(u_{2j}) \tag{6-5-1}$$

式中：$Z(u)$ 为随机变量估计值；u_{1i} 和 u_{2j} 分别为空间区域上主变量和次级变量的第 i 和 j 个观测值；$Z(u_{1i})$ 为主变量（测井数据）的 n 个采样点；$Y(u_{2j})$ 为次变量（地震数据）的 m 个采样数据；λ_i 和 β_j 均为需要确定的协克里金加权系数。

协克里金算法可以将各种不同类型、不同品质的资料结合在一起进行线性回归，它是一种求最优、线性、无偏估计的方法。

2）本位协克里金方法

该方法克服了协克里金方法的矩阵求解不稳定以及计算量大的缺点，它只保留了跟估计量同位的地震数据值。本位协克里金的计算可以表达为

$$Z^*(u_0) = \sum_{i=1}^{n} \lambda_{1i} Z(u_{1i}) + \sum_{j=1}^{m} \lambda_{2j} \left[Y(u_{2j}) - m_X - m_Y \right] \tag{6-5-2}$$

式中：$Z^*(u_0)$ 为 u_0 位置的估计值；$Z(u_{1i})$ 为在位置 u_{1i} 上的主变量采样值；λ_{1i} 为赋给该采样点的加权系数的值；$Y(u_{2j})$ 为在位置 u_{2j} 上的次级变量；λ_{2j} 为赋给该采样点的加权系数的值；m_X 和 m_Y 分别为 X 和 Y 的期望值。上述估计满足无偏条件。

这种方法只需知道主变量的相关性以及主变量与次变量（如地震数据）的互相关系

即可，大大节省了运算时间，并且确保了稳定性。

3）本位协克里金—序贯高斯模拟方法

本位协克里金—序贯高斯模拟是基于序贯高斯模拟的一种协克里金模拟方法。序贯高斯模拟的原理是：对于区域化变量 $Z(u)$ 的每一次取值都可以看成是符合正态分布函数的一次实现，必须确保全体样本空间的取值范围都服从正态分布，需要把已经得出来的估计值序贯的添加到其条件累积分布函数中，然后进行计算；为了使被模拟区域的各个网格结点上都满足条件化的正态分布，需要以已知数据为出发点，不断地将计算出的模拟值添加到条件分布中，再通过重新计算得到新的累积分布函数。基于序贯高斯模拟方法，本位协克里金—序贯高斯模拟过程可以分为以下几个步骤：

（1）将已知样品数据 $Z(u)$，$i=1,2,\cdots,n$ 变量分布函数 $F(z)$ 进行正态变换，转化为服从单变量正态分布的 $S(u)$，$i=1,2,\cdots,n$ 数据。然后再对 S 数据进行正态性检验，如果符合正态性，则认为其服从高斯场模型，可进行序贯高斯模拟。

（2）指定一个随机路径，依次访问每一个网格结点，在每个结点处保留其邻域内的数据，比如在第 j 个结点，根据之前的原始结点数据和访问过的前 $j-1$ 个结点的模拟数据，获得条件分布函数，利用本位协克里金方法来确定在该位置处的参数均值和方差。根据所建立的条件分布函数来进行随机模拟运算，就可以得到该结点的一个随机模拟值。再按照这种方式重复继续访问下一个网格结点，直到所有结点都得到模拟。这体现了本位协克里金—序贯高斯模拟的特点，可以将约束变量（例如地震数据）作为"软"数据应用到模拟中。

（3）将最终模拟出来的并且服从正态分布的 S 数据，进行反正态变换，就可以再转换为 Z 数据。

2. 基于贝叶斯条件模拟的地震约束建模方法

1998 年，Behrens R A 等提出了一种基于贝叶斯算法的序贯高斯模拟方法，用来整合纵向分辨率较低的地震数据。他们给出了用两层地震属性作为约束条件建立三维模型的例子。印兴耀等（2005）在 Behrens R A 等研究结果的基础上，发展了该方法，将它应用到全三维空间上，即用多层地震属性作为约束建立模型，即可以用整个三维地震体作为约束，称之为基于贝叶斯条件模拟的地震约束建模方法。该方法能够整合地震数据和测井数据，生成等同于测井垂向分辨率的模型。与本位协克里金—序贯高斯模拟方法相比，这种方法是一种强地震约束模拟方法。

贝叶斯定理认为，对于事件 X 和 Y，已知 Y 时 X 发生的概率用 $P\{X/Y\}$ 表示，等于已知 X 时 Y 发生的概率 $P\{Y/X\}$ 乘以 X 的概率 $P\{X\}$ 再除以 Y 的概率 $P\{Y\}$，即：

$$P\{Y|X\}=P\{X\}\times P\{Y|X\}/P\{Y\} \tag{6-5-3}$$

尽管贝叶斯条件模拟方法可以处理多于两种地震属性的数据，但是为了简单，这里介绍结合两种属性的方法（贺维胜，2007）。用 x_i 表示在三维储层模型的网格单元 i 处的储层参数数据，如孔隙度。令 $z_{1,i}$ 和 $z_{2,i}$ 分别表示在包含单元 i 的垂向柱体内的两种地震属性的均值，即：

$$z_{1,i} = \sum_{m \in 1, \cdots, n_z} a_m x_m \qquad （6-5-4）$$

$$z_{2,i} = \sum_{m \in 1, \cdots, n_z} b_m x_m \qquad （6-5-5）$$

式中：n_z 为模型内在垂直方向上两属性 $z_{1,i}$ 和 $z_{2,i}$ 之间的网格数；a_m 和 b_m 为包含单元 i 的柱体的第 m 层的加权系数，这些加权系数可以是常数也可以是随着空间变化的；x_m 是准点支撑；$z_{1,i}$ 和 $z_{2,i}$ 表示整个垂向柱体，是块支撑。

这样的目的是产生一个 x 的三维实现，这个实现除了要满足已知数据的直方图和空间协方差条件外，还要满足上面的两个限制条件。如图 6-5-2 所示，x_0 表示目前单元中要模拟的值；x_s 表示邻近的单元中已经模拟的值，包括网格 x_1，x_2，x_3，x_4，x_5，x_6；x_c 表示在包含 x_0 的柱体内的已经模拟的值，包括网格 x_2，x_3。x_0 的模拟结果是通过从局部的先验分布函数 $p(x_0|x_s, z_1, z_2)$ 中随机抽样得到的，其中 z_1 和 z_2 是在包含 x_0 的柱体处的属性数据。重复使用贝叶斯定理，得到：

$$p(x_0|x_s, z_1, z_2) \propto p(x_0|x_s, z_1) g(z_2|x_s, x_0, z_1) \propto p(x_0|x_s) f(z_1|x_s, x_0) g(z_2|x_s, x_0, z_1) \qquad （6-5-6）$$

式中：$\propto$ 表示正比于；$p(x_0|x_s, z_1, z_2)$ 表示为序贯高斯模拟的条件分布 $p(x_0|x_s)$、第一种地震属性的数据的条件分布 $f(z_1|x_s, x_0)$ 和第二种地震属性数据的条件分布 $g(z_2|x_s, x_0, z_1)$ 三项的乘积。

假设 $f(z_1|x_s, x_0) = f(z_1|x_c, x_0)$ 和 $g(z_2|x_s, x_0, z_1) = g(z_2|x_c, x_0, z_1)$，也就是说 z_1 和 z_2 的条件分布仅仅取决于柱体内已经模拟的值，与邻近的单元中已模拟的值无关。可以得到：

$$p(x_0|x_s, z_1, z_2) \propto p(x_0|x_s) f(z_1|x_c, x_0) g(z_2|x_c, x_0, z_1) \qquad （6-5-7）$$

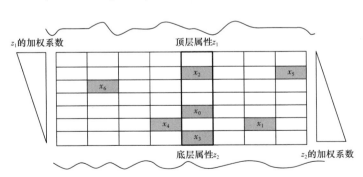

图 6-5-2 x_0、x_s、x_c 示意图（据 Behrens R A et al., 1998）

式（6-5-7）等号右边第一项是在已模拟的值 x_s 的条件下 x_0 的条件分布；这与在高斯模拟过程中由普通克里金得到的均值（m）和方差（σ^2）的正态条件分布类似，即：

$$p(x_0|x_s) \propto \exp\left[-\frac{(x_0 - m_{SK})^2}{2\sigma_{SK}^2} \right] \qquad （6-5-8）$$

如果让 $x_c +_0$ 表示目前柱体内已经模拟值和正在模拟值的集合，那么式（6-5-7）等号右边第二项 $f(z_1|x_c, x_0) = f(z_1|x_c +_0)$ 称为 z_1 的似然函数，也是按高斯分布的。

$\sum_{j \in c+0}$ 表示在柱体内已模拟的单元和正在被模拟的网格单元上的求和。$\sum_{k \notin c+0}$ 表示在其余的未访问的网格单元上求和，那么 $f(z_1|x_c +_0)$ 的均值和方差为

$$m_f = \sum_{j \in c+0} \left(a_j + \lambda_j\right) x_j \qquad (6-5-9)$$

$$\sigma_f^2 = \sum_{k \notin c+0} \sum_{l \notin c+0} a_k a_l a_{kl} - \sum_{j \in c+0} \lambda_j \sum_{k \notin c+0} a_k C_{kj} \qquad (6-5-10)$$

由此过程达到对网格中所需模拟值的模拟。如果要在三维空间上实现，会考虑每个点以及其相关关系，从而使得地震约束更为合理。

3. 地震约束地质建模方法对比分析

由于计算方法的不同，上述两类建模方法的模拟效果也是有区别的，如图 6-5-3 所示。图 6-5-3a 是建立的孔隙度理论模型，在理论模型上抽取三口井数据作为已知数据，分别用不同方法模拟孔隙度模型。图 6-5-3b 是用直接克里金插值得到的孔隙度模型，图 6-5-3c 是用本位协克里金—序贯高斯模拟方法得到的孔隙度模型，图 6-5-3d 是用贝叶斯条件模拟得到的孔隙度模型。通过对比得出以下结论：

（1）从模拟结果与理论模型的差别来看，基于贝叶斯条件模拟的地震约束建模方法的模拟结果与理论模型最接近，而其他两种方法的模拟结果较差。在井旁位置，三种方法的估计结果与理论模型都很接近，但是随着与井距离的增大，与理论模型值的差别相对增大。

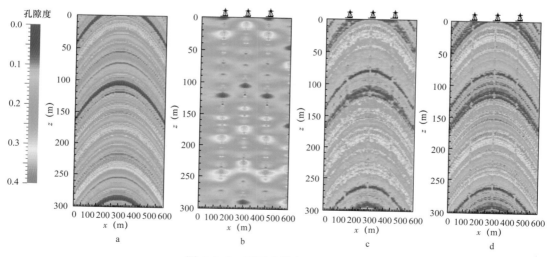

图 6-5-3　不同建模方法结果对比

（2）从横向连续性来看，基于贝叶斯条件模拟的地震约束建模方法的模拟结果与真实孔隙度的横向连续性的差别最小，而另两种方法的模拟结果差别较大。

（3）从垂向分辨率来看，基于贝叶斯条件模拟方法得到的孔隙度模型垂向分辨率最高。该方法可以清晰地辨别出一些其他两种方法不能辨别出的薄层（例如深度 50m 和 250m 处的薄层）。

（4）从光滑程度来看，协克里金的估计结果最光滑，但是这种"过光滑"的现象会将一些真实的数据过滤掉，降低模拟结果的可靠性。另外两种方法在部分网格点有"随机噪声"。

三、地震约束油藏建模流程与关键步骤

地震约束油藏建模流程和传统建模流程类似，其差别在于前者在建模过程中需要把地震体数据作为约束。它的前提条件是需要有反演地震数据体或者属性体，计算这个数据体和所模拟的井中物性参数的相关性，总体而言，相关性越好，约束效果也越好。另外，三维地质建模都是在深度域进行的，需要把地震数据体转换到深度域，然后再投影到已经搭建好的模型网格中，这样才能使其参与到约束模拟中。具体建模流程如图 6-5-4 所示。

1. 井震相关性分析

一般而言，地震属性数据和测井数据都能在不同程度上反映储层内部的岩性和物性差异。基于此，可以找到井震信息之间的相互关系，例如通常地震信息反演得到的速度或者波阻抗与测井解释的孔隙度具有较好的相关性，如岩石的孔隙度增大时，其相应的速度和波阻抗会随之降低。因此，应用这样的地震数据体来约束孔隙度建模，可以增加模型的横向预测精度。

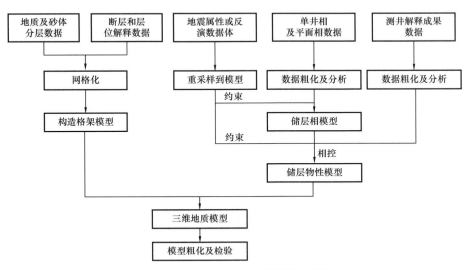

图 6-5-4 地震约束油藏建模流程图

2. 时深转换

在地质建模过程中，要将地震数据作为约束数据参与计算，往往需要进行时深转换，也就是说把地震数据转换为深度域数据。而在时深转换过程中需要一个时深关系或

速度场，这是连接深度域测井数据与时间域地震资料的纽带，通常是需要利用合成地震记录标定来建立这个时深关系，然后再应用这个时深关系将时间域数据转换为深度域数据。

3. 地震约束构造建模

地震约束构造建模包括断层建模和构造层面建模，主要反映油藏的断层格局和空间框架。具体研究思路如下：按照测井、地震和地质相结合的原则，即根据地震解释成果梳理断层的产状和平面组合关系，结合实际井上的断点位置，确定各个断层的三维空间位置和形态，从而建立三维断层模型；随后通过模型平面网格化搭建三维骨架网格，形成一套由网格化断面、骨架网格面构成的网格剖分方案，它需要将断层面投影在二维视图中，设置模型边界范围、网格大小和方向等参数，网格大小一般可以根据地质体规模及井网井距而定，网格方向则可以参考物源方向、主断层方向、主渗流方向等；基于已经搭建好的三维骨架网格，根据地震解释的构造层面的位置以及形态，建立油、砂组级别的构造大层面模型，再由测井分层数据建立小层级别层面模型，此过程是划分建模单元的基础，它制定了不同建模单元的纵向分界面；最后，依据每个小层的垂向地层厚度，进行小层间的垂向细分。

4. 沉积相建模

沉积相随机建模方法较多，例如序贯指示、截断高斯模拟等。下面以序贯指示方法为例介绍沉积相建模的主要流程。

首先利用数据离散化的算法将参与建模井的相数据粗化到模型网格上，再将粗化前后的相数据进行对比，如图 6-5-5 所示。通过数据直方图来对比相数据粗化前后的误差，大部分数据在粗化前后较好地保持了数据的一致性。

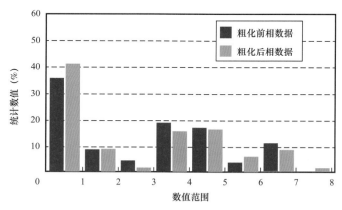

图 6-5-5　相数据粗化前后直方图

在完成数据粗化后，需要先进行一些模拟参数设置，例如数据变换、变差函数分析、设定随机种子数等，然后再用协同克里金—序贯指示模拟方法建立储层沉积相模型，如图 6-5-6 所示。

图 6-5-6　三维沉积相模型显示

5. 地震约束储层物性建模

地震约束储层物性建模的前提是地震数据需要和用于建模的物性参数具有较好的相关性，并且相关性越好，约束效果越好。因此，在进行地震约束储层物性建模之前，需要先进行相关性分析，如图 6-5-7 所示，地震阻抗和孔隙度具有较好的相关性。

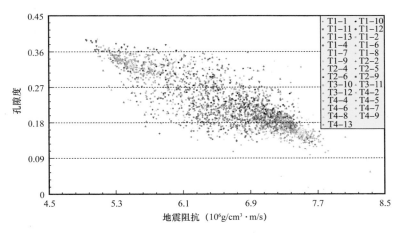

图 6-5-7　地震阻抗与井孔隙度相关性

通过相关性分析确定需要参与约束建模的地震数据。通常这个地震数据并不能直接运用于地质建模中，需要将时深转换后的地震数据在模型网格上进行重采样（重新网格化），使它与油藏模型的网格相匹配，并且要保证重采样前后地震数据的一致性，这样才能够保持模型域地震数据与井数据的相关性是一致的。图 6-5-8a 是实际地震阻抗剖面，图 6-5-8b 是重采样到模型网格后的地震阻抗剖面。对比这两个数据，分布基本一致。在实际工作中，可以通过多个这样的剖面来验证重采样的可靠性，在确保重采样前后的数据分布基本一致后，就可以应用这个重采样到模型网格上的地震数据来约束物性建模。

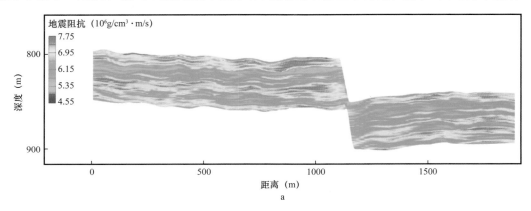

a

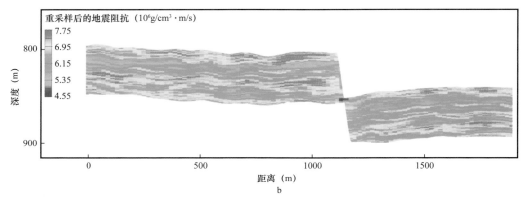

b

图 6-5-8　地震反演数据重采样前后对比剖面

在建立孔隙度模型之前，首先需要进行数据分析，包括三种数据变换，分别为输入截断（消除奇异值）、移动变换和正态变换。数据变换是变差函数分析的前提条件。图 6-5-9a 为小层河道微相孔隙度正态变换前数据分布情况，图 6-5-9b 为小层河道微相孔隙度正态变换后数据分布情况，它符合正态分布特征，其中河道显示远端岩性变细，孔隙度减小，显示为双峰特征。

在上述数据分析的基础上，再根据沉积微相平面展布情况，对各小层的不同沉积相类型中的孔隙度数据进行分层分相的变差函数拟合分析。图 6-5-10a 为一个小层的河道相中孔隙度数据点在经过变差函数分析后的主方向拟合结果，图 6-5-10b 为次方向拟合结果，图 6-5-10c 为垂向拟合结果。在变差函数拟合过程中，需要结合实际情况，拟合实际数据与理论变差函数。

在完成数据分析工作后，接下来就可以利用重新网格化的地震反演数据约束模拟并建立孔隙度模型。图 6-5-11 是利用本位协克里金—序贯高斯模拟方法，最终建立的地震和沉积相共同约束的孔隙度模型。从模型整体上看，没有异常值区域，整体数值分布符合储层特征。

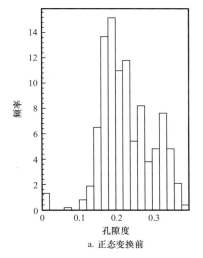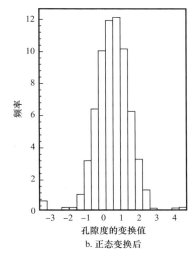

图 6-5-9　小层河道相孔隙度数据变换前后对比分析图

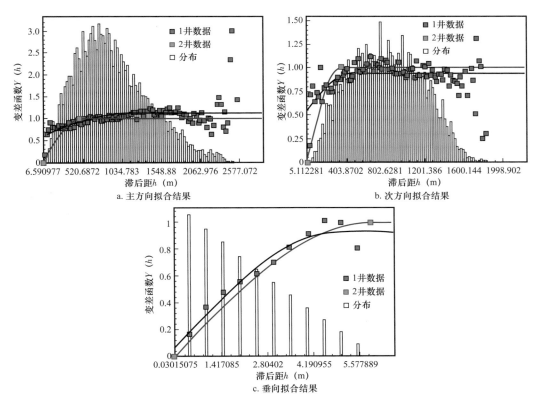

图 6-5-10　小层河道相变差函数拟合曲线

在孔隙度模型完成后，可以通过二维平面、剖面、三维的不同视角去检查模型可靠性，查看模型内部孔隙度分布规律和前期数据域分析结果的一致性。另外，也可以用不同建模方法分别建立孔隙度模型，对比不同方法之间的优缺点来优选随机模拟方法，如图 6-5-12 所示。

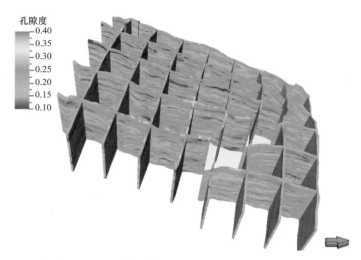

图 6-5-11　本位协克里金—序贯高斯模拟（地震和沉积相约束）的孔隙度模型

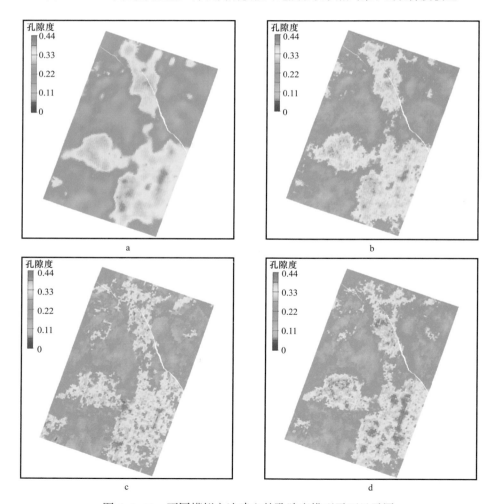

图 6-5-12　不同模拟方法建立的孔隙度模型平面显示图

图 6-5-12a 是地震约束的协克里金插值计算的孔隙度模型平面图，图 6-5-12b 是地震约束的本位协克里金—序贯高斯模拟的孔隙度模型平面图，图 6-5-12c 是相控序贯高斯模拟的孔隙度模型平面图，图 6-5-12d 是地震和相共同约束的本位协克里金—序贯高斯模拟的孔隙度模型平面图。

通过对比，地震约束的协克里金插值结果较为平滑，相控序贯高斯模拟结果在相边界有突变的痕迹，换言之，可能存在相的控制过度，具有一定的人为性。用地震和沉积相约束的模拟结果兼顾了地震和沉积相信息，没有明显的分带和数据突变的现象，可以尽量保持多信息的一致性。除此之外，对于同一种建模方法还可以选择生成多个模型实现来对比模型效果，这也是随机模拟的特点，同样的参数往往可以生成等概率的多个模型实现，需要对随机实现进行优选，选出一些被认为最符合地质规律的模型。

上述就是地震约束物性建模的主要流程。类似的方法不仅可以用于建立孔隙度模型，还可以用于建立渗透率模型、净毛比模型、含油饱和度模型等。通常地震数据与孔隙度、岩性的相关性比较高，与渗透率的相关性往往不高，那么要体现地震信息的约束作用，可以先用地震约束物性建模方法建立孔隙度模型，然后分析孔隙度和渗透率之间的相关性，以地震约束建立的孔隙度模型作为约束，利用本位协克立金—序贯高斯模拟方法建立渗透率模型。

在完成数据准备、构造建模、沉积相建模和物性建模后，需要模型后处理操作，主要包括储量计算、模型粗化和导出、模型可视化显示及井轨迹设计，这部分与传统地质建模类似。

四、地震约束油藏建模质控方法

模型质量控制贯穿于地质建模的每个环节，其目的是为了提高模型的准确性，使模型与前期已有地质研究成果及认识一致，换言之，它是数据域和模型域的闭合循环质控过程。下面介绍地震约束油藏建模质控方法。

1. 断层模型质量控制

断层模型是通过提取地震解释的断层数据和井断点数据来建立的，因此，断层模型质控还需要回到数据域，也就是将模型断层投影到地震剖面上，如图 6-5-13 所示，通过多个剖面对比分析，使其符合地震解释结果。与此同时，结合井的断点数据，对每条断层的产状及位置进行质量控制和调整，如图 6-5-14 所示。通过上述对比验证，保证断层模型和地震数据、井断点数据匹配。

2. 构造层面模型质量控制

在构造层面模型建立过程中，首先需要复查地质分层数据，并将分层数据与时深转换后的地震层位进行对比，如图 6-5-15 所示。如果两者相差较大甚至出现窜层，就需要回到数据域并检查其合理性。对于已经建立的构造层面模型，还需要将它与数据域的数据进行符合度分析，可以用地震剖面特征来验证模型层位是否符合地震响应特征，也可以把模型层位与测井响应特征进行对比，如图 6-5-16 所示，最终建立符合前期地质认识的构造层面模型。

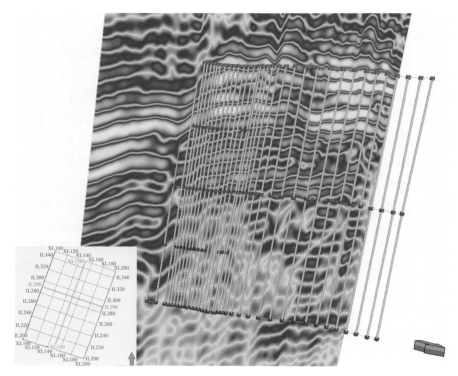

图 6-5-13　模型断层与地震解释断层对比验证

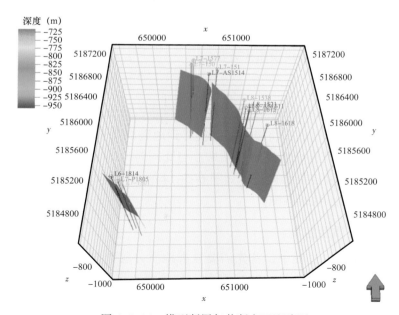

图 6-5-14　模型断层与井断点匹配验证

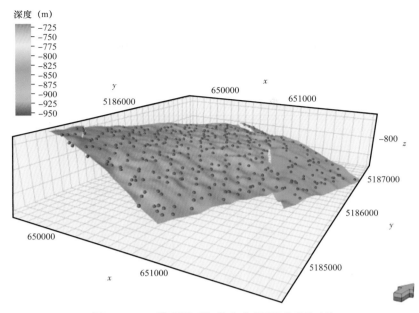

图 6-5-15　模型层面与井点分层平面匹配对比

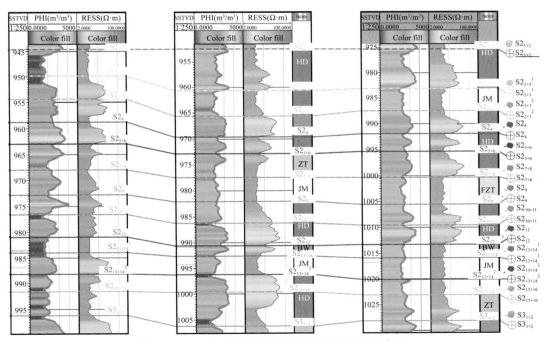

图 6-5-16　模型层面与井点分层连井剖面匹配对比

3. 模型精度分析

为了检验所建立的模型是否准确合理，可以进行盲井验证，即将不参与建模的已知井数据与该井点处的模拟数据进行比较，优选建模方法，比较不同建模方法的模拟效果，如图 6-5-17 所示。通过对比，两种建模方法所模拟孔隙度与实际孔隙度整体趋势都较为一致，但是贝叶斯模拟的孔隙度与实际孔隙度更为贴近。

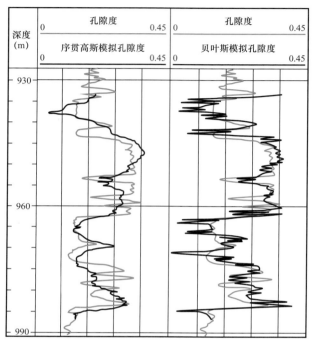

图 6-5-17　模型预测孔隙度与单井解释孔隙度对比

4. 储量精度控制

对于已经建立的油藏地质模型，可以利用容积法计算模型地质储量，它主要是利用原油密度及体积系数等参数进行三维空间网格数据的储量计算。对计算得到的模型储量要进行可靠性评价，包括各种参数的准确程度评价、储量参数的计算与选用是否合理等。还可以将计算模型地质储量和已知地质储量相比较来进行验证，如果二者相对误差较低，则说明该地质模型与地质认识较为吻合。

第六节　地震约束油藏数值模拟

地震约束油藏数值模拟年分别由黄旭日等（Huang X et al.，1997）和 Landa J L 等（1997）在独立进行了以时移地震属性为约束的油藏数值模拟试验研究后提出的，前者在墨西哥湾利用实际数据体进行方法试验，取得了很好的成效，后者则采用了合成数据进行试验，同样对该方法进行探讨。由此在地球物理界推广了地震历史拟合（Seismic History Matching，简写为 SHM）的概念。近年来，时移地震约束油藏数值模拟方法已经取得了长足的进展，并在全球很多地区取得良好的效果，也成为开发地震方法真正进入油藏工程的主要方法，为地震和油藏工程的融合提供了有效手段（Xuri Huang et al.，

2001）。国内时移地震数据较少，近年来通过对采用单一时间的三维地震约束油藏数值模拟方法的探索和发展，形成了通用的地震约束油藏数值模拟方法。

一、传统油藏数值模拟技术

油藏数值模拟是随着计算机的出现和发展而成长的一门新学科，在国内外都取得了迅速的发展和广泛应用。20 世纪 60 年代初期，主要以多维多相的黑油模型研究为主；70 年代初期，开始研究组分模型、混相模型和热力采油模型；发展到 70 年代末期，又针对各种化学驱油模型进行了研究。油藏数值模拟作为油藏工程师认识油藏及其动态特征的主要手段，是定量地描述在非均质地层中多相流体流动规律的主要方法。在工业界，随着计算技术和计算机能力的改善，油藏数值模拟技术与方法也在飞速发展，油藏数值模拟的模型越来越细，模拟网格数达到上亿甚至几十亿，能够处理不同开采方式的各种类型油气藏的数值模拟。这都对进一步认识油气藏动态特征起到了更为积极的作用。

简而言之，油藏数值模拟是在给定油藏地质模型情况下，设定井的生产条件，通过求解流动方程，来"计算"油藏中生产井的生产动态数据，如油、气、水的生产历史和压力变化历史。基于不同解流动方程的方法，根据生产的油量、液量或者井底压力等已知数据，模拟其他的生产动态量。通过这样的模拟，获得油藏模型中动态参数的空间分布及其随时间的变化，如网格中含水饱和度和压力随时间的变化。再根据这些变化认识油藏中动态变化特征，为油藏动态预测提供依据，进而调整井中生产参数来优化开发方案。

油藏数值模拟的目的之一，就是通过历史拟合方法得到更加逼近动态特征的实际油藏地质模型、油藏动态模型。历史拟合方法就是先用已建立的地质模型来计算油藏开发过程中主要生产动态数据的历史变化，再把计算结果与实测的油藏或油井动态数据（例如压力、产量、气油比、含水等）进行对比，根据两者之间的差异，对油藏静态参数作相应的修改，如此循环迭代，直到计算结果与实测动态参数相当接近，达到允许的误差范围为止。从工程应用的角度来说，可以认为经过若干次修改后的油藏参数，与油藏实际情况已比较接近，使用这些油藏参数来进行油藏开发动态预测可以达到较高的精度。然而，每一次拟合计算的结果，究竟是更加逼近实际油藏，还是偏离了实际油藏，需要有标准来检验。历史拟合认为拟合了生产历史数据并且符合率高就可以比较好地预测未来，但结果往往并非如此，主要体现在：

（1）油藏数值模拟存在非线性程度比较高的问题，这会导致在解流动方程的过程中，尤其是在逆过程中，计算结果存在较大误差。

（2）历史拟合动态数据的过程是非唯一的，换言之，多个模型可能都可以拟合历史数据，从而导致预测未来有较大的不确定性。

（3）历史拟合动态数据的依据是多样的，这就需要多种信息约束历史拟合。然而，采用其他数据来约束历史拟合，具体实现起来仍然比较困难，从而导致其他信息如地震、测井、地质信息在这个阶段难以充分利用。

（4）历史数据往往具有比较大的时间跨度，由于测量技术的演变，导致观测数据本身具有不同精度，而在历史拟合的过程中难于区别对待，这样会反向传递到油藏模型，从而带来误差。

因此，历史拟合需要综合利用各类数据，尤其是覆盖广泛的地震数据，把地震应用到油藏开发，再从油藏开发返回到地震进行验证，依据验证结果进一步更新模型。地震数据作为拟合的依据和检验标准，是提高历史拟合准确性的重要途径。

二、地震约束历史拟合关键技术

历史拟合是一个高度非线性、高度非唯一的数值模拟过程，因此需要加强先验知识、增加其他约束尤其是空间约束，这是提高历史拟合可靠性、降低非唯一性和非线性的有效途径。历史拟合首先是对流体响应最为敏感，而流体受渗流能力、构造特征以及物性分布控制，因此在拟合过程中，主要是对控制流动的油藏内部特征进行修改，但这样的修改或者更新往往具有主观性。而地震信息作为空间密集采样的数据，对空间的地质结构、物性变化具有比较好的表达，甚至是很多情况下唯一较可靠的空间信息，因此在历史拟合过程中加入地震约束可以大大提高模型的可靠性。地震约束历史拟合主要包括以下几个关键技术。

1. 岩石物理建模及其标定技术

岩石物理建模是基于岩石中的岩性、物性、流体等对多孔介质的弹性、声学响应进行的预测和计算，是油藏静、动态参数与地震响应之间的桥梁。将油藏的静态参数（如孔隙度、岩相等）与流体分布等参数结合，可以确定其对应的地震物理响应。通过对不同流体在不同静态条件下的流体地球物理响应特征进行分析对比，形成不同的岩石物理模型。

在岩石物理建模过程中，首先是选择岩石物理数学模型并对其进行区域标定，通过设置合适的参数来拟合区域中的测井或岩心数据，使其能预测不同岩性、物性及流动状态下的声学响应。下面以 Gassmann 理论为例阐述岩石物理建模及其标定技术。Gassmann 方程是假定岩石处于一个封闭系统，且岩石骨架是由单一固体介质组成，并且为均匀各向同性的，当岩石被流体饱和时，假定饱和流体岩石的剪切模量与岩石空骨架的剪切模量相同。在 Gassmann 方程中所需的岩石骨架体积模量、剪切模量以及岩石基质和孔隙流体的体积模量，通常可以由实验室测得或测井资料拟合获得。常用的岩石物理模型标定方法是测井样本点标定法。首先在地层深度、泥质含量、孔隙度、含水饱和度等参数中，选择一个参数变化而其余确定的情况下，通过岩石物理模型计算，得到纵波速度、纵波阻抗等参数的变化趋势；再根据选取的测井数据样本点，将两者进行对比分析，通过调整岩石物理参数，对两者进行拟合；然后在标定的基础上，对区域不同位置的测井数据进行合成计算，进一步确认模型的正确性；反复调整岩石物理模型参数，比较标定前后的岩石物理参数的变化，最终确定适合该区域的岩石物理模型。

确定岩石物理模型参数后，根据已知的地层深度、泥质含量、孔隙度、含水饱和度、含气饱和度、含油饱和度等油藏属性，就可以计算得到纵波速度、横波速度、纵波阻抗、横波阻抗、泊松比等地球物理响应。

2. 油藏模型地震正演技术

在标定岩石物理模型的基础上，可以把岩石物理模型应用到每一个油藏模型网格上，生成对应三维油藏模型的纵横速度、密度及阻抗体等，经过重新网格化，设定边界条件和子波后就可以进行油藏模型地震正演。通过对比地震正演的合成地震记录和实际地震记录，分析模型质量、不同时间点油藏变化以及地震响应特征，以便能够进一步认识油藏。

此外，在油田的开发过程中，油藏中各动态参数随着开发时间推移而实时发生改变，这些变化会反映在不同时间点的合成地震响应的变化上，因此需要将单一时间点的传统地震正演转换为动态实时正演，这是四维地震研究、应用以及时移地震融合油藏工程研究的基础。该方法通过岩石物理模型的应用，将各静、动态参数转换为实时的地球物理响应参数，从而进行实时的叠前、叠后以及多波正演。

3. 合成地震和实际地震数据差异分析技术

在油藏模型正演的基础上，根据油藏数值模拟的相关数据（包括孔隙度、饱和度的分布、厚度等），获得对应油藏模型的三维合成地震数据体（包括合成的纵波速度、波阻抗等），将油藏模型网格对应的顶界面与实际地震顶界面对齐，这样就可以将油藏模型对应的合成记录与观测记录进行对比分析，如图 6-6-1 所示，棕色为实际地震记录，黑色是模型合成地震记录，从图中可以看出两者之间存在一定的差别。在实际研究工作中，这个差异存在着很大的多解性，首先需要对地质模型进行地震敏感参数分析与模型筛选，也就是分析正演地震数据与实际地震之间受到不同岩性分布及厚度变化、不同物性变化、不同微构造形态、小断层及流体等变化的影响因子，分析它们与相位、波形、振幅之间存在差异的原因，同时结合生产动态信息，进一步确定需要修改的模型参数。而后，对修改后的模型进行正演，得到新的三维合成地震数据体，再应用类似上述的方法将它与实际地震进行叠合对比，经过若干次循环交互修改后的油藏模型是能够比较客观地反映油藏实际情况。

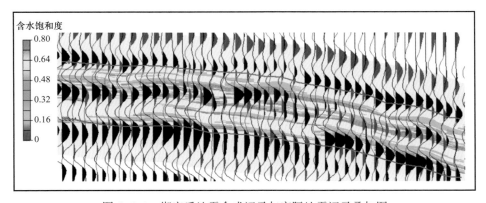

图 6-6-1　绑定后地震合成记录与实际地震记录叠加图

4. 地震约束油藏历史拟合技术

在获得合成地震和实际地震的差异后，可以进一步把历史拟合的拟合程度定量求取出来，经过空间分析，确定要修改的区域，结合地震拟合程度以及历史拟合程度综合分析，最后更新油藏模型。上述过程经过反复迭代，最后获得既满足地震信息，又满足动态历史的油藏模型，从而达到地震约束历史拟合的目的。

生产历史拟合的重要环节是反复修改拟合模型参数（即扰动模型），从而获得更加逼近油藏实际情况的模型。地震数据本身与动态参数关系密切，可以作为约束生产历史拟合的参数。通过扰动数模模型，改善生产历史拟合的同时，也使地震拟合达到最优。效果评价的目标函数可以用以下公式表达：

$$F = W_1 \Delta H + W_2 \Delta S \tag{6-6-1}$$

式中：ΔH 为生产历史拟合的误差，包括产量拟合和压力拟合等；ΔS 为合成地震与实际地震之间的差异；W_1 为生产动态数据不符合率的权值；W_2 为地震数据不符合率的权值。

历史拟合就是通过扰动模型，使 F 的值逐步减小直至小于预设门限值。按照不同的拟合方式可以分为以下三种情况。

（1）传统历史拟合。$W_1=1$，$W_2=0$ 的情况下，是一个传统历史拟合过程，主要考虑生产动态数据的符合率，来评价拟合的效果，具有较强的多解性。

（2）地震拟合。$W_1=0$，$W_2=1$ 的情况下，得到的是不考虑生产动态数据的地震拟合结果。它是一个定量的地震分析过程，因为数值模拟结果能够给出含油饱和度和压力的定量分布。这种情况下，可以不断修改对地震敏感的油藏模型参数，拟合合成记录和观测记录，从而使得模型与地震数据一致。传统的地质统计学建模方法尽管可以用地震信息作为约束，但是约束的方法相对比较宽松，而且不能完全符合正演地震与观测地震一致的机理。因此，地震拟合方法可以作为对油藏模型的一个检验手段，是检查所建立模型是否符合观测地震的重要方法。

（3）整合地震和生产动态数据的历史拟合。$W_1 \neq 0$，$W_2 \neq 0$ 的情况下（例如值分别为0.5），该优化方法是通过整合生产动态数据和地震数据来约束历史拟合和修正油藏模型，是同时进行地震拟合和历史拟合的过程。它需要同时符合地震和生产动态数据，达到最优拟合效果。

三、地震约束油藏数值模拟流程和关键步骤

地震约束油藏数值模拟主要包括以下流程。首先对用于数值模拟的初始油藏模型进行正演并获得合成地震记录，将模型合成地震记录数据和实际地震数据进行对比分析，同时结合生产动态数据、地震反演属性等进行综合分析；然后，选择要修改的模型参数（如孔隙度、岩性、渗透率等），根据差异和地震属性分析结果确定修改区域和层位，人工修改模型参数并重新进行数值模拟计算，不断重复以上过程得到更加逼近实际的油藏模型（图6-6-2）。地震约束油藏数值模拟不仅可以使井点模拟结果和实际动态数据相匹

配，还保证了油藏模型对应的地震合成记录与实际地震匹配，提高了油藏数值模拟的精度和剩余油分布预测的可靠性。

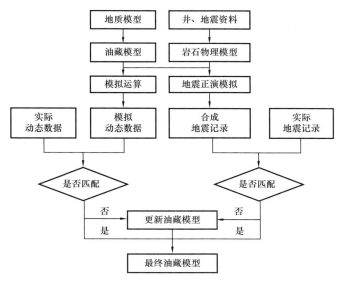

图 6-6-2　地震约束油藏数值模拟技术流程

在地震约束油藏数值模拟的过程中主要包括以下几个关键步骤。

1. 前期数据准备

前期数据主要包括油藏地质模型和开发动态参数。油藏地质模型主要来源于地质建模结果，主要包括网格信息数据、孔隙度、渗透率、净毛比等模型数据。油藏开发动态参数，主要包括相渗曲线、原油和天然气体积系数、黏度参数和开发动态数据等动态模型参数。相渗曲线一般由实际井相渗实验数据归一化得到。开发动态数据一般不能直接应用到数值模拟计算中，通常需要对各井的注采数据尤其是单层数据进行劈分。油水井的射孔数据一般来源于油田数据库，可以按模拟层与地质层的对应关系设定数值模拟模型的射孔层位。

2. 初始油藏数值模拟

在研究区油藏地质模型上，加入单井生产动态数据、射孔数据、岩石和流体特性参数等开发动态数据，就可以得到油藏动态初始模型。经过油藏数值模拟初步计算，根据计算结果筛选出历史拟合较差的井或井组，查找这些井在平面位置分布上的关系及在纵向上射孔位置的对应关系，分析出油藏模型需要改进的位置，聚焦重点区域。

3. 地震数据和油藏数值模拟模型综合分析

结合初始油藏数值模拟分析结果，将地震数据和油藏数值模拟模型统一到一个网格空间，在同一剖面上分析比较二者之间的相互关系。图 6-6-3 是油藏模型含水饱和度场和合成地震的剖面叠合显示，从图中可以看出合成地震对泥岩和砂岩变化的区域响应较强，对油水界面也有较强的响应。通过地震数据和油藏数值模拟模型综合分析，为油藏工程师确定模型修改参数提供了依据。

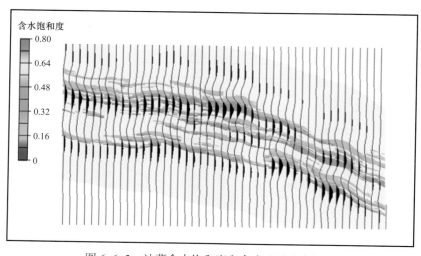

图 6-6-3　油藏含水饱和度和合成地震叠合剖面

4. 地震约束油藏数值模拟交互修改

在传统油藏数值模拟过程中，运用常规井点动态分析方法对模型参数进行修改，只能为井点附近的修改提供了相对可靠的依据，而由于储层非均质性的特征，对井间参数修改存在较强的多解性。地震数据具有横向分辨率高的特点，采用地震约束的油藏模型交互修改，可以为井间参数修改提供可靠依据。

在地震约束油藏数值模拟过程中，模型修改的参数包括油藏地质参数和相关的流动参数，由于井点位置的油藏参数有测井数据进行检验，因此主要是修改井间参数。首先需要进行地震与模型参数的敏感性分析并得到初步认识；在此基础上，再通过合成地震与实际地震对比分析，对砂泥比、孔隙度等油藏静态参数进行修改并随之形成新的渗透率场；反复进行拟合和数值模拟计算，最终实现数值模拟模型正演得到的地震数据和实际地震数据基本保持一致，产油量、含水率等参数与实测值更加吻合，拟合结果基本符合实测生产动态数据，具体流程如图 6-6-4 所示。

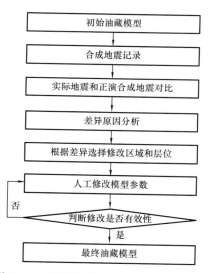

图 6-6-4　地震约束油藏模型更新流程图

一方面，上述流程主要是采用一期三维地震数据约束油藏数值模拟的技术流程。另一方面，还可以应用时移地震差异约束历史拟合并生成新的油藏模型（图 6-6-5）。假设区块具有两次地震采集的数据，那么可以对研究工区地震属性和油藏动态模型进行详细分析，通过求取振幅差、两次地震采集反演波阻抗的差异、流体因子差异的分布等，通过前面类似方法，更新模型来保持和三维地震的一致，同时拟合误差使模型更为准确。

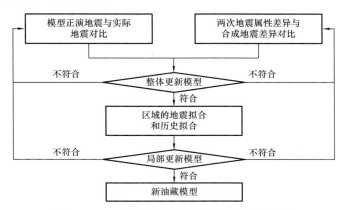

图 6-6-5 时移地震约束油藏模型更新流程图

5.地震约束油藏模型修改情况分析

在运用地震约束油藏数值模拟技术进行模型更新的过程中，修改工作量很大，并且需要进行反复的模拟运行。因此，在不同阶段对历史拟合的修改情况进行综合分析是十分重要的，这样可以帮助油藏工程师从全局的角度来把握模型修改的精确性。根据模型静态参数相互关系及其与地震响应之间的关系，在历史拟合的不同时间段，都要进行拟合误差对比分析，避免在模型修改过程中出现数据之间的矛盾。通常情况下，有效厚度和孔隙度对地震响应的敏感性较强，一般允许修改幅度为 ±30% 左右，可以用于拟合地质储量或储层分布，修改后可以生成新的渗透率场，在渗透率改变的同时，压力和流体分布也会随之改变。另外，含水拟合也是地震约束历史拟合过程中较为重要的一步，它的拟合好坏直接关系到油藏饱和度场分布准确与否，进而影响到剩余油分布的准确度。在地震约束历史拟合后更新的模型上可以通过计算得到全区含水率拟合误差空间分布情况，帮助油藏工程师锁定下一步修改模型的区域和方向。

四、地震约束油藏数值模拟质控方法

1.储量拟合误差分析和控制

储量拟合好坏将直接影响全区及单井动态数据拟合效果，因此储量拟合至关重要。首先需要将地震约束油藏数值模拟后油藏模型的储量与已知地质储量以及地质模型储量进行对比，储量拟合的误差需要符合误差要求。如果它们之间存在较大的差异，就需要对比分析合成地震记录与实际地震记录的差异并结合前期地质认识，优选出影响储量拟合的参数（例如净毛比、孔隙度等），对这些参数进行修改。再对比修改前后模型的合成地震记录与实际地震记录差异，如图 6-6-6 所示，棕色为实际地震记录，黑色是模型合成地震记录。修改净毛比后合成地震记录与实际地震记录之间的差异减小。图 6-6-7a、图 6-6-7b 分别为修改前的合成地震记录与实际地震记录的差异因子，图 6-6-7c、

图 6-6-7d 分别为修改后的合成地震记录与实际地震记录的差异因子。从图中也可以看出，模型更新后，合成地震记录与实际地震之间的差异因子减小。通过这样的对比分析，说明在储量拟合过程中的参数修改是比较合理的。

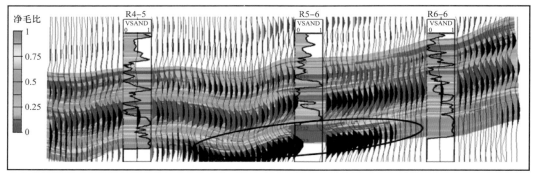

a. 修改前

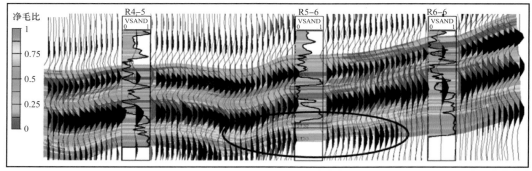

b. 修改后

图 6-6-6　修改前后模型 NTG 剖面对比

2. 动态拟合误差分析和控制

在拟合动态参数之前需要先拟合压力，对压力变化有影响的油层物性参数很多，如孔隙度、厚度、油层综合压缩系数等都对压力计算值有影响。一般在压力拟合时，可以根据对地质、开发特点的认识，分析这些参数的可靠性及其对压力的敏感性，选择其中一个或某几个参数进行调整。在调整后查看全区压力拟合情况（图 6-6-8），计算压力（曲线）与实测压力（圆形散点）基本一致，说明拟合质量比较好。

在储量和压力拟合完成后，需要利用修改模型参数来拟合实测的产液量。地震信息是用来指导这些修改参数分布情况和修改方向的。观察全区拟合情况（图 6-6-9），计算产液量（曲线）与实测产液量（正方形散点）基本一致，拟合质量比较好。

历史拟合的另一个主要参数是含水率，它的拟合好坏直接关系到油藏饱和度场分布准确与否，进而影响到剩余油分布的准确度。拟合含水率主要通过修改相渗曲线、静态参数（如孔隙度、渗透率等）来实现。由地震约束历史拟合后的模型计算得到的全区含水拟合图（图 6-6-10）来看，模型主要在后期计算含水值比实测值略低。分析认为由于开采历史较长，生产历史过程中，各油水井经历了众多的措施，影响到各层产量组成，进而影响到数值模拟历史拟合的质量。

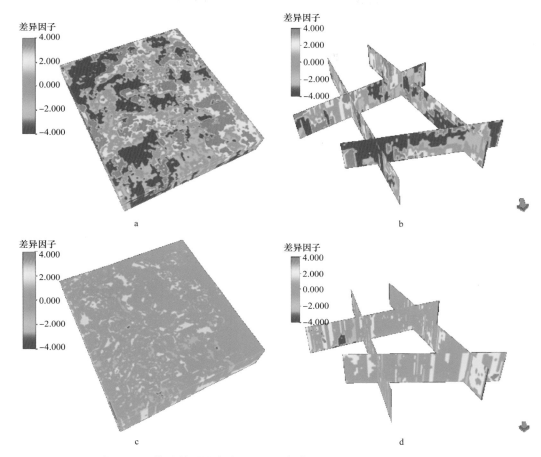

图 6-6-7　修改前后的合成地震记录与实际地震记录的差异因子对比

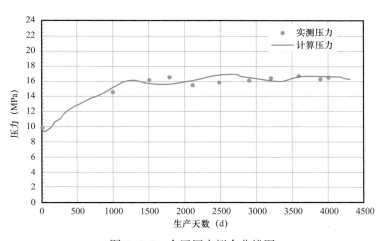

图 6-6-8　全区压力拟合曲线图

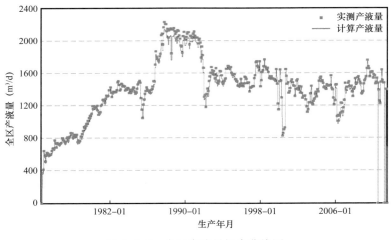

图 6-6-9　全区产液量拟合曲线图

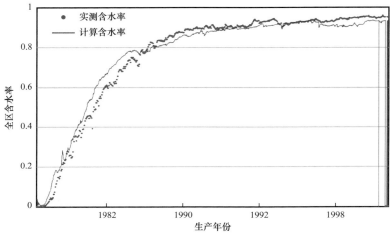

图 6-6-10　全区含水率拟合曲线图

第七节　小　　结

　　随着油气藏目标复杂程度的提高，开发阶段薄储层预测更强调井震联合、井藏联合，实现多学科信息的有机融合，提高储层预测的精准程度。与传统地震属性和地震反演为核心的地震储层预测技术相比，开发阶段更加强调井震联合的薄储层识别和预测。

　　薄储层地震识别的核心问题是地震波的干涉作用造成地震振幅、相位、频率等信息的改变，导致预测结果更加多解。薄储层地震响应及岩石物理特征分析技术的进步为薄储层识别和预测奠定了基础，但薄储层，特别是薄互层叠前地震波场规律的认识，仍有待加强，这也是进一步提高薄储层预测精度的保障。

　　以薄互层层序地层发育规律为指导、薄储层等时性解释为核心，形成一系列基于井震联合地震属性分析的薄层刻画和精细沉积微相解释技术，充分体现地震信息和薄储层地质发育规律、油藏分布规律的结合，为有利相带、砂体分布和优质储层预测提供了可靠的技术手段。

以井震结合为核心薄储层反演技术，如高分辨率反演、地质统计学反演和随机地震反演等技术，以及以各种叠前地震反演、井震藏一体化等技术，为薄储层预测、连通性分析、油藏建模和数模供了核心技术保障。

在油藏建模过程中，采用地震数据作为约束，可以充分利用地震数据的纵向和横向的连续性来减小井间储层分布预测的不确定性。它最大限度地将地震资料用于地质模型，为后续油藏地球物理研究奠定了必要的基础。如何实现层位、断层建模一体化的自动解释，自动迭代提高构造建模的可信度和物性模型的可靠性；如何能将地质认识或地质模式融入建模过程中，并在类似多点地质统计学方法、指示方法以及其他随机模拟方法中进行地震约束模拟，也将是进一步提高建模精度的重要途径。近年来，人们进一步思考从地震数据中推出地质模型（李绪宣等，2011），摒弃地质统计学，从而在根本上将地震信息从"软"数据中解放出来，这样使得地震在不同油藏开发阶段都能发挥更为重要的作用。

目前在用地震数据来约束油藏建模和数模模型的历史拟合过程中，修改静态模型以实现拟合实际地震与合成地震的过程至关重要。然而已有的油藏数模软件，为拟合实际地震与合成地震，进行的油藏地质模型、岩石物理模型和与流动相关的参数修改，都需要人工操控，还不能实现软件自动闭合循环以达到拟合地震的目的，这样效率比较低，影响了地震约束油藏数模技术的推广应用。因此可以预见，自动化地震约束油藏数模算法和软件技术是未来的发展方向。换言之，在地震约束下需要多次循环油藏数模，这样就形成了一个反演过程。那么，如何把油藏数值模拟和地震相结合形成油藏—地震的联合反演，这是使得地震更深入进入开发阶段的重要途径。

参 考 文 献

高静怀，陈文超，李幼铭，等，2003. 广义 S 变换与薄互层地震响应分析［J］. 地球物理学报，46（4）：526-532.

韩大匡，2010. 关于高含水油田二次开发理念、对策和技术路线的探讨［J］. 石油勘探与开发，37（5）：583-591.

韩大匡，2007. 准确预测剩余油相对富集区提高油田注水采收率研究［J］. 石油学报，28（2）：73-78.

贺维胜，2007. 整合多尺度资料建立高分辨率模型的方法及应用［D］. 北京：中国科学院地质与地球物理研究院.

胡文瑞，2008. 论老油田实施二次开发工程的必要性与可行性［J］. 石油勘探与开发，35（1）：1-5.

胡向阳，熊琦华，吴胜和，2001. 储层建模方法研究进展［J］. 石油大学学报（自然科学版），25（1）：107-112.

黄捍东，张如伟，李进波，等，2012. 高精度地震时频谱分解方法及应用［J］. 石油地球物理勘探，47（5）：773-780.

李绪宣，胡光义，范廷恩，等，2011. 基于地震驱动的海上油气田储层地质建模方法［J］. 中国海上油气，

23（4）：143-147.

凌云，郭向宇，高军，等，2010.油藏地球物理面临的技术挑战与发展方向［J］.石油物探，49（4）：319-335.

凌云研究组，2004.应用振幅的调谐作用探测地层厚度小于1/4波长地质目标［J］.石油地球物理勘探，38（3）：268-275.

刘文岭，2008.地震约束储层地质建模技术［J］.石油学报，29（1）：64-68.

刘文岭，2010.高含水油田油藏地球物理技术［J］.石油学报，31（6）：959-965.

撒利明，杨午阳，姚逢昌，等，2015.地震反演技术回顾与展望［J］.石油地球物理勘探，50（1）：184-202.

吴胜和，2010.储层表征与建模［M］.北京：石油工业出版社.

杨文采，1996.地球物理的反演理论与方法［M］.北京：地质出版社.

杨文采，2011.反射地震学理论纲要［M］.北京：石油工业出版社.

印兴耀，贺维胜，黄旭日，2005.贝叶斯—序贯高斯模拟方法［J］.石油大学学报，29（5）：29-31.

张广智，王丹阳，印兴耀，等，2011.基于MCMC的叠前地震反演方法研究［J］.地球物理学报，54（11）：2926-2932.

An P，2008. Case studies on oil and water wells separation and gas sand prediction in a coal formation using wavelet selection and volume-based seismic waveform decomposition［J］. 78th Annual International Meeting，SEG，Expanded Abstracts，27（1）：498-501.

Avseth P，Mukeji T，2005. Quantitative seismic interpretation［M］. London：Cambridge University Press.

Behrens R A，MacLeod M K，Tran T T，et al.，1998. Incorporating Seismic Attribute Maps in 3D Reservoir Models［J］. SPE36499，122-126.

Bosch M，Mukerji T，Gonzalez E F，2010. Seismic inversion for reservoir properties combining statistical rock physics and geostatistics：A review［J］. Geophysics，75（5）：75A165-75A176.

Castagna J P，Sun S，Siegfried R W，2003. Instantaneous spectral analysis：detection of low frequency shadows associated with hydrocarbon［J］. The Leading Edge，22（2）：120-127.

Greg P，James G，John L，1999. Interpretational applications of spectral decomposition in reservoir characterization［J］. The Leading Edge，18（3）：353-360.

Huang X，Meister L，Workman R，1997. Reservoir characterization by integration of time-lapse seismic and production data［J］. Soc. Petrol. Eng. paper 38695，Annual Technical Conference and Exhibition，San Antonio，TX.

Huang Xuri，Laurent Meister，Rick Workman，1997. Production history matching with time lapse seismic data［J］. SEG Technical Program Expanded Abstracts，16：862-865.

Huang Xuri，Robert Will，2000. Constraining time-lapse seismic analysis with production data［J］. SEG Technical Program Expanded Abstracts，19：1472-1476.

Huang Xuri，2001. Integrating time-lapse seismic with production data：A tool for reservoir engineering［J］. The Leading Edge，20（10）：1148-1153.

Landa J L，Horne R N，1997. A procedure to integrate well test data，reservoir performance history and 4-D seismic information into a reservoir description［J］. Soc. Petrol. Eng. paper 38653 presented at the SPE Annual Technical Conference and Exhibition, San Antonio, TX.

Mallat S, Zhang Z, 1993. Matching prusuit with time-frequency dictionaries［J］. IEEE Transactions on Signal Processing, 41（12）: 3397-3415.

Merletti G D, Torres-Verdin C, 2006. Accurate detection and spatial delineation of thin-sand sedimentary sequences via joint stochastic inversion of well logs and 3D pre-stack seismic amplitude data［D］. SPE, 102444.

Ping A, 2006. Application of multi-wavelet seismic trace decomposition and reconstruction to seismic data interpretation and reservoir characterization［J］. SEG Technical Program Expanded Abstracts, 25（1）: 973-976.

Puryear C I, Castagna J P, 2008. Layer-thickness determination and stratigraphic interpretation using spectral inversion : theory and application［J］. Geophysics, 73（2）: R37-R48.

Tarantola A, 2005. Inverse problem theory and methods for model parameter estimation［M］. Philadelphia : Society for Industrial and Applied Mathematics.

Xuri Huang, Robert Will, Mashiur Khan, et al., 2001. Integration of time-lapse seismic and production data in a Gulf of Mexico gas field［J］. The Leading Edge, 20（3）: 278-289.

第七章　面向开发工程的地震技术

随着油气勘探的不断深入，常规油气资源勘探已经逐渐转向非常规油气勘探。非常规油气储层由于其非均质性强、低孔、低渗等特征，水平井和分段体积压裂技术是提高油气产量的有效技术手段。近年来，地震技术不但在预测非常规油气富集性能参数（如储层厚度、岩性、孔隙度、含油气性、烃源岩特性等）方面发挥了重要作用，而且在预测非常规油气高效开发关键参数如脆性、地层压力、地应力，以及微地震监测和地震导向钻井技术等储层改造和工程施工方面也发挥出越来越重要的作用。

第一节　工程参数地震预测

目前，提高致密油气、页岩油气等非常规储层油气开采的关键技术是水平井和分段体积压裂技术。其中，体积压裂即人工进行储层改造，影响储层改造效果的因素很多，包括岩石脆性、天然和诱导裂缝、地应力等（邹才能等，2012；周守为，2013；赵万金等，2014）。本节简要介绍脆性和地应力等工程参数的地震预测方法和应用实例。

一、岩石脆性地震预测技术

国内外学者针对岩石脆性开展了大量研究工作，但是关于岩石脆性的定义和评价方法方面仍存在分歧，岩石脆性的定量描述还没有一个统一标准（Hucka V et al.，1974）。地质学及相关学科学者认为脆性是材料断裂或破坏前表现出极少或没有塑性形变的特性（Howell J V，1957）。脆性的影响因素较为复杂，矿物成分、杨氏模量、泊松比、孔隙流体、抗拉强度、抗压强度、内摩擦角、纵横波速度等均会对岩石脆性造成影响。脆性是材料力学、物性以及组成成分等特征的综合反映，并不是可以直接测量的单一参数。近年来，国内外学者提出了大量的脆性指数，每种方法均有其特殊的使用背景和物理意义，也有学者对这些脆性指数进行了总结。Hucka V 等（1974）总结了 7 种经典类型的脆性评价方法，包括基于可恢复应变比、可恢复应变能比、抗压与抗拉强度比、内摩擦角、普氏冲击试验和压痕硬度的脆性指数；Martin C D（1995）总结了 20 种不同的岩石脆性理论和计算方法；李庆辉等（2012）总结了 20 种目前常用的岩石脆性指数，着重介绍了基于强度、硬度或坚固性和应力应变的脆性评价方法，并基于应力应变曲线提出了新的脆性指数；任岩等（2018）将现有脆性预测方法分为六大类，包括抗压抗拉强度法，应力应变曲线法，硬度、断裂韧度法，矿物组分法，岩石力学参数法，内摩擦角法。目前实际工区应用中多采用矿物分析法、岩石力学参数法（弹性模量和泊松比）计算非常规储层"甜点"脆性，研究表明弹性模量和泊松比可以较好地反映页岩在应力作用和微裂缝形成时的破坏能力。页岩产生裂缝后，泊松比可以反映应力的变化，弹性模量反映维持裂缝扩展的能力（Verma S et al.，2016）。

1. 矿物组分法

矿物组分类脆性评价方法通过测量地层或岩石样品中的脆性矿物成分百分比分析脆性的相对大小。测量地层或岩石样品中矿物组成的主要方法有光学显微镜扫描和透射电子显微镜、红外光谱、激光显微探针、拉曼光谱和X射线衍射分析（XRD）等，其中XRD方法由于方法简单、分析成本低、分析速度快、结果可靠性高等原因，在油气行业中应用最广泛。测井上利用元素俘获能谱测井（ECS）可以对地下地层进行连续矿物成分分析。

矿物组分法认为岩石中脆性矿物含量越高，岩石的脆性越大，因此定义脆性矿物含量占总矿物含量的百分比为脆性指数（Jarvie D M et al.，2007；Rickman R et al.，2008），见式（7-1-1）。不同学者给出了不同的脆性矿物定义，以便适用于不同地区（刁海燕，2013）。起初，Jarvie D M 等（2007）针对北美巴奈特（Barnett）页岩，认为只有石英可定义为脆性矿物，于是建立了利用石英含量来评价岩石脆性的方法；Wang F P 等（2009）经过对北美页岩气储层研究发现，白云石含量的增加对页岩的脆性起促进作用，因此将石英和白云石定义为脆性矿物；Jin X 等（2015）认为石英、长石、云母、方解石和白云石均会造成页岩脆性的增加，因此定义了新的脆性指数［式（7-1-1）］。当储层和非储层的矿物组分含量存在差异时，通过脆性矿物定义可以较好地衡量地层脆性。但是，当地层中矿物种类较少或单一时，这类方法敏感性较差或者可能失效。

$$B = W_{\text{brit}}/W_{\text{total}} \tag{7-1-1}$$

式中：B 为脆性指数；W_{brit} 为脆性矿物含量；W_{total} 为总矿物含量。

经过上述分析，矿物成分法的优势在于能够利用测井分析快速对地下地层进行脆性评价，简单高效。同时也存在一定的问题：（1）对页岩地层或其他矿物种类较多的地层有效，对矿物含量单一的地层会失效；（2）该脆性指数仅对相同地区同种地质体的脆性评价有效，对于不同地区或者相同地区不同地质体而言，脆性矿物的定义可能不同，因此不能直接使用；（3）该脆性指数不能反映地下复杂应力状态下的岩石脆性，即没有考虑岩石的力学性质，因此仅能够分析简单应力条件下岩石的脆性破坏特征；（4）忽略了成岩作用的影响，例如成岩压力、孔隙结构不同，即使矿物成分完全相同，脆性程度也可能存在较大差异。

2. 岩石力学参数法

杨氏模量是描述材料抵抗形变能力的物理量，泊松比是反映材料横向变形能力的物理量，岩石力学参数法认为脆性指数与杨氏模量和泊松比密切相关，岩石的杨氏模量越大、泊松比越小，脆性越大（Rickman R et al.，2008；Verma S et al.，2016）。

Rickman R 等（2008）引入统计学方法，回归得到适用于北美沃思堡（Fort Worth）盆地页岩储层的脆性指数［式（7-1-2）］，并在南美油气田广泛使用。

$$B = \left(\overline{E} + \overline{v} \right) / 2 \qquad (7-1-2)$$

$$\overline{E} = \left(E - E_{\min} \right) / \left(E_{\max} - E_{\min} \right) \qquad (7-1-3)$$

$$\overline{v} = \left(v_{\max} - v \right) / \left(v_{\max} - v_{\min} \right) \qquad (7-1-4)$$

式中：$\overline{E}$ 和 $\overline{v}$ 分别为杨氏模量与泊松比归一化后的均值，GPa；E 和 v 分别为杨氏模量与泊松比实测值；$E_{\min}$ 和 $E_{\max}$ 分别为区域内杨氏模量的最小值和最大值；$v_{\min}$ 和 $v_{\max}$ 分别为泊松比的最小值和最大值。

杨氏模量和泊松比可以由两种方式获得，一是从实验室压缩试验中测得，称为静态方法，二是通过声波测井数据或超声波测量计算得到，称为动态方法，其中动态方法简单方便，较为常用，并可以结合地震反演得到连续的脆性指数剖面（董宁等，2013；徐赣川等，2014；刘致水等，2015；刘勇等，2016），表达式为

$$E = \frac{\rho v_{\mathrm{s}}^{2} \left[3(v_{\mathrm{p}} / v_{\mathrm{s}})^{2} - 4 \right]}{(v_{\mathrm{p}} / v_{\mathrm{s}})^{2} - 1} \qquad (7-1-5)$$

$$v = \frac{\left(v_{\mathrm{p}} / v_{\mathrm{s}} \right)^{2} - 2}{2 \left(v_{\mathrm{p}} / v_{\mathrm{s}} \right)^{2} - 2} \qquad (7-1-6)$$

式中：v_{p} 和 v_{s} 分别为纵波速度、横波速度，km/s；ρ 为密度，g/cm³。

图 7-1-1 为北美沃思堡盆地页岩脆性指数随弹性模量与泊松比的变化关系图，图中杨氏模量较大、泊松比较小的部分（左下角）为脆性指数最大的区域。该结果是基于沃思堡盆地页岩地层的测井数据，杨氏模量和泊松比的最大值、最小值具有明显的地域局限性。

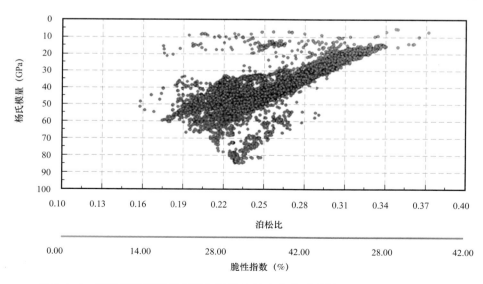

图 7-1-1 脆性指数随杨氏模量与泊松比的变化关系（据 Rickman R et al.，2008）

通过结合室内力学试验校正测井解释结果，可以得到全井段的岩石力学参数，进一步获得脆性指数剖面，因此，基于岩石力学参数的岩石脆性评价方法在油田实际生产中应用非常广泛，当缺少岩心数据和矿物成分测井数据时，该方法是较实用的脆性计算方法。但是该方法也存在缺陷：（1）只考虑弹性模量与泊松比对岩石脆性的衡量，未考虑其他岩石力学参数对脆性变化的影响，如破裂强度的影响，高脆性指数段可能因为高破裂强度而成为缝网延伸的阻挡层；（2）就式（7-1-2）定义的脆性指数而言，杨氏模量与泊松比的影响权重均为 0.5，实际应用中有待商榷；（3）未考虑复杂应力条件或有围压条件，存在地域局限性。

3. 岩石脆性地震预测技术应用

图 7-1-2 所示的测试数据交互分析表明，脆性指数与杨氏模量成正比，与泊松比成反比，利用式（7-1-1）矿物组分法和式（7-1-2）岩石力学参数法对脆性进行评价都有不足，杨氏模量和泊松比归一化方法中，杨氏模量和泊松比的最大值、最小值需要通过大量实验选取，操作过程复杂，没有考虑不同地区对应参数差异较大，在某一工区选取的参数无法用于其他工区。岩石矿物法只能用于单井计算，难以在井间外推，地震数据也难以预测矿物组分。因此，将两种方法结合，得到适合鄂尔多斯盆地的储层脆性指数计算公式。

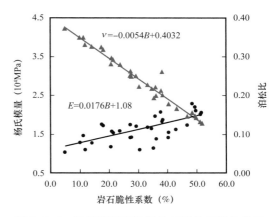

图 7-1-2　杨氏模量和泊松比与脆性指数的关系
（据付金华，2018）

首先，将脆性计算式（7-1-2）进行了改进，杨氏模量和泊松比对脆性指数的贡献比不是固定的 1:1，引入两个系数 a、b。不同地区的脆性指数公式的系数 a、b 是不同的，从岩石矿物分析和测井数据拟合获得庆城北工区脆性指数计算公式中的系数 a 为 0.81，b 为 0.19（朱军等，2020），即该区的脆性指数公式改写为

$$B = 0.81\bar{E} + 0.19\bar{v} \tag{7-1-7}$$

其次，对三维地震数据进行叠前反演得到纵波阻抗、横波阻抗和密度，进而得到杨氏模量和泊松比，最后计算得到脆性指数。图 7-1-3 为长 7_1、长 7_2、长 7_3 脆性指数预测平面图，可以看出长 7_1 和长 7_2 脆性指数较高，大部分区域超过 50%；长 7_3 脆性指数相对较低，普遍小于 30%。

二、地应力地震预测技术

页岩本身的低孔低渗特征，决定了其只有经过大规模压裂改造才能获得商业产能，而地应力是影响压裂改造效果的关键因素，针对页岩地层的特征开展地应力研究是进行页岩储层开采的必要环节（印兴耀等，2018）。地层压力是油气运聚的重要动力，压力异常反映了地层的烃源岩条件、封盖条件与生烃增压、烃类液—气转化增压，以及黏土矿物转化增压等各种地质过程。地层孔隙压力预测在油气勘探、油气井工程、油气开发及油藏工程等领域占有极其重要的地位。精确预测地层孔隙压力对于钻井液比重、套管系列设计，预测烃源岩分布，反映可能的油气运移指向等有着重要的作用（李士祥，2017）。

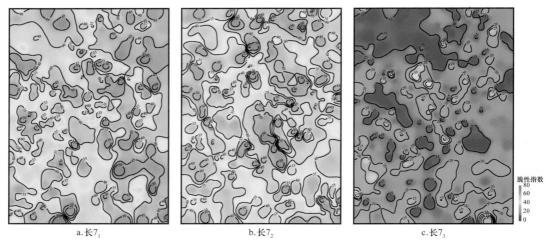

a.长7_1 b.长7_2 c.长7_3

图 7-1-3   长7_1、长7_2、长7_3 脆性指数预测平面图

1. 地层压力地震预测方法

地层压力也叫地层孔隙压力，指作用在岩石孔隙内流体上的压力。没有被孔隙内流体所承担的那部分上覆岩层压力称为基岩应力。地层压力的大小及分布规律与地质条件、开采深度等因素有关。地层压力的地震预测是利用工区地震资料、VSP 资料、速度资料及已有测井资料，进行地层压力的估算。地震资料预测地层压力主要有两种方法，一是经验公式；二是通过速度计算地层压力，其关键是从地震资料中提取精确的速度信息并选择合理的地层压力计算模型。Pennebaker E S（1968）在用速度预测地层压力方面做了开创性的工作。Eaton B A（1972）提出利用纵波资料预测地层压力的幂指数公式，前提是给出一个假定的沉积压实条件，适用于碎屑岩地层。Bellotti P 等（1978）在意大利波河盆地进行地层压力预测研究中，提出岩石骨架应力计算公式，适用于页岩和一般的碎屑岩地层。Fillippone W R（1982）在综合研究了墨西哥湾等地区测井、地震等资料的基础上提出Fillippone 公式，分别考虑岩石骨架速度和孔隙流体速度随深度变化的规律，而不考虑正常压实趋势。刘震等（1993）修改了 Fillippone 公式，使其随深度变化的规律性更强，计算误差更小；Dutta N C（2002）同时研究了温度、泥岩孔隙和成岩因素对岩石有效应力的影响。

目前常用的地层压力预测方法是基于压实理论的 Eaton 法，其理论依据是泥质沉积物的不平衡压实是地层产生异常高压的原因。压实理论认为：地层沉积过程是由上覆岩层的重力引起的。随着地层的沉降，上覆沉积物不断增加，下层岩石逐渐被压实。在正常沉积压实的地层中，随着地层埋藏深度的增加，岩石就会越来越致密，地层密度随之增大，孔隙度减小。如果地层沉积速度很快，岩石颗粒没有足够的时间去排列，孔隙内部的流体排出就会受到限制，基岩无法增加它的岩石颗粒与颗粒之间的压力，即无法增加对上覆岩层的支撑能力，由于上覆岩层继续沉积，而下面基岩的支撑能力没有得到增加，孔隙中的流体必然要支撑一部分本来应由岩石颗粒所支撑的那部分上覆岩层压力，从而导致了该地层异常高压的形成。Eaton法地层压力计算公式如下：

$$p_p = p_0 - (p_0 - p_w) \left(\frac{v_i}{v_{norm}} \right)^n \tag{7-1-8}$$

$$p_o = \int_0^z \rho(z) g \, dz \tag{7-1-9}$$

式中：p_p 为地层压力；p_0 为上覆地层压力，是岩石与孔隙流体总质量产生的压力，可由地表至目标深度 z 的岩石密度积分计算得到；$\rho(z)$ 为密度关于深度的函数；g 为重力加速度；p_w 为静水压力，$p_w = \rho_w g z$，ρ_w 是水的密度；v_i 为实测地层速度；v_{norm} 为正常压实条件下的地层速度；n 为 Eaton 系数，需根据地区统计资料确定。

2. 地应力地震预测方法

地壳中或地球体内，应力状态随空间点的变化，称为地应力场，或构造应力场。地应力场一般随时间变化，但在一定地质阶段相对比较稳定。应力场可按空间区分为全球应力场、区域应力场和局部地应力场；按时间区分为古地应力场和现今地应力场；按主应力作用方式区分为挤压、拉张和剪切地应力场。在含油气盆地内开展地应力场研究，直接关系到油气生成、运移、聚集、保存或破坏等全过程的研究。地应力是油气运移、聚集的动力之一；地应力作用形成的储层裂缝、断层及构造是油气运移、聚集的通道和场所之一；古应力场影响和控制着古代油气的运移和聚集，现代应力场影响和控制着油气田在开发过程中油、气、水的动态变化；现今地应力的研究可为注采井网的部署、调整及开发方案设计提供科学的背景资料等。

预测地应力场可以通过地质分析、成像测井分析和地震预测获得。地质分析主要通过岩心力学测量获取，声发射法、差应变分析法、波速各向异性法、X射线反射法等都可以获得岩石应力数据。地震预测法就是利用地质、钻井和测井资料，计算拉梅常数和剪切模量等参数，采用不同的力学模型对应力场进行模拟。本章介绍两种应力计算模型，一种是能够在现今宏观应力背景环境下，突出受局部构造控制的应力扰动或残余应力，模拟水平方向地应力；另一种是利用叠前地震各向异性进行水平地应力计算，该方法利用岩石力学线性滑动理论进行水平地应力的预测。

方法一基于应力扰动的水平主应力预测原理认为，如果地层处于一种比较松弛的应力环境，水平主应力主要由泊松效应引起，即上覆地层压力导致地层纵向压缩、横向伸展变形产生水平应力，且最大水平主应力和最小水平主应力差异很小。如果地层在比较强的挤压环境下，除了泊松效应引起的水平应力，水平挤压作用力也很强。考虑水平地应力受垂向应力的泊松效应、水平方向的区域应力场和局部构造应力扰动三个主要方面影响，建立了最大最小水平主应力计算公式（Zoback M D，2007；黄荣樽等，1995）：

$$S_h = \frac{v}{1-v}(p_0 - \alpha p_p) + \frac{a}{1-v}(S_v - \alpha p_p) + \frac{A}{1-v^2}EH\varepsilon_h + \alpha p_p \qquad (7-1-10)$$

$$S_H = \frac{v}{1-v}(p_0 - \alpha p_p) + \frac{b}{1-v}(S_v - \alpha p_p) + \frac{B}{1-v^2}EH\varepsilon_H + \alpha p_p \qquad (7-1-11)$$

式中：S_h 为最小水平主应力；S_H 为最大水平主应力；p_0 为上覆地层压力；p_p 为孔隙压力；α 为毕奥（Biot）系数；v 为泊松比；a、b 分别为最小水平主应力、最大水平主应力方向的区域应力系数；A、B 分别为构造残余应力对最小最大水平主应力的贡献系数；E 为岩石的杨氏模量；H 为地层深度；ε_h 为最小水平主应变量；ε_H 为最大水平主应变量。

此方法考虑地层受所处区域的整体应力场影响的同时，也受现今地层的构造形态产生局部构造应力扰动的影响。地层的变形量用应变量来表示，在地层应变量大的区域其局部构造应力扰动也大。

方法二基于地震各向异性的水平主应力预测原理认为，对处于地应力约束下的岩石，这些岩石正在经历弹性形变，在自然状态下水平应变应该为 0。基于线性滑动理论等效模型（Schoenberg M et al.，1995），把裂缝看作是一个厚度几乎为 0，面上非常光滑的地质体，发生在其边界上的位移是线性的，因此定向排列的裂缝可以看作是嵌入在各向同性背景介质上的，其等效柔度矩阵可以表示为

$$\varepsilon_i = (S_b + S_f)\sigma_j \qquad (7-1-12)$$

式中：ε_i 代表岩石的应变；σ_j 代表岩石中的应力；S_b 表示背景岩石的柔度；S_f 表示岩石中裂缝和微裂缝的柔度。

假设最大水平应力平行于一组平行的垂直裂缝或微裂缝，最小水平应力垂直于这些裂缝或微裂缝，利用线性滑移理论展开式（7-1-12），得到以下方程组：

$$\begin{bmatrix} \varepsilon_1 \\ \varepsilon_2 \\ \varepsilon_3 \\ \varepsilon_4 \\ \varepsilon_5 \\ \varepsilon_6 \end{bmatrix} = \begin{bmatrix} \frac{1}{E}+Z_N & -\frac{v}{E} & -\frac{v}{E} & 0 & 0 & 0 \\ -\frac{v}{E} & \frac{1}{E} & -\frac{v}{E} & 0 & 0 & 0 \\ -\frac{v}{E} & -\frac{v}{E} & \frac{1}{E} & 0 & 0 & 0 \\ 0 & 0 & 0 & \frac{1}{\mu} & 0 & 0 \\ 0 & 0 & 0 & 0 & \frac{1}{\mu}+Z_T & 0 \\ 0 & 0 & 0 & 0 & 0 & \frac{1}{\mu}+Z_T \end{bmatrix} \begin{bmatrix} \sigma_1 \\ \sigma_2 \\ \sigma_3 \\ \sigma_4 \\ \sigma_5 \\ \sigma_6 \end{bmatrix} \qquad (7-1-13)$$

其中，Z_N 是法向柔度，Z_T 是切向柔度，在地层稳定条件下，地层横向应变应该为 0：

$$\begin{cases} \varepsilon_{\mathrm{h}} = \left(\dfrac{1}{E} + Z_{\mathrm{N}}\right)\sigma_{\mathrm{h}} - \dfrac{\nu}{E}(\sigma_{\mathrm{H}} + \sigma_{\mathrm{v}}) = 0 \\ \varepsilon_{\mathrm{H}} = \dfrac{1}{E}\sigma_{\mathrm{H}} - \dfrac{\nu}{E}(\sigma_{\mathrm{h}} + \sigma_{\mathrm{v}}) = 0 \end{cases} \quad (7\text{-}1\text{-}14)$$

解方程组（7-1-14），得到：

$$\begin{cases} \sigma_{\mathrm{h}} = \dfrac{\nu(1+\nu)}{1 + EZ_{\mathrm{N}} - \nu^2}\sigma_{\mathrm{v}} \\ \sigma_{\mathrm{H}} = \dfrac{\nu(1 + EZ_{\mathrm{N}} + \nu)}{1 + EZ_{\mathrm{N}} - \nu^2}\sigma_{\mathrm{v}} \end{cases} \quad (7\text{-}1\text{-}15)$$

$$\mathrm{DHSR} = \frac{\sigma_{\mathrm{H}} - \sigma_{\mathrm{h}}}{\sigma_{\mathrm{H}}} = \frac{EZ_{\mathrm{N}}}{1 + EZ_{\mathrm{N}} + \nu} \quad (7\text{-}1\text{-}16)$$

式中：DHSR 为水平主应力差异系数，是决定储层破裂可能性的一个非常重要的参数。

一般情况下，水力压裂时这个参数最好是小的。当 DHSR 较大时，水力裂缝通常在平行于最大水平应力的非相交平面上出现，因为裂缝往往与最大水平应力平行。相反，当 DHSR 较小时，水力压裂引起的裂缝倾向于向不同的生长方向发展，因此会发生交叉，这种多向裂缝网格往往能给储层中的油气提供更好的通道。

3. 地应力地震预测技术应用

研究区位于鄂尔多斯盆地伊陕斜坡南部，早白垩世为中生代达到最大埋深和经历温度最高时期，烃源岩大量成熟并进入生排烃高峰期，地层压力达到最大。早白垩世末期以来，盆地受构造运动的影响，地层快速抬升，地层温度大幅下降，烃源岩的热演化与生烃作用逐渐减弱直至停止，多种因素的共同作用使得地层压力逐渐降低，因此鄂尔多斯盆地中生界现今地层压力整体为低压（李士祥等，2013）。

图 7-1-4 为地层压力和地应力预测流程。地层压力预测过程是：首先在井点处，根据测井及钻井数据，利用密度测井曲线进行上覆地层压力计算。然后对不同的孔隙压力计算模型进行系数回归和优选。结合有效应力模式计算的正常压实趋势线计算的孔隙压力在样点处基本吻合，整体计算结果也符合地质规律，最终选用 Eaton 公式进行孔隙压力计算。

利用井点实测孔隙压力进行结果验证，如图 7-1-5 所示，计算结果和实测结果吻合。泥岩段对应孔隙压力梯度比砂岩孔隙压力梯度高，为 0.8～0.95；页岩层内孔隙压力梯度偏高，为 0.9～1.2；砂岩层内孔隙压力梯度为 0.75～0.85。目标储层内孔隙压力的差异较小，孔隙压力系数基本在 0.70～0.95 之间。主要产油井的孔隙压力整体偏低，低压有利于油气成藏时的抽吸集聚。但是油气运移到储层中后，孔隙压力会有一定的回升，因此并不是孔隙压力越低，指示油气丰度越高。分析认为，长 7 段砂岩层内孔隙压力梯度值域的中间地带为油气有利区。

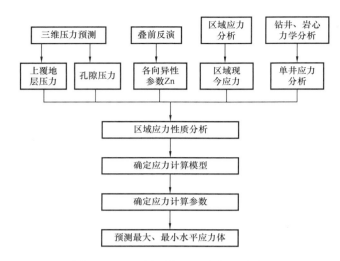

图 7-1-4　地层压力和地应力预测流程

地应力预测过程为：利用叠前入射角道集进行同时反演获得弹性参数，结合方位角道集，计算各向异性参数。反演的泊松比能较好地反映砂岩分布带，杨氏模量可以区分出页岩。各向异性强的区域主要集中在断层附近，这和断层附近易发育微裂缝、微断层有关。长 7_2 的各向异性参数比长 7_1 强，长 7_3 由于页岩的各向异性强，其各向异性参数比长 7_1、长 7_2 大。

根据收集到的三口井的水平主应力数据进行分析，此地区地应力情况为上覆地层压力 > 最大水平主应力 > 最小水平主应力，与本地区断层为正断层相符合。工区所处盆地受到区域构造活动影响小，区域构造应力小，因此水平主应力整体不高。对收集到的破裂压力进行统计分析，破裂压力在最小水平主应力附近，有少部分施工点破裂压力极低。

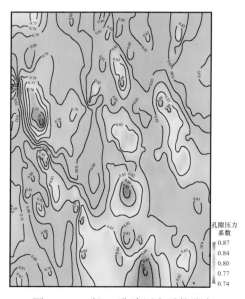

图 7-1-5　长 7_1 孔隙压力系数分布

从各向异性体中提取过井曲线，利用过井曲线进行各向异性方法水平主应力计算，计算结果和井点实测水平主应力吻合，说明方法可行。利用各向异性方法，计算三维水平主应力，可以看出在页岩段最小水平主应力大，应力差异系数低，孔隙压力相对更高，这和岩石泊松比高及杨氏模量高有关。

最大水平主应力在断裂附近略有降低，而最小水平主应力在断裂附近降低明显。盆地整体受到近东西向的弱挤压，地层最大水平主应力为近东西向的主压应力，与断层走向基本一致，因此，最大水平主应力受断层影响略小，而最小水平主应力在断层及裂缝附近明显低于非断裂发育区。

长7段最大主应力方向为近东西向，Yue45 井经地层微电阻率扫描成像测井（FMI）观测到的诱导缝走向为北北东方向，与最大水平主应力方向一致。区域内构造相对平坦，没有大的构造活动带，工区内应力方向基本一致，只在断层和构造起伏带略有变化（图 7-1-6、图 7-1-7）。压裂建议：在最小水平应力值低的区域，压裂更容易，且压裂容易产生高角度压裂缝，但是如果应力差异系数过高，压裂缝的走向将比较单一。盆地整体受喜马拉雅运动影响，地层最大水平主应力为近东西向的主压应力，与断层走向基本一致。水平应力差异系数相对小的区域，压裂施工时，易形成网状缝（图 7-1-8）。

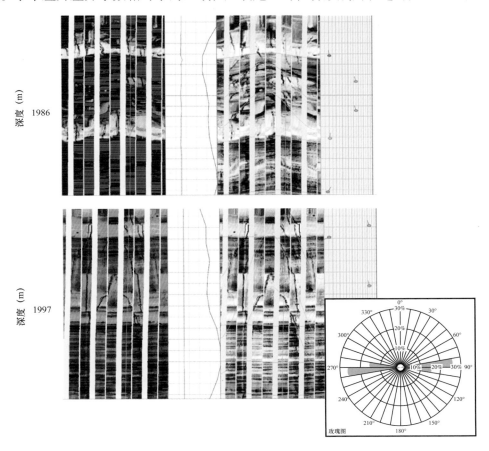

图 7-1-6　长 7 段最大主应力方向与诱导缝的走向一致（近东西向）

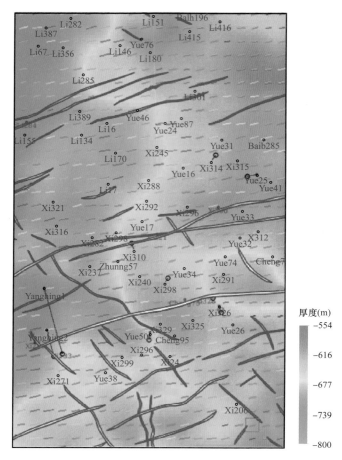

图 7-1-7　最大水平主应力方向与长 7_3 构造叠合图

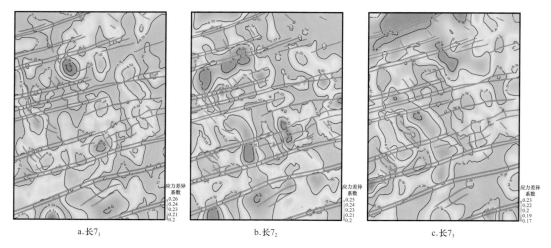

a.长 7_1　　　　b.长 7_2　　　　c.长 7_3

图 7-1-8　长 7_1、长 7_2、长 7_3 应力差异系数分布

第二节　地震导向钻井技术

地震导向钻井技术作为一项新兴的开发地震技术，以地震数据为主，充分利用钻井、测井、录井及开发等专业数据，进行数据驱动与融合，获得最佳的地震反演效果，实时预测断层及岩性突变等地质异常，修正地质模型，帮助钻井部门做出快速决策，优化井眼轨迹，降低钻探风险，提高储层钻遇率，指导油气田开发，是地震技术在油田开发领域应用的一项重大进步。

一、技术流程与关键技术

1. 地震导向钻井技术简介

地震导向钻井以地震资料为主（刘振武等，2009，2013），针对井轨迹附近的地震资料进行实时跟踪处理解释，结合随钻资料不断修正地质模型，完成钻井轨迹的修正。该技术可让钻井工程师预知钻头前方的地质模型，在钻进过程中不断更新油气藏目标参数（高点位置、大小、形态等），从而减少钻井事故的发生，提高钻井成功率。

在传统的钻井设计和钻井流程中，先建立钻前构造模型，将钻探目标靶点位置和深度数据提供给钻井部门进行钻井方案设计，然后按照工程设计钻井。地下构造模型和储层预测成果具有多解性，导致目标地质体及地层属性等也存在不确定性。在实际钻井过程中，在获得实时地层和储层资料后，往往会发现与原有地质模型和储层数据存在较大差异。当钻探目标出现差异时，再优选侧钻目标进行侧钻，会导致钻井周期和成本增加。

有别于传统的做法，地震导向钻井技术可以实时更新目标地层、储层空间位置，调整钻井轨迹，降低钻井风险。地震导向钻井包含钻前静态建模和动态更新两个阶段。在钻前静态建模阶段，需要充分运用地质、测井和钻井等信息来建立准确的地质模型，帮助地质人员部署钻井方案，帮助钻井人员优化钻井方案。在实时更新阶段，利用获取的随钻测井等随钻信息，实时更新目标区域的构造模型和储层空间位置，为钻井人员优化决策提供支撑，如更新井眼轨迹和设计可能的侧钻方案。

地震导向钻井技术的最大优势是能够利用随钻测井获得的准确信息，紧密结合地质、物探、钻井等多学科技术，将地震预测的地层深度、倾角、岩性和孔隙度等数据与随钻数据比较，当地层深度及倾角出现差异时，进行动态地震数据处理、解释，及时更新钻头前方的地质模型，预测钻头与目标靶体的空间关系；当岩性和物性参数出现差异时，开展实时储层预测。以往所有的钻井数据，如随钻测井和录井等数据，都是钻头后方的信息，而地震导向钻井技术可以获得钻头前方和周围的三维空间信息，对指导钻井工程具有重要意义。地震导向关键技术包括实时构造建模技术和动态储层（砂体）预测技术。

2. 地震导向钻井技术工作流程

构造成果的精确与否，直接关系到钻井的成败。地震导向钻井对地震预测精度要求较高，要求构造预测误差不能超过 5m，地层倾角预测误差小于 2°。常规地震解释技术难以满足该精度要求，需要在钻井过程中开展随钻动态构造精细解释技术研究。精细的储层预测是保证储层钻遇率的重要基础。由于陆相砂体纵向上相互叠置，横向上相互搭接，单层厚度小，横向变化大，需要针对导向钻井开展随钻动态砂体预测技术研究。

在实际钻井过程中，地震导向钻井实时综合应用地质、物探、测井和钻井等技术。在钻至目的层段附近时需要进行精细小层对比，明确储层横向和纵向分布特征，及时利用地震成果分析钻头在储层中距顶、底的距离；在进入目标层段后，要实时将地震预测的地层倾角、孔隙度、自然伽马等数据与随钻测井数据对比分析，判断地层和岩性变化特征。当地层深度、倾角及油藏位置出现差异时，要进行动态时深转换；当物性参数出现差异时，要实时开展动态储层预测。在钻探过程中，通过上述步骤获得新的参数不断验证和修正油藏模型，并调整钻头钻进轨迹，确保较高的钻探成功率。有关地震导向技术工作流程如图 7-2-1 所示。

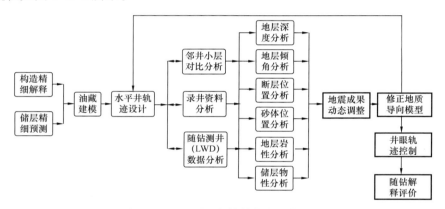

图 7-2-1　地震导向钻井技术工作流程

3. 实时构造建模技术

1）钻前构造建模

构造模型主要表征构造圈闭特征、地层走向、地层倾角等，同时表述断层的分布、几何形状、产状、发育程度等特征。利用三维地震数据，结合周边测井、录井资料开展精细的地震层位标定，充分利用地震叠加速度和测井地层速度建立合理的速度场，获得可靠的地层构造成果，从而建立精细的构造模型。钻前构造建模及三维显示为目标优选、井位设计奠定坚实的基础，预测倾角为地震导向提供了重要的基础数据。

2）实时地震处理

在随钻过程中，需要根据钻井情况对地震数据进行重新处理（刘振武等，2009），根据处理结果不断修正构造模型。在叠前时间偏移处理中，精确的速度模型是叠前偏移的关键，速度模型的准确与否直接影响地震资料的成像精度。常规叠前时间偏移速度建模主要基于地震资料，采用速度百分比扫描，结合偏移结果，进行垂向分析来调整速度，通过多次迭代逼近真实的速度场。这种常规叠前时间偏移没有应用随钻井的地层速度和倾角信息，缺少判断速度模型是否准确的依据，成像精度缺少判断依据，速度建模的精度不足。随钻速度建模通过地震资料处理与随钻井资料的紧密结合，利用随钻测井资料的速度修正模型和地层倾角等信息校正偏移效果，从而准确快速地完成地震资料动态处理，为实时构造建模提供可靠的偏移成果。

3）随钻实时建模

利用三维地震勘探数据，结合随钻测井和录井资料，开展精细的动态地震解释，重点开展构造动态解释及修正地层倾角的精细分析。结合随钻测井中目标层深度和地层倾角信息，实时调整构造解释和地层倾角，指导钻井方案的调整，从而提高储层钻遇率。

4. 实时储层预测技术

1）钻前储层预测

储层定量预测主要通过地震反演实现，可以获得多种参数反演结果，如波阻抗、速度、密度、孔隙度及自然伽马反演等。其中由于波阻抗信息是联系地质和地球物理的一座桥梁，因此波阻抗反演成为储层预测的主要方法。自然伽马反演是一种基于神经网络的反演方法，主要用于陆相砂岩储层预测。它利用神经网络技术建立地震数据体属性（速度）与自然伽马或孔隙度等参数之间的非线性关系，然后利用该关系将地震属性数据体映射为相应的拟测井自然伽马数据体。图7-2-2为砂泥地层拟自然伽马反演结果，盒8段低自然伽马（30～80API）砂岩呈席状分布。利用自然伽马反演剖面，优选目标靶点及优化钻头钻进轨迹。

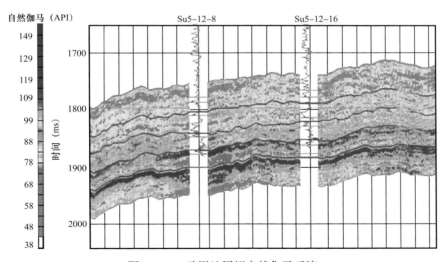

图7-2-2　砂泥地层拟自然伽马反演

2）实时储层预测

动态储层预测主要指利用随钻测井的自然伽马、物性数据与地震预测的数据进行对比分析，以指导钻井。在砂岩储层的钻进过程中，实时利用随钻伽马曲线与地震预测自然伽马剖面进行对比。当地震预测与随钻伽马有差异时，开展动态自然伽马预测并指导下一步的钻井轨迹调整，以避开泥岩，提高砂岩储层钻遇率。

二、实时构造建模应用研究

1. 工区概况

川东七沙温构造石炭系气藏为低渗透构造—地层复合型圈闭气藏，该区地腹构造断裂复杂，轴线严重扭曲。如图 7-2-3 所示，其顶部构造呈背斜隆起状，幅度较大，但主体构造较窄，两侧断层发育，地震资料品质相对较差。由于构造的复杂性，该区早期实施的多口钻井钻遇构造陡带，被迫实施侧钻，增加了钻探成本。该区石炭系气藏储层主要分为高渗透区和低渗透区，低渗透区物性较差，储量动用率低，目前的开发正向低渗透区扩展，为提高单井产量需要大量实施水平钻井，必须依据三维地震勘探资料厘清构造平面组合关系及层位关系，进行水平井地震导向。

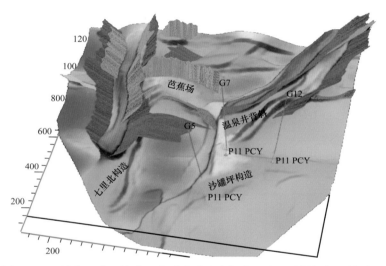

图 7-2-3　川东七沙温构造石炭系碳酸盐岩气藏三维地震勘探解释构造图

2. 钻前构造建模

如图 7-2-4a 所示，设计水平段位置地震反射同相轴特征稳定可靠，下二叠统地震反射振幅较强，设计水平段为 760m。沿水平段井轨迹方向地层上倾，在出靶点附近发育一条大断层。

3. 实时地震处理

BJ-H3 井实钻在入靶点后 225m，钻遇一条新断层，同时地层下倾（倾角 9°），与地震解释的地层上倾相反，说明实际地层情况与设计使用的地震成果出现较大差异，需要重新处理和解释，落实地震层位、断距，确定下一步钻井方案。针对上述差异，对地震偏移剖面进行了重新处理和解释。但由于地下构造复杂，目标层构造主体较窄，偏移准确归位难度大。利用随测声波速度更新早期偏移速度模型，同时利用目标层随测倾角验证新偏移成像精度，经过重新偏移处理最终获得了与实钻较吻合的偏移剖面（图 7-2-4b）。

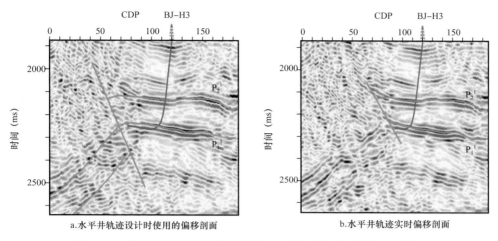

a.水平井轨迹设计时使用的偏移剖面　　　　　b.水平井轨迹实时偏移剖面

图 7-2-4　设计井轨迹时的偏移剖面与水平井轨迹实时偏移处理剖面

4. 随钻动态建模

从 BJ-H3 井重新处理剖面可以看出（图 7-2-5），当前钻头位置位于构造最高部位，实际钻遇的断层断距较小，但断层下盘地层向下突然变陡，在该断层下方，存在两条微小断层。由于目前钻头轨迹已经位于构造高点断层位置，难以调整轨迹沿着构造轴线钻进，因此调整井轨迹向断层下盘钻进。在第三条小断层后不远处发育一条大断裂，其下盘为破碎带，因此建议在钻遇第三条小断层后 120m 位置停钻。根据上述地震分析结果，在地震导向下，调整钻井轨迹，钻遇新解释的 3 条断层，其位置与实时处理解释的新预测成果吻合，钻遇第三条小断层后 113m 完钻，图 7-2-5 为导向后的实钻井轨迹。经地震导向后，由于动态解释的地层形态发生了较大变化，与最初设计的井轨迹相比，实钻轨迹做了较大程度的调整。

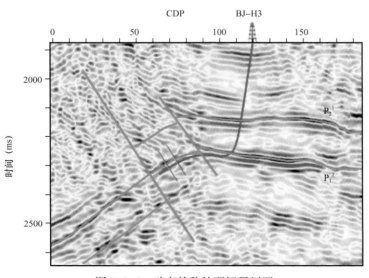

图 7-2-5　动态偏移处理解释剖面

5. 应用效果分析

BJ-H3 井探取得了较好的效果，根据测井解释结果统计，储层钻遇率为 82.4%，测试获得高产工业气流，产量 121.5×10⁴m³/d。自该水平井完井后的两年里，该气藏又先后实施了 6 口水平井，采用地震导向对每口井的实钻轨迹都进行了调整，均获得了较好的效果。水平井单井测试产量由原来的平均 43×10⁴ m³/d 提高到平均 62×10⁴ m³/d，储层钻遇率由原来的 45% 提高到 61%。通过以上地震导向水平井的实施，形成了适合于复杂构造气藏的地震导向钻井技术，为四川盆地石炭系二次开发提供了强有力的技术支撑。

三、实时储层预测技术应用研究

鄂尔多斯盆地苏里格气田为低压、低渗、低丰度的致密砂岩岩性气藏。气藏分布受构造影响不明显，主要受砂岩的横向展布和储层物性变化控制，砂体非均质性强。试采气井产量低，单井控制储量较低，稳产能力较差。为高效开发气藏，需要大量实施水平井（撒利明等，2012）。提高单井储层钻遇率成为气藏开发的核心内容，急需地震导向钻井技术。以苏 5 区块盒 8 段为主要研究层段，地震导向钻井技术研究与应用取得了较好的效果。

1. 工区概况

苏里格气田位于鄂尔多斯盆地中北部伊陕斜坡西北侧。构造总体表现为东高西低、由东北向西南倾斜的宽缓单斜，构造幅度高差很小，平均为 3.84m/km。图 7-2-6 为苏里格气田苏 5 区块盒 8 段顶构造图。该区局部构造不太发育，仅在宽缓的斜坡背景上存在北东走向、西南倾覆的低缓鼻隆，在鼻隆的轴部发育了闭合度较低的潜高或潜高显示，断层基本不发育。

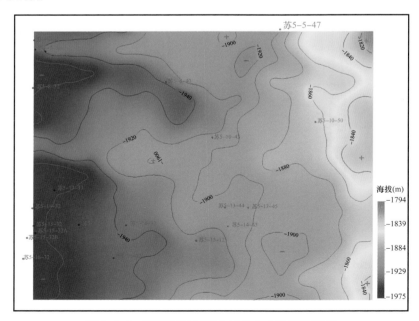

图 7-2-6　苏里格气田苏 5 区块盒 8 段顶构造图

目的层盒 8 段储层整体为处于潮湿沼泽背景下、距物源有一定距离的砂质辫状河沉积体系，由于沉积时水动力条件不同，形成不同沉积相及沉积微相。高能水道心滩微相是粗岩相的最主要沉积单元，能形成连续厚度较大的粗岩相沉积，试气时单井产量大于 $5 \times 10^4 m^3/d$ 的产层基本为高能水道心滩沉积砂岩，属于 I 类储层。平流水道心滩下部的粗岩相和河道充填下部的粗岩相一般厚度较薄，若能以一定的叠置方式与高能水道心滩相连通，或自身相互叠置形成一定厚度的连续粗岩相沉积，也可形成较好的产层。

储层岩石类型以石英岩屑类砂岩为主，成分以石英居多，粒度相对较粗，主要为（含砾）粗砂岩或粗中砂岩，约占整个砂岩的 35% 左右，中砂及细砂岩一般不含气。盒 8 段储集砂岩的储集空间主要是孔隙，根据成因分为原生孔隙和次生孔隙。储层较发育，储层厚度占整个砂岩厚度的 62%。孔隙度峰值为 4%～6%，低孔段相对较多，5% 以下孔隙度占 38%。

盒 8 段—山西组为多期辫状河沉积，各套砂体纵向上相互叠置，横向上相互搭接，复合连片，单层厚度比较小，横向变化大，富集程度差。为实现"水平井单井产量达到 5 万立方米 / 天，稳产三年以上，单井稳产期产气量大于 5000 万立方米"经济开发要求，必须充分利用物探技术，精细刻画砂体和储层空间展布，提高储层钻遇率，最终提高储量动用程度和单井产量。

水平井技术是实现经济、高效、环保开发的重要手段。苏里格地区早期地震勘探技术在气藏描述、靶点选择、水平井轨迹地质设计方面发挥了一定的作用，还没有深入到钻井工程环节。早期提高单井产量的主要技术为"三维地震 + 气藏精细描述 + 水平井部署 + 分段压裂"。水平井主要采用单一地质导向，不能高效实时地指导水平井钻井，储层钻遇率较低。随着大量水平钻井的实施，急需地震导向钻井提高储层钻遇率，提高单井产量。

2. 钻前构造建模与砂体预测

以苏里格气田地震导向钻井过程为例，从钻前构造解释、砂体实时预测到地震导向分析，实现高效的水平井地震导向。

1）钻前构造建模

图 7-2-7 为苏 5 区块苏 5-15-25H 水平井区盒 8 段底界构造模型。整个工区构造地形起伏较小，无断层发育，水平层段地层基本水平，有利于水平井的地质导向，预测钻井过程中在无砂体横向变化情况下，可保持水平钻井。

2）钻前砂体预测

图 7-2-8 为过苏 5-15-25H 井水平段自然伽马剖面，钻井水平段为低自然伽马砂岩区，横向展布较宽，设计完钻点附近砂体向下延展。图 7-2-9 为过苏 5-15-25H 井孔隙度三维显示图，目标区域孔隙度较高，高孔砂体分布面积较大，水平段为孔隙度较高的区域。

3. 地震导向钻井

1）入靶点分析

苏 5-15-25H 井定向钻进至盒 7 段砂岩底垂深 3266m，纵向上地层层序、岩性组合与邻井苏 5-15-26 井和苏 5-16-24 井对比性好（图 7-2-10）。

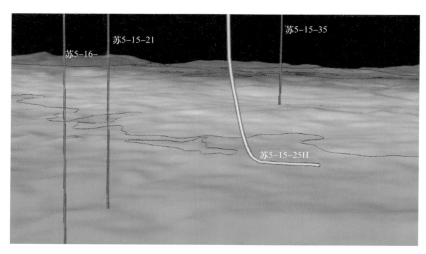

图 7-2-7　苏 5-15-25H 水平井区盒 8 段底界构造模型

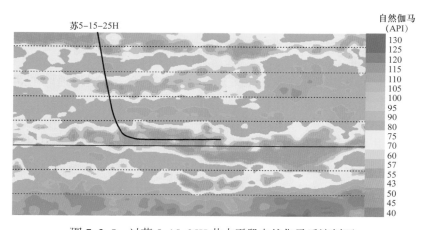

图 7-2-8　过苏 5-15-25H 井水平段自然伽马反演剖面

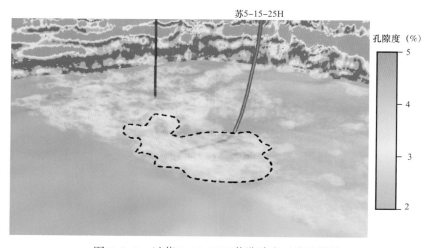

图 7-2-9　过苏 5-15-25H 井孔隙度三维显示图

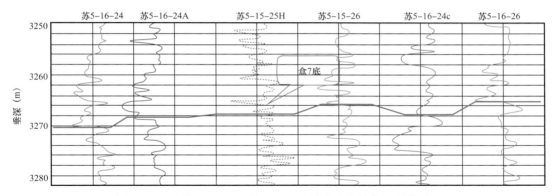

图 7-2-10　苏 5-15-25H 井区盒 7 段砂岩底自然伽马曲线对比

通过对盒 7 段底砂岩的跟踪分析，入窗前与苏 5-15-26 井可对比，选择的着陆点主要参照该井垂深。依据邻井对比，该区域在盒 8 段广泛分布一套砂岩体夹少量泥岩薄层，厚度一般为 16～22m。根据设计，以盒 8 段顶部砂体入窗，预计盒 8 段高孔段砂岩顶界垂深为 3311.0m，实钻在垂深 3313.1m（图 7-2-11）处见灰白色中砂岩，气测明显上升。该井入窗点的垂深与预计（3311.00m）吻合，因此开始水平钻井。

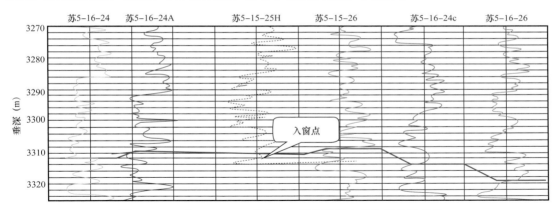

图 7-2-11　苏 5-15-25H 井区盒 8 段底砂岩自然伽马曲线对比

2）水平段地震导向

通过已钻斜井段分析确定在盒 8 段上砂体垂厚 6.8m（垂井段 3311.00～3317.80m），其中夹有泥质薄层。根据该井水平段地震偏移剖面、自然伽马反演等特殊处理及邻井实钻资料加强了对比分析，预计前方水平段砂体较发育。确定水平段钻进总体原则为：有好的储层均保持井斜在 89.5°～90.0° 钻进；钻遇泥岩或含泥质砂岩时，及时调整垂深。现场根据实钻情况调整水平段轨迹。

苏 5-15-25H 井自井深 3640.0m 开始水平段钻进，根据现场对比，首先以井斜 90° 水平钻进。在实钻中见较好显示尽量保持水平钻进，但总体轨迹依然保持缓慢下行。当钻遇井段垂深 3313.36～3314.32m 时气测明显变好（图 7-2-12），其平均气测超过 15%，自然伽马平均值为 56.0API。对三维地震资料和邻井资料作了进一步的分析对比，认为进入最佳储层段。

钻至深度4201m时，随钻伽马突然增大，全烃异常突然变小，岩性发生突变（图7-2-12），进入灰色泥岩层，需要根据地震勘探资料重新预测前方泥岩段的长度，确定是否停钻或者大角度调整轨迹。根据实钻情况，开展动态自然伽马反演和孔隙度反演，图7-2-13为重新预测的自然伽马剖面，图中黑色虚线区为当前钻遇的高自然伽马位置，预计该高自然伽马泥质砂岩水平长度约为80m。实时预测孔隙度如图7-2-14所示，钻井轨迹钻遇一段低孔区，砂体形态与早期预测的砂体形态相比发生了一定变化。综合分析认为，目前大角度横向调整钻进方向较难，预测前方泥岩层长度较短，对整个水平段储层钻遇率影响较小，建议向上微调角度继续钻进。实钻井斜调整到90.5°向上钻进，调整钻井轨迹如图7-2-15所示。钻进至井深4290m进入浅灰色含气中砂岩，后缓慢下行趋于平缓后总体以钻进100m垂深下降0.5m控制轨迹，持续至设计水平段900m完钻。

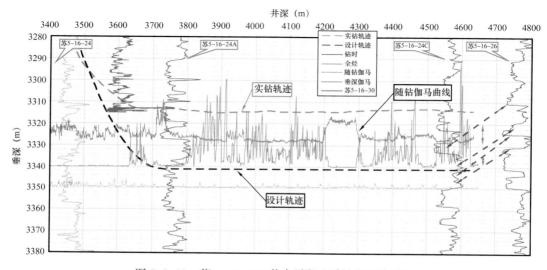

图7-2-12　苏5-15-25H井水平段地质导向跟踪对比

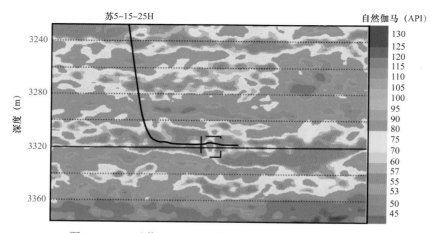

图7-2-13　过苏5-15-25H井实时预测自然伽马反演剖面

苏5-15-25H

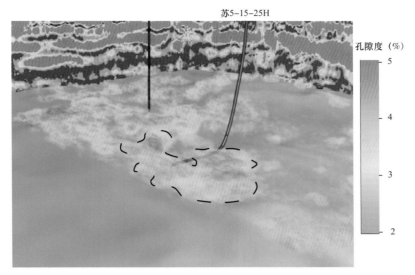

图 7-2-14　苏 5-15-25H 井水平段孔隙度三维显示

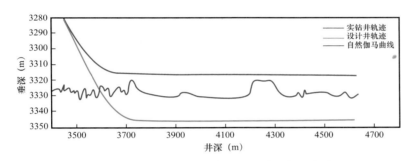

图 7-2-15　苏 5-A-BH 井水平段地质导向跟踪对比

利用地震导向技术分析了小段泥岩的存在，对钻井轨迹进行了调整，钻探取得了较好的效果。测井解释评价苏 5-15-25H 井储层钻遇率 77%，测试产量 17.96×10⁴m³/d。

4. 应用效果分析

针对碎屑岩砂体非均质性强的特点，地震导向技术主要对地层岩性和砂体物性进行实时跟踪分析，明显提高了单井储层钻遇率和产量。通过地震导向技术的广泛应用，水平井储层钻遇率已经由原来的平均 60% 上升到平均 71%，水平井单井测试产量由原来的 10×10⁴m³/d 提高到 12.4×10⁴m³/d。逐步形成了地震导向在碎屑岩水平井导向中的应用技术和流程，并逐步推广到其他地区。

第三节　微地震监测

国内外陆相油藏储层油气开发实践表明，低产、低效油气资源有效开发面临的最大问题是采取何种开发技术最大限度地提高储量动用率（杜金虎等，2014）。目前，水力压裂是实现陆相油藏储层有效开发的最为可靠的核心技术手段，而微地震监测技术是已经成熟的有效监测技术之一（梁兵等，2004），它可以从井中或地面实时监测储层压裂改造过程，评估压裂效果，为优化压裂施工参数、改善压裂效果及开发方案提供重要依据。微地震监测技术源于地震学和声发射学，声发射指受力材料内部的应变能量的急剧释放所激发瞬态弹性波的现象。微震监测的应用可追溯到 20 世纪 70 年代，早期的微震监测应用于地热开发、矿山监测等。1956 年，学者 Kaiser 认为声发射活动对材料载荷所经历的最大值具有记忆能力，并将这种现象称为 Kaiser 效应，它是利用微地震监测技术评估储层中应力值的理论基础（Will Pettlitt et al.，2009；Arcangelo Sena et al.，2011；Eisner L et al.，2010）。地下岩石因破裂所激发的声发射现象亦称为微地震事件。与地震勘探不同，压裂所致震源的空间位置、激发时间和强度均是未知的，而获得震源的空间位置、激发时间和强度亦是微地震监测的目的（Maxwell S C et al.，2009；Gale J F W et al.，2007，Geiger L，1912）。1973 年，美国实施地热开发项目，利用注入流体通过注入井和抽取井之间的无渗透岩石内的压裂人造缝而获取地层中的热量，微地震监测技术得到初步应用。Hardy R 等（1978）利用微地震监测技术进行裂缝描述，到 80 年代初，微地震监测已广泛地运用于地热开发行业。随着地震检波器的更新换代，微地震监测技术在油藏开采开发中得到一定的应用，特别是在 90 年代末，随着非常规油气藏开发，微地震监测技术得到迅速发展。

2008 年，微地震监测技术随着国内非常规油气藏的开发而引入国内，中国石油率先将微地震监测技术引入，并进行了持续研究和应用，目前已经形成了微地震监测技术序列，填补了国内空白。低渗储层中的油气都须要通过大型压裂才能够实现经济开采，微地震压裂监测技术是压裂效果评价的重要手段之一，微地震井中监测技术能够对破裂实时定位，提供较准确的人工裂缝网络几何参数，为压裂技术方案提供实时指导，为油田开发井网部署提供有效数据（徐刚等，2013）；非常规油气层压裂微地震监测技术的作用广泛，井中监测和地面监测各自的技术优势和适用条件不同，以及微地震监测技术在段间距和井间距调整方面的实际作用和效果明显（刘博等，2016），微地震井中监测技术在页岩油水平井体积压裂进行了应用，有效促进了页岩油藏的增产增效，效果显著（刘博等，2020）；同时微地震监测技术在地下储气库安全监测方面也有应用，为储气库安全运行起到了保驾护航的作用（魏路路等，2018）；基于微地震监测的地震—地质—工程一体化技术的研发成功，在油气田开发工程中得到了大力推广和应用（李彦鹏等，2017）。该技术是一项以地球物理成果、地质认识、工程参数等数据和地质模型为基础，以微地震监测技术为依托，结合钻井、测井、完井和产量数据，应用于多种地质条件下的非常规油气开发工程的基于微地震监测的地震—地质—工程一体化技术（杜金玲等，2021）。同时自主研发了一套在现场与远端实现多源数据共享的远程专家决策平台—地震地质工程一体化现场实时决策系统（SGE），可实现压裂前"甜点"属性分析，预测压裂施工工程风险，优化压裂设计；现场实时微地震监测，评估压裂效果，指导压裂方案和施工参数；压后进行微地震—单井产量—压裂工艺—地震地质综合评估，分析影响单井产量的关键因素，并进一步优化水平井井位部署和井轨迹设计（林鹤等，2018），改善压裂效果，达到提高单井及区块产量的目的。

一、微地震采集技术

1.井中微地震采集技术

水力压裂作业时，在与压裂作业井相隔一定距离的邻井（称为监测井）中下放耐高温高压的多级多分量井中检波器，同步记录压裂时储层（围岩）破裂产生的微地震波信号，通过现场处理求解微地震事件，分析压裂所产生的裂缝及缝网特征，评估压裂效果（图 7-3-1）。微地震井中监测是页岩气压裂的一种主要监测技术，监测精度较高，技术已经发展成熟。其最大优点是干扰噪声相对地面要小很多，记录信号的信噪比相对较高。

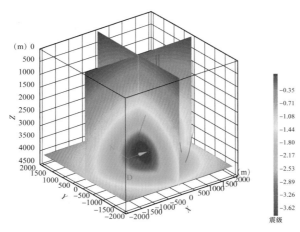

图 7-3-1　破裂能量观测范围分析

1）微地震井中监测采集论证

微地震井中监测采集论证方法从以下几个方面进行：采样间隔、记录长度、监测范围论证。

（1）采样间隔。根据采样定理：

$$\Delta t \leqslant 1/(2f_{max}) \tag{7-3-1}$$

式中：Δt 为时间采样间隔，ms；f_{max} 为最高反射频率，Hz，一般取 500Hz。

采样率过低，会使高频信号丢失，容易产生假频信号，常用的采样间隔为 0.25ms、0.5ms、1ms，为满足微震高频信号的需要，井中监测时采样间隔取为 0.25ms。

（2）记录长度。由于受岩性、围岩应力、流体压力、地层局部构造等诸多因素影响，水力压裂产生的破裂时间、大小和位置是不受控制的；压裂期间微震事件一直在发生，微地震监测只能被动接收整个过程，压裂结束后还继续监测半小时；为了处理数据方便，规定记录 10s 自动形成一个数据文件。

（3）监测范围论证。通过对区域地质情况的了解，从岩石物性、压裂规模、监测井检波器与压裂段的距离，地面及地层噪声、衰减 Q、检波器的灵敏度来综合论证，最终形成监测距离和震级的关系（图 7-3-2），确定探测范围，从而来论证及确定井中监测的采集观测系统。

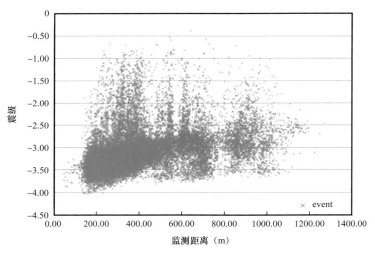

图 7-3-2　监测距离与震级图

2）微地震井中监测波场模拟分析

压裂施工过程中，由于水力压裂造成的岩石破裂多以剪切波破裂为主，接收信号包含到达早的 P 波和稍迟的 S 波，P 波的振动方向和传播方向一致，可以作为事件方位定位的依据。

图 7-3-3 为模拟的破裂信号的水平分量和垂直分量的波场，水平分量中波场最强的是纵波直达波，垂直分量中波场最强的是横波直达波。反射波折射波相对要弱，不影响纵横波直达波的拾取。

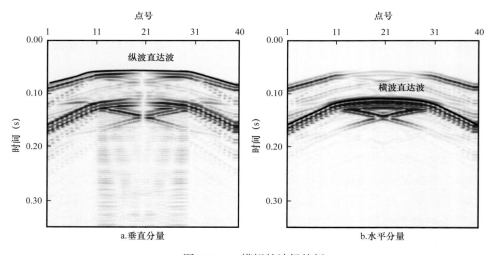

图 7-3-3　模拟的波场特征

图 7-3-4 为观测系统下的破裂信号的水平分量和垂直分量的波场，水平分量中波场最强的是纵波直达波，垂直分量重波场最强的是横波直达波。在层界面处因滑行波与直达波混叠，难以直接拾取纵横波的到达初至。

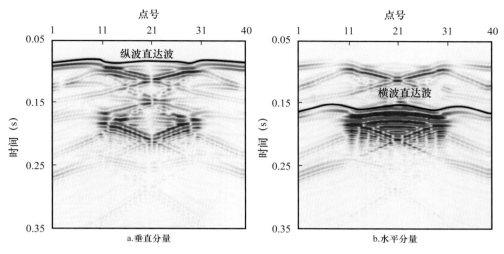

图 7-3-4 观测系统下的波场特征

通过采集论证和波场模拟，对应微地震事件的走时特征、有效事件识别和干扰源预测，为下一步的数据处理提供保障，保证反演计算的精度。

2. 地面微地震采集技术

微地震地面监测的兴起受益于检波器性能的提高和处理方法的进步，由于微地震能量弱，传到地面时基本淹没于地面噪声中，需要远离井口一定距离以尽量避开井口强噪声的影响，其布列方式采用放射状和地面阵列的形式，考虑信号接收方式、噪声类型、微地震事件可能的发生空间位置。同时，观测方式随着周围地质构造的变化而改变，观测系统的优选设计直接关系微地震监测的可靠性。需要的仪器为单分量的地面检波器或三分量检波器。根据检波器埋设的差异，微地震地面监测又分为地表监测和浅井监测两种形式。

地表监测的检波器埋置深度在地表至几米范围内，埋置耦合要求与常规二维、三维地震采集相同；检波器（串）布设以压裂井（井段）为中心，采用井字形或放射形布设排列线（图 7-3-5），多方位、多偏移距覆盖；排列线长度可达几千米，使用 1000 道以上的地震仪器及配套采集设备。

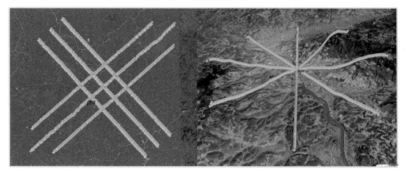

图 7-3-5 微地震地表监测两种排列布设示意图
黄色线为地表布设的检波器排列线

浅井监测是微地震地面监测的一种特殊方式，将单只三分量检波器埋深在几米至几十米，以避开地面随机噪声的影响，降低地表低降速层对微地震信号的衰减。检波器一般呈矩阵式布设，如图7-3-6所示。

a.浅井监测检波器（黄色点）、地表检波器（蓝色点）与水平压裂段（红色线条）平面关系投影

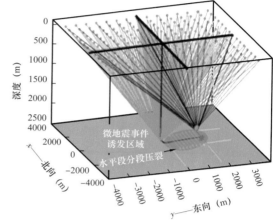

b.浅井监测三维示意

图7-3-6　微地震浅井监测示意图

二、微地震处理技术

1.井中微地震处理技术

水力压裂改造微地震信号具有数量多、地震信号主频较高等特点，数据处理主要包括以下几个方面。

1）速度模型校正

利用水力压裂的射孔或燃爆索，在压裂段人工激发地震波，采集产生的地震波。射孔段坐标是已知的，通过初始速度模型计算出射孔坐标，比较计算的射孔坐标与已知的射孔段坐标，两者差值足够小，认为速度模型满足要求；否则调节速度模型中的纵波速度、横波速度，直到误差达到要求。

2）初至拾取

由于陆相油藏储层的各向异性和水力压裂的大排量高压施工，导致岩石的最大主应力与最小主应力差值较大，破裂产生的微地震事件能量大小存在一些差异，且破裂位置与检波器的距离远近也直接影响接收微地震波的能量，故采用能量比法识别微地震事件的阈值也应该是波动变化的。

设定时窗长度为n个采样点，k点对应的时窗初始时刻为i，终止时刻为$i+n-1$，某个时刻时窗的波形振幅能量和为

$$E_i = \sum_{k=i}^{i+n-1} A_k^2$$

（7-3-2）

i 时刻前后相邻两个时窗能量比值记为

$$R_i = \left(E_{i+n} / E_i \right)^{\frac{1}{2}} \tag{7-3-3}$$

水力压裂岩石容易产生剪切破裂的微地震波场，纵波、横波的不同辐射方式造成有的方向或某些检波器纵波能量很弱，时窗能量比法处理软件无法自动识别事件，这时需要人工参与，依据横波等因素综合判断识别出微地震事件。

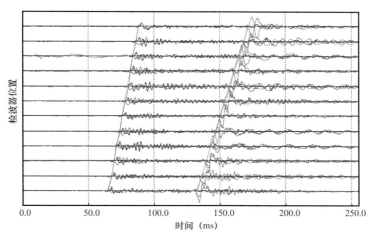

图 7-3-7　微地震事件纵横波初至拾取

3）三分量检波器方位校正

首先，通过偏振分析确定微地震事件的发生方位，其中矢端曲线分析法是判断质点振动方向的有效手段，矢端曲线是地震波传播时，介质中每个质点振动随时间变化的空间轨迹图形，它反映地震波的偏振情况；其次，通过已校正合理的井下三分量检波器方向为基础，再对 P 波速度进行正演，校正 P 波速度模型，S 波速度模型通过测井相关资料确定，通过射孔信号反定位的结果分析，速度模型和检波器方向较准确，与射孔位置吻合率达到 95% 以上，微地震事件信号的 P 波和 S 波起跳越清晰，P 波和 S 波的能量越强，P 波的偏振方向和岩石破裂位置到检波器的距离将越准确。

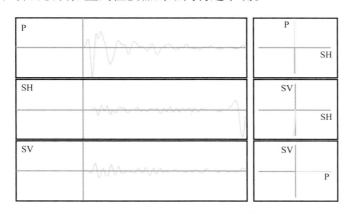

图 7-3-8　井中监测三分量检波器定向

4）井中微地震事件识别

微地震直达波与噪声在能量、偏振特性，以及其他一些统计特性上存在区别。根据这个特点，结合长短时窗能量比法与偏振分析，设计针对微地震监测数据的有效事件自动拾取方法。

（1）能量比—偏振法。多窗能量比法是一种基于时域的自动识别方法，在一定信噪比条件下，地震记录在有效波初至出现前后在能量上会出现比较明显的区别，能量比法根据这方面的差异判断是否有有效信号出现。在方法实现过程中主要考虑窗口、触发门限等因素的影响。

（2）偏振分析。微地震有效信号的偏振轨迹为线性或呈椭圆状，同时，随机噪声的偏振轨迹并没有什么规律，当数据点比较多的情况下数据在空间的分布基本体现为球状分布。根据这个特点可以根据微地震记录的偏振性质来对有效信号与噪声进行区分。对一个微地震事件而言，它所产生的P波与S波的偏振方向在传播到检波器位置时基本上是相互垂直的，即P波方向与微地震信号传播方向一致，而S波方向与微地震信号的传播方向垂直。同时，在一次水力压裂施工过程中震源位置的出现范围是可以大致确定的。根据这些特点与先验信息，可以判断检测出有效信号的类型。

（3）P波、S波识别。在有预设的门限值被触发的情况下，只能够判断出现有效事件，但引起触发的信号是P波还是S波就无法判断。为判断识别出的有效事件是P波还是S波，需要分析有效信号的偏振方向来对这两种波进行区分。微地震震源位置是未知的，但是可以根据一定的先验信息确定震源的空间范围。

微地震事件的识别主要是判断微地震事件的到达，拾取到其到达时间并区分P波和S波。要实现自动识别具备两个条件：一是在连续的记录数据中区分事件和非事件；二是准确地拾取压裂破裂事件的P波、S波到达事件。井中微地震事件的识别是进行现场实时数据处理的基础，自动识别的准确性对后续的微地震事件定位等处理工作将有很大影响。微地震有效事件的自动识别与地震波初至拾取类似，主要是利用有效地震波与背景噪声的差异来实现的，这些差异包括未经滤波处理的能量（或振幅）、频率、偏振特性、功率谱一级统计特性等。地震信号自动拾取或震相识别方法有能量比法、AIC算法、神经网络法、分形分维法、极化分析法及卡尔曼估计等方法。

5）微地震事件定位方法

微地震事件的定位方法也多种，在井中微地震监测的多种定位方法中，多波联合微地震定位技术能充分利用清晰有效信号，较准确地对微地震事件进行定位处理。其原理是，对三分量信号进行极化旋转，通过P波的振动方向来确定微地震事件发生方位，再利用P波、S波时差和速度模型确定微地震事件的空间位置（图7-3-9）。

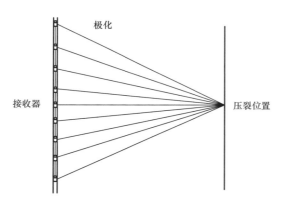

图7-3-9　纵横波时差法原理示意图

多波联合微地震定位技术源于 1912 年 Geiger L 提出的经典方法。设 n 个台站的观测到时为 t_1，t_2，$\cdots$，t_n，求震源（x_0，y_0，z_0）及发震时刻 t_0，使得目标函数

$$\varphi\left(t_0, x_0, y_0, z_0\right) = \sum_{i=1}^{n} r_i^2 \tag{7-3-4}$$

最小。其中：

$$r_i = t_i - t_0 - T_i\left(x_0, y_0, z_0\right) \tag{7-3-5}$$

式中：T_i 为震源到第 i 个台站的计算走时；r_i 为到时残差。

式（7-3-5）中的到时残差包括纵波和横波两个残差，这样就可以建立一个目标函数，通过最小二乘等方法可以对空间坐标（x，y，z）进行求解，也就对微地震事件进行了空间位置定位。

该技术适用于井中微地震监测资料处理，对高信噪比信号进行准确定位，满足工业生产要求，如果信噪比偏低时，其空间误差将增大，需要根据信号质量说明其定位精度。

2. 地面微地震处理技术

地面微地震监测中存在的噪声主要是采集过程中记录到的各种环境噪声，针对这些噪声，国内外已经发展了很多成熟的噪声压制技术。与先进的去噪方法相比，地面微地震资料更重要的在于根据资料的具体情况，采用一些合适的去噪方法。

1）单频噪声压制

在地面微地震资料中存在着大量的工业干扰和钻井噪声。这些噪声在很多地震道上存在，而且延续时间较长，它们都可以被归为单频干扰，单频干扰能量往往较强，有时其强度可以超过微地震有效信号很多倍，当这些噪声与有效信号混合在一起时，有效信号的信息往往无法提取。

单频干扰噪声压制主要采用频率中值滤波和陷频滤波方法，这两种方法虽然方法简单，计算快捷，且对单频干扰有一定的压制效果。但中值滤波和陷频滤波在实际处理时要转换到时间域进行处理，实际上做的是一种乘加处理，其实质是将信号与噪声的能量进行再分配而不能真正意义上去除这些噪声，在处理后的地震数据中还残留很强的剩余单频干扰，同时对单频频率附近有效信号的频率成分造成严重伤害。只有在地面微地震有效信号较强的情况下，这些单频干扰消除与压制方法能满足处理的需要。

在地震去噪方法中，减去法越来越受到人们的认可和欢迎。采用减去法进行噪声压制，利用一些不同振幅、相位和频率的余弦函数和正弦函数组合来最佳模拟噪声道中的单频干扰，估算出这些正、余弦函数的振幅、相位和频率三个参数，就可以估算出模拟单频噪声，从含单频干扰的地震道中减去模拟出的单频噪声，即达到去除单频干扰的目的（图 7-3-10）。

2）视速度滤波

经过强能量噪声和单频干扰的压制后，地面微地震资料中还存在着较强的环境噪声和随机噪声，通过对地面微地震资料分析可以看出，这些噪声往往在频域上与信号存在

重叠，所以频率域噪声压制效果达不到要求，考虑到地面噪声源产生的噪声在近地表地层中传播，它们的视速度比有效波低，与压裂微地震井中监测不同，地面微地震监测中检波器数目较多，还有设计时考虑到的良好的空间采样，更适合采用各种速度滤波器，以分离与有效信号视速度不同的噪声（图 7-3-11）。目前经常使用的速度滤波器有拉东变换滤波器、径向道变换滤波器和 F—K 滤波器等。

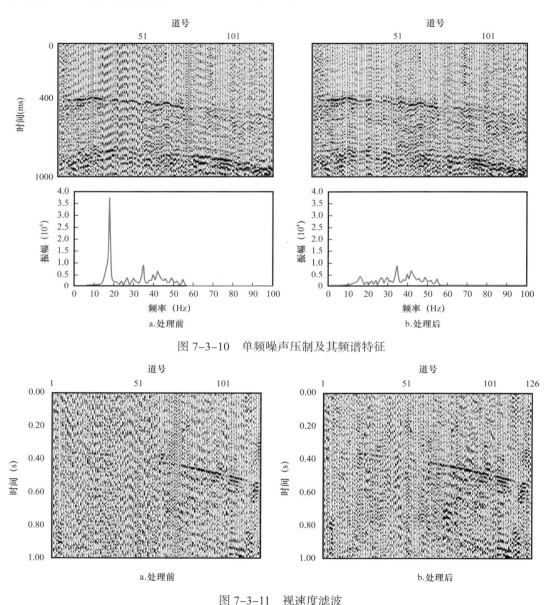

图 7-3-10　单频噪声压制及其频谱特征

图 7-3-11　视速度滤波

3）地面监测静校正

地面微地震监测相对于井中微地震监测来说，最大的不同就是检波器沿地面排列，覆盖面积广是地面微地震监测的显著优势。同时，由于检波器安置在这么广的区域内，实际的观测面通常是起伏剧烈的不规则面，地下介质也不是均匀的，观测地区的低降速带厚度和速度横向变化大。因此，观测到的地面微地震时距曲线与理论情况相比产生了畸变，这种差异给噪声压制、识别定位等后续处理带来诸多不利的影响，导致定位结果不能如实地反映压裂情况。

对于地形和地表结构变化对地震波传播时间的影响，要定量计算接收地表条件变化导致的旅行时差异并加以校正和去除，从而消除它对微地震有效事件旅行时的影响，使资料近似满足理论模型。地面微地震静校正基于以下假设：由于测线覆盖面积的广阔及压裂所产生事件范围的有限性，每个事件传播的路径之间不会有很大变化，在地面微地震实际处理中往往假设不同微地震事件每地震道数据对应的静校正量为相同的。针对地面微地震监测的特点，利用已知射孔位置与射孔事件初至走时，反演地下速度模型，再根据已拾取到的射孔事件和强能量有效事件的初至走时，计算得到对应地震道的静校正量，如图 7-3-12 所示，通过计算出的静校正量将原先起伏的有效事件信号同相轴校正为符合透射波走时的双曲线形状，处理后的数据信噪比得到了明显提高，处理后结果不再存在走时局部抖动。

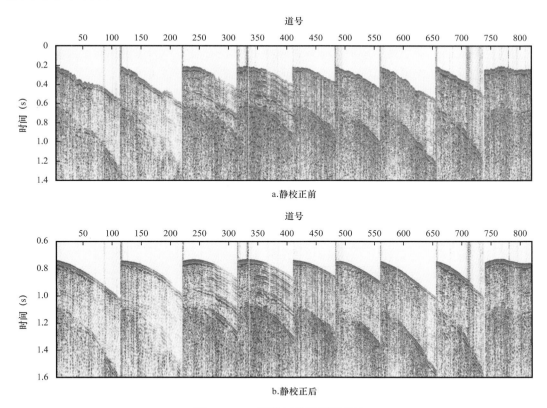

图 7-3-12　静校正前后资料对比

4）微地震事件定位

传统的微地震震源定位方法需要拾取微地震有效信号的初至，然后利用同型波（P 波或 S 波）时差或 P—S 波时差反演震源的位置，这种初至反演的方法在震源定位上有比较高的精度，但是对于弱信号需要人为进行初至拾取工作，地面微地震监测资料信噪比较低，P波、S波初至很难拾取得到，针对此特点可以借鉴克希霍夫偏移或扫描法叠加偏移的思想，利用路径叠加的方法来进行微地震震源的定位。

首先假设有效微地震信号直达波波形受地层带通滤波等因素的影响比较小，即不同检波器直达波信号的波形特征是相似的，在这种情况下，当有效信号的直达波被校平时，它们的叠加能量或波形的相似度达到最大，在得到地面监测采集的数据后，利用测井等资料建立地层速度模型，划分一定密度的网格点，在各个网格点上利用射线追踪正演得到该位置上的直达波初至，利用这些初至信息对直达波信号进行拉平，如果在某一网格点上，拉平所产生的效果最好，即拉平后的叠加能量或相干度达到最大，就可以认为微地震的震源落入这个网格范围内。

三、微地震解释技术

微地震监测解释的一个主要目标是描述油藏储层压裂改造所形成的裂缝、缝网特征。裂缝缝网解释的主要技术是根据微地震事件定位信息、微地震事件空间展布、微地震系列发生时序、微地震事件与既有断裂相对关系等，分析和确定裂缝分布方位、长度、宽度、高度及地应力方向等关键参数，表征压裂改造缝网特征，为计算压裂改造体积、评估压裂效果提供主要依据。基于微地震监测成果的解释技术核心是以压裂缝网特征、压裂改造体积等微地震监测解释成果为依据，综合分析和评价压裂施工参数（液量、砂量、压力、砂浓度）、射孔方式、压裂方式、压裂规模、水平段间距和簇间距、监测距离等要素与微地震监测解释成果之间的关系，全面评估压裂改造成效，提出压裂参数的改进意见。通过微地震信号的波形信息可以直观分析裂缝网络的高度，通过可定位的微地震事件空间展布，可以判断裂缝网络的长度和宽度以及裂缝的方位信息；根据微地震发生的空间位置，分析震源机制和震级规模，反演求解压裂裂缝及缝网的产生发展过程及特征，计算压裂改造体积（SRV），监测及评估压裂改造效果及压裂的有效性（图7-3-13）。

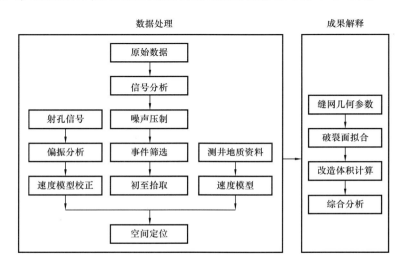

图 7-3-13 微地震监测处理解释流程图

近年来，通过大量的现场应用验证，微地震监测技术被认为是致密油储层改造最为有效的监测与评估方式，微地震监测在致密油储层压裂改造解释主要包括以下几个方面。

（1）裂缝尺度描述。

缝网尺度描述是微地震监测最基本的作用，即通过微地震事件的定位，确定储层改造所形成缝网的长度、宽度、高度和方向，进而计算储层改造体积（SRV）。但是缝网尺度描述更重要的是分析微地震事件准确的空间位置随时间变化的情况，这种时空关系与水力压裂时裂缝的发展演变过程密切相关，对这种过程的描述就是压裂实施现场的微地震实时监测。通过实时监测，观察人工裂缝的延展情况是否符合预期设计，以便在压裂施工时随时调整方案。

（2）了解压裂层破裂响应。

不同的陆相油藏储层在破裂时的微地震响应和形成的人工裂缝形态是有差异的，将微地震事件和压裂施工曲线匹配显示在三维空间上，可以更加直观、清晰地了解和认识压裂过程中陆相油藏储层（或围岩）中裂缝产生与扩展过程，进而研究压裂改造的有效性和压裂参数的针对性。

（3）分析应力场方向。

水力压裂时如果没有断层和天然裂缝的影响，压裂所产生的人工裂缝应该主要沿最大主应力方向延展，这已经在业界形成共识。实际生产中，考虑到原有断层、裂缝带、储层分布等实际情况，有时水平井轨迹的设计方向没有更多地考虑地应力对压裂效果的影响。通过实际压裂及微地震监测数据的对比分析，可以更好地研究和分析地应力场特征及对压裂效果的影响，为后续的水平井轨迹设计提供重要的参考依据。

（4）识别断层和天然裂缝。

微地震事件具有时序性和能量差异特性，对微地震事件的分析，可以帮助识别压裂时是否遇到原有断层、裂缝及其影响，据此进行压裂方案和参数的调整，使压裂达到更好的效果。

（5）段间距及井间距调整。

水平井压裂段间距和井间距的设计，对单井改造以及开发区块的井网部署非常重要。根据微地震监测成果，结合压裂施工参数的综合分析，可为水平井压裂段间距和井间距的设计提供第一手资料和成果，使其设计和调整更趋合理，以促进陆相油藏区块压裂改造效果和油气产出的整体提升。

（6）岩性分析。

将微地震事件和测井曲线匹配分析，可以发现砂岩、泥岩及碳酸盐岩等不同岩性中微地震事件的响应差异和裂缝扩展的不同规律，进而结合测井数据，对压裂设计做进一步优化。

（7）微地震与三维地震综合解释。

利用三维地震数据和压裂微地震监测数据进行综合研究，已经成为针对非常规油气由地质"甜点"预测向工程"甜点"预测的重要技术手段和发展趋势。通过水力压裂微地震监测数据与压裂区三维地震敏感属性的融合解释与综合分析，既可以跳出压裂微震监测的井点（段）走向储层的三维展布空间，扩展压裂微地震监测成果的研究及应用范围，又可以综合研究断裂裂缝系统、岩性物性特征、地层组合、压力与应力系统等对压裂缝网产生的影响和相互作用，提高微地震解释成果和压裂监测精度，还可以提升压裂参数优化改进方案的有效性，进而为油藏开发的井位选择、井网布设、井轨迹设计、压裂方案优化等提出重要的技术参考依据，提高油藏整体开发效果。

近年来，微地震井中监测技术取得了长足的进步，在中国陆相油藏储层改造中进行实时压裂监测效果显著，促进了非常规油气勘探开发技术的发展。微地震井中监测技术正走向高精度、操作方便和广泛应用的方向发展，微地震监测技术的发展方向包括以下几个方面。一是井中与地面微地震联合监测技术，通过微地震井中和地面联合监测，将井中和地面监测的优势结合起来，同时对各自的弊端进行弥补。二是长期动态监测技术，利用以微地震监测技术为基础发展的长期动态监测技术，对非常规油气藏长期注采关系的影响及剩余油分布情况进行分析，具有广泛的应用前景。三是微地震震源机制及有效改造体积研究，目前，利用单井监测的微地震事件不能获取多方向的极化信息，不能解决矩张量参数反演的问题，无法进行震源机制研究和有效改造体积计算，地面监测的震源机制研究也处于初级阶段，因此有必要开展基于多井监测和地面监测的震源机制深入研究，确定微地震事件的破裂属性，掌握破裂缝网特征，可靠估算压裂改造有效体积（ESRV），为中国陆相油藏建模和开发评估提供更加有效的监测成果。四是微地震与三维地震综合解释，利用三维地震数据和压裂微地震监测数据进行综合研究，成为针对非常规油气由地质"甜点"预测向工程"甜点"预测的有效技术手段和发展趋势。

四、微地震技术应用

1. 致密砂岩储层压裂效果监测

研究区位于松辽盆地南部，区域构造总体为近南北走向的长轴背斜，储层为致密砂岩，油藏埋深2245～2365m。地震资料显示目的层断层和天然裂缝较发育，断层和天然裂缝对产量影响明显，因此，该致密油储层的大规模、大容量的水力压裂既要避免对断层的开启，又要实现储层与天然裂缝网络的沟通。在采用微地震井中监测技术对人工裂缝网络进行实时监测与评估过程中，为保证监测范围尽可能接近目的层，将井下三分量检波器安置在2190～2410m井段，检波器级间距为20m。水平井A和水平井B为两口储层改造井，水平段长度分别为1062m和1065m，两口井水平段之间距离在260～400m，监测井为直井，观测系统如图7-3-14所示。射孔段优选原则为避开套管接箍位置，避开最小水平主应力大的位置，选择簇与簇间最小主应力值相近，桥塞与射孔段前后距离不小于10m，故平均段间距65m，平均簇间距27m。该井目的层温度93～97℃。预前置液和段塞阶段使用滑溜水，前置液和携砂液选用冻胶压裂液，替置液选用压裂液基液。通过人工裂缝方位与砂体展布情况分析，确定合理科学的压裂规模为技术思路，最大限度地沟通砂体，追求单井最大产能。在压裂初期采用低砂比段塞式加砂，压裂施工排量为14～10m³/min、12～10m³/min和10～8m³/min。根据该区域前期的压裂模拟与实际经验，储层物性差的压裂段采用中等规模压裂，储层物性较好的压裂井段采用高规模压裂。

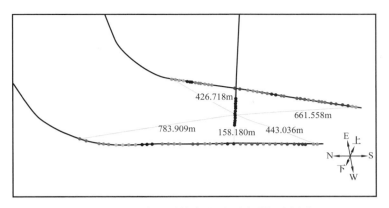

图 7-3-14　微地震井中监测观测系统示意图

图 7-3-15 为微地震监测成果俯视图，不同颜色代表不同压裂段事件。分析压裂微地震事件展布特征，确定多数压裂段形成的裂缝方向基本沿着最大主应力方向，即垂直于井轨迹均匀扩展，且部分事件震级较大，判断存在天然裂缝；有效定位微地震事件 6520 个，最大微地震事件震级为里氏 1.96 级，最小微地震事件震级为里氏 4.19 级。为了清晰准确了解微地震事件在目的层附近扩张和延伸情况，把微地震事件分布和该井沿井轨迹方向的地震剖面进行嵌入式联合显示（图 7-3-16），可以清晰观察到压裂施工初期微地震事件发生在井轨迹附近，随着施工的进行，裂缝向储层的下部延伸，并进入断层和天然裂缝带，开启了断层。综合地震波组反射特征及测井资料，水平井底端深层明显存在断层带，延伸方向主要在目的层下部，但在水平井上部仍清晰可见微小变形。

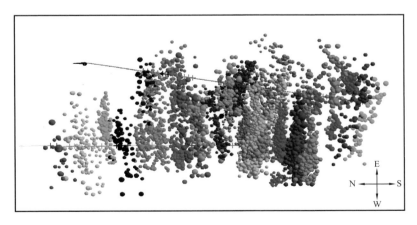

图 7-3-15　微地震事件俯视图显示

2. 页岩储层压裂效果监测

研究区位于中国南方中扬子地区，主体为当阳复向斜，整体呈近北西—南东向展布，区块西侧为黄陵—神农架背斜，东侧为乐乡关复向斜。根据地震资料解释成果，区块由西向东可划分为宜昌斜坡、远安地堑、河榕树向斜、龙坪冲断带四个次级构造单元。C 井位于河榕树向斜西北翼的中北部，北部以峡口—巡检近东西向断背斜为界。侏罗纪末期的挤压作用形成通城河断层、远安断层以及九里岗背斜等北北西向构造，其后的拉张环境产生远安白垩纪地堑以及主要倾向南东的北东向张扭性断层、河榕树向斜带。河榕树向斜轴线由南向北，由近南北向逐渐转向北西向，其南侧的褶皱也循北西向。

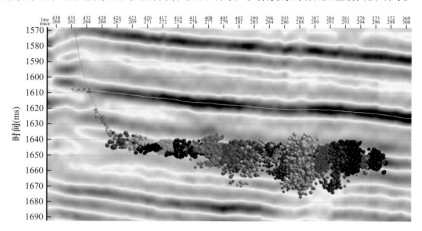

图 7-3-16　微地震事件与地震剖面联合显示

图 7-3-17 为该项目的观测系统示意图，总测线数为 12 条，共使用 1800 道检波点。在正式压裂之前，利用射孔数据对速度模型进行校正和求取每一地震道对应的静校正量。可以看到山体陡峭部分测线高差较大，这种地表剧烈起伏给后续处理造成了很大影响。

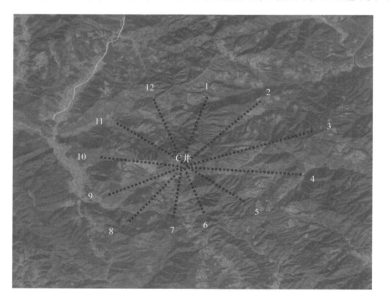

图 7-3-17　C 井观测系统示意图

图 7-3-18 为 C 井观测系统高程量及计算出的静校正量示意图。不同颜色代表不同测线，横坐标对应测线道号。可以看到高程随偏移距变化非常剧烈，静校正量与高程量存在一定对应关系，由于静校正量还受到近地表影响，所以高程曲线比静校正曲线更加平滑。

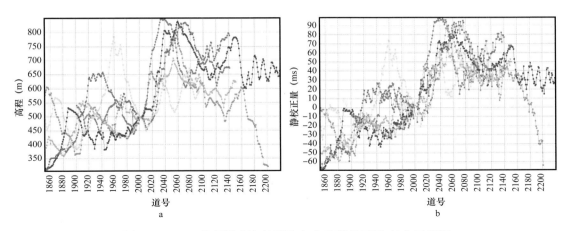

图 7-3-18　C 井观测系统高程量（a）和静校正量（b）示意图

不同的颜色代表不同的测线

　　图 7-3-19 和图 7-3-20 分别对比了静校正处理前后的射孔信号和典型微地震事件信号。根据计算出的静校正量，将原先起伏的有效事件同相轴校正为符合透射波走时规律的双曲线形状，旅行时校正处理后的结果不再存在局部走时抖动，再利用优化后的速度模型和静校正量对射孔事件进行动校正和静校正处理，有效事件同相轴即被拉平。

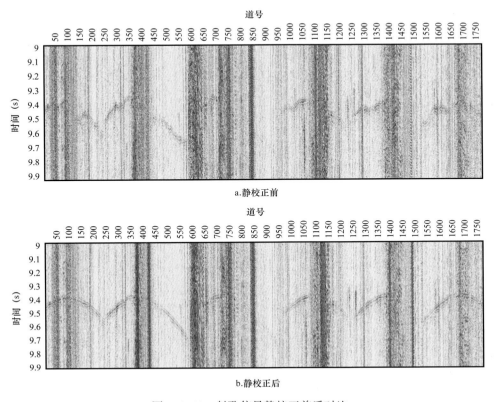

图 7-3-19　射孔信号静校正前后对比

道号

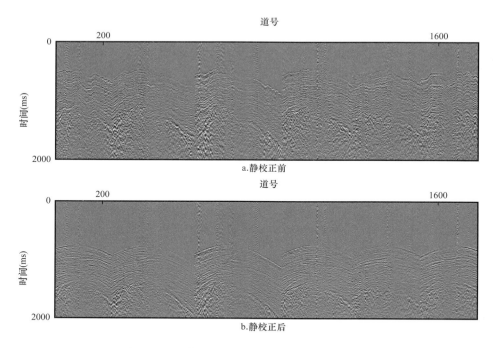

图7-3-20　典型微地震事件信号静校正前后对比

图7-3-21为C井微地震监测成果俯视图。总共监测到257个微地震事件，主裂缝网络方向为东偏南7°～10°。

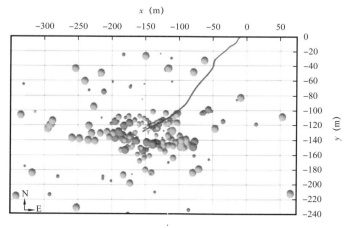

图7-3-21　C井微地震地面监测成果俯视图
球的大小代表事件的能量强弱，颜色由浅到深代表时间先后顺序

五、井中和地面微地震监测效果对比

研究区X平台共部署4口水平井，深度介于1110～1787m，水平井轨迹方向约为东南161°，水平段井间距约350m。压裂方案采用多井"拉链式"压裂模式，通过电缆传输多簇射孔和速钻桥塞分段压裂工艺进行压裂。为较好地评估压裂效果及优化工艺参数

和缝网系统，对 X 平台 3 井、4 井实施地面、井中联合微地震监测。地面散点式监测的仪器采用无线三分量节点仪，结合井轨迹方位以及目的层深度，检波器按照 17m×17m 的矩形分布，覆盖范围为 5.6km×4.8km，矩形中与井轨迹平行的列为一条测线，测线之间间距为 350m，测线内检波器间距为 300m，共使用 251 个检波器（图 7-3-22）。

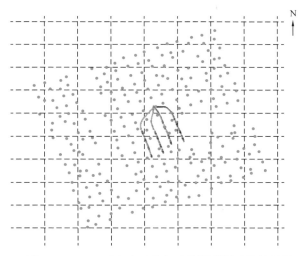

图 7-3-22　X 平台地面散点式监测观测系统俯视图

　　X 平台对 3 井、4 井共 30 段的地面监测，两口井均监测到大量微地震事件，信号信噪比高、能量强，未发生沟通天然裂缝的迹象。总共监测到 3206 个微地震事件。裂缝长度介于 187～537m，宽度介于 63～128m，裂缝高度介于 50～121m，裂缝方位在北偏东 62°～84°范围内，基本垂直井轨迹，与最大水平主应力方向一致（图 7-3-23）。

　　井中监测采用 12 级三分量检波器接收，检波器级间距为 20m，井中监测的方式共监测到 5349 个微地震事件。通过地面监测和井中监测结果的对比，井中监测的微地震事件数量和裂缝刻画的精细程度均优于地面散点式监测（图 7-3-24），但该平台井地面散点式

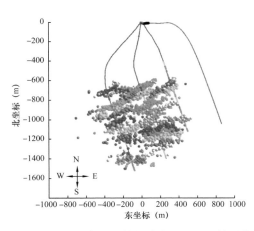

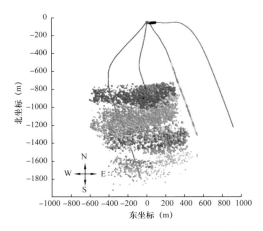

图 7-3-23　X 平台地面散点式微地震监测结果俯视图　　　图 7-3-24　X 平台井中监测结果俯视图

监测对于裂缝的描述能够满足裂缝刻画的要求。微地震井中监测的监测效果受到监测距离的影响，距离监测井较远的信噪比越低的破裂信号，不容易被识别和定位。微地震地面监测因其检波器排列在地面，布设面积大，可以弥补这一劣势，在没有合适的监测井的情况下可以选择应用地面监测微地震监测技术。

第四节　小　　结

页岩储层越脆，最大最小水平应力差异系数越小，越有利于压裂形成网状缝。因此，脆性和地应力是指导页岩水平井设计、压裂的关键参数。目前地震脆性和地应力预测技术基本上都需要准确的杨氏模量和泊松比参数，这两项参数可以从三维地震叠前反演中获得。因此，提高宽方位地震数据质量，研发高精度的叠前反演技术，才能提高工程甜点预测精度，更好地指导水平井压裂方案设计及优化。

地震导向水平钻井的关键是高精度构造建模和高精度储层预测。为此需要优选和建设测井、地质和地震等多数据平台，通过该平台实现远程随钻数据、地质岩性和地震数据的高效融合显示，为导向决策提供保障。在平台建设基础上，大力发展逆时偏移技术和基于地震波形指示模拟的储层预测技术，以改善复杂构造建模和非均质、薄储层预测的精度，提高随钻过程中动态偏移和动态储层预测的效率以及储层钻遇率。

近年来，微地震监测技术取得了长足进步，是评价致密油气和页岩气储层压裂效果的最有效手段之一，微地震监测正向高精度、操作方便和广泛应用的方向发展，同时也面临着更高的技术挑战和发展要求。井中微地震监测目前虽然取得很大的发展，但在有效改造体积计算和震源机制反演等方面仍面临挑战。地面微地震监测技术尚未取得工业化的突破，在可记录的微地震事件数量和定位精度等方面与井中监测相比存在较大差距。因此，微地震监测技术的发展方向包括以下几个方面。一是井中与地面微地震联合监，实现优势互补。二是以微地震监测为基础的长期动态监测，从而分析压裂改造对非常规油气藏长期注采关系的影响以及剩余油分布。三是微地震震源机制及有效改造体积的研究。目前，利用单井监测的微地震事件不能获取多方向的极化信息，不能解决矩阵张量参数反演的问题，无法进行震源机制研究和有效改造体积计算；地面监测的震源机制研究也处于初级阶段。因此，有必要深入开展基于多井监测和地面监测的震源机制研究，确定微地震事件的破裂属性，掌握破裂缝网特征，可靠估算压裂改造有效体积（ESRV），为致密油藏建模和开发评估提供更加有效的监测成果。四是微地震与三维地震综合解释，利用三维地震数据和压裂微地震监测行综合研究，将成为针对非常规油气由"地质甜点"预测向"工程甜点"预测的有效技术手段和发展趋势。

参 考 文 献

刁海燕，2013.泥页岩储层岩石力学特性及脆性评价［J］.岩石学报，29（9）：344-350.

董宁，许杰，孙赞东，等，2013.泥页岩脆性地球物理预测技术［J］.石油地球物理勘探，48（S1）：

69–74.

杜金虎，刘合，马德胜，等，2014.试论中国陆相致密油有效开发技术［J］.石油勘探与开发，41（2）：198–205.

杜金玲，林鹤，纪拥军，等，2021.地震与微地震融合技术在页岩油压后评估中的应用［J］.岩性油气藏，33（2）：127–134.

付金华，2018.鄂尔多斯盆地致密油勘探理论与技术［M］.北京：科学出版社.

黄荣樽，陈勉，邓金根，等，1995.泥页岩井壁稳定力学与化学的耦合研究［J］.钻井液与完井液，12（3）：15–21.

李庆辉，陈勉，金衍，等，2012.页岩脆性的室内评价方法及改进［J］.岩石力学与工程学报，31（8）：1680–1685.

李士祥，2017.鄂尔多斯盆地中生界异常低压成因及对成藏的影响［D］.成都：成都理工大学.

李士祥，施泽进，刘显阳，2013.鄂尔多斯盆地中生界异常低压成因定量分析［J］.石油勘探与开发，40（5）：528–533.

李彦鹏，徐刚，王适择，等，2017.地震地质工程一体化技术在非常规油气资源开发中的应用［C］.中国地球科学联合学术年会.

梁兵，朱广生，2004.油气田勘探开发中的微震监测方法［M］.北京：石油工业出版社.

林鹤，李德旗，周博宇，等，2018.天然裂缝对压裂改造效果的影响［J］.石油地球物理勘探，53（A2）：156–161.

刘博，梁雪莉，容娇君，等，2016.非常规油气层压裂微地震监测技术及应用［J］.石油地质与工程，30（1）：142–145.

刘博，徐刚，纪拥军，等，2020.页岩油水平井体积压裂及微地震监测技术实践［J］.岩性油气藏，32（6）：172–180.

刘勇，方伍宝，李振春，等，2016.基于叠前地震的脆性预测方法及应用研究［J］.石油物探，55（3）：425–432.

刘振武，撒利明，张研，等，2009.中国天然气勘探开发现状及物探技术需求［J］.天然气工业，29（1）：1–7.

刘振武，撒利明，杨晓，等，2013.地震导向水平井方法与应用［J］.石油地球物理勘探，48（6）：932–937.

刘震，张万选，张厚福，等，1993.辽西凹陷北洼下第三系异常地层压力分析［J］.石油学报，14（1）：14–24.

刘致水，孙赞东，2015.新型脆性因子及其在泥页岩储集层预测中的应用［J］.石油勘探与开发，42（1）：117–124.

任岩，曹宏，姚逢昌，等，2018.岩石脆性评价方法进展［J］.石油地球物理勘探，53（4）：875–886.

撒利明，董世泰，李向阳，2012.中国石油物探新技术研究及展望［J］.石油地球物理勘探，47（6）：1014–1023.

魏路路，井岗，徐刚，等，2018.微地震监测技术在地下储气库中的应用［J］.天然气工业，38（8）：

41–46.

徐赣川，钟光海，谢冰，等，2014. 基于岩石物理实验的页岩脆性测井评价方法［J］. 天然气工业，34（12）：38–45.

徐刚，春兰，刘博，2013. 压裂微地震监测技术在四川盆地的应用［C］.2013 年物探技术研讨会.

印兴耀，马妮，马正乾，2018. 地应力预测技术的研究现状与进展［J］. 石油学报，57（4）：488–504.

赵万金，杨午阳，赵伟，2014. 地震储层及含油气预测技术应用进展综述［J］. 地球物理学进展，29（5）：2337–2346.

周守为，2013. 页岩气勘探开发技术［M］. 北京：石油工业出版社.

朱军，黄黎刚，杜长江，等，2020. 鄂尔多斯盆地页岩油"双甜点"地震预测方法研究［C］. International Field Exploration and Development Conference in Chengdu，China.

邹才能，朱如凯，吴松涛，等.2012. 常规与非常规油气聚集类型、特征、机理及展望——以中国致密油和致密气为例［J］. 石油学报，33（2）：173–187.

Arcangelo Sena A，Gabino Castillo，Chesser et al.，2011. Seismic reservoir characterition resource shale plays：stress analyisis and sweet discrimination［J］. The Leading Edge，30（3）：758–764.

Bellotti P，Giacca D，1978. Seismic data can detect overpressures in deep drilling［J］. The Oil and Gas Journal，76（34）：46–53.

Dutta N C，2002. Deep–water geo–hazard predict–ion using pre-stack inversion of large offset P-wave data and rock model［J］. The Leading Edge，21（2）：193–198.

Eaton B A，1972. Graphical method predicts geopressure worldwide［J］. World Oil，182：51–56.

Eisner L，Hulsey B J，Duncan P，et al.，2010. Comparison of surface and borehole locations of induced microseismicity［J］. Geophysical Prospecting，58（5）：809–820.

Fillippone W R，1982. Estimation of formation parameters and the prediction of over pressure from seismic data［C］// 52nd Annual International Meeting. SEG，Expanded Abstracts，17–21.

Forghani–Arani F，Willis M，Haines S S，et al.，2013. An effective noise–suppression technique for surface microseismic data［J］. Geophysics，78（6）：KS85–KS95.

Gale J F W，Reed R M，Holder J，2007. Natural fractures in the Barnett Shale and their importance for hydraulic fracture treatment［J］.AmericanAssociation of Petroleum Geologists Bulletin，91（4）：603–622.

Geiger L，1912. Probability method for the determination of earthquake epicenters from arrival time only［J］. Bull.St.Louis.Univ，8：60–71.

Hardy R，Mowrey G L，Kimble E J，1978. Microsiesismic monitoring of a longwall coal mine：volume 1 – microseismic field studies［J］. Final Report us Bureau of Mines.

Howell J V，1957. Book reviews：Glossary of geology and recated science［J］. Science，126（3272）.

Hucka V，Das B，1974. Brittleness determination of rocks by different methods［J］. International Journal of Rock Mechanics & Mining Sciences & Geomechanics Abstracts，11（10）：389–392.

Jarvie D M，Hill R J，Ruble T E，et al. ，2007. Unconventional shale-gas systems：the Mississippian

Barnett Shale of north-central Texas as one model for thermogenic shale-gas assessment ［ J ］. AAPG Bulletin, 91（4）: 475-499.

Jin X, Shah S N, Roegiers J-C, et al., 2015. Fracability evaluation in shale reservoirs an integrated petrophysics and geomechanics approach ［ C ］. SPE Journal, 20（3）: 518-526.

Mai H T, Marfurt K J, Chávez-Pérez S, 2009. Coherence and volumetric curvatures and their spatial relationship to faults and folds, an example from Chicontepec basin, Mexico ［ C ］// SEG Technical Program Expanded : 1063-1067.

Martin C D 1995. Brittle failure of rock materials : test results and constitutive models ［ J ］. Revue Canadienne De Géotechnique, 33（22）: 378-378.

Maxwell S C, Jones M, Parker R, et al., 2009. Fault activation during hydraulic fracturing ［ C ］. SEG Technical Program Expanded Abstracts, 28: 1552-1556.

Pennebaker E S, 1968. Seismic data indicate depth and magnitude of abnormal pressure ［ J ］. World Oil, 166: 73-82.

Pettitt W, Reyes-Montes J, Hemmings B, et al., 2009. Using continuous microseismic records for hydrofracture diagnostics and mechanics ［ C ］// SEG Technical Program Expanded, 1542-1546.

Rickman R, Mullen M J, Petre J E, et al., 2008. A practical use of shale petrophysics for stimulation design optimization : all shale plays are not clones of the Barnett Shale ［ C ］// Proceedings of the SPE Technical Conference & Exhibition. Denver, Colorado SPE 115258.

Schoenberg M, Sayers C M, 1995. Seismic anisotropy of fractured rock ［ J ］. Geophysics, 60: 204-211.

Verma S, Zhao T, Marfurt K J, et al. , 2016. Estimation of total organic carbon and brittleness volume ［ J ］. Interpretation, 4（3）: T373-T385.

Wang F P, Gale J F W, 2009. Screening criteria for shale-gas systems ［ J ］. Gulf Coast Association of Geological Societies Transactions, 59: 779-793.

Will Pettitt, Reyes-Montes I, Hemmings B, et al., 2009. Using continuous microseismic records for hydrofracture diagnostics and mechanics ［ C ］. SEG Houston 2009 international exposition and annual meeting, 1542-1546.

Zoback M D, 2007. Reservoir geomechanics ［ M ］. New York : Cambridge University Press.

第八章 应 用 实 例

在国内油藏地球物理技术发展过程中，由于油藏类型和开发方式，以及地震和测井资料条件不同，采取不同的技术组合，形成一些非常有特色、针对性非常强的面向油藏开发的地震配套技术，如地震与时移测井相结合的油藏监测技术，地震与测井、油藏动态资料结合形成的井震藏一体化技术，SAGD 油藏时移地震技术和页岩油水平井地震导向与压裂参数优选技术。

地震与时移测井相结合的油藏监测技术通过 Seimpar 非线性拟测井曲线反演实现薄储层预测，与油藏动态资料结合预测剩余油分布。井震藏一体化技术以油藏构造、储层和油藏模型为核心，将地震、测井和油藏资料结合，实现油藏静态刻画和动态监测。由于断陷盆地构造更加复杂，在技术应用时的侧重点也有所不同，因此大庆长垣油田应用以薄储层识别和刻画为核心，在渤海湾盆地应用时以小断层识别为核心。在辽河油田，SAGD 油藏时移地震技术形成了包括时移地震可行性论证和采集质量控制、多期时移地震相对保持的一致性处理、多期时移地震综合解释、基于时移地震解释成果的井震联合储层建模及稠油热采数值模拟研究，以及时移地震汽腔及剩余油综合解释等多项技术在内的完整技术系列。鄂尔多斯盆地页岩油水平井地震导向与压裂参数优选技术在三维地震精细构造刻画、进行储层地质和工程双"甜点"预测、开发大井丛平台优选和井约束下三维地震反演深度域的精细地质建模基础上，集成开发了水平井地质—地震—工程一体化实时导向系统。

第一节　松辽盆地 T190 工区地震和时移测井相结合的油藏监测技术与应用

应用陆相储层精细描述技术及高含水后期剩余油预测技术，对松辽盆地大庆油田 T190 典型工区解剖，在高精度波阻抗外推反演及 Seimpar 非线性拟测井曲线反演、油藏特征分析的基础上，形成了一套地震与时移测井相结合的油藏监测技术，并取得了明显的应用效果。

一、工区概况与技术需求

1. 工区概况

T190 工区位于黑龙江省大庆市大同镇北部、高台子镇南部，东北与太平屯油田、北与高台子油田、西南与葡萄花油田相邻，研究区面积约 30km²。区域构造上位于大庆长垣二级构造带太平屯背斜构造与葡萄花背斜构造衔接的鞍部（图 8-1-1）。研究目的层为下白垩统姚家组一段的葡I油层组。姚家组一段地层厚度约70m，以灰色泥岩、粉砂质泥岩、泥质粉砂岩、粉砂岩不等厚互层为特征，目的层为优质储层。

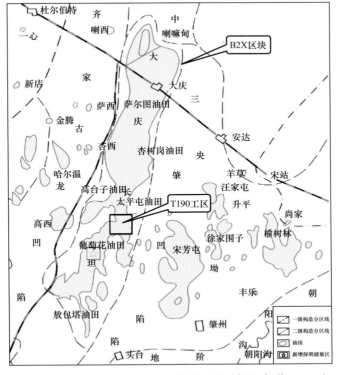

图8-1-1　T190工区、B2X区块位置图（据江春明，2007）

T190工区含油面积约20.4km²，1984年6月投入开发，采用（400～600m）×450m面积注水井网。投产初期共有油水井63口，其中油井53口、注水井10口，油水井数比为5.3，水驱控制程度只有45.7%，区内有8口油井与注水井不连通，靠弹性能量或边水能量驱油。由于水驱控制程度低，导致该区的油井产能较低，1991年初的采油速度降到0.36%。为了改善开发效果，1991年5月进行了注采系统调整，转注6口油井，注采系统调整后，油水井数比为2.9，水驱控制程度达到63.7%，调整后采油速度一直保持在0.46%以上，开发效果有所好转。

为加快该区块开发步伐，进一步精确预测地下构造、断层和砂体及储层的空间展布形态，进而解决大庆油田开发老区井网加密调整及扩边问题提供一套有效技术，1998年初在研究区内部署了满覆盖面积17.62km²、资料面积27.97km²的高分辨率三维地震。1998年对T-56井进行碳氧比能谱测井，较好地反映了油层水淹状况。1999年又进行了井网加密和常规测井。此外，对7口注水井进行了同位素吸水剖面测试，对21口采油井进行了环空产液剖面测试。这些测井资料为后续开展剩余油预测提供了资料基础。

2. 技术需求

T190工区具有中国碎屑岩油气藏薄砂层、薄互层的典型特点，如何解决此类薄砂层、薄互层（2~3m 单砂体）地层岩性识别，研究砂体空间展布特征，预测剩余油分布，是该工区实现油藏监测，进一步提高采收率的迫切需求。

受工区内地震资料品质分辨率不足的限制，薄互层地层岩性识别困难，加上该区储层含有特殊矿物，如高泥、高钙等特殊情况的影响，泥岩和砂岩的波阻抗值差异不明显，很难利用传统的地面地震技术预测这类油气藏。除此之外，该区在地质和开发方面还存在一些其他问题。具体表现在以下几个方面。

（1）沉积地层厚度变化较大、相变快、相类型多。

沉积相研究结果表明，T190 工区葡Ⅰ油层组中砂体较厚的地方与三角洲分流河道主河道位置相一致，沉积于主河道中的砂体不但厚度大，物性也好，是该区最好的储层；河道边滩砂，其厚度和物性均较前者差一些，是次主要储层；薄层席状砂在工区内分布面积较广，多沉积于水动力作用较弱的三角洲外前缘。

（2）沉积环境复杂，物性变化呈现出较强的非均质特征。

T190 工区葡Ⅰ油层组自下而上的演替规律为：三角洲内前缘相（葡Ⅰ9–11）—三角洲分流平原相（葡Ⅰ6–8）—三角洲内前缘相（葡Ⅰ4–5）—三角洲外前缘相（葡Ⅰ1–3）。就储层物性而言，沉积于三角洲内前缘相的葡Ⅰ9–11层、三角洲分流平原相的葡Ⅰ6–8层及三角洲内前缘相（葡Ⅰ4–5）砂体其孔隙度和渗透率相对较高，多为中厚层状砂岩体；而沉积于三角洲外前缘沉积环境的葡Ⅰ1–3层的砂体多为薄层席状，孔隙度和渗透率较低。

（3）砂体规模小，注采井距过大，井网适应性差。

T190 工区砂体的规模窄小，多呈条带状、断续条带状、透镜状分布，砂体宽100~200m，单层钻遇率为23.4%~62.3%，平均为40.8%，油水井间压差大，憋压严重，油水井间静压差达到16.26MPa，表明注采井距过大，当前开发井网对砂体的适应性差。

（4）断层发育，水驱控制程度低，现井网采收率低。

开发地震前，该工区水驱控制程度为63.7%。开发地震后由于发现该区断层发育，使水驱控制程度明显降低，加密前仅为53.3%，局部加密及注采系统调整后，全区水驱控制程度由原来的53.3%提高到59.1%，提高了5.8个百分点。加密区水驱控制程度由原来的45.4%提高到70.0%，提高了24.6个百分点。井网条件下采收率约为24.3%。

针对上述问题，在高精度波阻抗外推反演及Seimpar非线性拟测井曲线反演、油藏特征分析的基础上，总结形成了一套地震与时移测井相结合的油藏监测技术系列，实现了薄互层地层岩性识别、砂体空间展布特征研究和剩余油预测。其做法可简要总结如下：首先利用三维地震数据和声波测井数据作为输入，采用高精度波阻抗外推反演得到高精度三维波阻抗数据体，实现薄互层地层岩性识别；再将三维波阻抗数据体和时移测井曲线作为输入，应用Seimpar非线性拟测井曲线反演得到不同时期的拟自然电位和电阻率反演三维数据体，精细预测砂体展布规律；最后利用时移拟测井电阻率反演三维数据体，预测剩余油分布规律，为油田开发提供精细开发方案。

二、关键技术

地震反演技术不仅在储层预测与流体检测方面发挥重要作用，而且在油气藏监测领域的作用也日益显现（撒利明等，2015）。将地震与时移测井资料进行联合非线性反演，可以用于油气藏动态监测，进而预测剩余油分布，优化油气藏管理，提高采收率。使用的主要方法有高精度波阻抗外推反演和 Seimpar 非线性拟测井曲线反演（刘振武等，2011；撒利明等，2012a，2012b，2014；刘振武等，2010a，2010b，2011）。

高精度波阻抗外推反演不同于常规的波阻抗反演方法，主要采用模型约束下的最佳优化外推算法完成波阻抗的反演，它比传统的波阻抗反演方法具有更高的分辨率和反演精度（撒利明等，1997；雍学善等，1997）。

时移测井非线性反演采用 Seimpar 非线性拟测井曲线反演技术，其要点是在上述高精度波阻抗反演结果的基础上，以时移测井曲线为输入，将 Seimpar 非线性拟测井曲线反演技术应用于油藏开发初期和后期测井曲线反演，以获得高精度的测井曲线反演结果，进而对比分析两次反演结果，寻找含油饱和度的变化与地球物理参数间的关系，实现剩余油分布预测，为开发方案调整与优化提供依据。

1. 高精度外推波阻抗反演

设地震子波为 $w(t)$，反射系数序列为 $r(t)$，在层状、均匀各向同性介质假设下合成地震记录 $s(t)$ 可以用褶积模型表示：

$$s(t) = r(t) * w(t) \tag{8-1-1}$$

设 Z 为波阻抗，则离散的褶积公式可写成（雍学善等，1997）：

$$s_i = \sum_{j=0}^{m} \frac{Z_{i-j+1} - Z_{i-j}}{Z_{i-j+1} + Z_{i-j}} w_j, \quad i=1, 2, 3, \cdots, N, \ j=0, 2, 3, \cdots, m \tag{8-1-2}$$

式中：i 为合成地震记录长度；j 为子波长度。

在三维地震数据的一个小面元当中，一般均假设地震道具有较好的相似性，地震波场特征的变化能反映地质体属性的变化（如构造、岩性、岩相变化等）；且在一定的时窗内（一般为 500ms）地震波场稳定，子波基本不变。据此即可进行高精度测井资料和地质层位联合约束下的三维波阻抗反演，流程（图 8-1-2）和主要步骤如下。

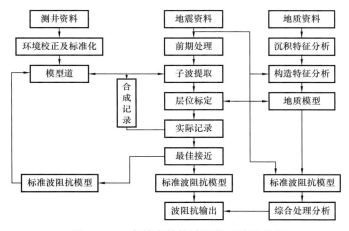

图 8-1-2　高精度外推波阻抗反演流程图

1）建立初始波阻抗模型

先对声波时差和密度测井资料作环境校正及归一化处理，用零井源距 VSP 资料进行标定后作深时转换，合并厚度不足采样率的细层，得到时间域等时采样的初始波阻抗模型，并以此作为下一相邻道的初始波阻抗模型。这样，通过逐道外推的方式，就可获得每一道的波阻抗模型。

2）子波求取

子波求取包含如下 5 个步骤。

（1）首先选择井点处的地震道 $R(t)$；然后计算该道所选层段的自相关函数 $K_R(\tau)$，计算 $K_R(\tau)$ 的频谱，以及 $K_R(\tau)$ 的衰减系数的初始近似值 τ_0：

$$K_R(\tau) = E[R(t)R(t+\tau)] = \frac{1}{2N+1}\sum_{t=-N}^{N} R(t)R(t+\tau) \qquad (8-1-3)$$

$K_R(\tau)$ 的频谱：$\quad S(\omega) = \sum_{m=-M}^{M} K_R(m)\mathrm{e}^{-\mathrm{i}\omega m}, \quad |M| \leqslant N-1$

式中：N 为采样点数。

（2）求取振幅包络线最大值移动的初始近似值 β_0 和子波参数 $\Delta\tau$ 和 $\Delta\beta$ 的偏差范围；

（3）子波求取。

子波模型定义为 $\qquad W(t) = C\mathrm{e}^{-\tau(t-\beta)^2}\sin(2\pi ft) \qquad (8-1-4)$

式中：$W(t)$ 为反演子波；f 为子波主频；τ 为子波能量衰减度；β 为子波延迟时，即子波振幅最大值与子波起始点的时差；C 为常数。

f、τ、β 决定了子波的形态。

（4）子波优化。

采用合成地震记录 $s(t)$ 和实际地震记录 $R(t)$ 的二次方偏差最小化法，计算 $(\tau_0 - \Delta\tau, \tau_0 + \Delta\tau)$，以及 $(\beta_0 - \Delta\beta, \beta_0 + \Delta\beta)$ 范围内的 τ、β：

$$J(w) = \sum_i (s_i - R_i)^2 + A\left[\left(\frac{\tau - \tau_0}{\tau_0}\right)^2 + \left(\frac{\beta - \beta_0}{\beta_0}\right)^2\right] \qquad (8-1-5)$$

其中：$\qquad A = \sum_i R_i s_i \Big/ \sum_i s_i^2$

（5）反复修改子波的主频、衰减、延迟时等参数，并采用式（8-1-4）获得最佳子波。

3）自适应外推反演三维波阻抗数据体

采用三维面元中两级选优的办法，优选出与当前道的岩性、物性参数相似、反演质量最高的已知波阻抗道，经地质层位约束后作为当前道反演的初始波阻抗模型；然后，以步骤（1）建立的标准波阻抗模型作为井点处的波阻抗反演起始模型，从井出发，逐道向外外推，即可获得高精度的三维波阻抗数据体。

4）反演控制

采用模型最佳自适应外推法完成波阻抗反演。为增加反演稳定性，减少多解性，提高计算速度，反演中增加了：（1）井点模型约束——采用模型正反演迭代法建立各井点的标准波阻抗模型。即求取最佳的子波和精确的层位，使地震记录与测井资料最佳匹配。并以此作为外推反演控制的基础模型。通常应根据沉积、构造特征，给定每口井的控制范围。在多井情况下，用全局最优化方法对各井模型进行协调处理。（2）地质模型约束——采用层序地层学方法，将反演目的层段的地质层位模型加入，作为外推反演的区域控制，反演中设置了两种地质模式，以控制模型外推反演的纵向变化。"1"模式为正常地层模式，反映控制段由顶到底的变化过程。"0"模式为削截模式，反映控制层段由底到顶的变化过程。沉积控制：用沉积学观点控制反演。主要是利用沉积相带变化特征，控制波阻抗模型的横向变化。（3）地震特征约束——一般情况下，地震波形突变处，指示着地层特征的突变。因此，统计相邻地震道波形特征的细微变化，能正确引导波阻抗模型的横向变化，使其"最佳自适应"。

5）分区段反演

根据构造、沉积特征，控制某一"井模型"的外推反演范围。一般在某一沉积单元内，选择构造渐变区段反演。当遇到较大断层时，在断层两盘分别反演，然后对断层带重新处理。

6）能量校正

由井出发逐道外推反演时，会产生一些累积误差。在井中波阻抗模型较好的井区（合成记录与井旁实际记录吻合好），加入地质模型和沉积控制后，这种误差会得到有效的压制，但要从根本上消除外推累积误差，需要将反演的波阻抗与过井点处的井中波阻抗闭合对比，进行残差校正。具体做法是：当从 A 井外推到 B 井时，若发现 B 井处的反演波阻抗与井中波阻抗有误差，需要将此误差线性内插到 A 井、B 井两井之间并减去，而波阻抗相对关系不受影响（图 8-1-3）。三维情况可在面上进行，原理同二维情况。

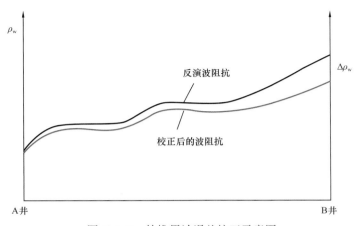

图 8-1-3 外推累计误差校正示意图

在二维、三维波阻抗反演中，该方法均采用模型最佳自适应外推法实现。反演在储层段小时窗内进行，可以免去子波时变的复杂问题，减少计算量，提高反演精度。在反演过程中，采用了地质约束、精细标定、逐道外推、小时窗反演等细致的工作流程，克服了一般反演方法中模型道整体建模、反演受井模型约束过强、难以反映井间波阻抗细节变化的缺点，分辨率较高（3～5m），可满足中国陆相砂泥岩薄互层储层反演。

2. Seimpar 非线性拟测井曲线反演

大量的实验数据和实际资料分析表明，地下同一地质体的相同属性在不同的地球物理场中有类似显示，如对某一段砂岩或泥岩层，在地震波形、声波、密度、自然伽马、自然电位、电阻率等方面均有异常反映，虽然这些"异常"表现不一，但都是具体的地质特征反映。同一地质体的不同属性在不同地球物理场中有所侧重，如地震波场侧重于反映地质体的弹性力学性质，地震波场的变化，既可以反映岩性，也可以反映物性及含流体性质的变化，是地下地质体各种特征信息的综合反映；测井曲线如自然伽马反映放射性，自然电位反映渗透性等。地震信息和测井信息之间存在非线性关系。

分析表明，在一定条件下地震记录和测井曲线都具有分形特征，这是因为沉积地层经过漫长地质年代的多次地质作用，地下岩石的岩性、孔隙度、渗透性及岩石物理的分布表现出很强的非均质性及各向异性。对于这样的地质模型，一种方法是把它表示成块状或层状，每个规则区块或层段的地球物理变量，如波阻抗和孔隙率，可用其平均值来描述，这种方法难以描述储集体（层）的非均质性；另一种方法是把沉积地层看成在空间变化的随机变量，这种随机性通常被假设为具有高斯概率分布的白噪（如地震反褶积中的反射系数序列），这种假设也不完全符合地质规律。也就是说，对所研究的对象既不能用纯确定性理论，也不能用纯随机性理论，而应当寻求一种介于传统的确定性理论和随机性理论之间的一种方法。因此，用分形理论研究地震记录和测井曲线之间的关系是一种可行的途径。

地震记录与测井曲线之间的关系可以通过分维数或 Hurst 指数等分形参数将二者联系起来。通过大量的实验数据和实际资料分析表明：同一地质体的相同属性在地震记录和测井曲线中有类似反映，地震剖面的分维数，经测井曲线分维数精确标定后，可作为"测井曲线剖面"的分维数，可用于建立"测井曲线剖面"。

分形理论是由 Mandelbrot B B（1982）提出的，分形或分数维就是没有特征尺度却又具有自相似性的结构，分形可分为规则分形和随机分形。在自然界中能更好地描述自然现象的是随机分形，它的构造原则是随机的。随机分形的典型数学模型是分数布朗运动（FBM），诸多学者（Pentland A P，1984）通过对自然景物纹理图像的研究，证明了大多数的自然景物的灰度图像都满足各向同性分数布朗随机场模型（FBR），它具有自相似性、非平稳性两个重要特性，是一个非平稳的自仿射随机过程。如果将地震剖面看成一张二维图像，通过对地震剖面 FBR 场模型参数的研究，提取能够充分反映地震剖面的统计纹理特征，就可以有效地进行地震剖面的分析和处理。通常提高地震剖面分辨率的简单有效方法是进行内插，但传统内插方法会丢失纹理特征，而利用分形插值方法则可以产生高分辨率地震剖面，且能很好地保持原地震剖面的纹理特征。将分数布朗随机场模型 FBR 应用于地震反演，实现了 Seimpar 非线性拟测井曲线反演方法，得到了高精度的测井曲线反演结果。Seimpar 非线性拟测井曲线反演的实现主要包括如下三个步骤（撒利明，2003a，2003b；杨文采，1993a，1993b；杨午阳等，2004；撒利明等，2017）。

（1）建立地震剖面的分数布朗随机场模型。

分数布朗运动 $B_H(t)$ 是一非平稳的具有均值为 0 的高斯随机函数，其定义如下：

$$\begin{cases} B_H(0) = 0 \\ B_H(t) = \dfrac{1}{\Gamma\left(H + \dfrac{1}{2}\right)} \left\{ \int_{-\infty}^{0} \left[(t-s)^{H-\frac{1}{2}} - (-s)^{H-\frac{1}{2}} \right] dB(s) + \int_{0}^{\Gamma} (t-s)^{H-\frac{1}{2}} dB(s) \right\} \end{cases} \quad (8\text{-}1\text{-}6)$$

式中：H 为 Hurst 指数，$0<H<1$；$B_H(t)$ 为分数布朗运动随机场，是一连续高斯过程。

当 $H=1/2$ 时，$B_H(t)$ 为标准的布朗运动。分数布朗运动与布朗运动之间的主要区别在于分数布朗运动中的增量是不独立的，而布朗运动中的增量是独立的；在不同尺度层次上，分数布朗运动和布朗运动的分维值是不同的，分数布朗运动的分维值等于 $1/H$，而布朗运动的分维值都是 2。

Pentland A P（1984）给出了高维分数布朗随机场定义：设 $X, \Delta X \in R^2, 0<H<1, F(y)$ 是均值为 0 的高斯随机函数，$P_r(\cdot)$ 表示概率测度，$\|\cdot\|$ 表示范数，若随机场 $B_H(X)$ 满足：

$$P_r \left[\frac{B_H(X + \Delta X) - B_H(X)}{\|\Delta X\|^H} < y \right] = F(y) \quad (8\text{-}1\text{-}7)$$

式中：$B_H(X)$ 为分数布朗随机场；$\|\Delta X\|$ 为样本间距。

研究表明，H 可以反映地震剖面的粗糙度，据此可获得地震剖面的分形维数 D。由 H 可得地震剖面的分形维数为

$$D = D_T + 1 - H \quad (8\text{-}1\text{-}8)$$

式中：D_T 为地震剖面的拓扑维数。

$B_H(X)$ 具有如下性质：

$$E \left| B_H(X + \Delta X) - B_H(X) \right|^2 = E \left| B_H(X+1) - B_H(X) \right|^2 \|\Delta X\|^{2H} \quad (8\text{-}1\text{-}9)$$

式中：E 为数学期望。

利用式（8-1-9）即可方便地计算 H。

（2）地震剖面局部分维特征提取。

地震（或波阻抗）分维剖面与测井曲线分维数之间的关系在一定范围内标定后，可互相转换。这是因为在垂向上，由于地震剖面和测井曲线的分辨率不同，导致它们在具体数据上有不同的分维值，并且不同的测井曲线种类之间具有不同的分维数。横向上，

由于地层沉积有很好的稳定性和横向连续性，使得地层的横向分维数变化很小，并且"测井剖面"的横向分维数很难在实际中求得，利用地震剖面的分维数，用测井曲线分维数对其进行标定后，可代替"测井曲线剖面"的横向分维数，并用它建立"测井曲线剖面"是可行的。实际资料处理分析证实了这点。

但由于地震剖面可能从纵向上包含了若干个地质层位，在横向上穿过若干个地质构造单元，若要在整个剖面上谈分形自相似性，显然是不现实的。为此，引入局部分形的概念，把整个剖面划分成若干个具有相似地质特征的单元，且认为各单元内的地震特征是相似的。于是便可采用滑动小时窗，按如下步骤计算地震分形特征参数。

① 计算地震剖面上空间距离 ΔX 的数值差的期望值 $E|B_H(X+\Delta X)-B_H(X)|^2$。

② 由于实际地震剖面并不是完全理想分形的，所以需要确定一个尺度范围，在此范围内分维保持常数，此范围用尺度极限参数 $|\Delta X|_{min}$、$|\Delta X|_{max}$ 表示。具体可用如下方法求取：绘出分维图，即 $\lg\left[E|B_H(X+\Delta X)-B_H(X)|^2\right]$ 相对 $\lg|\Delta X|$ 的曲线。分维图中有一段曲线保持为直线，该范围的上、下限即可确定为 $|\Delta X|_{min}$、$|\Delta X|_{max}$。

③ 计算参数 H 和地震数据正态分布的标准差 σ。根据分数布朗随机场的性质及式（8-1-9）可以得到：

$$\lg\left[E|B_H(X+\Delta X)-B_H(X)|^2\right]-2H\lg|\Delta X|=\lg\sigma^2 \tag{8-1-10}$$

其中：
$$\sigma^2=E|B_H(X+1)-B_H(X)|^2$$

采用最小二乘法求解式（8-1-10），即可计算出 H 和 σ。

（3）非线性拟测井曲线反演。

根据地震数据，采用 FBR 模型，就可以通过迭代过程实现 Seimpar 反演，其迭代反演过程实质上是一种递归中点位移的过程，其递推公式按如下方式进行。对于点 (i,j)，假定当 i、j 均为奇数时，其对应的 B_H 已经确定；当 i、j 均为偶数时，有

$$\begin{aligned}B_H(i,j)=\frac{1}{4}\big[&B_H(i-1,j-1)+B_H(i+1,j-1)+B_H(i+1,j+1)+\\&B_H(i-1,j+1)+\sqrt{1-2^{2H-2}}\,\|\Delta X\|^2\,H\sigma G\big]\end{aligned} \tag{8-1-11}$$

而当 i、j 中仅仅有一个偶数时，有

$$B_H(i,j)=\frac{1}{4}\big[B_H(i,j-1)+B_H(i-1,j-1)+B_H(i+1,j)+B_H(i,j+1)+\sqrt[2-H]{1-2^{2H-2}}\,\|\Delta X\|^2\,H\sigma G\big]$$

$$\tag{8-1-12}$$

式中：G 为高斯随机分量，服从 $N(0,1)$ 分布。

由此可见，插值点的值完全由描述原始数据的分数布朗函数的 H 和 σ 决定。

式（8-1-11）、式（8-1-12）不能直接应用与反演，需要进一步改进。实际反演中以深度域波阻抗为地震属性约束，首先利用式（8-1-10）计算 H 和 σ，然后以经过敏感性分析选择的敏感测井曲线为基础，在地质层位模型约束下，反演油藏动态参数，在形式

上表示为

$$Z(x) = f_{\text{line}}(x) + f_{\text{uline}}(x)$$
$$= \frac{Z_H(W_1) - Z_H(x)}{Z_H(W_1) - Z_H(W_2)} Z_H(W_2) + \frac{Z_H(W_2) - Z_H(x)}{Z_H(W_2) - Z_H(W_1)} Z_H(W_1) + K\sqrt{1 - 2^{2H-2}} \|\Delta X\| H \sigma G$$

（8-1-13）

式中：G 为高斯随机分量，服从 $N(0, 1)$ 分布；σ 为地震数据（或波阻抗数据）正态分布的标准差；H 为反映地震剖面（或波阻抗剖面）的粗糙度；K 为标定系数；W_1、W_2 为控制井。

为了获得最佳的反演结果，定义如下目标函数：

$$J(K, \Delta X) = \left\| Z(W_i) - \tilde{Z}(W_i) \right\| \rightarrow \min$$

（8-1-14）

式中：W_i 为验证井；$Z(W_i)$ 为实际测井参数；$\tilde{Z}(W_i)$ 为反演伪测井参数。

调节标定系数 K 和剖面空间距离（或称无度量区长度）ΔX 可使目标函数达到最小。

$f_{\text{line}}(x)$ 是沿层线性插值函数，为一种平滑插值方法，表示基础数据。$f_{\text{uline}}(x)$ 是沿层非线性插值函数，为一种反映粗糙度的插值方法，表示调节数据。式（8-1-13）不是严格的分形插值函数，是对常规插值函数式（8-1-11）、式（8-1-12）的一种改进，其目的在于具有普遍的适应性和较高的精度，并加进了一项受 H 和 σ 影响的非线性函数，使得插值点的数据值完全由基础数据和调节数据决定。引入非线性函数 $f_{\text{uline}}(x)$ 的目的是通过加入随机因素，试图恢复光滑插值中所丢失的小尺度下的不规则信息，使反演结果更接近于实际数值。

（4）方法特点。

Seimpar 非线性拟测中曲线反演方法的特点可以概括如下：①反演中避免求取地震子波，充分利用地震、测井、地质等资料，基于信息优化预测等理论，采用非线性反演技术，通过分解、提取、合成、重建等手段来计算各种测井参数剖面，然后在多信息综合基础上进行测井反演和非线性反演，最终得到储层参数剖面。其特点是可分离出多种相对独立、物理意义明确、易于解释的信息。②地震（波阻抗）约束下的非线性拟测井曲线反演，可以区分某些波阻抗相近但地层性质不同（如孔隙度、矿物成分等）的地层，大大提高了分辨率，有利于地层的细节描述。同时，反演的各种测井剖面（数据体），可以作为储层岩性、物性含油气性研究的依据，为拓宽地震资料在油气开发领域的应用奠定了基础。

三、应用效果

T190 工区先后进行过两次三维地震资料采集，两次不同开发井网的调整，有两次测井资料，分别对应开发初期的基础井网和后期的加密井网。从资料条件来看，满足应用地震与时移测井相结合实现油藏监测的资料要求。从该工区的技术需求来看，需要精确的岩性预测结果、可靠的砂体展布特征及剩余油分布特征分析结果。

为了获得精确的岩性识别结果，确定单个砂体的几何形态，评估剩余油和油藏连通性，设计了如下预测流程。（1）利用高精度地震资料开展高精度外推三维波阻抗反演；（2）进行测井曲线敏感性分析，以确定最佳识别岩性曲线；（3）利用声波测井曲线结合地震处理速度场进行速度建模，并将三维波阻抗反演结果进行时深转换；（4）以深度域波阻抗结果为约束，采用多信息 Seimpar 测井曲线反演技术获得高精度的自然电位反演数据体；（5）开展时移测井曲线反演；（6）引入流动单元概念，开展剩余油预测。实践证明，联合高精度外推波阻抗反演和 Seimpar 非线性拟测井曲线反演得到的测井参数数据体，用于剩余油分布预测和油藏监测，识别出 2m 以上单层砂岩符合率达 80% 以上，依据这一成果部署了 32 口加密井，全部获得成功。

1. 高精度外推波阻抗反演确定岩性

高精度外推波阻抗反演的优点在于解释砂、泥岩薄互储层时，可有效地识别和划分特殊岩性体储层，划分油水边界。

经过前期精细地震资料解释，并通过抽取连井剖面综合分析，结合约束反演的处理要求，确定出反演处理的地震记录时窗为 0.90～1.10s。与此同时，对工区内提供的所有声波测井、自然电位测井资料做环境校正处理和归一化处理，以确保测井曲线的正确性。图 8-1-4 为单井波阻抗模型建立及层位标定结果，其中子波为零相位子波，主频为 57.9Hz，衰减为 1700，延迟为 12.5ms。

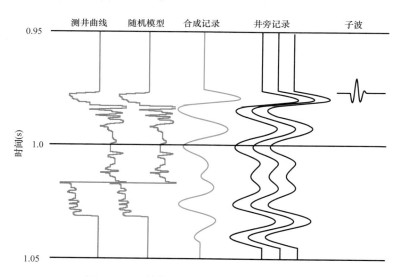

图 8-1-4　单井层位标定与波阻抗模型建立

在反演处理中，为使反演结果更符合实际地质情况，减少多解性，提高反演精度，需要对该工区的层位进行精细的构造解释，为反演提供可靠的地质模型。在 0.90～1.10s 的时窗内，以工区内可用的 22 口井的井旁道波阻抗模型为基础（全工区只有 22 口井有声波和密度资料）。图 8-1-5 为在地质模型、地震特征等条件约束下，采用全局优化寻优算法，迭代反演三维波阻抗数据体。

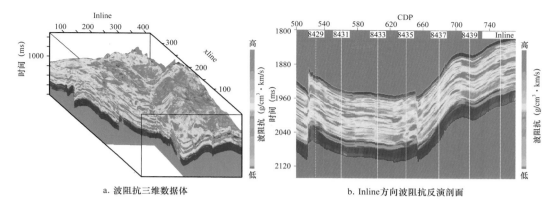

a. 波阻抗三维数据体　　　　　　　　b. Inline方向波阻抗反演剖面

图 8-1-5　波阻抗三维数据体和某 Inline 方向波阻抗反演剖面

如图 8-1-5 所示，在三维波阻抗反演过程中，依据在三维面元中提取的地震特征信息及地质模型迭代修改反演道的波阻抗模型，反复迭代出最终反演道的波阻抗模型，使得反演后各井间的波阻抗特征相似性及分辨率明显高于常规地震剖面，不仅地层间的接触关系清晰，地层岩性信息更加丰富，而且能反映出岩性、岩相的横向变化。

2. Seimpar 非线性拟测井曲线反演确定砂体空间展布

敏感测井曲线的选取是实现拟测井曲线反演的重要基础，通过对本区 50 余口井测井资料的综合分析，发现自然电位曲线能够较好地反映本区储层特征，可区分储层和非储层，并在研究区能够较好地实现横向对比，全面反映储层的空间展布特征。因此，最终选择自然电位曲线作为敏感测井曲线，开展以自然电位曲线反演为基础的砂体空间展布特征研究。

在外推波阻抗反演提供的高精度波阻抗数据体基础上，将三维波阻抗数据体作时深转换，得到深度域三维波阻抗数据体。此外，为了提高自然电位反演精度，将三维深度域波阻抗数据体重新采样为 0.5m，以便反演中进一步借助测井的纵向高分辨率资料。在深度域分 12 个层位解释三维波阻抗数据体，以获得准确的地质模型约束，并根据井上的自然电位曲线精确标定波阻抗。然后根据变异剖面，确定最佳寻优区间，并以此作为 Seimpar 反演的基础与精度控制的依据。最终以波阻抗的变化率和自然电位测井资料为约束条件，利用人机交互多次标定和校正，全局寻优计算得到反演的自然电位三维数据体，图 8-1-6 为某 Inline 方向反演自然电位剖面。

根据反演结果，在自然电位反演结果上进行了单砂体定量解释，对目的层 60m 的层段区精细解释出 12 个单砂层，解释的最小单砂体厚度接近 2m。综合各层的预测符合率，2～3m 以上单层砂岩达 80%，很好地解决了砂体识别难题，为计算砂体厚度，落实砂体在空间的展布，提供了良好基础。

3. 时移测井曲线反演预测剩余油分布

T190 工区油藏非均质性强、水驱过程复杂，给高含水期剩余油分布规律研究带来了很大困难。因此，在上述反演基础上，首先建立了开发初期油层油藏地质模型，图 8-1-7 反映了油藏开发初期油层在三维空间上的分布、构造形态、井间油层连通性等特征。然

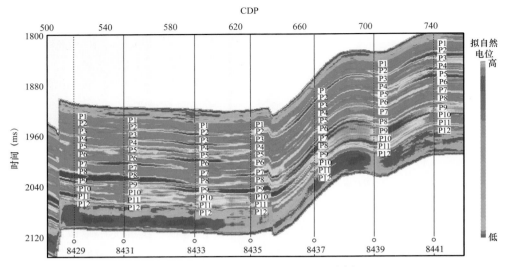

图 8-1-6　某 Inline 方向反演自然电位剖面

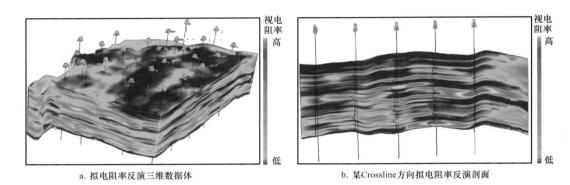

a. 拟电阻率反演三维数据体　　　　　b. 某 Crossline 方向拟电阻率反演剖面

图 8-1-7　油藏开发初期的拟电阻率反演三维数据体和某 Crossline 方向拟电阻率反演剖面

后建立开发后期油藏地质模型，结合该区碳氧比（C/O）测井资料，引入了流动单元的概念，开展剩余油分布预测，在平面上确定剩余油的平面展布规律。最后根据这些认识，在该区块划分了剩余油分布的有利区，并新部署 34 口加密井，除两口井地质报废外，其余全部获得成功，地质报废率由原来的 14.28% 下降到 5.88%。加密调整后，开发效果得到改善，采出程度由 11.56% 提高到 15.18%，综合含水由 80.81% 下降到 76.23%。

1）油田开发后期动态地质模型建立

为了了解研究区油层水淹状况，1998 年对位于低幅度构造高部位的 T-56 区进行了碳氧比能谱测井，测量井段为 1138～1204m，共测了 5 层。所测曲线重复性好，能较好地反映地层含水状况。通过对曲线进行定性分析和定量解释：1158.6～1160.3m 的 1 号层，判定为低含水层；1170.1～1171.4m 的 2 号层，判定为中含水层；1189.4～1190.0m 的 3 号层，判定为中含水层；1190.4～1192.0m 的 4 号层和 1199.9～1201.0m 的 5 号层判定为高含水层（表 8-1-1）。

表 8-1-1 T-56 区碳氧比解释结果

分层	深度范围（m）	层厚（m）	含水饱和度（%）	束缚水饱和度（%）	孔隙度（%）	泥质含量（%）	解释结论
葡 I 2-1	1158.6～1159.6 1159.6～1160.3 1158.6～1159.6	 1.6	36.9 52.4 42.9	16.7 32.9 22.9	26.7 25.6 26.3	9.6 20.7 13.8	低含水
葡 I 4	1170.1～1171.1 1171.1～1171.4 1170.1～1171.4	 1.3	54.8 60.0 55.9	15.1 21.0 16.3	25.7 25.9 25.8	9.1 15.7 10.4	中含水
葡 I 7	 1189.4～1190.0	 1.6	54.6 54.6	19.4 19.4	24.3 24.3	12.2 12.2	中含水
葡 I 8	1190.4～1191.4 1191.4～1192.0 1190.4～1192.0	 1.6	62.6 69.5 65.3	18.3 18.7 18.5	25.0 26.9 25.7	9.3 15.2 11.6	高含水
葡 I 9	1199.9～1200.9 1200.9～1201.0 1199.9～1201.0	 1.1	61.8 66.6 62.3	15.0 36.1 17.4	25.5 25.0 25.4	10.1 24.9 11.7	高含水

为了进一步研究该区油层的动用状况，对 7 口注水井进行了同位素测井，测试资料统计结果表明，射开总层数 18 个层，吸水层数 13 个，占 72.2%；射开总厚度 22.7m，吸水厚度 19.1m，占 84.1%（表 8-1-2），与相邻的太南油田及葡北油田相比，相差 15.9～26.7 个百分点，表明该区油层的动用状况较差。

表 8-1-2 T190 工区注水状况统计表（部分井）

井号	吸水层			吸水厚度			注入压力（MPa）
	射开层（个）	吸水层（个）	吸水层/射开层（%）	射开厚度（m）	吸水厚度（m）	吸水厚度/射开厚度（%）	
T54-33	5	3	60.0	4.6	4.0	86.9	14.5
T58-35	3	3	100	4.7	4.7	100	13.0
T60-31	7	5	71.4	10.2	7.6	74.5	14.5
T62-39	3	2	66.6	3.2	2.8	87.5	17.0

在一次加密井网中，井网密度相对较大。通过密井网丰富的油藏动态地质信息，建立开发后期油藏地质模型，以此作为模型约束条件，利用随机非线性映射的方法建立测井与地震之间的对应关系，井点以井曲线为准，井间利用丰富连续的波阻抗信息进行拟测井参数反演，最终得到开发后期油藏地质模型（图 8-1-8）。

2）利用开发后期油藏地质模型开展流动单元的研究

针对该区块砂泥岩薄互层岩性复杂（高泥、高钙）的特点，从开发后期剩余油分布规律研究出发，认为等渗流特征是储层流动单元的最基本特征。因此，将储层流动单元定义为储集体空间上渗流特征有别于相邻储层的最小流体储集和运动单元，也就是说，此储层流动单元可定义为相对独立控制油水运动的储层单元。

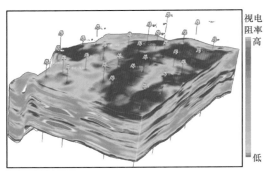

a. 拟电阻率反演三维数据体　　　　b. 某Crossline方向的拟电阻率反演剖面

图 8-1-8　油田开发后期电阻率反演三维数据体及某 Crossline 方向开发后期电阻率反演剖面

流动单元间连通体内部的渗流能力存在一定的差异，这种差异性反映在流动单元的类型上。在流动单元研究中，选择渗透率、孔隙度、存储系数，渗流系数和有效厚度五种参数，应用综合评判的方法，对葡Ⅰ油层组进行分类评价。

根据取心井各流动单元内每个分析样品得分的集中分布程度，应用聚类分析方法，将所有样品按得分分为三类，即将本区储层流动单元分成三类（图 8-1-9）。

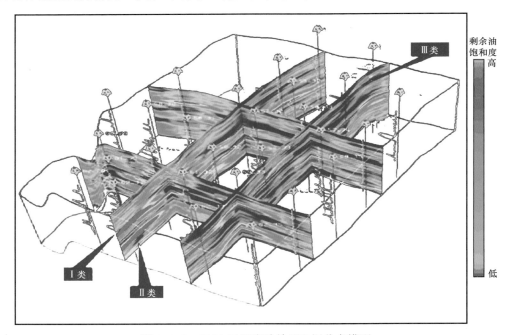

图 8-1-9　T190 工区流动单元空间分布模型

Ⅰ类流动单元流动性能最好（红色），葡Ⅰ油层组三角洲外前缘相稳定主体席状砂和内前缘水下分流河道砂属于Ⅰ类流动单元，与其他砂体类型相比，其有效厚度、孔隙度、渗透率、渗流系数、存储系数均最大（表8-1-3）。

Ⅱ类流动单元流动性能中等（黄色），外前缘条带状砂和非主体席状砂属于此类，其流动单元各项表征参数比透镜状砂体高，但比主体席状砂低（表8-1-3）。在葡Ⅰ油层组三角洲内前缘砂体中水下分流浅滩砂属于Ⅱ类流动单元。

Ⅲ类流动单元流动性能较差（蓝色），各项流动单元表征参数其变化范围和平均值均最低。在葡Ⅰ油层组三角洲内前缘储层中水下分流间透镜状砂体和部分水下分流浅滩砂及外前缘透镜砂体属于此类流动单元（表8-1-3）。

3）剩余油分布特征分析

T190工区开展数值模拟，模拟区面积3.04km^2，井数16口（其中油井11口，水井5口，油水井数比2.2。截至1998年底，该区采出程度为10.6%，综合含水为63.06%。该区开发井的历史拟合，是在精细沉积相研究基础上，利用沉积微相控制砂体边界，在葡Ⅰ1_1-8_2沉积单元上进行的（因后10个沉积单元主要发育的是水砂），拟合出1998年底的采出程度为10.1%，综合含水为67.0%，拟合结果与实际开采状况吻合。由历史拟合的结果可得出模拟区剩余油的分布状况（图8-1-10），与储量动用状况对应较好。

表8-1-3 T190工区葡Ⅰ组油层流动单元分类与评价表

流动单元类别		Ⅰ	Ⅱ	Ⅲ
砂岩厚度（m）	平均值	2.5	1.1	0.9
	变化区间	1.5～4.1	0.3～2.0	0.3～1.9
有效厚度（m）	平均值	2.3	0.9	0.7
	变化区间	1.5～3.8	0.2～1.7	0.2～1.5
净毛比	平均值	0.92	0.77	0.77
	变化区间	0.64～1.00	0.20～1.00	0.33～1.00
孔隙度（%）	平均值	24.9	24.3	23.2
	变化区间	21.2～28.8	19.1～28.5	18.5～25.8
渗透率（mD）	平均值	425.5	326.9	85.7
	变化区间	126.7～1182.0	67.0～695.8	27.9～542.0
存储系数	平均值	57.27	21.87	16.24
	变化区间	38.72～92.72	4.38～42.0	5.16～39.78
渗流系数	平均值	197.31	50.56	14.91
	变化区间	52.53～532.20	4.11～232.91	1.60～66.37
分选系数	平均值	3.66	4.39	6.63
	变化区间	1.56～9.92	1.58～13.80	0.67～13.35

续表

流动单元类别		Ⅰ	Ⅱ	Ⅲ
粒度中值（mm）	平均值	0.164	0.160	0.127
	变化区间	0.101～0.235	0.101～0.314	0.068～0.198
沉积微相		RM SR SM	RB RS	SS SL RL
比例		35.07	47.76	17.16
评价结果		最好	中等	较差

注：RM—三角洲平原分流主河道；SR—三角洲平原分流浅河道；SM—三角洲内前缘水下分流主河道；RB—三角洲平原分流边滩；RS—三角洲内前缘水下分流浅河道；SS—三角洲外前缘主体席状砂；SL—三角洲外前缘透镜状砂；RL—三角洲外前缘条带状砂。

如图 8-1-10 所示，剩余油平面上分布受局部构造及断裂分布控制，主要分布在断层边部及局部构造高点上。剩余潜力平面分布特征统计结果表明，Ⅰ类流动单元虽然累计有效厚度和地质储量较大，但是大部分层已水淹，水淹比例为 73.2%，剩余储量占地质储量的 31.7%。Ⅱ类流动单元累计有效厚度最大，水淹比例 80.5%，剩余储量最大，占地质储量的 44.6%。Ⅲ类流动单元有效厚度占比较小，但是水淹比例最低，为 71.9%，剩余储量占地质储量的 42.7%。

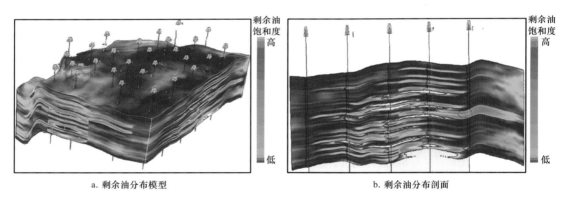

a. 剩余油分布模型　　　　　　　　　　　　　　b. 剩余油分布剖面

图 8-1-10　油田开发后期剩余油分布模型及某 Crossline 方向剩余油分布剖面

从纵向剩余潜力统计结果看，油层中部葡Ⅰ6-9 砂岩组为内前缘相沉积，其储层物性好，单层厚度大，平均 1.4m，因而储层动用状况较好，剩余储量占总剩余储量比例仅为 26.3%。该区的剩余潜力主要集中在油层上部葡Ⅰ1-5 砂岩组，这些层以外前缘相薄层席状砂为主，水淹程度低，剩余储量占总剩余储量比例达到 73.7%，表明该区剩余潜力主要分布在葡Ⅰ组油层的上部，中部次之，下部没有剩余潜力。

利用地震、地质、测井和动态资料并结合油藏数值模拟结果综合分析表明，T190 工区主要存在断层遮挡型、注采不完善型、透镜砂体型和单向受效型四种类型剩余油。

（1）断层遮挡型：T190 工区断层发育，位于断层边部的油井因为断层遮挡，靠近断层一侧存在剩余油，此类剩余油占该区剩余油地质储量的 40.1%，为主要的剩余油类型。

（2）注采不完善型：主要分布在内前缘及过渡相砂体中，由于现注采井网的局限性，造成整个条带上有采无注或有注无采，使得油层动用差或根本未动用。此类剩余油占该区剩余油地质储量的 37.3%，为主要的剩余油类型。

（3）透镜砂体型：此类剩余油占该区剩余油地质储量的 8.2%。

（4）单向受效型：一般主要分布在内前缘相中，由于条带状砂体的一边靠近砂体变差部位，或只有一个来水方向，从而造成另一方向的区域未动用或动用不好。此外，外前缘相席状砂在断层边或砂体尖灭区附近，一般也多有分布。此类剩余油占该区剩余油地质储量的 6.8%。

四种主要类型剩余油合计占该区剩余油地质储量的 92.4%，其他类型合计剩余油仅占该区剩余油地质储量的 7.6%。

该区油藏特征研究结果表明，局部构造与砂体发育带有机配置是控制油气富集的主要因素，三个局部构造所处部位储层发育，含油层数多，油柱高度大，储层物性好，是加密调整的主要部位。而三个局部构造间的向斜部位砂体不发育，且为油水同层，不具加密价值。

该区位于区块西北部的局部构造上，共有 6 个微幅度构造，圈闭面积 1.52km²，幅度 3～8m（表 8-1-4）。油层有效厚度 3.0～10.2m，平均 5.5m，主力层为葡 I 油层组 2、4、6、7 层。

表 8-1-4　T-56 区微幅度构造要素表

微幅度构造编号	面积（km²）	幅度（m）	闭合等高线（m）	高点测线位置（x, y）	备注
P35	0.38	8	-1015	（160.0，107.0）	T-56 区
P37	0.17	3	-1025	（158.8，146.0）	T-56 区
P38	0.06	8	-1015	（253.8，56.5）	T-56 区
T39	0.84	5	-1017	（258.0，198.0）	T-56 区
T40	0.04	4	-1005	（319.0，332.0）	T-56 区
T41	0.03	3	-1015	（322.5，328.0）	T-56 区
合计	1.52				

四、结论与建议

油田开发方案的制定和调整是一项系统性工程，如何突破常规思维方式，在现有资料基础上，探索真正适合地区特点的解释方法和预测技术，加强多信息的结合，是利用地震技术解决油田开发问题的关键。通过对 T190 典型工区的解剖，得到如下几点认识。

（1）针对中国陆相含油气盆地砂泥岩薄互油气储层非均质特点，联合应用地震和时移测井资料的非线性拟测井反演方法，建立不同开发阶段三维空间油藏动态参数变化分布模型，进行油气藏动态监测，预测剩余油分布，是一种可行的方法。

（2）针对储层预测不同类型数据尺度匹配难题，引入分数布朗随机场模型来解决不确定性问题，通过其自相似性、非平稳等特性能够较为充分地反映地震数据中的统计特征，并指导实现高精度外推波阻抗反演及 Seimpar 非线性测井曲线反演，经过高精度时深转换，获取深度域波阻抗结果，最后将其应用于时移测井曲线反演，是一种解决尺度缩减问题的有效尝试。

（3）通过建立时移测井反演实现油藏动态监测技术流程，对实现由三维储层静态模型向四维动态模型方向发展具有一定的借鉴意义，对定量四维解释的流程方面做了很多有益的尝试。四维反演流程对从地震监测系统中获取地震信息非常关键。未来生产数据和地震数据的联合反演将会是一个非常重要的课题。时移数据不光包括时移地震数据，也将包括一切与时间变化有关的数据。

第二节　松辽盆地长垣油田井震结合精细油藏描述技术与应用

大庆长垣油田为大型浅水湖盆河流—三角洲沉积，构造具有平缓、幅度小、断层发育、断距小的特征，储层具有砂泥互层、平面非均质强和单层砂岩厚度薄的特点。投入开发 50 多年来，依赖大量不断增加的钻井、测井资料深化构造、储层等地质认识，有效指导了精细开发调整挖潜。随着油田开发进入特高含水后期，剩余油分布更加零散，挖潜技术难度不断增大。井网逐渐加密过程的调整效果表明，单纯依靠井点资料对微幅度构造形态、小断层分布以及砂体预测存在不确定性。因此，按照"整体部署，分步实施，示范先行，稳妥推进"的长垣开发地震部署原则，2007 年 8 月在萨尔图油田部署了 690km² 高密度三维地震，旨在通过井震结合进一步提高构造和储层描述精度，深化地质特征再认识，为老油田精细调整挖潜提供有效技术支撑。以大庆长垣油田萨北开发区 B2X 区块、B3X 区块为例，展示密井网条件下地震目标处理、井震结合精细构造和储层描述技术，以及利用研究成果指导剩余油精细调整挖潜方案编制的应用效果。

一、工区概况与技术需求

1. 地质背景

1）构造特征

萨北开发区构造上为长垣北部不对称短轴背斜，地层倾角 1°～2°。在葡萄花油层顶面构造图上，构造最高点为 –696.9m，以 –1024m 圈闭线计算，闭合高度 327.1m，闭合面积 118.8km²。油藏地面海拔 148～152m，油层深度 700～1200m。在含油面积内发现断层 55 条，其中断失油层部位 43 条，断层类型都属正断层，走向多为北北西向，延伸长度最大为 7.4km，断距一般为 25～30m，具有良好的封闭性。

2）储层特征

萨北开发区属于松辽盆地北部沉积体系的大型叶状三角洲沉积。该时期湖泊的水域受构造运动、气候周期变化及河流—三角洲位置变迁等因素的影响，湖面波动频繁，湖岸线摆动大而迅速。主要储层位于中部含油组合，从下到上高台子油层沉积主要为三角洲内外前缘相，平均地层厚度 75.8m，平均储层累加厚度 8.2m；葡萄花油层主要为泛滥平原—分流平原相沉积，平均地层厚度 59.6m，平均储层累加厚度 17.9m；萨尔图油层主要为三角洲内外前缘相沉积，平均地层厚度 106.8m，平均储层累加厚度 29.8m。储层在纵向上层数很多，单层厚度从 0.2m 至十几米以上，高低渗透层、厚薄油层交互分布。

3）油藏类型

萨北开发区油藏类型为背斜型砂岩油藏，无气顶，短轴背斜构造。边水底水不活跃，天然驱动能量小，采用人工注水驱动方式开采。油水分布基本上受构造控制。在构造形成时伴生一些中小型正断层，断层对原始油水分布不起封隔作用，各油层属同一水动力系统，油水界面在海拔 –1050m。在纵向上，从上至下是纯油层、油水同层、水层。

萨北纯油区包括 B2X、B3X、B2D、B3D 四个区块，其中，研究区 B2X 区块位于萨尔图油田萨北纯油区西部（图 8-1-1），面积 23km²。工区构造较为平缓，地面平均海拔 150m 左右，地层倾角 1°～3°。该区断层较多，共发育断层 18 条，均属正断层。断层走向均为北北西向，平均倾角 52°左右，最大延伸长度为 6.6km，最小只有 0.5km。断距较大，最大断距 92.0m，最小断距 1.2m。精细地质研究结果表明，区内共发育萨尔图、葡萄花和高台子三套油层，属于早白垩世中期松辽盆地北部一套大型河流—三角洲沉积。储层形成于松辽盆地青山口组水退旋回晚期至姚家组—嫩江组水进旋回早期，油层埋藏深度 870～1200m，沉积地层总厚度约 380m，划分为 8 个油层组、32 个砂层组、108 个沉积单元。砂泥质交互分布，非均质性严重。

2. 开发历程

B2X 区块于 1964 年投入开发，目前共有 6 套开发井网。1964 年投产的基础井网分萨尔图油层和葡萄花油层两套层系开采，采用行列注水井网；1973—1976 年对萨尔图、葡萄花主力油层的中间井排进行点状注水，为完善断层区块注采关系进行了注采系统调整；1981 年对葡II组、高台子中、低渗透油层进行了一次加密调整；1986 年对基础井网、一次加密调整井网进行全面转抽。1994 年对萨尔图、葡II组、高台子薄差层进行全面二次加密调整；同年又对葡I组主力油层进行了聚合物驱开采，其中 B2X 区块东块调整对象为葡I 1-7 油层，采用注采井距 250m 的五点法面积井网；2004 年对萨尔图、葡萄花、高台子所有动用较差或未动用的剩余油层进行三次加密调整，主要是表外储层和有效厚度小于 0.5m 的薄差层，采用注采井距 250m 的五点法面积井网；2004 年又对萨II组、萨III组二类油层进行聚合物驱开发，采用注采井距 150m 的五点面积井网（表 8-2-1）。经过 50 多年的开发，现已进入特高含水开发阶段，水驱和聚合物驱在该区共同开发，平均综合含水率已经超过 90%，剩余油分布复杂，挖潜难度很大，各类油层动用状况不尽相同。

表 8-2-1　萨北开发区 B2X 区块历程汇总表

井网	开采层系	开采年份	开采对象	井网方式	井排距离（m×m）
基础井网	萨尔图油田主力油层	1964	主力油层	行列井网	500×500
					600×500
	葡萄花油田主力油层			行列井网	900×500
					1000×500
一次加密	葡Ⅱ组、高台子	1981	中—低渗油层	反九点	250×300
二次加密	萨尔图油田	1994	差油层	不规则线状 + 反九点	250×250
	葡Ⅱ组、高台子油田		差油层	五点法	
聚驱井网	葡Ⅰ组	1994	主力油层	五点法	250×250
三次加密	萨尔图油田、葡萄花油田、高台子油田	2004	差油层	五点法	250×250
二类油层聚驱井网	萨Ⅱ组、萨Ⅲ组	2004	主力油层	五点法	150×150

3. 资料条件

1992 年为了搞清断层分布，在大庆长垣萨尔图等油田进行了二维地震数据的采集。为了进一步落实小断层和薄储层的分布特征，2008 年底完成了萨尔图油田 690km^2 高密度三维地震采集，涵盖了 B2X 区块，2010 年完成了高保真地震资料处理和一次地震解释工作。研究区井资料丰富，具有齐全的井位、小层数据、沉积相数据库、断点数据库及测井曲线等基础数据，齐全详实的数据为后续井震结合精细油藏描述奠定了可靠的数据基础。

4. 地质需求

随着油田开发进入特高含水期，剩余可采储量逐年降低，新增可采储量难度很大。随着井网不断加密，井间断层和储层变化依然难以确定，注采关系及井网形式出现的不适应性制约着剩余油挖潜。主要地质需求有两点。

（1）井间微幅度构造和断层分布特征需要进一步落实。

2008 年以前仅利用井资料进行断点组合的组合率最高只有 85% 左右，还存在部分小断层及孤立断点无法组合；在井网密度平均高达 90 口 /km^2 情况下，仍然存在井资料无法认识的井间断层，影响井间注采关系的完善；沿断层走向设计水平井或沿断层面倾向设计定向井时，断层三维空间分布特征及断层边部微构造不能精确刻画；利用水平井挖潜厚油层内部剩余油时，井间构造精度不够高；过渡带边部构造特征不清，过渡带外扩潜力不明。

（2）井间砂体预测精度需要进一步提高。

井网加密后，解释的河道砂体连续性发生改变、多期河道叠置、河道边界变复杂且河道规模变化较大，井间砂体认识存在多解性；三类油层砂体分布更加零散和复杂；沉积微相组合结果往往因人而异，砂体平面微相组合存在多解性，现有地质模式绘图方法更多地依据井资料、地质模式和经验。

5. 地球物理问题

三维地震技术具有空间密度大、地质信息丰富的优势。引入高精度三维地震技术，开展井震结合精细油藏描述技术研究，对于解决井间断层和构造认识不足、井间砂体预测精度低等问题具有重要意义。但是，对于油田开发后期，如何将已有的地质研究成果与三维地震信息有机结合进行精细油藏描述、提高密井网条件下陆相多层砂岩油田构造解释精度、减少储层预测多解性，尚无成熟的地震解释思路和技术可供借鉴，主要存在以下难题。

（1）老油区、城区开展高密度三维地震采集施工难度大。

在有着近五十年开采历史的老油区和大面积现代化城区开展高密度三维地震采集国内外尚属首次。如何在不影响油田正常生产的前提下，解决油城建筑集中、采油区井网密布、地面湖泊众多、地下管线纵横交错、表层激发岩性横向变化剧烈等诸多不利条件对采集带来的影响，获得高品质的三维地震采集资料，是开发地震研究要解决的首要问题。

（2）薄层叠置河道砂体预测对地震资料纵向分辨率要求高。

现有地震处理技术难以满足密井网、多层砂岩油田开发中后期精细刻画井间窄小砂体展布规律的要求，如何进一步利用好已经获得密井网资料，实现在地震资料处理过程中消除地表和近地表因素的影响，正确保留反映砂体所需要的地震动力学信息，是面向开发后期油藏描述的地震资料高分辨率保真处理的关键问题。

（3）薄层砂体注采关系对小断层识别精度要求高。

密井网条件下，构造描述精度要求高、井资料识别井间断层难、地震识别小断层精度仍然不够，如何充分利用大量密井网断点及地震信息，提高小断层解释精度，构建长垣油田新的构造认识体系，是油田特高含水期进一步提高采收率的第一要务。

二、关键技术

1. 油城区高密度三维地震采集技术

在老油区和现代化城区建筑物密集、地下管网纵横交错等不利条件下开展高密度三维地震采集，由于激发药量、激发深度、激发岩性、表层结构等对地震波的吸收衰减和油区生产井的干扰噪声都会影响地震资料采集频带、高频信号能量和地震子波稳定性等

（刘振宽等，2004），为了克服上述因素对地震采集的影响，经过不断试验研究，形成了油区和城区高密度三维地震采集技术。

1）观测系统关键参数设计

线束方位角：一是尽量与相邻工区一致，便于后续构造和储层整体研究和认识；二是与油田开发井排的方向尽量一致，便于井震对比研究；三是与主体构造和断层走向尽量垂直，便于提高构造成像精度。综合考虑上述因素，确定工区线束方位角109°。

观测系统类型：考虑到主要目标为小断层和薄砂体，采集时必须保证对极小地质目标体有足够的采样，并减少由观测系统造成的采集脚印。因此，采用小面元、高覆盖、较宽方位角的观测系统，确保各个面元的属性尽量均匀。

面元大小：一是根据地震成像原理，满足偏移成像时不产生偏移噪声、30°绕射收敛的要求，提高横向分辨率；二是满足假频不污染有效信号、不降低分辨率、能识别窄小河道的采样要求。

经充分论证，最终确定16线6炮正交线束状观测系统，3520（220道×16线）道接收，10m（纵）×10m（横）面元，总覆盖次数80次（表8-2-2）。

表 8-2-2　长垣油田萨尔图工区三维工区观测系统参数一览表

参数	数值	参数	数值
观测系统类型	正交	检波线方位角（°）	109
面元尺寸（m×m）	10×10	炮点距（m）	20
覆盖次数	10（纵）×8（横）次	接收线距（m）	120
观测系统	16L 6S 220R	炮线距（m）	220
接收道数	3520	最小非纵距（m）	10
道距（m）	20	最大非纵距（m）	950
线束横向滚动距（m）	120（1个检波线距）	纵向最小炮检距（m）	10
纵横比	0.43/T1：0.48/T2：0.63	纵向最大炮检距（m）	2190
纵向排列方式	2190-10-20-10-2190	最大炮检距（m）	2387

2）障碍物区域变观技术

利用高清卫片，根据楼区、建筑分布情况，结合特观设计技术，设计城区炮点和检波点位置。采集过程中，技术人员配备了双星系统GPS设备，根据障碍物的分布特点，实时调整点位，确保了炮点和检波点的位置精度；使用平底座检波器，用石膏粘紧在地面上，并盖上砂袋，解决了水泥、沥青及大理石地面无法正常插置检波器的问题；通过管线分布图，了解地下管线分布情况，及时调整炮点位置，杜绝了管线穿漏现象发生。

3）单炮地震记录质量评价

按照上述观测系统，通过野外严格的施工和质量控制，取得了高质量的地震采集资料，单炮记录信噪比高。从 BP（50，60，120，140）Hz 单炮分频扫描记录看，全区主要目的层萨尔图、葡萄花、高台子油层位于 T_1—T_2 地震反射层之间，连续性较好；从 BP（60，70，140，160）Hz 分频扫描记录看，大部分区域 T_1—T_2 地震反射层之间可见连续反射，部分区域为断续反射（图 8-2-1）。从质量平面分布特点看，长垣油田内部呈现出高点处信噪比低、平缓处信噪比高、西部信噪比低、东部信噪比高的特点。

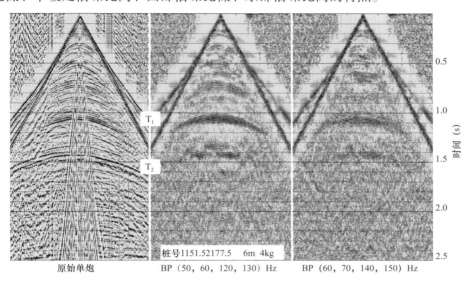

图 8-2-1　三维工区单炮地震记录

影响地震采集资料质量的主要因素是城区附近噪声强，水域激发接收条件差，表层结构异常区吸收衰减以及长垣构造顶部散射作用影响（陈志德等，2010，2014）。

2. 沉积模式指导下的高保真地震目标处理技术

地震资料处理旨在消除野外地震采集过程中的各种干扰因素，恢复地下介质的真实地震反射特征。无论是构造解释还是储层岩性预测，其解释和预测效果在很大程度上依赖于地震资料处理质量。近年来，松辽盆地针对岩性油藏的地震资料处理技术取得了长足发展，提高了长垣两侧构造解释和薄层储层预测精度，在薄互层岩性目标识别和井位设计中发挥了重要的作用。面对油田开发的需求，地震资料处理成果的分辨率和保真性均需进一步提高，为此，发展了沉积模式指导下的高保真地震目标处理技术。

1）密井网开发区地震目标处理思路和流程

利用地震技术能否可靠刻画小断层和预测砂体的展布特征，关键在于地震资料处理过程能否实现振幅高保真前提下的高分辨率成像。B2X 区块位于油城区，地震工区地表条件复杂，油井密集、建筑集中、水泡众多、交通发达，地下管网纵横交错，导致变观多、激发药量不一致，使地震资料中干扰严重，横向能量不一致。同时原始地震资料中面波、浅层折射波、交流电、异常道、次生波、厂矿固定源以及油井干扰等噪声发育，类型众多，降低了地震资料的信噪比。处理过程中仅依靠现有的处理内部质控手段，还难以判断复杂地表及近地表条件引起的地震资料横向能量变化及子波影响是否得到有效去除。地震处理成果保真度的判别一直制约着地震处理参数和方法的优选，增加了地震资料保真处理的难度。通常的地震处理区块仅有少量井资料，处理目标往往依据"高信噪比、高分辨率、高保真度"的"三高"标准（刘企英，1994）。对 B2X 区块而言，地震处理的有利条件是具有多年基于密井网解剖形成的地质研究成果，包括密井网地质精细解剖所获得的构造形态、断层特征和沉积微相等先验信息，能够客观地反映地下构造和储层的整体分布特征。这既可以为地震处理过程中的流程和参数优选提供依据，又可以检验地震处理资料的地质解释能力，指导处理方法和处理参数的优选。基于这种开发地震处理思想，设计一套基于沉积模式认知的高保真开发地震目标处理技术流程（图 8-2-2）。要求针对开发地质目标进行处理流程和参数优选，处理结果基本能够反映基于井资料研究的地质先验信息。B2X 区块目标处理采取解释全程反馈式质量监控模式，在高保真地震处理流程、参数优选及质量控制中，一方面依据地震处理原理和"高信噪比、高分辨率、高保真度"的"三高"标准；另一方面，在基于处理内部精细的参数试验和严格质量控制的基础上，在静校正、振幅补偿、反褶积和叠前偏移等关键环节进一步优化处理方法和参数过程中，充分利用研究区井网密集、地质认知程度高的有利条件，用密井网地质分层数据与地震同相轴起伏形态是否一致检查静校正参数，用地震沿层振幅切片与砂岩等厚图的相似性检查反褶积处理参数，用地震断层与井点断层位置偏差检查偏移参数等，使开发地震处理目标更加明确和具体，最终实现振幅高保真基础上的高分辨率地震处理（王元波等，2014）。

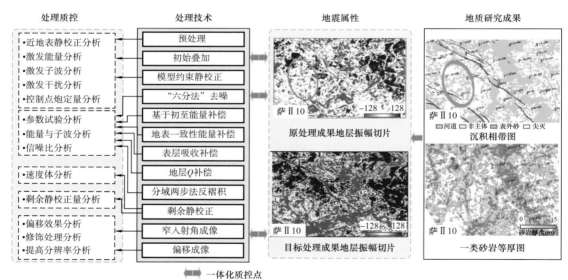

图 8-2-2　地质模式指导下的地震处理技术流程

2）地震目标处理效果分析

以储层沉积模式为参照，通过地震处理与解释 30 余次的反复结合和 1800 余张沿层属性切片的分析对比，逐步优化处理方法和参数，在对保真处理起至关重要作用的反褶积环节上做出改进。与常规地震处理类似，通过地表一致性反褶积和预测反褶积组合，实现消除地表影响、同时提高纵向分辨率的目的。另外，通过不同反褶积处理解释结果与目的层地质研究成果匹配程度分析，改进了常规的反褶积方法，形成了"分域两步法地表一致性反褶积"技术，提高了地震处理成果的保真性。如图8-2-3所示，采用"分域两步法地表一致性反褶积"处理的萨Ⅱ9层振幅变化特征（图8-2-3c）比采用"地表一致性＋多道预测反褶积"方法（图8-2-3a）时更明显，砂体展布的趋势及其边界更清晰，与图8-2-3b中的河道砂体展布趋势有较好的一致性。针对河道砂的沿层地震振幅与储层岩性的符合程度达到67%，而"地表一致性＋多道预测反褶积"方法的符合程度为61%，说明"分域两步法地表一致性反褶积"方法的保真性更好。

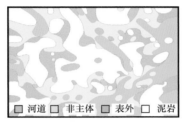
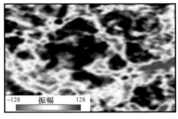

a. 地表一致性+多道预测　　　　　b. 萨Ⅱ9层沉积相带图　　　　　c. 分域两步法地表一致性

图 8-2-3　不同反褶积方法与沉积相带图对比

应用上述技术流程，完成萨北油田地震处理。如图8-2-4所示，整体上信噪比较高，反射同相轴连续性较好，构造特征清楚；断点干脆，断裂特征清晰；波组特征清楚，与井点信息吻合好，能够较好地满足构造解释的需求。从地震振幅切片可以看出，整体上振幅异常与密井网砂岩等厚图具有较好的一致性，但反映储层的横向变化信息更丰富，窄小河道砂体边界处的地震振幅条带性异常清晰，表明采用基于沉积模式认知的高保真开发地震目标处理技术流程，得到的地震成果具有高保真度和空间分辨能力。

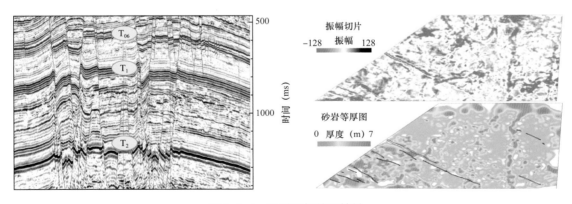

图 8-2-4　地震目标处理结果

3. 井震结合构造精细描述技术

以往构造研究是在早期二维地震解释成果的基础上，应用井点数据对构造形态和断层展布特征进行描述，在精细地质研究、布井方案编制和注采系统调整等方面起到了支撑作用。但随着开发调整的不断深入，井数据空间密度难以控制小断层和微构造的矛盾逐步显现，而应用三维地震资料进行构造解释与建模是目前最有效的地下构造形态分析及描述的技术。因此，通过大量的井震标定，采用以保幅处理的地震资料为主、充分挖掘地震中的构造信息、并以井点信息为约束的构造解释方法，形成了一套以断层精细表征为核心的井震结合精细构造描述技术流程（图 8-2-5），实现了 B2X 区块的精细构造解释和构造建模。

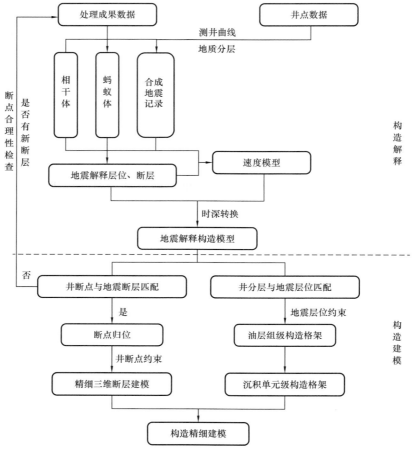

图 8-2-5 井震结合精细构造描述技术流程

1）井震结合小断层精细解释

长垣油田储层厚度薄，小断层对注采关系也有影响（房宝才等，2003），油田开发需要准确识别断距 3m 以上的断层，大大超过地震理论分辨率极限；因此，需要综合地震、测井、地质等多种信息提高小断层的识别能力（张昕等，2012）。密井网条件下，井钻遇的断点是井震结合构造解释中判定断层存在、确定其空间位置的直接依据。为此，充分利用老油田井多、井距小、很多井钻遇到小断层、断点数据库信息完善、齐全的优势，研究形成了一套井震结合多属性三维可视化断层精细解释技术（图 8-2-6），其主要步骤如下（李操等，2012）。

图 8-2-6　井震结合断层精细解释

（1）地震资料中断层的初步识别。在常规地震剖面断层解释的基础上，采用蚂蚁体、相干体、倾角方位角、时间切片、沿层切片等断层解释技术对断层进行识别。不同的断层规模采用不同的参数（时窗、相关道数、方式等），综合对比多套相干体、蚂蚁体，去伪存真地对小断层进行解释，最大限度挖掘地震资料本身对断层的识别能力。

（2）井断点指导小断层识别与组合。把井断点数据批量深时转换，加载到三维地震数据中，利用时间域的断点信息对断层解释结果进行验证，同时指导地震资料难以确定准确位置的小断层的解释。通过地震数据体、蚂蚁体、相干体等属性体与井断点在三维空间进行可视化解释，有效解决了断距 3m 左右低级序断层的识别问题。

（3）深度域的断点数据对断层进行二次空间校正。地震解释的断层位于时间域，在时深转换过程中，由于断层附近难以建立准确的速度场，因而深度域的地震断层面空间位置有偏差，需要利用深度域的断点井数据对断层进行二次空间校正。对于存在矛盾的断层，需检查原始地震解释和井断点解释的准确性，反复修改，直至得到准确的断层解释结果（李操等，2017；王彦辉等，2015，姜岩等，2019a）。

2）井震结合构造建模

在地震资料精细解释的基础上，加入井点信息，采用"震控形态、井定位置"的原则，形成了目标区井震结合构造建模技术，提高了构造模型的精度（司丽，2019）。

（1）井震结合断层建模。由于地震资料空间连续性强、井资料纵向分辨率高，所以地震描述的断层空间展布形态更加合理、而井断点深度在纵向上更准确。因此，地震解释断层控制总体形态，加入井信息，确定断层的准确位置，在三维空间相互检验断层合理性，以精确描述断层形态，合理组合井断点，使得以井断点为准的同时保证断层空间延展形态与地震解释断层一致，最终建立井震匹配的精细断层模型，精细刻画断层空间展布特征。

井震结合断层建模方法与步骤包括：首先，以时深转换后的地震解释三维断层面数据为基础，建立断层初始模型，将井断点在三维空间显示，观察分析井断点与初始断层模型的匹配关系，并结合蚂蚁体等属性体由点（断点）、线（地震剖面）、面（断层发育面）、体（地震属性体）进行断点三维空间归位组合。井震结合断点归位时，按照断层级别由大到小、先易后难的顺序，分层次归位组合。断点归位组合中需要遵循原则：一是钻遇同一条断层的所有井均应有断点，即断层发育范围内不应有未钻遇断层的井通过；二是断点归位组合后，同一条断层的走向、倾向、倾角及断距等断层要素信息应基本一致；三是组合后的断点反映的断距、断层位置等信息与断层两侧层位落差应一致。其次，利用断点锁定的方式将断层模型的 Pillar 与断点锁定，最终完成所有断点处的断面精细调整。然后，根据蚂蚁体等属性体进一步精细调整无井点钻遇或控制井点少的断层的位置，并根据断层两侧井分层应该有落差的原理，参照井点的地质分层数据，对无井或少井控制的断层局部位置进行精细调整，使断层空间要素与井点地质分层落差信息一致。最后，对于长垣油田单井钻遇多个断点的情况，鉴于目前地震分辨率只能对一组小断层有一个综合响应，而测井分辨率可解释出多个断点但无法描述断层产状，因此在现有技术条件下，单井多断点的断层解释应参照断点深度、断距等信息，以断点深度与地震剖面匹配较好、断距尽量相近的为主断点进行解释及建模。

通过以上方法，最终建立井震匹配的精细断层模型，精细刻画断层空间展布特征。

（2）井震结合层面建模。老区井网密集、地质分层工作精细，在纯油区范围内断层相对简单的区域，单纯利用密井网地质分层数据进行层位模拟基本能够满足常规开发需求，但对于断层比较复杂的地区或井网密度相对较低的过渡带或边部地区，尤其是断层附近，构造模拟精度不能够满足精细挖潜的需求（姜岩等，2019b）。

大庆长垣地震资料显示油层组顶面反射波组特征相对清晰、横向连续性强，因此地震解释油层组顶面构造趋势是准确可信的。为了充分利用地震解释层位的井间趋势信息，提高断层附近及井间微构造模拟精度，对于地震反射特征相对清晰的油层组级构造，采用地震解释层面协同模拟方法，即以井点地质分层数据为硬数据、以地震解释层位为约束模拟构造层面，使模拟结果既遵从于井点硬数据，井间构造又与地震趋势一致，使得构造模拟结果更加合理（刘文岭等，2004）。在油层组格架控制下，采用厚度插值的方式建立砂岩组或沉积单元级构造模型。

层位协模拟流程如下。

首先，应用油层组顶面地震解释结果生成时间域构造层面，并对时间域构造层面进行时深转换，得到深度域地震解释构造层面。

其次，以深度域地震构造层面为趋势约束，应用井点地质分层数据产生油层组顶面构造层面。地震约束建立构造层面的算法在于找到趋势面 Trend 与线性变量 a、b，其公式为

$$Trend = a \cdot Surface(x, y) + b$$

Trend 作为中间成果不输出，Surface(x, y) 是地震趋势面。

用输入的井上地质分层数据计算残差面（Rasidual）：

$$Rasidual = Input Data - Trend$$

最终构造层面结果由以下公式得到：

$$Result\ surface = Rasidual + Trend$$

最后，采用厚度插值的方式建立砂岩组或沉积单元级构造模型，即通过计算各砂岩组或沉积单元厚度，将厚度面作为趋势约束，井点细分层地质界限点作为硬数据，进行细分层位模拟，最终建立高精度构造模型。

4. 井震结合储层精细描述技术

1）思路和技术流程

长垣油田随着井网密度的增加，各种类型砂体均表现出规模的不断变化，仅依据井资料，采用"模式预测"方法进行砂体平面微相组合存在一些不确定性（李洁等，2009）。地震资料具有横向分辨率高的优势，经过高保真处理的地震资料是地下地质信息的客观反映，因此，高精度三维地震技术与井资料精细解剖相结合就成为长垣油田储层精细描述新的重要技术手段。通过技术攻关，在客观认识地震资料的辨识能力和技术现状的基础上，形成了以井震协同分析为核心的储层精细描述方法和技术流程（图 8-2-7），改变了传统的河道砂体刻画方式，实现了不同类型河道砂体描述由"沉积模式指导"的定性描述转化为"地震趋势引导"的半定量描述，提高了河道砂体描述精度（郝兰英等，2012；蔡东梅等，2016）。

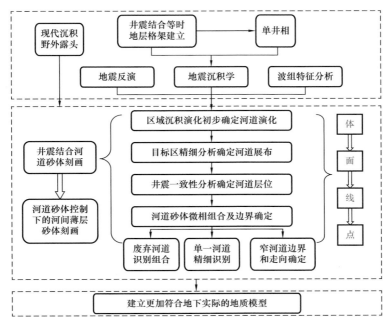

图 8-2-7　井震结合储层精细描述技术流程

2）技术要点

针对研究区储层描述的难点，在地震岩石物理分析的基础上，以提高井间砂体刻画精度为主要目的，根据不同类型储层特点及地震响应特征，形成了适合研究区的地震波组特征分析、地震沉积学、地质统计学反演及井震结合储层精细刻画等关键技术，提高了储层非均质性描述效果。

（1）地震波组特征分析。

研究区地震岩石物理分析及正演模拟结果表明，萨Ⅱ油层组及以下地层的砂岩波阻抗明显低于泥岩波阻抗，且随着孔隙度和含油饱和度的增加，二者阻抗差也随着增加；与物性等其他因素相比，岩性差异在形成地震反射中起着主要作用；随着砂地比的横向变化，地震反射波形随之变化。同时大量的井震对比也表明，由于陆相储层横向上的非均质性，砂泥岩在垂直于河流沉积方向上存在突变的边界，当沉积单元顶、底隔层厚度较大时，这种突变就能够引起边界两侧地震响应的变化，因此根据地震反射波形特征的横向变化可以预测井间砂体的变化（程顺国，2014）。其实现方法和步骤是：

首先，将井震匹配相关性85%以上的井作为目标井，提取井旁平均子波并分析该子波相位即为地震数据体估算相位角，在此基础上，对地震数据进行90°相位调整，得到砂体与地震反射对应关系更好、厚砂体地震响应特征更加明显的三维地震数据体。

其次，根据研究区实际砂泥薄互层沉积分布规模、接触关系等建立不同类型砂体精细地质模型，通过地震模型正演模拟技术，明确地震波峰、波谷是高含砂反射还是低含砂反射，建立不同类型砂体边界地震响应图版。

最后，综合研究目的层厚度与地震纵向分辨能力确定对应的时窗范围，在该时窗内分析地震波形、能量及各种地震属性变化规律，通过定性及定量方法，优选出目的层段对储层敏感的地震属性进行井间储层预测。

（2）地震沉积学储层预测。

地震沉积学在继承地震地层学和层序地层学思想的基础上，强调地层切片的等时性、岩性标定、资料处理及解释方法（Zeng H et al.，2004），利用沉积体系的空间地震反射形态与沉积地貌之间的关系研究沉积建造（陈树民等，2009），核心内容是地震岩性学和地震地貌学（Zeng H et al.，1996，2001）。针对研究区的开发需求和地质条件，在地震沉积学现有方法的基础上，进一步探索形成了一套密井网条件下地震沉积学储层预测技术，实现了薄层河道砂体分布的有效预测。

地震沉积学方法和步骤：一是在高保真接近零相位化处理的基础上进行90°相位处理，使地震反射与储层对应；二是以研究区地震典型标志层萨Ⅱ组和葡Ⅰ组顶面反射为控制，按照厚度比例剖分方法建立准确的时间地层格架，使地震切片与沉积单元对应；三是在时间域小层级等时地层格架的基础上，根据系列切片信息在垂向上的变化分析砂体的垂向沉积演化规律，从而确定反映各沉积单元储层沉积特征所对应的地震反射时窗范围。在该范围内，以基于密井资料的沉积微相图为引导、相应沉积单元井点解释砂岩厚度平面分布图为控制，从多个属性切片中优选出宏观上最能够反映该沉积单元砂体展布规律的属性切片，为后续井震结合储层刻画奠定基础（齐金成等，2011）。

研究区实际应用表明，地震沉积学储层预测方法适用于泛滥平原、分流平原和三角洲内前缘沉积类型储层，单层砂岩厚度在2m以上，且上下隔层相对较厚情况下，预测效果较好。

如图 8-2-8 所示，B2X 区块萨Ⅱ10+11b 单元储层切片预测砂体边界清晰，反映砂体厚度的相对变化明显，厚度 2m 以上储层与地震振幅暖色调（红色、橙色）区具有较好的对应关系。

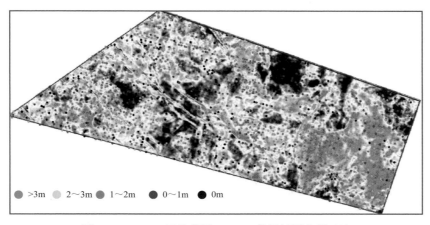

图 8-2-8　B2X 区块萨Ⅱ10+11b 单元储层井震对比

（3）地质统计学反演储层预测。

地质统计学反演方法是密井网条件下开发中后期薄储层预测有效技术之一（王家华等，2011；何火华等，2011；甘利灯等，2012；王香文等，2012）。该方法在井点处以测井数据为主，井间变化利用地震波阻抗作为约束，应用随机模拟方法、井震结合产生多个等概率的储层模型，经过正演计算后与地震数据进行残差分析，从中优选出与地震信息最接近的模型作为预测结果。通过系统研究影响地震反演精度的地震子波、地震采样率、构造模型、地震信噪比、变差函数变程、储层砂地比等关键参数，给出了一套优选方法，建立了基于盲井检测和正演验证的两种反演效果评价方法，形成了一套基于地质统计学的密井网约束地震反演方法和技术流程（徐立恒等，2012；姜岩等，2013；张秀丽等，2014）。

第一步，测井曲线标准化，消除多井之间因不同时期测井曲线幅度的误差引起岩性、岩相横向变化的假象，选取标准井及标志层进行测井曲线标准化，使多井纵波阻抗识别储层精度得到明显提高。

第二步，井震精细标定，利用声波、密度曲线制作地震合成记录，并与原始地震反复调整匹配关系，从而确定时深关系，使地震与测井曲线在同一时深域内进行计算。

第三步，构造模型建立，基于地震解释断层、层位和井点地质分层资料，精细调整地质分层与解释层位、断层与层位交切关系，建立高精度构造模型，并用它约束整个后续储层反演流程。

第四步，变差函数分析，变差函数一般通过已知井点数据统计得来，包括三个参数：基台值、变程和块金效应。其中最重要的为变程，变程的大小可一定程度上反映砂体的规模和物源方向，包括主变程、次变程和垂向变程。

第五步，地震正演约束，通过正演残差分析质控，将反演每次实现得到的砂体模型通过正演得到地震记录，并与原始地震记录相减得到残差，残差越小，反演结果越符合地震的趋势。

应用地质统计学反演方法进一步提高了井间砂体刻画精度，如图 8-2-9 所示。图中 A 井、C 井、D 井、F 井、G 井是参与井，B 井、E 井是后验井，用来检测预测结果的有效性。从图中可以看出地震反演纵向分辨能力得到明显提高，参与井岩性分布与反演结果吻合较好，可分辨 2m 砂体分布。反演结果与后验井砂体分布特征一致，并符合地震横向趋势。统计研究区盲井检查结果表明，在现有井网密度条件下，随着砂厚增大，地震预测精度明显增强，砂体厚度小于 2m 的预测空间位置和厚度存在一定偏差（图中蓝色椭圆内），厚度 3m 以上砂体相对误差 25% 以下的符合率达到 87%。

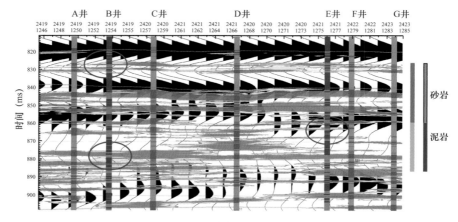

图 8-2-9　地震反演结果与地震波形叠合图

通过与仅用井资料模拟结果对比分析表明，基于地质统计学的井震联合反演方法在井间砂体预测方面具有优势，特别是在井距大于 100m、枝状三角洲内前缘相和分流平原相大型河道砂体预测中精度较高。该方法充分利用了井点纵向分辨率和地震横向分辨率的优势，有效融合了地震和井信息，所以反演结果可以在垂向与横向上比较好地反映储层的非均质性，适用于开发阶段对单砂体的精细描述。

（4）井震结合储层精细刻画。

地震信息揭示了丰富的地质信息，如河流体系、沉积演化、砂体之间的接触关系以及分布组合面貌等（凌云研究组，2003），因此，在地震储层预测和基于密井网测井资料储层认识的基础上，形成了"地震属性沉积面貌宏观趋势引导，井点微相整体控制"的井震结合储层精细刻画方法，提高了对储层平面非均质性的认识（姜岩等，2018；李操，2014）。

首先，进行单井相分析。通过取心井观察，描述不同岩石相类型的岩性、颜色、含有物、沉积构造、自生矿物及岩石组合特征，确定研究区的沉积微相类型。根据岩心组合及测井曲线之间的对应关系，建立各种沉积微相的测井响应模式。

其次，进行区域地震储层预测成果分析。分析大区域地震属性切片的振幅变化，明确地震属性宏观分布特征，根据河道砂体的平面展布特征确定区域沉积环境；通过垂直物源方向地震剖面的波形变化特征，确定不同规模河道砂体剖面分布特征（程顺国，2014），在区域沉积演化背景分析的基础上，采用沉积模式指导，确定不同河流体系的规模、走向、展布及其演化特征。

再次，进行研究目标区精细分析及井震一致性分析。根据目标区描述层位上下一定时窗内地震属性信息的变化，初步确定地震属性反映的河道规模、走向以及接触关系等信息。同时受地震垂向分辨率影响，一张地震振幅属性切片可能包含多个单元信息，提取目标层位及相邻层位（一般上、下各选两个相邻层位）的测井相信息，将河道砂测井相信息与地震预测河道砂信息相叠加，分析地震储层预测成果与测井相空间上的匹配关系，综合确定地震信息反映的河道砂层位归属，明确目标层位信息，如图 8-2-10 所示。

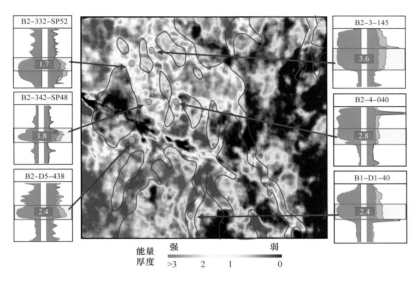

图 8-2-10　B2X 区块萨 II 15+16b 地震沿层属性切片

最后，进行河道砂体平面组合。以"地震趋势引导，井点微相控制，平面与剖面结合，动静结合，不同类型砂体区别对待"为原则，精细刻画不同类型河道砂体。其中，复合河道砂体精细描述关键点：一是废弃河道精细组合和识别，依据平面上沿层切片的振幅属性突变、剖面上地震波形异常，结合井资料，综合判断废弃河道边界及平面分布特征；二是单一河道（或单一曲流带）边界确定，依据沿层切片的振幅变化或一类砂岩厚度、砂岩有效厚度定量预测分布图，结合废弃河道或河间砂的展布特征，综合确定单一河道（单一曲流带）的边界及走向。窄小河道砂体精细描述关键点：以地震信息反映河道趋势为引导，依据地震剖面的波形变化、沿层切片的振幅变化以及一类砂岩厚度、砂岩有效厚度定量预测分布图，综合判断窄小河道砂体的走向、边界及展布特征。

3）效果分析评价

为了评价井震结合储层精细描述方法的应用效果，以萨北纯油区西部 B3X 区块为方法应用区块，选取一类油层、二类油层和三类油层三种砂体类型的代表层位对描述方法进行应用。该区面积 19.48km²，共有 2241 口井。应用后验井对 B3X 区块 2001 年基于井相图与 2013 年井震结合相带图进行精度分析，其中基于井沉积微相图参与井 1069 口、后验井 1163 口，井震结合沉积微相图参与井 1904 口、后验井 337 口。后验井分析表明，曲流河大规模河道砂体符合率变化不大，分流平原及内前缘相河道砂体符合率提高 10 个百分点以上（表 8-2-3）。总体上，井震结合较基于井的河道砂体刻画精度有较大提高。

表 8-2-3　B3X 区块井震结合储层精细描述符合情况统计表

沉积类型	河道砂体预测符合率（%）	
	基于井	井震结合
曲流河	92.3	92.4
分流河道	77.4	89
水下分流河道	51.4	75.3

三、应用效果

1. 技术应用

1）深化构造特征认识

应用井震结合构造精细描述技术，实现了萨北开发区井震结合构造描述全覆盖。描述后大的构造格局没有发生改变，局部构造形态发生较大的变化。与以往以井资料为主进行的断层研究认识相比：一是断层数量明显增多，构造西部断层多，东部少，断层数量增加 28 条，其中新发现孤立断层 24 条，8 条大断层碎裂成 20 条，核销断层 8 条，最终落实 69 条断层分布，其中 B2X 区块断层 52 条；二是断层走向和倾向基本一致，但在组合关系及延伸长度变化较大，断层更为破裂，增加和完全核销的断层多为小断层；三是断点组合率得到较大提高，由 86.2% 提高到 96.3%，构造深度预测误差小于千分之一，深化了构造特征认识（图 8-2-11）。

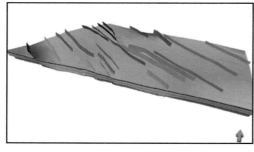 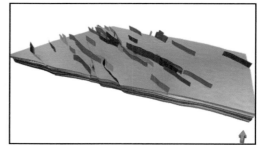

a.基于井构造模型　　　　　　　　　　　　b.井震结合构造模型

图 8-2-11　B2X 区块井震结合前后构造变化

2）储层特征再认识

应用井震结合储层精细描述方法，在河道砂体边界、走向、单一河道追踪、点坝识别等方面对储层进行精细刻画，使河道砂体的边界及走向刻画更加可靠，单一河道砂体间连通状况的认识更加清楚，复合曲流带中单一曲流带平面组合关系认识更加明晰，点坝识别更加可靠，实现了 2m 以上河道砂体由定性到定量的描述，减少了中小型分流河道砂体边界识别和组合的多解性，不同类型的河道砂体刻画得更接近地下实际。例如，B2X区块萨Ⅱ15+16b单元为三角洲分流平原相沉积，研究区西部河道砂体大面积分布，河道最宽处超过900m。通过地震属性趋势引导，井间逐条剖面综合分析，结合周围相邻井的测井曲线形态、废弃河道、河间砂体发育状况及层位差异，精细刻画了单一河道边界及形成期次。解剖后，该复合砂体是由四条单一河道侧向拼合、垂向切叠而成，河道宽度80～400m，属于同层、不同期单河道（图8-2-12）。

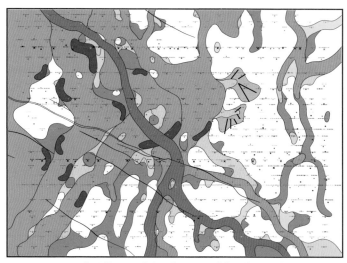

■ 早期河道　■ 废弃河道　■ 晚期河道　▨ 决口扇
□ 河漫滩主体　□ 河漫滩非主体　■ 河漫滩表外　□ 尖灭

图 8-2-12　B2X 区块萨Ⅱ 15+16b 单元井震结合沉积相带图

2. 开发应用

1）指导断层区注采系统调整

萨北开发区断层密集区位于 B2X 区块和 B3X 区块交界处西部，共有大小断层 18 条，区域内砂体被断层切割呈窄条状分布、展布面积小，一注一采或有采无注现象严重。按照断层区注采系统调整原则，根据井震结合研究成果，结合纯油区西部油层发育特点及开采现状，在全区共新钻井 184 口，转注 35 口，转采 9 口（表 8-2-4）。

表 8-2-4　纯油区西部井震结合注采系统调整工作量

层系井网	注采系统调整及井震结合断层区						其中井震结合断层区				
	新钻井（口）			转注（口）	转采（口）	补孔（口）	新钻井（口）			转注（口）	补孔（口）
	油井	水井	合计				油井	水井	合计		
水驱	86	64	150	32	9	41	27	8	35	6	5
二类油层	17	17	34	3		3	17	17	34	3	3
合计	103	81	184	35	9	44	44	25	69	9	8

井震结合断层区，萨尔图基础、一次加密和萨尔图二类油层聚驱井网调整较大，以新钻井为主。调整后，水驱控制程度由80.1%增加到89.5%，提高了9.4%，多向连通比例由20.6%增加到30.4%，提高了9.8%。投产初期103口新钻采油井平均单井日产液49.1t，日产油6.6t，含水86.6%。其中2012年B2X区块西部完钻新井94口，53口采油井投产初期平均单井日产液49.1t，日产油6.9t，含水85.9%；2013年B3X区块西部完钻新井90口，50口采油井投产初期平均单井日产液49.0t，日产油6.4t，含水86.9%。截至2015年底，纯油区西部新井累计产油37.24×10⁴t。

2）部署大位移定向井挖潜断层边部剩余油

按照大位移定向井井位部署在断层边部构造高点、与断面距离保持在50m左右、井点与周围注采井距离100m以上及与原注水井能形成注采关系的设计原则，依托井震藏一体化精细油藏描述研究成果，2014—2015年在纯油区西部75#、76#、78#断层区部署4口大位移定向井。2014年7月，4口大位移定向井全部完钻，井轨迹与断层面距离保持在45～50m，平均单井钻遇砂岩厚度123.8m，有效厚度73.5m。按照逐步上返射孔原则，初期射孔目的层葡Ⅱ组（PⅡ）、高台子（G）油层平均单井钻遇砂岩厚度46.9m，有效厚度21.5m，射开砂岩厚度35.3m，有效厚度18.3m。投产后初期平均单井日产液32.6t，日产油22.6t，含水30.5%（表8-2-5），取得了较好的挖潜效果。

表8-2-5 已投产4口大位移定向井生产情况表（截至2015年11月）

井 号	全井		射开厚度（PⅡ、G）		初期生产情况（2014年11月）			目前生产情况			累计产油（t）
	砂岩（m）	有效（m）	砂岩（m）	有效（m）	产液（t/d）	产油（t/d）	含水（%）	产液（t/d）	产油（t/d）	含水（%）	
B2-丁4-X33	111.4	70.4	28.1	16.9	63.7	49.7	22.0	23.7	10.2	57	3710.3
B2-丁5-X27	135.9	83.3	47.6	27.8	23.7	22.1	6.8	16	15.2	5	5244.2
B2-丁5-X25	121.9	67.0	37.8	20.0	21.4	15.0	29.9	33.6	19.4	42.4	4850.4
B2-丁3-X26	125.9	73.4	27.5	8.4	21.4	3.7	82.7	17.3	1.1	93.4	371.4
平均单井	123.8	73.5	35.3	18.3	32.6	22.6	30.5	22.7	11.5	49.5	3544.1

3）部署水平井挖潜厚油层内部剩余油

根据井震结合储层精细描述成果，认为萨北纯油区B3X区块西部萨Ⅱ1+2b沉积单元属于分流平原相远岸沉积，发育多条单一河道，且废弃河道、点坝发育。该点坝砂体内平均砂岩厚度为3.55m，有效厚度2.72m。废弃河道与内部的点坝砂体及其东北部发育的一条81#断层形成近封闭的注采区间（图8-2-13），仅有两口采出井，无注入井，动用较差，剩余油相对富集。结合隔夹层、含油性分析结果，在该点坝砂体内部署1口水平井B2-331-平47井，挖潜厚油层顶部剩余油。B2-331-平47井水平段452.61m，其中钻遇砂岩391.40m，全部为低水淹，含油饱和度53.8%～58.5%。2011年12月投产，初期日产液86.2t，日产油48.3t，综合含水44%。随着地层能量的逐渐减弱，自喷生产

4 个月后，在现有的井网情况下，在水平井的水平段两侧各补开一口注水井，补充地层能量。同时，B2-331- 平 47 井采取自喷转抽方式开采，日产液 107t，日产油 31t，综合含水 71%。目前日产液 99t，日产油 15.5t，综合含水 84.3%，已累计增油 9770t，保持了良好的开采状况。

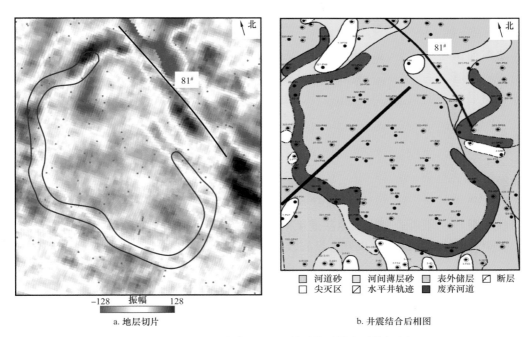

| □ 河道砂 | □ 河间薄层砂 | □ 表外储层 | ▨ 断层 |
| □ 尖灭区 | ▨ 水平井轨迹 | ■ 废弃河道 | |

a. 地层切片　　　　　　　　　　b. 井震结合后相图

图 8-2-13　B3X 区块萨Ⅱ1+2b 单元井震结合砂体解剖

四、结论与建议

松辽盆地大庆长垣油田是中国陆相砂岩油藏的典型代表，在高含水后期，井网密度平均达到 52 口 /km²，开展三维地震采集及井震结合精细油藏描述技术研究，进一步深化了地质认识，断层特征清楚，砂体边界清晰，使得开发敢于向剩余油分布潜力区采取挖潜措施，提高了各类措施方案效果。截至 2016 年底，井震结合精细油藏描述成果广泛应用于长垣油田的开发调整，指导了滚动扩边、注采系统调整、高效井挖潜和油水井综合调整等方案编制，取得了较好开发效果。其中，在高效井、完善注采系统调整、优化井位等开发应用中，总计调整井数 1627 口，已实施井数 1534 口井，累计产油 232.4×10⁴t，为进一步完善"水聚两驱注采关系、挖潜剩余油、提高采收率"提供了重要技术支持。为世界范围内同类油气田高含水后期剩余油挖潜探索有效的途径，积累了丰富的经验。一是高精度三维地震数据在油田开发的任何阶段均具有应用潜力；二是需求驱动、针对性的技术措施是实现井震藏一体化应用的基础；三是地震专业与开发地质专业良好合作关系是井震结合成功的关键；四是先易后难、边干边研、持续推进是井震结合精细油藏描述不断完善发展的成功之路。

第三节　渤海湾盆地港东油田井震联合断层识别
与储层刻画技术与应用

一、工区概况

港东油田位于黄骅坳陷北大港构造带东部，为一依附于港东断层下降盘的大型逆牵引背斜构造，主力油层为新近系明化镇组和馆陶组，属高孔、高渗、非均质性强的疏松砂岩储层，沉积类型为河流相沉积。港东油田于 2015 年采集"两宽一高"地震资料，10m×20m 的面元提高了空间分辨率；采用最佳的排列长度以及宽方位观测，通过减小横向滚动距离，增加空间波场照明度，有效改善了复杂构造区的成像效果；有效覆盖次数达到 204 次，炮道密度达 102 万道/km²，极大提高了资料信噪比。施工过程中使用宽频、高灵敏度、低谐波畸变的超级检波器接收，准确求取地层 Q 和各向异性参数，提高了最终数据体的分辨率。宽方位角增加了照明度，获得较完整的地震波场，更有利于研究振幅随炮检距和方位角的变化及地层速度随方位角的变化，提高对断层以及地层岩性变化的识别能力；陡倾角成像效果好且具有较高的振幅保真度等。

二、关键技术

1. 井震结合低级序断层识别技术

低级序断层是在断层级别中四级以下的小断层，它们对地层沉积模式基本不起作用，对油气聚集也不起控制作用，但是低级序断层对于剩余油的富集起到控制作用。研究低级序断层对于开发中后期分析剩余油、提高采收率至关重要。低级序断层在地震剖面上表现为微弱的扭曲和错动，在地震资料上难以直接识别，需要经过一些特殊的处理能够使其得到加强。

在原来认识基础上，通过井震结合的方式能更好地识别低级序断层。对于曲流河和辫状河沉积储层而言，其沉积特征就决定了，单单从井的对比研究其断缺地层以及断距，难度相当大，原因在于，曲流河泥包砂沉积、辫状河砂包泥沉积，纵向对比层位的缺失不好评价。所以非常有必要通过地震与井的结合才能够更有效地识别低级序断裂。基于宽方位地震资料，主要采用分方位叠加、地层倾角方位角扫描、构造导向滤波、特征值相干、多尺度曲率、边缘加强和蚂蚁体等技术联合识别低级序断层。

1）分方位叠加技术

利用地震波传播的各向异性特征，在断裂平行方位与垂直方位各向异性极强。针对性地对研究资料进行分方位叠加处理，得到四个方位的数据体。然后在分方位数据的基础之上进行后续处理进而识别断层。如图 8-3-1 所示，从垂直方位的时间切片更加能够识别东西向断层，沿平行方位更能识别南北向断层。

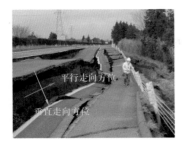
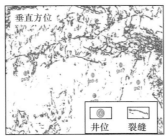
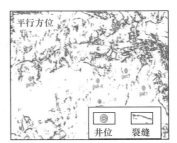

图 8-3-1 分方位断层解释图

2）地层倾角和方位角

利用多窗口倾角扫描的方法，对得到的方位角数据体沿主测线方向倾角数据，以及沿联络测线方向倾角数据进行分析。如图 8-3-2 所示，从联络测线及主测线方位倾角扫描切片上可以看出：主测线倾角切片更加能够识别南北向断裂，联络测线倾角切片更加能够识别东西向断裂，如港东断层和马棚口断层在图 8-3-2b 中清晰可见。

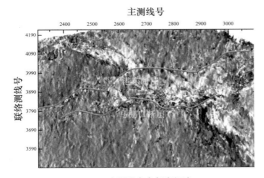
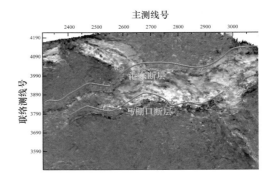

a.主测线方向倾角切片　　　　　　　　　　b.联络测线方向倾角切片

图 8-3-2　倾角扫描技术断层解释图

3）构造导向滤波

通过构造导向滤波可以得到中值滤波体（Median）、均值滤波体（Mean）、PCF 滤波体等。针对不同的断裂异常，可以对比优选更加有效的滤波方式进行后续处理。如图 8-3-3 所示，将几种滤波后的数据与原始数据对比可知，每种滤波方法对于断层的加强效果均明显，尤以中值滤波效果更佳。

4）边缘检测

地震数据中的不连续性特征如断层或小断裂、河道砂边界、透镜体边缘、礁体，以及其他特殊岩性体的轮廓等反映在图像中即为边缘特征。边缘是图像属性发生突变的地方，也是信息最集中的地方。图像的边缘检测相当于微分作用和高通滤波，它通过增强高频分量减少图像中的模糊。三维地震边缘检测即是利用图像中的边缘提取技术，以检测地震数据中的不连续性，包括图像边缘增强和灰度突变检测，使得灰度反差增强以更好拾取边缘。

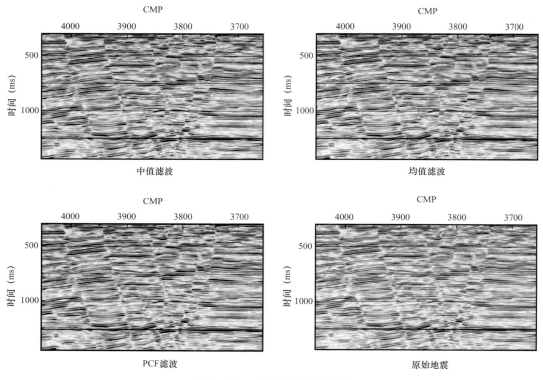

图 8-3-3　构造导向滤波对比

5）相干体

应用特征值相干的方法，为了凸显小断层，用9×9的特征值相干法来计算相干体。得到的相干剖面如图8-3-4所示。通过该相干体再进行蚂蚁体计算，最终用于断层解释。

6）曲率体

曲率属性可以有效反映线性特征、局部形状变化。在反映断层、裂缝、地貌形态变化方面，与其他属性方法效果对比，具有明显优势。根据构造曲率的思路，研发了地震振幅曲率，它是对地震数据振幅进行横向二阶求导数。像构造曲率一样，振幅曲率能提供许多有用的地质信息，对振幅变化比较敏感的储层进行解释。

7）蚂蚁体

利用蚂蚁追踪技术进行断裂系统预测，获得一个低噪声、具有清晰断裂痕迹的蚂蚁属性体。过井剖面分析，该方法能够较好地识别5～10m的低级序断层。使得进一步分析井间油藏关系时能够更加有据可依。从图8-3-4中蚂蚁体与相干体的对比剖面能够看出，蚂蚁体对小断裂有加强的显示作用，在剖面上能更好识别。

8）井震结合低级序断层分析

通过井震结合的方式对低级序断层进行解释。如图8-3-5所示，lq1-15井在原解释断层（红色）的下降盘，而新解释在断层的上升盘。通过长井段纵向对比以及重点结合构造导向滤波和蚂蚁体分析剖面认为，断点应该在明Ⅲ-2，厚度为10m左右。对于断距在 10m 左右的断层。通过井震结合低级序断层的精细解释，能够更准确地将井的断点位置找到。

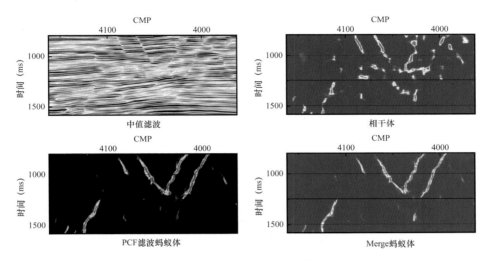

图 8-3-4　特征值相干体与蚂蚁体剖面图

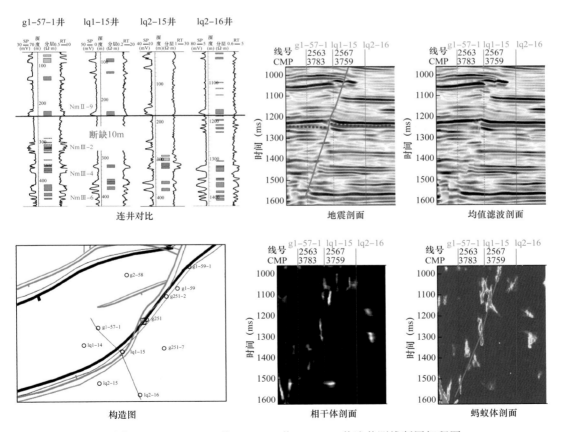

图 8-3-5　g1-57-1 井—lq1-15 井—lq2-16 井连井测线断层解释图

2. 小尺度储层预测技术

1）基于地震正演的储层分析技术

正演模拟指用物理模型和数学模型代替地下真实介质，用物理实验和数学计算模拟地震记录的形成过程，以得到理论地震记录的各种方法和技术。正演模拟包括数学模拟和物理模拟，数学模拟的效率高，计算、修改参数方便快捷，应用较为广泛；而物理模拟具有与实际情况更为接近的优点。研究中针对工区的地质特点及结合实际钻井分析，应用数值正演模拟的方法建立地质模型与地震数据之间的关系。如图 8-3-6 所示，通过正演模拟能够指导实际地震剖面上的砂体构型响应的识别。明Ⅲ-4-2 与明Ⅲ-5-2 中间所夹持的泥岩层较薄，地震不足以分辨，但是在地震正演剖面上提示有一个复波出现，同样在实际地震剖面上也能够识别这样的响应特征。

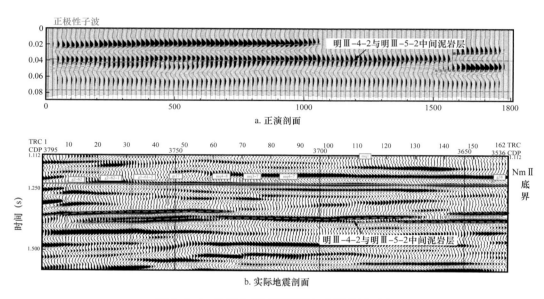

图 8-3-6　构型分析正演模拟与实际地震对比

2）基于分频扫描的储层分析技术

20 世纪 90 年代中期，BP 阿莫科石油公司的 Greg Partyka 等（1999）利用短时傅里叶变换（Short Time Fourier Transform，简写为 STFT），研究在短时窗内通过频谱分解来研究薄层变化，并提出了谱分解概念。谱分解实质上就是连续时频分析，对地震道每个时间采样点都对应输出一个频谱，然后按照频率重排，产生共频率数据体、剖面、时间切片、层切片等。由此，研究人员分别应用短时傅里叶变换、伽柏（Gabor）变换、连续小波变换（Continuous Wavelet Transform，简写为 CWT）对谱分解中的频谱分析方法进行改进。1996 年，Stockwell（1996）综合短时傅里叶变换和小波变换的特点，提出了一种非平稳信号分析和处理的广义 S 变换方法，它是以 Morlet 小波为基本小波的连续小波变换的延伸。

广义 S 变换方法是连续小波变换的一种改进或引申算法，它以时间和频率为变量来描述信号的能量密度或信号强度，公式为

$$\mathrm{GST}(\tau, f) = \int_{-\infty}^{+\infty} x(t)w(\tau - t)e^{-j2\pi ft}dt \qquad (8\text{-}3\text{-}1)$$

其中高斯窗基函数：

$$w(t) = \frac{\lambda |f|^p}{\sqrt{2\pi}} e^{\frac{-\lambda^2 f^{2p} t^2}{2}}, \lambda > 0, p > 0 \qquad (8\text{-}3\text{-}2)$$

式中：GST（τ，f）为复合时频谱；$x(t)$为输入的地震道；f为频率；t为时间；τ为时间轴上高斯窗的位置。

广义 S 变换综合了短时窗傅里叶变换和小波变换的优点，频率决定了高斯窗的尺度大小。频率低，尺度大，即时窗宽；反之，频率高，则尺度小，也即时窗窄，故具有小波变换的多分辨率性。另外，广义 S 变换为线性变换，不存在交叉项，具有较高的时频分辨率。图 8-3-7 为通过分频扫描得到的 15～30Hz 的地震切片图及其对应井的构型分析。较厚的、最早沉积的一期边滩优先在低频端被预测出来，随频率提高，较薄的后期沉积储层被预测出来。

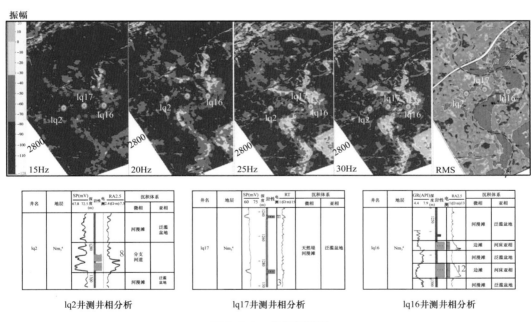

图 8-3-7 分频扫描图

3）基于 MVF 的储层分析技术

MVF（Microfacies Versus Frequency）即沉积微相与响应频率之间的关系，是建立在谱分解技术基础之上，通过井震结合对单频体、调谐体及颜色空间（Red、Green、Blue，简写为 RGB）融合技术的整体应用，最终达到预测储层，刻画沉积微相的目的。该方法利用测井解释的已知储层厚度和测井相与地震数据求取的井点处的调谐频率做交会，最终建立调谐频率与沉积微相之间的关系。在此关系基础上对每一个单频成分赋予一定的地质含义，然后再进行 RGB 融合得到测井微相指导下的 RGB 融合图，从而反映平面沉积微相。响应频率的确定通过两种方法：一是离散傅里叶变换（Discrete Fourier Transform，简写为 DFT），式（8-3-3）所示；二是 MEM（最大熵），式（8-3-4）、式（8-3-5）所示。两种方法对比：DFT 算法稳定，但是频率分辨率不高；MEM 频率分辨率高，但容易引起算法误差。实际应用中联合两种方法的优缺点，利用 DFT 确定调谐频率范围，然后在此范围内，利用 MEM 方法确定数值：

$$s(f,\tau) = \frac{1}{\sqrt{2\pi}} \int s(t)w(t-\tau)\,\mathrm{e}^{-\mathrm{j}2\pi ft}\mathrm{d}t \qquad (8-3-3)$$

式中：$s(t)$ 为地震数据；$w(t-\tau)$ 为窗函；f 为响应频率；t 为时间。利用离散傅里叶变换确定调谐频率范围。

MEM 是通过 K 阶自回归差分方程模拟地震数据，并求出所有 K 阶自回归差分方程的自回归系数和方差：

$$x(t) - \sum_{k=1}^{K} \alpha_k x_{t-k} = e(t) \qquad (8-3-4)$$

其中：
$$K = 2N / \ln(2N)$$

式中：$x(t)$ 为地震数据的地震道；α_k 为自回归系数，且 $|\alpha_k| < 1, k=1,2,\cdots$；$e(t)$ 为预测误差，为一白噪序列；N 为地震记录的长度。

根据所述自回归系数和所述方差，通过以下公式计算功率谱：

$$P(f) = \frac{\delta_k^{\,2}}{\left|1 - \sum_{m=1}^{K} \alpha_{mm}\mathrm{e}^{-\mathrm{j}2\pi fm\triangle t}\right|^2} \qquad (8-3-5)$$

式中：$P(f)$ 为估计功率谱；$\delta_k^{\,2}$ 为 $e(t)$ 的方差；α_{mm} 为自回归系数；f 为响应频率；t 为时间。

从所述功率谱中确定出每口井的目的层的响应频率。

通过 MVF 技术研究河道砂体储集层厚度和沉积微相的技术流程如下：

（1）地质背景研究。通过对构造、沉积环境、测录井信息、试油生产等数据的分析为后期的预测提供有力保障。

（2）目的层地球物理特征分析。分析目的层层速度、地震资料主频、地震资料的保幅性品质调查等。

（3）层位标定。建立井震结合的桥梁。

（4）储层厚度预测。

（5）沉积微相预测。建立储层厚度与沉积微相之间的关系，并通过测井微相的约束实现对沉积微相的预测。

为了提高预测的准确性，加入井信息的交会图进一步分析对沉积微相的预测。砂体的薄厚与沉积微相有直接的关系，比如边滩部位砂体沉积厚，天然堤较薄，而河漫沉积更薄。从调谐厚度的计算公式可知，当目的层的速度变化不大时（该研究区目的层速度变化不大），薄储层厚度与调谐频率具有负相关性。

用测井微相和对应的砂体厚度及提取的响应频率做统计性交会分析，如图 8-3-8 所示，实测厚度与响应频率的总趋势呈负线性相关，拟合优度 $R^2=0.9021$，拟合程度好；薄层厚度接近于 $\lambda/4$（18m）的储层，其响应频率与厚度负相关性较好（$R^2=0.7587$）；而小于 $\lambda/8$（9m）的储层，其响应频率与厚度的负相关性较差（$R^2=0.2855$）。交会图中反映出三个区域：区域①边滩微相，主要表现为厚度大于 10m，响应频率低于 45Hz；区域②、③比较复杂，天然堤和河漫滩相分界线不明显，天然堤微相表现为薄层厚度大于 4m 小于 10m，河漫亚相的薄层厚度小于 4m，响应频率不稳定。原因在于当厚度极薄（小于 $\lambda/8$）时，调谐频率超出有效带宽导致提取的调谐频率产生错误。虽然难以达到定量化应用，但河漫滩相和天然堤相的响应频率集中在较高频率段。由此就可以利用交会图所得到的启示来预测沉积微相。

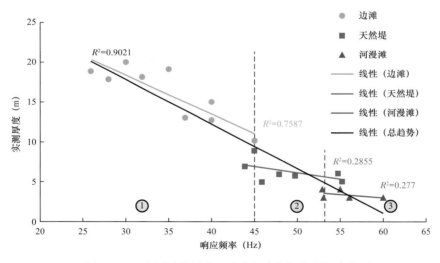

图 8-3-8　实测砂体厚度、响应频率与沉积微相交会图

从图 8-3-8 可以看出，响应频率小于 20Hz 时，属于厚层（大于 $\lambda/4$）；响应频率在 20～45Hz 时，为边滩相沉积（厚度在 $\lambda/8$ 与 $\lambda/4$ 之间）；响应频率大于 45Hz 时为天然堤与河漫滩沉积（厚度小于 $\lambda/8$）。15Hz 的频率成分用红色表示，代表最厚的储层响应；30Hz（主频）频率成分用绿色表示，代表较薄的储层响应；60Hz 频率成分用蓝色表示，代表最薄的储层响应。通过对低、中、高不同分频数据进行 RGB 融合分析就可以预测沉积微相。融合之后，红色和黄色对应于较厚的边滩沉积，绿色和蓝色对应于沉积厚度较薄的天然堤和河漫滩沉积。再结合对井的认识，从图 8-3-9 中可以识别出天然堤与河漫滩沉积，窄小河道沉积以及储层更厚的点坝沉积等沉积微相特征。

图 8-3-9　RGB 融合图（据马跃华等，2015）

4）基于地震测井相的储层分析技术

由于不同的沉积相具有不同的岩石组合及结构，因此，它们具有不同的地震波的反射特征，利用地震波特征的差异，可划分不同的地震相。测井相指表征地层特征的测井响应的总和，是由特定的测井响应来表示的。不同的沉积相带因其岩石成分、结构、构造等的不同导致测井响应不同。因此，运用两相结合的方法，利用地震资料，优选与河道砂体密切相关的四种振幅属性进行提取，在砂体边界处应用测井相对其约束，分析研究沉积相特征，刻画主水道以及分支水道等，进而对储层进行预测。

三、应用效果

经过低级序断层、小尺度储层研究和分析，重点评价了两个单砂层。如图 8-3-10 所示，明Ⅲ-4-1 沉积时期，河道大面积发育，展布方位为北北东，可识别和预测 8 条河道，最宽为 1000m，最窄为 10m。如图 8-3-11 所示，明Ⅳ-9-3 沉积时期，同样河道展布方向为近南北向，预测发育 4～5 条河道，最宽为 1500m，最窄为 10m。与原来河道的刻画有较为明显的差异。河道的展布严格按照地震平面属性预测的趋势。从油气藏发育与河道发育之间的关系来看，以马棚口断层作为油源断层，以优质河道储层（边滩）作为储层，在与断层沟通的河道边滩部位成藏。

港东断层与马棚口断层之间的复杂断块区，即港东二区一、四、五断块，受双向油源断层供油，具有明显复式成藏特点；南部斜坡区，即二区二、六、七断块受马棚口断层和河道砂体发育情况的综合影响，具有断砂匹配控藏的特点。图 8-3-10、图 8-3-11 中预测的河道优质砂体与含油气面积吻合度非常高，地震属性上呈现暖色调的预测河道与两块含油气面积完全吻合。

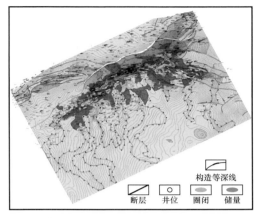

图 8-3-10 明Ⅲ-4-1 河道预测与综合评价图

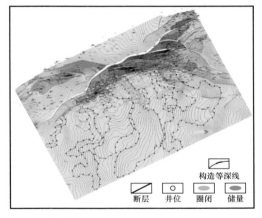

图 8-3-11 明Ⅳ-9-3 河道预测与综合评价图

第四节 渤海湾盆地辽河油田 SAGD 油藏时移地震技术与应用

一、工区概况与技术需求

1. 工区位置

辽河稠油试验区曙一区构造上位于辽河盆地西部凹陷西部斜坡带中段，构造面积约 40km²。试验区地理上位于辽宁省盘锦市境内，行政上隶属辽宁省盘锦市盘山县所辖。该区地势比较平坦，平均海拔 1～5m，地表主要以苇田、水稻田、油矿区和河流等为主。

2. 地质概况

曙一区是辽河油田稠油资源最富集的地区，超稠油目的层包括沙三段上亚段、沙

一段 + 沙二段和馆陶组三套地层。其中馆陶组稠油油藏是发现最早、规模最大且获工业油流的一个油藏，属于块状边顶底水油藏，油藏埋深 550～800m。

研究区馆陶组为砂、砾岩地层，岩性为灰白色厚层块状砾质砂岩、含砾砂岩、砂砾岩与砂泥质砾岩、泥质砾岩互层，局部地区夹薄层灰绿色砂质泥岩，底部砾岩富含燧石颗粒，岩石疏松至半固结，电阻率呈块状高阻。与上覆明化镇组呈整合接触，与下伏沙河街组呈不整合接触。馆陶组油层孔隙以粒间孔为主，储层物性比较好，孔隙度平均为 36.3%，渗透率平均为 5.54D，泥质含量平均为 4.2%，属于高孔、高渗、低泥质含量的储层。

3. 勘探开发概况

20 世纪 80 年代，在曙一区对超稠油进行蒸汽吞吐试采，证实超稠油具有良好的产油能力，但受工艺条件的限制，周期生产时间短，周期产油量、油汽比较低，形不成一定规模的产能，蒸汽吞吐试采没有取得实质性进展。到了 90 年代中期，随着工艺配套技术的不断进步，结合超稠油油品性质的特点，在使用了真空隔热管和电加热技术后，超稠油蒸汽吞吐试采获得了较高的产能，从 1998 年开始各开发单元陆续投入开发。在直井蒸汽吞吐的基础上，发展和攻关了组合式蒸汽吞吐及水平井吞吐技术，现场实施取得了非常好的效果，正在全面推广应用。但是无论哪种蒸汽吞吐方式，虽然初期开发效果较好，但随着吞吐周期的增加，周期生产时间短、周期产量低，产量递减快的问题逐渐突出，并且蒸汽吞吐采收率低，预计仅为 22%～25%。

为了寻找蒸汽吞吐后有效的接替方式，2005 年，辽河油田在杜 84 块兴Ⅵ组和馆陶组油层开展了直井与水平井组合的 SAGD（蒸汽辅助重力泄油）先导试验，共两个先导试验区 8 个井组。2014 年，两个先导试验区已转入 SAGD 生产阶段，取得的效果明显（杨立强，2015）。

4. 技术需求与对策

曙一区杜 84 块馆陶组稠油油藏为一个具有边、顶、底水的块状稠油油藏，SAGD 开发过程中面临的一个重要问题是确定蒸汽腔的高度及横向扩展情况，如何监测蒸汽腔的发育状况成为油藏监测需要解决的重要问题。另外，杜 84 块馆陶组油藏为砂砾岩相沉积体系，内部隔夹层发育且展布复杂，如何识别隔夹层的展布及其对蒸汽腔拓展的影响，从而提高注汽开发效率也是油藏监测面临的一项重要任务。

针对以上油藏开发监测面临的主要问题，在杜 84 块工区部署 12km² 的时移地震监测现场试验，通过时移地震监测、井震联合油藏建模、地震约束的油藏数值模拟及综合剩余油预测等技术来解决稠油开发面临的问题。研究中涉及的关键技术有时移地震可行性论证与一致性采集、时移地震一致性处理解释、井震联合油藏建模，以及地震约束的油藏数值模拟。

二、关键技术

1. 时移地震可行性论证

时移地震研究的目标是监控油藏开发中的流体变化，需要较宽的地震频带和采集密度，并且要进行多期地震采集与处理解释分析，成本相对较高，因此，需要进行可行性论证以保证时移地震工程的技术经济有效性。

辽河油区曙1–36–332井早期的实验得到了稠油岩心振幅（P）、速度（v）变化与地震走时（T）的关系及正演模拟效果（王丹等，2010）。早期在千12块65–54井区进行了时移地震采集先导试验工作，剖面对比表明稠油地震波速度和振幅值发生很大的变化，这种变化能够清楚地描述出热前缘分布的范围，从而确定剩余油的分布。

地震资料分辨率是稠油热采地震监测是否成功的保证，根据稠油开采经济界限值的要求，开采稠油单井有效厚度在15m以上，曙一区稠油目的层埋深600～1000m。

通过对辽河稠油试验区地质条件、油藏条件、岩石物理条件和地震条件的分析，重点对影响时移地震可行性的20个单项进行定量评价，评价最终得分较高，表明辽河稠油试验区适合进行时移地震油藏监测研究。

2. 时移地震采集质量监控

作为需要多期次实施的时移观测方案，重点考虑多期次地震采集过程中一致性的要求，减少非油藏变化因素对地震资料的影响。

1）两期时移地震一致性采集质量监控

时移地震是基于多期次采集地震数据的差异来预测剩余油的分布，在多期次地震采集中，保持采集方法和施工因素的一致性，减少非油层因素导致的地震数据差异对时移地震至关重要（王丹等，2011）。多期次时移地震一致性采集，需要进行一致性评价的主要因素如下。

（1）试验区物理点的一致性。试验区物理点的一致性监控主要包括炮点的一致性分析与评价、接收点的一致性分析与评价。

（2）仪器及附属设备的一致性。两期时移地震采集，配备的仪器及附属设备完全相同，消除了仪器及附属设备差异对地震资料的影响。

（3）试验区二期干扰波调查与分析。在时移地震二期采集前，根据一期干扰波调查情况，在相同位置布设两条二维测线进行干扰波调查，分析试验区干扰波的变化情况。结果显示，经过两年时间试验区地表障碍情况变化不大，主要干扰源的能量及频谱范围基本一致。基于调查结果，二期时移地震采集过程中，采用和一期时移地震采集相同的措施，在采集线束范围内继续采取"六停"（停大钻、停作业、停大型施工、停注和排空、停抽油机、停大型车辆）。

2）时移地震资料一致性考核标准

考核时移地震各道工序一致性高低的参数是地震反射T_0时、振幅、频率、波形这四个基本地震参数，时移地震一致性高低的考核标准也是随开采变化程度的大小而定。为便于对比分析，重点需要抓住激发地震子波、标志盖层反射信息的对比分析及两期时移地震数据总的能量差异分析三项关键性工作。

3. 时移地震资料处理解释

时移地震资料处理分为叠前互均化处理和叠后互均化处理。叠后互均化处理比叠前互均化处理简单、容易实现，但是不能完全消除非油气藏因素产生的响应，而叠前互均化处理可以最大程度地消除由于采集、处理等因素造成的非一致性，最好在叠前互均化处理的基础上，再进行叠后互均化处理。

1）时移地震叠前互均化处理

（1）相对保幅的时移地震处理。

采用相对保幅的提高分辨率一致性处理流程（图 8-4-1），它的主要特点在于尽可能采用简单的满足相对保幅处理的方法和技术，如采用"时频空间域球面发散与吸收补偿"技术补偿大地吸收衰减和近地表影响，炮点和检波点两步法统计反褶积消除近地表鸣震，提高叠前数据的成像分辨率。在相对保幅提高分辨率处理的基础上增加了开发前后时移地震数据的一致性处理和质量监控内容（流程中红色部分所示），主要包括：时移地震采集数据差异分析监控，基于开发前数据的一致性叠前相对保持提高分辨率处理，开发前后联合一致性叠加速度场求取和剩余静校正求取，基于参考标准层的一致性处理，开发前后联合三维处理质量监控与地质评价。以上技术充分发挥了处理解释一体化的优势，有效消除采集非重复性因素影响，确保时移地震处理结果满足地质解释的需要（高军等，2010）。

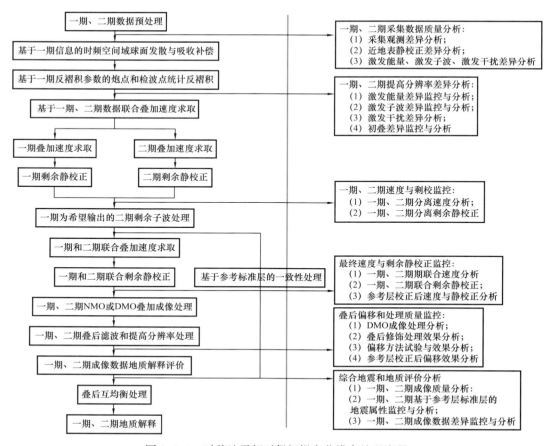

图 8-4-1　时移地震相对保幅提高分辨率处理流程

通过叠前时频域球面发散与吸收补偿、炮点和检波点统计反褶积处理，以及严格的参数试验和质量监控分析，有效地消除了近地表变化、大地吸收衰减和虚反射影响，提高了成像数据的分辨率。但整个叠前处理流程能否达到在消除近地表影响的同时满足相对保持储层信息的提高分辨率一致性处理要求仍是需要进一步讨论的问题，下面通过综合处理质量监控分析来阐述这一问题。

① 相对保持振幅分析。首先来讨论叠前相对保持振幅处理效果，这是时移地震叠前互均化处理的重点。原始数据由于近地表和大地吸收衰减影响，存在明显的随传播时间的能量和频率衰减，在空间方向存在严重的炮集间能量和频率差异。经过叠前"时频域球面发散与吸收补偿"和炮点、检波点统计预测反褶积处理后，不仅在时间方向上的振幅、频率衰减可以得到很好的补偿，同时也能有效地消除近地表变化引起的激发振幅和频率的空间差异，面波干扰也能得到很好地消除。

② 分辨率分析。开发前后采集数据叠前相对保持提高分辨率处理要求每一处理步骤之后都要综合统计频谱分析，若每经过一步处理，数据的统计频谱质量都有明显的提高，统计频谱曲线的一致性也非常好，说明采用的相对保幅提高分辨率处理流程满足时移地震一致性处理研究要求。

③ 波形保持分析。激发子波是识别储层空间变化的重要信息，处理过程中消除近地表变化对地震子波的影响，相对保持地震子波的一致性十分重要。可以通过子波监控观察对比一致性处理过程中子波类型及子波空间一致性的变化，从控制线的炮集统计自相关分析来进一步分析叠前提高分辨率处理的波形保持和子波一致性问题。

④ 高频干扰分析。高频干扰是影响地震数据成像分辨率的主要原因之一，在处理中希望在补偿地震波有效高频能量的同时不放大高频干扰的能量。对两次地震数据处理前后的高频噪声能量进行监控，对比原始数据中的强干扰能量在处理后是否被有效地压制，而原本较弱的高频干扰能量在处理过程中有没有被放大，能量的一致性是否有所改善。

⑤ 叠加效果分析。通过以上的振幅保持分析、分辨率分析、波形保持分析、高频干扰分析，监控从叠前处理的地震属性变化分析叠前相对保持提高分辨率处理效果，但还不能直接获得成像效果的分析，因此，要了解叠前相对保持处理的成像效果，叠加成像分析是质量监控中的必不可少的重要指标之一。

图 8-4-2 给出了油藏开发前后采集数据 Inline 方向的叠前相对保持提高分辨率处理前后的叠加剖面，从图中目的层部位（700ms 附近）可以看出，原始数据叠加剖面存在明显的大地吸收影响，中、深成像分辨率很低，并有明显的多次波影响。而最终数据的成像分辨率明显提高，浅、中、深层能量和频率基本一致，多次波干扰得到明显压制，剖面信噪比没有明显下降。图 8-4-3 给出了 Crossline 方向的叠前相对保持提高分辨率处理前后的叠加剖面，这一方向的构造相对平缓，原始数据叠加剖面也存在明显的大地吸收影响，成像分辨率低，最终数据的成像分辨率明显提高，信噪比也得到较好地保持。此外，从两次采集数据处理结果对比来看，处理结果保持了良好的一致性，采油区附近的差异依然存在，能够满足时移地震监测研究的需要。

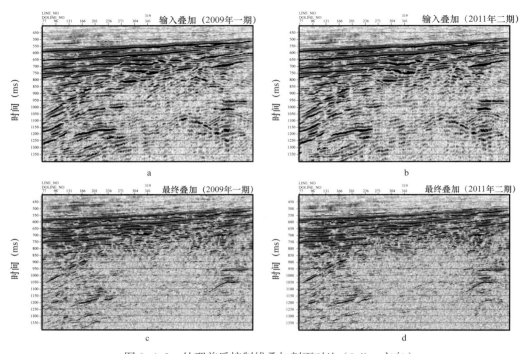

图 8-4-2　处理前后控制线叠加剖面对比（Inline 方向）

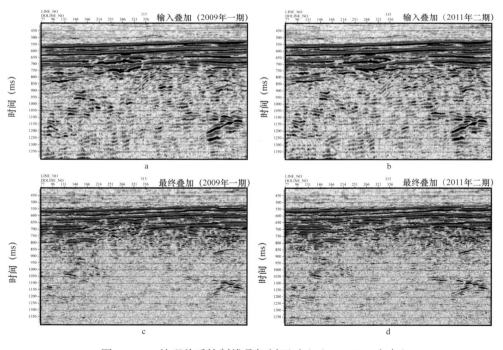

图 8-4-3　处理前后控制线叠加剖面对比（Crossline 方向）

（2）时移地震处理质量监控及地质评价技术。

① 时移地震剖面分析与评价。基于空间相对分辨率地震思想，经过相对保持储层信

息的叠前提高分辨率处理和 DMO+ 叠后三维陡倾角成像处理以及严格的三维质量监控，最终处理效果能否达到时移地震地质解释的要求仍然是个问题，可通过开发前后时移数据处理效果分析和地质评价来加以讨论。图 8-4-4 和图 8-4-5 分别给出了油藏沿主测线方向的两条控制线的最终成果剖面和开发前后差异结果。

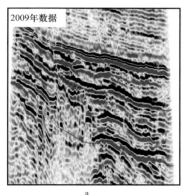 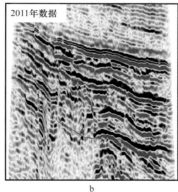 

a b c

图 8-4-4 开发前后时移数据处理结果对比

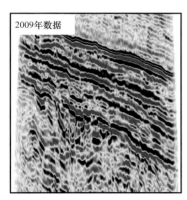 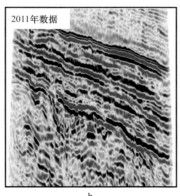 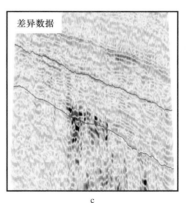

a b c

图 8-4-5 开发前后时移数据处理结果对比

从以上对开发前后时移数据最终成像剖面分析可以看到，时移地震处理的效果十分明显，数据成像分辨率和信噪比都较高，波组特征清晰，相对能量关系保持很好。时移数据的差异剖面可以清楚地反映出汽腔变化，而储层以上的地层由于没有受到采油变化的影响，地震反射基本没有变化，在差异剖面上也没有反映，这在差异结果中也得到很好地验证。这说明本次研究的时移地震数据处理流程和相关技术是切实可行的，能够满足时移地震一致性处理的要求。

② 时移地震叠后属性分析与评价。为了进一步说明相对保持储层信息的一致性处理能力，以下从沿层地震属性分析进行地质评价监控。图 8-4-6 给出了沿层振幅属性分析结果，其中，图 8-4-6a 和图 8-4-6b 分别为开发前后成果数据沿层振幅属性，图 8-4-6c 是开发前后数据差异的沿层振幅属性，图 8-4-6d 至图 8-4-6f 分别是开发前后

差异数据沿某层向下 80ms、120ms 和 160ms 的沿层振幅属性。由于是沿层提取的地震属性，因此除了断裂附近外，沿层地震属性应该是平缓变化的。从图中可以看出，两次最终成果数据的振幅属性空间变化平缓，具有较好的规律性。从两次时移数据的差异振幅属性可以看出开发前后数据振幅差异很小，这是因为该层在储层以上没有受到采油变化的影响。随着所选层位逐渐向下进入储层部位，在差异数据振幅属性上的反映也越来越明显，这在连续振幅属性切片上可以明显地看出来。以上沿层振幅属性分析可以很好地说明本次时移地震处理的效果较为理想。

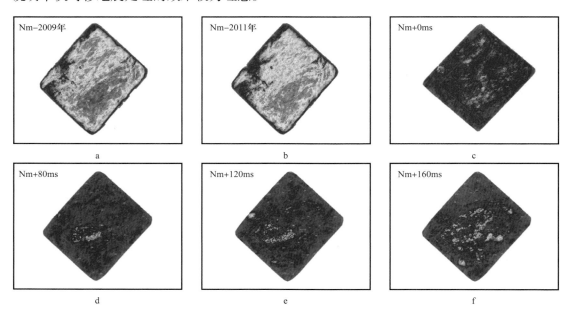

图 8-4-6　开发前后时移数据沿层振幅属性对比

通过以上开发前后时移地震数据剖面分析和沿参考标准层地震属性分析表明，时移地震相对保持一致性处理有效地消除了近地表非储层因素和非重复性采集因素的影响，地震反射在到达参考标准层时具有很好的一致性，时移地震数据的差异信息能够反映地下储层流体的变化，从而能够满足时移地震解释的需要，也充分证明了该次研究的时移地震处理流程和相关技术的有效性。

　　2）时移地震叠后互均化处理

　　（1）时移地震叠后匹配原理。

　　时移地震数据的时间、振幅、频率和相位匹配处理是时移地震资料处理的主要方面。针对时移地震数据在时间、振幅、频率和相位方面的差异，利用多个校正匹配算子分别对地震剖面的主要差异进行匹配校正。匹配校正算子可以是一个全局滤波器，在所有测线和所有道集上整体完成两个数据体的匹配；也可以是局部滤波器，在单线单道上进行局部化校正。时移地震匹配处理包括时差校正、能量校正、频率校正、相位校正、振幅校正、构造校正和基于标志层的匹配处理等几方面（陈小宏，1999；甘利灯等，2003；李蓉等，2004）。

① 能量校正。时移地震能量校正包括横向能量均衡和纵向能量匹配处理。横向能量均衡是通过大时窗内地震能量统计和校正，使地震能量分布均匀，减小能量分布不均对地震差异的影响。纵向能量匹配是利用大时窗振幅包络的匹配，在大时窗内实现纵向能量均衡，而不影响局部差异分析。

② 时差校正。利用互相关方法计算监测数据时移量，实现数据时差校正。最简单的时移校正是对于整个数据体只有一个时间校正量，即不空变也不时变。如果每道数据对应同一个时间校正量，那么校正过程是空变而非时变的。如果每一道不同时窗有不同的时移校正量，那么时移校正不仅是空变的也是时变的，不同点的时变量通过内插得到。不同阶段多次采集的时移地震资料通常需要进行非线性时移校正。

③ 频率校正。频率校正需要首先对两个地震数据进行频谱分析，根据参考数据频谱分析结果进行频谱的光滑处理，然后利用光滑后的曲线对监测数据进行校正处理。也可以对两个数据同时进行带通滤波，但在滤波时应注意，要以频率较低、频带较窄的数据频谱为标准。

④ 相位校正。相位校正是将监测数据的相位校正到与参考数据相同。最简单的处理方式是将两个数据体同时校正到零相位。也可以对监测数据进行相位扫描，并与参考数据进行对比，然后利用相位滤波器对监测数据进行滤波，从而实现监测数据体的相位校正。

⑤ 空间位置差异校正。由于不同阶段多次采集在观测系统、采集方向等方面的差异，会导致同一反射点在偏移后的空间位置上存在差异。通过参考数据与监测数据三维空间内小数据体的三维相关计算，确定监测数据体在 x 方向、y 方向和时间方向上的最佳移动量，从而实现两次地震数据空间位置差异校正。

⑥ 基于标志层匹配滤波处理。同一地区两次采集地震数据，对于非油藏部分其地震记录理论上应该是相同的。但由于采集方式和采集参数差异等因素的影响，使非目的层地震记录也存在很大差异，而要消除这种差异，就要使目标泛函式 $D(t) =\| S_{ref}(t) - NS_{mon}(t) \|$ 取极小值，式中，$D(t)$ 为两次地震数据差异，$S_{ref}(t)$ 为参考地震记录，$S_{mon}(t)$ 为监测地震记录，N 为构造的算子。将构造的算子作用于整个地震道，可以消除采集方式和采集参数不同等因素引起的不合理差异，这就是基于标志层匹配处理。标志层的选择原则是标志层在油藏区域内发育稳定、反射特征明显，标志层应尽量接近目的层，减少入射角度差异对匹配效果的影响。

（2）叠后匹配处理质量控制。

时移地震数据匹配处理质量监控主要包括以下几个方面：

① 原始地震资料分析。分析两次地震资料的剖面差异、时间切片差异、频谱差异、子波差异、时移差异和能量分布差异。根据分析认识确定时移地震资料匹配处理的可行性，确定质量较高的数据为参考数据，并根据两次地震资料差异确定匹配处理流程。

② 匹配处理过程分析。根据每一步时移地震匹配处理的目标，通过匹配处理前后剖面对比、差异大小分析，确定该步处理是否达到处理目标。值得注意的是，由于匹配算子的不稳定性，有些时移地震匹配处理技术可引起地震剖面杂乱，如相位校正处理、基于标志层匹配处理等。因此，在应用这些处理时要对匹配结果进行认真分析，通过合理

光滑和多条件优化约束控制匹配算子的稳定性。

③ 匹配处理成果分析。匹配处理成果的合理性需要结合实际油田地质和开发现状进行分析。在剖面上，匹配处理结果要求在标志层部分和非油藏区差异最小；而在平面上，地震差异范围应控制在油藏的砂体分布范围之内。对于不合理的差异从资料采集和处理方面进行仔细分析，并给出合理解释。

3）多层系油气藏时移地震差异提取与分析

对于多层系油气藏，当上层油气藏因开发导致地震波速度发生变化时，下伏油藏的反射波旅行时也会发生变化。因此，油藏开发不仅通过改变反射系数引起目的层反射波地震振幅的变化，还通过改变下层反射波的旅行时而引起地震振幅变化，为了保留反射系数变化引起的振幅差异，同时消除下层反射波旅行时变化引起的地震差异，采用滑动时窗相关求差方法，通过式 $R(t) = \dfrac{\sum \Phi_{ab}(t) \times \Phi_{ab}(t)}{\sum \Phi_{aa}(t) \times \Phi_{bb}(t)}$ 确定小时窗内两次地震数据相关性，从而确定小时窗内监测地震道时移量，并在时移后与参考地震道进行相减，式中，$\Phi_{ab}(t)$ 表示地震道 a_t 和 b_t 在时窗 t_1-t_2 内的互相关，$\Phi_{aa}(t)$ 和 $\Phi_{bb}(t)$ 分别代表地震道 a_t 和 b_t 在时窗 t_1-t_2 内的自相关。当 $R(t)$ 取最大值时，时窗内地震道 a_t 和 b_t 相关性最好，进行求差计算可以消除反射波旅行时变化引起的振幅差异，同时保留反射系数变化引起的振幅差异。图 8-4-7 对比显示了数据直接求差与滑动时窗相关求差的结果。

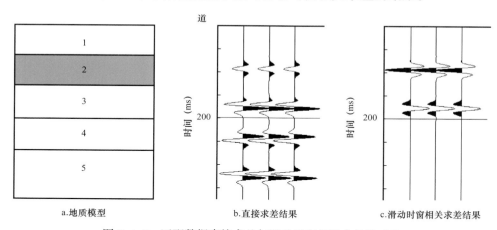

图 8-4-7　匹配数据直接求差与滑动时窗相关求差的对比

地质模型中仅有层 2 在油田开采前、后弹性参数发生变化

4. 井震联合储层建模及地震约束的油藏模拟

在时移地震资料一致性处理和精细解释的基础上，结合测井和岩心分析资料进行的多学科一体化井震联合储层建模及地震约束的油藏模拟研究。

1）测井相与地震相的联合油藏描述技术

三维储层静态建模就是综合运用多种资料，将油藏原始地质特征在三维空间的变化及分布特征利用三维地质模型进行定量的刻画，它是油藏描述的最终成果，也是油藏综合评价与油藏数值模拟的基础。

（1）井震联合构造建模技术。

研究主要是通过井震联合的建模思路，即在井震信息闭合解释的基础上，通过精细的三维储层速度模型进行时深转换，将时间域地震解释等时格架转换到深度域的等时格架构造模型，并在地震等时格架约束下，通过井点分层数据建立精细的储层构造模型。最终构造网格模型如图8-4-8所示（I方向网格数310，J方向网格数231，垂向网格数100，横向网格间距12.5m，网格方向48°）。

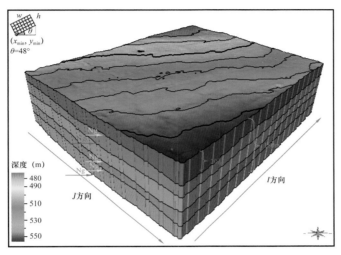

图 8-4-8 三维构造模型

（2）井震联合沉积相建模技术。

随机模拟方法在表征复杂相带变化以及不确定性方面有其独特的优势，一直以来受到地质建模工作者的一致好评。但随机模拟在对离散数据（单井相）模拟过程中存在一些不足，突出表现在模拟结果空间连续性较差，相变过渡经常不符合地质规律，尽管很多研究者在算法的设计以及不断改进过程中做了很深入的研究，但是实际模拟过程中这种现象依然普遍存在，需要大量的人工交互工作去修饰与完善。

下面以目的层段 Ng_5 建模过程为例，按照沉积相建模的流程分别针对数据分析与变换、算法优选、模型验证等问题进行讨论。

① 数据分析与处理。研究中针对原始测井信息、地震信息进行了井震联合的沉积响应特征分析，并分析了网格化测井数据分布及数据变换对结果的影响程度，以及变差函数分析结果对插值结果的影响及最终变差函数的确定等问题。

首先是地震属性的约束分析，共提取了频率、相位、振幅、波形聚类及相干体五种基本属性，图8-4-9是地震属性（蓝色或红色矩形框内）与井点沉积相插值结果的对比图，从图中可见，地震属性反映的沉积物展布方向与通过常规基于井信息的插值沉积相结果的宏观方向具有良好一致性，但地震属性在油藏部位由于开发注气影响，与油藏外部属性反映明显差异，这就意味着地震属性在油藏内部与油藏外部具有不一致的响应结果，从相干体属性可以明显看出，汽腔与汽腔外明显不相干，因此，汽腔区地震属性已不能反映储层的原始沉积特征。

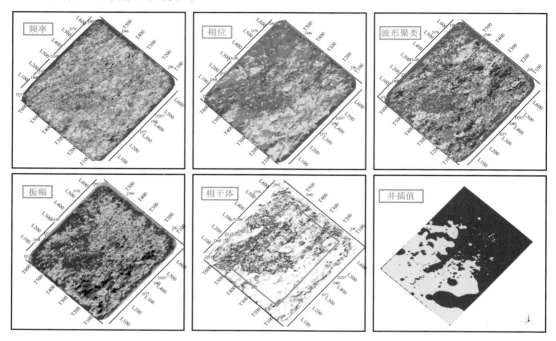

图 8-4-9　地震属性沉积相解释分析

结果表明，该区地震属性数据在油藏区内外有不同的响应特征，油藏区地震属性受后期开发影响，属性更多反映的是储层经开发改造后的当前流体分布与储层的综合响应。油藏外部由于尚未受到注气波及，其属性能够反映储层沉积特征。地震属性在储层静态建模中剔除油藏区的部分可用于沉积相以及属性模型的约束。由于油藏在整个建模工区所占面积比例相对较大，且油藏三维空间的边界准确划分目前依然是个难题，因此，地震属性约束沉积建模在该区未开展深入研究。

然后变差函数影响分析及确定，在确定变程主方向的基础上，以实验变差分析结果为基准，研究对比了变差函数其他参数设置对插值结果的影响并确定了最终变差函数的参数设置。通过此次研究得出以下认识：当井网相对较密、井分布均匀的情况下，对插值结果宏观特征影响最显著的参数主要包含倾角大小、主次变程及变差函数类型，其次主变程的方向、垂向变程的大小及块金值的大小对插值的微观局部会产生不同程度的影响。因此，插值之前的实验变差函数分析，以及对地质背景的掌握程度都会对最终的插值结果产生决定性的作用。分析结果证明实验变差函数的取值与沉积物源的地质认识基本一致且相对比较合理，因此，最终确定选用实验变差函数的取值结果作为变差函数的参数设置。

② 沉积模型的优选与验证。采用概率模型加权不同的方法对模型进行优选与验证。图 8-4-10 是 10 个模拟结果与原始曲线数据分布对比图，从图中可见结果 1 与原始曲线吻合程度最高，此外结果 4、5、8、9 与原始曲线分布特征有很小的差别，相对吻合程度

较高，其他 5 个模拟结果相对较差，因此，选取模拟结果 1、4、5、8、9 进行加权平均，依据吻合程度的不同选取了 5 个模型对应的权值分布分别为 0.6、0.1、0.1、0.1、0.1，其结果如图 8-4-11 所示。

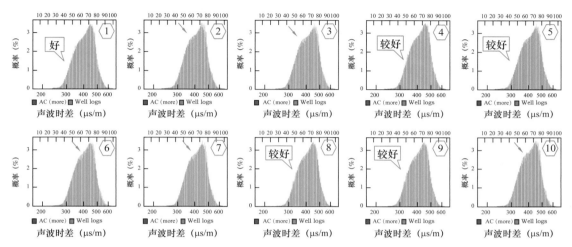

图 8-4-10　10 个模拟结果与原始曲线数据分布对比

图 8-4-11　加权平均优选沉积相模型

此外，通过三维可视化检验，与地质模型的对比（图 8-4-12、图 8-4-13），可见该模型平面剖面特征与冲击扇相模式的理论模型基本一致，符合地质规律的认识。

（3）井震结合属性建模技术。

在地震等时格架约束下，充分利用了研究区井网密度大的特点，在全区标准化单井物性、含油饱和度解释的基础上，以沉积模式为约束最终建立了孔隙度、渗透率、含油饱和度模型，考虑到研究区为特殊稠油油藏，常规饱和度计算模型可能存在一定误差。同时，该研究区电阻率属性对含油气显示异常敏感，在一定程度上也能够反映隔夹层发育，因此，最终以原始电阻率曲线为基础，通过异常曲线的筛选与剔除，建立了地层电阻率属性模型，作为最终含油边界预测及隔夹层综合解释的参考。

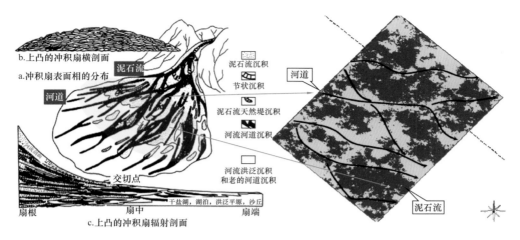

图 8-4-12　模拟结果与理论沉积模式平面图展布对比

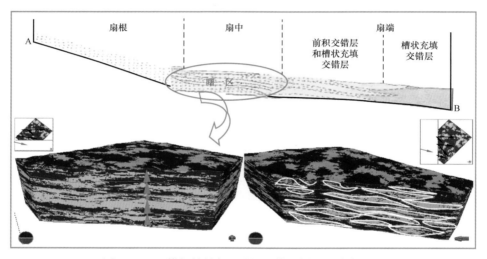

图 8-4-13　模拟结果与理论沉积模式剖面图分布对比

　　① 孔隙度、渗透率模型的建立。孔隙度、渗透率模型的空间分布与沉积相有着直接关系。岩心及测井解释表明：河道相的孔隙度、渗透率一般高于泥石流沉积，相反泥石流中泥质含量通常都比较大，粒度不均匀，磨圆度与分选都比较差。因此，以沉积相模型为约束建立相应的孔、渗模型。

　　② 电阻率和饱和度模型的建立。重复上述属性建模的步骤，由于电阻率取值变换范围比较大，因此采用对数变换数据处理，并对异常值采用了取值截断。在此基础上，利用确定性克里金插值算法建立了电阻率属性模型。在电阻率模型的约束下，通过对比改进克里金插值与序贯高斯模拟结果的差异，优选算法并进行多次迭代优化与质控，最终建立了含油饱和度模型（图 8-4-14）。

　　通过对上述储层井震联合静态建模及建模中存在问题的探讨分析，经过多轮迭代优化，最终建立了研究区馆陶组油藏储层物性参数（孔隙度、渗透率模型），以及反映油藏含油分布的饱和度模型与原始测井电阻率属性模型。

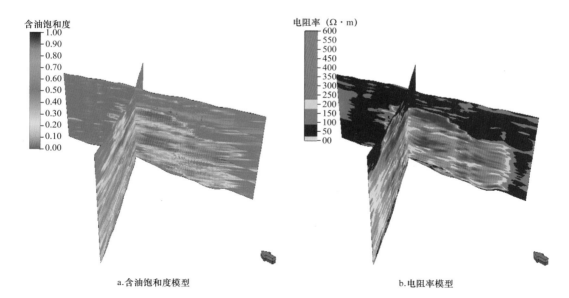

a.含油饱和度模型   b.电阻率模型

图 8-4-14　研究区馆陶组储层模型

2）地震约束的油藏模拟

（1）热采模拟的参数。

数值模拟的输入参数非常多，对稠油热采数值模拟尤其如此（盛家平，1995），以下分别对这次热采模拟中的主要参数（张义堂等，2006）进行说明。

① 网格系统和储层静态参数。热采模拟是在井震联合储层建模的基础上，结合生产动态、岩石流体性质参数进行的综合研究。静态模型采用前面介绍的井震联合建模方法得到的静态模型，模型较好地反映了油藏地质特征。模型的的平面网格系统 $I×J$ 为 12.5m×12.5m，平面上 I 和 J 方向的网格数目分别为 48 和 30，垂向总网格数为 70，模型总网格数目为 48×30×70＝10.08 万个。

前期研究表明，曙一区杜 84 块油藏为边顶底水油藏，油藏上部无明显的泥岩隔档层，上部油水界面被沥青壳所隔挡。结合测井资料分析，在建模过程中描述了该沥青壳的空间位置，如图 8-4-15 所示，沥青壳位于 Ng_1，与区域构造倾向相同，下部紧挨 Ng_2 顶部。在建立网格模型和描述沥青壳的基础上，对模型的孔隙度和渗透率也进行了描述和初始化。

② 岩石和流体模型。

模拟采用的是常用三相两组分的流体模型，三种相态分别为油相、气相和水相，两种组分分别为水组分和死油组分，具体的流体参数性质这里不作详细介绍。

对于热采开发，黏温数据是一项至关重要的参数，模拟采用原油黏温关系的最新研究成果，对黏温数据开展了校正和平滑，处理后的黏温关系曲线总体平滑，如图 8-4-16 所示，稠油黏度随着温度的增加迅速降低，当温度升至 65℃ 时，黏度降至 5000mPa·s 左右，当温度升至 100℃ 时，黏度在 1500mPa·s 以下，具有一定的流动性。总体来看黏温曲线较好地反映了实际稠油的特征，能够满足模拟运算的效率和精度。

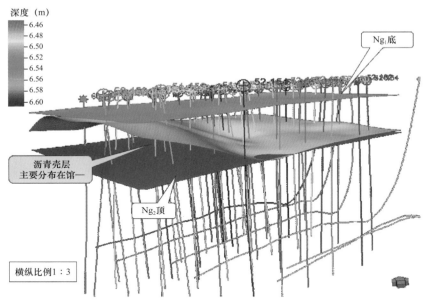

图 8-4-15　沥青壳空间位置分布图

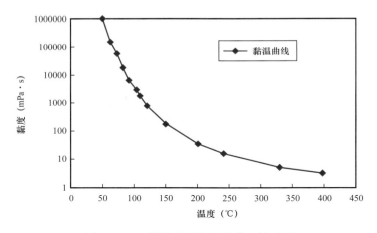

图 8-4-16　模拟采用的原油黏温关系图

（2）多因素约束的历史拟合参数调整。

生产动态历史拟合中参数众多而又相互交织影响，因此，参数调整具有很强的技巧性，要花费大量的人力和时间。参数调整的过程中，既要满足生产数据的历史拟合，同时也要考虑地质上的合理性，在模拟的过程中充分利用时移地震资料，参考时移地震资料反映的地质信息，同时也利用时移差异在平面上和空间上进行汽腔发育形态的约束，同时还充分利用了区域的温度观测井数据，取得了较好的模拟效果（Cai Y T et al., 2014）。

图 8-4-17 为过温度观测井 gg2 井—gg5 井的模拟温度剖面参数调整前后对比图，从调整前后的对比温度剖面来看，变化较大，参数调整后模拟温度剖面与温度观测井测温结果吻合较好，更为真实地反映了油藏的实际开发状况。

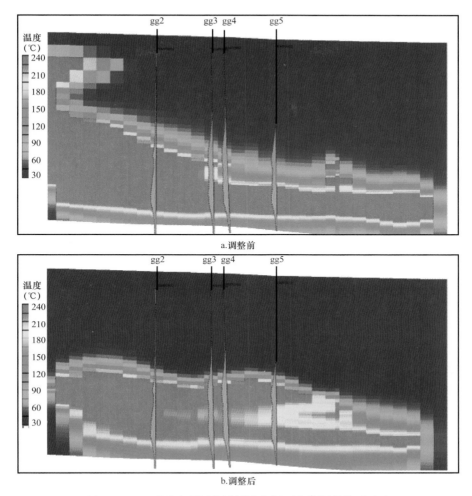

图 8-4-17　过温度观测井模拟温度剖面参数调整前后对比

图 8-4-18 为油藏上部相同部位地震振幅属性与参数调整前模拟温度分布对比图，图 8-4-18a 为地震振幅属性；图 8-4-18b 为模拟温度分布情况，图 8-4-18b 中黑色线条圈住区域为图 8-4-18a 对应高振幅区域，可以看到二者有一定吻合关系，但在模型中部和东南区域吻合不好。结果表明，地震属性较好地反映了油藏开发状况和热采开发中蒸汽腔的分布情况，因此需要调整热采模拟的参数。

图 8-4-19 为与图 8-4-18 相同部位的地震振幅属性与参数调整后模拟温度分布对比图，从图上可以看到，参数调整后，地震地震属性与模拟结果吻合更好，数模结果更加真实客观地描述了热采开发引起的油藏变化情况，模拟结果更加真实可靠。

（3）热采模拟结果分析。

在经过复杂的生产动态和汽腔形态拟合以后，得到稠油油藏热采模拟的结果。热采模拟结果包含油藏流体、温度、压力，以及生产井和注入井各项数据，是一个随时间变化的动态结果，非常直观地反映了油藏开发过程中油藏不同属性的动态变化过程，研究时只选取最能反映热采开发效果的温度参数进行分析。

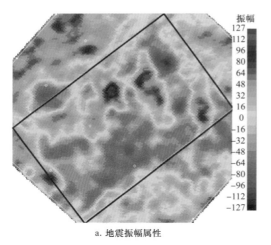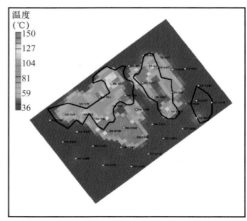

a.地震振幅属性　　　　　　　　　　　　b.模拟温度

图 8-4-18　地震振幅属性与模拟温度分布对比

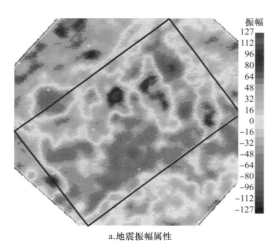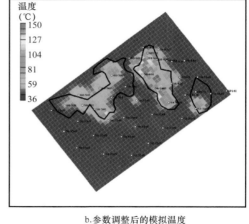

a.地震振幅属性　　　　　　　　　　　　b.参数调整后的模拟温度

图 8-4-19　地震振幅属性与参数调整后模拟温度分布对比

图 8-4-20 为横切模型北部的不同时间点的温度三维显示图，可以看到温度开始在模型的西部区域出现升高，其他部位没有温度变化，说明只有局部稠油有一定的流动性。随后，随着其他部位的生产井投入吞吐开发，剖面多个部位出现温度升高，该阶段温度在纵向上发展较快，横向上没有形成连通，但伴随着开发的进行，温度逐年升高，到2007 年温度开始形成连通关系，至 2011 年大片区域温度形成连通，并且进一步升高。

图 8-4-21 为模拟温度结果不同时间点的平面显示图，从平面图上可以看到在油藏的中上部层位，2001 年时已经有大量的井投入吞吐开发，但都只是在井点附近很小的区域有温度的升高现象，到 2004 年时更多的井吞吐开发中，模型中温度升高井点逐步增多，至 2007 年的时候已经有局部区域在该层段形成连通，至 2010 年时在该层段模型中部已经形成大片的温度升高区连通，说明此时已经在油藏中部形成了接近整体的连通汽腔，SAGD 开发已经进入一个相对稳定阶段，但模型的东西两侧开发效果不够理想。

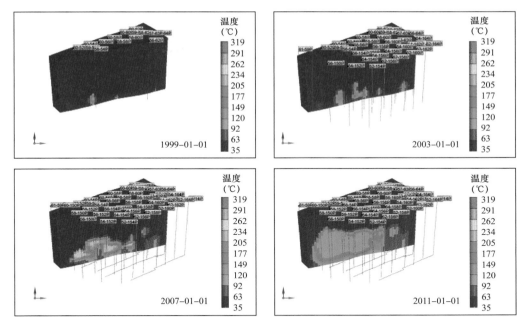

图 8-4-20 横切模型北部不同时间点的三维温度显示

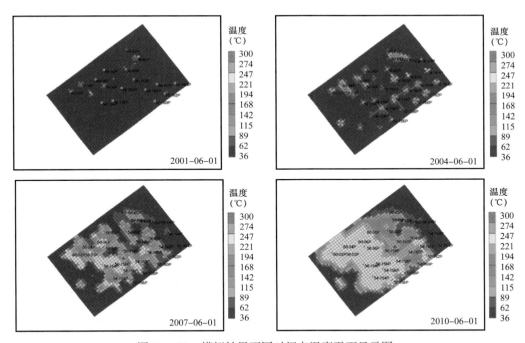

图 8-4-21 模拟结果不同时间点温度平面显示图

三、应用效果

辽河稠油研究区内的两期高精度三维地震分别是在 2009 年和 2011 年采集的，均在稠油开发的进行阶段，研究区内没有开发前的基础地震观测。基于资料条件及井震联合的油藏描述和油藏模拟研究结果，开展了两阶段的研究工作。首先是充分结合油田开发动态信息，利用一期高精度三维地震数据成像结果开展 3.5 维地震综合解释研究，对稠油热采产生的汽腔形态和剩余油气分布进行预测；在此基础上，利用经过一致性处理的两期时移地震数据进行剩余油气预测（凌云等，2013）。

图 8-4-22 给出了 2009 年采集的三维地震数据处理结果沿 Ng_2 和 Ng_2 以下 80ms 处的等时地震振幅切片。从图 8-4-22a（Ng_2 等时地震振幅切片）可看出，在 Ng 主要油藏部位（白圈内）存在明显的振幅局部变化，从图 8-4-22c（放大）可更清晰看出，在研究的油藏部位（白圈内）和井组部位（红框内）存在明显的地震振幅局部空间变化，这些地震振幅局部空间变化很难用地质沉积变化等因素来解释。

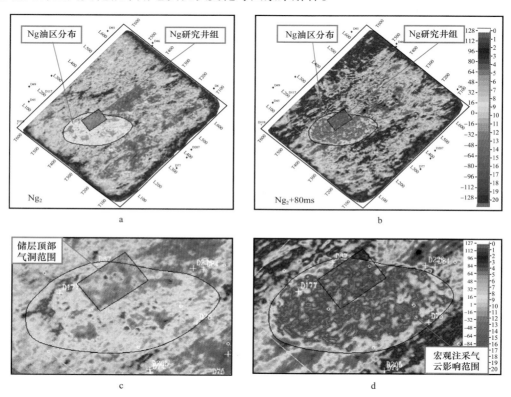

图 8-4-22　Ng_2 和 Ng_2 + 80ms 部位的等时地震振幅切片（a、b）及局部放大图（c、d）

而从图 8-4-22b 和图 8-4-22d（放大）Ng_2+80ms 的等时振幅切片可以看出，存在明显的一个弱振幅（蒸汽影响）变化区，它与 Ng 主要油藏部位（白圈内）相吻合，这表明地震振幅明显反映了 Ng 稠油蒸汽热采的范围，同时从地震振幅的局部变化也可以确定存在热采汽腔分布差异与剩余油气的存在。

尽管基于地震信息解释可以获得一定热采汽腔的宏观解释结果，同时也可以看出一些地震振幅的局部空间变化，但这些局部变化难以直接用于区分地质沉积、小断裂和热采汽腔的影响，从而也无法预测剩余油气的分布。因此，必须进一步研究和区分以上影响因素，才能达到预测剩余油气的目的。

该油田的早期是采用直井吞吐开发，而后期采用直井注气和水平井采收的连续SAGD开发方式。显然，基于这种复杂的注气开发方式将会产生复杂的汽腔形态。

图8-4-23是数值模拟结果与地震数据综合显示，从放大图（图8-4-23b）上可以看出，在油藏底部的汽腔与井位置有关，而在油藏中部则具有较复杂的汽腔空间连通性和复杂形态，在油藏顶部只具有少量和面积较小的汽腔存在。尽管油藏模拟技术具有一定的宏观预测能力，但油藏模拟的预测精度不可避免地受到模型及储层非均质性描述精度影响。因此，油藏模拟结果存在一定的预测误差。为此，采用高精度三维地震信息和油藏模拟信息的3.5维地震联合解释将有益于提高预测剩余油气分布的能力。

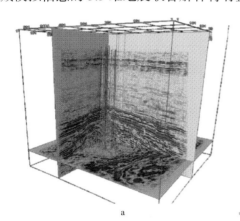
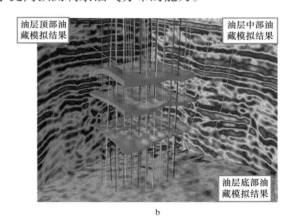

图 8-4-23　数值模拟结果与地震数据综合显示

图8-4-24给出了穿过油藏热采开发区的油藏模拟和地震信息叠合的两条剖面结果。可以明显看出：根据蒸汽热采宏观油藏模拟结果，在汽腔顶部（标示①所示部位）会出现波形变窄（频率增加）和时间减小的特征，而在没有汽腔影响的部位则是波形较胖（频率减小）和时间滞后的特征。分析其原因是汽腔向上产生蒸汽和稠油的置换作用，使上覆地层向上推移，造成其反射系数的变化结果。在蒸汽热采的汽腔内部（标示②所示部位）同样也出现波形变窄（频率增加）和时间减小的特征，而在没有汽腔影响的部位则是波形较胖（频率减小）和时间滞后的特征。分析其原因也是由于汽腔向上产生蒸汽和油的置换作用，使内部地层关系发生向上推移，从而造成其反射系数的变化结果。

通过以上油藏模拟和地震信息解释可以看出，如仅采用地震信息进行解释，以上标示①和②部位可能解释为小断层和地质沉积的变化，而在结合了油藏模拟和地震信息的综合解释可以看出是汽腔边界作用，因此可以最终确定剩余稠油的分布范围，达到勘探剩余油气的目的。

此外，从油藏顶部的油藏模拟（图8-4-25a）和地震属性（图8-4-25b至d）的空间切片对比可以看出，油藏模拟和地震信息具有一定的相关性。其中，如图8-4-25b所示，在汽腔部位存在明显的不相干特性，即反射不连续；如图8-4-25c所示，在汽腔部位存在明显的频率增大特性；如图8-4-25d所示，在汽腔部位存在明显的反射振幅减低特性。从地震属性的解释可以看出，汽腔顶部特性具有不相干、高频和低振幅特征。

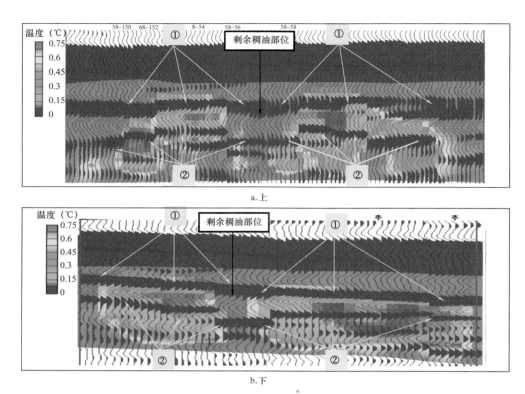

图 8-4-24　油藏模拟与地震叠合剖面

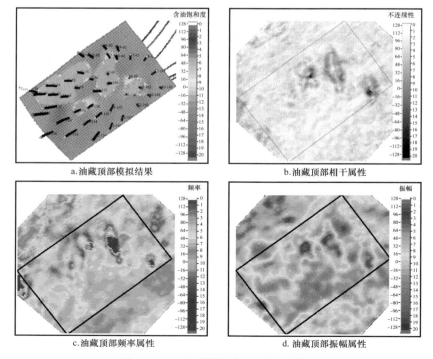

图 8-4-25　油藏模拟与地震属性剖面

从地震属性和油藏模拟信息结果的空间位置对比可以看出，两者间存在一定的空间位置和汽腔大小上的差异，这表明油藏模拟计算结果和实际地震监测的结果间存在一定的差异。究其原因，油藏模拟的精度直接受隔夹层、储层孔隙度和渗透率描述精度的影响，而实际高精度三维地震属性信息是来自实际地震波场对汽腔的反映。因此，地震属性的的局部差异更具有实际意义，即地震属性变化在局部上的精度和实际意义要高于油藏模拟的结果。从而，这也表明油藏模拟与地震信息的 3.5 维综合解释具有更强的汽腔形态和剩余油气的解释能力。

在 3.5 维地震综合解释基础上结合两期时移地震数据差异对蒸汽热采引起的汽腔变化做出解释。

图 8-4-26a 至 c 是图 8-4-26d 所示位置处地震和油藏模拟结果叠合显示图，颜色是数值模拟的油藏温度，蓝色虚线多边形是综合 2009 年地震和数模结果解释出的 2009 年汽腔形态。对比图 8-4-26a 和图 8-4-26b 可清楚地看到经过两年的热采生产，汽腔在纵向和横向上都有扩展，而将解释出的 2009 年和 2011 年汽腔形态叠置于图 8-4-26c 的地震和数模差异上，看到汽腔的变化和地震及数模的差异有较好的对应关系。

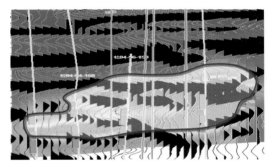

a. 2009年地震与开采至2009年模拟剖面

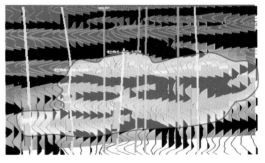

b. 2011年地震与开采至2011年模拟剖面

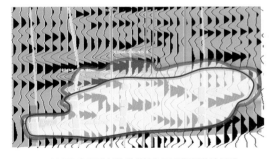

c. 2009年与2011年地震差异与开采模拟差异剖面

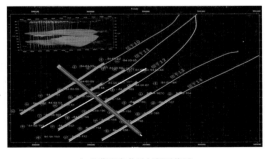

d. 油藏开发井组与剖面位置

图 8-4-26　3.5 维 + 四维地震综合汽腔解释

类似地，图 8-4-27a 至 c 是图 8-4-27d 所示位置处地震和油藏模拟结果叠合显示，对比图 8-4-27a 和图 8-4-27b 可看到经过两年的热采生产，汽腔在纵向和横向上有明显地扩展，而将解释出的 2009 年和 2011 年汽腔形态叠置于图 8-4-27c 的地震和数模差异上，看到汽腔的变化和地震及数模的差异有较好的对应关系。

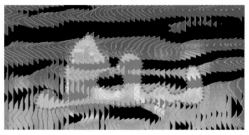
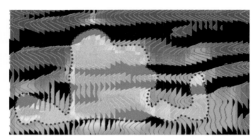

a. 2009年地震与开采至2009年模拟剖面　　　　　b. 2011年地震与开采至2011年模拟剖面

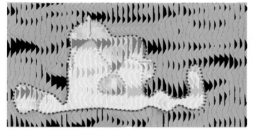
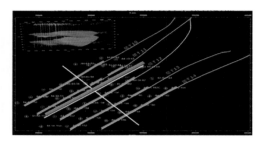

c. 2009年与2011年地震差异与开采模拟差异剖面　　　d. 油藏开发井组与剖面位置

图 8-4-27　3.5 维 + 四维地震综合汽腔解释

四、结论与建议

基于上述研究提出了油田开发建议方案，如建议补孔和建议井位置，并预测出边、顶水突破风险区位置，指导了一批注汽井的注汽层位调整和边部加密井部署，其中有多口百吨井，有效提升了油藏的整体开发水平。

同时，研究探索了一套适合中国陆相稠油油藏开发的时移地震技术流程和配套技术系列，形成包括时移地震可行性论证和采集质量控制、多期时移地震相对保持的一致性处理、多期时移地震综合解释、基于时移地震解释成果的井震联合储层建模及稠油热采数值模拟研究，以及时移地震汽腔及剩余油综合解释等多项技术在内的完整技术系列。

第五节　鄂尔多斯盆地页岩油水平井地震导向和压裂参数优选技术应用

一、工区概况与技术需求

在鄂尔多斯盆地黄土塬地区，采用井炮和可控震源混合激发 + 无线节点仪接收的高覆盖三维地震采集（简称"井震混采"）技术，提高日生产时效 4 倍，可控震源和节点仪应用后成本下降 1/6。采用黄土塬微测井约束分步变网格层析静校正、近地表吸收衰减补偿、Q 叠前深度偏移等三维地震处理技术，获得了高品质资料。通过地质、地震、测井和压裂工程一体化攻关，在三维地震精细构造刻画、进行储层地质和工程双"甜点"预测、开发大井丛平台优选和井约束下三维地震反演深度域的精细地质建模基础上，集成开发了水平井地质—地震—工程一体化实时导向系统，在庆城页岩油勘探开发区推广应用（付锁堂等，2020）。本节以穿越水源保护区的中国陆上石油最长水平井和亚洲最长的水平井为例，讨论分析确定了最优的超长水平井轨迹方案，三维地震与随钻地质工程一体化导向，保障了超长水平井的实施和油层钻遇率，最终圆满完成超长水平导向试验目标，为大井丛超长水平井实施提供了示范和引领方案。近年来，依托鄂尔多斯盆地陇东黄土塬大面积三维地震，优选页岩油"甜点"分布区，三维区地质—地震—工程一体化实施水平井 100 多口，水平井段有效储层钻遇率由 70% 提高到 80% 以上。创建了长庆油田三维地震技术应用与油田勘探开发相结合的典型示范区，有力支撑了长庆油田庆城页岩油 10×10^8t 探明储量的落实和高效开发。

1. 工区概况

庆城油田位于鄂尔多斯盆地南部的黄土塬区，地表为第四纪黄土长期遭剥蚀与切割形成复杂多变沟壑纵横的沟、塬、梁、峁、坡地形。黄土塬地形起伏变化大，海拔 1036～1450m，黄土塬山地呈现低降速层极厚（100～300m）、低速层速度极低（300～600m/s）、地表激发接收条件极差、近地表吸收衰减极严重、原始资料信噪比极低等五大特点，是地震勘探久攻不克的世界级难题。黄土塬区最早的三维地震为 1999 年在庆城地区采集的庄 8 井网状三维地震资料，优选了可实施网状的水系，采集排列分 8 个排列小区，8 条接收线。大部分激发点和接收点选在沟中老地层出露处。沟中单井或双井激发，井深 15m，药量 68kg。检波器线性或面积组合，面元 50m×25m。野外采集面积约 70km²，覆盖次数 1～419 次，地震资料主频 45Hz，频宽 10～80Hz，首次获得鄂尔多斯盆地黄土塬下的三维数据体。但由于偏移距小，覆盖次数极不均匀，不能满足叠前储层预测需求。

2017 年通过国家示范工程试验项目在甘肃省合水县盘克地区开展了针对长 7 段目的层的黄土塬三维地震采集技术攻关，随着近地表调查、可控震源等装备的技术进步，试验成功了黄土塬区独特的井炮和低频可控震源联合激发（"井震混采"）的宽方位高覆盖三维地震采集技术，可控震源增加了地表道路和障碍物等区的激发点，采集方式革新提高了地震深层能量和采集属性均一性，面元为 20m×20m，覆盖次数 320 次，目的层横纵比为 1，首次获得了 113km² 的黄土塬宽方位高品质的三维地震资料，为长 7 段页岩油储层"甜点"预测及水平井轨迹设计和导向奠定了资料基础。该项技术引领了未来鄂尔多斯盆地南部黄土塬区地震采集技术发展的方向，标志着地震技术在黄土塬区油气勘探与开发中实现了历史性转变和突破性。之后，通过持续进行气动钻井、小型可控震源和节点仪等激发设备研发，可控震源占比超过 30%，均采用节点仪接收，黄土塬区日均放炮提高了四倍，采集成本下降 18%，地震资料视主频提高了 5Hz。由此，全面推广应用了井震混采、单点接收的宽方位、高覆盖和高密度黄土塬三维地震勘探，攻克了巨厚黄土塬三维地震采集技术瓶颈，获得了高品质的地震资料。

2. 油藏地质特征

长庆油田围绕盆地长 7 段规段模勘探评价，近年来持续深化地质理论认识，加大工程技术攻关，落实了湖盆中部重力流夹层型页岩油和湖盆周边三角洲前缘夹层型页岩油两大增储上产领域，形成了陇东与陕北两大含油富集区带，展现了盆地长 7 段油藏含油大场面。湖盆中部整体规模储量有望达 $30×10^8t$；湖盆周边的三角洲含油砂带甩开勘探，储量规模 $10×10^8t$。

鄂尔多斯盆地三叠系延长组长 7 页岩油藏为典型的湖相优质烃源岩层内油气聚集，储层以细砂岩、粉砂岩为主，具有"自生自储、源内聚集"的夹层型特征（杨华等，2016）。延长组纵向上依据沉积旋回特征及岩性发育特征，将长 7 段油层组划分为长 7_1、长 7_2、长 7_3 三个"甜点"段（图 8-5-1）。长 7_2、长 7_1 主要发育半深湖—深湖重力流、三角洲前缘两种沉积类型砂体。长 7_1、长 7_2 为泥页岩夹多期薄层粉细砂岩的岩性组合，是目前页岩油勘探开发的主要对象。

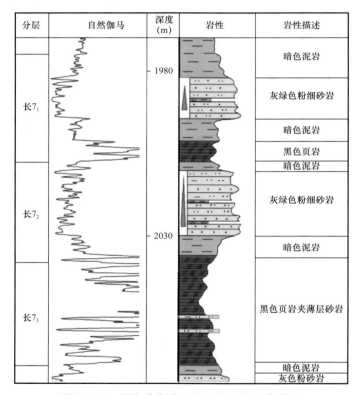

图 8-5-1　鄂尔多斯盆地长 7 段源内油藏模型

长 7 段页岩油藏的分布和主要参数特征为：黑色页岩主要分布于深湖环境，面积达 $4.3×10^4km^2$，黑色页岩厚 5～25m，有机质类型主要为 II_1 型和 I 型，TOC 平均为 13.81%；暗色泥岩主要分布于半深湖—深湖环境，面积达 $6.2×10^4km^2$，暗色泥岩厚 5～40m，有机质类型主要为 II_1 型和 II_2 型，TOC 平均为 3.75%；长 7 段砂体纵向上旋回特征明显，单砂体间泥质夹层丰富，单砂体厚度平均值为 3.5m，砂地比平均为 17.8%，长 7_1、长 7_2 砂体累计厚度为 10～20m，油层厚度为 2～10m；孔隙度中等，为 6%～12%，孔隙半径为 2～8μm，微纳米级孔隙占总孔隙体积的 65%～86%；渗透率极低，为 0.03～0.1mD；含油饱和度高达 70%、气油比高达 80m³/t 以上（付金华等，2015）。

庆城油田长 7 段烃源岩发育，由于烃源岩与围岩阻抗差异明显，在地震剖面上表现为强波峰反射特征，反射轴连续，全区可对比追踪。应用三维地震、测井资料和地质资料，采用30Hz雷克子波制作地震合成记录，以长 7 段烃源岩顶部反射为标志层，精细标定长 7_1、长 7_2 地震反射层位，井震相关系数约 80%（图 8-5-2）。标定 $T_{T_7}^1$ 为波峰，长 7_1 砂层组反射，中强振幅特征；$T_{T_7}^2$ 为波谷，长 7_2 砂层组反射，为中强反射特征；T_{T_7} 为波峰，长 7 段烃源岩顶部反射，横向较为连续（王大兴等，2017）。

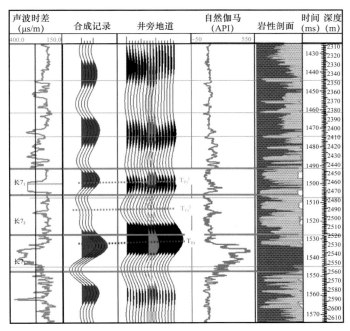

图 8-5-2 某井地震地质层位综合标定
长 7_1 砂厚：12.8m；长 7_2 砂厚：11.8m

3. 技术需求

按照长庆油田页岩油"直井控藏、水平井提产"的工作思路，充分全面应用三维地震、地质—工程一体化落实"甜点"分布，为规模储量落实提供依据。页岩油开发要求在"甜点"优选靶区的基础上，进行水平井部署、轨迹设计、随钻导向预警和完钻工程改造方面进行的技术支撑（图 8-5-3）。

（1）要求三维地震面向开发的薄储层预测、深度域储层空间展布刻画、精细油气藏描述和精准的三维地震地质建模，为三维油气藏数值模拟提供依据。

（2）从轨迹设计到工程导向实施阶段全程地震地质工程一体化技术支撑，要求获得好三维地震资料；选好地质工程双"甜点"；分类型分层系定好水平井井位；在三维地震深度域剖面设计好轨迹；地震地质测井联手入好靶；地震地质工程一体化实时导向好水平井轨迹；在地震预测水平井筒四周"甜点"分布基础上，测井优化压裂段族、优选压裂规模支撑好压裂施工。

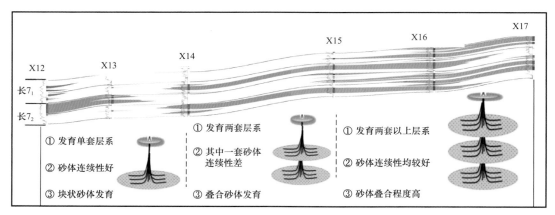

图 8-5-3　鄂尔多斯盆地庆城油田长 7 段油层水平井设计剖面图

（3）大井丛平台、立体式水平井开发方式给地震技术提出了更高的要求：一是非均质储层平面分布及纵向砂体结构预测，二是"甜点"区综合评价和水平井部署及导向，三是支撑水平井完井工程压裂改造参数优选。

（4）对三维地震的精度提出更高要求：一是横向页岩油水平井导向预测精度要求高，至少刻画 5～10m 幅度的微构造起伏和小断距；二是纵向页岩油水平井入靶和轨迹导向要求识别 5m 以上块砂岩，制导 20cm 钻头其夹层中穿越。

因此，亟需形成面向非常规页岩油气开发地质目标需求的适用性技术系列，包括从"甜点"优选、水平井井位部署、水平井轨迹设计导向到页岩油油藏建模的关键地震技术。

二、关键技术

针对长 7 段源内储层"甜点"预测，建立了高保真、高分辨率、高精度地震资料处理流程和方法，获得了较高品质的地震资料。

（1）微测井约束网格层析静校正。针对庆城油田黄土塬近地表结构复杂，地形起伏大、低降速带厚度变化大、速度非均质性强的难点，利用 100 余口微测井约束，采用大炮初至计算炮检点的静校正量进行网格层析静校正，较好地解决了三维区的静校正问题。

（2）高保真叠前去噪技术。庆城油田黄土塬地震资料干扰波类型主要包括面波、线性干扰、多次波、异常野值等。依据噪声能量先强后弱、先规则后随机、先低频后高频的原则，分资料类型、分步、分频、分区、分时窗，在炮域、检波点域、十字排列域、OVT 域、τ—p 域等逐步压噪去除，最大限度地保护了地震波有效信号。

（3）高分辨率处理。针对黄土塬地区原始地震资料分辨率低的特点，采用了地表一致性反褶积消除子波非一致性问题。联合应用稳健地表一致性反褶积技术，该方法对输入数据的噪声相对不敏感，能更好地保持地震资料有效带宽，压制高低频噪声的抬升。同时，采用近地表 Q 补偿技术，进一步提高地震资料分辨率。之后再进行反褶积处理，地震主频进一步得到提升。

（4）高精度处理。主要采用OVT域处理及子波一致性处理技术。OVT域处理是近年来出现并迅速发展的地震处理方法，OVT一般称为共偏移距矢量片，针对三维地震进行数据规则化、噪声压制和各向异性处理的一种方法。该方法按照炮点、检波点、偏移距和方位角参数，在平面上将三维地震资料划分为一次覆盖的网格数据，再进行"采集脚印"的消除和偏移成像等处理。子波整形法作为一种可以调整不同震源原始资料频率和相位关系的有效方法，已经广泛应用到黄土塬地区的地震资料处理中，经过子波整形后的叠加剖面，基本消除了两种震源的相位差异，一致性得到了明显的提高。

（5）叠前Q深度偏移成像。叠前Q深度偏移补偿不同射线路径造成的地震波能量衰减，进一步提高资料分辨率，使地震成像质量得到提升，断层断点更清晰（图8-5-4）。

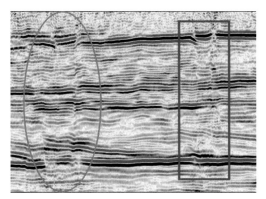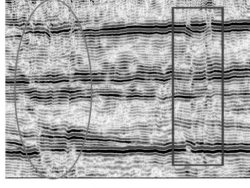

a.叠前时间偏移剖面　　　　　　　　　　b.叠前Q深度偏移剖面

图8-5-4　庆城油田北三维叠前时间偏移和叠前Q深度偏移成像剖面效果对比

黄土塬三维地震资料处理后，波形特征活跃，地质现象丰富，主要目的层反射清晰，振幅保真性好（图8-5-5），中生界目的层的视主频达到30～35Hz，有效频宽为6～70Hz。

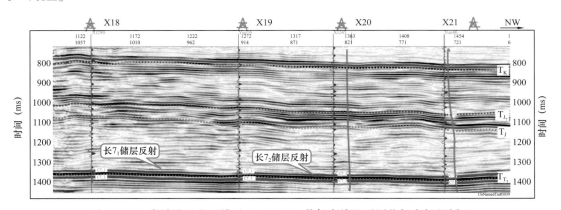

图8-5-5　庆城油田北三维过X18—X21井任意线地震层位标定解释剖面

（6）岩石物理分析。优选庆城油田14口井偶极横波测井数据、2块变频测试和35口超声波测试资料对长7段储层进行岩石物理分析。庆城油田长7段砂岩纵波阻抗为

10200～13000g/cm³·m/s，大部分砂岩纵波阻抗大于 10700g/cm³·m/s，泥岩的纵波阻抗为 8000～12000g/cm³·m/s。经统计长 7 段砂岩与泥岩的横波阻抗和泊松比差异明显（图 8-5-6a）。长 7 段含油砂岩泊松比一般分布 0.18～0.27，其中物性较好的含油砂体其泊松比值均小于 0.25，泥岩的泊松比分布在 0.23～0.33（图 8-5-6b），超声波测量泊松比随含油饱和度变化表明泊松比可预测油页岩储层的含油性（图 8-5-7a）。储层的脆性指数一般大于 50，而且含油储层具有频散衰减特征（图 8-5-7b）。此外，根据测井阵列声波地应力计算以及岩心试验结果表明，庆城油田水平两向应力差为 4～7MPa，储隔层应力差为 5～8MPa。上述机理分析为长 7 段源内储层预测奠定了坚实的岩石物理基础。

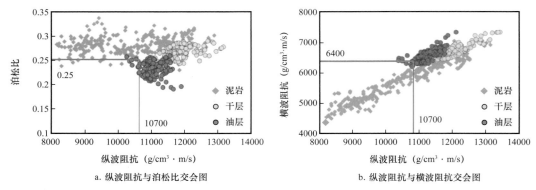

a. 纵波阻抗与泊松比交会图　　　　　　　　　　b. 纵波阻抗与横波阻抗交会图

图 8-5-6　庆城油田页岩油长 7 段不同岩性储层的偶极横波测井地震参数交会图

（7）井约束神经网络砂体展布预测。通过储层敏感属性分析，优选波阻抗、流体活动性、均方根振幅、瞬时频率、单频地震属性，采用井约束神经网络技术，精细预测长 7 段储层的平面展布。井约束神经网络分析（BP）方法采用的是多层感知器（MLP）神经网络模型，采用后向传播学习算法。优选工区内地震反射特征与砂体厚度对应关系较好的 86 口井作为样本井，以这些井砂体厚度为样本，建立地震属性与砂体厚度对应关系，最后用完钻井进行校正，预测目标层位的砂体厚度及展布。

（8）含油性预测。依据岩石物理分析结果，泊松比参数可以预测储层的含油性。应用三维地震分偏移距地震数据体，反演得到储层的泊松比，进而对长 7 段砂体的含油性进行预测。

（9）脆性指数预测。对鄂尔多斯盆地中生界 7 口井 39 块样品进行实验室观测，对实验数据做交会分析，得到改进的脆性指数计算公式：$BI=(0.32\Delta E+0.68\Delta\sigma)\times100$。利用三维地震资料反演得到泊松比和杨氏模量，采用杨氏模量和泊松比变系数加权法预测储层脆性变化特征。

（10）小断层和裂缝的预测。在三维数据体上用蚂蚁追踪算法目前分辨断裂的一个较好的方法，在地震数据体中播撒大量电子蚂蚁追踪断层异常信息，同时释放断层信息素，通过断层信息素召集一定范围内的其他蚂蚁跟进，而蚂蚁会优先选择信息素浓度大的路径。通过大量蚂蚁的共同努力，最终识别和追踪数据中的细小信号异常。蚂蚁体对地震资料的细微变化、地层扭动极其敏感，可以对断裂带进行精细解释（图 8-5-8）。平面上利用相干体技术用于检测地震波同相轴的不连续性，可以突出断层、微断裂、地质体边

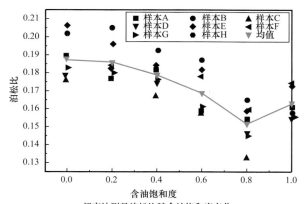

a.超声波测量泊松比随含油饱和度变化

长7段样本8块，深度1800~2345m，孔隙度3.22%~9.284%，渗透率0.019~0.205mD

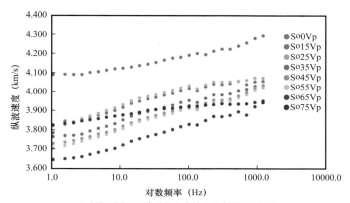

b.低频测试不同含油饱和度纵波速度随频率变化

长7₂样品深度1758.4m，密度2.44g/cm³，孔隙度6.16%，渗透率0.024mD

图 8-5-7　庆城油田页岩油长 7 段泊松比随含油饱和度和纵波速度随频率的变化图

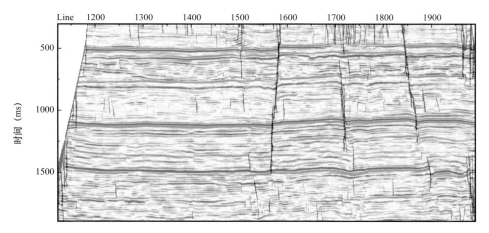

图 8-5-8　黄土塬三维地震 Trace2400 蚂蚁体与偏移剖面叠合显示

界的整体空间发育特征。曲率属性是用来表征平面上某点处的弯曲程度，可以通过地质体自身的曲率变化对断层、裂缝等构造实现有效的识别（图8-5-9a），曲率可以识别小断层，但多解性强，与相干等相结合可以降低它的多解性。此外，在OVT域处理的处理的基础上，CMP道集优化、方位角分析、方位角划分与属性计算，从而进行叠前各向异性裂缝预测（图8-5-9b）。长7段最大主应力方向为与转换断层走向一致，裂缝的发育走向与最大水平主应力方向一致，在应力分析基础上，确定本区的应力计算模型，从而试验预测最大、最小水平应力差异系数（图8-5-9c），水平应力差异系数相对小的区域，压裂施工时，易形成网状缝。

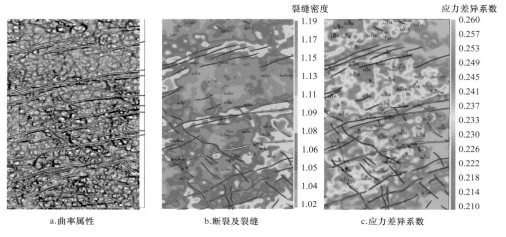

a.曲率属性　　　　　　　b.断裂及裂缝　　　　　　　c.应力差异系数

图8-5-9　庆城油田北三维区地震预测断裂和各向异性分布图

（11）"甜点"区优选。在长7段页岩油"甜点"烃源岩品质、砂体展布及厚度（岩性）、物性预测、含油性、储层脆性和小断层裂缝（各向异性）"六性"预测（图8-5-10）的基础上，将地震预测结果结合井点的地质信息进行神经网络融合（图8-5-11），优选"甜点"区。在庆城页岩油田优选长7_1"甜点"区（图8-5-12），为储量面积的圈定提供了依据。

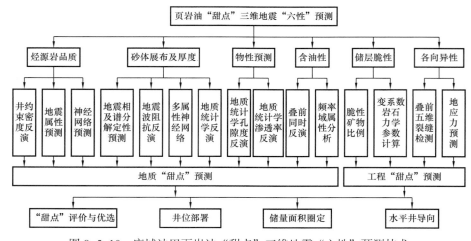

图8-5-10　庆城油田页岩油"甜点"三维地震"六性"预测技术

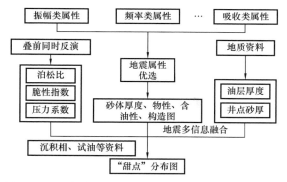

图 8-5-11 庆城油田页岩油"甜点"评价技术流程图

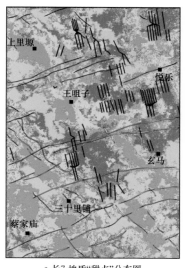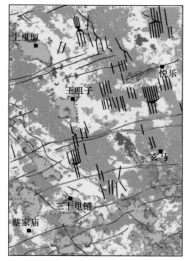

a.长7₁地质"甜点"分布图　　　　　　b.长7₁工程"甜点"分布图

图 8-5-12 庆城油田北三维区页岩油地质工程双"甜点"评价

（12）地震地质速度场建模和构造成图。庆城油田区域地质构造位于鄂尔多斯盆地伊陕斜坡西南部。构造整体为一个西倾单斜，构造整体为东高西低、南高北低的特征，地层倾角不足 1°，构造较为平缓，地层层位分布稳定，完钻井较多，且该区中生界内没有异常速度体侵入，速度变化不大。区内发育两期断层，主要为北东向的转换断层，断距不大，延伸较远。通过分析，长 7 段页岩油成藏与构造关系不大，构造的变化和断层破裂带主要影响后期的水平井钻井轨迹起伏设计、实时导向和堵漏工程实施。因此，利用合成记录在解释层位约束下内插形成空变速度场（图 8-5-13），采用构造变速成图技术对主要目的层构造和断裂分布进行精细刻画。

（13）水平井三维地震地质导向。水平井三维地震地质导向系统基于数字化油气藏研究与决策支持系统平台，利用实时采集和传输、辅助模拟等技术，进行快速速度建模和地震时深转换，达到方便地调整水平井轨迹，实时监控水平井钻进的目的。该系统的核心是在地震地质层位标定和约束下进行变速时深转换（图 8-5-14），形成与钻井分层匹配的各种深度域地震叠加、波阻抗和弹性参数（泊松比等）数据体，应用上述三维地震深度域数据体对水平井轨迹进行设计，之后对实钻水平井入靶后的层位进行静态验证，校正深度域地震剖面。按深度域地震剖面储层"甜点"的起伏实时动态导向水平井轨迹，并及时准确预测断层的位置为钻井堵漏提供预警支撑。上述系统推广应用为三维地震进行地震—工程—体化水平井导向提供了重要的技术平台。

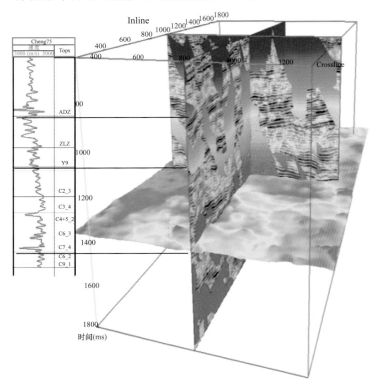

图 8-5-13　三维多井解释层位约束下空变速度场

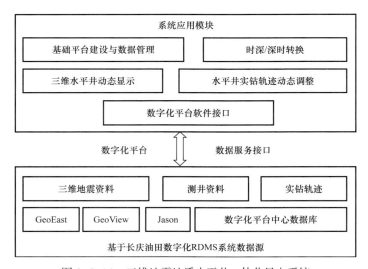

图 8-5-14　三维地震地质水平井一体化导向系统

三、应用效果

通过三维地震"甜点"区优选、小断层裂缝识别、微幅度构造起伏刻画、薄储层预测技术应用，在优化平台井数、优选目标入靶小层、调整靶前距、设计水平段长度、择优实施顺序，以及建议导眼井控制变化段，特别是水平井轨迹随钻导向等方面发挥了重要的作用。2018 年以来，应用三维地震资料完钻水平井有效储层钻遇率达 80%，比仅参考二维地震资料，水平段有效储层钻遇率提高 10 个百分点。

1. 三维地震全方位支撑水平井设计和导向

2018 年以来，全面应用三维地震资料从水平井部署、随钻导向预警和完钻工程改造方面进行全面的技术支撑（表 8-5-1、图 8-5-15）。

表 8-5-1 三维地震支撑水平井各类导向次数统计

钻前水平井轨迹设计建议调整 60 次		随钻导向建议 131 次		工程改造建议 98 次	
"甜点"储层变化轨迹调整	37 次	"甜点"储层发生变化轨迹调整或完钻	23 次	根据"甜点"特征建议压裂规模	65 次
构造变化轨迹调整	13 次	根据构造幅度变化轨迹上下调整	75 次		
钻遇断层预警或调整	10 次	断层发育，工程预警	33 次	压裂避开断层	33 次

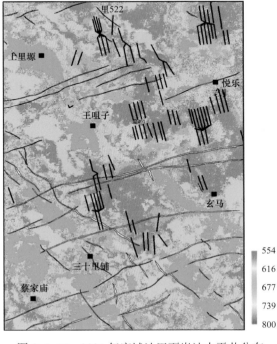

图 8-5-15 2021 年庆城油田页岩油水平井分布

（1）精准"甜点"构造起伏刻画进行井轨迹导向，提高油层钻遇率。

XH-Y1：钻至第 12 靶点见泥岩，地震认为其时的钻头在储层底部，建议上调，保持最大增斜钻进，后见油斑显示，之后钻遇油层情况较好，如图 8-5-16 所示，最终砂层钻遇率 80.4%，油层钻遇率 80.4%。

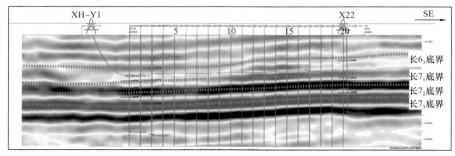

a. XH-Y1 井地震剖面（深度域）

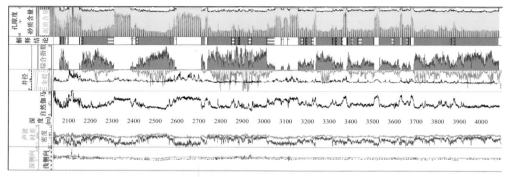

b. XH-Y1 井水平井段测井综合评价剖面

图 8-5-16 过 XH-Y1 井三维地震深度域导向剖面

（2）三维地震预测"甜点"空间展布，助力压裂段簇优化提高产量。

XH-Y2：依据三维地震可进行三度空间预测刻画"甜点"的特点，对"甜点"优势段分布、裂缝发育段、断层发育区进行预测，据此优化压裂参数，为压裂的规模、段数和簇数提供建议，见表 8-5-2、图 8-5-17，助力页岩油高效开发。

表 8-5-2 XH-Y2 井三维地震在不同靶点段优化压裂参数建议表

优化压裂建议原则	水平井区	区块	地震建议	依据	靶点号
（1）避开断裂发育区；（2）适当压裂裂缝发育区；（3）加大优势段的压裂参数、段数与簇数；（4）优选储层顶底部潜力段进行压裂	XH-Y2 水平井开发区	优势段	加大压裂参数、段数与簇数	砂体连续、物性好、脆性好、断层不发育、裂缝不发育	5-13
		裂缝发育	适当的压裂参数	裂缝发育区	1-4
					15-16
		断层发育区	尽量不压	断层发育	4-5
					14-15
					16-20

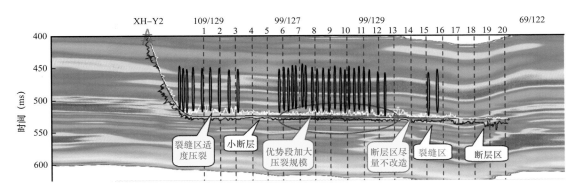

图 8-5-17　过 XH-Y2 井三维地震深度域纵横波速度比剖面优选压裂段分布图

（3）超长水平井段导向支撑效果。

三维地震在水源区和部分保护区更具显示突出的优势，在地面上钻机无法建平台的地区，三维地震设计指导实施超长水平井，有效动用地质储量，最大限度地开采由于地面所限的页岩油。在三维地震深度域剖面设计 XH-Y3 超长水平井，通过地质经验加地震和测井多参数随钻导向核心技术引领，地质工程一体化应用，确保了该井入靶及产状调整及时到位。在随钻实时导向过程中，成功穿过地震预测的两个微小断层，共提供轨迹调整意见 10 次，为该井实施提供技术保障，如图 8-5-18 所示。该井完钻水平段长 5060m，砂体钻遇率 95.5%，油层钻遇率 88%。

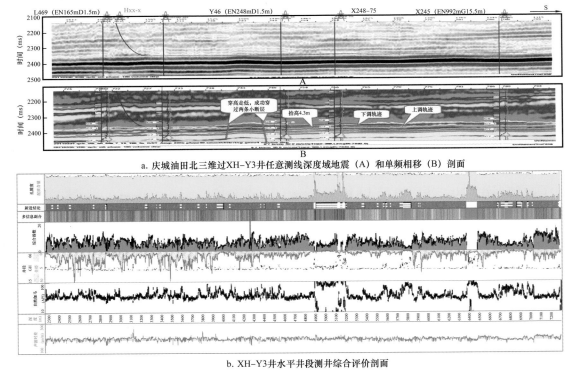

a. 庆城油田北三维过 XH-Y3 井任意测线深度域地震（A）和单频相移（B）剖面

b. XH-Y3 井水平井段测井综合评价剖面

图 8-5-18　XH-Y3 超长水平井段三维地震地质一体化导向图

2. 庆城油田页岩油勘探开发获重大突破

2018 年以来，长庆油田按照"直井控藏、水平井提产"的思路，整体部署，充分应用三维地震，地质工程一体化落实储量规模，实现了长 7 段页岩油勘探开发的重大突破。2019 年发现了储量规模超十亿吨中国最大的页岩油田——庆城油田，探明储量 3.59×10^8 t。2020 年探明储量 1.43×10^8 t，2021 年探明储量 5.5×10^8 t。累计共探明储量 10.52×10^8 t（图 8-5-19）。

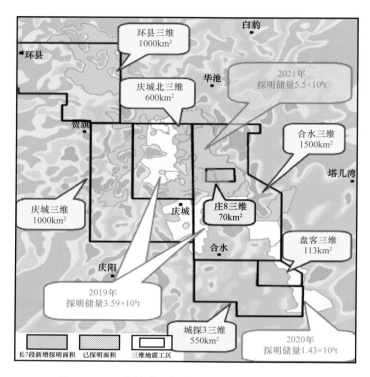

图 8-5-19 庆城油田长 7 段页岩油藏勘探成果图

截至 2020 年底，长庆油田页岩油年产 144×10^4 t，其中庆城页岩油示范区建成中国首个百万吨页岩油田，年产油 93.1×10^4 t。

截至 2022 年 10 月，鄂尔多斯盆地发现了 80 余个页岩油"甜点"区，面积约 1×10^4 km²，储量规模可达 37.8×10^8 t，已有探明储量 12.64×10^8 t，预测储量 8.34×10^8 t，已建成年产 100×10^4 t 的页岩油开发示范基地，实现了规模效益开发，预计 2025 年页岩油年产量将达 300×10^4 t。

四、结论与建议

在鄂尔多斯盆地黄土塬地区，首创并推广应用井炮和可控震源混合激发 + 无线节点仪接收的三维地震"井震混采"技术，创新了黄土塬微测井约束网格层析静校正、近地表吸收衰减补偿提高分辨率、叠前 Q 深度偏移成像等三维地震处理技术，攻克了巨厚黄土塬三维地震勘探瓶颈，获得了高品质资料。通过一体化攻关形成了页岩油"六性"为主的"甜点"预测技术系列，集成开发了水平井地质—地震—工程一体化实时导向系统，在庆城油田页岩油勘探开发区推广应用。应用实例分别以精准"甜点"构造起伏导向井轨迹提高钻遇率和三维地震预测"甜点"优化布缝段簇压裂提产，充分展示了三维地震空间描述"甜点"三度地质体的优势，以穿越水源保护区中国陆上石油最长水平井 XH-Y3 井为例，三维地震与随钻地质—测井—工程一体化导向，保障了超长水平井的实施和油层钻遇率，再次刷新了亚太最长的超长水平段导向记录，为大井丛超长水平井实施提供了示范和引领方案。近年来，依托鄂尔多斯盆地黄土塬大面积三维地震，地质—地震—工程一体化实施水平井段有效储层钻遇率比以往提高 10 个百分点，有力支撑了长庆油田页岩油 $10 \times 10^8 t$ 探明储量的落实和百万吨页岩油田的高效开发。

黄土塬页岩油三维地震取得如此效果的四点体会。一是决策思路领先：顶层设计引领，一体化整体部署全覆盖页岩油勘探区，油气深浅立体勘探，黄土塬激发和接收方式的变革性突破，指导生产快速应用。二是采集设备先进：黄土塬井震混采，推广小型震源和气动钻机，全面应用节点仪采集，提高了采集时效和质量。三是技术创新：超深双井微测井，加强近地表调查和校正，OVT 域成像、Q 补偿、叠前 Q 深度偏移、储层预测进行"甜点"评价与优选。四是地质—工程一体化应用：以地质目标为导向，充分挖掘三维地震信息描述"甜点"三度空间展布，强化地质地震工程全方位一体化应用，优选靶区部井和指导水平井轨迹。最重要的是将三维地震紧密围绕水平井位为核心，突出深度域地震水平井轨迹设计和现场地震实时导向，把三维地震作用极致发挥出来方才取得如此突出的成效。

下一步研究建议：

（1）黄土塬对地震吸收衰减和干扰严重，高频噪声发育，去噪难度大，亟需进一步攻关保真压噪且保护有效波的新方法。

（2）突破各类反褶积假设条件和依赖井约束拓频处理的弱点，研发基于地震波传播理论与信号分析理论的进一步提高储层弱信号的分辨率。

（3）针对长庆油田页岩油勘探目前最前沿地震技术仍在某些方面不能有效解决的问题，在页岩油岩石物理分析与地震数学物理模拟基础上，联手产学研结合攻关，共同打造高水平的地震—地质—工程一体化研究平台，建立具有黄土塬地区页岩油特征的标志性模型和特色技术系列。

参 考 文 献

蔡东梅，郝兰英，郭亚杰，等，2016.地震沉积学在水下分流河道砂体预测中的应用［J］.中南大学学报（自然科学版），47（3）：850-856.

陈树民，沈加刚，宋永忠，等，2009.基于沉积模式的地震多属性量化沉积微相解释方法——以松辽盆地北部高台子地区泉头组三—四段为例［J］.地质科学，44（2）：740-758.

陈小宏，1999.四维地震数据的归一化方法及实例处理［J］.石油学报，20（6）：22-26.

陈志德，郑锡娟，关昕，等，2010.长垣油田地震异常振幅噪声分频压制技术［J］.大庆石油地质与开发，29（6）：183-190.

陈志德，初海红，刘津冶，2014. 长垣油田地震资料各向异性时差分析与校正［J］. 石油学报，35（3）：486-495.

程顺国，2014. 基于地质模式的多元地震属性储层预测［J］. 大庆石油地质与开发，33（3）：151-154.

房宝才，王长生，刘卿，等，2003. 微小断层识别及其对窄薄砂体油田开发的影响［J］. 大庆石油地质与开发，22（6）：24-26.

付金华，喻建，徐黎明，等，2015. 鄂尔多斯盆地致密油勘探开发新进展及规模富集可开发主控因素［J］. 中国石油勘探，20（5）：9-19.

付锁堂，王大兴，姚宗惠，2020. 鄂尔多斯盆地黄土塬三维地震技术突破及勘探开发效果［J］. 中国石油勘探，25（1）：67-77.

甘利灯，姚逢昌，邹才能，等，2003. 水驱四维地震技术——叠后互均化处理［J］. 勘探地球物理进展，26（1）：54-60.

甘利灯，戴晓峰，张昕，等，2012. 高含水油田地震油藏描述关键技术［J］. 石油勘探与开发，39（3）：365-378.

高军，凌云，林吉祥，等，2010. 相对保持储层信息的地震数据处理及其地球物理与地质监控［J］. 石油物探，（5）：451-459.

郝兰英，郭亚杰，李杰，等，2012. 地震沉积学在大庆长垣密井网条件下储层精细描述中的初步应用［J］. 地学前缘，19（2）：81-86.

何火华，李少华，杜家元，等，2011. 利用地质统计学反演进行薄砂体储层预测［J］. 物探与化探，35（6）：804-808.

江春明，2007. 大庆T190地区复杂断块油藏描述及剩余油分布研究［D］. 北京：中国地质大学（北京）.

姜岩，徐立恒，张秀丽，等，2013. 叠前地质统计学反演方法在长垣油田储层预测中的应用［J］. 地球物理学进展，28（5）：2579-2586.

姜岩，杨春生，李文艳，等，2018. 利用地震主分量分析和Fisher判别预测窄小河道砂体［J］. 石油地球物理勘探，53（6）：1283-1290.

姜岩，程顺国，王元波，等，2019a. 大庆长垣油田断层阴影地震正演模拟及校正方法［J］. 石油地球物理勘探，54（2）：320-329.

姜岩，李雪松，付宪弟，2019b. 特高含水老油田断层表征及剩余油高效挖潜［J］. 大庆石油地质与开发，38（5）：246-253.

李操，2014. 基于优势振幅的储层预测方法研究及应用［J］. 石油天然气学报，36（7）：80-83.

李操，王彦辉，姜岩，2012. 基于井断点引导小断层地震识别方法及应用［J］. 大庆石油地质与开发，31（3）：148-151.

李操，周莉莉，姜岩，等，2017. 大庆长垣油田井震结合断层解释技术及效果［J］. 石油地球物理勘探，52（3）：548-552.

李洁，郝兰英，马利民，2009. 大庆长垣油田特高含水期精细油藏描述技术［J］. 大庆石油地质与开发，28（5）：83-90.

李蓉，胡天跃，2004. 时移地震资料处理中的互均化技术［J］. 石油地球物理勘探，39（4）：425-427.

凌云，郭向宇，蔡银涛，等，2013.无基础地震观测的时移地震油藏监测技术［J］.石油地球物理勘探，48（6）：938-947.

凌云研究组，2003.基本地震属性在沉积环境解释中的应用研究［J］.石油地球物理勘探，38（6）：642-653.

刘企英，1994.高信噪比、高分辨率和高保真度技术的综合研究［J］.石油地球物理勘探，29（5）：610-622.

刘文岭，朱庆荣，戴晓峰，2004.具有外部漂移的克里金方法在绘制构造图中的应用［J］.石油物探，43（4）：404-406.

刘振宽，陈树民，王建民，等，2004.大庆探区高分辨率三维地震勘探技术［J］.中国石油勘探，（4）：31-37.

刘振武，撒利明，董世泰，等，2010a，中国石油物探技术现状及发展方向［J］.石油勘探与开发，37（1）：1-10.

刘振武，撒利明，董世泰，等，2010b.中国石油天然气集团公司物探科技创新能力分析［J］.石油地球物理勘探，45（3）：462-471.

刘振武，撒利明，杨晓，等，2011，页岩气勘探开发对地球物理技术的需求［J］.石油地球物理勘探，46（5）：810-818.

马跃华，吴蜀燕，白玉花，等，2015.利用谱分解技术预测河流相储层［J］.石油地球物理勘探，50（3）：502-509.

马跃华，周宗良，李振永，等，2018.薄层分类及其地震响应分析——以大港油田两个应用研究为例［J］.石油物探，57（6）：902-913.

齐金成，李杰，庞彦明，2011.高密度地震技术在密井网区窄小河道储层描述中的应用［C］//SPG/SEG，中国地球物理学会，中国石油学会.

撒利明，2003a.储层反演油气监测理论方法研究及其应用［D］.北京：中国科学院.

撒利明，2003b.基于信息融合理论和波动方程的地震地质统计学反演［J］.成都理工大学学报（自然科学版），30（1）：60-63.

撒利明，梁秀文，张志让，1997.一种新的多信息多参数反演技术研究［C］//1997年东部地区第九次石油物探技术研讨会论文摘要汇编：364-367.

撒利明，董世泰，李向阳，2012a.中国石油物探新技术研究及展望［J］.石油地球物理勘探，47（6）：1014-1023.

撒利明，梁秀文，刘全新，2012b.一种基于多相介质理论的油气监测方法［J］.勘探地球物理学进展，25（6）：32-35.

撒利明，甘利灯，黄旭日，等，2014.中国石油集团油藏地球物理技术现状与发展方向［J］.石油地球物理勘探，49（3）：611-625.

撒利明，杨午阳，姚逢昌，等，2015.地震反演技术回顾与展望［J］.石油地球物理勘探，50（1）：184-202.

撒利明，杨午阳，2017.非线性拟测井曲线反演在油藏监测中的应用及展望［J］.石油地球物理勘探，52（2）：402-410.

盛家平，1995.油田热采数值模拟参数计算与选择［J］.特种油气藏，2（3）：15-22.

司丽，2019.大庆长垣北部萨葡高油层北东向断层成因及对油田开发作用［J］.大庆石油地质与开发，38（1）：66-70.

王大兴，张盟勃，杨文敬，等，2017.黄土塬区致密储集层模型地震正反演模拟［J］.石油勘探与开发，44（2）：243-251.

王丹，刘兵，2010.SG油田四维地震技术可行性研究与数据采集［J］.石油地球物理勘探，45（5）：637-641.

王丹、刘兵，杨大为，2011.陆上四维地震一致性技术研究与分析［C］//SEG/SPG.中国地球物理学会，中国石油学会.

王家华，王镜惠，梅明华，2011.地质统计学反演的应用研究［J］.吐哈油气，16（3）：201-204.

王香文，刘红，滕彬彬，等，2012.地质统计学反演技术在薄储层预测中的应用［J］.石油与天然气地质，33（5）：730-736.

王彦辉，姜岩，张秀丽，等，2015.三维地震解释技术在密井网条件下储层描述中的应用［J］.油气藏评价与开发，5（2）：17-21.

王元波，王建民，卢福珍，等，2014.基于地质模式的大庆长垣油田地震资料处理［J］.大庆石油地质与开发，33（3）：141-145.

徐立恒，李杰，姜岩，等，2012.利用断层模型约束反演技术进行储层预测［J］.石油地球物理勘探，47（3）：473-476.

杨华，牛小兵，徐黎明，等，2016.鄂尔多斯盆地三叠系长7段页岩油勘探潜力［J］.石油勘探与开发43（4）：511-520.

杨立强，2015.辽河油田超稠油蒸汽辅助重力泄油先导试验开发实践［M］.北京：石油工业出版社.

杨文采，1993a.地震道的非线性混沌反演——Ⅰ.理论和数值试验［J］.地球物理学报，36（2）：222-232.

杨文采，1993b.地震道的非线性混沌反演——Ⅱ.关于Lyapunov指数和吸引子［J］.地球物理学报，36（3）：376-387.

杨午阳，杨文采，王西文，等，2004.综合储层预测技术在包1—庙4井区中的应用［J］.石油物探，43（6）：577-584.

雍学善，余建平，石兰亭，1997.一种三维高精度储层参数反演方法［J］.石油地球物理勘探，32（6）：852-856.

张昕，甘利灯，刘文岭，等，2012.密井网条件下井震联合低级序断层识别方法［J］.石油地球物理勘探，43（3）：462-468.

张秀丽，姜岩，郝兰英，等，2014.密井网条件下随机地震反演及其在河道砂体预测中的应用［J］.石油地球物理勘探，49（5）：954-963.

张义堂，吴淑红，等，2006.热力采油提高采收率技术［M］.北京：石油工业出版社.

Cai Y T，Guo X Y，Ling Y，2014. Seismic constrained reservoir simulation and application in a heavy oilfield China［C］. SPE Annual Technical Conference and Exhibition Society of Petroleum Engineers.

Greg Partyka，James Gridley，John Lopez，1999. Interpretational applications of spectral decomposition in reservoir characterization［J］. The Leading Edge，18（1）: 353–3601.

Mandelbrot B B，1982. The Fractal geometry of nature［M］. San Francisco : Freeman.

Pentland A P，1984. Fractal–based description of natural scenes［J］. IEEE Trans on Pattern Analysis and Machine Intelligence，6（6）: 661–674.

Schlager W，2000.The future of applied sedimentary geology［J］. Journal of Sedimentary Research，20: 2–9.

Stockwell R G，Mansin H L，Lowe R P，1996. Localization of the complex spectrum : the S transform［J］. IEEE Transactions on Signal Processing，44（4）: 998–1001.

Wolfgang S，2000. The future of applied sedimentary gelogy［J］. Journal of sedimentary research，20: 2–9.

Zeng H，Backus M M，Barrow K T，et al.，1996. Facies mapping from three–dimensional seismic data potential and guidelines from a tertiary sandstone–shale sequence model Powerhorn field，Calhoun County，Texas［J］. AAPG Bulletin，80（1）: 16–46.

Zeng H，Hentz T F，Wood L J，2001. Stratal slicing of Miocene—Pliocene sediments in Vermilion Block 50 Tiger Shoal Area，offshore Louisiana［J］. The Leading Edge，20: 408–418.

Zeng H，Hentz T F，2004. High–frequency sequence stratigraphy from seismic sedimentology : Applied to Miocene，Vermilion Block 50，Tiger Shoal area，offshore Louisiana［J］. AAPG Bulletin，88（2）: 153–174.

第九章 开发地震技术发展展望

　　大量事实说明，开发地震技术已经在油气田扩边、开发方案调整、剩余油研究以及油藏动态监测乃至油藏管理等方面发挥了重要作用。英国石油、壳牌、雪佛龙等国际大油公司的经验和中国石油在陆相油气藏开发中的应用表明，开发地震技术的研究与完善，其潜在的经济效益是无比巨大和难以估量的，既赋予了地球物理技术新的生命力，代表了地球物理技术的发展趋势，也是油公司将油气资源变为经济效益的关键工程技术，是石油工业界地球物理技术发展的主要方向。

　　作为在油气开发与生产中应用的技术，其内涵包括油藏描述和油藏管理，目的是提高已提交探明储量的油田的采收率，获得最大开发效益，涉及地面地震、井中地震、岩石物理分析、测井、石油地质综合解释、生产动态分析、油藏开发等技术。与勘探地球物理学相比，开发地震技术的重要特征之一是面向精细目标，面向钻头，对技术的精度提出更高要求，强调多学科综合研究，特别是高精度三维地震技术与石油地质、油藏工程、油藏管理等学科的综合研究。高精度三维地震及其相关技术是多学科综合研究的核心技术，动态岩石物理分析、井控地震资料处理、井控构造精细解释、井约束的储层预测与油藏建模是开发地震综合研究的关键。此外，时移地震、井中地震、多波地震、微地震、永久监测地震、随钻地震等，也是开发阶段重要的油藏地球物理特色技术。

　　随着油气勘探开发领域不断向低孔低渗、深层、非常规等领域延伸，油气勘探开发对象发生了变化，勘探开发一体化更加紧密，对地球物理技术提出了更高要求。同时，老油田开发程度不断提高，剩余油藏描述难度不断加大，表现在岩石物理、测井信息与地面地震纵向和横向分辨率尺度差距大、陆相非均质油藏模拟的多解性强、油藏监测的重复性低，地震工程师、测井工程师、地质学家和油藏工程师之间的研究领域和研究尺度差异较大，如何描述开发中后期零点几平方千米的小尺度剩余油藏、预测油水分布规律、刻画米级薄储层、识别米级小断层、识别开发"甜点"区等，开发地震技术发展依然面临着巨大的复杂性和挑战性。

　　因此，开发地震技术应不断根据地球物理、计算机、信息化等技术的发展而发展。应加强低频岩石物理分析、跨尺度测井分析、油田地质、油藏工程等方面与地震技术的有机融合，加强人工智能技术、精细地质建模技术等研究，形成以大数据挖掘等信息技术为载体的智能化油藏精细描述技术，加强地震技术在油藏建模中的作用，提高地震解释精度，使油藏描述和油藏建模精度达到新的水平。

一、行业发展趋势

1. 勘探开发一体化程度的不断提高，传统开发地震技术的概念不断拓展

　　传统油藏地球物理技术主要面向油藏圈闭特征描述、油藏特性和油藏特征参数表征

和油藏生产动态监测三个方面，主要针对油藏评价阶段，如何精细建立油气藏的静态模型，表征油藏特征参数，有些技术也用于油气藏开发动态监测。随着油气藏复杂程度的不断加大，盐下、玄武岩下、致密砂岩、泥页岩、碳酸盐岩、火山岩等更加难以描述的油气藏成为开发重点，常规开发模式已不适用，非规则井网、水平井、储层改制等措施，是提高开发成效的主要措施，油气藏管理的理念向降低油田开发和生产作业的成本，提高开发成效转变。油藏工程师希望在测井和岩石物理信息基础上，利用地震资料得到三维油藏描述的存储空间静态模型，在开发前期，能够预测储层空间展布、储层厚度、面积、埋深、孔隙度、渗透率、油气富集区及开发甜点区，为开发方案编制提供依据，同时，能够预测地层压力、岩石脆性等参数，为水平井轨迹设计、储层改制提供支撑。在开发过程中，能够描述油气藏随时间变化的动态模型，预测或者检测油气藏开发过程的压力等参数，为油气藏管理提供技术支持。在开发中后期，预测剩余油气藏空间展布，进一步提高采收率，为开发井位调整提供依据。因此，油藏地球物理技术面向油气藏评价、油气田开发建产与油气藏持续生产等阶段，是勘探地球物理技术的延伸，是勘探地球物理技术的精细化，贯穿油气田的整个生命周期。

2. 不断向工程领域延伸，需要开展工程参数预测

复杂油气藏，特别是低孔、低渗、低压、低丰度的非均质油气藏高效开发，对钻井、储层改造工程提出了更高要求。针对致密油气开发地质需求，需要充分发挥地震、地质、工程一体化优势，依托高品质三维地震资料，在精细储层空间预测的基础上，做好工艺井轨迹设计，水平井导向及压裂支撑工作。一方面，地层应力方向复杂，井位及井轨迹科学部署极具挑战，储层非均质性及压裂人工缝网长度差异大，水平井组合的井间距选择困难大，断层、裂缝及岩性差异极易造成卡钻、井漏、套管变形等问题，水平井井轨迹设计、钻进面临入靶、追层、规避风险等问题突出，因此，需要准确预测储层的埋深、厚度、空间展布规律、断裂展布等参数，为井位部署及钻井工程提供技术支持。另一方面，在储层压裂改造中，同一水平井组不同井、同一水平井不同段的裂缝形态差异大，压裂施工参数差异大，需要进行压裂前风险预测及压裂设计优化，在施工过程中对易发生砂堵、加砂困难、套管变形等现象，影响施工效率，压后液量、砂量差异大等现象，需要进行压裂过程实时监测，在压裂施工现场实时分析及调整压裂参数，压裂后同一水平井组不同井、同一水平井不同段的产量差异大，需要对压裂后效果进行综合评估及产量差异分析，因此，需要准确预测储层的压力、地应力、脆性、断裂及裂缝展布等参数，并利用微地震监测技术实时监测压裂裂缝的空间发育情况，为储层改造及建产提供技术支撑。面向钻井、压裂等工程技术的地震、地质、油藏、工程一体化是油藏地球物理技术的重要发展趋势之一。

3. 开发过程油藏动态监测

在油气藏开发生产过程中，为了解和掌握油气藏内流体渗流动态、采油井和各类注入井的井下储层变化情况，需要系统录取各项资料所采取的措施和手段，这项工作是分

析油田开发效果，制定调整控制措施的依据，是油藏管理的一项重要基础工作。为了加强对油气藏的动态管理，在新投入开发的油田开发方案及老油田开发调整方案中都应建立科学、合理的动态监测方案。目前，油气藏监测的手段主要是仪器仪表和测井等，包括生产井油气水产量和注入井注入量监测，生产井和注入井的压力、温度监测，油井产液剖面监测，注水井吸水剖面监测，生产井流体性质监测，井下技术状况监测，储层状况监测等。利用地震观测范围大的特点，如利用井中地震技术，真正地深入到油气藏储层的内部去进行高精度高分辨率的观测与测量（精细特征描述与刻画），进行油气藏储层参数和实际生产数据的长期动态监测（原位实时动态监测），是未来油气藏开发过程监测的重要技术，因为在油气生产井下安装常规测量温度、压力、流量、震动、应变的电子传感器也因为数量少、精度低、耐温耐压能力低、使用寿命有限等各种因素，基本上无法实现对油气生产井进行无干扰、无间断、高精度、高密度和实时的长期生产数据的动态监测。而基于分布式光纤声波传感技术的井中地震数据采集系统由于其全井段、高密度、高效率、耐高温、耐高压、低成本等优势，已成为未来井中地震技术重要的发展方向。沿井筒布设到地下储层深处的铠装光缆和亚米量级道间距采集的高密度无噪声井中地震数据，可以用于进行井筒周围储层的高精度高分辨率构造成像，提高油气田开发区生产井周围的精细油气藏描述能力，井中记录的微地震数据可以用于水力压裂储层改造效果的准确评价，利用油气生产井下布设的铠装光缆连续实时测量温度（DTS）和噪声（DAS）数据，可以对多储层油气生产井或水平井中的多相流体进行实时动态监测，发现和了解油气生产井段和地层水流入井段的具体位置和流量，实时调整优化油气生产方案和程序，提高油气采收率，利用在井下套管外布设的铠装光缆和地面 DSS 调制解调仪器，可以对地下压力场的变化进行长期实时的动态监测，实时测量和监测地应力变化异常地段内套管的应变，及时发现套管的形变和评估产生套损的风险，采取必要的工程措施和手段，预防和减少套损的发生，减低油气资源的开发生产的直接成本。开发过程中的油气藏动态监测，是未来油藏地球物理技术发展的又一主要趋势。

二、技术发展方向

1. 面向开发目标的地震采集技术

一是针对目标精细描述的高密度、超高密度单点地震采集技术。在野外实行高密度空间采样，单点检波器接收，点源激发、小道距或小面元观测，对信号和噪声实行"宽进宽出"，避免采集过程中因采用炮检点组合对付噪声而使反射信息受到污染，在室内处理中准确分离信号和噪声，达到精确压制噪声的目的，保持反射信号的保真度，是提高空间分辨率和油藏描述精度的关键技术。施工过程中打孔埋置检波器，增加检波器与地面的体耦合，降低环境噪声，提高信噪比。检波器选择高灵敏度的单只检波器，有利于提高静校正、去噪精度及信号的保真度。

二是全矢量地震采集技术，在野外采集地震波的振幅、频率、相位、传播方向、振动方向，以及波动力场的胀缩和扭旋等的多种属性信息。处理中进行地震波振动线矢量、散度和旋度的处理，得出不含横波振动的纯纵波信息和不含胀缩振动（散度）的纯横波信息。既可以获得提高信噪比的效果，再分别对纵波和横波进行成像处理，可大幅度提高成像质量；又可为逆时偏移全信息成像、全信息全波形反演、纵横波联解波动方程、引入散度和旋度的全弹波动方程、分波动性质的波场延拓、合并各种属性的优化成像条件、弹性系数的代入和求解等多种弹性波地震勘探技术研究奠定基础。这必将推动纵、横波联合成像、联合反演、联合解释等技术发展，以期达到提高构造、岩性、流体勘探精度和可靠性的目的。

2. 地震资料目标处理技术

一是以提高分辨率和相对保持储层信息（振幅、相位、频率、波形）为目标的"双高"地震资料处理技术，关键是处理技术系统性优化组合，包括基于反射波与干扰波速度差异的去噪、近地表 Q 补偿、深度域 Q 偏移、低频扩展、一致性处理等技术的适用性研究，提高技术应用的针对性。

二是高精度储层成像技术，包括全波形反演速度建模、构造约束高精度速度建模、Q 偏移、全弹性波场偏移等技术，逐步实现全频保幅高分辨率成像，为储层预测研究提供高品质叠前数据。

3. 面向油藏建模的地震资料精细解释技术

一是发展米级薄层、小断层识别技术。包括调谐频带能量加强技术、小波处理技术、三角滤波技术、三角滤波分频技术、时频分析技术、积分能谱技术、蚂蚁追踪技术等，提高薄储层和小断裂识别精度。

二是强化地震层序解释技术应用。采用反射系数反演技术提高地震剖面的分辨率，建立三级层序格架，采用地层切片技术，得到初始高频层序界面，采用平面控制剖面的解释方法，用切片平面沉积展布的合理性检验高频层序解释的合理性和等时性，指导高频剖面上高频层序解释方案的调整，减少层位解释的多解性，增强层位的等时性，利用高频层序的地震相分析为沉积微相研究提供可靠的基础资料，有利于储层预测和开发级别的储层研究。

三是开展提高分辨率反演技术攻关。包括模型正则化基追踪稀疏地震反演技术、射线阻抗稀疏反演技术、基于谱模拟的叠后地震随机反演技术、基于地震岩相约束的地震弹性阻抗反演技术、纵横波速度比自适应弹性参数反演技术、基于谱模拟的叠前地震随机反演技术、岩石物理反演技术等，以提高薄储层预测、低丰度孔隙储层预测精度，为难动用储量提供技术支持。

四是开展裂缝、孔隙结构预测技术攻关。包括各向异性识别、加强相干、边缘检测、构造曲率、多波等技术，结合地层倾角测井、成像测井等技术，以及动态岩石物理分析技术、三维岩石物理建模技术、跨尺度复杂孔隙介质建模技术等。

五是开展渗透率预测技术攻关。储层岩石的渗透率分布的不均匀性直接影响油气分布、运移以及开采，利用地震资料预测渗透率，是宏观掌握油气藏渗流特征的关键。主要方法包括利用地震属性预测储层的渗透率、叠前地震频散分析、储层孔隙结构的相控渗透率反演预测等。

六是发展完善井震藏一体化技术。发展完善以共享油藏模型为核心的（测）井（地）震（油）藏（模拟）一体化技术，建立以动态地震岩石物理分析、井控保幅高分辨率地震资料处理、井控精细构造解释、井震联合储层研究、地震约束油藏建模和地震约束油藏数模技术为核心的老油田剩余油分布预测技术流程，提高剩余油分布预测符合率，指导开发井位部署。

4. 智能化储层定量预测技术

在井数据标定基础上，通过计算机图形学、图像处理识别、数据挖掘等技术，提高层位追踪、断层识别、微构造解释精度，开展高精度层序地层自动解释，建立储层构造演化格架，建立沉积模型，在岩石物理和测井精细解释基础上，开展智能化储层与流体精细预测，在开发动态数据约束下，开展智能化油藏精细建模，将地质认识或地质模式融入建模过程中，提高断层模型和层位模型的精度。

智能化油气藏精细解释技术应是未来油气藏精细描述、空间三维建模的主要发展方向，能够利用机器学习、深度学习等手段，将大量井数据、生产动态数据与地震数据融合解释，利用人工智能分析手段，提高油气藏建模精度，预测油气藏变化趋势，提高油气藏动态管理能力。

5. 井地联合地震技术

井中地震因其接收或激发靠近储层，具有储层标定、储层介质参数（吸收衰减、速度、VTI和HTI各向异性介质）求取和描述优势，是储层定量标定和描述的重要技术手段，但井中VSP等技术存在照明不均、成像孔径小、数据动态范围小等缺陷。未来需要发展井地联合采集、多井联采、大孔径三维VSP、井间地震和井中永久监测等技术，特别是全井段观测采集技术，三维VSP处理技术，加强信号高精度分离、井筒噪声压制、信号一致性处理、数据规则化保幅处理和高精度地震成像方法研发等技术攻关。深化井中地震属性应用、物性反演方法、时延地震信息及三分量信息利用方法等研究。

随着分布式光纤传感技术装备的进步和相应数据处理方法的发展，其应用范围已经拓展到井中和地面地震数据采集、井—地联合立体勘探、水力压裂微地震监测、储层改造精准工程监测、油气生产井长期动态监测，用于解决诸如复杂地质构造分析、油气藏储层高精度高分辨率成像、地球物理参数提取、储层特征及甜点预测、发现残余和剩余油气，储层改造效果综合评价、井下工程作业安全监测、测量注水注气井吸水剖面和油气生产井产液剖面、油气田生产长期动态监测等油藏地球物理问题。分布式光纤传感技术在油气藏勘探开发领域的大规模推广应用，将为未来智慧油气田的建设提供油气藏全部地下三维空间储层参数直接感知、测量和动态变化的监测，真正实现对地下油气藏的智能精细刻画和描述、智能油藏建模与模拟、智能优化高效开采，最终大幅度地提高油气藏采收率。

6. 多波地震技术

多波地震技术可同时采集地下地质体反射的纵波、横波信息，通过处理提取反射纵波、横波各项物性参数，进行综合对比和解释，能够预测储层的横向变化和含油气性，在检测裂隙、改善气层下成像、岩性识别、气藏预测等方面已取得明显效果，是开发地震不可或缺的技术。但多波处理解释技术仍需攻关。需要集中精力，着力攻关转变波偏移成像技术，主攻气层识别、低孔低渗储层、裂缝型储层的非均质性预测等技术，探索二次开发剩余油检测技术；加强地质综合解释，重点开展转换波层位对比、纵横波联合反演、属性描述等方面的研究，加强纵横波信息的融合。

7. 随钻地震和微地震监测技术

随钻地震能够为钻井提供地层压力和钻头轨迹设计调整的可靠依据，通过实时连续定位、录井岩性等信息，指导钻头钻遇更多储层，提高水平井的储层钻遇率。这项技术具有较大的应用潜力，应加大随钻地震技术的试验和弱信号提取、信噪分离、快速成像等关键技术研究，加强与钻井工程结合，使地震技术在钻井提质增效中发挥作用。

地表、浅井、深井微地震监测技术是致密储层改造效果的有效监测手段，也是油藏开发过程动态监测的重要技术手段，在油藏开发后期油藏动态管理中具有重要意义，应加强永久埋藏的四维微地震监测等技术研究，加大弱信号提取、数据挖掘、被动震源机理等研究，为油藏动态建模奠定基础。

三、技术发展策略

1. 依靠技术进步夯实资料基础

规模性的"两宽一高"三维地震采集面临巨大的成本压力，夯实资料基础的一个重要支点是立足现有资料开展井控高分辨率保幅处理，充分挖掘老资料潜力，为解释技术应用奠定扎实基础。井控地震资料处理理念是 20 世纪末西方地球物理公司提出的，其主要观点是从 VSP 资料中提取球面扩散补偿因子、Q、反褶积算子、各向异性参数和偏移速度场等参数，用于地面地震资料处理或参数标定，目的是提高地面地震资料处理参数选取的可靠性和准确性，使处理结果与井资料达到最佳匹配。井控处理可以利用井中观测的各种数据，对地面地震处理参数进行标定，对处理结果进行质量控制。提高分辨率处理是在保幅的前提下适当拓宽频带，提高高频有效信号的信噪比，使高频段有效信息相对增强，达到分辨更薄储层的目的。

2. 深化油藏地质认识

作为勘探阶段的自然延伸，评价、开发阶段地震技术应用具有一定的继承性，主要体现在技术人员对油藏有了一定的认识基础，对成藏主控因素、宏观展布特征、开发动静态情况等建立起基本的概念。评价开发阶段面临的问题是这些认识多掌握在地质人员的头脑中，物探技术人员不了解，甚至不关心油藏认识问题，影响地震技术应用的效果。一种观点认为，油藏评价开发阶段地震技术应用以提高预测精度为主，不断追求纵向地震分辨率提高。于是，地球物理工程师想尽各种办法，尝试以多种手段满足地质家对"描述精度"的要求。实践表明，在评价阶段，地球物理工程师的努力见到了一定的效果，在开发阶段往往事与愿违，地质家及油藏工程师对地震预测结果持怀疑，甚至否定的态度，表明地球物理工程师的努力与油气藏开发需求存在较大的差距。地震技术作为一种间接的认识地质体或油气藏的手段，技术应用中不仅存在多解性，而且存在分辨率的极限限制，单纯地追求地震技术分辨率，忽略地质认识的指导和关键问题分析，不仅难以满足评价、开发阶段技术需求，而且很容易将开发地震技术应用与发展带入误区。今后开发地震技术发展需要切实推行"地质物探一体化"，由地质与物探人员"配对"结合将油藏认识与地震技术的融合推进一步。

3. 非常规技术常规化

非常规技术指国外针对非常规油气的"甜点"预测技术（RQ）和水平井分段压裂、微地震监测等完井工程技术（CQ），涉及地震岩石物理测试分析、测井、地震、钻井、酸化压裂等工程技术。随着勘探开发领域不断深入，中国陆相油藏储层由低孔低渗向特低孔特低渗延伸，致密油将成为主要开发对象，技术应用不仅要考虑储层岩性、物性、厚薄等储层参数预测，还要考虑泥质含量、孔喉结构、脆性等因素的影响。因此，有利岩相预测、岩石脆性预测、应力场预测和裂缝发育带预测是今后开发地震技术发展新的需求，非常规储层预测技术成为开发地震的常规性技术。例如，鄂尔多斯盆地长7段岩心分析划分出绿泥石膜残余粒间孔相、绿泥石膜残余粒间孔 + 长石溶蚀相、长石溶蚀 + 伊利石胶结相、伊利石胶结微孔相、碳酸盐胶结微孔相5种主要成岩相，各自的孔隙度、渗透率、最大喉道半径差异很大，其中绿泥石膜残余粒间孔与长石溶蚀相是有利的成岩相带，平均孔隙度在10%以上，平均渗透率在0.2～0.3mD之间，最大喉道半径在1.0μm以上。在准确把握有利成岩相带基础上开展地震预测能够有效提高页岩油这样的非常规开发"甜点"描述应用效果。

4. 油藏工程与地震技术一体化

正因为油藏开发地震技术综合了物探、地质、测井和油藏管理等多种学科，除了面对物探技术多学科的融合（非地震、地震、井中地震、四维地震、岩石物理、油藏建模等）以外，油藏开发技术的发展和应用还受到交叉学科人与人之间的交流和理解限制。地球物理技术描述的尺度与油气藏开发对象有差异，与钻头的尺度更有较大差异。因此，油气勘探开发中，特别是开发工程中应建立信地震、用地震、会用地震的理念，物探人员与地质人员、工程人员要充分融合，地震主导大方向。在钻井、压裂工程实施过程中，物探人员要驻钻井、压裂现场，实时跟踪、指导工程技术应用。油藏工程师要树立没有三维地震数据资料的区域，实施水平井风险更大的意识，在油气藏开发中，需要高品质的三维地震数据资料，三维地震部署宜早不宜晚，要大胆尝试，允许物探探索、允许物探失败，持续攻关、完善相关配套技术。只有面向油气藏的地球物理技术不断进步，才能够达到高效开发，规模建产的目标。

随着信息技术和智能化技术的不断发展，相信未来油藏开发地震技术必将走向智能化，形成以信息技术为载体的油藏地球物理技术，使跨专业、跨部门的研究团队能够在智能化平台上开展油藏开发地震地质研究，使管理、技术人员实现无障碍沟通，使油气藏解释刻画的更加精准。随着井中地震技术的不断发展，高精度高灵敏度传感器技术的发展，对储层参数的提取、开发动态数据的提取将更加精准，使油藏开发地震技术成为油田高效开发的关键技术。希望油公司加大面向油气藏开发的地球物理技术科技创新投入，加强油藏工程与地球物理技术一体化研究，在油气藏开发工程中大胆使用地球物理技术，加强油田开发人员地球物理技术知识培训，提升开发人员对地球物理技术的认知，促进开发地震技术在开发中发挥应有作用。